# 화초
## 쉽게 찾기

윤주복 지음

글라디올러스

# 머리말

　꽃이 좋아서 꽃 사진을 찍기 시작했습니다. 처음에는 친구 따라 산을 찾아 다니면서 야생화의 청초한 매력에 빠졌지만 점차 주변의 나무와 화초도 눈에 들어와 함께 사진에 담았습니다. 그렇게 꽃 사진을 찍다 보니 30년이 훌쩍 지났습니다.

　화초는 우리가 주변에서 가장 흔히 만나는 꽃이지만 이름을 제대로 아는 꽃은 얼마 되지 않았습니다. 새로운 화초를 만나 꽃 이름을 찾기 위해 씨름할 때마다 화초도 꽃 이름을 쉽게 찾아볼 수 있는 책이 있으면 좋겠다는 생각을 해왔습니다. 그래서 그동안 찍어서 정리한 사진 자료로 《화초 쉽게 찾기》를 만들기로 했습니다.

　'화초'라는 단어를 사전에서 찾아보면 꽃이 피는 풀과 나무 또는 꽃이 없더라도 관상용으로 기르는 모든 식물을 일컫는 말이라고 나옵니다. 하지만 화초(花草)라는 한자어를 생각하면 아름다운 풀꽃을 떠올리게 됩니다. 그래서 사람들이 관상용으로 기르는 풀꽃을 쉽게 찾아볼 수 있는 책을 생각했습니다. 하지만 풀과 작은 떨기나무는 구분이 애매한 경우도 있는데 특히 열대 지방에서 자라는 것은 더욱 구별이 어려운 것이 많습니다. 그래서 원예종으로 기르는 풀에, 키가 작은 떨기나무 꽃을 포함해서 싣기로 했습니다. 키나무를 제외했지만 원예식물은 워낙 종수가 많기 때문에 그중에서도 선별해서 실을 수밖에 없었습니다.

　본문의 차례는 비슷한 종끼리 비교하기 쉽도록 최신의 분류 체계인 'APG IV 분류 체계'로 정리했습니다. 꽃 색깔과 꽃잎 수로 꽃 이름을 쉽게 찾아볼 수 있도록 '꽃 색깔로 화초 찾기'를 부록에 실었습니다. 모쪼록 이 책이 주변에서 만나는 화초 이름을 알고 불러 주는 데 작은 도움이 되었으면 합니다.

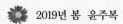 2019년 봄　윤주복

큰꽃알리움

# APG 분류 체계란?

　과학의 발전에 따라 식물에 관한 새로운 정보가 추가되면서 식물의 분류와 학명이 계속 바뀌고 있습니다. 특히 1998년에 속씨식물 계통분류 그룹(Angiosperm Phylogeny Group：이하 APG라 칭함)에 의해 새로운 속씨식물 분류 체계가 발표되었습니다. APG 분류 체계는 이전에 분류에 이용되던 형질에 DNA 염기 서열의 분석을 통해 유전자를 비교한 것을 종합 검토해 식물의 유연관계를 밝혀낸 것이 특징입니다.

　사람도 유전자 검사를 통해 가족 관계를 거의 100% 맞힐 수 있는 것처럼 식물들도 유전자를 비교해 정확한 분류가 가능해졌습니다. 그 결과 기존의 앵글러(Engler) 분류 체계 등과 달라진 내용이 많이 나왔으며 이에 따라 여러 과와 속이 나누어지거나 합쳐지고 계통분류의 방법이나 차례도 많이 바뀌었습니다.

　APG 분류 체계는 1998년에 처음 발표된 뒤에 2003년에 APGⅡ 분류 체계로 계승되었습니다. 2009년에는 내용을 더욱 보완해서 APGⅢ 분류 체계로 계승되었고 2016년에는 APGⅢ 분류 체계를 약간 수정한 APGⅣ 분류 체계가 발표되었습니다.

　기존에 우리가 사용하던 《대한식물도감》(이창복)과 같은 대부분의 식물 도감은 앵글러 분류 체계를 채택하였고, 근래에는 크론키스트(Cronquist) 분류 체계를 채택한 책도 일부 나왔습니다. 이런 책들의 식물 정보와 새로운 APG 분류 체계의 정보를 담은 내용이 함께 뒤섞이면서 정보의 바다인 인터넷의 식물 검색 결과는 매우 혼란스러워졌습니다. 따라서 바른 식물 정보를 찾아내는 일이 그만큼 중요해졌습니다. 이미 펴낸 《APG 나무 도감》, 《APG 풀 도감》, 《우리나라 나무 도감》은 국내 최초로 2009년에 발표된 최신의 분류 체계인 APGⅢ 분류 체계를 채택하였으며, 개정판 《나무 쉽게 찾기》와 이번에 펴내는 《화초 쉽게 찾기》는 APGⅢ 분류 체계를 일부 보완한 APGⅣ 분류 체계를 채택하였습니다.

# 차례

# 속씨식물군
ANGIOSPERMS

# 일러두기 🦋

1. 이 책에는 화단에서 기르는 화초와 실내에서 재배하는 화초뿐만 아니라 절화로 이용하는 화초를 포함해 총 3,400여 종을 실었다. 풀과 떨기나무를 중심으로 선별했으므로 키나무의 꽃은 이미 출간한 《우리나라 나무 도감》이나 《APG 나무 도감》을 참고하면 많은 조경수를 찾을 수 있다.

2. 한정된 지면에 최대한 많은 화초를 소개하고자 했다. 이에 재배 방법 등은 자세히 기록하지 못했는데 이 책을 통해 화초 이름이나 학명을 찾으면 마음에 드는 화초의 재배 방법 등은 인터넷 검색 등으로 찾아볼 수 있다.

3. 본문은 2016년에 발표된 최신의 분류 체계인 'APG Ⅳ 분류 체계'로 작성하여 비슷한 종끼리 비교해 볼 수 있도록 하였다. 학명은 큐식물원과 미주리식물원이 공동으로 정리한 'The Plant List'를 참고하였다.

4. 부록에는 '꽃 색깔로 화초 찾기'를 실어서 꽃의 색깔과 꽃잎 수를 참고하여 누구나 화초를 쉽게 구분할 수 있도록 하였다.

5. 한글 이름은 기존의 자료를 바탕으로 필자가 정리했지만 원예 품종의 이름이 여럿 있는 경우가 있으므로 정확한 이름을 확인하려면 학명으로 찾아볼 수 있다.

6. 내용은 누구나 쉽게 이해할 수 있도록 식물 용어는 가급적 한글로 된 용어를 사용하였으며 이해를 돕기 위해 부록의 '용어 해설'에서는 한자나 영어로 된 식물 용어도 함께 실었다.

7. 차례는 'APG Ⅳ 분류 체계'의 순으로 정리하였지만 편집상 일부 페이지(＊ 표시)는 순서가 바뀐 경우도 있다.

애기범부채 '시트로넬라'

# 속씨식물군

## ANGIOSPERMS

무늬개연꽃

### 무늬개연꽃(수련과)
*Nuphar japonicum* 'Variegata'

중부 이남의 개울가나 연못에서 자라는 여러해살이풀인 개연꽃의 품종으로 20~30cm 높이이다. 뿌리에서 자란 긴 달걀형 잎은 20~30cm 길이이고 밑부분이 화살 모양이며 잎자루가 길게 자라 물 위로 나온다. 잎은 가죽질이고 가장자리가 밋밋하며 앞면은 노란색 얼룩무늬와 함께 광택이 있다. 6~8월에 물 밖으로 나오는 꽃자루 끝에 지름 5cm 정도의 노란색 꽃이 핀다. 5장의 꽃받침조각이 꽃잎처럼 보인다. 잎에 무늬가 없는 개연꽃과 함께 연못에서 심어 기른다.

### 수련(수련과)
*Nymphaea tetragona*

연못에서 5~7cm 높이로 자라는 여러해살이풀로 땅속줄기에서 잎자루가 길게 자란다. 달걀형~타원형 잎은 밑부분이 화살 모양으로 깊게 갈라지며 물 위에 뜨고 뒷면은 자줏빛이 돈다. 6~8월에 지름 3~7cm 크기의 흰색 꽃이 피는데 꽃잎은 8~15장이다. [1]**멕시코수련**(*N. mexicana*)은 북미 원산의 여러해살이풀로 잎은 원형~달걀형이며 갈색 반점이 있기도 하고 광택이 있다. 봄~가을에 물 위로 올라와 피는 노란색 꽃은 지름 6~11cm이다. 모두 연못에서 심어 기른다.

수련                    [1]멕시코수련

❶수련 '올모스트 블랙'　❷수련 '어트랙션'

❸수련 '바바라 도빈스'　❹수련 '블러싱 브라이드'

미국수련

❺수련 '글로리오사'　❻수련 '할 밀러'　❼수련 '홀랜디아'　❽수련 '마사니엘로'

## 미국수련(수련과) *Nymphaea odorata*

북미 동부 원산의 여러해살이풀로 연못에서 자란다. 뿌리줄기에서 잎자루가 길게 나온다. 잎자루 끝에 달리는 둥근 잎은 지름 10~30cm이며 밑부분이 화살처럼 깊게 갈라지고 물 위에 뜬다. 6~9월에 물 위로 나온 꽃자루 끝에 지름 7.5~12.5cm의 흰색 꽃이 피는데 꽃잎은 20~30장이다. 꽃 가운데에 모여난 수술은 35~120개로 많으며 노란색이다. 가장 흔히 볼 수 있는 온대수련 종류이다. 꽃이 아름다운 온대수련은 많은 원예 품종이 개발되어 연못에서 관상용으로 심어 기른다.

❶(*N.* 'Almost Black') ❷('Attraction') ❸('Barbara Dobbins') ❹('Blushing Bride') ❺('Gloriosa') ❻('Hal Miller') ❼('Hollandia') ❽('Masaniello')

¹⁾푸베스켄스수련  ❶수련 '다우벤'

케이프블루수련  ❷수련 '디렉터 무어'  ❸수련 '이브린 랜딕'

❹수련 '그린 스모크'  ❺수련 '핑크 플래터'  ❻수련 '발렌타인'  ❼수련 '옐로 대즐러'

## 케이프블루수련(수련과) *Nymphaea capensis*

아프리카 원산의 열대수련으로 여러해살이풀이다. 물 위에 뜨는 잎은 원형~달걀형이며 지름 30㎝ 정도이고 가장자리는 물결 모양의 톱니가 있다. 분홍색~청색 꽃은 지름 7~10㎝이며 꽃잎은 12~24장이다. ¹⁾**푸베스켄스수련**(*N. pubescens*)은 인도와 동남아시아 원산의 열대수련으로 물 위에 뜨는 둥그스름한 잎은 가장자리에 날카로운 톱니가 있다. 흰색이나 붉은색 꽃은 지름 15㎝ 정도로 크며 밤에 핀다. 열대수련도 품종이 많으며 연못이나 수조에서 기른다. 겨울에는 뿌리를 캐서 보온을 해 주어야 한다.
❶(*N.* 'Dauben') ❷('Director Moore') ❸('Evelyn Randig') ❹('Green Smoke')
❺('Pink Platter') ❻('Valentine') ❼('Yellow Dazzler')

빅토리아수련

1)파라과이수련

## 빅토리아수련(수련과)
*Victoria amazonica*

브라질 원산의 여러해살이풀이다. 물 위에 뜨는 둥근 잎은 지름 1~2m이며 둘레의 테두리가 약간 위를 향하고 뒷면은 붉은색이며 가시가 있다. 여름에 물 위로 나와 피는 큼직한 흰색 꽃송이는 지름 25~40㎝로 향기가 진하며 다음 날에는 점차 붉은색으로 변한다. 진한 밤색 꽃받침은 가시로 덮여 있다. 1)파라과이수련(*V. cruziana*)은 남미 원산으로 잎 둘레의 테두리가 높고 뒷면은 자주색이다. 연분홍색 꽃받침은 가시가 거의 없다. 모두 연못에서 심어 기른다.

## 붓순나무(오미자과)
*Illicium anisatum*

남쪽 섬에서 자라는 늘푸른작은키나무로 2~5m 높이이다. 잎은 어긋나고 긴 타원형이며 4~10㎝ 길이이고 가장자리가 밋밋하다. 3~4월에 잎겨드랑이에 연노란색 꽃이 핀다. 꽃만두 모양의 열매는 가을에 갈색으로 익는다. 1)플로리다붓순나무(*I. floridanum*)는 미국 남동부 원산의 늘푸른떨기나무로 3m 정도 높이이다. 잎은 어긋나고 긴 타원형이며 가장자리는 밋밋하다. 봄에 잎겨드랑이에서 자란 긴 꽃자루에 적자색 꽃이 1개씩 달린다. 모두 남부 지방에서 심어 기른다.

붓순나무

1)플로리다붓순나무

15

삼백초

## 삼백초(삼백초과)
### *Saururus chinensis*

제주도의 습지에서 자라는 여러해살
이풀로 줄기 끝에 달리는 2~3장의
잎은 흰색을 띤다. 6~8월에 흰색 이
삭꽃차례가 달린다. [1]약모밀 '카멜
레온'(*Houttuynia cordata* 'Chameleon')
은 약모밀의 원예 품종으로 잎에 노
란색과 붉은색의 얼룩무늬가 생긴
다. 노란색 꽃이삭 밑에 꽃잎처럼
생긴 4장의 흰색 포가 둘러 난다.
[2]도마뱀꼬리(*Anemopsis californica*)
는 북미 남서부 원산의 여러해살
이풀로 봄에 줄기 끝에 피는 노란
색 꽃이삭 밑에 4~9장의 흰색 포
가 둘러 난다.

[1]약모밀 '카멜레온'    [2]도마뱀꼬리

## 후추(후추과)
### *Piper nigrum*

인도 남부 원산의 덩굴나무로 7~
8m 길이로 벋는다. 잎은 어긋나
고 넓은 타원형~달걀형으로 10~
15㎝ 길이이며 끝이 뾰족하고 두
꺼운 가죽질이며 광택이 있다. 암
수딴그루로 잎과 마주나는 연노란
색 꽃이삭은 밑으로 처진다. 열매
이삭에 둥근 열매가 다닥다닥 달
리며 붉은색으로 익는다. [1]가구후
추/와일드베텔(*P. sarmentosum*)은
열대 아시아 원산으로 넓은 달걀
형 잎은 어긋난다. 가는 원통형의
흰색 이삭꽃차례가 달린다. 후추
와 함께 실내에서 심어 기른다.

후추    [1]가구후추

## 홍페페(후추과)
### *Peperomia clusiifolia*

열대 아메리카 원산의 여러해살이 풀로 15~30cm 높이이다. 둥근 줄기는 연자주색이며 타원형 잎은 두껍고 부드러우며 광택이 있다. 기다란 채찍 모양의 이삭꽃차례는 15cm 정도 길이이며 위를 향한다. [1)]수박페페(*P. argyreia*)는 브라질 원산으로 다육질 잎은 은백색과 녹색의 수박을 닮은 줄무늬가 있다. [2)]쫄쫄이페페 '로쏘'(*P. caperata* 'Rosso')는 중미 원산의 늘푸른여러해살이 풀로 20cm 정도 높이이다. 긴 잎자루 끝에 달리는 타원형~달걀형 잎은 끝이 뾰족하며 가장자리가 밋밋하고 주름이 진다. 잎 앞면은 진녹색이고 뒷면은 적자색이 돈다. 잎 사이에서 자란 기다란 채찍 모양의 연노란색 이삭꽃차례는 곧게 선다. [3)]병솔페페(*P. fraseri*)는 남미 열대 원산의 늘푸른여러해살이풀로 60cm 정도 높이이다. 곧게 서는 줄기는 어두운 적갈색이다. 달걀형 잎은 끝이 뾰족하고 가장자리가 밋밋하며 마디에 돌려난다. 꽃대 끝에 병솔 모양의 흰색 꽃송이가 피어난다. [4)]신홀리페페(*P. rotundifolia*)는 남미 열대 원산으로 타원형 잎은 두껍고 부드러우며 밝은 녹색이다. 페페로미아속은 반음지식물로 추위에 약해서 실내에서 재배한다.

홍페페

1)수박페페

2)쫄쫄이페페 '로쏘'

3)병솔페페

4)신홀리페페

펠리칸쥐방울

### 펠리칸쥐방울(쥐방울덩굴과)
*Aristolochia grandiflora*

서인도 제도 원산의 덩굴나무로 6~9m 길이로 벋는다. 잎은 어긋나고 하트형이다. 잎겨드랑이에서 나오는 꽃은 30㎝ 정도 길이로 큼직하며 꽃봉오리의 모양이 펠리칸 새의 부리를 닮았다. 꽃잎처럼 보이는 꽃받침은 끝이 꼬리처럼 길며 자갈색과 흰색 반점이 많다. [1]**파이프쥐방울**(*A. leuconeura*)은 남미 원산의 덩굴나무로 잎은 하트형이고 잎맥은 흰색이며 나팔 모양의 적자색 꽃이 핀다. [2]**칼리코쥐방울**(*A. littoralis*)은 브라질 원산으로 꽃잎처럼 보이는 꽃받침이 진자주색이다. 모두 온실이나 실내에서 재배한다. [3]**개족도리**(*Asarum maculatum*)는 남부 지방의 숲속에서 5~20㎝ 높이로 자라는 여러해살이풀이다. 하트 모양의 잎은 1~2장이 나오고 털이 없으며 잎자루가 길다. 잎몸은 두껍고 앞면에 연한 색 얼룩무늬가 있다. 4~5월에 짧은 꽃줄기 끝에 족두리 모양의 흑자색 꽃이 옆을 보고 피는데 끝이 3갈래로 갈라져 벌어진다. [4]**판다족도리풀**(*A. maximum*)은 중국 원산의 여러해살이풀로 꽃받침통은 중심부가 흰색이며 둘레는 흑갈색인 것이 판다의 무늬를 닮았다. 개족도리와 함께 남부 지방의 그늘에서 재배한다.

[1]파이프쥐방울

[2]칼리코쥐방울

[3]개족도리

[4]판다족도리풀

### 자주받침꽃(받침꽃과)
*Calycanthus floridus*

북미 원산의 갈잎떨기나무로 2~3m 높이로 자란다. 잎은 마주나고 긴 타원형~달걀형이며 끝이 뾰족하고 가장자리는 밋밋하다. 5~6월에 잎겨드랑이에 달리는 적갈색~자주색 꽃은 5㎝ 정도이며 향기가 진하다. 거꿀달걀형 열매는 3~7㎝ 길이이며 끝이 뭉툭하게 잘린 모양이다. 1)**중국받침꽃**(*C. chinensis*)은 중국 원산의 갈잎떨기나무로 1~3m 높이로 자라며 5~6월에 가지 끝에 지름 4~7㎝의 붉은빛이 도는 흰색 꽃이 핀다. 2)**납매**(*Chimonanthus praecox*)는 중국 원산의 갈잎떨기나무로 2~5m 높이이다. 잎은 마주나고 달걀형~긴 타원형이며 끝이 뾰족하고 가장자리가 밋밋하다. 2월에 잎이 돋기 전에 노란색 꽃이 밑을 보고 피는데 향기가 진하다. 꽃은 지름 2㎝ 정도이며 바깥쪽 꽃잎은 노란색이고 조금 작은 안쪽 꽃잎은 적갈색이다. 열매는 긴 달걀형이며 끝에 꽃받침자국이 남아 있다. 3)**납매 '루테우스'**('Luteus')는 원예 품종으로 연노란색 꽃은 안쪽 꽃잎도 연노란색이다. 4)**가을납매**(*C. nitens*)는 중국 원산의 늘푸른떨기나무로 10월에 잎겨드랑이에 흰색~연노란색 겹꽃이 핀다. 모두 화단에 심어 기른다.

자주받침꽃

1)중국받침꽃

2)납매

3)납매 '루테우스'

4)가을납매

피고초령목

1)코코목련

### 피고초령목(목련과)
*Magnolia figo*

중국 남부 원산의 늘푸른떨기나무로 3~4m 높이이다. 잎은 어긋나고 타원형이며 가장자리가 밋밋하고 끝이 뾰족하다. 봄~여름에 가지 끝에 연노란색 꽃이 핀다. 꽃덮이조각은 6장이며 가장자리가 보랏빛이 돌고 점차 진해진다. 1)**코코목련**(*M. coco*)은 중국 남부 원산의 늘푸른떨기나무로 2~4m 높이이다. 잎은 어긋나고 좁은 타원형~좁은 거꿀달걀형이다. 여름에 피는 연노란색 꽃은 활짝 벌어지지 않고 향기가 진하다. 모두 남쪽 섬에서 심어 기른다.

홀아비꽃대

1)대만꽃대

### 홀아비꽃대(홀아비꽃대과)
*Chloranthus japonicus*

산의 숲속에서 20~30㎝ 높이로 자라는 여러해살이풀이다. 타원형 잎은 줄기 끝에 2장씩 마주나는데 마디 사이가 짧아서 4장이 돌려난 것처럼 보인다. 4~5월에 줄기 끝에 솔 모양의 흰색 꽃이삭이 곧게 선다. 1)**대만꽃대**(*C. oldhamii*)는 타이완 원산의 여러해살이풀로 잎은 마주나고 타원형~넓은 달걀형이며 10~13㎝ 길이로 큼직하고 가장자리에 톱니가 있다. 봄에 줄기 끝에서 나오는 2개의 흰색 꽃이삭은 비스듬히 처진다. 모두 화단에 심어 기른다.

## 석창포(창포과)
### *Acorus gramineus*

남부 지방의 냇가에서 10~30cm 높이로 자라는 늘푸른여러해살이풀이다. 뿌리줄기에 모여나는 잎은 선형이고 가장자리가 밋밋하며 주맥이 없다. 5~7월에 꽃줄기 옆에 달리는 기다란 살이삭꽃차례는 5~10cm 길이이며 자잘한 연노란색 꽃이 빽빽이 달린다. 꽃이삭 밑의 포는 꽃이삭과 길이가 비슷하다. [1]황금석창포('Ogon')는 원예 품종으로 봄가을에는 잎이 직사광선을 받으면 황금색으로 변한다. 석창포와 함께 화단에 심는데 반그늘에서 잘 자란다.

석창포　　　　　　[1]황금석창포

## 하와이토란(천남성과)
### *Alocasia macrorrhizos*

동남아시아 원산의 늘푸른여러해살이풀로 1~4m 높이이다. 화살 모양의 잎은 30~60cm 길이이며 가장자리는 물결 모양으로 주름이 진다. 잎겨드랑이에서 나오는 막대 모양의 연노란색 살이삭꽃차례는 연노란색 꽃덮개에 싸여 있다. [1]아글라오네마 콤무타툼(*Aglaonema commutatum*)은 동남아시아 원산으로 긴 타원형 잎은 회녹색 얼룩무늬가 있다. 잎겨드랑이에서 나오는 방망이 모양의 흰색 꽃차례는 연녹색 꽃덮개에 싸여 있다. 모두 실내에서 관엽식물로 기른다.

하와이토란　　　　[1]아글라오네마 콤무타툼

자이언트아룸 꽃

자이언트아룸 잎

¹⁾타이탄아룸

²⁾곤약 꽃

²⁾곤약 어린 열매

## 자이언트아룸(천남성과)
### *Amorphophallus paeoniifolius*

동남아시아 원산의 여러해살이풀이
다. 덩이줄기에서 1~2m 높이의
큰 깃털 모양의 잎이 1장이 나와 자
란다. 적갈색 꽃은 40㎝ 정도 높이
로 꽃덮개가 빙 둘러 있는 가운데
에서 둥근 꽃이삭이 나온 모습이
특이하다. 코끼리 발을 닮은 덩이
줄기는 전분이 많으며 식용한다.
¹⁾타이탄아룸/시체꽃(*A. titanum*)은
덩이줄기에서 나온 적갈색 꽃송이
가 3m에 달하며 고약한 냄새가
나기 때문에 '시체꽃'이라고도 한
다. 세상에서 가장 큰 꽃송이의 하
나이다. 모두 실내에서 심어 기르
며 자이언트아룸은 국내에서 개화
했지만 타이탄아룸은 국내에서 개
화한 기록이 없다. ²⁾곤약/구약감
자(*A. konjac*)는 동남아시아 원산의
여러해살이풀로 1m 정도 높이로
자란다. 뿌리에서 나오는 잎은 2~
3개로 갈라지고 갈래조각은 다시
깃꼴로 갈라지며 잎자루에 불규칙
한 날개가 있다. 작은잎은 긴 달걀
형이며 가장자리가 밋밋하고 끝이
길게 뾰족하다. 봄에 1m 정도 높
이로 자라는 꽃줄기 끝에 30~50㎝
길이의 살이삭꽃차례가 달린다.
암자색 꽃덮개는 깔때기 모양이며
꽃차례 끝은 창처럼 뾰족하다. 열
매는 옥수수 모양이며 붉게 익는
다. 남부 지방의 반그늘에서 기르
며 밭에서도 재배한다.

❶백학꽃　❷홍학꽃 '브라운 킹'

홍학꽃　❸안수리움 '레모나'　❹안수리움 '루카르디'

❺안수리움 '누비라'　❻안수리움 '프레비아'　❼안수리움 '시보리'　1)플라밍고안수리움

## 홍학꽃/안수리움(천남성과) *Anthurium andraeanum*

남미 원산의 늘푸른여러해살이풀로 30~50㎝ 높이로 자란다. 하트 모양
의 뿌리잎은 30~40㎝ 길이이며 끝이 뾰족하고 가장자리가 밋밋하며 잎
자루가 길다. 가는 원통형의 살이삭꽃차례 밑부분에는 하트 모양의 붉은
색 포가 꽃잎처럼 보인다. 포의 색깔과 크기가 다른 많은 품종이 개발되어
기르고 절화로도 이용한다. 1)플라밍고안수리움(*A. scherzerianum*)은 중미
원산으로 가는 원통형의 살이삭꽃차례는 둥글게 말리고 붉은색 포는 하트
모양이다.

❶(*A. a.* 'Album') ❷('Brown King') ❸(*A.* 'Lemona') ❹('Lucardi') ❺('Nubira')
❻('Previa') ❼('Shibori')

## 큰반하/대반하(천남성과)
*Pinellia tripartita*

경남의 숲속에서 20~50cm 높이로 자라는 여러해살이풀이다. 둥근 알줄기에서 나오는 뿌리잎은 3갈래로 깊게 갈라지고 갈래조각은 넓은 타원형~달걀형이며 가장자리는 주름이 진다. 4~7월에 뿌리에서 나온 꽃줄기 끝에 연녹색 꽃덮개 속에 들어 있는 꽃이삭이 채찍처럼 길게 벋는다. [1]큰천남성(*Arisaema ringens*)은 남부 지방의 숲속에서 50cm 정도 높이로 자라는 여러해살이풀이다. 2장이 마주나는 잎은 세겹잎이다. 4~6월에 꽃이 피는데 꽃덮개는 가장자리가 뒤로 말리고 속에 둥근 막대 모양의 꽃이삭이 들어 있다. [2]흰떡천남성(*A. sikokianum*)은 일본 원산으로 살이삭꽃차례는 둥그스름한 끝부분이 시루떡처럼 흰색이며 자갈색 꽃덮개는 흰색 세로줄 무늬가 있다. [3]나무필로덴드론(*Philodendron bipinnatifidum*)은 남미 원산의 여러해살이풀로 3~4.5m 높이이다. 줄기 끝에 모여나는 세모진 넓은 달걀형 잎은 깃꼴로 갈라진다. 잎겨드랑이에서 나오는 원통형의 살이삭꽃차례를 싸고 있는 꽃덮개는 겉이 연한 적갈색이다. [4]필로덴드론 '문라이트'(*P.* 'Moonlight')는 새로 돋는 긴 타원형 잎이 연녹색인 품종이다. 모두 실내에서 관엽식물로 기른다.

큰반하

[1]큰천남성

[2]흰떡천남성

[3]나무필로덴드론

[4]필로덴드론 '문라이트'

## 몬스테라/봉래초(천남성과)
### *Monstera deliciosa*

중미 원산의 여러해살이덩굴풀로 20m 정도 길이까지 벋는다. 잎은 어긋나고 둥근 타원형이며 25~90㎝ 길이이고 광택이 있다. 잎몸은 깃처럼 갈라지고 군데군데 구멍이 있다. 원통형 살이삭꽃차례는 연노란색 꽃덮개에 싸여 있고 달콤한 향기가 난다. [1]싱고니움(*Syngonium podophyllum*)은 열대 아메리카 원산의 늘푸른여러해살이덩굴풀이다. 어릴 때 달리는 화살촉 모양의 홑잎은 연한 색 반점이 있고 점차 자라면서 5~9갈래로 갈라진 새발꼴겹잎이 달린다. 잎겨드랑이에서 나오는 원기둥 모양의 흰색 살이삭꽃차례는 연한 황록색 꽃덮개 속에 들어 있다. [2]가시토란(*Lasia spinosa*)은 열대 아시아 원산의 늘푸른여러해살이풀로 물가에서 잘 자란다. 잎은 어긋나고 30~40㎝ 길이이며 깃꼴로 깊게 갈라진다. 5~6월에 곧게 자라는 기다란 꼬챙이 모양의 홍자색 꽃덮개 속에 꽃차례가 들어 있다. [3]골든클럽(*Orontium aquaticum*)은 북미 원산의 여러해살이풀로 뿌리에서 나는 잎은 타원형이며 푸른빛이 도는 녹색이다. 여름에 길게 자란 꽃차례 끝에 기다란 원통형의 노란색 살이삭꽃차례가 달리며 꽃덮개가 없다. 모두 실내에서 관엽식물로 기른다.

몬스테라

[1]싱고니움 꽃

[1]싱고니움 잎

[2]가시토란

[3]골든클럽

## 산부채(천남성과)
### *Calla palustris*

북부 지방에서 15~30cm 높이로 자라는 여러해살이풀이다. 뿌리잎은 하트형이며 끝이 뾰족하고 가장자리가 밋밋하다. 6~7월에 자란 꽃줄기 끝에 달리는 타원형 살이삭꽃차례는 10cm 정도 길이의 흰색 꽃덮개에 싸인다. [1]**물파초**(*Lysichiton camtschatcensis*)는 일본 북해도 원산의 여러해살이풀로 봄에 잎이 나기 전에 10~30cm 높이의 흰색 꽃이 핀다. 큼직한 흰색 꽃덮개에 싸인 기다란 원통형 살이삭꽃차례는 노란색이다. 모두 물가나 습기가 있는 화단에 심어 기른다.

산부채  [1]물파초

## 물칼라(천남성과)
### *Zantedeschia aethiopica*

남아공 원산의 늘푸른여러해살이풀로 70~100cm 높이로 물가에서 자란다. 뿌리에서 모여나는 잎은 넓은 달걀형이며 20~40cm 길이이고 심장저이다. 봄에 뿌리에서 나온 꽃줄기 끝에 원통 모양의 연노란색 살이삭꽃차례가 달린다. 꽃잎 모양의 큼직한 흰색 꽃덮개가 살이삭꽃차례를 둘러싼 모양이 여학생복의 옷깃(칼라)과 비슷하다. [1]**분홍꽃칼라**(*Z. rehmannii*)는 남아공 원산으로 30~40cm 높이로 자라며 살이삭꽃차례를 둘러싸는 꽃덮개가 분홍색이다. 모두 화단에 재배한다.

물칼라 [1]분홍꽃칼라

❶ 칼라 '캡틴 카마로'  ❷ 칼라 '캡틴 사파리'

❸ 칼라 '골든 하트'  ❹ 칼라 '립 글로우'

노랑꽃칼라

❺ 칼라 '오데사'  ❻ 칼라 '핑크 로열티'  ❼ 칼라 '산 레모'  ❽ 칼라 '서머 선'

## 노랑꽃칼라(천남성과)  *Zantedeschia elliottiana*

남아공 원산의 여러해살이풀로 60㎝ 정도 높이로 자란다. 굵은 땅속줄기 끝에서 모여나는 잎은 달걀 모양의 하트형이고 25㎝ 정도 길이이다. 잎 모서리는 뾰족하고 가장자리가 밋밋하며 흰색 점이 흩어져 난다. 5~6월에 잎 사이에서 자란 긴 꽃대 끝에 원통 모양의 노란색 살이삭꽃차례가 달린다. 꽃차례를 둘러싸는 노란색 꽃덮개는 15㎝ 정도 길이이다. 습한 곳에 관상용으로 심고 절화로도 이용한다. 칼라는 꽃과 잎이 관상 가치가 크기 때문에 많은 재배 품종이 있다.

❶(*Z.* 'Captain Camaro') ❷('Captain Safari') ❸('Golden Heart') ❹('Lip Glow') ❺('Odessa') ❻('Pink Royalty') ❼('San Remo') ❽('Summer Sun')

스파티필룸 파티니

## 스파티필룸 파티니 (천남성과)
### *Spathiphyllum patinii*

중미 원산의 늘푸른여러해살이풀로 40~60㎝ 높이로 자란다. 무더기로 모여나는 잎은 긴 타원형이며 20㎝ 정도 길이이고 끝이 뾰족하며 가장자리가 밋밋하다. 잎몸은 가죽 같은 느낌이고 광택이 있으며 주름이 진다. 길게 자란 꽃자루 끝에 달리는 흰색 살이삭꽃차례는 원통형이며 흰색 꽃덮개는 8~10㎝ 길이이고 타원형이며 끝이 뾰족하고 오래간다. [1)]**스파티필룸 칸니폴리움**(*S. cannifolium*)은 남미 원산으로 50㎝ 정도 높이로 자라며 타원형 잎은 광택이 있다. 꽃덮개 안쪽은 흰색이고 바깥쪽은 연녹색이며 점차 전체가 녹색으로 변한다. [2)]**스파티필룸 콤무타툼**(*S. commutatum*)은 동남아시아 원산으로 1~1.5m 높이로 자라고 큼직한 타원형 잎은 잎맥을 따라 주름이 진다. [3)]**소엽스파티필룸 '미니'**(*S. floribundum* 'Mini')는 남미 원산의 원예 품종으로 타원형 잎은 15~20㎝ 길이인 소형종이며 잎몸은 약간 두터운 편이고 주맥을 따라 연녹색 무늬가 생긴다. [4)]**스파티필룸 왈리시**(*S. wallisii*)는 중미 원산으로 90㎝ 정도 높이까지 자라고 흰색 꽃덮개는 10~12㎝ 길이이며 점차 녹색을 띤다. 모두 화분이나 화단에 관엽식물로 재배한다.

[1)]스파티필룸 칸니폴리움    [2)]스파티필룸 콤무타툼

[3)]소엽스파티필룸 '미니'    [4)]스파티필룸 왈리시

## 돌창포(돌창포과)
### *Tofieldia nuda*

북부 지방 깊은 산의 습기가 있는 곳에서 14~30cm 높이로 자라는 여러해살이풀이다. 2줄로 배열하는 굽은 선형 잎은 5~20cm 길이이며 3~7개의 잎맥이 있고 가장자리가 밋밋하다. 잎은 밑부분에서 서로 얼싸안는다. 7~8월에 꽃줄기 윗부분의 송이꽃차례에 자잘한 흰색 꽃이 촘촘히 달린다. 가느다란 꽃잎은 6장이고 6개의 수술은 꽃잎과 길이가 비슷하다. 화단에 심어 기르며 수반 등에 돌로 장식하여 석부작을 만들기도 한다. 보통 포기나누기로 번식한다.

돌창포

## 물양귀비(택사과)
### *Hydrocleys nymphoides*

남미 원산의 늘푸른여러해살이풀로 연못이나 늪에서 자란다. 뿌리줄기는 마디에서 뿌리를 내고 줄기는 50~60cm 높이로 자란다. 줄기는 굵고 기는가지가 갈라진다. 잎은 어긋나고 둥근 타원형이며 5cm 정도 길이이고 밑부분이 심장저이며 물에 뜬다. 잎몸은 진녹색이며 두껍고 광택이 있다. 7~9월에 물 밖으로 나와 피는 연노란색 꽃은 지름 5~7.5cm이며 꽃잎은 3장이고 안쪽은 적갈색이 돈다. 꽃의 수명은 1일이다. 남부 지방의 연못에서 심어 기르며 야생화한 것도 있다.

물양귀비

열대벗풀

¹⁾붉은점벗풀

## 열대벗풀(택사과)
### *Echinodorus cordifolius*

중미 원산의 여러해살이풀로 뿌리줄기에서 물 밖으로 나오는 잎은 달걀 모양의 타원형이고 밑부분이 심장저이다. 6~8월에 세모진 기다란 꽃줄기의 송이꽃차례에 흰색 꽃이 모여 핀다. ¹⁾**붉은점벗풀**(*Sagittaria montevidensis*)은 아메리카 원산의 여러해살이풀로 뿌리에서 자란 잎은 화살촉 모양이며 25~30cm 길이이다. 줄기 끝에서 갈라지는 꽃가지에 지름 2~3cm의 흰색 꽃이 피는데 3장의 꽃잎 밑부분에는 적자색 무늬가 있다. 모두 연못이나 수조에 심어 기른다.

## 아나카리스(자라풀과)
### *Egeria densa*

남미 원산의 여러해살이물풀로 연못에서 2m 정도 길이로 벋는다. 잎은 넓은 선형이며 마디마다 3~5장씩 돌려난다. 암수딴그루로 6~10월에 잎겨드랑이에 지름 1.5cm 정도의 흰색 꽃이 피는데 꽃잎은 3장이고 가운데의 많은 수술은 꽃밥이 노란색이다. ¹⁾**자라풀**(*Hydrocharis dubia*)은 연못가나 도랑 등 얕은 물에서 자라는 여러해살이물풀이다. 둥근 하트 모양의 잎은 물에 잘 뜬다. 암수한그루로 8~10월에 물 위로 나온 꽃대 끝에 1개의 흰색 꽃이 핀다. 모두 연못이나 수조에 물풀로 심어 기른다.

아나카리스

¹⁾자라풀

## 희망봉가래(아포노게톤과)
### *Aponogeton distachyos*

남아공 케이프 지역 원산의 여러해
살이풀로 1m 정도 높이로 자란다.
뿌리줄기에서 모여나는 잎은 잎자
루가 길고 잎몸은 물 위에 뜬다. 잎
몸은 좁은 타원형이고 6~25㎝ 길
이이며 양 끝이 둥글고 가장자리가
밋밋하며 잎맥이 나란하다. 물 위
로 나온 꽃송이에 흰색 꽃이 모여
피는데 진한 바닐라 향이 난다. 원
산지에서는 꽃봉오리를 식용한다.
연못이나 수조에 관상용으로 기르
는데 그늘에서도 잘 자란다. 추위
에 약하므로 겨울에는 보온이 필
요하다.

희망봉가래

## 박쥐꽃(마과)
### *Tacca chantrieri*

열대 아시아 원산의 늘푸른여러해
살이풀로 40~80㎝ 높이로 자란
다. 뿌리에서 모여나는 잎은 넓은
달걀형~타원형이고 끝이 뾰족하
며 가장자리가 밋밋하다. 뿌리에
서 자란 긴 꽃줄기 끝에 2~10장의
흑자색 포가 박쥐 모양으로 달린
다. 그 가운데에 2~10개의 흑자색
꽃이 모여 피는데 꽃잎은 6장이다.
포 사이에서 수염 모양의 실이 길게
늘어진다. [1]**흰박쥐꽃**(*T. integrifolia*)
은 포의 색깔이 흰색~연보라색이
다. 모두 실내에서 관엽식물로 기
르며 약재로도 이용한다.

박쥐꽃                                [1]**흰박쥐꽃**

페루백합 품종

페루백합 품종

페루백합

페루백합 품종

페루백합 품종

페루백합 품종

페루백합 품종

페루백합 품종

페루백합 품종

**페루백합**(알스트로에메리아과)  *Alstroemeria aurea*

남미 원산의 여러해살이풀로 30~100㎝ 높이로 자란다. 잎은 어긋나고 긴
달걀형이며 6~13㎝ 길이이고 끝이 뾰족하며 가장자리가 밋밋하다. 6~7월
에 줄기 끝에 2~6개의 노란색이나 분홍색 꽃이 달리는데 지름 2~5㎝이
다. 겉꽃덮이조각과 속꽃덮이조각은 각각 3장씩인데 겉꽃덮이조각의 폭
이 더 넓다. 속꽃덮이조각은 안쪽에 적갈색 반점이 흩어져 난다. 수술은 6개
이고 암술은 1개이다. 꽃이 아름다워서 여러 가지 색깔의 품종이 개발되었
으며 화단에 심어 기르거나 꽃꽂이 재료로 많이 이용한다. 땅속의 뿌리줄
기로 번식한다. 양지바른 곳이나 밝은 그늘에서 잘 자라며 비옥한 토양을
좋아한다.

미국연령초

## 미국연령초(여로과)
### *Trillium grandiflorum*

북미 원산의 여러해살이풀로 40㎝ 정도 높이로 자란다. 줄기 끝에 3장의 커다란 잎이 돌려나는데 잎자루가 없다. 잎은 둥근 달걀형이며 끝이 뾰족하고 가장자리가 밋밋하며 3~5개의 세로맥과 그물맥이 있다. 4~6월에 잎 사이에서 자란 짧은 꽃자루 끝에 피는 1개의 흰색 꽃은 지름 4~7㎝이다. 흰색 꽃잎과 녹색 꽃받침이 각각 3장씩이고 수술은 6개이다. 꽃은 며칠이 지나면 점차 분홍색으로 변한다. 화단에 심어 기르며 반그늘에서 잘 자란다.

콜키쿰

## 콜키쿰(콜키쿰과)
### *Colchicum autumnale*

지중해 연안 원산의 여러해살이풀로 10~15㎝ 높이로 자란다. 3~4월에 돋은 피침형 잎은 15~35㎝ 길이이며 초여름에 말라죽는다. 9~10월에 꽃대가 자라서 끝에 지름 4~7㎝의 적자색 꽃이 위를 보고 피는데 꽃잎과 수술은 각각 6개이다. [1]흰콜키쿰('Album')은 원예 품종으로 흰색 꽃이 핀다. [2]겹콜키쿰('Pleniflorum')은 원예 품종으로 겹꽃이 핀다. 모두 화단에 심어 기르며 원산지에서는 통풍을 치료하는 약재로도 쓰지만 맹독식물이므로 주의가 필요하다.

[1]흰콜키쿰

[2]겹콜키쿰

불꽃백합

1)로스차일드불꽃백합

## 불꽃백합(콜키쿰과)
### *Gloriosa superba*

아프리카 남부 원산의 여러해살이 덩굴풀로 1~3m 길이로 벋는다. 잎은 마주나고 달걀형~긴 달걀형이며 잎 끝이 길게 자라서 덩굴손처럼 다른 물체를 감는다. 6장의 홍적색 꽃잎은 중앙 이하가 노란색이며 뒤로 젖혀지고 가장자리는 물결 모양이다. 1)로스차일드불꽃백합('Rothschildiana')은 꽃잎 가장자리가 물결치듯 더욱 구불거린다. 모두 실내외에서 화초로 심으며 절화로도 이용한다. 콜키쿰처럼 독성이 강해서 피부에 염증을 일으킬 수 있다. 짐바브웨의 국화이다.

## 칠레동백꽃(필레시아과)
### *Lapageria rosea*

칠레 원산의 늘푸른여러해살이덩굴식물로 시계 방향으로 감고 5~10m 길이로 오른다. 잎은 어긋나고 달걀형이며 6~10㎝ 길이이고 끝이 길게 뾰족하다. 잎몸은 가죽질이고 3~7개의 잎맥이 나란히 벋는다. 잎겨드랑이에서 피는 1~3개의 진홍색 꽃은 7~10㎝ 길이이다. 꽃덮이조각은 6장이며 안쪽에는 흰색 반점이 많고 끝부분만 종처럼 벌어진다. 칠레의 국화이다. 1)흰칠레동백꽃(v. *albiflira*)은 흰색 꽃이 피는 품종이다. 모두 실내에서 심어 기른다.

1)흰칠레동백꽃

칠레동백꽃

중국패모

## 중국패모(백합과)
*Fritillaria thunbergii*

중국 원산의 여러해살이풀로 30~ 80㎝ 높이로 자란다. 잎은 2~3장 씩 돌려나고 가는 피침형이며 잎 자루가 없다. 잎은 위로 갈수록 길 어지고 안쪽으로 말려서 가늘어진 다. 4~5월에 잎겨드랑이에 종 모 양의 연노란색 꽃이 고개를 숙이고 피는데 희미한 그물무늬가 있다. 짧은 육각형 모양의 열매는 6개의 날개가 있다. 땅속의 비늘줄기는 '패모'라고 하며 가래를 삭이는 약재 로 쓴다. [1]**패모**(*F. ussuriensis*)는 북부 지방에서 자라는 여러해살이풀로 25㎝ 정도 높이이다. 5월에 잎겨드 랑이에 1개씩 피는 종 모양의 자주 색 꽃은 밑을 향한다. [2]**아크모페탈 라패모**(*F. acmopetala*)는 중동 지방 원 산의 여러해살이풀로 30~70㎝ 높이로 자라며 종 모양의 황록색 꽃은 진한 색 반점이 있다. [3]**사두패 모**(*F. meleagris*)는 유럽 원산의 여 러해살이풀로 15~40㎝ 높이로 자 란다. 자주색에 연자주색 그물무 늬가 있는 꽃 모양이 뱀 대가리를 닮았다. [4]**페르시아패모**(*F. persica*) 는 중동 지방 원산의 여러해살이 풀로 30~120㎝ 높이로 자란다. 줄기 끝의 송이꽃차례에 종 모양 의 자갈색 꽃이 촘촘히 돌려 가며 고개를 숙이고 핀다. 모두 화단에 심어 기르며 절화로도 이용한다.

[1]패모

[2]아크모페탈라패모

[3]사두패모

[4]페르시아패모

왕패모

1)왕패모 '오로라'

## 왕패모(백합과)
### *Fritillaria imperialis*

터키에서 히말라야에 이르는 지역 원산의 여러해살이풀로 1m 정도 높이로 자란다. 잎은 어긋나고 좁고 긴 창 모양이며 광택이 있다. 늦은 봄에 줄기 끝에 촘촘히 돌려난 잎 밑에 종 모양의 노란색 꽃이 촘촘히 돌려 가며 고개를 숙이고 핀다. 꽃은 5~8㎝ 크기이며 꽃잎과 수술은 각각 6개이다. 개화 기간이 2~3주로 길다. 1)왕패모 '오로라' ('Aurora')는 원예 품종으로 오렌지색 꽃이 피며 이 외에도 여러 품종이 있다. 모두 화단에 심어 기르며 절화로도 이용한다.

## 산나리/일본나리(백합과)
### *Lilium auratum*

일본 원산의 여러해살이풀로 1~1.5m 높이로 자란다. 잎은 어긋나고 피침형이며 10~20㎝ 길이이고 가장자리가 밋밋하며 5개의 잎맥이 뚜렷하다. 여름에 줄기 윗부분의 잎겨드랑이에서 나오는 흰색 꽃은 지름 15~26㎝로 큼직하고 향기가 진해서 '백합의 왕'으로 불린다. 6장의 꽃덮이조각 가운데에는 노란색 세로줄 무늬가 있고 자잘한 홍자색 반점이 흩어져 난다. 수술은 6개이고 꽃밥은 적갈색이다. 화단에 심어 기르며 절화로도 이용한다. 뿌리줄기는 식용하거나 약용한다.

산나리

참나리     1)**겹꽃참나리**

## 참나리(백합과)
### *Lilium lancifolium*

산과 들의 풀밭에서 1~2m 높이로
자라는 여러해살이풀이다. 줄기는
흑자색이 돌고 진한 흑자색 점이
있으며 털이 없다. 잎은 어긋나고
피침형이며 잎겨드랑이에 둥근 흑
갈색 살눈이 달린다. 7~8월에 황
적색 꽃이 밑을 향해 피며 6장의
꽃덮이조각은 7~10㎝ 길이로 크
고 흑자색 반점이 많으며 뒤로 말
린다. 6개의 수술과 1개의 암술은
꽃 밖으로 길게 벋고 꽃밥은 진한 적
갈색이다. 1)**겹꽃참나리**('Flore Pleno')
는 원예 품종으로 겹꽃이 핀다. 2)**노
랑땅나리**(*L. callosum* v. *flaviflorum*)
는 전남의 섬에서 자라며 여름에 피
는 노란색 꽃은 꽃덮이조각 안쪽에
흑자색 반점이 있고 뒤로 말린다.
3)**섬말나리**(*L. hansonii*)는 울릉도에
서 자라며 초여름에 주황색 꽃이 핀
다. 꽃덮이조각은 3~4㎝ 길이이며
진한 색 점이 많고 뒤로 둥글게 말
린다. 4)**날개하늘나리**(*L. pensylvanicum*)
는 북부 지방에서 자라며 여름에
피는 황적색 꽃은 6장의 꽃덮이조
각 밑부분에 빈 공간이 생긴다.
5)**말나리 '클라우드 쉬라이드'**(*L.* 'Claude
Shride')는 원예 품종으로 고개를
숙이고 피는 검붉은색 나리꽃은
반점이 있고 꽃덮이조각은 뒤로
젖혀진다. 모두 화단에 심어 기르
며 절화로도 이용한다.

2)**노랑땅나리**     3)**섬말나리**

4)**날개하늘나리**     5)**말나리 '클라우드 쉬라이드'**

백합

❶ 백합 '아를 옐로'　❷ 백합 '쉘브르'

❸ 백합 '칠리'　❹ 백합 '디지'

❺ 백합 '레위'　❻ 백합 '모나리자'　❼ 백합 '스트로베리 앤 크림'　❽ 백합 '타이니 센세이션'

### 백합(백합과) *Lilium longiflorum*

일본 원산의 여러해살이풀로 50~100㎝ 높이로 자란다. 동글납작한 비늘줄기는 지름 5~6㎝이다. 잎은 촘촘히 어긋나고 피침형이며 8~15㎝ 길이이고 가장자리가 밋밋하다. 5~6월에 줄기 끝에 2~3개가 피는 나팔 모양의 흰색 꽃은 12~16㎝ 길이이며 꽃덮이조각 끝부분이 뒤로 젖혀진다. 바깥쪽 꽃덮이조각 뒷면은 주맥이 튀어나오고 약간 녹색을 띤다. 수술은 6개이고 꽃밥은 황갈색이다. *Lilium*속은 꽃이 아름답기 때문에 많은 재배 품종이 개발되어 화단에 심어 기르며 절화로도 이용한다.

❶(*L.* 'Arles Yellow') ❷('Cherbourg') ❸('Chili') ❹('Dizzy') ❺('Levi') ❻('Mona Lisa') ❼('Strawberry & Cream') ❽('Tiny Sensation')

## 타르다튤립(백합과)
### *Tulipa tarda*

중앙아시아 투르키스탄 지역의 암석 지대에 분포하는 여러해살이풀로 5~15㎝ 높이로 자란다. 뿌리에서 모여난 3~7장의 선형 잎은 가장 자리가 밋밋하고 로제트 모양으로 비스듬히 퍼진다. 봄에 꽃줄기 끝에 피는 별 모양의 밝은 노란색 꽃은 지름 3~5㎝이며 6장의 꽃덮이 조각 끝은 흰색이다. 수술대와 꽃밥은 노란색이다. [1]**수련튤립 '스칼렛 베이비'**(*T. kaufmanniana* 'Scarlet Baby')는 여러해살이풀로 20㎝ 정도 높이로 자라며 잎이 돋을 때부터 일찍 주홍색 꽃이 피기 시작한다. [2]**비올라체아튤립**(*T. pulchella* 'Violacea')은 여러해살이풀로 10~15㎝ 높이로 자라며 봄에 꽃줄기 끝에 적자색 꽃이 핀다. [3]**바케리튤립 '라일락원더'**(*T. saxatilis* ssp. *bakeri* 'Lilac Wonder')는 크레타섬 원산의 원예 품종으로 여러해살이풀이며 20㎝ 정도 높이로 자란다. 라일락 색깔의 꽃은 안쪽 중심부에 진한 노란색 무늬가 있으며 한낮에 별 모양으로 활짝 핀다. [4]**투르키스탄튤립**(*T. turkestanica*)은 투르키스탄 원산으로 20㎝ 정도 높이로 자라는 꽃줄기는 몇 개로 갈라지고 끝마다 별 모양의 흰색 꽃이 핀다. 모두 햇빛이 잘 드는 곳에서 화단에 심어 기르며 절화로도 이용한다.

타르다튤립

[1]수련튤립 '스칼렛 베이비'　[2]비올라체아튤립

[3]바케리튤립 '라일락원더'　[4]투르키스탄튤립

툴립 꽃밭

❶툴립 '안드레 시트로엥'

❷툴립 '바나루카'

❸툴립 '바베이도스'

## 툴립(백합과) *Tulipa gesneriana*

소아시아 원산의 여러해살이풀로 30~60㎝ 높이로 자란다. 땅속의 비늘줄기는 달걀형이다. 줄기는 원기둥 모양이며 잎은 어긋나고 넓은 피침형이며 20~30㎝ 길이이고 가장자리가 물결 모양이며 밑부분은 줄기를 감싼다. 4~5월에 줄기 끝에 1개씩 위를 향해 피는 꽃은 5~7㎝ 길이이며 붉은색, 노란색, 주황색 등 여러 가지이다. 관상용으로 수많은 품종이 개발되었으며 품종에 따라 꽃의 색깔과 모양이 다양하다. 양지바른 화단에 심어 기르며 절화로도 이용한다. 툴립의 원산지인 터키의 국화이며 툴립의 원예 품종을 가장 많이 개발한 네덜란드의 국화이다.

❶(*T.* 'Andre Citroen') ❷('Banja Luka') ❸('Barbados')

④ 튤립 '뷰티 오브 퍼레이드'　⑤ 튤립 '콜럼버스'　⑥ 튤립 '큐번 나이트'　⑦ 튤립 '커민스'

⑧ 튤립 '도베르만'　⑨ 튤립 '돈키호테'　⑩ 튤립 '에스프리'　⑪ 튤립 '폭스트로트'

⑫ 튤립 '허미티지'　⑬ 튤립 '일 드 프랑스'　⑭ 튤립 '린반더마크'　⑮ 튤립 '리마'

⑯ 튤립 '미란다'　⑰ 튤립 '노스 폴'　⑱ 튤립 '퀸즈랜드'　⑲ 튤립 '스트롱 골드'

④(*T*. 'Beauty of Parade') ⑤('Columbus') ⑥('Cuban Night') ⑦('Cummins')
⑧('Doberman') ⑨('Don Quixote') ⑩('Esprit') ⑪('Foxtrot') ⑫('Hermitage')
⑬('Ile de France') ⑭('Leen Van Der Mark') ⑮('Lima') ⑯('Miranda')
⑰('North Pole') ⑱('Queensland') ⑲('Strong Gold')

뻐꾹나리

### 뻐꾹나리(백합과)
*Tricyrtis macropoda*

중부 이남의 숲속에서 50㎝ 정도 높이로 자라는 여러해살이풀이다. 줄기는 윗부분에서 가지가 갈라진다. 잎은 어긋나고 타원형이며 끝이 뾰족하고 가장자리는 밋밋하며 밑부분은 줄기를 거의 둘러싼다. 7~8월에 줄기 끝과 가지 끝의 고른꽃차례에 연자주색 꽃이 위를 향해 핀다. 6장의 꽃덮이조각은 뒤로 젖혀지며 겉에 자주색 반점이 있다. 수술은 6개이고 암술대는 3개로 갈라진 다음 다시 2개씩 갈라진다. 우리나라에서만 자라는 특산종이며 화단에 심어 기른다.

대만뻐꾹나리

### 대만뻐꾹나리(백합과)
*Tricyrtis formosana*

대만과 일본 원산의 여러해살이풀로 45~80㎝ 높이로 자란다. 잎은 어긋나고 타원형이며 끝이 뾰족하고 밑부분은 줄기를 감싼다. 9~10월에 줄기 끝과 잎겨드랑이의 갈래꽃차례에 피는 꽃은 안쪽에 진자주색 반점이 있다. [1]히르타뻐꾹나리(*T. hirta*)는 동아시아 원산의 여러해살이풀로 잎겨드랑이에서 2~3개의 꽃이 피는데 안쪽에 자홍색 반점이 있다. [2]흰히르타뻐꾹나리(*T. hirta* 'Alba')는 흰색 꽃이 피는 품종이다. 모두 화단에 심어 기르며 반그늘에서 잘 자란다.

[1]히르타뻐꾹나리

[2]흰히르타뻐꾹나리

## 죽엽란(난초과)
### *Arundina graminifolia*

열대 아시아 원산의 늘푸른여러해
살이풀로 50~150㎝ 높이로 곧게
자란다. 좁은 칼 모양의 잎은 대나
무 잎을 닮아서 '죽엽란(竹葉蘭)'이
라고 한다. 여름에 줄기 윗부분에
카틀레야를 닮은 연한 홍자색 꽃
2~6송이가 핀다. 입술꽃잎의 앞
부분은 진한 홍자색이며 가운데에
노란색 무늬가 있다. [1]**필리핀풍란**
(*Amesiella philippinensis*)은 필리핀
원산의 늘푸른여러해살이풀로 짧
은 줄기에 타원형 잎이 달린다. 이
른 봄에 잎겨드랑이의 송이꽃차례
에 지름 3㎝ 정도의 향기로운 흰
색 꽃이 2~5개가 핀다. [2]**튤립난초**
(*Anguloa clowesii*)는 콜롬비아~베
네수엘라의 고지대에서 자라는 여
러해살이풀로 2~4장이 나오는 잎
은 타원형이며 세로맥이 뚜렷하
다. 봄~여름에 꽃대 끝에 노란색
꽃이 피는데 향기가 진하다. [3]**앙
그라에쿰 에브르네움**(*Angraecum
eburneum*)은 아프리카 원산의 착생
란으로 1m 이상 높이로 자란다. 잎
겨드랑이의 긴 꽃대에 모여 피는
꽃은 흰색 입술꽃잎이 위를 향한
다. [4]**아라크니스 '매기 오이'**(*Arachnis
'Maggie Oei'*)는 교잡종으로 잎겨드
랑이의 송이꽃차례에 달리는 꽃은
노란색 바탕에 적갈색 무늬가 있
다. 모두 실내에서 심어 기른다.

[1]필리핀풍란

[2]튤립난초

[3]앙그라에쿰 에브르네움

[4]아라크니스 '매기 오이'

죽엽란

쿠르비폴리움작설란

### 쿠르비폴리움작설란(난초과)
*Ascocentrum curvifolium*

인도와 인도차이나 원산의 늘푸른 여러해살이풀이며 15~25㎝ 높이로 자라는 착생란이다. 줄기에 칼 모양의 잎이 2줄로 어긋난다. 봄~여름에 잎겨드랑이의 송이꽃차례에 지름 2~3㎝의 주홍색 꽃이 촘촘히 핀다. [1]**암풀라체움작설란**(*A. ampullaceum*)은 인도와 인도차이나 원산의 착생란이다. 봄~여름에 잎겨드랑이에서 나오는 10㎝ 정도의 송이꽃차례에 홍자색 꽃이 촘촘히 달리는데 꽃은 지름 1~2㎝이다. *Ascocenda*는 *Ascocentrum*속과 *Vanda*속 간의 교잡종인 여러해살이풀로 여러 교배 품종이 있다. [2]**아스코첸다 '바이센테니얼'**(*Ascocenda* 'Bicentennial')은 *Ascocentrum*속과 *Vanda*속 간의 속간 교배종인 원예 품종으로 여러해살이풀이다. 칼 모양의 잎이 2줄로 어긋난다. 송이꽃차례에 차례대로 피어 올라가는 주홍색 꽃에 자잘한 진한 색 반점이 많다. [3]**아스코첸다 '쿨와디 프라그란스'**(*A.* 'Kulwadee Frangrance')는 줄기 밑부분에 칼 모양의 잎이 2줄로 어긋난다. 줄기 윗부분에 모여 피는 지름 10~11㎝의 연보라색 꽃에는 진보라색 잔점이 많다. [4]**아스코첸다 '타야니 화이트'**(*Ascocenda Princess Mikasa* 'Tayanee White')는 흰색 꽃잎에 연녹색 무늬가 감도는 품종이다. 모두 실내에서 심어 기른다.

[1]암풀라체움작설란    [2]아스코첸다 '바이센테니얼'

[3]아스코첸다 '쿨와디 프라그란스'    [4]아스코첸다 '타야니 화이트'

## 해리슨비불란(난초과)
### *Bifrenaria harrisoniae*

브라질 원산의 늘푸른여러해살이
풀로 10~15㎝ 높이로 자란다. 긴
사각뿔 모양의 헛비늘줄기에 1장
의 긴 타원형 잎이 달리는데 끝이
뾰족하고 가장자리가 밋밋하다.
봄에 잎이 나기 전에 짧은 꽃대가
나와 지름 7.5㎝ 정도의 큼직한 흰
색~연노란색 꽃이 앞을 보고 핀
다. 입술꽃잎 앞부분은 선홍색 무
늬가 있다. [1]**흰해리슨비불란**('Alba')
은 원예 품종으로 흰색 꽃은 입술
꽃잎에 연노란색 무늬가 있다. 모
두 실내에서 심어 기르는데 밝고
습기가 있는 곳에서 잘 자란다.

해리슨비불란　　　　　[1]**흰해리슨비불란**

## 브랏소렐리오카틀레야 '알마 키'(난초과)
### *Blc.* 'Alma Kee'

*Brassavola*속과 *Cattleya*속 간의 교
잡종으로 브랏소렐리오카틀레야
(*Brassocattleya*)라고 하며 줄여서
*Blc.*로 표기한다. 가을~겨울에 피
는 노란색 꽃은 지름 13~15㎝로
큼직하며 입술꽃잎은 진한 붉은색
이고 꽃잎은 주름이 진다. [1]**브랏소
렐리오카틀레야 '산양 루비'**(*Blc.*
'Sanyang Ruby')는 적자색 꽃의 지
름이 15~16㎝로 큼직하며 향기가
진하다. 입술꽃잎은 바깥 부분이
주름이 지고 가운데에 2개의 선명
한 노란색 무늬가 있다. 모두 실내
에서 심어 기른다.

브랏소렐리오카틀레야 '알마 키'　[1]**브랏소렐리오카틀레야 '산양 루비'**

자란      1)백화자란

## 자란(난초과)
### Bletilla striata

전남 지방의 양지쪽에서 자라는 여러해살이풀로 30~50㎝ 높이이다. 달걀 모양의 알뿌리에서 나온 5~6장의 잎이 서로 감싸면서 줄기처럼 된다. 긴 타원형 잎은 20~30㎝ 길이로 끝이 뾰족하고 밑부분이 좁아져서 잎집처럼 되며 세로로 많은 주름이 진다. 5~6월에 꽃줄기 끝의 송이꽃차례에 6~7개의 홍자색 꽃이 달리는데 지름이 3㎝ 정도이다. 입술꽃잎은 안쪽에 세로로 5개의 주름이 진다. 1)백화자란('Alba')은 흰색 꽃이 피는 품종이다. 모두 남부 지방의 화단에 심어 기른다.

케일리아나거미난      1)렉스거미난

## 케일리아나거미난(난초과)
### Brassia keiliana

남미 원산의 늘푸른여러해살이풀로 30~45㎝ 높이로 자라는 착생란이다. 헛비늘줄기는 달걀 모양이다. 잎은 선형이며 끝이 뾰족하고 가장자리가 밋밋하다. 꽃줄기는 비스듬히 휘어지며 송이꽃차례가 달린다. 꽃은 지름 15㎝ 정도이며 가는 선형 꽃잎은 적자색이고 넓적한 잎술꽃잎은 노란색이다. 1)렉스거미난(B. 'Rex')은 종 간 교잡종으로 가는 바늘 모양의 황록색 꽃잎에는 흑갈색 반점이 있고 넓적한 입술꽃잎은 뒤로 말린다. 모두 실내에서 화초로 심는다.

## 브라싸볼라 노도사(난초과)
### *Brassavola nodosa*

멕시코~베네수엘라 원산의 늘푸른여러해살이풀로 20~30㎝ 높이로 자란다. 헛비늘줄기는 원통형이며 3~15㎝ 길이이다. 헛비늘줄기에 달리는 선형 잎은 길이 15~30㎝, 너비는 2~3㎝이다. 잎몸은 두껍고 단단하며 가운데에 골이 있다. 가을에 헛비늘줄기 끝에서 자란 20㎝ 정도의 꽃줄기에 1~6개의 흰색 꽃이 달리는데 특히 밤에 향기가 진하다. 꽃은 지름 8㎝ 정도이며 꽃받침과 곁꽃잎은 선형이고 입술꽃잎은 하트형이다. 실내에서 심어 기른다.

브라싸볼라 노도사

## 새우난초(난초과)
### *Calanthe discolor*

남부 지방의 숲속에서 자라는 여러해살이풀로 30~60㎝ 높이이다. 잎은 긴 타원형이고 세로로 주름이 지며 뿌리에서 2~3장이 모여나서로 얼싸안는다. 4~5월에 꽃줄기 윗부분의 송이꽃차례에 10여개의 자갈색~녹갈색 꽃이 달린다. 입술꽃잎은 깊게 3갈래로 갈라지고 연한 색이다. [1]금새우난(*C. striata*)은 잎이 넓은 타원형이고 주름이 진다. 5월경에 꽃줄기 윗부분의 송이꽃차례에 노란색 꽃이 촘촘히 옆을 보고 핀다. 모두 남부지방에서 화단에 심어 기른다.

새우난초     [1]금새우난

47

불보필룸 푸티둠

## 불보필룸 푸티둠(난초과)
### *Bulbophyllum putidum*

동남아 고산 지대 원산의 여러해 살이풀로 10~15㎝ 높이로 자라는 착생란이다. 헛비늘줄기는 사각형 이며 2~3㎝ 길이이고 끝에 긴 타원형 잎이 달린다. 10~12월에 길게 자란 꽃대 끝에 끝이 꼬리처럼 긴 적자색 꽃이 핀다. [1]불보필룸 아쿠미나툼(*B. acuminatum*)은 동남아 원산의 착생란으로 가느다란 꽃줄기 끝에 우산살 모양으로 꽃이 달린다. 꽃은 1~2㎝ 크기이며 꽃잎 안쪽은 적자색이고 바깥쪽은 연해지며 끝은 뾰족하다. [2]불보필룸 그라베오렌스(*B. graveolens*)는 뉴기니 원산의 착생란으로 6~7월에 자란 꽃줄기 양쪽으로 10~15개의 노란색~주황색 꽃이 촘촘히 달린다. [3]불보필룸 롭비(*B. lobbii*)는 동남아 원산의 여러해살이풀로 10~20㎝ 높이로 자란다. 헛비늘줄기 끝에 타원형 잎이 달린다. 6월경 꽃줄기 끝에 달리는 황갈색 꽃은 갈색 반점과 선이 있고 7~10㎝ 길이이다. [4]코브라난초(*B. purpureorhachis*)는 아프리카 원산의 착생란으로 넓적한 꽃줄기가 꼬인 모습이 코브라와 비슷하다. 꽃줄기 가운데를 따라 작은 적갈색 꽃이 줄지어 피어오른다. 모두 실내의 그늘에서 심어 기른다. 불보필룸속은 2,000종이 넘는다.

[1]불보필룸 아쿠미나툼

[2]불보필룸 그라베오렌스

[3]불보필룸 롭비

[4]코브라난초

## 카틀레야 코에룰레아(난초과)
### *Cattleya intermedia* 'Coerulea'

브라질 원산의 여러해살이풀로 20㎝ 정도 높이로 자라는 착생란이다. 3~4월에 꽃줄기에 2~3개가 피는 흰색 꽃은 7~12㎝ 크기이며 입술꽃잎 끝의 둥근 부분은 보라색이 돈다. [1]구향란('Orlata Rio')은 브라질 원산의 원예 품종인 착생란으로 25㎝ 정도 높이로 자란다. 봄~여름에 피는 분홍색 꽃은 8~10㎝ 크기이며 입술꽃잎은 진한 적자색이다. 모두 실내에서 심어 기른다. 카틀레야속은 화려한 꽃 색깔과 다채로운 모양 때문에 '난의 여왕'으로 불린다.

카틀레야 코에룰레아　　　　[1]구향란

## 킬로스키스타 루니페라(난초과)
### *Chiloschista lunifera*

인도차이나 원산의 착생란으로 가는 원통형의 녹색 공기뿌리가 광합성도 하고 수분도 흡수한다. 5~7월에 5~15㎝ 길이로 자란 꽃줄기의 송이꽃차례에 지름 1㎝ 정도의 적갈색 꽃이 핀다. [1]킬로스키스타 파리쉬(*C. parishii*)는 인도차이나 원산의 착생란으로 5~7월에 10~20㎝ 길이의 송이꽃차례에 지름 1㎝ 정도의 노란색 꽃이 피는데 향기가 진하다. 모두 실내에서 화초로 기른다. *Chiloschista*속은 공기뿌리가 거미처럼 사방으로 벋고 잎은 거의 볼 수가 없다.

킬로스키스타 루니페라　　　[1]킬로스키스타 파리쉬

코엘로지네 판두라타

## 코엘로지네 판두라타(난초과)
### *Coelogyne pandurata*

동남아시아 원산의 늘푸른여러해
살이풀로 30~50cm 높이로 자라는
착생란이다. 달걀 모양의 헛비늘
줄기는 세로로 모가 지며 끝에 긴
타원형 잎이 달린다. 봄~여름에 잎
사이에서 자란 꽃줄기는 15~30cm
길이이며 비스듬히 휘어지고 송이
꽃차례에 달리는 꽃은 지름 6~8cm
이다. 노란색 꽃잎은 피침형이며
입술꽃잎은 주름이 지고 흑갈색 얼
룩무늬가 있다. 꽃의 수명은 10일
정도이다. 실내에서 심어 기르는
데 따뜻하고 습기가 많은 반그늘에
서 잘 자란다.

헤라클레스난

## 헤라클레스난(난초과)
### *Coryanthes macrantha*

중남미 원산의 여러해살이풀로 45cm
정도 높이로 자라는 착생란이다. 긴
원뿔 모양의 헛비늘줄기는 세로로
골이 진다. 헛비늘줄기 끝에 달리
는 잎은 긴 타원형이다. 잎 사이에
서 나와 늘어지는 꽃줄기에 독특
하게 생긴 꽃이 매달린다. 헬멧처
럼 생긴 꽃은 지름 10~12cm이며
노란색 바탕에 불규칙한 적황색
반점이 있다. 양동이처럼 생긴 부
분이 입술꽃잎이다. 꽃은 벌을 분
비액에 빠뜨려서 꽃가루받이를 시
키는 독특한 구조이다. 실내에서 심
어 기른다.

보춘화

1)한란

2)알로에잎춘란

3)키로로춘란

4)심비디움 '월랑'

## 보춘화/춘란(난초과)
*Cymbidium goeringii*

남부 지방에서 자라는 늘푸른여러해살이풀로 10~25㎝ 높이이다. 뿌리에서 모여나는 선형 잎은 20~50㎝ 길이이며 비스듬히 휘어진다. 3~4월에 잎 사이에서 자란 꽃줄기 끝에 1~2개의 연한 황록색 꽃이 옆을 보고 피는데 향기가 있다. 1)**한란**(*C. kanran*)은 한라산 남쪽의 숲속에서 자라는 늘푸른여러해살이풀로 뿌리에서 모여나는 선형 잎은 20~70㎝ 길이이다. 10~1월에 잎 사이에서 자란 꽃줄기 끝에 황록색~홍자색 꽃이 옆을 보고 피는데 향기가 있다. 입술꽃잎은 흰색 바탕에 자주색 반점이 있다. 2)**알로에잎춘란**(*C. aloifolium*)은 중국과 동남아시아 원산의 늘푸른여러해살이풀인 착생란이다. 4~5월에 잎 사이에서 늘어지는 20~60㎝ 길이의 송이꽃차례에 꽃이 촘촘히 달리는데 적자색 꽃은 향기가 약간 있다. 3)**키로로춘란**(*C. Petite Sour* 'Kiroro')은 교잡종으로 잎 사이에서 늘어지는 송이꽃차례에 피는 큼직한 노란색 꽃은 입술꽃잎이 흰색이다. 4)**심비디움 '월랑'**(*C.* 'Wollang')은 국내에서 개발된 교잡종으로 송이꽃차례에 진한 노란색 꽃이 핀다. *Cymbidium*속은 50여 종의 원종 사이에서 많은 교잡종이 개발되어 재배되고 있다.

51

개불알꽃

1)세가와개불알꽃

2)광릉요강꽃

3)레지나에개불알꽃

### 개불알꽃(난초과)  *Cypripedium macranthos*

산에서 자라는 여러해살이풀로 30~50㎝ 높이이다. 줄기에 어긋나는 3~5장
의 잎은 타원형이고 끝이 뾰족하며 밑부분이 줄기를 감싼다. 5~6월에 줄기
끝에 달걀만 한 분홍색 꽃이 핀다. 입술꽃잎은 주머니 모양으로 특이하며 위
꽃잎과 곁꽃잎은 끝이 뾰족하다. '복주머니난'이라고도 한다. 1)**세가와개불**
**알꽃**(*C. segawae*)은 대만 원산으로 주머니 모양의 노란색 꽃이 핀다. 2)**광**
**릉요강꽃**(*C. japonicum*)은 광릉의 숲속에서 자라며 주머니 모양의 꽃은 연
녹색 바탕에 자갈색 무늬가 있다. 3)**레지나에개불알꽃**(*C. reginae*)은 북미
원산으로 흰색 꽃이 피는데 주머니 모양의 입술꽃잎은 분홍색이 돈다. 모
두 반그늘에서 심어 기른다.

## 분홍등룡석곡(난초과)
### *Dendrobium amabile*

분홍등룡석곡

중국과 베트남 원산의 여러해살이 풀로 40~80㎝ 높이로 자라는 착생란이다. 좁은 타원형 잎은 어긋나고 가죽질이다. 4~7월에 밑으로 늘어지는 30㎝ 정도 길이의 송이꽃차례에 연분홍색 꽃이 모여 핀다. 꽃은 지름 5~6㎝이며 입술꽃잎의 안쪽 부분에는 진한 노란색 무늬가 있다. [1]**자정설석곡**(*D. amethystoglossum*)은 필리핀 원산의 착생란으로 줄기 마디에서 늘어지는 송이꽃차례에 흰색 꽃이 모여 피는데 입술꽃잎에는 홍자색 무늬가 있다. [2]**더듬이석곡**(*D. antennatum*)은 뉴기니 주변 섬 원산의 착생란으로 흰색 꽃은 지름 4~5㎝이며 향기가 있다. 2장의 가는 꽃잎은 비틀리면서 안테나처럼 위로 곧게 서고 입술꽃잎에는 보라색 줄무늬가 있다. [3]**근반석곡** (*D. atroviolaceum*)은 뉴기니섬 원산의 착생란으로 2~6월에 짧은 송이꽃차례에 달리는 꽃은 지름 5~6㎝이다. 흰색 꽃잎은 자잘한 갈색 반점이 있고 입술꽃잎은 보라색 줄무늬가 있다. [4]**장포석곡**(*D. bracteosum*)은 뉴기니섬 원산의 착생란으로 25~50㎝ 높이로 자란다. 가을에 굵은 줄기 윗부분의 마디에 모여 피는 흰색~분홍색 꽃은 지름 2~3㎝이며 작은 입술꽃잎은 주홍색이다. 모두 실내에서 심어 기른다.

[1]자정설석곡

[2]더듬이석곡

[3]근반석곡

[4]장포석곡

시악석곡

1)황옥석곡

2)취옥석곡

3)고퇴석곡

4)변색석곡

## 시악석곡(난초과)
### *Dendrobium cariniferum*

중국, 인도, 동남아 원산의 여러해
살이풀로 굵은 원통형 줄기는 10~
28㎝ 높이로 자란다. 잎은 어긋나
고 긴 타원형이며 15~40㎜ 길이
이고 끝이 뾰족하며 가장자리가
밋밋하고 가죽질이다. 3~4월에
줄기 끝에 달리는 짧은 송이꽃차
례에 몇 개의 흰색 꽃이 핀다. 꽃
은 지름 5㎝ 정도이며 입술꽃잎에
커다란 주황색 무늬가 있다. 1)황옥
석곡(*D. bullenianum*)은 필리핀과 베
트남 원산의 착생란으로 3~5월에
마디에서 나온 꽃대에 진한 주황
색 꽃이 둥글게 촘촘히 달린다. 꽃
지름은 1㎝ 정도이며 꽃잎에 붉은
색 줄무늬가 있다. 2)취옥석곡(*D.
cerinum*)은 필리핀 원산의 착생란
으로 줄기에서 늘어지는 꽃대에
지름 3~4㎝의 노란색 꽃이 모여
핀다. 3)고퇴석곡(*D. chrysotoxum*)은
중국, 인도, 동남아 원산의 착생란
으로 봄~초여름에 비스듬히 휘어
지는 송이꽃차례에 지름 4~5㎝의
진노란색 꽃이 피는데 입술꽃잎에
적갈색 무늬가 있다. 4)변색석곡
(*D. discolor*)은 뉴기니와 호주 원산
의 착생란으로 잎겨드랑이에서 자
란 기다란 송이꽃차례에 지름 3~
7㎝의 황갈색 꽃이 피는데 꽃잎은
심하게 비틀린다. 모두 실내에서
심어 기른다.

## 고산석곡(난초과)
### *Dendrobium infundibulum*

인도, 중국과 인도차이나 원산의 여러해살이풀로 70㎝ 정도 높이로 자라는 착생란이다. 굵고 둥근 줄기에 좁은 타원형 잎이 어긋난다. 봄~여름에 줄기 윗부분의 마디에서 2개의 흰색 꽃이 핀다. 꽃은 지름 10㎝ 정도이며 입술꽃잎에는 오렌지색 무늬가 있다. [1]용석곡(*D. draconis*)은 인도차이나 원산의 착생란으로 굵은 줄기 윗부분의 마디에서 나오는 짧은 송이꽃차례에 2~5개의 향기로운 흰색 꽃이 핀다. 꽃은 지름 7~8㎝이며 입술꽃잎 안쪽에 적황색 무늬가 있다. [2]세엽석곡(*D. hancockii*)은 중국 남부 원산의 착생란으로 잎은 좁은 타원형이다. 잎겨드랑이에서 1~2개가 나오는 지름 4㎝ 정도의 진한 노란색 꽃은 입술꽃잎이 연한 주황색이 돌기도 한다. [3]소황화석곡(*D. jenkinsii*)은 중국과 인도차이나 원산의 착생란으로 이른 봄에 처지는 송이꽃차례에 1~5개의 진한 노란색 꽃이 피는데 둥근 입술꽃잎이 큼직하다. [4]양엽석곡(*D. laevifolium*)은 뉴기니와 솔로몬 제도 원산의 착생란으로 잎겨드랑이에서 나오는 짧은 꽃대에 1개~몇 개의 홍적색 꽃이 핀다. 꽃은 지름 2~5㎝이며 작은 입술꽃잎은 연홍색~주황색이다. 모두 실내에서 심어 기른다.

고산석곡

[1]용석곡

[2]세엽석곡

[3]소황화석곡

[4]양엽석곡

55

인면석곡

## 인면석곡(난초과)
*Dendrobium macrophyllum*

동남아시아와 솔로몬 제도 인근 섬 원산의 늘푸른여러해살이풀로 40㎝ 정도 높이로 자라는 착생란이다. 타원형 잎은 광택이 있다. 봄~여름에 줄기 끝의 송이꽃차례에 지름 5㎝ 정도의 노란색 꽃이 모여 피는데 입술꽃잎 안쪽에 자갈색 세로줄 무늬가 있다. [1]**긴기아난**(*D. kingianum*)은 호주 원산의 착생란으로 이른 봄에 줄기 끝에서 나온 송이꽃차례에 3~10개의 분홍색 꽃이 핀다. 꽃은 지름 2㎝ 정도이며 둥근 입술꽃잎에는 진보라색 반점이 있다. [2]**흰긴기아난**(*D. kingianum* 'Alba')은 흰색 꽃이 피는 긴기아난의 원예 품종이다. [3]**림피둠석곡**(*D. limpidum*)은 파푸아뉴기니 원산의 착생란이다. 밑으로 처지는 줄기 끝부분에서 나오는 송이꽃차례에 1㎝ 정도 길이의 홍적색 꽃이 4~10개가 촘촘하게 모여 달려 밑으로 늘어진다. [4]**금채석곡**(*D. nobile*)은 중국, 인도, 인도차이나 원산의 착생란으로 줄기 윗부분의 잎겨드랑이에서 나온 짧은 송이꽃차례에 2~4개의 꽃이 핀다. 꽃은 지름 6~8㎝이며 흰색 꽃잎 끝부분은 홍적색이고 입술꽃잎 안쪽에 흑갈색 무늬가 있다. 꽃의 수명이 길며 색깔에 변이가 많다. 모두 실내에서 심어 기른다.

[1]긴기아난

[2]흰긴기아난

[3]림피둠석곡

[4]금채석곡

석곡

## 석곡(난초과)
### *Dendrobium moniliforme*

남부 지방에서 자라는 늘푸른여러
해살이풀로 10~20㎝ 높이이다. 바
위나 나무줄기에 붙어서 자라는 착
생란으로 흰색의 굵은 뿌리가 많
다. 통통한 줄기는 마디가 있다. 잎
은 어긋나고 피침형이며 7~13㎝
길이이고 광택이 있다. 5~6월에
오래된 줄기의 윗쪽 마디에 1~2개
의 흰색~연분홍색 꽃이 피는데 지
름 3㎝ 정도이며 향기가 있다. [1]**석
곡 '백학'**('Hakutsuru')은 석곡의 원
예 품종으로 잎에 불규칙한 노란색
무늬가 있다. [2]**옥석곡**(*D. purpureum*
'Alba')은 뉴기니 인근 섬 원산의 착
생란으로 40㎝ 정도 높이로 자란
다. 피침형 잎은 가죽질이고 끝이
둔하다. 줄기의 마디에 지름 1~2㎝
의 흰색 꽃이 촘촘히 모여 피는 품
종이다. [3]**적옥석곡**(*D. purpureum*
'Red')은 옥석곡과 비슷하지만 줄
기의 마디에 촘촘히 모여 피는 붉
은색 꽃은 끝부분이 연녹색이다.
[4]**광서석곡**(*D. scoriarum*)은 중국 남
부와 베트남 원산의 착생란으로
60㎝ 정도 높이로 자란다. 긴 타
원형 잎은 4㎝ 정도 길이이다. 봄
에 묵은 줄기에서 나오는 짧은 꽃
자루에 1~3개의 흰색~연노란색
꽃이 핀다. 꽃은 지름 2㎝ 정도이
며 입술꽃잎에는 적자색 무늬가
있다. 모두 실내에서 심어 기른다.

[1]석곡 '백학'    [2]옥석곡

[3]적옥석곡    [4]광서석곡

영양석곡

1)융모석곡

2)분홍홍록보석곡

3)황궁석곡

4)술라웨시석곡

## 영양석곡(난초과)
### *Dendrobium stratiotes*

뉴기니와 말레이시아 원산의 늘푸른여러해살이풀로 150㎝ 정도 높이로 자라는 착생란이다. 잎은 어긋나고 피침형이며 가죽질이다. 봄~여름에 20~30㎝ 길이로 자라는 꽃대는 수평으로 벋으며 4~15개의 흰색 꽃이 달리는데 입술꽃잎에 적자색 줄무늬가 있다. 1)융모석곡(*D. senile*)은 인도차이나반도 원산의 착생란으로 잎과 줄기는 긴 흰색 털이 있다. 이른 봄에 지름 3~6㎝의 노란색 꽃이 모여 피는데 향기가 있다. 2)분홍홍록보석곡(*D. smillieae* 'Pink')은 호주 원산의 품종인 착생란이다. 봄~여름에 잎이 없는 줄기 끝부분에서 나오는 송이꽃차례에 15~30㎜ 길이의 분홍색 꽃이 촘촘히 모여 핀다. 3)황궁석곡(*D. strebloceras*)은 말레이시아 원산의 착생란으로 2m 정도 높이로 자란다. 4~6월에 잎겨드랑이에서 나오는 긴 꽃대에 지름 7~9㎝의 주황색 꽃이 피는데 꽃잎과 꽃받침조각은 비틀린다. 4)술라웨시석곡(*D. glomeratum*)은 말레이시아 원산의 착생란으로 여름~가을에 줄기 윗부분의 마디에서 나오는 꽃대에 3~10개의 홍자색 꽃이 핀다. 꽃은 지름 3㎝ 정도이며 작은 입술꽃잎은 붉은색이다. 모두 실내에서 심어 기른다.

구화석곡

### 구화석곡(난초과)
*Dendrobium thyrsiflorum*

중국, 인도, 인도차이나반도 원산의 여러해살이풀로 60㎝ 정도 높이로 자라는 착생란이다. 줄기 윗부분에 3~4장이 어긋나는 잎은 긴 타원형이며 가죽질이다. 3~5월에 줄기 윗부분에서 늘어지는 송이꽃차례는 10~16㎝ 길이이며 지름 5㎝ 정도의 흰색 꽃이 촘촘히 달리는데 입술꽃잎은 노란색이다. [1]**시경석곡**(*D. trigonopus*)은 중국과 인도차이나반도 원산의 착생란으로 15~20㎝ 높이로 자란다. 봄~여름에 줄기에서 나오는 송이꽃차례에 지름 5㎝ 정도의 노란색 꽃이 모여 피는데 향기가 있다. [2]**독각석곡**(*D. unicum*)은 인도차이나반도 원산의 착생란으로 이른 봄에 잎겨드랑이에서 나오는 짧은 송이꽃차례에 진한 주홍색 꽃이 모여 피는데 입술꽃잎이 위쪽을 향한다. [3]**빅토리아석곡**(*D. victoriae-reginae*)은 필리핀 원산의 착생란으로 5~6월에 짧은 송이꽃차례에 1~3개의 보라색 꽃이 피는데 안쪽은 흰색이다. [4]**우시타석곡**(*D. × usitae*)은 필리핀에서 자라는 자연 교잡종인 착생란이다. 5~7월에 줄기에 모여 피는 꽃은 지름 2㎝ 정도이며 주황색 바탕에 붉은색 줄무늬가 있다. 모두 실내에서 심어 기른다.

[1]시경석곡

[3]빅토리아석곡

[4]우시타석곡

[2]독각석곡

덴드로칠룸 코비아눔 　　　¹⁾울워드원숭이난

## 덴드로칠룸 코비아눔(난초과)
### *Dendrochilum cobbianum*

필리핀 원산의 늘푸른여러해살이
풀로 50㎝ 정도 높이로 자라는 착
생란이다. 가을부터 가느다란 꽃
대 윗부분에 달리는 송이꽃차례는
꼬리처럼 밑으로 늘어진다. 연노
란색~흰색 꽃은 밑을 향하고 향기
가 있다. ¹⁾**울워드원숭이난**(*Dracula
woolwardiae*)은 에콰도르 원산의 여
러해살이풀로 17~25㎝ 높이의 착
생란이다. 이른 봄에 비스듬히 처
지는 꽃줄기에 달리는 세모꼴 꽃은
끝이 꼬리처럼 길어지고 연노란색
바탕에 적갈색 잔점과 털이 많다.
모두 실내에서 심어 기른다.

## 엔시클리아 알라타(난초과)
### *Encyclia alata*

중남미 원산의 여러해살이풀로 150㎝
높이로 자라는 착생란이다. 잎은
좁은 타원형이고 가장자리가 밋밋
하다. 봄~가을에 긴 꽃대 끝에 모
여 피는 꽃은 선형 꽃잎이 흑갈색
바탕에 밑부분이 연노란색이다. ¹⁾**에
피카틀레야 '르네마르케스'**(*Epicattleya*
'Rene Marques')는 교잡종인 늘푸
른여러해살이풀이다. 3~5월에 피
는 꽃은 5장의 기다란 꽃잎과 꽃받
침이 연녹색이고 부채꼴의 입술꽃
잎은 노란색이며 밑부분의 좁아진
부분은 홍자색이다. 실내에서 심
어 기른다.

엔시클리아 알라타 　　　¹⁾에피카틀레야 '르네마르케스'

## 메두사에피덴드룸(난초과)
### *Epidendrum medusae*

에콰도르 원산의 여러해살이풀로 잎은 좌우로 어긋난다. 여름에 잎 겨드랑이에 피는 적자색 꽃은 꽃잎 가장자리가 잘게 갈라진다. [1]에피덴드룸 엠브레이(*E. embreei*)는 에콰도르 원산으로 2~4월에 줄기 끝에서 처지는 원뿔꽃차례에 황적색 꽃이 모여 달린다. [2]에피덴드룸 핌브리아툼(*E. fimbriatum*)은 남미 원산으로 줄기 끝의 송이꽃차례에 지름 6㎝ 정도의 흰색~연분홍색 꽃이 피는데 꽃잎에 보라색 잔점이 많이 있는 것도 있다. [3]에피덴드룸 녹투르눔(*E. nocturnum*)은 중남미 원산으로 여름~가을에 줄기 끝에 지름 2㎝ 정도의 향기로운 꽃이 핀다. 가느다란 꽃잎은 연한 황록색이고 나비 모양의 입술꽃잎은 흰색이다. [4]에피덴드룸 파르킨소니아눔(*E. parkinsonianum*)은 중남미 원산으로 봄~여름에 1~3개가 모여 피는 연노란색 꽃은 10㎝ 정도 길이이다. 가느다란 꽃잎은 연노란색이고 나비 모양의 흰색 입술꽃잎은 점차 노래진다. [5]에피덴드룸 수데피덴드룸(*E. pseudepidendrum*)은 중미 원산으로 이른 봄에 피는 꽃은 가느다란 꽃잎이 녹색이고 둥그스름한 입술꽃잎은 주황색~노란색이다. 모두 착생란이며 실내에서 심어 기른다.

메두사에피덴드룸

[1]에피덴드룸 엠브레이

[2]에피덴드룸 핌브리아툼

[3]에피덴드룸 녹투르눔

[4]에피덴드룸 파르킨소니아눔

[5]에피덴드룸 수데피덴드룸

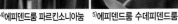

에피덴드룸 라디칸스

1)에피덴드룸 라디칸스 '옐로'

2)에피덴드룸 파니쿨라툼

## 에피덴드룸 라디칸스(난초과)
### *Epidendrum radicans*

중남미 원산의 여러해살이풀로 30~45㎝ 높이로 자라는 착생란이다. 타원형 잎은 가죽질이며 거의 마주나듯이 어긋난다. 줄기 끝에 모여 피는 주황색 꽃은 입술꽃잎이 잘게 갈라진다. 1)에피덴드룸 라디칸스 '옐로'('Yellow')는 노란색 꽃이 피는 품종이다. 2)에피덴드룸 파니쿨라툼(*E. paniculatum*)은 중남미 원산의 착생란으로 줄기 끝의 송이꽃차례에 지름 2~3㎝의 꽃이 핀다. 꽃잎은 연녹색이며 입술꽃잎은 흰색 바탕에 적자색 반점이 있다. 모두 실내에서 기른다.

## 향화모난(난초과)
### *Eria javanica*

중국과 동남아시아 원산의 여러해살이풀로 50㎝ 정도 높이의 착생란이다. 좁은 타원형 잎은 길이가 30~60㎝이다. 8~10월에 잎 사이에서 나오는 꽃줄기는 짧은털이 있으며 연노란색 꽃이 이삭꽃차례로 달리는데 향기가 진하다. 1)지엽모난(*Mycaranthes pannea*)은 인도, 중국, 동남아시아 원산의 여러해살이풀로 5~15㎝ 높이로 자라는 착생란이며 전체에 털이 있다. 봄에 줄기 끝에 1~3개의 노란색~주황색 꽃이 피는데 15㎜ 정도 크기이다. 모두 실내에서 심어 기른다.

향화모난

1)지엽모난

호랑이난초 ¹⁾류큐석곡

## 호랑이난초(난초과)
### *Grammatophyllum speciosum*

동남아시아 원산의 늘푸른여러해
살이풀로 3~7m 높이로 크게 자
라는 착생란이다. 칼 모양의 잎은
2줄로 어긋난다. 9~11월에 줄기
밑부분에서 나온 송이꽃차례에 노
란색 바탕에 갈색의 반점이 있는
꽃이 핀다. ¹⁾류큐석곡(*Pinalia ovata*)
은 류큐~동남아시아 원산의 여러
해살이풀로 30~40㎝ 높이로 자
라는 착생란이다. 긴 타원형 잎은
어긋나고 끝이 뾰족하다. 7~9월에
꽃줄기의 송이꽃차례에 지름 1㎝
정도의 연노란색 꽃이 모여 핀다.
모두 실내에서 심어 기른다.

## 사철란(난초과)
### *Goodyera schlechtendaliana*

남쪽 섬과 울릉도의 숲속에서 자라
는 늘푸른여러해살이풀로 12~25㎝
높이이다. 줄기 밑부분에 4~6장
이 촘촘히 어긋나는 좁은 달걀형
잎은 앞면에 흰색 반점이 있다. 8~
9월에 줄기 윗부분의 송이꽃차례에
달리는 흰색 꽃은 꽃자루가 길다.
¹⁾붉은사철란(*G. biflora*)은 남쪽 섬
에서 자란다. 달걀형 잎은 회색이
도는 진녹색 바탕에 흰색 무늬가
있다. 8~9월에 줄기 윗부분에 1~
3개가 달리는 통 모양의 흰색 꽃
은 2~3㎝ 길이로 큰 편이다. 모두
남부 지방에서 심어 기른다.

사철란 ¹⁾붉은사철란

삼색리카스테

1)과리안테 스킨네리

2)리수다물로아 '레드 주얼'

3)랠리아 안셉스

4)렐리오카틀레야 임페리얼 참 '사토'

## 삼색리카스테(난초과)
### *Lycaste tricolor*

중미 원산의 늘푸른여러해살이풀인 착생란으로 줄기는 없다. 모여나는 달걀형의 가짜비늘줄기 끝에 타원형 잎이 달린다. 2~4월에 피는 꽃은 흰색, 연분홍색, 연갈색이 섞여 있다. 1)**과리안테 스킨네리**(*Guarianthe skinneri*)는 남미 원산의 착생란으로 2장의 타원형 잎은 가장자리가 밋밋하다. 봄~여름에 잎겨드랑이에서 자란 꽃줄기에 진한 홍자색 꽃이 몇 개가 모여 달린다. 2)**리수다물로아 '레드 주얼'**(*Lysudamuloa* 'Red Jewel')은 속 간 교잡종인 여러해살이풀로 25~30㎝ 높이로 자란다. 가느다란 꽃줄기에 달리는 꽃은 꽃잎과 꽃받침이 적갈색이며 입술꽃잎은 노란색에 적자색 반점이 있다. 3)**랠리아 안셉스**(*Laelia anceps*)는 중미 원산의 착생란으로 타원형의 헛비늘줄기 끝에 달리는 긴 타원형 잎은 가죽질이다. 겨울에 자란 꽃줄기에 분홍색 꽃이 피는데 입술꽃잎은 진홍색 바탕에 노란색 무늬가 있다. 4)**렐리오카틀레야 임페리얼 참 '사토'**(*Lc. Imperial Charm* 'Sato')는 *Laelia*속과 *Cattleya*속 간의 교배종으로 지름 10㎝ 정도의 흰색 꽃이 피는데 입술꽃잎은 진한 적자색이 돈다. 렐리오카틀레야(*Laeliocattleya*)속은 줄여서 *Lc.*로 표기하기도 한다. 모두 실내에서 심어 기른다.

### 마스데발리아 모니카나(난초과)
*Masdevallia monicana*

에콰도르 고산 원산으로 10cm 정도 높이로 자라는 착생란이다. 뿌리에서 모여나는 잎은 좁은 타원형이며 끝이 둥글다. 겨울에 꽃줄기 끝에 1개의 연한 선홍색 꽃이 피는데 3장의 꽃받침조각은 끝이 바늘처럼 길어진다. [1]마스데발리아 아야바카나(*M. ayabacana*)는 페루 원산으로 20~35cm 높이로 자란다. 잎은 대나무 잎을 닮았고 진한 적자색 꽃은 3cm 정도 길이로 길쭉하다. [2]마스데발리아 에코(*M. echo*)는 페루 원산으로 15~30cm 높이로 자란다. 잎은 주걱 모양이며 꽃은 겉이 노란색이고 안쪽은 적갈색이다. [3]마스데발리아 이그네아(*M. ignea*)는 콜롬비아 원산으로 잎은 타원형이다. 꽃대는 30cm 정도 높이로 자라며 꽃대 끝에 피는 붉은색 꽃은 위쪽 꽃받침조각이 작다. [4]마스데발리아 토바렌시스(*M. tovarensis*)는 베네수엘라 원산의 착생란으로 꽃줄기 끝에 피는 흰색 꽃은 3~4cm 길이이며 3장의 꽃받침조각 끝은 바늘처럼 길어진다. [5]마스데발리아 베이치아나(*M. veitchiana*)는 페루 원산의 착생란으로 꽃줄기 끝에 피는 주홍색 꽃은 20cm 정도 길이로 큼직하며 3장의 꽃받침조각 끝은 바늘처럼 길어진다. 모두 실내에서 심어 기른다.

마스데발리아 모니카나

[1]마스데발리아 아야바카나

[2]마스데발리아 에코

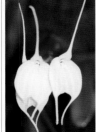
[3]마스데발리아 이그네아

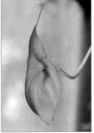
[4]마스데발리아 토바렌시스 [5]마스데발리아 베이치아나

## 효향란(난초과)
*Maxillariella tenuifolia*

열대 아메리카 원산의 여러해살이
풀로 나무에 붙어 자라는 착생란
이다. 타원형의 헛비늘줄기 끝에 1개
가 달리는 가는 피침형 잎은 30~
40㎝ 길이이다. 여름~가을에 뿌
리에서 나온 짧은 꽃대 끝에 지름
3~4㎝의 적갈색 꽃이 핀다. 입술
꽃잎은 노란색 바탕에 붉은색 반
점이 있다. [1]**막실라리아 스트리아
타**(*Maxillaria striata*)는 남미 원산의
착생란으로 꽃자루 끝에 달리는
지름 5~12㎝의 큼직한 꽃은 노란
색 바탕에 적갈색 줄무늬가 있다.
모두 실내에서 심어 기른다.

효향란　　　[1]막실라리아 스트리아타

## 밀토니옵시스 '루비 펄스'(난초과)
*Miltoniopsis Drake Will* 'Ruby Falls'

열대 아메리카 원산의 원예 품종
인 여러해살이풀로 20~30㎝ 높이
로 자란다. 땅속줄기에서 촘촘히
나오는 헛비늘줄기에 선형 잎이
달린다. 잎 사이에서 나온 꽃줄기
에 팬지를 닮은 붉은색 꽃이 피는
데 안쪽에 흰색과 주황색의 얼룩
무늬가 있으며 향기가 난다. [1]**밀토
니옵시스 '헤어 알렉산더'**(*M.* 'Herr
Alexander')는 원예 품종으로 팬
지를 닮은 흰색 꽃은 안쪽에 보라
색과 노란색 무늬가 있으며 향기
가 난다. 모두 실내에서 심어 기르
는데 여름에는 시원한 곳이 좋다.

밀토니옵시스 '루비 펄스'　[1]밀토니옵시스 '헤어 알렉산더'

## 모카라 '차크 쿠안 핑크'(난초과)
*Mokara* 'Chark Kuan Pink'

모카라는 싱가포르에서 개발된 *Arachnis*속과 *Ascocentrum*속과 *Vanda*속의 3개의 속 간 교배종이다. 원예 품종으로 70㎝ 정도 높이로 자라는 여러해살이풀이다. 넓은 선형 잎은 줄기 양쪽으로 배열된다. 잎겨드랑이에서 나온 꽃줄기의 송이꽃차례에 지름 9㎝ 정도의 분홍색 꽃이 한쪽을 보고 피어올라간다. [1]모카라 '차오프라야 골드'(*M.* 'Chao Praya Gold')는 교잡종으로 송이꽃차례에 지름 6㎝ 정도의 노란색 꽃이 한쪽을 보고 핀다. 모두 실내에서 심어 기른다.

모카라 '차크 쿠안 핑크'    [1]모카라 '차오프라야 골드'

## 네오벤타미아 그라칠리스(난초과)
*Neobenthamia gracilis*

아프리카 탄자니아 원산의 여러해살이풀로 90~120㎝ 높이로 자란다. 선형 잎은 2줄로 어긋나고 밑부분이 줄기를 감싼다. 2~5월에 줄기 끝의 송이꽃차례에 종 모양의 흰색 꽃이 핀다. [1]쿠이트라우지나 풀첼라(*Cuitlauzina pulchella*)는 중미 원산의 늘푸른여러해살이풀로 30㎝ 정도 높이로 자라는 착생란이다. 12~3월에 뿌리에서 나온 꽃줄기의 송이꽃차례에 흰색 꽃이 피는데 꽃은 지름 4㎝ 정도이며 안쪽에는 노란색 무늬가 있다. 모두 실내에서 심어 기른다.

네오벤타미아 그라칠리스    [1]쿠이트라우지나 풀첼라

67

풍란      [1]네오스트

### 풍란(난초과)
*Neofinetia falcata*

남쪽 섬에서 5~10㎝ 높이로 자라는 늘푸른여러해살이풀인 착생란이다. 넓은 선형 잎은 2줄로 마주 안는다. 7~8월에 잎겨드랑이에서 자란 꽃줄기 끝의 송이꽃차례에 3~5개의 흰색 꽃이 달린다. 꿀주머니는 선형이며 끝이 뭉툭하고 길이 4㎝ 정도로 길며 밑으로 굽는다. [1]네오스트(*Neostylis* Lou Sneary)는 풍란과 *Rhynchostylis coelestis* 간의 교잡종인 착생란으로 흰색과 청자색이 섞인 꽃이 피는데 향기가 있다. 모두 실내에서 심어 기른다.

에리키나 푸실라      [1]로시오글로숨 '로돈 제스터'

### 에리키나 푸실라(난초과)
*Erycina pusilla*

중남미 원산의 여러해살이풀로 25~35㎜ 높이로 자라는 조그만 착생란이다. 피침형 잎은 줄기 밑부분에 2줄로 촘촘히 어긋난다. 가을~봄에 잎 사이에서 자란 짧은 꽃대에 노란색 꽃이 달리는데 꽃은 10~25㎜ 길이이며 꽃잎의 일부에 황갈색 얼룩무늬가 있다. [1]로시오글로숨 '로돈 제스터'(*Rossioglossum* 'Rawdon Jester')는 교배종인 여러해살이풀로 25~37㎝ 높이로 자라는 착생란이다. 줄기 끝의 송이꽃차례에 피는 지름 10~15㎝의 노란색 꽃은 적갈색 무늬가 있다.

## 온시디움 스파켈라툼(난초과)
*Oncidium sphacelatum*

중남미 원산의 늘푸른여러해살이
풀로 착생란이다. 2m 정도 높이까
지 자라는 꽃줄기는 비스듬히 처진
다. 꽃은 25mm 정도 길이이며 큼직
한 입술꽃잎이 노란색이고 나머지
작은 꽃잎은 적갈색 반점이 있다.
¹⁾온시디움 '쉐리 베이비'('Sharry
Baby')는 원예 품종으로 적자색 꽃
은 입술꽃잎이 흰색이다. ²⁾온시디
움 하스티라비움(*O. hastilabium*)은
중남미 원산으로 헛비늘줄기에 거
꿀피침형 잎이 달린다. 150㎝ 정도
높이로 자라는 원뿔꽃차례에 달리
는 꽃은 지름 7.5㎝ 정도이며 꽃잎
에 자갈색 가로 줄무늬가 있다. ³⁾온
시디움 나에비움(*O. naevium*)은 콜롬
비아와 베네수엘라 원산으로 꽃줄
기는 30~40㎝ 길이로 비스듬히 휘
어진다. 흰색 꽃잎에 적갈색 반점이
있고 입술꽃잎 안쪽에는 노란색 무
늬가 있다. ⁴⁾온시디움 노에즐리아눔
(*O. noezlianum*)은 볼리비아 원산으로
30~45㎝ 길이로 비스듬히 휘어지
는 꽃줄기에 홍적색 꽃이 모여 핀
다. ⁵⁾온시디움 프레스탄노이데스(*O.
praestanoides*)는 남미 원산으로 30㎝
정도 높이로 자라는 착생란이다. 잎
은 피침형이며 끝이 뾰족하다. 잎보
다 짧은 꽃줄기의 송이꽃차례에 별
모양의 꽃이 모여 피는데 지름 4㎝
정도이며 노란색 바탕에 적갈색 반점
이 많다. 모두 실내에서 심어 기른다.

온시디움 스파켈라툼

¹⁾온시디움 '쉐리 베이비'

²⁾온시디움 하스티라비움

³⁾온시디움 나에비움

⁴⁾온시디움 노에즐리아눔

⁵⁾온시디움 프레스탄노이데스

## 장판투구난(난초과)
### *Paphiopedilum dianthum*

중국과 인도차이나반도 원산의 여러해살이풀로 30~80cm 높이로 자란다. 2~5장의 긴 타원형 잎은 2줄로 난다. 7~9월에 길게 자란 꽃줄기의 송이꽃차례에 2~4개의 황갈색 꽃이 달리는데 기다란 곁꽃잎은 비틀린다. [1]**뾰족니투구난**(*P. acmodontum*)은 필리핀 원산으로 긴 타원형 잎은 얼룩무늬가 있다. 20~35cm 높이의 꽃줄기 끝에 1개의 주머니 모양의 꽃이 피는데 7cm 정도 크기이며 녹색 바탕에 자주색 반점이 많다. [2]**행황투구난**(*P. armeniacum*)은 중국 운남 원산으로 15~28cm 높이의 꽃줄기 끝에 1개의 주머니 모양의 노란색 꽃이 피는데 지름 7~9cm이다. [3]**염모투구난**(*P. barbatum*)은 말레이반도 원산으로 타원형 잎은 얼룩무늬가 있다. 25cm 정도 높이의 꽃줄기 끝에 1~2개의 주머니 모양의 자주색 꽃이 피는데 지름 9cm 정도이다. 위꽃잎은 흰색 바탕에 보라색 줄무늬가 있다. [4]**칼루스투구난**(*P. callosum*)은 인도차이나반도 원산으로 긴 타원형 잎은 얼룩무늬가 있다. 40cm 정도 높이의 꽃줄기 끝에 1~2개의 주머니 모양의 자주색 꽃이 피는데 지름 11cm 정도이다. 모두 실내에서 심어 기르는데 반그늘에서도 잘 자란다.

장판투구난

[1)뾰족니투구난

[2)행황투구난

[3)염모투구난

[4)칼루스투구난

## 녹엽투구난(난초과)
### *Paphiopedilum hangianum*

중국과 베트남 원산의 여러해살이 풀로 15~20cm 높이로 자란다. 긴 타원형 잎은 녹색이며 4~6장이 2줄로 달린다. 봄에 꽃줄기 끝에 1개가 달리는 연한 황록색 꽃은 지름 9~12cm이며 달콤한 향기가 약간 난다. 솜털이 있는 꽃잎에 자갈색 그물무늬가 있다. [1]**흰회엽투구난**(*P. glaucophyllum* 'Album')은 인도네시아 원산으로 봄부터 피는 주머니 모양의 연노란색 꽃은 8~11cm 길이이며 피침형 곁꽃잎은 비틀린다. [2]**세판투구난**(*P. haynaldianum*)은 필리핀 원산으로 여름에 45cm 정도 높이로 자라는 꽃줄기에 몇 개의 꽃이 피는데 지름 12~15cm이며 황록색에 자갈색 반점이 있다. [3]**대엽투구난**(*P. hirsutissimum*)은 중국, 인도와 미얀마 원산으로 봄~여름에 30cm 정도 높이로 자란 꽃줄기에 지름 10cm 정도의 황록색 꽃이 핀다. 곁꽃잎 바깥 부분은 자주색이다. [4]**저지투구난**(*P. lowii*)은 동남아시아 원산의 착생란으로 봄부터 60~70cm 높이로 자라는 꽃줄기에 5~6개의 꽃이 핀다. 꽃은 지름 11~16cm이며 황록색 바탕에 갈색의 거친 반점이 있고 끝부분은 분홍빛이 돈다. 모두 실내에서 심어 기르는데 반그늘에서도 잘 자란다.

녹엽투구난

[1]흰회엽투구난

[2]세판투구난

[3]대엽투구난

[4]저지투구난

미려투구난

## 미려투구난(난초과)
*Paphiopedilum insigne*

인도와 태국 원산의 늘푸른여러해
살이풀로 30㎝ 정도 높이로 자란
다. 뿌리에서 모여나는 3~5장의
잎은 긴 타원형이며 20㎝ 정도 길
이이다. 꽃줄기 끝에 1~2개의 황
록색 꽃이 피는데 지름 10~12㎝
이며 자잘한 적갈색 반점이 있다.
곁꽃잎은 넓은 선형이며 가장자리
가 주름이 지고 위꽃잎은 흰빛이
돈다. [1]**자점투구난**(*P. godefroyae*)
은 동남아시아 원산으로 짧은 줄
기에 달리는 긴 타원형 잎은 얼룩
무늬가 있다. 초여름에 꽃줄기 끝
에 1~2개가 피는 연노란색~황록
색 꽃은 지름 5~7㎝이며 자갈색
반점이 많다. [2]**동색자점투구난**(*P. godefroyae × concolor*)은 자점투구
난과 동색투구난(*P. concolor*)의 교
배종으로 연노란색 꽃은 자잘한
자갈색 반점이 많다. [3]**마율파투구
난**(*P. malipoense*)은 중국 운남 원산
으로 30~40㎝ 높이의 꽃줄기 끝에
지름 10㎝ 정도의 연노란색 꽃이
피는데 불규칙한 자주색 그물무늬
가 있다. [4]**경엽투구난**(*P. micranthum*)
은 중국 운남 원산의 늘푸른여러
해살이풀이다. 10㎝ 정도 높이의
꽃줄기 끝에 피는 분홍색 꽃은 지
름 5~7㎝이며 자갈색 줄무늬가
있다. 모두 실내에서 심어 기르는
데 반그늘에서도 잘 자란다.

[1]**자점투구난**

[2]**동색자점투구난**

[3]**마율파투구난**

[4]**경엽투구난**

설백투구난

1)보춘투구난

2)제왕투구난

3)소씨투구난

4)거악투구난

## 설백투구난(난초과)
*Paphiopedilum niveum*

말레이시아 원산의 늘푸른여러해살이풀로 10~15㎝ 높이이다. 3~5장이 돋는 좁은 타원형 잎은 10~13㎝ 길이이고 진녹색과 회색의 점무늬가 얼룩덜룩하며 가장자리가 밋밋하다. 봄~여름에 짧은 꽃줄기 끝에 지름 5~7㎝의 흰색 꽃이 피는데 희미한 자갈색 반점이 있다. 1)보춘투구난(*P. primulinum*)은 인도네시아 원산으로 여름에 25~30㎝ 높이의 꽃줄기에 지름 4~7㎝의 황록색 꽃이 핀다. 곁꽃잎은 피침형이며 주름이 진다. 2)제왕투구난(*P. rothschildianum*)은 인도네시아 원산으로 곧게 서는 40~60㎝ 높이의 꽃줄기에 지름 15~20㎝의 큼직한 꽃이 모여 핀다. 꽃은 연한 갈색 바탕에 진한 적갈색 줄무늬와 반점이 있다. 3)소씨투구난(*P. sukhakulii*)은 태국 원산으로 30㎝ 정도 높이로 자란 꽃줄기 끝에 피는 1개의 꽃은 지름 12㎝ 정도이며 황록색 바탕에 위꽃잎은 연두색 줄무늬가 있고 곁꽃잎은 적자색 반점이 있다. 4)거악투구난(*P. superbiens*)은 말레이시아와 인도네시아 원산으로 여름에 30㎝ 정도 높이로 자란 꽃줄기 끝에 1개의 흑자색 꽃이 피는데 지름 6~8㎝이며 위꽃잎은 흰색 바탕에 보라색 줄무늬가 있다. 모두 실내에서 심어 기르는데 반그늘에서도 잘 자란다.

판납호접란

## 판납호접란(난초과)
### *Phalaenopsis mannii*

히말라야 원산의 여러해살이풀인 착생란이다. 긴 타원형 잎은 작은 갈색 반점이 있으며 20㎝ 정도 길이이고 두꺼우며 4~5장이 모여난다. 봄에 45㎝ 정도 길이로 자란 꽃줄기의 원뿔꽃차례에 지름 3~4㎝의 꽃이 모여 핀다. 꽃잎과 꽃받침은 피침형이며 황록색 바탕에 막대 모양의 적갈색 반점이 있다. [1]백화호접란(*P. amabilis*)은 호주와 동남아시아 원산으로 90㎝ 정도 길이의 송이꽃차례에 지름 10㎝ 정도의 큼직한 흰색 꽃이 핀다. [2]파씨호접란(*P. bastianii*)은 필리핀 원산으로 15~20㎝ 길이의 꽃줄기에 모여 달리는 꽃은 지름 3~4㎝이며 연노란색 바탕에 굵은 적갈색 반점이 있다. [3]임등호접란(*P. lindenii*)은 필리핀 원산으로 50㎝ 정도 길이로 처지는 꽃줄기의 송이꽃차례에 지름 4~5㎝의 꽃이 피는데 흰색~연분홍색 바탕에 연보라색 세로줄 무늬가 들어간다. [4]수마트라호접란(*P. sumatrana*)은 동남아시아 원산의 늘푸른여러해살이풀이다. 30㎝ 정도 높이의 꽃줄기에 달리는 송이꽃차례에 지름 5㎝ 정도의 별 모양 꽃이 피는데 연한 녹황색 바탕에 막대 모양의 갈색 무늬가 있다. 모두 실내에서 심어 기르는데 반그늘에서도 잘 자란다.

[1]백화호접란

[2]파씨호접란

[3]임등호접란

[4]수마트라호접란

호접란 '골든 뷰티'

❶호접란 '블랙잭'

❷호접란 '풀러스 선셋'

❸호접란 '골드 윈드'

❹호접란 '그린 애플'

❺호접란 '스칼렛 인 스노'

❻호접란 '소고 베리'

❼호접란 '소고 다이아나'

❽호접란 '화이트 위드 레드립'

## 호접란 '골든 뷰티'(난초과)  *Phalaenopsis* 'Golden Beauty'

*Phalaenopsis*는 열대 아시아와 호주 원산의 여러해살이풀로 주로 습한 지역의 나무에 붙어서 자라는 착생란이지만 바위에 붙어서 자라는 종도 있다. 속명인 팔레놉시스(*Phalaenopsis*)는 '나비 모양'이라는 뜻으로 나비처럼 생긴 꽃을 보고 붙인 이름이다. 한자 이름으로는 '호접란(蝴蝶蘭)'이라고 하는데 역시 '나비난초'라는 뜻이다. 짧은 줄기에 넓고 납작한 잎이 마주나고 줄기에서 굵은 공기뿌리가 자란다. 큼직한 꽃이 아름답고 오래가기 때문에 많은 재배 품종이 개발되었으며 실내 화초와 절화로 이용한다.

❶(*P.* 'Blackjack') ❷('Fuller's Sunset') ❸('Gold Wind') ❹('Green Apple') ❺('Scarlet in Snow') ❻('Sogo Berry') ❼('Sogo Diana') ❽('White with Red Lip')

지네발란

1)해오라비난초

2)프라그미페디움 베쎄아에

3)플레우로탈리스 카르디오탈리스

4)플레우로탈리스 아스케라

## 지네발란(난초과)
### Pelatantheria scolopendrifolia

제주도와 목포에서 20㎝ 정도 길이로 바닥을 기며 자라는 늘푸른여러해살이풀로 착생란이다. 좁은 피침형 잎은 다육질이며 2줄로 어긋난다. 6~7월에 짧은 꽃자루 끝에 연한 붉은색 꽃이 핀다. 1)해오라비난초(Pecteilis radiata)는 양지쪽 습지에서 자라는 여러해살이풀로 7~8월에 줄기 끝에 1~2개가 피는 흰색 꽃의 모양이 날개를 활짝 편 해오라기같이 보여 '해오라비난초'라고 한다. 모두 화단이나 화분에 심어 기른다. 2)프라그미페디움 베쎄아에(Phragmipedium besseae)는 안데스 산맥 원산으로 50㎝ 정도 높이의 꽃줄기에 투구난을 닮은 붉은색 꽃이 핀다. 3)플레우로탈리스 카르디오탈리스(Pleurothallis cardiothallis)는 중남미 원산으로 20㎝ 정도 높이로 자라는 착생란이다. 가는 줄기 끝에 1장이 달리는 잎은 하트형이며 가장자리가 밋밋하고 끝이 뾰족하다. 줄기 끝의 잎겨드랑이에 피는 흑갈색 꽃은 지름 1㎝ 정도이다. 4)플레우로탈리스 아스케라(P. ascera)는 중미 원산의 착생란으로 잎몸은 긴 하트형이며 끝이 뾰족하고 주맥이 뚜렷하다. 줄기 끝의 잎겨드랑이에 피는 흑갈색 꽃은 지름 2.5㎝ 정도이다. 모두 실내에서 심어 기른다.

폴리스타치야 파니쿨라타　　　　¹⁾**사이콥시스 파필리오**

### 폴리스타치야 파니쿨라타(난초과)
*Polystachya paniculata*

아프리카 원산의 여러해살이풀로 50㎝ 정도 높이로 자란다. 봄~여름에 꽃가지마다 노란색~주황색 꽃이 촘촘히 돌려 가며 달리는데 꽃은 지름 4㎜ 정도로 작다. ¹⁾**사이콥시스 파필리오**(*Psychopsis papilio*)는 중남미 원산의 늘푸른여러해살이풀로 1m 정도 높이로 자라는 착생란이다. 여름에 기다란 꽃줄기 끝에 피는 꽃은 위꽃잎과 곁꽃잎이 가늘며 위를 향한다. 입술꽃잎은 3갈래로 갈라지며 주름이 지고 노란색과 적갈색 무늬가 있다. 모두 실내에서 심어 기른다.

### 조가비난(난초과)
*Prosthechea cochleata*

중미 원산의 늘푸른여러해살이풀로 30~40㎝ 높이로 자라는 착생란이다. 긴 타원형의 헛비늘줄기에 1~3장의 긴 타원형 잎이 달린다. 봄부터 피기 시작하는 꽃은 자갈색 입술꽃잎이 위를 향하고 가느다란 연두색 꽃잎은 밑을 향한다. ¹⁾**프로스테체아 프리스마토카르파**(*P. prismatocarpa*)는 중미 원산의 착생란이다. 초여름에 송이꽃차례에 모여 피는 꽃은 지름 4~5㎝이며 연한 녹황색 바탕에 흑자색 반점이 있고 입술꽃잎 끝은 분홍색이다. 모두 실내에서 심어 기른다.

조가비난　　　　¹⁾**프로스테체아 프리스마토카르파**

프로스테체아 라디아타 　　<sup></sup>¹⁾프로스테체아 차카오엔시스

## 프로스테체아 라디아타(난초과))
### *Prosthechea radiata*

중미 원산의 여러해살이풀로 20~ 25cm 높이로 자라는 착생란이다. 좁은 피침형 잎은 어긋난다. 꽃줄기의 송이꽃차례에 지름 25mm 정도의 연한 녹황색 꽃이 피는데 위를 향하는 입술꽃잎 안쪽에 자주색 줄이 있다. ¹⁾**프로스테체아 차카오엔시스**(*P. chacaoensis*)는 중남미 원산의 착생란으로 송이꽃차례에 달리는 연한 녹황색 꽃은 지름 4cm 정도이며 위를 향하는 입술꽃잎은 안쪽에 자주색 세로줄이 있고 향기가 있다. 모두 실내에서 심어 기른다.

레난세라 모나치카 　　¹⁾레난세라 필립피넨시스

## 레난세라 모나치카(난초과)
### *Renanthera monachica*

중국과 동남아시아 원산의 여러해살이풀로 40~50cm 높이로 자라는 착생란이다. 줄기에 두꺼운 선형 잎이 2줄로 촘촘히 어긋난다. 줄기에서 수평으로 벋는 꽃줄기에 모여 달리는 꽃은 지름 2~4cm이며 주황색 바탕에 황적색 점무늬가 있다. ¹⁾**레난세라 필립피넨시스**(*R. philippinensis*)는 필리핀 원산의 착생란으로 수평으로 벋는 꽃줄기에 지름 25mm 정도의 주홍색 꽃이 촘촘히 달린다. 실내에서 화초로 심어 기르는데 습하고 양지바른 곳을 좋아한다.

### 소프로카틀레야 '아일린'(난초과)
*Sc. Crystelle Smith* 'Aileen'

소프로카틀레야(*Sophrocattleya*)는 *Sophronitis*속과 *Cattleya*속 간의 교잡종이며 줄여서 *Sc.*로 표기한다. 15㎝ 정도 높이로 자라는 왜성종으로 줄기 끝에 큼직한 분홍색 꽃이 피는데 입술꽃잎은 노란색이며 가장자리에 주름이 진다. [1]**소프로렐리오카틀레야 '리틀 헤이즐'**(*Slc.* 'Little Hazel')은 3개의 속 간의 교잡종으로 흔히 '미니카틀레야'라고 하며 10㎝ 정도 높이이다. 꽃줄기에 모여 달리는 붉은색 꽃은 지름 4㎝ 정도이다. 모두 실내에서 심어 기른다.

소프로카틀레야 '아일린'  [1]소프로렐리오카틀레야 '리틀 헤이즐'

### 죽순란(난초과)
*Thunia brymeriana*

대만과 동남아시아 원산의 여러해살이풀로 둥근 줄기는 마디가 있으며 피침형 잎이 2줄로 어긋난다. 초여름에 줄기 끝에 흰색 꽃이 피는데 통 모양의 입술꽃잎은 홍자색이며 가장자리는 주름이 진다. [1]**나도풍란**(*Sedirea japonica*)은 남쪽 섬에서 자라는 늘푸른여러해살이풀로 뿌리는 굵은 공기뿌리가 있다. 긴 타원형 잎은 3~5장이 2줄로 마주 달린다. 6~8월에 비스듬히 자라는 꽃줄기 끝의 송이꽃차례에 연한 녹백색 꽃이 모여 달린다. 모두 실내에서 화초로 심어 기른다.

죽순란  [1]나도풍란

자주포설란

### 자주포설란(난초과)
#### *Spathoglottis plicata*

열대 아시아 원산의 늘푸른여러해
살이풀로 30~80㎝ 높이로 자란다.
달걀 모양의 알뿌리에서 나오는 3~
5장의 선형 잎은 잎맥이 뚜렷하다.
잎 사이에서 자란 꽃줄기의 송이꽃
차례에 지름 4㎝ 정도의 홍자색 꽃
이 핀다. 진홍색 입술꽃잎은 밑부
분이 가늘고 윗부분은 넓게 벌어진
다. [1]**흰자주포설란**('Alba')은 흰색
꽃이 피는 품종이다. [2]**노랑포설란**
(*S. gracilis*)은 동남아시아 원산의 늘
푸른여러해살이풀로 50~80㎝ 높
이로 자란다. 선형 잎은 잎맥이 뚜
렷하다. 기다란 꽃줄기에 달리는
송이꽃차례에 지름 5㎝ 정도의 노
란색 꽃이 핀다. [3]**포설란 '베리 바**
**나나'**(*S. 'Berry Banana'*)는 자주색
바탕에 노란색 무늬가 있는 꽃이
피는 품종이다. [4]**소브랄리아 마크**
**란타 '알바'**(*Sobralia macrantha* 'Alba')
는 중남미 원산의 착생란으로 2m
정도 높이까지 자란다. 얇은 잎은
어긋나고 가는 피침형이며 끝이 뾰
족하고 가장자리가 밋밋하며 세로
맥이 뚜렷하다. 가는 줄기에 잎이
달린 모양이 전체적으로 작은 대
나무를 닮았다. 여름에 짧은 꽃줄
기 끝의 송이꽃차례에 지름 15~
20㎝의 큼직한 흰색 꽃이 몇 개가
달리는데 카틀레야와 비슷하다.
원종은 홍자색 꽃이 핀다. 모두 실
내에서 화초로 심어 기른다.

[1]흰자주포설란

[2]노랑포설란

[3]포설란 '베리 바나나'

[4]소브랄리아 마크란타 '알바'

### 톨룸니아 '스노 페어리'(난초과)
*Tolumnia* 'Snow Fairy'

톨룸니아(*Tolumnia*)속은 중남미 원산의 여러해살이풀인 착생란으로 온시디움속에서 분리되었다. 뿌리에서 칼 모양의 잎이 나온다. 잎 사이에서 자란 꽃줄기의 송이꽃차례에 지름 3㎝ 정도의 꽃이 핀다. 꽃 모양은 온시디움과 비슷하며 여러 가지 색깔의 재배 품종이 많이 있다. 톨룸니아 '스노 페어리'는 흰색 바탕에 흑자색 무늬가 있는 품종이다. [1]**톨룸니아 '핑크 팬더'**(*T.* 'Pink Panther')는 홍적색 바탕에 흰색과 흑자색 무늬가 있는 품종이다. 실내에서 심어 기른다.

톨룸니아 '스노 페어리'    [1]**톨룸니아 '핑크 팬더'**

### 암자석란(난초과)
*Trichoglottis atropurpurea*

필리핀 원산의 여러해살이덩굴풀로 20~100㎝ 길이로 자라는 착생란이다. 잎은 좌우로 어긋나고 타원형이며 끝이 뾰족하고 두껍다. 여름에 잎겨드랑이에서 나온 꽃자루에 지름 4~6㎝의 진한 적자색 꽃이 1~2개가 피는데 은은한 향기가 있다. 입술꽃잎은 분홍색이 돌며 끝부분이 셋으로 갈라진다. [1]**파도암자석란**(*T. cirrhifera*)은 동남아시아 원산의 착생란으로 잎과 마주 달리는 지름 1㎝ 정도의 노란색 꽃은 갈색 무늬가 있다. 모두 실내에서 화초로 심어 기른다.

암자석란    [1]**파도암자석란**

① 반다 '차오 프라야 바이올렛' ② 반다 '고든 딜론'

푸른반다

③ 반다 '힐로 레인보우' ④ 반다 '존 클럽'

⑤ 반다 '미미 팔머' ⑥ 반다 '미스 조아킴' ⑦ 반다 '로버츠 딜라이트' ⑧ 반다 '우샤'

**푸른반다**(난초과) *Vanda coerulea*

히말라야 원산의 여러해살이풀로 8~15㎝ 높이로 자라는 착생란이다. 흰색의 굵은 공기뿌리가 많이 나온다. 줄기 좌우로 촘촘히 달리는 피침형 잎은 7~24㎝ 길이이며 끝이 뾰족하고 가장자리가 밋밋하다. 잎은 주맥을 따라 V자로 골이 지며 가죽질이다. 잎겨드랑이에서 나온 15~20㎝ 길이의 송이꽃차례에 지름 8~10㎝의 청자색 꽃이 모여 피는데 꽃잎에 연한 얼룩무늬가 있다. 반다속은 꽃이 크고 아름다워 많은 원예 품종이 있으며 모두 실내에서 심어 기른다.

① (*V.* 'Chao Praya Violet') ② ('Gordon Dillon') ③ ('Hilo Rainbow') ④ ('John Clubb') ⑤ ('Mimi Palmer') ⑥ ('Miss Joaquim') ⑦ ('Robert's Delight') ⑧ ('Usha')

### 히폭시스 세토사(히폭시스과)
*Hypoxis setosa*

남아프리카 원산의 여러해살이풀로 10~80cm 높이로 자란다. 타원형 알줄기는 2.5~4cm 길이이다. 6~8장이 모여나는 좁고 긴 선형 잎은 10~15cm 길이이며 뻣뻣한 흰색 털이 많고 가장자리가 밋밋하다. 봄~여름에 뿌리에서 자란 꽃대는 뻣뻣한 털이 많으며 고른 꽃차례에 2~3개의 노란색 꽃이 모여 핀다. 6장의 꽃잎은 끝이 뾰족하며 전체적으로 별 모양이고 수술도 6개이며 꽃밥은 노란색이다. 실내에서 심어 기르며 양지바른 곳에서 잘 자란다.

히폭시스 세토사

### 설란(히폭시스과)
*Rhodohypoxis baurii*

남아프리카 원산의 여러해살이풀로 8~15cm 높이로 자란다. 알뿌리에서 모여나는 칼 모양의 잎은 7~9cm 길이이며 부드러운 털로 덮여 있다. 5~6월에 잎 사이에서 자란 꽃대 끝에 분홍색~붉은색 꽃이 피는데 꽃잎은 6장이다. 겨울에는 지상부가 말라죽는다. [1]**플라티페탈라설란**(v. *platypetala*)은 설란의 변종으로 흰색 꽃이 핀다. 모두 화단에 심어 기르며 반그늘에서 잘 자란다. 남부 지방에서는 노지에서 월동이 가능하다. 재배 품종에 따라 여러 색깔의 꽃이 핀다.

설란                    [1]플라티페탈라설란

## 푸른눈붓꽃(붓꽃과)
### *Aristea ecklonii*

남아프리카 원산의 늘푸른여러해살이풀로 60cm 정도 높이로 자란다. 뿌리에서 모여나는 칼 모양의 잎은 부드러우며 가장자리가 밋밋하다. 5~6월에 줄기 윗부분에서 갈라진 가지 끝에 피는 청자색 꽃은 지름 1cm 정도이다. 꽃덮이조각은 6장이며 수평으로 벌어지고 수술은 노란색이다. 꽃은 이른 아침에 벌어지고 낮에는 오므리는 하루살이꽃이다. 긴 타원형 열매는 3개의 모가 진다. 남쪽 섬에서 화단에 심어 기르며 흙이 비옥하고 밝은 그늘에서 잘 자란다.

푸른눈붓꽃　　　　　잎

## 애기범부채(붓꽃과)
### *Crocosmia × crocosmiiflora*

남아프리카 원산의 여러해살이풀로 프랑스에서 만든 교잡종이다. 비늘줄기가 모여서 큰 포기를 이루며 60~100cm 높이로 자란다. 칼 모양의 잎은 줄기 밑부분에서 2줄로 얼싸안는다. 줄기 윗부분에서 2~3갈래로 갈라지는 가지의 이삭꽃차례에 트럼펫 모양의 주황색 꽃이 피어 올라간다. 여러 가지 색깔의 원예 품종이 개발되었는데 [1]애기범부채 '시트로넬라'('Citronella')는 화려한 레몬색 꽃이 핀다. 모두 남부 지방에서 화단에 심으며 양지에서 잘 자란다.

애기범부채　　　[1]애기범부채 '시트로넬라'

봄크로커스

봄크로커스 '잔다르크'

²⁾봄크로커스 '픽윅'

³⁾앙카라크로커스 '골든 번치'

⁴⁾은빛크로커스

⁵⁾터키크로커스

## 봄크로커스(붓꽃과)
### *Crocus vernus*

서남아시아 원산의 여러해살이풀로 7~15cm 높이로 자란다. 비늘줄기는 편구형이며 얇은 막에 싸여 있다. 비늘줄기에서 모여나는 2~4장의 가는 선형 잎은 주맥이 뚜렷하다. 봄에 잎 사이에서 자란 가는 꽃대 끝에 나팔이나 튤립 모양의 자주색 꽃이 위를 향해 핀다. 꽃덮이조각은 6장이며 수술은 3개이고 암술머리는 실 모양이다. ¹⁾**봄크로커스 '잔다르크'**('Jeanne d'Arc')는 원예 품종으로 봄에 흰색 꽃이 핀다. ²⁾**봄크로커스 '픽윅'**('Pickwick')은 원예 품종으로 꽃은 흰색 바탕에 보라색 줄무늬가 있다. ³⁾**앙카라크로커스 '골든 번치'**(*C. ancyrensis* 'Golden Bunch')는 터키 원산의 여러해살이풀로 7~10cm 높이로 자란다. 이른 봄에 오렌지색 꽃이 핀다. ⁴⁾**은빛크로커스**(*C. biflorus*)는 유라시아 원산의 여러해살이풀로 이른 봄에 피는 꽃은 밖으로 갈수록 연자줏빛이 진해지며 겉꽃덮이조각에 진한 색 줄무늬가 생기기도 한다. ⁵⁾**터키크로커스**(*C. sieheanus*)는 터키 원산의 여러해살이풀로 이른 봄에 6~8cm 높이로 자란 꽃대 끝에 노란색 꽃이 핀다. 모두 양지바른 화단에서 잘 자라는데 늦가을에 비늘줄기를 심으면 봄에 꽃을 볼 수 있다.

천사의낚싯대

[1)]공작붓꽃

## 천사의낚싯대 (붓꽃과)
### *Dierama pulcherrimum*

남아공~짐바브웨 원산의 늘푸른여
러해살이풀로 120~150㎝ 높이로
자란다. 가늘고 긴 선형 잎은 촘촘
히 모여난다. 6~8월에 비스듬히
휘어지는 가는 꽃대에 이삭꽃차례
가 낚싯대처럼 차례대로 늘어지며
나팔 모양의 홍자색 꽃이 모여 핀
다. [1)]공작붓꽃(*Dietes bicolor*)은 남아
공 원산의 늘푸른여러해살이풀로
45~60㎝ 높이이다. 5~6월에 잎
사이에서 자란 꽃대 끝에 연노란색
꽃이 피는데 겉꽃덮이조각 안쪽에
흑갈색 반점이 있다. 모두 햇빛이
잘 드는 실내에서 심어 기른다.

물범부채 '바이카운테스 빙'

[1)]아프리카붓꽃

## 물범부채 '바이카운테스 빙' (붓꽃과)
### *Hesperantha coccinea* 'Viscountess Byng'

남아프리카와 짐바브웨 원산의 원
예 품종으로 여러해살이풀이며 60㎝
정도 높이이다. 줄기 밑부분에서
칼 모양의 잎이 2줄로 어긋난다.
8~10월에 줄기 윗부분의 송이꽃
차례에 분홍색 꽃이 차례대로 피
어 올라간다. [1)]아프리카붓꽃(*Dietes
iridioides*)은 아프리카 원산의 늘푸
른여러해살이풀로 5~6월에 잎 사
이에서 자란 꽃대 끝에 흰색 꽃이
피는데 겉꽃덮이조각 안쪽에 노란
색 무늬가 있다. 속꽃덮이조각은
밑부분에 자갈색 반점이 있다. 모
두 실내에서 심어 기른다.

¹⁾흰프리지아   ❶프리지아 '블루윙스'

프리지아   ❷프리지아 '해피버스데이'   ❸프리지아 '핑크 쥬얼'

❹프리지아 '핑크 레인'   ❺프리지아 '프리티 우먼'   ❻프리지아 '레인보우'   ❼프리지아 '샤이니 골드'

## 프리지아(붓꽃과) *Freesia refracta*

남아프리카 원산의 여러해살이풀로 30~45㎝ 높이이다. 가을에 비늘줄기를 심으면 칼 모양의 잎이 모여나 겨울을 난다. 이른 봄에 자란 꽃대 끝이 한쪽으로 굽으며 깔때기 모양의 노란색 꽃이 위를 보고 이삭꽃차례로 달린다. ¹⁾흰프리지아(*F. alba*)는 남아공 원산의 여러해살이풀로 20~50㎝ 높이이다. 7~9월에 피는 흰색~연노란색 꽃은 안쪽에 노란색~주황색 얼룩무늬가 있다. 모두 실내에서 재배하며 꽃꽂이 재료로 쓴다. 프리지아는 많은 재배 품종이 있다.

❶(*F*. 'Blue Wings') ❷('Happy Birthday') ❸('Pink Jewel') ❹('Pink Rain')
❺('Pretty Woman') ❻('Rainbow') ❼('Shiny Gold')

채색글라디올러스

### 채색글라디올러스(붓꽃과)
*Gladiolus carneus*

남아프리카 원산의 여러해살이풀로 25~70㎝ 높이로 자란다. 줄기 밑부분에서 모여나는 칼 모양의 잎은 가죽질이며 2줄로 얼싸안는다. 날카로운 칼 모양의 잎을 보고 라틴어 'gladium(검)'에서 속명이 유래했다. 5~6월에 줄기 윗부분의 이삭꽃차례에 지름 6㎝ 정도의 연분홍색 꽃이 한쪽을 보고 피는데 6장의 꽃덮이조각은 끝이 뾰족하고 홍자색 줄무늬가 들어 있으며 향기가 거의 없다. 남해안 이남의 양지바른 화단에 심어 기르며 절화로도 많이 이용한다.

사철글라디올러스    ¹⁾나비글라디올러스 '루비'

### 사철글라디올러스(붓꽃과)
*Gladiolus tristis*

남아프리카 원산의 여러해살이풀로 60~90㎝ 높이로 자란다. 줄기 밑부분에 모여 달리는 잎은 좁은 피침형이다. 4~6월에 줄기 윗부분에 한쪽으로 치우쳐서 피는 연노란색 꽃은 지름 5㎝ 정도이며 꽃잎에는 녹색이나 연자주색 중심선이 있다. ¹⁾나비글라디올러스 '루비'(*G. papilio* 'Ruby')는 남아프리카 원산의 원예 품종으로 여름에 종 모양의 붉은색 꽃이 한쪽으로 치우쳐서 피어 올라간다. 모두 남해안 이남의 양지바른 화단에 심어 기르며 절화로도 많이 이용한다.

글라디올러스 품종　　글라디올러스 품종

글라디올러스 품종　　글라디올러스 품종　　글라디올러스 품종

글라디올러스 품종　　글라디올러스 품종　　글라디올러스 품종　　글라디올러스 품종

## 글라디올러스(붓꽃과)　*Gladiolus × gandavensis*

남아프리카 원산의 여러해살이풀로 80~100㎝ 높이로 자란다. 줄기 밑부분에서 2줄로 얼싸안는 날카로운 칼 모양의 잎은 가장자리가 밋밋하다. 여름에 길게 자라는 둥근 줄기는 포조각으로 싸여 있으며 윗부분의 이삭꽃차례에 한쪽으로 치우쳐서 꽃이 달린다. 꽃은 지름 3~4㎝이며 깔때기같이 벌어지고 6장의 꽃덮이조각은 달걀 모양의 타원형이다. 꽃 색깔은 붉은색 이외에도 품종에 따라 흰색, 노란색, 분홍색, 자주색, 보라색 등 가지각색의 꽃이 피고 잡색 꽃이 피는 것도 있으며 겹꽃도 있다. 3개의 수술은 목 부분에 붙어 있다. 남해안 이남의 양지바른 화단에 심어 기르며 중부 지방에서는 한해살이풀처럼 식재하고 절화로도 많이 이용한다.

대청부채 꽃 모양

## 대청부채(붓꽃과)
*Iris dichotoma*

백령도와 대청도에서 자라는 여러
해살이풀로 45~90㎝ 높이이다.
뿌리줄기는 짧고 굵다. 줄기 밑부
분에 2줄로 어긋나는 칼 모양의 잎
은 20~45㎝ 길이이며 낫처럼 비
스듬히 휘어진다. 8~9월에 줄기
가 2~3회 둘로 갈라지는 가지마
다 보라색 꽃이 오후에 위를 보고
핀다. 6장의 꽃덮이조각은 수평으
로 벌어지고 속꽃덮이조각 안쪽에
는 갈색 얼룩무늬가 있다. 열매는
긴 타원형이며 겉에 굴곡이 있고
9~10월에 익는다. 양지바른 화단
에 심어 기르기도 한다.

## 범부채(붓꽃과)
*Iris domestica*

산에서 드물게 자라는 여러해살이
풀로 50~100㎝ 높이이다. 줄기
밑부분에서 2줄로 촘촘히 어긋나
는 칼 모양의 잎은 30~50㎝ 길이
이다. 8~9월에 줄기와 가지가 계
속 1~2회 갈라져서 끝에 황적색
꽃이 핀다. 꽃은 지름 5~6㎝이며
6장의 꽃덮이조각은 수평으로 벌
어지고 주홍색 바탕에 진한 색 반
점이 있다. 열매는 거꿀달걀형이
다. [1]노랑범부채('Hello Yellow')는
원예 품종으로 키가 작은 왜성종
이며 노란색 꽃이 핀다. 모두 양지
바른 화단에 심어 기른다.

범부채 [1]노랑범부채

꽃창포

## 꽃창포(붓꽃과)
*Iris ensata*

산과 들의 습지에서 자라는 여러해
살이풀로 60~120cm 높이로 자란
다. 짧고 굵은 뿌리줄기에서 나오
는 줄기 밑부분에 칼 모양의 잎이
2줄로 어긋난다. 잎은 길이 20~
60cm, 너비 5~12mm로 주맥이 뚜렷
하다. 6~7월에 줄기나 가지 끝에
청자색 꽃이 위를 보고 핀다. 3장
의 겉꽃덮이조각은 밑으로 처지고
안쪽에 있는 노란색 무늬는 끝이
뾰족하다. 3장의 속꽃덮이조각은
위를 향해 곧추 선다. 암술대는 곧
추 서고 3갈래로 갈라지며 갈래조
각 끝부분 밑에 암술머리가 있다.
3개의 수술은 암술 밑에 숨어 있
다. [1]흰꽃창포('Alba')는 변종으로 꽃
은 흰색이며 겉꽃덮이조각 안쪽에
노란색 무늬가 있다. 꽃창포는 여
러 재배 품종이 있으며 모두 양지
바르고 습한 곳에서 심어 기른다.
❶(*I. e.* 'Activity') ❷('Kiri Shigure')
❸('Kiyozura') ❹('Rose Queen')
❺('Strut & Flourish')

[1]흰꽃창포

❶꽃창포 '액티비티'

❷꽃창포 '키리 시구레'

❸꽃창포 '키요주라'

❹꽃창포 '로즈 퀸'

❺꽃창포 '스트러트 앤 플로리쉬'

91

노랑꽃창포

## 노랑꽃창포(붓꽃과)
*Iris pseudacorus*

유럽과 소아시아 원산의 여러해살이풀로 연못가에 심어 기르며 개울가에서 저절로 자라기도 한다. 줄기는 모여나며 50~120㎝ 높이로 자란다. 칼 모양의 잎은 줄기 밑부분에서 2줄로 어긋난다. 5~6월에 줄기 윗부분에 지름 5~10㎝의 노란색 붓꽃이 촘촘히 피는데 겉꽃덮이조각은 밑으로 처지며 안쪽에 황갈색의 줄무늬가 있다. 속꽃덮이조각은 1~2㎝ 길이로 작다. **1)흰노랑꽃창포**('Alba')는 흰색 꽃이 피는 품종으로 드물게 자란다. **2)제비붓꽃**(*I. laevigata*)은 지리산의 습지에서 60~120㎝ 높이로 자라며 5~6월에 진자주색 꽃이 핀다. 밑으로 처지는 겉꽃덮이조각 안쪽에 흰색의 피침형 줄무늬가 있고 속꽃덮이조각은 위로 선다. **3)밀레시붓꽃**(*I. milesii*)은 히말라야 원산으로 30~90㎝ 높이로 자란다. 봄에 피는 적자색 꽃은 꽃덮이조각 안쪽에 진한 색 반점과 줄무늬가 있다. **4)푸밀라붓꽃**(*I. pumila*)은 동부 유럽 원산으로 10~20㎝ 높이로 키가 작으며 4~5㎝ 크기의 보라색 꽃이 핀다. 겉꽃덮이조각은 밑으로 처지고 안쪽에 기다란 털이 촘촘히 모여난다. 모두 화단에 심어 기르는데 주로 습한 곳에서 잘 자라는 것이 많다.

1)흰노랑꽃창포

2)제비붓꽃

3)밀레시붓꽃

4)푸밀라붓꽃

일본붓꽃

1)레티쿨라타붓꽃

2)부채붓꽃

3)연미붓꽃

4)잡색붓꽃 '커메시나'

## 일본붓꽃(붓꽃과)
### *Iris japonica*

중국 원산의 여러해살이풀이지만 종소명은 *japonica*라서 '일본붓꽃'이라고 한다. 줄기는 50~60cm 높이로 자란다. 짧은 뿌리줄기에서 나오는 줄기 밑부분에 칼 모양의 잎이 2줄로 어긋난다. 4~5월에 줄기 윗부분에 지름 4~5cm의 연보라색 꽃이 활짝 벌어지는데 겉꽃덮이조각 안쪽에 진보라색과 노란색 무늬가 있다. 1)레티쿨라타붓꽃(*I. reticulata*)은 코카서스산맥 원산이며 7~15cm 높이로 키가 작다. 이른 봄에 향기로운 청자색 꽃이 피는데 겉꽃덮이조각 안쪽에 흰색과 노란색의 줄무늬가 있다. 2)부채붓꽃(*I. setosa*)은 강원도 이북의 습지에서 자라며 5~7월에 피는 자주색 꽃은 겉꽃덮이조각 안쪽에 노란색 그물무늬가 있다. 속꽃덮이조각은 퇴화되어 아주 작다. 3)연미붓꽃/중국붓꽃(*I. tectorum*)은 중국 원산으로 4~5월에 피는 자주색 꽃은 겉꽃덮이조각 안쪽에 자주색 반점과 닭의 볏 같은 것이 있다. 속꽃덮이조각은 달걀형이며 밑부분이 좁다. 4)잡색붓꽃 '커메시나'(*I. versicolor* 'Kermesina')는 북미 원산의 원예 품종으로 5~6월에 적자색 꽃이 피는데 뒤로 젖혀지는 겉꽃덮이조각 안쪽에는 연노란색 바탕에 보라색 줄무늬가 있다. 모두 화단에 심어 기른다.

붓꽃

## 붓꽃(붓꽃과)
### *Iris sanguinea*

산과 들의 풀밭에서 30~60cm 높이로 자라는 여러해살이풀이다. 줄기 밑부분에 칼 모양의 잎이 2줄로 어긋난다. 5~6월에 줄기 끝에 피는 자주색 꽃은 겉꽃덮이조각 안쪽에 노란색 바탕에 자주색 그물무늬가 있다. [1)]**시베리아붓꽃 '던 왈츠'** (*I. sibirica* 'Dawn Waltz')는 시베리아붓꽃의 원예 품종으로 5~6월에 피는 연한 홍자색 꽃은 주름이 지는 겉꽃덮이조각 안쪽에 진한 색 줄무늬가 있다. [2)]**시베리아붓꽃 '더블 스탠다드'**('Double Standard')는 청자색 겹꽃은 꽃덮이조각 안쪽에 노란색 얼룩무늬가 있는 원예 품종이다. [3)]**시베리아붓꽃 '포폴드 화이트'** ('Fourfold White')는 흰색 꽃은 겉꽃덮이조각 안쪽에 노란색 무늬가 있는 원예 품종이다. 붓꽃은 꽃이 아름다워 많은 재배 품종이 있으며 절화로도 이용한다.
❶(*I.* 'Blue Magic') ❷('Casablanca')
❸('Hong Kong')

[1)]시베리아붓꽃 '던 왈츠'  [2)]시베리아붓꽃 '더블 스탠다드'

[3)]시베리아붓꽃 '포폴드 화이트'  ❶아이리스 '블루 매직'  ❷아이리스 '카사블랑카'  ❸아이리스 '홍콩'

독일붓꽃 품종

독일붓꽃 품종

독일붓꽃 품종

## 독일붓꽃(붓꽃과)
*Iris × germanica*

유럽 원산의 붓꽃 간의 교잡종으로 1800년대 초에 독일과 프랑스에서 개발되었다. 여러해살이풀로 30~60㎝ 높이로 자란다. 줄기 밑부분에 칼 모양의 잎이 2줄로 어긋난다. 5~6월에 줄기 윗부분에 6~8㎝ 크기의 붓꽃이 위를 보고 핀다. 3장의 겉꽃덮이조각은 밑으로 처지고 안쪽에 기다란 털이 촘촘히 모여난다. 3장의 속꽃덮이조각은 위를 향한다. 많은 재배 품종이 있으며 품종에 따라 색깔이 여러 가지이다. 물 빠짐이 좋고 양지바른 화단에 심어 기른다.

## 뱀대가리붓꽃(붓꽃과)
*Iris tuberosa*

지중해 연안 원산의 여러해살이풀로 15~30㎝ 높이로 자란다. 손가락 모양의 덩이줄기는 2.5㎝ 정도 길이이다. 덩이줄기에서 2~3장이 나오는 가는 칼 모양의 잎은 20~60㎝ 길이이다. 이른 봄에 위를 향해 피는 황록색 붓꽃은 5㎝ 정도 크기이며 약한 향기가 난다. 뒤로 젖혀지는 겉꽃덮이조각은 흑자색 무늬가 있다. 'tuberosa'는 덩이줄기가 있다는 뜻에서 유래된 종소명이다. 예전에는 *Hermodactylus*속으로 구분했었다. 남부 지방의 양지바른 화단에 심어 기른다.

뱀대가리붓꽃

뉴질랜드붓꽃

1)학란

### 뉴질랜드붓꽃(붓꽃과)
*Libertia ixioides*

뉴질랜드 원산의 늘푸른여러해살이풀로 60㎝ 정도 높이로 자란다. 줄기 밑부분에 칼 모양의 잎이 2줄로 어긋난다. 5~6월에 줄기 윗부분에서 갈라진 가지마다 흰색 꽃이 위를 향해 피며 수술의 꽃밥은 노란색이다. 1)학란(*Neomarica gracilis*)은 중남미 원산의 여러해살이풀로 60~90㎝ 높이로 자란다. 줄기와 가지 끝에 피는 흰색 꽃은 꽃받침보다 작은 꽃덮이조각이 푸른색이며 줄무늬가 있고 위를 향하며 뒤로 말린다. 양지바른 실내에서 심어 기른다.

### 어릿광대꽃 '믹스처'(붓꽃과)
*Sparaxis tricolor* 'Mixture'

남아프리카 원산의 원예 품종으로 여러해살이풀이며 15~30㎝ 높이로 자란다. 알줄기에서 나온 줄기 밑부분에 2줄로 어긋나는 칼 모양의 잎은 여름에 말라죽는다. 원종은 3~4월에 줄기 끝의 이삭꽃차례에 달리는 꽃이 지름 4㎝ 정도이다. 6장의 꽃잎은 주황색이고 중심부에 흑갈색과 노란색의 무늬가 있어 3가지 색깔을 하고 있기 때문에 '*tricolor*'라는 종소명이 붙여졌다. '믹스처' 품종은 여러 가지 색깔의 꽃이 핀다. 남부 지방의 양지바른 화단에 심어 기른다.

어릿광대꽃 '믹스처'          어릿광대꽃 '믹스처'

등심붓꽃

1)흰등심붓꽃

2)연등심붓꽃

3)노랑등심붓꽃

4)큰열매등심붓꽃

## 등심붓꽃(붓꽃과)
### *Sisyrinchium angustifolium*

북미 원산의 여러해살이풀로 10~20㎝ 높이로 자란다. 칼 모양의 잎은 길이 4~10㎝, 너비 2~3㎝이며 가장자리에 미세한 톱니가 있다. 5~6월에 줄기 끝에 피는 별 모양의 보라색 꽃은 지름 15㎜ 정도이며 밑부분은 종 모양이다. 꽃덮이 조각은 6장이고 끝이 뾰족하며 진한 색 줄무늬가 있고 목구멍 안쪽은 노란색이다. 1)**흰등심붓꽃**('Alba')은 흰색 꽃이 피는 품종이다. 2)**연등심붓꽃**(*S. micranthum*)은 중남미 원산의 여러해살이풀로 흰색 꽃의 밑부분은 둥근 항아리 모양이며 꽃잎 안쪽에 연자주색과 노란색 무늬가 있다. 3)**노랑등심붓꽃**(*S. californicum*)은 캘리포니아 원산의 여러해살이풀로 15~30㎝ 높이로 자란다. 줄기 밑부분에 칼 모양의 잎이 2줄로 어긋난다. 잎은 마르면 검게 변한다. 4~6월에 피는 별 모양의 노란색 꽃은 지름 1~2㎝이며 수평으로 벌어진다. 하루살이꽃이지만 꽃이 계속해서 피고 진다. 4)**큰열매등심붓꽃**(*S. macrocarpum*)은 아르헨티나 원산의 여러해살이풀로 15~20㎝ 높이이며 6장의 노란색 꽃덮이조각 안쪽에 적갈색 줄무늬가 있다. 모두 남쪽 섬에서 화단에 심어 기르며 중부 지방에서는 화분에 심는다.

범꽃       1)옐로워킹아이리스

### 범꽃(붓꽃과)
### *Tigridia pavonia*

중남미 원산의 여러해살이풀로 60~80㎝ 높이이다. 칼 모양의 잎은 주름이 진다. 6~8월에 피는 꽃은 3장의 겉꽃덮이조각이 노란색, 붉은색, 흰색 등이고 안쪽의 3장의 작은 속꽃덮이조각은 적갈색의 얼룩무늬가 있다. 1)**옐로워킹아이리스**(*Trimezia martinicensis*)는 중남미 원산의 여러해살이풀로 60~90㎝ 높이로 자란다. 줄기 끝에 모여 피는 3~6개의 노란색 꽃은 지름 5㎝ 정도이며 안쪽에는 갈색 점무늬가 많이 있다. 모두 양지바른 실내에서 심어 기른다.

### 태즈먼뉴질랜드삼(크산토로이아과)
### *Dianella tasmanica*

호주 동부 원산의 여러해살이풀로 50~150㎝ 높이이다. 뿌리에서 선형 잎이 모여난다. 5~7월에 잎 사이에서 자란 긴 꽃줄기의 원뿔꽃차례에 별 모양의 파란색 꽃이 모여 핀다. 꽃은 지름 15㎜ 정도이며 꽃잎은 점차 뒤로 젖혀진다. 1)**흰무늬도라지난초**(*D. ensifolia* 'White Variegated')는 일본과 호주 원산으로 뿌리에서 모여나는 선형 잎에 흰색 줄무늬가 있다. 5~7월에 원뿔꽃차례에 별 모양의 연한 청자색 꽃이 모여 핀다. 모두 실내에서 관엽식물로 심어 기른다.

태즈먼뉴질랜드삼       1)흰무늬도라지난초

백성룡

1)자보

2)노랑아스포델

3)불비네 라티폴리아

4)사막의촛불

## 백성룡/백청룡 (크산토로이아과)
### *Gasteria carinata* v. *verrucosa*

남아공 원산의 늘푸른여러해살이풀로 30~50cm 높이이다. 뿌리잎은 칼 모양이며 흰색 반점이 있고 다육질이다. 꽃줄기의 송이꽃차례에 휘어진 대롱 모양의 주홍색 꽃이 늘어지는데 끝부분은 연녹색이 돈다. 1)자보(*G. minima*)는 남아공 원산의 늘푸른여러해살이풀로 혀 모양의 다육질 잎은 뿌리에서 2줄로 배열한다. 잎몸은 진녹색이며 회백색 반점이 있고 가장자리가 밋밋하다. 봄에 길게 자란 꽃줄기의 송이꽃차례에 휘어진 대롱 모양의 주홍색 꽃이 늘어지는데 끝부분은 연녹색이 돈다. 2)노랑아스포델(*Asphodeline lutea*)은 지중해 연안 원산의 여러해살이풀로 80~120cm 높이이며 바늘 모양의 잎은 회녹색이다. 5~6월에 줄기 윗부분의 송이꽃차례에 노란색 꽃이 촘촘히 돌려 가며 달린다. 3)불비네 라티폴리아(*Bulbine latifolia*)는 남아공 원산의 여러해살이풀로 40~100cm 높이이다. 꽃줄기의 상반부에 달리는 송이꽃차례에 노란색 꽃이 피어 올라간다. 4)사막의촛불(*Eremurus stenophyllus*)은 중앙아시아 원산의 여러해살이풀로 1m 정도 높이로 곧게 자란다. 뿌리에서 좁고 긴 칼 모양의 잎이 모여난다. 여름에 곧게 자란 꽃줄기의 송이꽃차례에 자잘한 노란색 꽃이 촘촘히 돌려 가며 꽃방망이를 만든다. 모두 실내에서 심어 기른다.

소말리아알로에

잎

## 소말리아알로에(크산토로이아과)
### *Aloe somaliensis*

소말리아 원산의 여러해살이풀로 60~90cm 높이로 자란다. 로제트 모양으로 퍼지는 피침형 잎은 20~30cm 길이이며 불규칙한 흰색 반점이 있고 다육질이며 가장자리에 갈색 가시가 있다. 꽃줄기는 가지가 갈라지고 송이꽃차례에 대롱 모양의 붉은색 꽃이 늘어진다. [1]**귀절환알로에**(*A. aculeata*)는 남아프리카 원산의 다육식물로 피침형 잎은 두껍고 가시가 있으며 꽃줄기에 붉은색이나 노란색 꽃이 촘촘히 달린다. [2]**용두금알로에**(*A. arborescens*)는 남아프리카 원산의 다육식물로 피침형 잎은 가장자리에 가시가 있고 꽃줄기에 붉은색 꽃이 촘촘히 늘어진다. [3]**석양알로에**(*A. dorotheae*)는 탄자니아 원산의 다육식물로 25cm 정도 높이로 자란다. 피침형 잎은 다육질이며 가장자리에 가시가 있다. 꽃줄기의 송이꽃차례에 대롱 모양의 주홍색 꽃이 아래를 보고 핀다. [4]**불야성알로에**(*A. perfoliata*)는 남아공 원산의 다육식물로 2m 정도 높이까지 자란다. 로제트 모양으로 퍼지는 피침형 잎은 다육질이며 가장자리에 흰색 가시가 있다. 꽃줄기의 송이꽃차례에 대롱 모양의 주홍색 꽃이 아래를 보고 핀다. 모두 실내에서 다육식물로 기른다.

[1]귀절환알로에

[2]용두금알로에

[3]석양알로에

[4]불야성알로에

알로에 베라

## 알로에 베라(크산토로이아과)
### *Aloe vera*

열대 아프리카 원산의 여러해살이 풀로 30~60㎝ 높이로 자란다. 줄기에 촘촘히 돌려나는 피침형 잎은 15~40㎝ 길이이며 두꺼운 다육질이고 즙이 많으며 가장자리에 가시가 있다. 줄기 끝에서 갈라진 가지마다 송이꽃차례에 대롱 모양의 노란색 꽃이 아래를 보고 핀다. 즙을 식용, 약용한다. <sup>1)</sup>**부채알로에**(*A. plicatilis*)는 남아공 원산의 다육식물로 90~180㎝ 높이로 자란다. 줄기에 긴 혀 모양의 잎이 부채처럼 좌우로 촘촘히 어긋난다. 꽃줄기의 송이꽃차례에 대롱 모양의 붉은색 꽃이 핀다. <sup>2)</sup>**눈송이알로에**(*A. rauhii*)는 마다가스카르 원산의 다육식물로 15~25㎝ 높이로 자란다. 로제트 모양으로 퍼지는 피침형 잎은 다육질이며 흰색 반점이 많고 가장자리에 가시가 있다. 꽃줄기의 송이꽃차례에 대롱 모양의 주홍색 꽃이 아래를 보고 핀다. <sup>3)</sup>**청정금알로에**(*A. tenuior*)는 남아공 원산의 다육식물로 덤불을 이루며 3m 정도 높이까지 자란다. 가는 피침형 잎은 가장자리에 가시가 있고 송이꽃차례에 노란색 꽃이 매달린다. <sup>4)</sup>**알로에 '소피'**(*A. 'Sophie'*)는 원예 품종으로 꽃줄기에 노란색 꽃이 촘촘히 달린다. 모두 실내에서 다육식물로 기른다.

<sup>1)</sup>부채알로에

<sup>2)</sup>눈송이알로에

<sup>3)</sup>청정금알로에

<sup>4)</sup>알로에 '소피'

101

## 하월시아 옵투사 (크산토로이아과)
*Haworthia cymbiformis* v. *obtusa*

남아공 원산의 늘푸른여러해살이 풀로 10cm 이하로 자라는 다육식물이다. 뿌리에서 모여나는 두툼한 육질 잎은 로제트 모양으로 퍼지는데 지름 3~10cm이다. 봄~여름에 잎 사이에서 나온 꽃줄기는 15cm 정도 길이이며 송이꽃차례에 2cm 정도 크기의 흰색 꽃이 핀다. 대롱 모양의 꽃은 끝이 둘로 나뉘어 각각 3갈래로 갈라진다. [1]**십이지권**(*H. fasciata*)은 남아공 원산의 다육식물로 로제트 모양으로 퍼지는 칼 모양의 잎은 뒷면에 흰색 줄무늬가 있다. 꽃줄기의 송이꽃차례에 자잘한 흰색 꽃이 핀다. [2]**하월시아 무티카**(*H. mutica*)는 남아공 원산의 다육식물로 로제트 모양으로 배열하는 세모진 다육질 잎은 청록색이며 줄무늬가 있다. 흰색 꽃은 자주색 줄무늬가 있다. [3]**옥선**(*H. truncata*)은 남아공 원산의 다육식물로 촘촘히 모여나는 다육질 잎은 위를 칼로 자른 것 같은 모양이다. 길게 자란 꽃줄기에 흰색 꽃이 모여 핀다. [4]**삼각구중탑**(*H. viscosa*)은 남아공 원산의 다육식물로 긴 세모꼴 잎은 다육질이며 3줄로 차곡차곡 포개진다. 길게 자란 꽃줄기에 흰색 꽃이 모여 핀다. 모두 양지바른 실내에서 다육식물로 기른다.

하월시아 옵투사

[1]십이지권

[2]하월시아 무티카

[3]옥선

[4]삼각구중탑

### 트리토마(크산토로이아과)
*Kniphofia uvaria*

트리토마

남아공 원산의 여러해살이풀로 50~
100㎝ 높이로 자란다. 뿌리에서 좁
은 선형 잎이 모여난다. 곧게 자라
는 꽃줄기는 50~180㎝ 길이이며
끝부분에 10~25㎝ 길이의 이삭꽃
차례가 달린다. 꽃봉오리는 주홍
색이며 대롱 모양의 꽃이 노랗게
피어 올라간다. [1]크니포피아 '아이
스 퀸'(*K.* 'Ice Queen')은 원예 품종
으로 연노란색 꽃송이가 피어난
다. [2]크니포피아 '텟버리 토치'(*K.*
'Tetbury Torch')는 원예 품종으로
진한 노란색 꽃송이가 피어난다.
모두 화단에 심어 기른다.

[1]크니포피아 '아이스 퀸'　[2]크니포피아 '텟버리 토치'

### 그래스트리(크산토로이아과)
*Xanthorrhoea australis*

그래스트리

호주 원산의 늘푸른떨기나무로
2m 정도 높이로 건조한 지역에서
자란다. 굵은 줄기 끝에서 사방으
로 비스듬히 퍼지는 기다란 바늘
모양의 잎은 길이 60~100㎝, 너비
4㎜ 정도이며 매우 단단하다. 줄기
끝에서 나오는 꽃자루는 1m 정도
높이이며 기다란 원기둥 모양의
이삭꽃차례에 자잘한 녹백색 꽃이
촘촘히 돌려 가며 달린다. 줄기에
상처를 내면 나오는 수액을 칠액
으로 쓴다. 산불이 나면 잎이 타버
리지만 금방 새잎이 나와 자란다.
실내에서 심어 기른다.

<sup>1)</sup>왕원추리

❶원추리 '블랙 프린스'

홑왕원추리

❷원추리 '블루 신'

❸원추리 '보난자'

❹원추리 '체리 칙스'  ❺원추리 '시카고 아파치'  ❻원추리 '판도라 박스'  ❼원추리 '핑크 다마스크'

## 홑왕원추리(크산토로이아과) *Hemerocallis fulva*

중국 원산의 여러해살이풀로 1m 정도 높이이다. 관상용으로 화단에 심지만 저절로 자라기도 한다. 뿌리잎은 선형이고 2줄로 배열되며 60~80㎝ 길이이고 끝이 활처럼 뒤로 굽는다. 7~8월에 잎 사이에서 나온 꽃줄기에서 갈라진 가지마다 나팔 모양의 주황색 홑꽃이 핀다. 꽃은 지름 8㎝ 정도이며 6장의 꽃덮이조각은 활짝 벌어진다. <sup>1)</sup>**왕원추리**('kwanso')는 홑왕원추리의 원예 품종으로 나팔 모양의 주황색 겹꽃이 핀다. 꽃이 아름다운 원추리 종류는 많은 재배 품종이 개발되어 화단에 심어지고 있다.

❶(*H.* 'Black Prince') ❷('Blue Sheen') ❸('Bonanza') ❹('Cherry Cheeks')
❺('Chicago Apache') ❻('Pandora's Box') ❼('Pink Damask')

### 아가판투스(수선화과)
*Agapanthus africanus*

남아프리카 원산의 여러해살이풀로 60~120㎝ 높이로 자란다. 잎은 뿌리에서 모여나고 선형이며 10~35㎝ 길이이고 가장자리가 밋밋하며 광택이 있다. 5~6월에 뿌리에서 곧게 자란 꽃대 끝의 우산꽃차례에 20~30개의 청자색 꽃이 핀다. 꽃부리는 깔때기 모양이며 지름 2.5~5㎝이고 꽃덮이조각은 6장이다. [1]**아가판투스 '스노플레이크'**(*A.* 'Snowflake')는 원예 품종으로 우산꽃차례에 흰색 꽃이 핀다. 남쪽 지방에서 화단에 기르지만 중부 지방은 화분에 심는다.

아가판투스  [1]아가판투스 '스노플레이크'

### 가지촛대꽃(수선화과)
*Brunsvigia orientalis*

남아프리카 원산의 여러해살이풀로 35~70㎝ 높이로 자란다. 넓은 선형 잎은 15~23㎝ 길이이며 가장자리가 밋밋하고 바닥에 펼쳐진다. 상사화처럼 잎이 말라죽은 다음에 꽃이 자라기 시작한다. 꽃송이가 우산꽃차례로 벌어지면서 20~80개의 꽃가지가 빙 둘러 나면서 붉은색 꽃을 피우는 모습이 '칸델라브라'라고 하는 장식용 가지 촛대를 닮았다. 꽃이 지면 다시 잎이 나와 자란다. 실내에서 화초로 심어 기르며 양지바른 모래땅에서 잘 자란다.

가지촛대꽃

코끼리마늘

¹⁾페르시아별부추

²⁾하늘부추

³⁾차이브

⁴⁾차이브 '실버 차임스'

# 코끼리마늘(수선화과)
## *Allium ampeloprasum*

지중해 연안 원산의 여러해살이풀로 90~150㎝ 높이로 자란다. 잎은 어긋나고 선형이며 밑부분은 줄기를 감싼다. 5~6월에 곧게 자란 꽃대 끝의 우산꽃차례에 종 모양의 연보라색~홍자색 꽃이 모여 핀다. 땅속에 일반 마늘보다 10배 정도 큰 10~15㎝ 길이의 구근이 자라서 '코끼리마늘'이라고 한다. ¹⁾**페르시아별부추**(*A. cristophii*)는 중앙아시아 원산의 여러해살이풀로 20~60㎝ 높이로 자란다. 잎은 선형이며 줄기 밑부분에 촘촘히 모여난다. 초여름에 꽃대 끝에 달리는 우산꽃차례는 지름 20~25㎝이며 가는 별 모양의 홍자색 꽃이 촘촘히 모여 핀다. ²⁾**하늘부추**(*A. caeruleum*)는 중앙아시아 원산의 여러해살이풀이다. 30~50㎝ 높이의 꽃줄기 끝에 달리는 우산꽃차례는 지름 8~10㎝이며 푸른색 꽃이 촘촘히 달린다. ³⁾**차이브/골파**(*A. schoenoprasum*)는 북반구의 온대에 널리 분포하는 여러해살이풀로 20~30㎝ 높이로 자란다. 6~7월에 꽃대 끝의 우산꽃차례에 홍자색 꽃이 반원 모양으로 모여 피는데 꽃자루가 꽃부리보다 짧다. ⁴⁾**차이브 '실버 차임스'**(*A. s.* 'Silver Chimes')는 흰색 꽃이 피는 품종이다. 모두 화단에 심어 기른다.

큰꽃알리움

### 큰꽃알리움(수선화과)
*Allium giganteum*

중앙아시아 원산의 여러해살이풀로 60~150㎝ 높이로 자란다. 뿌리에서 모여나는 넓은 선형 잎은 20~30㎝ 길이이다. 4~6월에 꽃대 끝에 달리는 둥근 우산꽃차례는 지름 10~15㎝로 큼직하며 200여 개의 분홍색 꽃이 촘촘히 달린다. 꽃잎은 6장이며 별 모양으로 벌어진다. 여러 재배 품종이 있다. [1]**우산달래**(*A. cernuum*)는 북미 원산의 여러해살이풀로 여름에 꽃대 끝에 달리는 우산꽃차례는 밑으로 처지며 분홍색이나 흰색 꽃이 모여 핀다. [2]**플라붐부추**(*A. flavum*)는 지중해 연안 원산의 여러해살이풀로 6~7월에 40㎝ 정도 높이로 자라는 꽃대 끝의 우산꽃차례에 노란색 꽃이 모여 핀다. [3]**카라타우부추 '아이보리 퀸'**(*A. karataviense* 'Ivory Queen')은 중앙아시아 원산의 원예 품종이다. 큼직한 타원형 잎 사이에서 자란 짧은 꽃대 끝의 둥근 우산꽃차례는 지름 12㎝ 정도이며 별 모양의 흰색 꽃이 촘촘히 모여 핀다. [4]**시칠리아부추**(*A. siculum*)는 지중해 연안 원산의 여러해살이풀이다. 5~6월에 1m 정도 높이로 자란 꽃대 끝의 우산꽃차례에 달리는 종 모양의 꽃은 연노란색에 적갈색 줄무늬가 있다. 모두 화단에 심으며 절화로도 이용한다.

[1]우산달래

[2]플라붐부추

[3]카라타우부추 '아이보리 퀸'

[4]시칠리아부추

## 문주란(수선화과)
### *Crinum asiaticum* v. *japonicum*

문주란

제주도에서 자라는 늘푸른여러해
살이풀로 50~80㎝ 높이이다. 좁
은 피침형 잎은 30~60㎝ 길이이
며 밑부분이 비늘줄기를 둘러싼다.
7~9월에 꽃줄기 끝의 우산꽃차례
에 흰색 꽃이 모여 핀다. 원통형
꽃부리는 6갈래로 깊게 갈라져 벌
어지며 가는 갈래조각은 7~8㎝
길이이다. 향기로운 꽃은 밤에 향
기가 더 진해진다. 둥근 열매는 지
름 3~ 4㎝이며 익으면 불규칙하
게 갈라진다. 양지바른 모래땅에
서 잘 자라며 실내에서 재배한다.
[1]아시아문주란(*C. asiaticum*)은 문
주란의 원종으로 2m 정도 높이로
자라는 대형종이며 온실에서 화초
로 기른다. [2]무늬아시아문주란
('Variegatum')은 칼 모양의 잎에 세
로로 흰색 줄무늬가 들어가는 품
종으로 대형종이며 온실에서 화초
로 기른다. [3]문주란 '엘렌 보즌켓'
(*C.* 'Ellen Bosanquet')은 원예 품종으
로 80㎝ 정도 높이로 자라며 깔때기
모양의 진홍색 꽃이 핀다. 남쪽 섬
에서는 화단에서 기를 수 있다. [4]자
주색문주란(*C.* × *amabile*)은 열대 아
시아 원산의 늘푸른여러해살이풀
이다. 90~120㎝ 높이로 자라는
꽃대 끝의 우산꽃차례에 20~30개
의 자주색 꽃이 모여 피는데 꽃잎
안쪽이 흰색이다. 실내에서 심어
기른다.

[1]아시아문주란   [2]무늬아시아문주란

[3]문주란 '엘렌 보즌켓'   [4]자주색문주란

### 군자란(수선화과)
*Clivia miniata*

남아프리카 원산의 여러해살이풀로 40~60㎝ 높이로 자라며 줄기가 없다. 뿌리에서 모여나는 넓은 선형 잎은 보통 양쪽으로 나란히 포개지며 광택이 있다. 봄에 잎 사이에서 자란 꽃대 끝의 우산꽃차례에 피는 넓은 깔때기 모양의 주홍색 꽃은 목 부분이 노란색이다. 꽃은 5~8㎝ 길이이며 꽃덮이조각과 수술은 각각 6개씩이다. 동그스름한 열매는 붉은색으로 익는다. [1]무늬군자란('Variegated')은 잎에 연노란색 줄무늬가 있는 품종이다. 실내에서 심어 기른다.

군자란        [1]무늬군자란

### 기린수선화(수선화과)
*Cyrtanthus mackenii*

남아프리카 원산의 늘푸른여러해살이풀로 30~50㎝ 높이로 자란다. 뿌리에서 모여나는 선형 잎은 10~20㎝ 길이이다. 길게 자란 곧은 꽃대 끝의 우산꽃차례에 한쪽 방향을 보고 피는 좁은 깔때기 모양의 노란색 꽃은 5㎝ 정도 길이이다. 꽃부리 끝은 6갈래로 약간 갈라지고 향기가 있다. 여러 색깔의 품종이 개발되었다. [1]기린수선화 '히말라얀 핑크'('Himalayan Pink')는 원예 품종으로 연분홍색 꽃이 핀다. 원종은 습한 그늘에서 잘 자라며 모두 화초로 심는다.

기린수선화        [1]기린수선화 '히말라얀 핑크'

주홍나리     [1]키르탄투스 팔카투스

## 주홍나리(수선화과)
### *Cyrtanthus sanguineus*

남아프리카 원산의 여러해살이풀로 30~50㎝ 높이로 자란다. 뿌리에서 2~4장의 선형 잎이 나오는데 끝이 뾰족하며 가장자리가 밋밋하다. 여름에 꽃대 끝에 깔때기 모양의 홍적색 꽃이 옆을 보고 피는데 6갈래로 갈라지는 꽃부리는 지름 6㎝ 정도이다. [1]키르탄투스 팔카투스(*C. falcatus*)는 남아프리카 원산의 여러해살이풀로 30㎝ 정도 높이로 자란 꽃대 끝에 좁은 깔때기 모양의 연한 홍적색 꽃이 8~10개가 늘어진다. 모두 습하고 양지바른 실내에서 심어 기른다.

설강화     [1]은방울수선화

## 설강화(수선화과)
### *Galanthus nivalis*

유럽 원산의 여러해살이풀로 7~15㎝ 높이로 자란다. 알뿌리에서 선형 잎이 모여난다. 봄에 피는 꽃은 3개의 겉꽃덮이조각이 흰색이고 3개의 작은 속꽃덮이조각도 흰색이며 끝이 오목하게 들어가고 녹색 무늬가 있다. [1]은방울수선화(*Leucojum aestivum*)는 지중해 연안 원산의 여러해살이풀로 30~50㎝ 높이로 자란다. 3~4월에 꽃줄기 끝에 피는 종 모양의 꽃은 6장의 꽃덮이조각 끝이 밖으로 굽고 녹색 반점이 있다. 모두 화단에 심어 기른다.

1)아마릴리스 블로스펠디아에　❶아마릴리스 '베이비 스타'

흰줄무늬아마릴리스　❷아마릴리스 '댄싱 퀸'　❸아마릴리스 '더블 드래곤'

❹아마릴리스 '미네르바'　❺아마릴리스 '파사데나'　❻아마릴리스 '레드 라이온'　❼아마릴리스 '릴로나'

## 흰줄무늬아마릴리스(수선화과) *Hippeastrum reticulatum*

브라질 원산의 늘푸른여러해살이풀로 40~50㎝ 높이이다. 양파 모양의 비늘줄기에서 모여나는 칼 모양의 잎은 두껍고 가장자리가 밋밋하며 주맥을 따라 흰색 줄무늬가 있다. 꽃대 끝에 피는 분홍색 꽃은 흰색 그물무늬가 있다. 1)아마릴리스 블로스펠디아에(*H. blossfeldiae*)는 브라질 원산의 여러해살이풀로 꽃대 끝에 모여 피는 주황색 꽃은 중심부가 연노란색이며 향기가 있다. 아마릴리스는 꽃이 크고 아름다워 많은 재배 품종이 개발되었으며 화초로 심고 절화로도 이용한다.

❶(*H.* 'Baby Star') ❷('Dancing Queen') ❸('Double Dragon') ❹('Minerva')
❺('Pasadena') ❻('Red Lion') ❼('Rilona')

## 주홍붓꽃(수선화과)
### *Haemanthus coccineus*

남아프리카 원산의 늘푸른여러해
살이풀로 20㎝ 정도 높이로 자란
다. 땅속의 비늘줄기에서 양쪽으
로 펼쳐지는 두꺼운 타원형 잎은
2~3장이며 바깥쪽으로 휘어진 모
습이 만년청과 비슷하다. 가을에
8~20㎝ 높이로 자란 꽃대 끝의
우산꽃차례는 붉은색 브러쉬 모양
이다. [1]밍크붓꽃(*H. albiflos*)은 남
아프리카 원산의 늘푸른여러해살
이풀로 가을에 짧고 굵은 꽃대 끝
에 달리는 우산꽃차례는 흰색 브
러쉬 모양이다. 모두 실내에서 화
초로 심어 기른다.

주홍붓꽃

[1]밍크붓꽃

## 바다수선/거미백합(수선화과)
### *Hymenocallis speciosa*

서인도 제도 원산의 늘푸른여러해
살이풀로 50~60㎝ 높이로 자란다.
알뿌리에서 모여나는 칼 모양의 잎
은 60㎝ 정도 길이이고 가장자리
가 밋밋하다. 뿌리에서 곧게 자란
꽃대 끝의 우산꽃차례에 9~15개
의 향기로운 흰색 꽃이 핀다. 깔때
기 모양의 꽃부리에서 6개의 가늘
고 긴 꽃잎이 갈라져 퍼진 모양이
거미를 닮아서 '거미백합'이라고도
한다. 둥근 알뿌리는 지름 7~10㎝
정도로 크다. 양지나 반그늘인 실
내에서 화초로 기르며 절화로도 이
용한다.

바다수선

## 향기별꽃(수선화과)
### *Ipheion uniflorum*

남미 원산의 여러해살이풀로 전체적으로 부추 냄새가 나며 7~15cm 높이로 자란다. 비늘줄기는 타원형이며 2~4cm 길이이다. 비늘줄기에서 모여나는 선형 잎은 육질이며 10~25cm 길이이다. 3~4월에 꽃대 끝에 1개의 별 모양의 연자주색 꽃이 핀다. 꽃은 지름 4cm 정도이고 6갈래로 벌어지며 수술은 6개이고 꽃밥은 노란색이다. 원통형 열매는 지름 1cm 정도이다. [1]**흰향기별꽃**('Album')은 흰색 꽃이 피는 품종으로 향기별꽃과 함께 양지바른 화단에 심어 기른다.

향기별꽃　　　　　　[1]**흰향기별꽃**

## 황금부추(수선화과)
### *Tristagma sellowianum*

아르헨티나 원산의 여러해살이풀로 10~20cm 높이로 자란다. 뿌리잎은 좁은 선형이며 광택이 있다. 3~5월에 잎 사이에서 자란 긴 꽃대 끝에 노란색 꽃이 피는데 지름 5cm 정도이다. 화단에 심어 기른다. [1]**붉은공수선**(*Scadoxus multiflorus*)은 열대 아프리카 원산의 여러해살이풀로 30~45cm 높이로 자란다. 뿌리잎은 긴 타원형이며 끝이 뾰족하고 가장자리가 밋밋하다. 초여름에 꽃대 끝의 우산꽃차례에 홍적색 꽃이 둥글게 촘촘히 모여 달린다. 실내에서 심어 기른다.

황금부추　　　　　　[1]**붉은공수선**

## 시클라멘수선화(수선화과)
### *Narcissus cyclamineus*

시클라멘수선화

1)깔때기수선화

2)노랑수선화　　3)스카베룰루스수선화

유럽 원산의 여러해살이풀로 비늘줄기에서 모여난 좁은 선형 잎은 20㎝ 정도 길이이다. 봄에 꽃대 끝에 노란색 꽃이 고개를 숙이고 핀다. 좁은 타원형 꽃잎은 뒤로 젖혀지고 부꽃부리는 원통형으로 꽃잎과 길이가 비슷하다. 1)**깔때기수선화**(*N. bulbocodium*)는 포르투갈 원산의 여러해살이풀로 잎은 20㎝ 정도 길이로 가늘고 길다. 3~4월에 30㎝ 정도 높이로 자란 꽃대 끝에 1개씩 피는 노란색 꽃은 2㎝ 정도 길이이며 부꽃부리가 깔때기처럼 벌어지고 꽃잎은 작고 좁다. 2)**노랑수선화**(*N. jonquilla*)는 스페인과 포르투갈 원산의 여러해살이풀로 10~30㎝ 높이로 자란다. 알줄기에서 모여나는 잎은 골풀처럼 가늘고 곧게 선다. 3~4월에 꽃대 끝에 2~5개가 달리는 진한 노란색 꽃은 지름 3~4㎝이다. 꽃잎은 수평으로 퍼지고 부꽃부리는 짧은 컵 모양이며 진한 노란색이다. 3)**스카베룰루스수선화**(*N. scaberulus*)는 포르투갈 원산의 여러해살이풀로 25㎝ 정도 높이로 자라며 연한 청록색 잎은 7㎝ 정도 길이이다. 봄에 꽃대 끝에 2~3개의 노란색 꽃이 달린다. 꽃은 지름 2㎝ 정도이며 수평으로 퍼지는 꽃잎은 광택이 약간 있고 부꽃부리는 짧은 컵 모양이며 노란색이다. 모두 화단에 심어 기른다.

①수선화 '아발론'　②수선화 '브라이들 크라운'

수선화

③수선화 '디코이'　④수선화 '익셉션'

⑤수선화 '아이스 폴리스'　⑥수선화 '핑크 참'　⑦수선화 '타히티'　⑧수선화 '지바'

**수선화**(수선화과) *Narcissus tazetta* ssp. *chinensis*

지중해 연안 원산의 여러해살이풀로 20~40㎝ 높이로 자란다. 달걀 모양의 비늘줄기에서 모여나는 선형 잎은 20~40㎝ 길이이며 흰빛이 돌고 끝이 둔하며 가장자리가 밋밋하다. 12~3월에 꽃줄기 끝의 우산꽃차례에 5~6개의 향기로운 흰색 꽃이 핀다. 꽃은 지름 3~5㎝이며 6장의 흰색 꽃덮이조각 가운데에 컵 모양의 노란색 부꽃부리가 있고 그 속에 1개의 암술과 6개의 수술이 있다. 남부 지방의 화단에 심어 기르며 들로 퍼져 나가 저절로 자란다. 꽃이 아름다운 수선화 종류는 많은 재배 품종이 있다.

①(*N.* 'Avalon') ②('Bridal Crown') ③('Decoy') ④('Exception') ⑤('Ice Follies')
⑥('Pink Charm') ⑦('Tahiti') ⑧('Ziva')

## 상사화(수선화과)
### *Lycoris squamigera*

관상용으로 기르는 여러해살이풀로 넓은 달걀 모양의 비늘줄기는 지름 4~5㎝이다. 봄에 비늘줄기 끝에서 모여나는 선형 잎은 20~30㎝ 길이이며 초여름에 말라죽는다. 8~9월에 비늘줄기에서 자란 50~70㎝ 높이의 꽃대 끝에 4~8개의 연한 홍자색 꽃이 우산꽃차례로 모여 달린다. 꽃은 9~10㎝ 길이이며 6장의 꽃잎은 깔때기처럼 벌어지고 끝이 뒤로 약간 젖혀진다. 수술은 6개이고 꽃잎보다 약간 짧으며 꽃밥은 연한 붉은색이다. 열매는 맺지 못한다. 꽃과 잎이 서로 만나지 못해서 '상사화(相思花)'라고 한다. [1]칼드웰리상사화(*L. caldwellii*)는 중국 원산으로 연노란색 꽃잎은 약간 주름이 있고 점차 크림색에서 흰색으로 변한다. [2]호우드쉘리상사화(*L. houdyshellii*)는 중국 원산으로 연노란색 꽃잎은 물결 모양의 주름이 있고 길게 휘어지는 수술은 연분홍빛이 돈다. [3]백양꽃(*L. koreana*)은 남부 지방에서 자라며 진한 주황색 꽃이 핀다. [4]석산/꽃무릇(*L. radiata*)은 일본 원산으로 붉은색 꽃잎은 주름이 지고 뒤로 말린다. 모두 화단에 심어 기르는데 햇빛이 드는 반그늘에서 잘 자라며 비옥한 토양을 좋아한다.

상사화

잎

[1]칼드웰리상사화  [2]호우드쉘리상사화

[3]백양꽃  [4]석산

흰꽃나도사프란

1)나도사프란

2)장미실란

3)제피란세스 '그랜드잭스'

4)제피란세스 '모닝 스타'

## 흰꽃나도사프란(수선화과)
### *Zephyranthes candida*

남미 원산의 여러해살이풀로 15~30㎝ 높이로 자란다. 땅속의 비늘줄기는 지름 2㎝ 정도이다. 비늘줄기에서 촘촘히 모여나는 잎은 가늘고 납작하며 길이 20~30㎝, 너비 2~4㎜이다. 7~9월에 비늘줄기에서 자란 꽃대 끝에 지름 6㎝ 정도의 흰색 꽃이 위를 보고 핀다. 1)나도사프란(*Z. carinata*)은 멕시코 원산의 여러해살이풀로 뿌리에서 모여나는 선형 잎은 납작하며 흰꽃나도사프란보다 너비가 약간 넓다. 6~10월에 15~30㎝ 높이의 꽃대 끝에 피는 분홍색 꽃은 지름 6㎝ 정도로 큼직하다. 흰꽃나도사프란과 함께 남부 지방에서 화단에 심으며 양지나 밝은 그늘에서 잘 자란다. 2)장미실란(*Z. rosea*)은 중남미 원산의 여러해살이풀로 15~20㎝ 높이로 자란다. 뿌리에서 모여나는 선형 잎은 부추 잎을 닮았다. 8~10월에 꽃대 끝에 피는 분홍색 꽃은 지름 2.5㎝ 정도로 나도사프란보다 작다. 남쪽 섬에서 화단에 심는다. 3)제피란세스 '그랜드잭스'(*Z.* 'Grandjax')는 나도사프란의 원예 품종으로 큼직한 연분홍색 꽃이 핀다. 4)제피란세스 '모닝 스타'(*Z.* 'Morning Star')는 원예 품종으로 연한 자황색 꽃이 핀다. 남부 지방에서 화단에 심는다.

117

앵초실란     [1)]노랑나도사프란

## 앵초실란(수선화과)
### *Zephyranthes primulina*

멕시코 원산의 여러해살이풀로 20~30㎝ 높이로 자란다. 뿌리에서 모여나는 가는 잎은 납작하고 광택이 있다. 꽃대 끝에 1개가 피는 연노란색 꽃은 지름 4~5㎝이며 6갈래로 갈라져 벌어지고 갈래조각 뒷면은 붉은빛이 약간 돈다. 수술은 6개이며 꽃밥은 노란색이다. [1)]**노랑나도사프란**(*Z. citrina*)은 멕시코 원산의 여러해살이풀로 7~9월에 꽃대 끝에 3~5㎝ 길이의 진한 노란색 꽃이 핀다. 모두 남부 지방에서 화단에 심으며 양지나 밝은 그늘에서 잘 자란다.

자교화     [1)]흰자교화

## 자교화(수선화과)
### *Tulbaghia violacea*

남아프리카 원산의 여러해살이풀로 30~60㎝ 높이로 자란다. 뿌리에서 모여나는 잎은 선형이며 길이 40㎝ 정도, 너비 5㎜ 정도이다. 5~11월에 꽃대 끝의 우산꽃차례에 8~20개의 연자주색 꽃이 모여 달린다. 꽃부리는 원통형이며 6갈래로 갈라져 수평으로 벌어지는데 지름 2㎝ 정도이다. 자교화(紫嬌花)는 한자 이름이다. [1)]**흰자교화**('Alba')는 흰색 꽃이 피는 품종이다. 모두 화단에 심는데 양지나 반그늘에서 잘 자라며 건조한 환경에도 강하다. 마늘 냄새가 나는 잎을 식용한다.

용설란 꽃차례

용설란 잎

1)흰큰카마스

2)긴꼬리문주란 꽃차례

2)긴꼬리문주란 잎과 비늘줄기

## 용설란(아스파라거스과)
### *Agave americana*

중미 원산의 늘푸른여러해살이풀
이다. 뿌리에서 모여나는 두꺼운
칼 모양의 잎은 1m 이상 길이이며
회녹색이고 가장자리에 가시 모양
의 톱니가 있다. 7~12월에 뿌리에
서 10m 정도 높이로 자란 꽃대 윗
부분의 원뿔꽃차례에 자잘한 노란
색 꽃이 모여 핀다. 수십 년 만에
꽃을 피우고 나면 전체가 말라죽는
다. 남쪽 섬의 화단에 심어 기른다.
1)흰큰카마스(*Camassia leichtlinii* ‘Alba’)
는 북미 태평양 연안 원산의 여러
해살이풀로 90~120㎝ 높이이다.
둥근 비늘줄기에서 칼 모양의 잎이
모여나는 모습은 무릇과 비슷하며
곧게 선다. 3~5월에 줄기 끝의 송
이꽃차례에 별 모양의 흰색 꽃이
촘촘히 돌려 가며 달린다. 원종인
큰카마스는 보라색 꽃이 피고 여러
색깔의 재배 품종이 개발되어 심어
지고 있다. 화단에 심어 기르며 습
기가 약간 있는 곳에서 잘 자란다.
2)긴꼬리문주란(*Albuca bracteata*)은
남아프리카 원산의 늘푸른여러해
살이풀로 30~80㎝ 높이이다. 둥
근 비늘줄기에서 선형 잎이 모여
난다. 2~4월에 길게 자란 꽃대 윗
부분의 송이꽃차례에 백록색 꽃이
촘촘히 피어 올라간다. 양지바른
실내에서 다육식물로 기른다.

비체티접란

¹⁾카펜세접란

²⁾비타툼접란

³⁾고사리아스파라거스 '스플렌제리'

⁴⁾고사리아스파라거스 '메르시'

## 비체티접란(아스파라거스과)
### *Chlorophytum laxum*

아프리카 원산의 늘푸른여러해살이풀로 10~20cm 높이이다. 뿌리에서 모여나는 선형 잎은 가장자리에 흰색 줄무늬가 있다. 잎 사이에서 자란 송이꽃차례는 위를 향하며 흰색 꽃이 성기게 달린다. ¹⁾**카펜세접란**(*C. capense*)은 남아공 원산의 늘푸른여러해살이풀로 넓은 선형 잎은 30~40cm 길이이다. 잎 사이에서 자란 송이꽃차례는 위를 향하며 흰색 꽃이 성기게 달린다. ²⁾**비타툼접란**(*C. comosum* 'Vittatum')은 아프리카 원산의 늘푸른여러해살이풀로 15cm 정도 높이이다. 뿌리에서 모여난 칼 모양의 잎은 중심부에 흰색 세로줄 무늬가 있다. 잎 사이에서 자란 꽃대 끝의 송이꽃차례에 흰색 꽃이 모여 핀다. ³⁾**고사리아스파라거스 '스플렌제리'**(*Asparagus densiflorus* 'Sprengeri')는 남아프리카 원산의 늘푸른여러해살이풀로 2m 정도 높이이다. 줄기는 밑으로 처지며 가시가 있다. 선형 잎처럼 보이는 것은 가지가 변한 것이다. 송이꽃차례에 자잘한 흰색~연홍색 꽃이 핀다. ⁴⁾**고사리아스파라거스 '메르시'**('Meyersii')는 원예 품종으로 줄기는 모여나고 60~90cm 높이로 곧게 서며 가지가 촘촘히 모여 달려서 꼬리처럼 보이고 가시가 있다. 모두 실내에서 관엽식물로 기른다.

가을파인애플릴리

1)흰무늬파인애플릴리

2)파인애플릴리 '레아'

3)점박이파인애플릴리

4)잠베지파인애플릴리

## 가을파인애플릴리(아스파라거스과)
### *Eucomis autumnalis*

아프리카 원산의 여러해살이풀로 40~60cm 높이로 자란다. 뿌리에서 나온 잎은 좁은 타원형이며 45cm 정도 길이이고 가장자리가 물결 모양으로 주름이 진다. 7~8월에 굵게 자란 꽃대 윗부분의 송이꽃차례에 별 모양의 흰색~백록색 꽃이 모여 핀다. 꽃차례 끝에는 작은 잎 모양의 포조각이 둘러 난다. 남부 지방에서 화단에 심으며 절화로도 이용한다. 1)**흰무늬파인애플릴리**(*E. bicolor* 'Alba')는 남아프리카 원산의 품종인 여러해살이풀로 50~70cm 높이로 자란다. 자주색 반점이 있는 줄기의 송이꽃차례에 흰색 꽃이 모여 핀다. 2)**파인애플릴리 '레아'**(*E. comosa* 'Leia')는 아프리카 원산의 원예 품종이며 15~30cm 높이로 자란다. 여름에 줄기의 송이꽃차례에 자홍색 꽃이 돌려 가며 달린다. 3)**점박이파인애플릴리**(*E. vandermerwei*)는 남아공 원산으로 8~20cm 높이로 자란다. 선형 잎은 적갈색 점무늬가 흩어져 난다. 줄기 끝에 적자색 송이꽃차례가 달린다. 4)**잠베지파인애플릴리**(*E. zambesiaca*)는 아프리카 원산으로 30~45cm 높이로 자란다. 잎은 좁은 타원형이며 여름에 줄기 끝의 송이꽃차례에 흰색 꽃이 촘촘히 붙는다. 모두 화단에 심어 기른다.

121

¹⁾자주옥잠화　²⁾옥잠화

비비추　❶큰비비추 '엘레강스'　❷큰비비추 '프랑시'

❸비비추 '블루 다이아몬드'　❹비비추 '프랜시스 윌리암스'　❺비비추 '그레이트 익스펙테이션'　❻비비추 '리치랜드 골드'

## 비비추(아스파라거스과)　*Hosta longipes*

산에서 자라는 여러해살이풀로 30~40㎝ 높이이다. 뿌리에서 모여나는 잎은 타원 모양의 달걀형이고 끝이 뾰족하며 얕은 심장저이고 가장자리는 물결 모양이다. 7~8월에 자란 꽃줄기의 송이꽃차례에 연자주색 꽃이 한쪽으로 달린다. ¹⁾**자주옥잠화**(*H. ventricosa*)는 중국 원산의 여러해살이풀로 잎은 하트 모양의 타원형이다. 6~7월에 적자색 꽃이 핀다. ²⁾**옥잠화**(*H. plantaginea*)는 중국 원산의 여러해살이풀로 잎은 둥근 달걀형이고 8~9월에 송이꽃차례에 흰색 꽃이 핀다. *Hosta*속은 잎에 다양한 무늬가 있는 많은 재배 품종이 있다. ❶(*H. sieboldiana* 'Elegans') ❷('Francee') ❸(*H.* 'Blue Diamond') ❹('Frances Williams') ❺('Great Expectations') ❻('Richland Gold')

히아신스

❶히아신스 '카네기'  ❷히아신스 '델프트 블루'

❸히아신스 '폰단트'  ❹히아신스 '홀리호크'

❺히아신스 '스카이라인'  ❻히아신스 '트와일라잇'  ❼히아신스 '부박'  ❽히아신스 '옐로 퀸'

## 히아신스(아스파라거스과) *Hyacinthus orientalis*

지중해 연안과 소아시아 원산의 여러해살이풀로 15~30㎝ 높이로 자란다. 둥근 달걀 모양의 비늘줄기에서 4~5장이 나오는 선형 잎은 15~30㎝ 길이이고 다육질이며 안으로 굽는다. 3~4월에 잎 사이에서 자란 굵은 꽃대 끝의 송이꽃차례에 청자색 꽃이 촘촘히 돌려가며 핀다. 많은 재배 품종이 개발되었으며 품종에 따라 여러 가지 색깔의 꽃이 핀다. 꽃부리는 깔때기 모양이며 지름 2~3㎝이고 6갈래로 갈라져서 뒤로 활짝 젖혀진다. 향기로운 꽃에서 향료를 채취한다. 화단에 심어 기른다.

❶('Carnegie') ❷('Delft Blue') ❸('Fondant') ❹('Hollyhock') ❺('Skyline')
❻('Twilight') ❼('Vuurbaak') ❽('Yellow Queen')

잉글리쉬 블루벨

1)맥문동

2)개맥문동

3)라케날리아 알로이데스

4)라케날리아 반질리아에

## 잉글리쉬 블루벨(아스파라거스과)
### *Hyacinthoides non-scripta*

유럽 원산의 여러해살이풀로 10~30㎝ 높이로 자란다. 비늘줄기에서 좁은 피침형 잎이 모여난다. 4~5월에 꽃대 끝의 송이꽃차례에 종 모양의 청자색 꽃이 고개를 숙이고 피는데 향기가 있다. 1)맥문동(*Liriope muscari*)은 산과 들에서 자라는 여러해살이풀이다. 짧고 굵은 뿌리줄기에서 30~50㎝ 길이의 선형 잎이 모여나 포기를 이룬다. 흔히 뿌리 끝이 커져서 땅콩같이 된다. 6~8월에 잎 사이에서 자란 꽃줄기 윗부분의 송이꽃차례에 자주색 꽃이 이삭 모양으로 모여 달린다. 둥근 열매는 가을에 흑자색으로 익는다. 2)개맥문동(*L. spicata*)은 맥문동에 비해 기는줄기가 있고 잎맥이 7~11개로 적으며 꽃이 성글게 달리는 점이 다르다. 모두 화단에 심어 기른다. 3)라케날리아 알로이데스(*Lachenalia aloides*)는 남아공 원산의 여러해살이풀로 15~28㎝ 높이이다. 이른 봄에 곧게 자란 꽃대 끝의 송이꽃차례에 노란색 바탕에 주황빛이 도는 긴 초롱 모양의 꽃이 늘어진다. 4)라케날리아 반질리아에(v. *vanzyliae*)는 라케날리아 알로이데스의 변종으로 남아공 원산의 여러해살이풀이며 이른 봄에 연푸른색이 도는 긴 초롱 모양의 꽃이 핀다. 모두 실내에서 심어 기른다.

키키

## 키키(아스파라거스과)
### *Drimiopsis botryoides*

남아프리카 원산의 늘푸른여러해살이풀로 10~30㎝ 높이로 자란다. 뿌리에서 모여나는 잎은 피침형이며 18㎝ 정도 길이이고 가장자리가 밋밋하며 다육질이다. 잎몸은 밝은 녹색 바탕에 진녹색 점무늬가 흩어져 난다. 6~7월에 잎 사이에서 30㎝ 정도 높이로 자란 꽃대 끝의 송이꽃차례에 종 모양의 흰색 꽃이 촘촘히 모여 달린다. 꽃잎은 6장이며 3~6㎜ 길이이고 수술은 자주색이다. 양지바른 실내에서 다육식물로 기르며 배수가 잘되는 토양이 좋다.

비올라시

## 비올라시(아스파라거스과)
### *Ledebouria socialis*

남아프리카 원산의 늘푸른여러해살이풀로 15㎝ 정도 높이로 자란다. 땅 위로 드러나는 둥근 비늘줄기에서 3~5장이 모여나는 좁은 타원형 잎은 끝이 뾰족하며 가장자리가 밋밋하다. 잎은 두꺼우며 앞면에 진녹색의 불규칙한 무늬가 있고 뒷면은 홍자색이 돈다. 5~7월에 잎 사이에서 자란 꽃대 끝의 송이꽃차례에 자잘한 백록색 꽃이 핀다. 실내에서 다육식물로 기르는데 바람이 잘 통하고 해가 드는 반그늘과 물 빠짐이 좋은 곳에서 잘 자란다.

125

가시수염풀

1)줄무릇

2)월하향

3)길상초

## 가시수염풀(아스파라거스과)
*Lomandra longifolia*

호주 원산의 늘푸른여러해살이풀로 40~80㎝ 높이로 자란다. 뿌리에서 촘촘히 모여나는 가는 선형 잎은 가장자리가 밋밋하고 단단하다. 잎 사이에서 자란 이삭꽃차례에 자잘한 연노란색 꽃이 모여 피는데 꽃마다 가시 같은 포가 있다. 건조한 실내에서 관엽식물로 심는다. 1)줄무릇(*Ledebouria cooperi*)은 남아공 원산의 여러해살이풀로 10~15㎝ 높이로 자란다. 비늘줄기에서 돋은 선형~좁은 타원형 잎은 적갈색의 세로줄 무늬가 있다. 4~6월에 꽃대 윗부분의 송이꽃차례에 종 모양의 진분홍색 꽃이 핀다. 남부 지방에서 화단에 심는다. 2)월하향(*Polianthes tuberosa*)은 멕시코 원산의 여러해살이풀로 50~100㎝ 높이로 자란다. 황갈색 비늘줄기에서 6~9장의 넓은 선형 잎이 모여난다. 8~10월에 줄기 끝의 이삭꽃차례에 향기로운 흰색 꽃이 2개씩 마주 붙으며 피어 올라가고 향기가 강하다. 3)길상초(*Reineckia carnea*)는 중국 원산의 늘푸른여러해살이풀로 10~30㎝ 높이이다. 줄기는 옆으로 벋고 끝부분에서 선형 잎이 모여난다. 8~10월에 이삭꽃차례에 연자주색 꽃이 촘촘히 달린다. 그늘이나 반그늘에서 지피식물로 심는다.

### 무스카리(아스파라거스과)
*Muscari armeniacum*

지중해 연안 원산의 여러해살이풀로 15~20㎝ 높이로 자란다. 땅속의 둥근 비늘줄기는 지름 4~5㎝이다. 비늘줄기에서 7~10장이 모여나는 선형 잎은 가장자리가 밋밋하며 안쪽으로 골이 지고 육질로 부드럽다. 4~5월에 잎 사이에서 자란 꽃대 끝의 송이꽃차례에 항아리 모양의 남보라색 꽃이 촘촘히 고개를 숙이고 피는데 향기가 있다. [1]흰무스카리('Alba')는 흰색 꽃이 피는 품종이다. 모두 양지바르거나 반그늘진 화단에 심어 기른다.

무스카리      [1]흰무스카리

### 맥문아재비(아스파라거스과)
*Ophiopogon jaburan*

남쪽 바닷가에서 자라는 여러해살이풀로 땅속줄기가 옆으로 벋고 잎은 모여난다. 기다란 선형 잎은 9~13개의 잎맥이 있다. 30~50㎝ 높이의 꽃줄기는 납작하고 좁은 날개가 있다. 7~9월에 꽃줄기 윗부분에 연자줏빛이 도는 흰색 꽃이 피는데 작은 꽃가지는 3~8개씩 모여 달려 밑으로 처진다. 둥근 열매는 하늘색으로 익는다. [1]무늬잎맥문아재비('Variegata')는 원예품종으로 잎에 흰색 줄무늬가 들어간다. 모두 남부 지방에서 화단에 지피식물로 심는다.

맥문아재비      [1]무늬잎맥문아재비

흑맥문동      1)왜란

### 흑맥문동(아스파라거스과)
*Ophiopogon planiscapus* 'Nigrescens'

일본 원산의 원예 품종으로 여러 해살이풀이며 15~25㎝ 높이로 자란다. 굵은 뿌리줄기에서 모여나는 선형 잎은 15~30㎝ 길이이며 검은 자줏빛이 돈다. 6~7월에 잎 사이에서 자란 꽃대 끝의 송이꽃차례에 흰색~연보라색 꽃이 고개를 숙이고 핀다. 둥근 열매는 흑자색으로 익는다. 1)왜란(*O. japonicus* 'Nana')은 소엽맥문동의 왜성종으로 잎이 7~12㎝ 길이로 짧으며 흰색 꽃이 피고 푸른색 열매가 열린다. 모두 남부 지방에서 잔디처럼 지피식물로 심는다.

### 풀백합(아스파라거스과)
*Ornithogalum umbellatum*

유럽 원산의 여러해살이풀로 10~30㎝ 높이로 자란다. 둥근 비늘줄기에서 6~10장의 선형 잎이 모여난다. 4~5월에 잎 사이에서 자란 송이꽃차례에 6~20개의 흰색 꽃이 피는데 꽃잎의 바깥쪽은 녹색에 흰색 테두리가 있다. 화단에 심는다. 1)베들레헴의별(*O. thyrsoides*)은 남아공 원산의 여러해살이풀로 20~40㎝ 높이로 자란다. 잎 사이에서 자란 꽃대 끝의 송이꽃차례에 지름 2㎝ 정도의 흰색 꽃이 15~35개 정도 달린다. 가을에 화단에 심으며 보온이 필요하다.

풀백합      1)베들레헴의별

## 무늬둥굴레(아스파라거스과)
*Polygonatum odoratum v. pluriflorum* 'Variegatum'

산에서 흔히 자라는 둥굴레의 품종으로 여러해살이풀이며 30~60cm 높이로 자란다. 비스듬히 휘어지는 줄기에 어긋나는 타원형 잎은 연노란색 줄무늬와 얼룩무늬가 있다. 봄에 잎겨드랑이에 1~2개의 긴 종 모양의 흰색 꽃이 매달린다. [1)]각시둥굴레 '톰섬'(*P. humile* 'Tom Thumb')은 산에서 자라는 각시둥굴레의 원예 품종이다. 20cm 정도 높이로 곧게 자라는 줄기에 광택이 있는 타원형 잎이 2줄로 어긋난다. 모두 화단에 심어 기른다.

무늬둥굴레      1)각시둥굴레 '톰섬'

## 만년청(아스파라거스과)
*Rohdea japonica*

일본과 중국 원산의 늘푸른여러해살이풀로 30~50cm 높이로 자란다. 굵은 땅속줄기 끝에서 모여나는 피침형 잎은 길이 30~50cm, 너비 3~5cm이며 두껍고 광택이 있다. 5~7월에 잎 사이에서 자란 10~20cm 높이의 꽃대 끝에 원통형 이삭꽃차례가 달린다. 연노란색 꽃은 지름 5mm 정도로 작다. 열매는 붉게 익는다. [1)]만년청 '마르기나타'('Marginata')는 원예 품종으로 잎 가장자리에 연노란색 무늬가 있다. 모두 남부 지방에서 화단에 심는데 그늘에서 잘 자란다.

만년청      1)만년청 '마르기나타'

크리스마스베리 · <sup>1)</sup>루스쿠스 히포글로숨

## 크리스마스베리(아스파라거스과)
*Ruscus aculeatus*

지중해 연안 원산의 늘푸른떨기나무로 60~90㎝ 높이로 자란다. 잎은 퇴화하고 단단한 달걀형의 잔가지가 잎처럼 보이며 끝이 가시처럼 날카롭고 가장자리가 밋밋하다. 1~4월에 잎 모양의 잔가지 가운데에 황록색 꽃이 피고 둥근 열매는 붉게 익는다. <sup>1)</sup>**루스쿠스 히포글로숨**(*R. hypoglossum*)은 유럽 원산의 늘푸른떨기나무로 잎 모양의 잔가지는 달걀형이며 4~5㎝ 길이로 큼직하고 가운데에 조그만 잎과 꽃이 달린다. 모두 남부 지방의 반그늘에서 화단에 심어 기른다.

루실무릇 · <sup>1)</sup>분홍비폴리아무릇

## 루실무릇(아스파라거스과)
*Scilla luciliae*

소아시아 원산의 여러해살이풀로 20㎝ 정도 높이로 자란다. 땅속의 비늘줄기에서 나오는 2장의 선형 잎은 10㎝ 정도 길이이다. 이른 봄에 자란 꽃대 끝에 지름 3㎝ 정도의 연푸른색 꽃이 피는데 6장의 꽃잎 안쪽이 흰색이다. <sup>1)</sup>**분홍비폴리아무릇**(*S. bifolia* 'Rosea')은 남부 유럽 원산의 여러해살이풀로 7~15㎝ 높이로 자란다. 비늘줄기에서 선형 잎이 2~4장이 나오고 봄에 잎 사이에서 자란 꽃대 끝에 연분홍색 꽃이 핀다. 모두 화단에 심으며 반그늘에서 잘 자란다.

### 시베리아무릇(아스파라거스과)
*Scilla siberica*

소아시아에서 유럽 남동부에 걸쳐 분포하는 여러해살이풀로 10~20cm 높이로 자란다. 타원형 비늘줄기에서 나오는 선형 잎은 길이 10~15cm, 너비 5~20mm로 무릇 잎과 비슷하다. 3~4월에 잎 사이에서 자란 꽃대 끝에 1~3개의 푸른색 꽃이 고개를 숙이고 핀다. 꽃의 지름은 2~3cm이며 꽃잎과 수술은 각각 6개씩이고 꽃밥은 진한 파란색이다. 열매가 익으면 잎이 말라 죽고 다음 해 봄까지 휴면 상태가 된다. 화단이나 암석 정원에 심으며 반그늘에서 잘 자란다.

시베리아무릇

### 유카(아스파라거스과)
*Yucca gloriosa* v. *tristis*

미국 원산의 늘푸른떨기나무로 2~3m 높이로 자란다. 줄기 윗부분에 촘촘히 돌려나는 칼 모양의 잎은 60~90cm 길이이며 두꺼운 가죽질이고 비스듬히 처지기도 한다. 봄과 가을, 2번에 걸쳐 줄기 끝의 원뿔꽃차례에 흰색 꽃이 모여 피는데 6장의 꽃잎은 반쯤 벌어진다. 남부 지방에서 관상수로 심는다. [1]실유카(*Y. filamentosa*)는 늘푸른여러해살이풀로 유카와 비슷하지만 줄기가 높이 자라지 않고 잎 가장자리에 실 같은 섬유가 붙어 있다. 양지바른 화단에 심어 기른다.

유카　　　　　　　　　[1]실유카

131

블루진저

1)위핑블루진저　2)엘레강스달개비

3)소말리아달개비　4)착생달개비

## 블루진저/입성달개비(달개비과)
### *Dichorisandra thyrsiflora*

브라질과 페루 원산의 늘푸른여러해살이풀로 1~2m 높이로 자란다. 줄기에 어긋나는 칼 모양의 잎은 밑부분이 줄기를 감싼다. 가을에 줄기 끝의 송이꽃차례에 청자색 꽃이 촘촘히 돌려 가며 달린다. 1)위핑블루진저(*D. penduliflora*)는 브라질 원산의 늘푸른여러해살이풀로 60cm 정도 높이이며 밑으로 늘어지는 꽃차례에 푸른색 꽃이 모여 핀다. 2)엘레강스달개비(*Callisia gentlei* v. *elegans*)는 중남미 원산의 여러해살이풀로 줄기는 1m 정도 길이로 바닥을 긴다. 잎은 어긋나고 달걀형이며 밑부분은 줄기를 감싼다. 잎겨드랑이에서 나오는 꽃대에 1~2개의 흰색 꽃이 피며 향기가 있다. 모두 실내에서 심어 기른다. 3)소말리아달개비/은모관(*Cyanotis somaliensis*)은 열대 아프리카 원산의 여러해살이풀이다. 잎은 줄기에 촘촘히 어긋나고 좁은 삼각형이며 흰색의 길고 부드러운 털이 빽빽하다. 윗부분의 잎겨드랑이에 청자색 꽃이 핀다. 4)착생달개비(*Cochliostema odoratissimum*)는 중미 원산의 늘푸른여러해살이풀로 나무 줄기에 착생한다. 봄에 잎 사이에서 나오는 꽃줄기에 청자색 꽃이 나선형으로 핀다. 모두 실내에서 심어 기른다.

자주만년초

## 자주만년초(달개비과)
### *Tradescantia spathacea*

열대 아메리카 원산의 늘푸른여러해살이풀로 30~50㎝ 높이로 자란다. 칼 모양의 두꺼운 잎은 촘촘히 모여나 사방으로 위를 향해 비스듬히 선다. 잎 앞면은 회색빛이 도는 녹색이고 뒷면은 진한 자줏빛이 돈다. 여름에 잎 사이에서 짧은 꽃이삭이 자라고 2개의 자주색 포 안에 흰색 꽃이 모여 핀다. 꽃은 지름 2~3㎝이며 꽃잎과 꽃받침조각은 각각 3장이고 6개의 수술대에는 긴털이 있다. [1]**삼색은달개비**(*T. cerinthoides*)는 남미 원산의 여러해살이풀로 여름에 피는 흰색 꽃은 꽃잎 끝이 분홍색이 돈다. 줄기와 꽃봉오리에 짧은털이 있다. [2]**자주잎달개비**(*T. pallida*)는 멕시코 원산의 여러해살이풀로 줄기와 잎은 적자색이 돌며 여름부터 분홍색 꽃이 핀다. [3]**털달개비/백설희**(*T. sillamontana*)는 멕시코 원산의 여러해살이풀로 잎이 누에고치처럼 가느다란 흰색 실로 덮여 있고 분홍색 꽃이 핀다. [4]**얼룩자주달개비**(*T. zebrina*)는 멕시코 원산의 여러해살이덩굴풀로 잎 앞면은 은백색과 녹자색의 얼룩말무늬가 있고 뒷면은 진자주색이며 홍자색 꽃이 핀다. 모두 양지바른 실내에서 심어 기르며 걸이화분을 만들기도 한다.

[1]삼색은달개비

[2]자주잎달개비

[3]털달개비

[4]얼룩자주달개비

133

실달개비

<sup></sup>1)브라질달개비

2)흰줄브라질달개비

3)카멜레온달개비

4)무늬브라질달개비

## 실달개비(달개비과)
### *Gibasis pellucida*

멕시코 원산의 여러해살이풀로 10~30㎝ 높이로 자란다. 뿌리에서 모여나는 줄기는 비스듬히 자란다. 줄기에 2줄로 어긋나는 잎은 긴 타원형~긴 달걀형이며 4~7㎝ 길이이고 끝이 뾰족하며 광택이 있다. 5~7월에 줄기 끝과 잎겨드랑이에서 나오는 갈래꽃차례에 지름 7~14㎜의 흰색 꽃이 핀다. 둥그스름한 흰색 꽃잎은 3장이며 수술대에는 흰색의 가는 털이 촘촘하다. 실내에서 심어 기르며 걸이화분을 만들기도 한다. 1)브라질달개비(*Tradescantia fluminensis*)는 남미 원산의 여러해살이풀로 줄기는 지면으로 벋다가 끝부분이 비스듬히 선다. 잎은 2줄로 어긋나고 달걀 모양의 피침형이며 3~6㎝ 길이이고 끝이 뾰족하며 잎자루가 없다. 5~8월에 가지 끝의 갈래꽃차례에 모여 피는 흰색 꽃은 지름 14~20㎜이며 수술대에는 흰색 털이 빽빽하다. 2)흰줄브라질달개비('Albovittata')는 원예 품종으로 잎에 흰색의 세로줄 무늬가 있다. 3)카멜레온달개비('Maiden's Blush')는 원예 품종으로 잎에 분홍색과 흰색의 얼룩 무늬가 있다. 4)무늬브라질달개비('Variegata')는 잎에 흰색의 세로줄 무늬와 반점이 있다. 모두 실내에서 심어 기른다.

자주달개비

### 자주달개비(달개비과)
*Tradescantia ohiensis*

북미 원산의 여러해살이풀로 줄기는 무더기로 모여나 40~80㎝ 높이로 자란다. 화단에 심어 기르는 화초였지만 지금은 야생화되어 저절로 자라는 것도 흔히 볼 수 있다. 잎은 어긋나고 선형이며 길이 20~45㎝, 너비 40~45㎜이고 가장자리가 밋밋하며 밑부분은 넓어져서 줄기를 감싼다. 5~7월에 줄기 끝이나 잎겨드랑이에 달리는 갈래꽃차례에 자주색 꽃이 모여 피는데 지름 2~3㎝이며 하루살이꽃이다. 꽃잎과 꽃받침조각은 각각 3장이고 수술은 6개이며 수술대에 자주색의 긴털이 촘촘하고 꽃밥은 노란색이다. 수술대의 털은 세포가 연결되어 있어 세포 분열 관찰 등에 쓰인다. [1]흰자주달개비('Alba')는 흰색 꽃이 피는 품종이다. 자주달개비속은 여러 원예 품종이 있으며 화단에 심어 기른다.

❶(*T.* 'Bilberry Ice') ❷('Blue & Gold')
❸('Concord Grape') ❹('Sweet Kate')

[1]흰자주달개비

❶자주달개비 '빌베리 아이스'

❷자주달개비 '블루 앤 골드'

❸자주달개비 '콘코드 그레이프'

❹자주달개비 '스위트 케이트'

나도생강

1)마블베리

## 나도생강(닭개비과)
*Pollia japonica*

남쪽 섬의 숲속에서 30~80cm 높이로 자라는 여러해살이풀이다. 잎은 어긋나고 넓은 피침형이다. 8~9월에 줄기 윗부분에서 5~6층으로 돌려나는 가지마다 자잘한 흰색 꽃이 달린다. 꽃잎은 6장이고 작은꽃자루가 있다. 둥근 열매는 벽자색으로 익는다. 남부 지방의 화단에 심기도 한다. 1)마블베리(*P. condensata*)는 아프리카 원산의 여러해살이풀로 흰색 꽃송이가 달린다. 단단한 열매는 강렬한 푸른색으로 익는 것으로 유명하다. 실내에서 심어 기른다.

## 노랑캥거루발톱(하에모도룸과)
*Anigozanthos flavidus*

호주 원산의 여러해살이풀이다. 뿌리에서 2줄로 포개져 나오는 선형 잎은 끝이 비스듬히 처진다. 5~7월에 잎 사이에서 자란 긴 꽃줄기 끝의 송이꽃차례에 원통형의 꽃부리가 2줄로 달리는데 주홍색과 노란색 털로 덮여 있다. 꽃부리 끝은 6갈래로 벌어지며 안쪽은 황록색이다. 1)팔미타(*Xiphidium caeruleum*)는 열대 아메리카 원산의 여러해살이풀로 30~100cm 높이이다. 잎 사이에서 자란 원뿔꽃차례에 자잘한 흰색 꽃이 핀다. 모두 실내에서 심어 기른다.

노랑캥거루발톱

1)팔미타

부레옥잠

## 부레옥잠(물옥잠과)
*Eichhornia crassipes*

열대 아메리카 원산의 여러해살이 물풀로 수염뿌리는 물속에 잠긴다. 둥근 달걀형 잎은 잎자루가 물고기의 부레처럼 가운데가 통통하게 부푼다. 8~9월에 줄기의 송이꽃차례에 모여 피는 연보라색 꽃은 보라색과 노란색 반점이 있다. [1]닻부레옥잠(*E. azurea*)은 브라질 원산의 여러해살이물풀로 물속에 잠기는 줄기에 마주나는 수중엽은 기다란 선형으로 보기에 좋아 어항 속의 수초로 기른다. 물 밖으로 나온 줄기에 어긋나는 잎은 둥글고 가장자리가 밋밋하다. 물 위로 곧게 서는 원뿔꽃차례에 연한 청자색 꽃이 핀다. [2]물옥잠(*Monochoria korsakowii*)은 물가에서 자라는 한해살이풀로 20~40cm 높이이다. 잎은 하트형이며 기다란 잎자루는 많이 부풀지 않는다. 9월에 송이꽃차례에 청보라색 꽃이 핀다. [3]하스타타물옥잠(*M. hastata*)은 열대 아시아 원산으로 물옥잠과 비슷하지만 30~100cm 높이로 자라는 대형종이며 꽃송이에 청자색 꽃이 모여 핀다. [4]해수화/고기풀(*Pontederia cordata*)은 북미 원산의 여러해살이물풀로 6~10월에 줄기 끝에서 5~15cm 길이로 자란 이삭꽃차례에 연한 청자색 꽃이 촘촘히 돌려가며 피어 올라간다.

[1]닻부레옥잠　　[2]물옥잠

[3]하스타타물옥잠　　[4]해수화

137

큰극락조화

1)극락조화　　　2)좁은잎극락조화

헬리코니아 롱기씨마　　1)헬리코니아 플라벨라타

## 큰극락조화(극락조화과)
### *Strelitzia nicolai*

남아공 원산의 늘푸른여러해살이
풀로 6m 정도 높이로 자란다. 뿌리
에서 2줄로 포개진 잎의 퍼진 모양
이 부채를 닮았다. 잎겨드랑이에서
극락조를 닮은 꽃이 나온다. 보트
모양의 흑갈색 포 안에 든 꽃받침
은 흰색이며 꽃잎은 푸른색~흰색
이다. 1)극락조화(S. reginae)는 1m 정
도 높이이며 잎이 긴 타원형~긴 달
걀형이고 꽃줄기 끝에 극락조를 닮
은 주황색 꽃이 핀다. 2)좁은잎극락
조화(S. juncea)는 극락조화와 같은
꽃이 피지만 잎은 원통 모양으로 말
린다. 모두 실내에서 심어 기른다.

## 헬리코니아 롱기씨마(헬리코니아과)
### *Heliconia longissima*

콜롬비아 원산의 늘푸른여러해살
이풀로 4~6m 높이로 곧게 자란
다. 바나나 잎을 닮은 잎은 잎자루
가 길다. 잎 사이에서 꽃차례가 길
게 늘어지며 꽃차례에 좌우로 어
긋나는 붉은색 포 안에 노란색 꽃
이 숨어 있다. 1)헬리코니아 플라벨
라타(H. × flabellata)는 교잡종으로
바나나 잎을 닮은 잎은 잎자루가
길다. 잎 사이에서 곧게 자란 꽃차
례는 점차 비스듬히 늘어진다. 꽃
차례에 좌우로 어긋나는 홍적색
포의 끝부분은 황금빛이 돈다. 모
두 실내에서 심어 기른다.

헬리코니아 비하이

### 헬리코니아 비하이(헬리코니아과)
*Heliconia bihai*

남미 원산의 늘푸른여러해살이풀로 2~4m 높이로 자란다. 가느다란 줄기는 여러 대가 모여나고 바나나 잎을 닮은 타원형 잎은 잎자루가 길다. 여름에 잎 사이에서 자란 꽃차례는 30~60cm 길이이며 위를 향한다. 2줄로 어긋나는 포는 끝이 뾰족하고 붉은색 바탕에 가장자리는 녹색과 노란색 테두리가 있다. 포 안의 대롱꽃은 끝부분이 녹색이다. [1]헬리코니아 카리바에아 '푸르푸레아'(*H. caribaea* 'Purpurea')는 원예 품종으로 2~4m 높이로 자란다. 곧게 서는 녹백색 줄기의 꽃차례에 2줄로 촘촘히 포개지는 붉은색 포는 끝이 뾰족하다. [2]헬리코니아 카르타세아 '섹시 핑크'(*H. chartacea* 'Sexy Pink')는 원예 품종으로 3~4m 높이로 자란다. 꽃차례는 밑으로 처지고 분홍색 포 안에 녹색 꽃이 모여 핀다. [3]헬리코니아 롱기플로라(*H. longiflora*)는 열대 아메리카 원산이다. 곧게 서는 꽃차례에 달리는 가느다란 포는 주황색이며 꽃은 노란색이다. [4]헬리코니아 마르기나타(*H. marginata*)는 열대 아메리카 원산으로 3~4m 높이로 자란다. 밑으로 처지는 꽃차례의 피침형 포는 붉은색이며 테두리는 노란색이다. 모두 온실에서 심어 기른다.

[1]헬리코니아 카리바에아 '푸르푸레아'  [2]헬리코니아 카르타세아 '섹시 핑크'

[3]헬리코니아 롱기플로라  [4]헬리코니아 마르기나타

139

헬리코니아 로스트라타

### 헬리코니아 로스트라타(헬리코니아과)
*Heliconia rostrata*

남미 원산의 늘푸른여러해살이풀로 줄기는 가늘고 2~3m 높이로 자란다. 바나나 모양의 잎은 60㎝ 정도 길이이며 잎자루가 길다. 밑으로 늘어지는 꽃차례는 30㎝ 정도 길이이며 달걀 모양의 포는 2줄로 어긋나게 달리고 붉은색이며 가장자리는 노란색이다. 포 안에서 노란색 꽃이 핀다. [1]헬리코니아 프시타코룸(*H. psittacorum*)은 남미 원산으로 1m 정도 높이로 자란다. 곧게 서는 꽃차례는 포가 가늘고 주황색이다. [2]헬리코니아 스트릭타(*H. stricta*)는 중남미 원산으로 1.5~3m 높이로 자란다. 곧게 서는 꽃차례에 2줄로 어긋나는 붉은색 포는 끝이 길게 뾰족하며 안에서 흰색과 녹색으로 된 꽃이 모여 핀다. [3]헬리코니아 벨레리게라(*H. vellerigera*)는 남미 원산으로 2~3m 높이로 자란다. 밑으로 늘어지는 꽃차례에 2줄로 어긋나는 적갈색 포는 털로 덮여 있고 안에서 노란색 꽃이 모여 핀다. [4]무지개헬리코니아(*H. wagneriana*)는 중미 원산으로 1.5~4.5m 높이로 자란다. 곧게 선 꽃차례에 2줄로 어긋나는 붉은색 포는 둘레가 연노란색이고 끝이 뾰족하며 안에 연노란색 꽃이 모여 핀다. 모두 온실에서 심어 기른다.

[1]헬리코니아 프시타코룸

[2]헬리코니아 스트릭타

[3]헬리코니아 벨레리게라

[4]무지개헬리코니아

2)칸나 '스트리아투스'  3)칸나 '트로피칸나'

1)인도칸나  칸나 품종  칸나 품종

칸나 품종  칸나 품종  칸나 품종  칸나 품종

## 칸나/홍초(홍초과) *Canna × generalis*

칸나는 열대 아메리카 원산인 인도칸나를 비롯한 여러 원종 간의 교배종으로 1~1.5m 높이로 자라는 여러해살이풀이다. 잎은 어긋나고 넓은 타원형이며 끝이 뾰족하고 잎에 무늬가 있는 품종도 있다. 6~10월에 줄기 끝의 송이꽃차례에 붉은색, 분홍색, 노란색, 흰색, 잡색 등 여러 가지 색깔의 꽃이 피는데 꽃잎과 꽃받침조각은 각각 3장이고 비대칭이다. 1)**인도칸나**(*C. indica*)는 붉은색과 노란색 꽃이 피는데 칸나보다 꽃잎이 좁고 작다. 2)**칸나 '스트리아투스'**(*C. × g.* 'Striatus')는 원예 품종으로 잎맥을 따라 노란색 줄무늬가 있다. 3)**칸나 '트로피칸나'**('Tropicanna')는 원예 품종으로 잎에 적갈색 무늬가 있다. 이 외에도 많은 재배 품종을 화단에 심어 기른다.

141

황금연꽃바나나

### 황금연꽃바나나(파초과)
### *Ensete lasiocarpum*

중국 남부 원산의 늘푸른여러해살이풀로 60~100cm 높이로 자란다. 줄기 밑부분에 좁은 타원형 잎이 촘촘히 돌려 가며 포개진다. 6~10월에 줄기 끝에 지름 20~25cm의 연꽃을 닮은 노란색 꽃이 오래도록 핀다. 남부 지방의 양지바른 곳에서 화초로 심어 기른다. [1]**바위바나나**(*E. superbum*)는 인도, 미얀마, 태국 원산의 늘푸른여러해살이풀로 3m 정도 높이로 자란다. 굵은 줄기 끝에서 모여나 사방으로 비스듬히 퍼지는 긴 타원형 잎은 바나나 잎과 비슷하다. 줄기 끝에서 나오는 기다란 꽃차례는 비스듬히 처지며 끝에는 수꽃이삭이, 중간에는 암꽃이삭이 달린다. [2]**파초**(*Musa basjoo*)는 중국 원산의 늘푸른여러해살이풀로 2~3m 높이로 자란다. 줄기 끝에 모여나는 잎은 사방으로 퍼지며 2m 정도 길이이고 바나나 잎과 비슷하다. 잎은 주맥이 뚜렷하며 측맥을 따라 찢어지기도 한다. 꽃대는 여름에 줄기 끝에서 비스듬히 처진다. 꽃대 끝의 꽃송이는 녹황색 포조각 사이에 자잘한 연노란색 수꽃이 모여 핀다. 꽃대 밑부분의 꽃송이에는 암꽃과 수꽃이 함께 핀다. 바나나 모양의 열매는 6cm 정도 길이이다. 남부 지방에서 화단에 심어 기른다.

[1]**바위바나나 시든 꽃**

[1]**바위바나나**

[2]**파초 꽃**

[2]**파초**

삼척바나나

## 삼척바나나(파초과)
### *Musa acuminata*

동남아시아 원산의 늘푸른여러해살이풀로 3~5m 높이로 자란다. 식용으로 재배하는 바나나의 원종이다. 줄기 끝에 모여나는 긴 타원형 잎은 사방으로 퍼지며 2~3m 길이이다. 비스듬히 처지는 꽃송이 끝에는 수꽃, 밑에는 암꽃이 달린다. [1]캐번디시바나나('Dwarf Cavendish')는 삼척바나나의 원예 품종으로 1~2m 높이로 자라는 왜성종이며 열매는 10~40㎝ 길이로 식용한다. [2]베카리바나나(*M. beccarii*)는 보르네오 원산의 관엽식물로 3m 정도 높이로 자란다. 꽃대는 곧게 자라고 긴 타원형의 꽃송이에 촘촘히 포개진 주황색 포조각이 벌어지면 그 사이에서 긴 대롱 모양의 노란색 꽃이 드러난다. [3]꽃바나나(*M. coccinea*)는 중국 남부와 인도차이나반도 원산으로 1~1.5m 높이로 자란다. 줄기 끝에 꽃송이가 곧게 서고 촘촘히 모여 달리는 가느다란 주홍색 포는 끝이 노란색이다. [4]브론즈꽃바나나(*M. laterita*)는 인도와 인도차이나반도 원산의 관엽식물로 2m 정도 높이로 자란다. 꽃대 끝의 꽃송이에 촘촘히 포개진 주황색 포조각이 차례대로 벌어지면서 대롱 모양의 노란색 꽃이 핀다. 모두 실내에서 관엽식물로 기른다.

[1]캐번디시바나나

[2]베카리바나나

[3]꽃바나나

[4]브론즈꽃바나나

운남바나나

## 운남바나나(파초과)
### *Musa itinerans*

히말라야와 인도차이나반도 원산의 늘푸른여러해살이풀로 3~7m 높이로 자란다. 줄기 끝에 모여나는 긴 타원형 잎은 3m 정도 길이이다. 비스듬히 늘어지는 꽃송이 끝에는 붉은색 수꽃송이가 달리고 밑에는 암꽃송이가 달린다. 열매는 10㎝ 정도 길이이다. **1)라벤더꽃바나나**(*M. ornata*)는 동남아시아 원산의 관엽식물로 꽃대 끝의 꽃송이에 촘촘히 포개진 분홍색 포조각이 벌어지면서 대롱 모양의 노란색 꽃이 핀다. **2)다르질링바나나**(*M. sikkimensis*)는 히말라야 원산으로 4m 정도 높이로 자란다. 잎의 뒷면과 잎자루는 자주색이다가 점차 녹색으로 변한다. 바나나 열매는 12~15㎝ 길이이며 씨앗이 많다. 남부 지방에서 노지 월동이 가능하다. **3)분홍벨벳바나나**(*M. velutina*)는 히말라야 원산의 관엽식물로 1~2m 높이로 자란다. 붉은색 꽃송이는 곧게 서고 10㎝ 정도의 붉은색 바나나가 열려도 그대로 곧게 선다. 남부 지방에서 노지 월동이 가능하다. **4)천손가락바나나**(*M.* 'Thousand Finger')는 원예 품종으로 3m에 달하는 늘어지는 꽃차례에 1,000여 개의 손가락 모양의 열매가 다닥다닥 열린다. 모두 실내에서 관엽식물로 기른다.

**1)라벤더꽃바나나**

**2)다르질링바나나**

**3)분홍벨벳바나나**

**4)천손가락바나나**

## 댓잎파초(마란타과)
### *Donax canniformis*

댓잎파초

열대 아시아 원산의 늘푸른여러해
살이풀로 2~4m 높이로 자란다. 가
는 줄기에 어긋나는 잎은 달걀형~
긴 타원형이며 칸나와 생김새가 비
슷하다. 5~7월에 송이꽃차례에 깔
때기 모양의 흰색 꽃이 피어 올라
간다. [1]**삼색크테난데**(*Ctenanthe
oppenheimiana* 'Tricolor')는 브라질
원산의 원예 품종으로 늘푸른여러
해살이풀이며 50~100cm 높이로
자란다. 창 모양의 잎은 30cm 정도
길이이며 앞면은 녹색, 분홍색, 연
노란색 얼룩무늬가 다양하게 들어
가고 뒷면은 적자색이다. 줄기 끝
의 꽃송이에 피는 자잘한 흰색 꽃
은 붉은색 포에 싸여 있다. [2]**문양
파초**(*Maranta leuconeura*)는 브라질 원
산의 늘푸른여러해살이풀로 15~
30cm 높이이다. 넓은 타원형 뿌리
잎은 녹색 바탕에 흑갈색 얼룩무늬
가 주맥 양쪽으로 들어간다. 꽃줄
기 끝에 자잘한 깔때기 모양의 흰
색 꽃이 핀다. [3]**문양파초 '트리컬
러'**('Tricolor')는 녹색 잎의 잎맥이
붉은색인 품종이다. [4]**스트로만데 탈
리아**(*Stromanthe thalia*)는 브라질 원
산의 늘푸른여러해살이풀로 1m 정
도 높이이다. 두꺼운 잎의 앞면은
진녹색이고 뒷면은 적자색이다.
2~3월에 꽃대 끝에 붉은색 원뿔꽃
차례가 위를 향한다. 모두 실내에
서 심어 기른다.

[1]삼색크테난데

[2]문양파초

[3]문양파초 '트리컬러'

[4]스트로만데 탈리아

### 칼라테아 루테아(마란타과)
*Calathea lutea*

중남미 원산의 늘푸른여러해살이 풀로 3m 정도 높이로 자란다. 뿌리줄기에서 모여나는 넓은 달걀형 잎은 잎자루가 길고 뒷면은 흰빛이 돈다. 30cm 정도 길이로 자라는 꽃차례는 컵 모양의 적갈색 포로 싸이고 포 안에 2~3개의 노란색 대롱 모양의 꽃이 핀다. [1]**칼라테아 크로카타**(*C. crocata*)는 브라질 원산의 관엽식물로 50cm 정도 높이로 자란다. 잎은 타원형이며 앞면은 녹자색이고 뒷면은 홍자색이며 주름이 진다. 꽃줄기 끝에 주황색 포가 장미처럼 포개진 모습이 아름답다. [2]**방울뱀칼라테아**(*C. crotalifera*)는 열대 아메리카 원산으로 1.5m 정도 높이로 자란다. 잎은 긴 타원형이며 33~110cm 길이이고 끝이 둥그스름하다. 꽃줄기 끝의 꽃차례에 노란색 포가 2줄로 포개진 모양이 방울뱀을 닮았다. [3]**브라질칼라테아**(*C. loeseneri*)는 남미 원산으로 1m 정도 높이로 자란다. 뿌리에서 모여나는 타원형 잎은 잎자루가 길다. 꽃줄기 끝에 촘촘히 달리는 연분홍색 포 안에 자잘한 흰색 꽃이 핀다. [4]**칼라테아 마제스티카**(*C. majestica*)는 열대 아메리카 원산으로 1~2m 높이이다. 잎에 흰색 줄무늬가 있고 노란색 꽃이 둥글게 모여 핀다. 모두 고온다습한 실내에서 관엽식물로 기른다.

칼라테아 루테아

[1]**칼라테아 크로카타**

[2]**방울뱀칼라테아**

[3]**브라질칼라테아**

[4]**칼라테아 마제스티카**

칼라테아 운둘라타

## 칼라테아 운둘라타(마란타과)
### *Calathea undulata*

남미 원산의 늘푸른여러해살이풀로 15~30㎝ 높이로 자란다. 뿌리에서 모여나는 잎은 달걀형~타원형이며 20㎝ 정도 길이이고 주맥을 따라 백록색 무늬가 있으며 뒷면은 흑자색이다. 6~8월에 꽃줄기 끝의 짧은 송이꽃차례에 자잘한 흰색 꽃이 핀다. [1]**칼라테아 마란티폴리아**(*C. marantifolia*)는 남미 원산의 관엽식물로 1~2m 높이로 자란다. 타원형 잎은 어긋나고 줄기 끝의 꽃차례에 촘촘히 모여 피는 연노란색 꽃은 4~5㎝ 길이이다. [2]**칼라테아 로세오픽타**(*C. roseopicta*)는 브라질 원산의 관엽식물로 30㎝ 정도 높이로 자란다. 뿌리에서 모여나는 넓은 달걀형 잎은 주맥과 가장자리 부근에 회백색 무늬가 들어 있는 것이 많다. 꽃줄기 끝에 자잘한 흰색 꽃이 모여 핀다. [3]**흰꽃칼라테아**(*C. warscewiczii*)는 중미 원산의 관엽식물로 90~120㎝ 높이로 자란다. 잎은 어긋나고 타원형이며 벨벳처럼 부드럽다. 줄기 끝에 장미 모양의 길쭉한 흰색 꽃송이가 달린다. [4]**칼라테아 '실버 플레이트'**(*C.* 'Silver Plate')는 원예품종으로 30㎝ 정도 높이이다. 잎 앞면은 은녹색이고 뒷면은 적자색이며 겹쳐진 분홍색 포 안에 흰색 꽃이 핀다. 모두 실내에서 관엽식물로 기른다.

1)칼라테아 마란티폴리아

2)칼라테아 로세오픽타

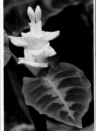

3)흰꽃칼라테아

4)칼라테아 '실버 플레이트'

물칸나 　　　　　 꽃 모양

## 물칸나(마란타과)
*Thalia dealbata*

북미 원산의 여러해살이풀로 2m 정도 높이로 자란다. 뿌리에서 모여나는 잎은 긴 타원형~달걀형이며 길이 17~55㎝, 너비 7~22㎝이고 끝이 뾰족하며 가장자리는 밋밋하다. 잎자루는 50~100㎝ 길이이며 잎과 잎자루는 흰색 가루로 덮여 있어서 물방울이 묻지 않는다. 6~10월에 길게 자란 꽃줄기 끝에 달리는 꽃차례는 7~18㎝ 길이이며 입술 모양의 보라색 꽃이 피는데 꽃받침도 흰색 가루로 덮여 있다. 남부 지방의 양지바른 연못가에 심어 기른다.

플로리다물칸나 　　　　 꽃 모양

## 플로리다물칸나(마란타과)
*Thalia geniculata*

서인도 제도 원산의 여러해살이풀로 3m 정도 높이로 자란다. 물속에서 뿌리줄기가 엉켜 자라며 줄기가 무리 지어 나와 자란다. 줄기의 밑부분에서 모여나는 잎은 넓은 피침형이며 끝이 뾰족하고 가장자리가 밋밋하며 칸나 잎을 닮았다. 줄기 끝의 기다란 꽃차례에서 갈라져 휘어진 가지에 자주색 꽃이 매달리는데 2㎝ 정도 길이이다. 꽃잎 밑에는 꽃잎 모양의 흰색 포가 달려 있다. 작은 꽃가지는 지그재그로 휘어진다. 남부 지방의 양지바른 연못가에 심어 기른다.

### 크레이프진저(코스투스과)
*Cheilocostus speciosus*

열대 아시아 원산의 늘푸른여러해살이풀로 4m 정도 높이까지 자란다. 잎은 어긋나고 타원형이며 20~25cm 길이이고 끝이 뾰족하며 가장자리가 밋밋하고 줄기에 나선형으로 돌려 가며 배열한다. 줄기 끝에 달리는 타원형의 적갈색 꽃차례는 12~15cm 길이이고 깔때기 모양의 흰색 꽃이 피는데 6~8cm 길이이며 안쪽은 노란색 무늬가 있다. [1]무늬크레이프진저('Variegatus')는 원예 품종으로 잎에 흰색의 얼룩무늬가 있다. 모두 실내의 습한 곳에서 심어 기른다.

크레이프진저　　　　[1]무늬크레이프진저

### 솔방울생강(코스투스과)
*Tapeinochilos ananassae*

인도네시아와 말레이시아 원산의 늘푸른여러해살이풀로 2m 정도 높이로 자란다. 잎은 어긋나고 타원형이며 30cm 정도 길이이고 끝이 뾰족하며 가장자리가 밋밋하고 줄기에 나선형으로 돌려 가며 배열한다. 잎 앞면은 광택이 있다. 6~10월에 뿌리에서 나온 30~100cm 높이의 꽃줄기 끝에 솔방울 모양의 꽃송이가 달린다. 꽃송이에 촘촘히 돌려 가며 달리는 붉은색 포조각의 가운데 구멍에 노란색 꽃이 핀다. 붉은색 포조각은 오래가며 점차 갈색으로 변한다. 실내의 습한 곳에서 심어 기른다.

솔방울생강　　　　　　　잎줄기

## 아프리카생강(코스투스과)
### *Costus lucanusianus*

중앙아프리카 원산의 늘푸른여러해
살이풀로 1~3m 높이로 자란다. 줄
기에 나선형으로 어긋나는 긴 타원
형 잎은 20~25㎝ 길이이며 끝이 뾰
족하고 광택이 있다. 줄기 끝의 둥
근 꽃차례에 종 모양의 향기로운 분
홍색 꽃이 피는데 하루살이꽃이다.
[1]오렌지튤립생강(*C. curvibracteatus*)
은 중미 원산으로 50㎝ 정도 높이
로 자란다. 잎은 나선형으로 배열
하고 줄기 끝의 원통 모양의 꽃차
례에 대롱 모양의 주황색 꽃이 모
여 핀다. [2]옥스블라드코스투스(*C.
erythrophyllus*)는 동남아시아 원산
으로 1~2m 높이로 자란다. 잎 뒷
면은 적자색이며 줄기 끝의 둥근
꽃차례에 달리는 꽃은 흰색 바탕에
붉은색 무늬가 있다. [3]발판사다리
코스투스(*C. malortieanus*)는 열대
아메리카 원산으로 1m 정도 높이
로 자란다. 나선형으로 붙는 넓은
타원형 잎은 잎맥을 따라 연녹색
줄무늬가 보인다. 줄기 끝의 둥근
꽃차례에 달리는 노란색 꽃은 주황
색 줄무늬가 있다. [4]물감생강(*C.
pictus*)은 멕시코 원산으로 긴 타원
형 잎은 가장자리가 구불거린다.
줄기 끝의 둥근 꽃차례에 달리는
노란색 꽃은 주황색 줄무늬가 있
다. 모두 실내의 습한 곳에서 심어
기른다.

아프리카생강

[1]오렌지튤립생강

[2]옥스블라드코스투스

[3]발판사다리코스투스

[4]물감생강

## 레드버튼진저(코스투스과)
*Costus woodsonii*

중미 원산의 늘푸른여러해살이풀로 1m 정도 높이로 자란다. 줄기에 나선형으로 배열되는 타원형 잎은 20㎝ 정도 길이이며 끝이 뾰족하고 가장자리는 밋밋하다. 줄기 끝에 달리는 원통형 꽃차례는 10~20㎝ 길이이며 붉은색 포로 싸이고 대롱 모양의 노란색~주황색 꽃이 뾰죽 나온다. [1]**달팽이생강**(*C. productus*)은 페루 원산으로 60~90㎝ 높이로 자란다. 줄기에 나선형으로 배열되는 타원형 잎은 12~15㎝ 길이이다. 줄기 끝의 타원형 꽃차례에 대롱 모양의 밝은 주황색 꽃이 핀다. [2]**인디언헤드진저**(*C. spicatus*)는 열대 아메리카 원산으로 180~210㎝ 높이로 자란다. 짧은 원통형 꽃차례는 붉은색 포로 싸이고 대롱 모양의 적황색 꽃이 뾰죽 나온다. [3]**분홍코스투스**(*C. tappenbeckianus*)는 열대 아프리카 원산으로 60㎝ 정도 높이로 자란다. 잎 뒷면은 적녹색이며 깔때기 모양의 연한 홍자색 꽃은 안쪽에 노란색 무늬가 있다. [4]**레몬진저**(*Monocostus uniflorus*)는 페루 원산의 여러해살이풀로 20~60㎝ 높이로 자란다. 잎겨드랑이에 달리는 깔때기 모양의 노란색 꽃은 지름 5㎝ 정도이다. 모두 실내의 습한 곳에서 심어 기른다.

[1]달팽이생강

[2]인디언헤드진저

[3]분홍코스투스

[4]레몬진저

## 염산생강(생강과)
### *Alpinia zerumbet*

열대 아시아 원산의 늘푸른여러해살이풀로 여러 대가 모여나 2m 정도 높이로 자란다. 잎은 어긋나고 좁은 타원형이며 단단하고 광택이 있다. 5~6월에 줄기 끝에 달리는 이삭꽃차례는 비스듬히 휘어지며 흰색 꽃은 꽃부리 안쪽에 노란색과 붉은색 무늬가 있다. [1]**무늬염산생강**('Variegata')은 잎에 노란색 무늬가 있는 품종이다. [2]**갈랑갈**(*A. galanga*)은 동남아시아 원산의 관엽식물로 2m 정도 높이로 자란다. 줄기 끝에 곧게 서는 이삭꽃차례는 30㎝ 정도 길이이고 흰색~연분홍색 꽃이 핀다. [3]**카더멈생강**(*A. mutica*)은 열대 아시아 원산의 관엽식물로 1~2m 높이로 자란다. 줄기 끝의 원뿔꽃차례에 달리는 흰색 꽃부리 안쪽에 노란색과 붉은색 무늬가 있다. [4]**붉은꽃생강**(*A. purpurata*)은 말레이시아 원산의 관엽식물로 3m 정도 높이로 자란다. 줄기 끝의 꽃송이는 10~30㎝ 길이이며 붉은색 포 사이에서 흰색 꽃이 핀다. [5]**흰줄무늬월도**(*A. vittata*)는 뉴기니 원산의 관엽식물로 120~180㎝ 높이로 자란다. 긴 타원형 잎은 끝이 뾰족하고 연노란색 무늬가 있다. 줄기 끝의 꽃차례에 흰색 꽃이 모여 핀다. 모두 실내에서 관엽식물로 기른다.

염산생강

[1]무늬염산생강

[2]갈랑갈

[3]카더멈생강

[4]붉은꽃생강

[5]흰줄무늬월도

## 샴튤립(생강과)
### *Curcuma alismatifolia*

인도차이나반도 원산의 늘푸른여러해살이풀로 60~70cm 높이로 자란다. 뿌리줄기에서 나오는 잎은 피침형이며 18~25cm 길이이고 끝이 뾰족하며 가장자리가 밋밋하다. 6~9월에 뿌리에서 꽃줄기가 곧게 자라고 꽃줄기 끝에 달리는 이삭꽃차례는 7~8cm 길이이다. 촘촘히 돌려 가며 붙는 포는 적자색 또는 흰색이며 밑부분에 연노란색 꽃이 모여 핀다. 개화 기간이 4개월 정도로 길다. 실내에서 심어 기르며 화단에 심기도 한다. 덩이뿌리를 카레의 원료로 쓴다.

샴튤립 / 흰색 꽃

## 울금(생강과)
### *Curcuma aromatica*

열대 아시아 원산의 늘푸른여러해살이풀로 60~100cm 높이로 자란다. 뿌리줄기에서 나오는 잎은 긴 타원형이며 30~60cm 길이이고 잎자루도 길다. 4~6월에 뿌리줄기에서 나오는 이삭꽃차례는 원통형이며 촘촘히 돌려 가며 붙는 포는 분홍색이다. [1]강황(*C. longa*)은 인도 원산으로 50~100cm 높이로 자란다. 뿌리줄기에서 나오는 원통형 꽃차례에 촘촘히 돌려 가며 붙는 포는 흰색~연자주색이다. 모두 남부 지방에서 재배하며 뿌리줄기를 향신료로 쓴다.

울금 / [1]강황

토치진저

1)붉은토치진저　　　2)흰토치진저

## 토치진저(생강과)
### *Etlingera elatior*

열대 아시아 원산의 늘푸른여러해살이풀로 3~6m 높이로 자란다. 비스듬히 휘어지는 줄기에 2줄로 달리는 피침형 잎은 30~60㎝ 길이이며 광택이 있다. 뿌리에서 자란 50~150㎝의 꽃줄기 끝에 횃불 모양의 분홍색 꽃송이가 달린다. 1)붉은토치진저('Red Torch')는 붉은색 꽃이 피는 품종이다. 2)흰토치진저('White Torch')는 흰색 꽃이 피는 품종이다. 모두 실내의 반그늘에서 심어 기르며 절화로도 이용한다. 원산지에서는 꽃봉오리를 식용한다.

헬레니튤립진저

1)핌브리오진저 꽃

1)핌브리오진저 잎

## 헬레니튤립진저(생강과)
### *Etlingera hemisphaerica*

인도네시아 원산의 늘푸른여러해살이풀로 3~6m 높이로 자란다. 줄기에 피침형 잎이 어긋난 모습은 깃꼴겹잎을 닮았다. 뿌리줄기에서 50~60㎝의 꽃줄기가 나오는데 꽃줄기 끝에 달리는 튤립을 닮은 붉은색 꽃송이는 지름 6㎝ 정도이다. 1)핌브리오진저(*E. fimbriobracteata*)는 보르네오 원산의 늘푸른여러해살이풀로 7m 정도 높이로 자란다. 줄기에 피침형 잎이 어긋난 모습이 깃꼴겹잎을 닮았다. 뿌리줄기에서 노란색 꽃송이가 나온다. 모두 실내에서 심어 기른다.

무화강

## 무화강(생강과)
### *Globba racemosa*

열대 아시아 원산의 늘푸른여러해살이풀로 60~100㎝ 높이로 자란다. 잎은 어긋나고 피침형이며 길이 12~20㎝, 너비 4~5㎝로 끝이 뾰족하고 가장자리가 밋밋하며 광택이 있다. 7~10월에 줄기 끝에서 나온 15~20㎝ 길이의 원뿔꽃차례는 밑으로 휘어진다. 대롱 모양의 노란색 꽃은 수술이 10~12㎜ 길이이며 위로 둥글게 휘어진다. 열매송이에 모여 달리는 둥근 열매는 지름 1㎝ 정도이다. 고온다습하고 반그늘진 실내에서 심어 기른다.

홍헌                    1)홍헌 '화이트 드래곤'

## 홍헌/타이의무희(생강과)
### *Globba winitii*

태국과 베트남 원산의 늘푸른여러해살이풀로 60㎝ 정도 높이로 자란다. 잎은 어긋나고 피침형이며 끝이 뾰족하고 가장자리가 밋밋하다. 7~10월에 이삭꽃차례가 나와 밑으로 늘어진다. 꽃차례는 적자색 포조각이 서로 겹쳐진다. 가늘고 긴 자루 끝에 달리는 대롱 모양의 노란색 꽃은 2~3㎝ 길이이며 기다란 수술은 위쪽으로 둥글게 휘어진다. 1)홍헌 '화이트 드래곤'('White Dragon')은 원예 품종으로 꽃차례의 포조각이 흰색이다. 모두 실내에서 심어 기른다.

## 꽃생강(생강과)
### *Hedychium coronarium*

꽃생강

¹⁾노랑꽃생강

히말라야 원산의 여러해살이풀로 1~2m 높이로 곧게 자란다. 줄기에 2줄로 어긋나는 잎은 길이 20~60㎝, 너비 5~10㎝이고 밑부분이 줄기를 감싼다. 9~10월에 줄기 끝의 이삭꽃차례에 달리는 나비 모양의 흰색 꽃은 5~8㎝ 길이이며 향기가 진하다. ¹⁾**노랑꽃생강**(*H. flavescens*)은 히말라야 원산의 여러해살이풀로 2m 정도 높이로 자란다. 꽃생강과 비슷하지만 꽃잎은 흰색 바탕에 노란색 반점이 있다. 모두 남부 지방의 반그늘에서 심어 기른다.

## 스칼렛꽃생강 '타라'(생강과)
### *Hedychium coccineum* 'Tara'

중국, 인도, 인도차이나, 히말라야 원산인 스칼렛꽃생강의 원예 품종이다. 여러해살이풀로 1.5~2m 높이로 자란다. 줄기에 2줄로 어긋나는 잎은 길이 25~50㎝, 너비 3~5㎝이고 밑부분이 줄기를 감싼다. 잎 끝은 가늘고 양면에 털이 없다. 8~10월에 줄기 끝에 달리는 이삭꽃차례에 나비 모양의 노란색~주황색 꽃이 촘촘히 돌려가며 달리는데 향기가 진하다. 꽃잎 밖으로 길게 벋는 수술은 5㎝ 정도 길이이다. 실내의 반그늘에서 심어 기른다.

스칼렛꽃생강 '타라'

공작생강

¹⁾대엽산내

²⁾자화산내 '샤잠'

## 공작생강(생강과)
### *Kaempferia pulchra*

열대 아시아 원산의 늘푸른여러해살이풀로 20~60㎝ 높이이다. 뿌리에서 모여나는 넓은 타원형 잎은 회색과 올리브색 무늬가 있다. 짧은 꽃대 끝에 연자주색 꽃이 핀다. ¹⁾**대엽산내**(*K. galanga*)는 뿌리에서 모여나는 넓은 타원형 잎은 뒷면이 부드러운 털로 덮여 있다. 8~9월에 짧은 꽃대 끝에 흰색 꽃이 핀다. ²⁾**자화산내 '샤잠'**(*K. elegans* 'Shazam')은 넓은 타원형 잎은 10~14㎝ 길이이고 앞면에 진녹색과 은색의 얼룩무늬가 있다. 모두 실내에서 심어 기른다.

## 샴푸진저(생강과)
### *Zingiber zerumbet*

열대 아시아 원산의 늘푸른여러해살이풀로 1m 정도 높이로 자란다. 잎은 어긋나고 넓은 피침형이다. 7~11월에 뿌리에서 20~50㎝ 높이의 꽃줄기가 자란다. 꽃줄기 끝에 달리는 원기둥 모양의 꽃차례에 촘촘히 붙는 녹색 포는 점차 붉은색으로 변한다. ¹⁾**분홍양하**(*Z. mioga* 'Crug's Zing')는 중국 원산인 양하의 원예 품종으로 피침형~긴 타원형 잎은 2줄로 어긋난다. 8~10월에 뿌리줄기에서 자란 5~10㎝ 높이의 꽃대 끝에 노란색 꽃봉오리가 벌어지면서 홍자색 꽃이 드러난다.

삼푸진저

¹⁾분홍양하

에크메아 파스치아타

# 에크메아 파스치아타(파인애플과)
## *Aechmea fasciata*

브라질 원산의 늘푸른여러해살이 풀로 60cm 정도 높이로 자라는 착생식물이다. 뿌리에서 모여나는 넓은 선형 잎은 길이 40~60cm, 너비 3~5cm이며 끝은 둥글고 가장자리에 검은색 가시가 있다. 잎은 로제트 모양으로 촘촘히 겹치기 때문에 물을 저장할 수 있다. 잎은 녹색 바탕에 불규칙한 흰색 무늬가 있다. 꽃줄기 끝에 달리는 꽃차례는 길이 6~10cm, 너비 15~20cm이다. 피침형 포조각은 분홍색이고 꽃은 보라색이다. [1)]에크메아 블란체티아나(*A. blanchetiana*)는 브라질 원산으로 잎은 광량에 따라 붉은색에서 노란색으로 변하며 원뿔꽃차례에 자잘한 홍적색 꽃이 핀다. [2)]에크메아 브라크테아타(*A. bracteata*)는 중남미 원산으로 90~200cm 높이로 자라며 잎 가장자리에는 가시 모양의 톱니가 있다. 원뿔꽃차례에는 큼직한 붉은색 포조각이 달린다. [3)]에크메아 찬티니이(*A. chantinii*)는 베네수엘라와 페루 원산으로 넓은 선형 잎은 진녹색 바탕에 회색~흰색의 굵은 가로 줄무늬 모양의 얼룩무늬가 들어간다. [4)]에크메아 찬티니이 '블랙'('Black')은 원예 품종으로 잎은 흑갈색 바탕에 흰색 얼룩무늬가 뚜렷하다. 모두 실내에서 관엽식물로 기른다.

[1)]에크메아 블란체티아나　[2)]에크메아 브라크테아타

[3)]에크메아 찬티니이　[4)]에크메아 찬티니이 '블랙'

5)에크메아 쿠쿨라타

6)에크메아 디클라미데아

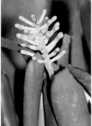

7)성냥개비에크메아

8)에크메아 미니아타

9)에크메아 물포르디 '루브라'

10)에크메아 라모사풀겐스

11)고슴도치에크메아

12)에크메아 제브리나 '핑크'

5)에크메아 쿠쿨라타(*A. cucullata*)는 남미 원산의 착생식물이다. 꽃차례에는 분홍색이나 붉은색 포조각이 달린다. 6)에크메아 디클라미데아(*A. dichlamydea*)는 베네수엘라 원산의 착생식물로 꽃차례에는 붉은색 꽃받침통 끝에 자잘한 청자색 꽃이 달린다. 7)성냥개비에크메아(*A. gamosepala*)는 브라질 원산으로 송이꽃차례에 달리는 성냥개비 모양의 꽃은 청자색에서 붉은색으로 변한다. 8)에크메아 미니아타(*A. miniata*)는 브라질 원산의 착생식물로 꽃줄기와 꽃받침은 붉은색이며 꽃받침 속에서 조그만 파란색 꽃이 나온다. 9)에크메아 물포르디 '루브라'(*A. mulfordii* 'Rubra')는 원예 품종으로 잎 뒷면은 자줏빛이 돌며 가장자리에 가시가 있다. 꽃차례는 노란색 포에 자잘한 꽃이 달린다. 10)에크메아 라모사풀겐스(*A. ramosa × fulgens*)는 교잡종으로 붉은색 원뿔꽃차례에 자잘한 보라색 꽃이 나온다. 11)고슴도치에크메아(*A. tayoensis*)는 남미 원산의 착생식물이다. 줄기 끝의 꽃차례는 가시 모양의 포조각이 촘촘히 달려서 젖혀진 모양이 고슴도치를 닮았다. 포조각 사이에 노란색 꽃이 핀다. 12)에크메아 제브리나 '핑크'(*A. zebrina* 'Pink')는 남미 원산의 착생식물로 잎은 가로로 얼룩말 무늬가 있으며 꽃차례의 포조각은 분홍색이다. 모두 실내에서 관엽식물로 기른다.

159

파인애플

1)레드파인애플

2)레드파인애플 '트리컬러'

3)쿠라과파인애플

4)세라도파인애플

## 파인애플(파인애플과)
### *Ananas comosus*

남미 원산의 늘푸른여러해살이풀로 70~150㎝ 높이로 자란다. 짧은 줄기에 촘촘히 돌려나는 선형 잎은 30~180㎝ 길이이고 두껍다. 잎 사이에서 자란 꽃줄기 끝의 원통형 이삭꽃차례에 대롱 모양의 연보라색 꽃이 촘촘히 달린다. 타원형 열매는 20㎝ 정도 길이이며 식용한다. 1)레드파인애플(*A. bracteatus*)은 남미 원산으로 좁은 선형 잎은 단단하고 연노란색과 연분홍색 세로줄 무늬가 있으며 가장자리는 잔가시가 많다. 꽃과 열매는 파인애플과 비슷하다. 2)레드파인애플 '트리컬러'('Tricolor')는 원예 품종으로 선형 잎은 황록색 바탕에 연노란색과 연분홍색 세로줄 무늬가 있으며 가장자리는 잔가시가 많다. 3)쿠라과파인애플(*A. lucidus*)은 남미 원산으로 선형 잎은 70~100㎝ 길이이며 가장자리에 가시가 있고 햇빛을 받으면 붉은빛을 띤다. 꽃줄기 끝에 달리는 지름 3㎝ 정도의 붉은색 꽃송이에 파란색 꽃이 모여 핀다. 4)세라도파인애플(*A. ananassoides*)은 남미 원산으로 40~50㎝ 높이로 자라는 미니종이다. 뿌리에서 로제트형으로 퍼지는 선형 잎은 가장자리에 잔톱니가 있다. 줄기 끝에 달리는 원통형 꽃차례에 자주색 꽃이 모여 핀다. 모두 양지바른 실내에서 관엽식물로 기른다.

## 호검산(파인애플과)
### *Dyckia brevifolia*

호검산

브라질과 아르헨티나 원산의 늘푸른여러해살이풀로 45㎝ 정도 높이이다. 로제트형으로 배열하는 칼 모양의 잎은 가장자리에 날카로운 가시가 많다. 여름에 꽃줄기의 이삭꽃차례에 노란색~주황색 대롱 모양의 꽃이 모여 핀다. 1)**듀테로코흐니아 롱기페탈라**(*Deuterocohnia longipetala*)는 볼리비아 원산의 늘푸른여러해살이풀로 가시잎 사이에서 자란 꽃줄기의 엉성한 원뿔꽃차례에 대롱 모양의 노란색 꽃이 핀다. 2)**빌베르기아 피라미달리스**(*Billbergia pyramidalis*)는 남미 원산의 늘푸른여러해살이풀로 칼 모양의 잎은 가장자리에 미세한 가시가 있다. 여름에 굵은 꽃줄기가 나와 횃불 모양의 붉은색 꽃송이가 달린다. 3)**난쟁이브로멜리아**(*Bromelia humilis*)는 베네수엘라 원산의 늘푸른여러해살이풀로 가시가 있는 좁은 칼 모양의 잎은 로제트형으로 퍼진다. 자주색 꽃이 둥글게 모여 피는 고른꽃차례 주변의 잎은 붉게 변한다. 4)**브로멜리아 실비콜라**(*B. sylvicola*)는 브라질 원산으로 줄기 끝의 원통형 꽃송이에 모여 피는 꽃은 적갈색 꽃잎의 가장자리가 흰색이다. 꽃송이 주변의 잎은 홍적색으로 변한다. 모두 실내에서 심어 기른다.

1)듀테로코흐니아 롱기페탈라

2)빌베르기아 피라미달리스

3)난쟁이브로멜리아

4)브로멜리아 실비콜라

1)구즈마니아 코니페라

2)구즈마니아 링굴라타

3)구즈마니아 상귀네아

구즈마니아 디씨티플로라

### 구즈마니아 디씨티플로라(파인애플과) *Guzmania dissitiflora*

남미 원산의 늘푸른여러해살이풀로 50㎝ 정도 높이로 자라는 착생식물이다. 칼 모양의 잎은 나선형으로 촘촘히 모여나며 가장자리가 밋밋하다. 여름에 꽃줄기의 송이꽃차례에 대롱 모양의 노란색 꽃이 핀다. 1)**구즈마니아 코니페라**(*G. conifera*)는 남미 원산으로 잎 사이에서 자란 꽃줄기의 원뿔 모양의 꽃송이에 주홍색 꽃이 촘촘히 달리는데 끝이 노란색이다. 2)**구즈마니아 링굴라타**(*G. lingulata*)는 중남미 원산으로 꽃줄기에 촘촘히 돌려가며 달리는 붉은색 포조각이 꽃잎처럼 보인다. 3)**구즈마니아 상귀네아**(*G. sanguinea*)는 중남미 원산으로 개화기에는 중심부의 잎이 붉은색과 노란색으로 아름답게 물이 든다. 모두 실내에서 관엽식물로 기른다.

구즈마니아 마그니피카

❶구즈마니아 '아카바'

❷구즈마니아 '카바도'

❸구즈마니아 '리모네스'

❹구즈마니아 '로자'

❺구즈마니아 '만타'

❻구즈마니아 '마르얀'

❼구즈마니아 '산타나'

❽구즈마니아 '트라이엄프'

## 구즈마니아 마그니피카(파인애플과)  *Guzmania × magnifica*

구즈마니아 링굴라타 변종 간의 교배종으로 여러 품종이 개발되어 널리 심어지고 있다. 로제트 모양으로 배열하는 칼 모양의 잎은 길이 20~30㎝, 너비 1~2㎝이며 약간 두껍지만 부드러우며 가장자리가 밋밋하고 광택이 있다. 포기 가운데에서 길게 자라는 꽃줄기에는 피침형의 큼직한 붉은색 포가 돌려 가며 달리고 끝에 자잘한 흰색 꽃이 모여 핀다. 구즈마니아 (*Guzmania*)속은 많은 재배 품종이 개발되어 관엽식물로 심고 있는데 고온 다습한 실내에서 잘 자란다. 화단에 한해살이풀처럼 심어 기르기도 한다.

❶(*G.* 'Akabar') ❷('Cavado') ❸('Limones') ❹('Loja') ❺('Manta') ❻('Marjan') ❼('Santana') ❽('Triumph')

네오레겔리아 카롤리네

## 네오레겔리아 카롤리네(파인애플과)
### *Neoregelia carolinae*

브라질 원산의 늘푸른여러해살이 풀로 20~30cm 높이로 자라는 착생식물이다. 로제트 모양으로 퍼지는 칼 모양의 잎은 20~25cm 길이이며 가장자리에 자잘한 톱니가 있고 광택이 있다. 로제트 중앙에 물이 고인 포조각 사이에서 꽃대가 올라와 작은 청자색 꽃이 핀다. 개화기에는 가운데에 있는 잎의 기부가 붉은색이 된다. [1]네오레겔리아 '트리컬러'(*N. c.* 'Tricolor')는 원예 품종으로 로제트 모양으로 퍼지는 잎은 녹색 바탕에 연노란색 줄무늬가 있으며 개화기에는 가운데에 있는 잎의 기부가 붉은색으로 물든다. [2]네오레겔리아 '플란드리아'('Flandria')는 원예 품종으로 로제트 모양으로 퍼지는 잎은 녹색 바탕에 가장자리에 연노란색 얼룩 줄무늬가 있으며 개화기에는 가운데에 있는 잎의 기부가 붉은색으로 물든다. [3]동심원네오레겔리아(*N. concentrica*)는 브라질 원산의 착생식물로 흰색~청자색 꽃이 필 때쯤 가운데에 있는 잎의 기부가 보라색~홍자색이 된다. [4]네오레겔리아 키아네아(*N. cyanea*)는 브라질 원산의 착생식물로 청자색 꽃이 필 때쯤 가운데에 있는 잎의 기부가 붉은색이 된다. 모두 밝고 습한 실내에서 관엽식물로 기른다.

[1]네오레겔리아 '트리컬러'

[2]네오레겔리아 '플란드리아'

[3]동심원네오레겔리아

[4]네오레겔리아 키아네아

니둘라리움 인노센티          ¹⁾줄무늬니둘라리움

## 니둘라리움 인노센티(파인애플과)
### *Nidularium innocentii*

브라질 원산의 늘푸른여러해살이
풀로 착생식물이다. 로제트 모양
으로 퍼지는 칼 모양의 잎은 길이
30~50cm, 너비 3~5cm이며 가장
자리에 가시 모양의 톱니가 있고
부드러우며 광택이 있다. 중앙의
포는 4~5cm 길이로 잎보다 작으며
개화기에는 끝부분이 붉게 변한
다. 중심부에 자잘한 흰색 꽃이 핀
다. ¹⁾줄무늬니둘라리움('Striatum')
은 변종으로 잎에 연노란색 세로줄
무늬가 있는 점이 다르다. 밝고 습
한 실내에서 관엽식물로 기른다.

## 포르테아 페트로폴리타나(파인애플과)
### *Portea petropolitana*

브라질 원산의 늘푸른여러해살이풀
로 150~180cm 높이로 자란다. 줄기
밑부분에 모여나는 선형 잎은 1m
이상 길이이며 가장자리에 날카로
운 톱니가 있고 광택이 있다. 짧은
줄기 끝에서 꽃줄기가 잎보다 길
게 자란다. 꽃줄기 윗부분의 원뿔
꽃차례에 대롱 모양의 연보라색
꽃이 촘촘히 돌려 가며 달린다. 꽃
줄기와 꽃자루는 붉은빛이 돈다.
꽃이 시들면 열리는 녹색 열매는
점차 자주색으로 변한다. 실내에
서 관엽식물로 기르며 꽃을 절화로
도 이용한다.

포르테아 페트로폴리타나

분홍깃틸란드시아

1) 틸란드시아 베르게리　　2) 틸란드시아 불보사

3) 틸란드시아 필리폴리아　　4) 틸란드시아 테누이폴리아

## 분홍깃틸란드시아(파인애플과)
### *Tillandsia cyanea*

에콰도르 원산의 착생식물이다. 가는 선형 잎은 30㎝ 정도 길이이며 뒷면의 기부는 적갈색이 돌고 끝부분이 비스듬히 처진다. 꽃줄기에 납작한 타원형으로 포개진 연녹색~연분홍색 포 사이에서 청자색 꽃이 차례대로 피어 올라간다. 1) 틸란드시아 베르게리(*T. bergeri*)는 브라질 원산의 착생식물로 30㎝ 정도 높이로 자란다. 이른 봄에 자란 꽃줄기에 연한 청자색 꽃이 모여 핀다. 2) 틸란드시아 불보사(*T. bulbosa*)는 중남미 원산의 착생식물로 7~32㎝ 높이로 자란다. 잎은 단단하게 말려 있으며 구불구불 휘어진다. 꽃차례의 붉은색 포조각 사이에서 보라색 꽃이 핀다. 3) 틸란드시아 필리폴리아(*T. filifolia*)는 중미 원산의 착생식물로 솔잎처럼 가늘고 긴 잎이 모여난다. 벼과 식물을 닮은 연녹색 꽃차례에 연보라색 꽃이 모여 핀다. 4) 틸란드시아 테누이폴리아(*T. tenuifolia*)는 중남미 원산의 착생식물로 12~15㎝ 높이로 자란다. 가는 선형 잎 사이에서 자란 긴 타원형 꽃차례는 분홍색이며 흰색이나 파란색 꽃이 핀다. 모두 실내의 반그늘에서 심어 기른다. 틸란드시아(*Tillandsia*)속은 열대 아메리카에 500여 종이 착생(着生)하거나 지생(地生)하며 살고 있다.

## 틸란드시아 이오난사(파인애플과)
### *Tillandsia ionantha*

틸란드시아 이오난사

중미 원산의 늘푸른여러해살이풀로 잎에서 새로운 싹을 내어 무리지어 자란다. 가는 선형 잎은 6~9cm 길이이며 비스듬히 휘어진다. 잎 사이에서 자란 짧은 이삭꽃차례에 대롱 모양의 보라색 꽃이 3~4개가 피는데 꽃밥은 노란색이다. [1]**틸란드시아 베르니코사**(*T. vernicosa*)는 남미 원산의 착생식물로 30cm 정도 너비로 자란다. 가는 선형 잎 사이에서 나온 꽃차례는 가지가 갈라지며 붉은색~주황색이고 자잘한 흰색 꽃이 피어난다. [2]**틸란드시아 세로그라피카**(*T. xerographica*)는 중미 원산의 착생식물로 20~60cm 높이로 자란다. 로제트 모양으로 퍼지는 피침형 잎은 회백색이며 뒤로 말린다. 꽃줄기 윗부분에서 갈라진 이삭꽃차례에 돌려 가며 달리는 포조각은 노란빛이 도는 붉은색이며 자잘한 보라색 꽃이 핀다. [3]**틸란드시아 '휴스턴'**(*T. 'Houston'*)은 원예 품종으로 잎 사이에서 자란 타원형 꽃차례는 홍적색 포로 싸여 있으며 포 사이에서 흰색 꽃이 피어난다. [4]**틸란드시아 '사만다'**(*T. 'Samantha'*)는 원예 품종으로 50cm 정도 높이로 자란다. 피침형 잎은 뒤로 말리고 높게 자라는 꽃줄기는 연한 홍적색이 돌며 녹색 꽃이 핀다. 모두 실내의 반그늘에서 심어 기른다.

[1]**틸란드시아 베르니코사**

[2]**틸란드시아 세로그라피카**

[3]**틸란드시아 '휴스턴'**

[4]**틸란드시아 '사만다'**

브리에세아 카리나타

## 브리에세아 카리나타(파인애플과)
### *Vriesea carinata*

브라질 원산의 늘푸른여러해살이 풀로 40㎝ 정도 높이로 자라는 착생식물이다. 칼 모양의 잎은 부드럽고 광택이 있으며 로제트 모양으로 퍼진다. 꽃줄기 윗부분에 붉은색 포조각이 양쪽으로 촘촘히 납작하게 포개지며 포조각 사이에서 노란색 꽃이 핀다. [1]브리에세아 비투미노사(*V. bituminosa*)는 남미 원산의 착생식물로 30~70㎝ 높이로 자란다. 칼 모양의 진녹색 잎은 로제트 모양으로 퍼지며 꽃줄기 윗부분의 양쪽으로 대롱 모양의 노란색 꽃이 달린다. [2]브리에세아 엘라타(*V. elata*)는 남미 원산의 착생식물로 칼 모양의 잎은 40~100㎝ 길이이다. 꽃줄기는 2m 정도 높이까지 자라며 윗부분에 엉성한 붉은색 꽃차례가 달린다. [3]황제브로멜리아드(*V. imperialis*)는 브라질 원산의 착생식물로 1~2m 높이로 자라는 대형종이다. 칼 모양의 잎은 가장자리에 가는 톱니가 있다. 꽃줄기 윗부분에서 갈라진 가지마다 밝은 노란색 꽃이 촘촘히 달린다. [4]브리에세아 오스피나에(*V. ospinae*)는 남미 원산의 착생식물로 20~30㎝ 높이로 자란다. 칼 모양의 잎 끝은 길게 뾰족하다. 꽃줄기는 기다란 칼 모양이며 대롱 모양의 노란색 꽃이 촘촘히 달린다. 모두 실내의 반그늘에서 심어 기른다.

[1]브리에세아 비투미노사

[2]브리에세아 엘라타

[3]황제브로멜리아드

[4]브리에세아 오스피나에

¹⁾브리에세아 자모렌시스　❶브리에세아 '샬롯'

호랑잎브리에세아　❷브리에세아 '코델리아'　❸브리에세아 '큐피드'

❹브리에세아 '델피너스'　❺브리에세아 '드라코'　❻브리에세아 '미란다'　❼브리에세아 '토러스'

**호랑잎브리에세아**(파인애플과)　*Vriesea splendens*

남미 원산의 늘푸른여러해살이풀로 30~50㎝ 높이로 자라는 착생식물이
다. 칼 모양의 잎은 청록색 바탕에 흑자색 얼룩무늬가 있다. 잎 사이에서
나온 긴 창 모양의 납작한 꽃차례는 양쪽으로 배열된 붉은색 포조각 사이
에서 노란색 꽃이 핀다. ¹⁾**브리에세아 자모렌시스**(*V. zamorensis*)는 남미 원
산의 착생식물로 45~60㎝ 높이로 자란다. 꽃줄기 윗부분에서 갈라진 길
고 납작한 붉은색 꽃차례마다 노란색 꽃이 핀다. 브리에세아(*Vriesea*)속은
많은 원예 품종이 개발되었으며 실내의 반그늘에서 심어 기른다.
❶(*V.* 'Charlotte') ❷('Cordelia') ❸('Cupido') ❹('Delphinus') ❺('Draco')
❻('Miranda') ❼('Taurus')

169

황금볼

### 황금볼(곡정초과)
*Syngonanthus chrysanthus* 'Mikado'

브라질 원산인 여러해살이풀의 원예 품종으로 15~35cm 높이로 자란다. 뿌리에서 촘촘히 모여나 로제트 모양으로 퍼지는 좁은 피침형 잎은 끝이 뾰족하고 가장자리가 밋밋하며 비스듬히 휘어진다. 4~9월에 잎 사이에서 모여나는 가늘고 긴 꽃줄기 끝에 작고 동그스름한 연노란색 꽃송이가 1개씩 달리는데 향기가 없다. 꽃은 최대 3개월까지도 피어 있기 때문에 오래 두고 감상할 수 있다. 환하고 습한 실내에서 관엽식물로 기르며 꽃꽂이 재료로도 쓴다.

꽃방동사니

### 꽃방동사니(사초과)
*Rhynchospora colorata*

중남미 원산의 여러해살이풀로 30~70cm 높이로 자란다. 가느다란 뿌리줄기에서 세모진 줄기가 곧게 자란다. 잎은 좁은 선형으로 너비가 0.5~3mm이다. 6~9월에 줄기 끝에 달리는 머리모양꽃차례는 밑부분에 몇 개의 가는 피침형 총포조각이 늘어진다. 총포조각은 기부에서 중간까지가 흰색이고 나머지 부분은 녹색이다. 촘촘히 달리는 흰색 꽃이삭은 달걀형이며 5~7mm 길이이고 끝이 뾰족하며 꽃잎이 없다. 남부 지방의 연못이나 습지에서 관엽식물로 기른다.

### 종려방동사니(사초과)
*Cyperus alternifolius*

마다가스카르 원산의 여러해살이 풀로 50~200㎝ 높이로 자란다. 세모진 줄기의 잎은 퇴화해서 칼집처럼 되며 줄기 끝에 잎처럼 생긴 긴 선형의 포조각이 빙 둘러 난다. 7~9월에 줄기 끝에서 모여나는 3~5㎝ 길이의 꽃대 끝에 황록색 꽃이삭이 모여 달린다. [1]**무늬난쟁이우산파피루스**(*C. albostriatus* 'Variegatus')는 줄기 끝에 꽃이삭이 모여난다. 꽃이삭의 밑을 받치고 있는 잎 모양의 포조각은 세로로 흰색 줄무늬가 있다. 모두 실내의 물가에서 관엽식물로 기른다.

종려방동사니　　　[1]무늬난쟁이우산파피루스

### 파피루스(사초과)
*Cyperus papyrus*

지중해 연안 원산의 여러해살이풀로 1~2m 높이로 자라며 잎은 퇴화되었다. 늦여름에 세모진 줄기 끝에 우산살처럼 돌려나는 꽃자루는 비스듬히 처지며 자잘한 황갈색 꽃이삭이 달린다. [1]**미니파피루스**(*C. prolifer*)는 아프리카 원산의 물풀로 40~60㎝ 높이로 자란다. 잎은 줄기의 잎집으로 퇴화되었다. 줄기 끝에 우산살처럼 돌려나는 꽃자루에 자잘한 황갈색 꽃이삭이 달린다. 파피루스와 비슷하지만 크기가 작다. 모두 실내의 물가에서 관엽식물로 기른다.

파피루스　　　[1]미니파피루스

인디언귀리

<sup>1)</sup>**토끼꼬리풀**

### 인디언귀리(벼과)
*Chasmanthium latifolium*

미국 남동부 원산의 여러해살이풀로 줄기는 50~100㎝ 높이이다. 칼모양의 잎은 어긋나고 전체에 털이 없다. 7~8월에 가느다란 줄기 끝에 달리는 납작한 꽃이삭은 긴 자루가 점차 비스듬히 휘어진다. 납작한 타원형의 열매이삭은 비스듬히 휘어진 채로 8~10월 내내 매달려 있다. <sup>1)</sup>**토끼꼬리풀**(*Lagurus ovatus*)은 지중해 연안 원산의 한두해살이풀로 30~60㎝ 높이로 자란다. 4~6월에 줄기 끝에 토끼 꼬리 모양의 꽃차례가 달린다. 모두 화단에 심어 기른다.

### 팜파스그래스(벼과)
*Cortaderia selloana*

남미 원산의 여러해살이풀로 줄기가 모여나 2~3m 높이로 자란다. 선형 잎은 길이 1~2m, 너비 1㎝ 정도이며 대부분 줄기 밑부분에서 나온다. 잎 가장자리에 날카롭고 억센 톱니가 있어서 살갗이 스치면 상처가 난다. 암수딴그루로 9~10월에 줄기 끝에 달리는 큼직한 원뿔꽃차례는 30~100㎝ 길이이며 흰색~연분홍색 꽃이 모여 핀다. 수꽃이삭은 암꽃이삭에 비해 빈약한 편이다. 화단에 심어 기르며 꽃이삭을 꽃꽂이나 드라이플라워로 이용한다.

팜파스그래스

### 글라우쿰수크령 '퍼플 마제스티'(벼과)
*Pennisetum glaucum* 'Purple Majesty'

아프리카 원산인 글라우쿰수크령의 원예 품종인 여러해살이풀로 1~1.5m 높이로 자란다. 처음 돋는 잎은 녹색이지만 점차 흑자색으로 변한다. 여름~가을에 줄기 끝에 달리는 이삭꽃차례도 흑자색이 돌며 곧게 서고 15㎝ 정도 길이이다. [1]글라우쿰수크령 '제이드 프린세스'('Jade Princess')는 원예 품종으로 60~100㎝ 높이이고 잎은 밝은 연두색이다. 늦은 봄부터 가을까지 줄기 끝에 곧게 서는 꼬리 모양의 꽃이삭은 암적색이다. 모두 화단에 심어 기르며 꽃꽂이 재료로도 쓴다.

글라우쿰수크령 '퍼플 마제스티'    [1]글라우쿰수크령 '제이드 프린세스'

### 뱀풀/흰줄갈풀(벼과)
*Phalaris arundinacea* 'Picta'

양지쪽 물가에서 자라는 갈풀의 원예 품종으로 여러해살이풀이며 70~180㎝ 높이로 무리 지어 자란다. 줄기에 어긋나는 칼 모양의 잎에는 흰색 세로줄 무늬가 있다. 5~6월에 줄기 끝에 원뿔꽃차례가 곧게 선다. [1]무늬물대(*Arundo donax* 'Variegata')는 유라시아 원산의 원예 품종으로 2~4m 높이이다. 잎은 어긋나고 세로로 연노란색 줄무늬가 있다. 8~11월에 줄기 끝에 곧게 서는 자주색 원뿔꽃차례는 30~70㎝ 길이이다. 모두 화단에 심어 기른다.

뱀풀    [1]무늬물대

금낭화

¹⁾흰금낭화

### 금낭화(양귀비과)
*Lamprocapnos spectabilis*

산에서 30~60㎝ 높이로 자라는 여러해살이풀이다. 잎은 어긋나고 3개씩 2회 깃꼴로 갈라진다. 갈래 조각은 끝이 뾰족하다. 5~6월에 휘어진 줄기 끝에 주머니 모양의 납작한 붉은색 꽃이 조롱조롱 매달린다. 꽃잎은 4장이 모여서 납작한 하트 모양으로 보인다. 꽃의 모양이 여자들 옷에 매다는 주머니를 닮아 '며느리주머니'라고도 한다. ¹⁾흰금낭화('Alba')는 흰색 꽃이 피는 품종이다. 모두 꽃의 모양이 특이하고 아름다워 화단에 심어 기른다.

### 스칸덴스금낭화(양귀비과)
*Dactylicapnos scandens*

히말라야 원산의 여러해살이덩굴풀로 2~4m 길이로 벋는다. 잎은 어긋나고 세겹잎이다. 작은잎은 달걀형이며 끝이 뾰족하고 가장자리가 밋밋하다. 여름~가을에 비스듬히 처지는 송이꽃차례에 7~10개의 노란색 꽃이 촘촘히 매달린다. 꽃은 금낭화를 닮았지만 길쭉하며 끝부분에 있는 2개의 꽃뿔이 바깥쪽으로 많이 젖혀지지 않는다. 기다란 꼬투리 모양의 열매는 붉게 익는다. 독성이 있어서 피부에 닿으면 염증을 일으킬 수 있다. 반그늘진 화단에 심어 기른다.

스칸덴스금낭화

엑시미아금낭화

1)엑시미아금낭화 '스노드리프트'

2)금낭화 '버닝 허츠'

## 엑시미아금낭화(양귀비과)
*Dicentra eximia*

북미 동부 원산의 여러해살이풀로 20~40㎝ 높이로 자란다. 뿌리에서 모여나는 잎은 3개씩 2회 깃꼴로 갈라지고 갈래조각은 끝이 뾰족하다. 5~8월에 송이꽃차례에 매달리는 홍자색 꽃은 2㎝ 정도 길이이며 길쭉한 금낭화 모양이다. 1)엑시미아금낭화 '스노드리프트'('Snowdrift')는 흰색 꽃이 피는 품종이다. 2)금낭화 '버닝 허츠'(*D.* 'Burning Hearts')는 원예 품종으로 깃꼴잎은 청회색이며 금낭화를 닮은 진한 붉은색 꽃이 핀다. 모두 화단에 심어 기른다.

## 금영화(양귀비과)
*Eschscholzia californica*

북미 원산의 한해살이풀로 30~50㎝ 높이로 자란다. 뿌리잎은 2회 깃꼴로 갈라지며 갈래조각은 날카로운 선형~긴 타원형이다. 줄기잎은 위로 갈수록 점차 작아진다. 5~7월에 줄기와 가지 끝에 1개가 달리는 주황색 꽃은 지름 7~10㎝이며 꽃잎은 4장이다. 1)마리티마금영화('Maritima')는 노란색 꽃의 중심부가 주황색이 도는 원예 품종이다. 2)금영화 '퍼플 글림'('Purple Gleam')은 원예 품종으로 홍자색 꽃의 중심부는 흰빛이 돈다. 모두 양지바른 화단에 심어 기른다.

금영화

1)마리티마금영화

2)금영화 '퍼플 글림'

꽃양귀비 품종　　　꽃양귀비 품종

꽃양귀비　　　　　꽃양귀비 품종　　　꽃양귀비 품종

꽃양귀비 품종　　　꽃양귀비 품종　　　꽃양귀비 품종　　　꽃양귀비 품종

## 꽃양귀비(양귀비과) *Papaver nudicaule*

시베리아와 극동 원산으로 50㎝ 정도 높이로 자라는 여러해살이풀이지만
고온다습한 환경에 약하기 때문에 한두해살이화초로 취급한다. 뿌리에서
나오는 긴 타원형 잎은 청록색이며 깃꼴로 갈라지고 양면에 털이 있으며
잎자루가 길다. 갈래조각은 다시 몇 개로 갈라지기도 하고 가장자리가 밋
밋하다. 봄에 잎 사이에서 1개~몇 개의 털이 있는 꽃줄기가 나오는데 꽃
봉오리는 고개를 숙이고 있다. 봉오리가 고개를 들면서 노란색~흰색 꽃
이 활짝 피는데 야생종은 지름 5㎝ 정도이며 꽃잎이 4장이지만 원예 품종
은 꽃이 훨씬 크고 꽃잎 수와 색깔이 다양하다. 보통 가을에 씨를 뿌리면
다음 해 봄에 꽃이 핀다. 화단에 심어 기르는데 흔히 꽃밭을 만든다.

숙근양귀비

### 숙근양귀비(양귀비과)
*Papaver orientale*

서남아시아 원산의 여러해살이풀로 1m 정도 높이까지 자란다. 뿌리에서 모여나는 잎은 30㎝ 정도 길이이며 잎자루가 길고 깃꼴로 갈라지며 거친털이 난다. 5~7월에 길게 자란 털이 있는 꽃줄기 끝에 붉은색 꽃이 피는데 지름 15㎝ 정도이다. 꽃받침조각은 2~3장이며 겉에 거친털이 있다. 꽃잎은 4~6장이며 주름이 지고 보통 중심부에 검은색 무늬가 있다. 여러 가지 색깔의 원예 품종이 개발되었으며 겹꽃도 있다. 양지바른 화단에 심어 기른다.

숙근양귀비 품종

숙근양귀비 품종

### 죽자초(양귀비과)
*Macleaya cordata*

일본, 중국, 대만 원산의 여러해살이풀로 1~2m 높이로 자란다. 둥근 줄기는 속이 비었고 자르면 주황색 즙이 나온다. 잎은 어긋나고 넓은 달걀형이며 10~30㎝ 길이이고 가장자리가 국화 잎처럼 불규칙하게 갈라진다. 잎 뒷면은 흰색 털로 촘촘히 덮여 있다. 7~8월에 줄기 끝에 달리는 원뿔꽃차례에 흰색 꽃이 핀다. 2개의 흰색 꽃받침에 싸인 꽃봉오리가 벌어지면 24~30개의 실 같은 수술이 나오고 꽃받침은 떨어져 나가며 꽃잎도 없다. 화단에 심어 기른다.

죽자초

엉겅퀴양귀비

## 엉겅퀴양귀비(양귀비과)
### *Argemone platyceras*

북미 원산의 여러해살이풀로 줄기에 촘촘히 어긋나는 청록색 잎은 깃꼴로 갈라지며 가장자리에 날카로운 가시가 많다. 8~9월에 가지 끝에 피는 흰색 꽃은 지름 7~10㎝이며 꽃잎이 4~6장이다. [1]**멕시코가시양귀비**(*A. mexicana*)는 멕시코 원산의 한해살이풀로 깃꼴로 깊게 갈라지는 잎은 가시가 많다. 6~8월에 줄기 끝에 지름 5~8㎝의 노란색 꽃이 피는데 암술머리는 붉다. [2]**연잎양귀비/혈수초**(*Eomecon chionantha*)는 중국 원산의 여러해살이풀로 줄기나 꽃자루를 자르면 황적색 즙이 나와서 '혈수초(血水草)'라고 한다. 둥근 하트형 뿌리잎은 가장자리에 물결 모양의 톱니가 있다. 4~5월에 꽃줄기 끝에 피는 3~5개의 흰색 꽃은 꽃잎이 4장이다. [3]**노랑뿔양귀비**(*Glaucium flavum*)는 지중해 연안 원산의 여러해살이풀로 잎은 7~9갈래로 깃처럼 갈라지며 밑부분은 줄기를 감싼다. 5~7월에 줄기 윗부분에 노란색 꽃이 피는데 지름 5~10㎝이다. [4]**마틸리야양귀비**(*Romneya trichocalyx*)는 북미 원산의 떨기나무로 반상록성이다. 잎은 깃꼴로 깊게 갈라지고 전체가 회녹색이다. 7~8월에 가지 끝에 피는 흰색 꽃은 주름이 진다. 모두 화단에 심어 기른다.

[1]멕시코가시양귀비

[2]연잎양귀비

[3]노랑뿔양귀비

[4]마틸리야양귀비

### 으름덩굴(으름덩굴과)
*Akebia quinata*

황해도 이남의 산에서 자라는 갈잎 덩굴나무로 5~6m 길이이다. 잎은 어긋나고 손꼴겹잎이며 작은잎은 5~8장이다. 작은잎은 타원형~거 꿀달걀형이며 끝은 오목하게 들어 간다. 암수한그루로 짧은가지 끝 의 잎 사이에서 자란 송이꽃차례 에 연자주색 꽃이 고개를 숙이고 핀다. 타원형 열매의 속살은 맛이 바나나와 비슷하다. [1]으름덩굴 '레 우칸타'('Leucantha')는 원예 품종 으로 흰색 꽃이 핀다. 모두 화단에 심어 기르는데 흔히 덩굴을 올려 그늘집을 만든다.

으름덩굴

[1]으름덩굴 '레우칸타'

### 세잎으름(으름덩굴과)
*Akebia trifoliata*

중국과 일본 원산의 갈잎덩굴나무 이다. 잎은 어긋나고 세겹잎이다. 작은잎은 달걀형~넓은 달걀형이 며 3~8cm 길이이고 가장자리에 불규칙한 물결 모양의 톱니가 있 다. 암수한그루로 4~5월에 짧은 가지 끝에서 자란 송이꽃차례에 자주색 꽃이 모여 핀다. 암꽃은 지 름 15mm 정도이며 1~3개가 달리 고 수꽃은 지름 4~5mm로 10여 개 가 달린다. 타원형 열매는 가을에 보라색으로 익으면 세로로 갈라지 면서 벌어진다. 화단에 심는데 흔 히 덩굴을 올려 그늘집을 만든다.

세잎으름

일본매자나무

[1)]자엽일본매자

## 일본매자나무(매자나무과)
### *Berberis thunbergii*

일본 원산의 갈잎떨기나무로 2m 정도 높이로 자란다. 가지에 긴 가시가 있다. 잎은 어긋나고 짧은가지 끝에서는 모여난다. 잎몸은 거꿀달걀형~타원형이고 끝이 둔하며 가장자리는 밋밋하고 뒷면은 흰빛이 돈다. 4~5월에 짧은가지 끝의 우산꽃차례 비슷한 짧은 송이꽃차례에 2~4개의 노란색 꽃이 늘어진다. 타원형 열매는 가을에 붉은색으로 익는다. [1)]**자엽일본매자**('Atropurpurea')는 원예 품종으로 잎이 적자색이다. 모두 양지바른 화단에 심는다.

큰꽃삼지구엽초

[1)]큰꽃삼지구엽초 '로즈 퀸'

## 큰꽃삼지구엽초(매자나무과)
### *Epimedium grandiflorum*

일본 원산의 여러해살이풀로 20~40㎝ 높이로 자란다. 뿌리에서 나오는 잎은 3~4회세겹잎이다. 작은잎은 달걀형이며 3~10㎝ 길이이고 끝이 뾰족하며 가장자리에 가시 모양의 톱니가 있다. 3~5월에 뿌리에서 잎과 함께 자란 꽃줄기 끝의 송이꽃차례에 지름 2㎝ 정도의 흰색 꽃이 고개를 숙이고 피는데 4개의 꽃뿔이 사방으로 벋은 모양이 닻을 닮았다. [1)]**큰꽃삼지구엽초 '로즈 퀸'**('Rose Queen')은 원예 품종으로 닻 모양의 홍자색 꽃이 핀다. 모두 화단에 심어 기른다.

매화삼지구엽초

## 매화삼지구엽초(매자나무과)
*Epimedium diphyllum*

일본 원산의 여러해살이풀로 10~20㎝ 높이로 자란다. 1~2회 갈라지는 잎자루마다 2장의 잎이 붙는 것이 3장이 붙는 다른 삼지구엽초 종류와 다른 점이다. 작은잎은 일그러진 달걀 모양이다. 4~5월에 엉성한 송이꽃차례에 흰색 꽃이 핀다. [1]콜키쿰삼지구엽초(*E. pinnatum* ssp. *colchicum*)는 캅카스~이란 북부 원산의 여러해살이풀로 30㎝ 정도 높이이다. 4월경에 송이꽃차례에 노란색 꽃이 고개를 숙이고 핀다. 4장의 노란색 꽃받침조각은 둥근 달걀형이며 꽃잎처럼 보이고 적갈색 꽃잎은 작다. [2]붉은삼지구엽초(*E.* × *rubrum*)는 교잡종으로 30㎝ 정도 높이이다. 어린잎은 붉은빛이 돌고 가을 단풍도 붉은색이다. 봄에 엉성한 송이꽃차례에서 늘어지는 꽃은 붉은 꽃받침 안에 노란색 꽃잎이 겹쳐진 모양이 아름답다. [3]술푸레움삼지구엽초(*E.* × *versicolor* 'Sulphureum')는 교잡종으로 25~30㎝ 높이이다. 4~6월에 송이꽃차례에 노란색 꽃이 핀다. 넓은 연노란색 꽃받침조각은 꽃잎처럼 보이고 노란색 꽃잎은 통 모양이다. [4]공주삼지구엽초(*E.* × *youngianum*)는 일본 원산의 자연교잡종으로 15~30㎝ 높이이다. 4~5월에 송이꽃차례에 닻 모양의 흰색 꽃이 핀다. 모두 화단에 심어 기른다.

[1]콜키쿰삼지구엽초

[2]붉은삼지구엽초

[3]술푸레움삼지구엽초

[4]공주삼지구엽초

팔각연

## 팔각연(매자나무과)
### *Dysosma pleiantha*

중국 동남부와 대만 원산의 여러해살이풀로 20~30㎝ 높이로 자란다. 잎은 어긋나고 6~10개로 모가 진 원형이며 가장자리에 자잘한 톱니가 있다. 잎자루는 10~15㎝ 길이이며 잎의 중심부에 붙는다. 4~6월에 잎겨드랑이에 5~8개의 자갈색 꽃이 달리는데 밑으로 늘어진다. [1]산하엽(*Diphylleia grayi*)은 일본과 중국 원산의 여러해살이풀로 30~70㎝ 높이로 자란다. 줄기 윗부분에 2장이 달리는 둥그스름한 잎은 밑부분이 깊은 심장저이고 가장자리에는 불규칙한 톱니가 있다. 5~7월에 줄기 끝에 달리는 우산꽃차례에 흰색 꽃이 모여 피는데 지름 2㎝ 정도이다. 꽃잎은 비를 맞으면 투명해지는 특징이 있다. [2]깽깽이풀(*Plagiorhegma dubium*)은 산골짜기에서 10~20㎝ 높이로 자라는 여러해살이풀이다. 4~5월에 잎보다 먼저 돋는 꽃줄기 끝에 자홍색 꽃이 1개씩 피고 꽃잎은 6~8장이다. 잎은 뿌리에서 모여나며 긴 잎자루 끝에 지름 9㎝ 정도의 둥근 잎이 달린다. 잎은 끝이 오목하고 밑부분은 심장저이며 가장자리에 물결 모양의 굴곡이 있다. [3]흰깽깽이풀('Alba')은 흰색 꽃이 피는 품종이다. 모두 화단에 심어 기른다.

[1]산하엽

[1]산하엽 잎 모양

[2]깽깽이풀

[3]흰깽깽이풀

남천

1)노랑남천

2)뿔남천

3)중국남천

4)동남천 '소프트 커레스'

## 남천(매자나무과)
*Nandina domestica*

중국 원산의 늘푸른떨기나무로 3m 정도 높이로 자란다. 잎은 어긋나고 3회깃꼴겹잎이다. 작은잎은 좁은 타원형~피침형으로 가장자리가 밋밋하다. 5~7월에 줄기 끝의 원뿔꽃차례에 자잘한 흰색 꽃이 모여 핀다. 포도송이처럼 늘어지는 열매송이는 10월에 붉게 익으며 겨우내 매달려 있다. 1)노랑남천('Leucocarpa')은 열매가 노랗게 익는 품종이다. 2)뿔남천(*Mahonia japonica*)은 중국과 대만 원산의 늘푸른떨기나무로 가지 끝에 모여나는 깃꼴겹잎은 작은잎이 9~13장이다. 작은잎이 달걀형이며 가장자리에 날카로운 톱니가 있다. 3~4월에 가지 끝에 모여나는 송이꽃차례에 노란색 꽃이 핀다. 3)중국남천(*M. fortunei*)은 중국 원산의 늘푸른떨기나무로 깃꼴겹잎은 작은잎이 5~9장이다. 작은잎은 피침형이며 가장자리에 가시 같은 얕은 톱니가 있다. 9~10월에 줄기 끝의 송이꽃차례에 노란색 꽃이 핀다. 4)동남천 '소프트 커레스'(*M. eurybracteata* 'Soft Caress')는 중국 원산의 원예 품종으로 깃꼴겹잎은 작은잎이 11~19장이다. 작은잎은 피침형이고 가장자리에 톱니가 있다. 줄기 끝에 모여나는 송이꽃차례에 노란색 꽃이 모여 핀다. 모두 화단에 심어 기른다.

나펠루스투구꽃

1)왜승마

2)라케모사승마

3)촛대승마 '브루넷'

4)세복수초

## 나펠루스투구꽃(미나리아재비과)
### *Aconitum napellus*

유럽 중서부 원산의 여러해살이풀로 1m 정도 높이로 자란다. 손바닥 모양의 잎은 5~7갈래로 깊게 갈라진다. 8~9월에 줄기 윗부분에 투구 모양의 보라색 꽃이 피어 올라간다. 1)왜승마(*Actaea japonica*)는 제주도의 숲속에서 자란다. 뿌리잎은 1~2회세겹잎이며 작은잎은 넓은 달걀형~둥근 하트형이고 가장자리가 얕게 갈라진다. 8~10월에 꽃줄기 끝의 송이꽃차례에 자잘한 흰색 꽃이 모여 핀다. 2)라케모사승마(*A. racemosa*)는 북미 원산의 여러해살이풀로 150cm 정도 높이이다. 뿌리잎은 3장씩 계속 갈라지며 1m 정도 길이이다. 작은잎은 끝이 뾰족하고 가장자리에 큰 톱니가 있다. 초여름에 곧게 자라는 흰색 송이꽃차례는 50cm 정도 길이이다. 꽃은 꽃잎이 없고 수술이 많다. 3)촛대승마 '브루넷'(*A. simplex* 'Brunette')은 원예 품종으로 1~1.5m 높이로 곧게 서는 줄기와 잎은 자줏빛이 돌고 늦여름에 방망이 모양의 흰색 꽃송이가 달린다. 4)세복수초(*Adonis multiflora*)는 제주도의 숲속에서 자란다. 잎은 어긋나고 3~4회깃꼴겹잎이며 갈래조각은 매우 가늘다. 2~4월에 줄기 끝에 노란색 꽃이 핀다. 모두 화단에 심어 기른다.

## 청화바람꽃(미나리아재비과)
### *Anemone blanda*

청화바람꽃

지중해 연안 원산의 여러해살이풀로 15㎝ 정도 높이이다. 잎은 세겹잎이며 작은잎은 달걀형이고 국화잎처럼 갈라진다. 3~4월에 줄기 끝에 지름 2~4㎝의 꽃이 피는데 꽃 색깔은 푸른색, 흰색, 분홍색 등이다. 꽃받침조각은 9~14장이다. [1]청화바람꽃 '차머'('Charmer')는 홍자색 꽃의 중심부가 흰색인 원예 품종이다. [2]캐나다바람꽃(*A. canadensis*)은 북미 원산의 여러해살이풀로 30~80㎝ 높이로 자란다. 잎은 손바닥처럼 깊게 갈라지고 치아 모양의 톱니가 있다. 5~6월에 줄기 끝의 갈래꽃차례에 피는 지름 3~5㎝의 흰색 꽃은 꽃받침조각이 5장이다. [3]물티피다바람꽃(*A. multifida*)은 아메리카 원산의 여러해살이풀로 15~50㎝ 높이로 자란다. 잎은 5갈래로 깊게 갈라지고 털이 많다. 4~6월에 꽃대 끝에 지름 2㎝ 정도의 흰색 꽃이 피는데 꽃받침조각은 5~8장이며 털이 있다. [4]네모로사바람꽃(*A. nemorosa*)은 유라시아 원산의 여러해살이풀로 5~15㎝ 높이로 자란다. 잎은 손바닥 모양이며 3갈래로 깊게 갈라진다. 4~5월에 꽃대 끝에 피는 흰색 꽃은 지름 2㎝ 정도이며 꽃받침조각은 6~8장이다. 모두 화단에 심어 기른다.

[1]청화바람꽃 '차머'

[2]캐나다바람꽃

[3]물티피다바람꽃

[4]네모로사바람꽃

대상화

## 대상화/추명국(미나리아재비과)
*Anemone scabiosa*

중국 원산의 여러해살이풀로 50~ 100㎝ 높이로 자라는 줄기는 털이 있다. 잎은 세겹잎이며 작은잎은 5~7㎝ 길이이고 3~5갈래로 얕게 갈라진다. 8~10월에 가지 끝에 지름 4~6㎝의 연분홍색 꽃이 피는데 꽃잎 모양의 꽃받침조각은 5~6장이다. 수술은 많고 꽃밥은 노란색이다. [1]대상화 '스플렌덴스' ('Splendens')는 원예 품종으로 진한 분홍색 꽃이 핀다. [2]눈바람꽃(*A. sylvestris*)은 유럽 원산의 여러해살이풀로 20~30㎝ 높이로 자란다. 전체가 부드러운 털로 덮여 있으며 잎은 손바닥처럼 5갈래로 깊게 갈라진다. 4~5월에 꽃대 끝에 지름 4~7㎝의 흰색 꽃이 피는데 꽃받침조각은 5장이다. [3]토멘토사바람꽃 (*A. tomentosa*)은 티베트 원산의 여러해살이풀로 60~90㎝ 높이로 자란다. 잎은 어긋나고 손바닥 모양으로 3갈래로 얕게 갈라진다. 작은잎 가장자리에는 톱니가 있다. 7~10월에 가지마다 연한 홍자색 꽃이 핀다. 꽃받침조각은 5~6장이다. [4]립시엔시스바람꽃(*A.* × *lipsiensis*)은 교잡종으로 15㎝ 정도 높이로 자란다. 4~5월에 꽃대 끝에 달리는 연노란색 꽃은 지름 2㎝ 정도이다. 꽃받침조각은 5장이다. 모두 화단에 심어 기른다.

[1]대상화 '스플렌덴스'

[2]눈바람꽃

[3]토멘토사바람꽃

[4]립시엔시스바람꽃

유럽바람꽃 품종

유럽바람꽃 품종

유럽바람꽃

유럽바람꽃 품종

유럽바람꽃 품종

유럽바람꽃 품종

유럽바람꽃 품종

유럽바람꽃 품종

유럽바람꽃 품종

## 유럽바람꽃/아네모네(미나리아재비과)  *Anemone coronaria*

지중해 연안 원산의 여러해살이풀로 30~60㎝ 높이로 자란다. 뿌리에서
돋는 손바닥 모양의 잎은 로제트형으로 둘러 난다. 잎몸은 3갈래로 깊게
갈라지며 갈래조각은 다시 갈라지고 끝이 뾰족하다. 4~6월에 곧게 자란
꽃줄기 끝에 지름 3~8㎝의 붉은색 꽃이 위를 향해 피는데 흰색이나 파란
색 꽃도 핀다. 꽃잎처럼 보이는 꽃받침조각은 6~8장이고 수술은 수십 개
이며 꽃밥은 어두운 청자색이다. 꽃 밑에는 뿌리잎보다 작은 잎이 빙 돌려
난다. 꽃이 아름답기 때문에 여러 색깔의 원예 품종이 개발되었으며 겹꽃
이 피는 품종도 있다. 화단에 심어 기르는데 양지바르고 물 빠짐이 좋은
곳에서 잘 자란다.

하늘매발톱

2)고산매발톱꽃

3)캐나다매발톱꽃

4)황금매발톱꽃

5)무거매발톱꽃

## 하늘매발톱(미나리아재비과)
### *Aquilegia flabellata*

북부 지방의 높은 산에서 10~30cm 높이로 자라는 여러해살이풀이다. 뿌리잎은 2회세겹잎이고 작은잎은 2~3갈래로 얕게 갈라진다. 6~8월에 줄기 끝에 1~3개의 청보라색 꽃이 고개를 숙이고 피는데 안쪽 꽃잎 끝부분은 연노란색이다. 5개가 모여 달리는 열매는 위를 향하며 털이 없다. [1]흰하늘매발톱('Alba')은 흰색 꽃이 피는 품종이다. [2]고산매발톱꽃(A. alpina)은 알프스 고산 원산의 여러해살이풀로 20~50cm 높이로 자라며 세겹잎은 청록색이 돈다. 5~6월에 갈라진 가지마다 6~8cm 길이의 청자색 꽃이 핀다. [3]캐나다매발톱꽃(A. canadensis)은 북미 원산의 여러해살이풀로 50cm 정도 높이로 자라며 잎은 2회세겹잎이다. 4~5월에 줄기 끝에 2~3개의 홍적색 꽃이 피는데 안쪽 꽃잎은 노란색이다. [4]황금매발톱꽃(A. chrysantha)은 미국과 멕시코 원산의 여러해살이풀로 30~120cm 높이로 자란다. 잎은 세겹잎이고 작은잎은 다시 3갈래로 갈라진다. 줄기 끝에 피는 노란색 꽃은 꿀주머니가 가늘고 길다. [5]무거매발톱꽃(A. ecalcarata)은 중국 원산의 여러해살이풀로 20~40cm 높이로 자란다. 봄에 가지 끝에 피는 적자색 꽃은 꿀주머니가 없다. 모두 화단에 심어 기른다.

매발톱꽃

## 매발톱꽃(미나리아재비과)
### *Aquilegia oxysepala*

산에서 50~70㎝ 높이로 자라는 여러해살이풀로 뿌리잎은 2회세겹잎이다. 5~7월에 가지 끝에 고개를 숙이고 피는 적갈색 꽃은 안쪽 꽃잎이 노란색이다. 꽃잎 끝에 매의 발톱처럼 굽은 꿀주머니가 있다. [1]**초코매발톱꽃**(*A. viridiflora* 'Chocolate Soldier')은 중국 원산의 원예 품종으로 20~40㎝ 높이로 자란다. 4~5월에 피는 꽃은 안쪽 꽃잎이 초콜릿 색깔이고 바깥쪽 꽃받침조각은 연녹색이다. 북유럽과 시베리아 원산인 서양매발톱꽃(*A. vulgaris*)은 60~90㎝ 높이로 자라는 여러해살이풀로 뿌리잎은 2회세겹잎이다. 5~6월에 가지 끝에 자주색 꽃이 핀다. 서양매발톱꽃은 오래전부터 화초로 길렀으며 많은 재배 품종이 있다. 모두 화단에 심어 기른다. ❶(*A. v.* 'Winky Double Dark Blue & White') ❷('Winky Double Red & White') ❸('Blue Barlow') ❹('White Barlow') ❺('Nivea')

[1]**초코매발톱꽃**

❶ 서양매발톱꽃 '윙키 더블 다크 블루 앤 화이트'

❷ 서양매발톱꽃 '윙키 더블 레드 앤 화이트'　❸ 서양매발톱꽃 '블루 발로우'

❹ 서양매발톱꽃 '화이트 발로우'

❺ 서양매발톱꽃 '니베아'

## 록키산매발톱꽃(미나리아재비과)
### *Aquilegia caerulea*

북미 록키산맥 원산의 여러해살이 풀로 20~60cm 높이로 자란다. 잎은 2회세겹잎이며 작은잎은 가장자리에 큰 톱니가 있다. 5~6월에 가지 끝에 꽃이 피는데 바깥쪽으로 벌어지는 꽃받침조각은 연한 파란색이고 안쪽에 서는 꽃잎은 흰색이며 꿀주머니는 뒤로 길게 벋는다. 꽃잎 가운데에는 암술과 50~130개의 수술이 모여 있으며 꽃밥은 노란색이다. 미국 콜로라도주의 주화이다. 많은 원예 품종이 개발되었다. [1]**록키산매발톱꽃 '오리가미 레드 앤 화이트'**('Origami Red & White')는 가지 끝에 피는 붉은색 꽃은 안쪽 꽃잎 끝부분이 흰색이다. 록키산매발톱꽃은 이 외에도 여러 재배 품종이 개발되었으며 양지바른 화단에 심어지고 있다.

❶(*A. c.* 'Origami Rose & White')
❷('Origami Yellow') ❸('Blue Star')
❹('Crimson Star') ❺('Rose Queen')

록키산매발톱꽃 품종

[1]록키산매발톱꽃 '오리가미 레드 앤 화이트'

❶ 록키산매발톱꽃 '오리가미 로즈 앤 화이트'

❷ 록키산매발톱꽃 '오리가미 옐로'

❸ 록키산매발톱꽃 '블루 스타'

❹ 록키산매발톱꽃 '크림슨 스타'

❺ 록키산매발톱꽃 '로즈 퀸'

분홍겹꿩의다리

## 분홍겹꿩의다리(미나리아재비과)
*Anemonella thalictroides* 'Oscar Schoaff'

북미 원산의 원예 품종인 여러해살이풀로 15~20㎝ 높이로 자란다. 땅속에 덩이뿌리가 발달한다. 이른 봄에 돋는 잎은 2회세겹잎이며 잎자루가 길다. 작은잎은 둥그스름하며 3~4㎝ 길이이고 바깥쪽 가장자리가 3갈래로 얕게 갈라진다. 4~6월에 줄기 끝에 몇 개의 홍자색 겹꽃이 위를 향해 피는데 꽃자루가 길고 가늘어서 바람에 잘 흔들린다. 꽃의 수명이 매우 길다. 화단에 심어 기르는데 물 빠짐이 좋은 반그늘에서 잘 자란다.

## 동의나물(미나리아재비과)
*Caltha palustris*

산의 습지나 물가에서 자라는 여러해살이풀로 50㎝ 정도 높이이다. 흰색의 굵은 뿌리에서 잎이 모여난다. 잎은 둥근 콩팥형이고 지름 5~10㎝이며 밑부분이 심장저이다. 잎 가장자리에 물결 모양의 둔한 톱니가 있거나 없다. 4~5월에 꽃줄기 끝에 노란색 꽃이 보통 2개씩 달린다. 꽃잎 같은 노란색 꽃받침조각은 5~6장이고 중심부의 많은 수술도 노란색이다. [1]**겹동의나물**(*C. p.* 'Flore Pleno')은 원예 품종으로 노란색 겹꽃이 핀다. 모두 물가에서 심어 기른다.

동의나물                    [1]**겹동의나물**

인테그리폴리아위령선

1)흰인테그리폴리아위령선

2)몬타나위령선

3)몬타나위령선 '엘리자베스'

4)텍사스종덩굴

5)텍사스종덩굴 '프린세스 다이아나'

## 인테그리폴리아위령선(미나리아재비과)
### *Clematis integrifolia*

남부 유럽~러시아 원산의 갈잎반떨기나무로 1m 정도 높이로 자란다. 잎은 마주나고 달걀형이며 끝이 뾰족하고 가장자리가 밋밋하다. 봄에 줄기 끝에 1개의 남보라색 꽃이 고개를 숙이고 핀다. 4장의 가느다란 꽃받침조각은 약간 뒤로 젖혀진다. 1)흰인테그리폴리아위령선('Alba')은 원예 품종으로 흰색 꽃이 고개를 숙이고 핀다. 2)몬타나위령선(*C. montana*)은 중국 원산의 갈잎덩굴식물로 5~10m 길이이다. 잎은 마주나고 세겹잎이며 5~14㎝ 길이이다. 봄에 피는 흰색 꽃은 연분홍빛이 돌기도 하며 지름 2.5~6㎝이다. 3)몬타나위령선 '엘리자베스'('Elizabeth')는 원예 품종으로 분홍색 꽃이 핀다. 4)텍사스종덩굴(*C. texensis*)은 미국 중남부 원산의 늘푸른덩굴식물로 잎은 마주나고 깃꼴겹잎이다. 작은잎은 둥근 달걀형이고 밑부분은 밋밋하거나 심장저이며 가장자리는 밋밋하고 드물게 잎몸이 갈라지기도 한다. 여름에 옆을 보고 피는 종덩굴을 닮은 선홍색 꽃은 끝부분만 살짝 4갈래로 갈라진다. 5)텍사스종덩굴 '프린세스 다이아나'('Princess Diana')는 원예 품종으로 선홍색 꽃부리가 활짝 벌어진다. 모두 정원수로 심는다.

❶클레마티스 '벨르 오브 타라나키' ❷클레마티스 '세잔'

클레마티스 '지젤' ❸클레마티스 '키티' ❹클레마티스 '리틀 덕클링'

❺클레마티스 '멀티 블루' ❻클레마티스 '사마리탄 조' ❼클레마티스 '벌룬티어' ❽클레마티스 '자라'

## 클레마티스 '지젤'(미나리아재비과) *Clematis* 'Giselle'

원예 품종인 덩굴식물로 2m 정도 길이로 벋는다. 늦은 봄부터 여름까지 피는 별 모양의 홍적색 꽃은 지름 12㎝ 정도이다. 꽃잎 모양의 꽃받침조 각은 6장이며 가운데의 수술은 더 진한 색이다. 꽃이 아름다운 클레마티 스속(*Clematis*)의 덩굴식물은 큼직한 꽃이 피는 개량종이 많이 개발되었으 며 '꽃으아리'라고도 한다. 잎은 1~2회세겹잎이고 보통 봄~여름에 꽃이 핀다. 꽃받침조각은 보통 4~6장이지만 원예 품종은 만첩인 것도 있으며 화단에 심어 기른다.

❶('Belle of Taranaki') ❷('Cezanne') ❸('Kitty') ❹('Little Duckling') ❺('Multi Blue') ❻('Samaritan Jo') ❼('Volunteer') ❽('Zara')

라벤더제비고깔

1)고산제비고깔 '블루 버드'

2)고산제비고깔 '캔들 블루 쉐이드'

3)제비고깔 '블라우어 츠베르크'

4)델피니움 '킹 아더'

## 라벤더제비고깔(미나리아재비과)
*Delphinium requienii*

지중해 연안 원산의 여러해살이풀로 90~120㎝ 높이로 자라는 줄기에는 털이 있다. 손바닥 모양의 잎은 두꺼우며 광택이 있고 위로 올라갈수록 가늘어진다. 여름에 줄기 끝의 송이꽃차례에 깔때기 모양의 연보라색 꽃이 피는데 꿀주머니는 굵고 짧으며 위쪽의 꽃잎은 말린다. 꽃봉오리는 털로 덮여 있다. 1)고산제비고깔 '블루 버드' (*D. elatum* 'Blue Bird')는 유럽 알프스 원산인 고산제비고깔의 원예 품종으로 120~180㎝ 높이로 곧게 자란다. 여름에 줄기 끝의 송이꽃차례에 피어 올라가는 푸른색 꽃의 중심부는 흰색이다. 2)고산제비고깔 '캔들 블루 쉐이드'('Candle Blue Shades')는 고산제비고깔의 원예 품종으로 1m 정도 높이로 자라고 줄기 끝의 곧은 송이꽃차례에 푸른색 꽃이 피며 중심부는 흰색이다. 3)제비고깔 '블라우어 츠베르크' (*D. grandiflorum* 'Blauer Zwerg')는 북부 지방에서 자라는 제비고깔의 원예 품종으로 여름에 진한 푸른색 꽃이 핀다. 4)델피니움 '킹 아더' (*D.* 'King Arthur')는 교잡종으로 1m 정도 높이이며 잎몸은 손바닥처럼 갈라진다. 6~7월에 피는 청자색 반겹꽃은 중심부가 뚜렷한 흰색이다. 모두 화단에 심으며 절화로도 이용한다.

### 렌텐로즈/사순절장미(미나리아재비과)
*Helleborus orientalis*

유럽 원산의 늘푸른여러해살이풀로 30~40cm 높이이다. 뿌리에서 나온 잎은 손꼴겹잎이며 작은잎은 7~11장이 모여 달린다. 3~4월에 꽃줄기 끝에 모여 달리는 적자색이나 흰색 꽃은 지름 4~7cm이며 향기가 없다. [1]크리스마스로즈(*H. niger*)는 손꼴겹잎이 진녹색이며 봄에 흰색 꽃이 핀다. [2]구린내헬레보루스(*H. foetidus*)는 유럽 원산의 늘푸른여러해살이풀로 30~60cm 높이이다. 잎은 손꼴겹잎이며 진녹색이고 7~10장의 피침형 작은잎이 돌려난다. 2~4월에 줄기 끝의 갈래꽃차례에 모여 달리는 종 모양의 꽃은 연한 황록색이며 지름 25mm 정도이고 연녹색 포가 있다. [3]참제비고깔(*Consolida orientalis*)은 유럽 남부 원산의 두해살이풀로 잎은 어긋나고 손바닥 모양이며 3갈래로 깊게 갈라지고 갈래조각은 다시 2~3회 갈라지며 선형이다. 7월에 줄기 끝의 송이꽃차례에 연자주색이나 연분홍색, 흰색 꽃이 모여 핀다. [4]겨울바람꽃(*Eranthis hyemalis*)은 유럽 남부 원산의 여러해살이풀로 5~10cm 높이이다. 잎은 세겹잎이며 작은잎 가장자리는 깃꼴로 갈라진다. 2~3월에 줄기 끝에 노란색 꽃이 핀다. 모두 화단에 심어 기른다.

렌텐로즈

흰색 꽃

[1]크리스마스로즈

[2]구린내헬레보루스

[3]참제비고깔

[4]겨울바람꽃

195

베르나동의나물

## 베르나동의나물(미나리아재비과)
### *Ficaria verna*

유럽과 서아시아 원산의 여러해살이풀로 7~23㎝ 높이로 자란다. 뿌리에서 모여나는 잎은 잎자루가 길고 둥그스름한 잎몸은 밑부분이 심장저이며 양면에 털이 없다. 3~5월에 꽃줄기 끝에 피는 노란색 꽃은 지름 4㎝ 정도이며 광택이 있다. 꽃잎 모양의 꽃받침조각은 7~12장이며 밑부분에 꽃받침조각 모양의 꽃잎이 3장이 있다. 꽃이 지면 산딸기 모양의 둥근 열매송이가 열린다. [1]**자엽베르나동의나물**('Brazen Hussy')은 원예 품종으로 잎이 자줏빛이 돈다. 모두 습한 화단에 심어 기른다. [2]**흑종초**(*Nigella damascena*)는 남유럽, 북아프리카, 서남아시아 원산의 한해살이풀로 40~60㎝ 높이로 곧게 자라고 가지가 갈라진다. 잎몸은 잘게 갈라지며 갈래조각은 실처럼 가늘다. 5~7월에 가지 끝에 지름 3~5㎝의 파란색, 흰색, 연분홍색 꽃이 핀다. 꽃잎은 퇴화하고 꽃잎 모양의 꽃받침조각은 5~10장이 돌려난다. [3]**흑종초 '미스 지킬 알바'**('Miss Jekyll Alba')는 원예 품종으로 흰색 겹꽃이 핀다. [4]**흑종초 '미스 지킬 로즈'**('Miss Jekyll Rose')는 원예 품종으로 분홍색 겹꽃이 핀다. 모두 양지바른 화단에 심어 기른다.

[1]**자엽베르나동의나물**

[2]**흑종초**

[3]**흑종초 '미스 지킬 알바'**

[4]**흑종초 '미스 지킬 로즈'**

❶라넌큘러스 '매직 오렌지'

❷라넌큘러스 '매직 로즈'

❸라넌큘러스 '매직 옐로'

❹라넌큘러스 '엘레강스 비앙코 페스티벌'

❺라넌큘러스 '엘레강스 오렌지'

❻라넌큘러스 '엘레강스 핑크'

❼라넌큘러스 '엘레강스 화이트'

❽라넌큘러스 '미스트랄 레드 바론'

❾라넌큘러스 '마헤 옐로'

## 라넌큘러스(미나리아재비과) *Ranunculus asiaticus*

유럽과 서남아시아 원산의 여러해살이풀로 20~60㎝ 높이로 자란다. 덩이뿌리는 타원형이며 2㎝ 정도 길이이고 모여나는 줄기는 뻣뻣한 털이 있다. 뿌리잎은 1~2회세겹잎이며 잎자루가 길고 가장자리에 둔한 톱니가 있다. 줄기잎은 잎자루가 없고 깃꼴로 갈라진다. 4~5월에 줄기 끝에 달리는 컵 모양의 꽃은 지름 3~9㎝로 원종은 꽃잎이 5장이지만 원예 품종은 대부분 겹꽃이며 색깔도 여러 가지이다. 양지바른 화단에 심는다.

❶('Magic Orange') ❷('Magic Rose') ❸('Magic Yellow') ❹('Elegance Bianco Festival') ❺('Elegance Orange') ❻('Elegance Pink') ❼('Elegance White') ❽('Mistral Red Baron') ❾('Mache Yellow')

할미꽃

2)분홍할미꽃

4)히스파니카할미꽃

1)노랑할미꽃

3)니그리칸스할미꽃

5)동강할미꽃

## 할미꽃(미나리아재비과)
### *Pulsatilla cernua* v. *koreana*

양지쪽 풀밭에서 자라는 여러해살
이풀로 25~40㎝ 높이이다. 4월에
솜털을 뒤집어 쓴 잎과 꽃줄기가
무더기로 나와서 비스듬히 퍼진
다. 종 모양의 적자색 꽃은 3~4㎝
길이이며 고개를 숙이고 핀다. 꽃
잎 바깥쪽은 흰색 털로 덮여 있다.
꽃 속에는 많은 노란색 꽃밥이 들
어 있다. 잎은 잎자루가 길고 5장
의 작은잎으로 된 깃꼴겹잎이다.
작은잎은 3갈래로 깊게 갈라지고
앞면에는 털이 없다. 열매는 5㎜
정도 길이이다. 1)**노랑할미꽃**('Flava')
은 산에서 드물게 자라는 할미꽃
품종으로 연노란색 꽃은 점차 주황
색으로 변한다. 2)**분홍할미꽃**(*P.
dahurica*)은 북한의 산에서 20~40㎝
높이로 자라며 2㎝ 정도 길이의 분
홍색 꽃이 고개를 숙이고 핀다. 3)**니
그리칸스할미꽃**(*P. nigricans*)은 유
럽 원산으로 10~40㎝ 높이로 자
라며 4~5월에 보라색 꽃이 고개를
숙이고 핀다. 4)**히스파니카할미꽃**
(*P. rubra* ssp. *hispanica*)은 유럽 원
산으로 30㎝ 정도 높이로 자라며
흑자색 꽃이 고개를 숙이고 핀다.
5)**동강할미꽃**(*P. tongkangensis*)은 강
원도의 바위틈에서 15~20㎝ 높이
로 자란다. 잎은 깃꼴겹잎이며 작
은잎은 3~7장이다. 4월에 자주색
~분홍색 꽃이 핀다. 모두 양지바
른 화단에 심어 기른다.

## 유럽할미꽃(미나리아재비과)
### *Anemone pulsatilla*

유럽할미꽃

1)붉은유럽할미꽃

유럽 원산의 여러해살이풀로 10~30cm 높이로 자란다. 뿌리잎은 깃꼴로 깊게 갈라지고 줄기잎은 선형이며 자루가 없다. 3~5월에 5cm 정도 길이의 보라색 꽃이 위를 향해 피며 꽃잎 바깥쪽은 털로 덮이고 많은 수술의 꽃밥은 노란색이다. 1)붉은유럽할미꽃('Rubra')은 유럽할미꽃의 원예 품종으로 붉은색 꽃이 핀다. 2)중국할미꽃/세잎할미꽃(*A. chinensis*)은 평남과 중국 원산으로 20~30cm 높이로 자란다. 뿌리잎은 세겹잎이며 작은잎은 넓은 달걀형이고 3갈래로 갈라지며 뒷면에 흰색 털이 빽빽히 난다. 종 모양의 남자색 꽃은 25~30mm 길이이다. 3)몬타나할미꽃(*A. montana*)은 알프스 원산으로 20~25cm 높이로 자라며 이른 봄에 피는 자주색 꽃은 지름 4~5cm로 큼직하다. 4)파텐스할미꽃(*A. patens*)은 유라시아와 북미 원산으로 8~30cm 높이로 자라며 부드러운 잎에는 털이 많다. 3~4월에 지름 25~50mm의 청자색 꽃이 핀다. 5)베르날리스할미꽃(*A. vernalis*)은 유럽 원산으로 10~15cm 높이로 자라며 깃꼴로 깊게 갈라지는 잎은 긴털이 많다. 봄에 지름 6cm 정도의 보라색 꽃이 핀다. 모두 예전에는 할미꽃속(*Pulsatilla*)에 속했었지만 바람꽃속(*Anemone*)으로 바뀌었다. 모두 화단에 심어 기른다.

2)중국할미꽃

3)몬타나할미꽃

4)파텐스할미꽃

5)베르날리스할미꽃

199

플라붐꿩의다리

### 플라붐꿩의다리(미나리아재비과)
*Thalictrum flavum*

유럽, 북아프리카, 서아시아 원산의 여러해살이풀로 60~150cm 높이이다. 잎은 2~3회 깃꼴로 갈라지며 작은잎은 타원형이고 3~4갈래로 갈라지며 회녹색이 돌기도 한다. 6~8월에 가지마다 지름 1cm 정도의 노란색 꽃이 촘촘히 모여 달리며 노란색 수술이 많고 향기가 있다. [1]**연잎꿩의다리**(*T. ichangense* v. *coreanum*)는 강원도 이북의 산의 숲 속에서 자라는 여러해살이풀이다. 잎은 어긋나고 1~2회세겹잎이며 작은잎은 둥근 방패 모양이다. 6월에 줄기 끝의 원뿔꽃차례에 연자주색~흰색 꽃이 모여 달린다. [2]**대만꿩의다리**(*T. urbainii*)는 대만 원산의 여러해살이풀로 10~30cm 높이이다. 여름에 가지마다 흰색~연분홍색 꽃이 핀다. [3]**금매화**(*Trollius ledebourii*)는 함경도의 습지에서 자라는 여러해살이풀로 40~80cm 높이이다. 7~8월에 가지 끝에 노란색 꽃이 피는데 5~7장의 꽃받침조각이 꽃잎처럼 보인다. 선형 꽃잎은 5~10장으로 2cm 정도 길이이며 수술보다 조금 길다. [4]**큰금매화**(*T. chinensis*)는 함경도의 습지에서 자라는 여러해살이풀로 황색~주황색 꽃이 피는데 8~18장의 선형 꽃잎의 길이가 25mm 정도로 수술보다 훨씬 길다. 모두 화단에 심어 기른다.

[1]연잎꿩의다리

[2]대만꿩의다리

[3]금매화

[4]큰금매화

## 연꽃(연꽃과)
### *Nelumbo nucifera*

연꽃

연못이나 늪에서 자라는 여러해살이풀로 1~2m 높이이다. 물 속의 땅에서 옆으로 길게 벋는 원통 모양의 뿌리줄기(연근)를 식용으로 하기 때문에 논에서 많이 재배한다. 뿌리줄기에서 돋은 둥근 잎은 지름 30~90㎝이며 물 밖으로 나온다. 7~8월에 뿌리줄기에서 자란 긴 꽃자루 끝에 피는 연분홍색 꽃은 지름 10~25㎝로 큼직하다. [1]백련('Alba')은 연꽃과 생김새가 비슷하지만 흰색 꽃이 피는 품종이다. 연꽃은 이 외에도 여러 재배 품종이 있다. [2]미국황련(*N. lutea*)은 북미 원산의 여러해살이풀로 물 밖으로 나오는 둥근 잎은 지름 33~43㎝이다. 꽃대 끝에 피는 연노란색 꽃은 지름 18~28㎝이며 꽃잎은 22~25장이다. 모두 연못이나 물가에 심어 기른다.

❶(*N. n.* 'Ben Gibson') ❷('Birthday's Peach') ❸('Gold & Resplendence') ❹('Roseum Plenum')

[1]백련

❶연꽃 '벤 깁슨'

❷연꽃 '버스데이즈 피치'　❸연꽃 '골드 앤 리스플렌던스'

❹연꽃 '로제움 플레넘'

[2]미국황련

핑크단사

## 핑크단사(프로테아과)
### *Grevillea rosmarinifolia*

호주 원산의 늘푸른떨기나무로 2m 정도 높이로 자란다. 줄기에 어긋나는 바늘 모양의 잎은 1~4cm 길이이다. 잎은 끝이 뾰족하고 가장자리가 뒤로 말리며 뒷면은 흰빛이 도는 것이 로즈마리 잎을 닮았다. 겨울~봄에 가지 끝에 붉은색~분홍색 꽃이 모여 핀다. [1]**누운단사**(*G. lanigera* 'Mt. Tamboritha')는 호주 원산의 원예 품종인 늘푸른떨기나무로 40cm 정도 높이이다. 가지에 촘촘히 어긋나는 좁고 긴 타원형 잎은 회녹색이 돈다. 가지 끝에 분홍빛이 도는 연노란색 꽃이 핀다. [2]**듀아단사**(*G. rhyolitica*)는 호주 원산의 늘푸른떨기나무로 1m 정도 높이이고 긴 타원형 잎은 8cm 정도 길이이며 끝이 뾰족하다. 잎겨드랑이에서 늘어진 꽃차례에 붉은색 꽃이 모여 핀다. [3]**그레빌레아 '다간 힐'**(*G.* 'Dargan Hill')은 호주 원산의 교잡종인 늘푸른떨기나무로 2m 정도 높이이다. 바늘 모양의 잎은 회녹색이고 가지 끝에 분홍색 꽃이 촘촘히 모여 달린다. [4]**그레빌레아 '수퍼브'**(*G.* 'Superb')는 교잡종으로 잎은 깃꼴로 갈라지고 1년 내내 피는 송이꽃차례는 붉은색, 주황색, 노란색이 섞여 있다. 모두 실내에서 심어 기르며 절화로도 이용한다.

[1]누운단사

[2]듀아단사

[3]그레빌레아 '다간 힐'

[4]그레빌레아 '수퍼브'

황금은엽수

### 황금은엽수(프로테아과)
*Leucadendron laureolum*

남아공 원산의 늘푸른떨기나무로 1~2m 높이로 자란다. 잎은 어긋나고 긴 타원형이며 끝이 둔하고 털이 없다. 암수딴그루로 6월경에 가지 끝에 둥근 꽃송이가 달리는데 암그루는 황록색이고 수그루는 황색이며 자잘한 노란색 꽃이 모여 핀다. 꽃송이 밑부분을 받치는 꽃잎 모양의 기다란 포조각은 꽃이 필 때는 황금색을 띤다. [1]은엽수 '제스터'('Jester')는 교잡종으로 둥근 꽃송이 밑부분의 포조각은 붉은색이 돈다. [2]은엽수 '사파리 매직'('Safari Magic')은 둥근 꽃송이 밑부분의 포조각은 분홍색이 돈다. [3]절벽핀쿠션(*Leucospermum saxosum*)은 아프리카 원산의 늘푸른떨기나무로 2m 정도 높이로 자란다. 선형 잎은 5~11㎝ 길이이며 끝부분에만 3~6개의 톱니가 있거나 밋밋하고 가죽질이다. 가지 끝에 달리는 붉은색 꽃송이는 지름 5㎝ 정도이며 바늘 모양의 꽃이 촘촘히 모여 핀다. [4]핀쿠션 '카니발 코퍼'(*L. cordifolium* 'Carnival Copper')는 남아프리카 원산인 핀쿠션의 원예 품종으로 늘푸른떨기나무이다. 봄에 가지 끝에 바늘 모양의 노란색 꽃이 모여 핀다. 모두 실내에서 심어 기르며 절화로도 이용한다.

[1]은엽수 '제스터'

[2]은엽수 '사파리 매직'

[3]절벽핀쿠션

[4]핀쿠션 '카니발 코퍼'

❶ 프로테아 '브렌다'  ❷ 프로테아 '아이비'

용왕꽃  ❸ 프로테아 '리벤체리'  ❹ 프로테아 '리틀 레이디 화이트'

❺ 프로테아 '니오베'  ❻ 프로테아 '핑크 아이스'  ❼ 프로테아 '수사라'  ❽ 프로테아 '비너스'

**용왕꽃**(프로테아과) *Protea cynaroides*

남아공 원산의 늘푸른떨기나무로 1~2m 높이로 자란다. 잎은 어긋나고 달걀형이며 5~15㎝ 길이이고 가장자리가 밋밋하며 잎자루가 길다. 가지 끝에 달리는 둥그스름한 흰색 꽃송이는 지름 12~30㎝이고 밑부분을 10줄로 둘러싸는 꽃잎 모양의 홍적색 총포조각은 피침형이다. 남아프리카공화국의 국화이다. 실내에서 심어 기르며 절화로 많이 이용한다. 꽃이 아름다운 프로테아속(*Protea*)은 여러 재배 품종이 개발되었으며 절화로 많이 이용한다.

❶(*P.* 'Brenda') ❷('Ivy') ❸('Liebencherry') ❹('Little Lady White') ❺('Niobe') ❻('Pink Ice') ❼('Susara') ❽('Venus')

## 수호초(회양목과)
### *Pachysandra terminalis*

일본과 중국 원산의 늘푸른여러해살이풀로 20~30㎝ 높이로 자란다. 잎은 촘촘히 어긋나고 달걀 모양의 타원형이며 25~50㎜ 길이이고 상반부에 거친 톱니가 있으며 가죽질이다. 5~6월에 줄기 끝에 곧게 서는 이삭꽃차례는 2~4㎝ 길이이며 흰색 꽃이 모여 핀다. 윗부분은 수꽃이고 암꽃은 밑부분에 4~6개가 붙는다. 달걀형 열매는 흰색이다. [1]**무늬수호초**('Variegata')는 원예 품종으로 잎 가장자리에 흰색 얼룩무늬가 있다. 모두 반그늘진 화단에 심어 기른다.

수호초    [1]무늬수호초

## 대엽초(군네라과)
### *Gunnera manicata*

브라질 원산의 여러해살이풀로 3~4m 높이로 자란다. 뿌리에서 모여 나는 둥근 잎은 밑부분이 심장저이며 여러 갈래로 갈라지고 톱니가 있으며 주름이 진다. 원산지에서는 잎자루가 2m가 넘고 잎의 지름도 3m가 넘게 자라는 거대한 잎을 가졌다. 잎자루는 갈고리 모양의 가시로 덮여 있다. 잎 사이에서 나오는 가는 원뿔 모양의 꽃차례는 1m 정도 높이이며 녹색 꽃이 촘촘히 돌려 가며 달린다. 따뜻한 남쪽 지방의 화단에 심는데 잎이 원산지처럼 크게 자라지는 않는다.

대엽초

# 히베르티아 스칸덴스(오아과과)
## *Hibbertia scandens*

호주 동부 원산의 늘푸른덩굴나무로 2~5m 길이로 벋는다. 붉은빛이 도는 줄기에 어긋나는 타원형 잎은 길이 3~8cm, 너비 15~25mm이며 끝이 뾰족하고 가장자리가 밋밋하다. 짧은 가지 끝에 달리는 노란색 꽃은 지름 4~5cm이며 꽃잎은 5장이고 수명은 1~2일이다. [1]**히베르티아 세르필리폴리아**(*H. serpyllifolia*)는 호주 원산의 늘푸른떨기나무로 땅을 기는 줄기에 어긋나는 넓은 선형 잎은 크기가 작고 노란색 꽃이 핀다. 모두 실내에서 심어 기른다.

히베르티아 스칸덴스    [1]히베르티아 세르필리폴리아

# 백작약(작약과)
## *Paeonia japonica*

깊은 산의 숲속에서 자라는 여러해살이풀로 40~50cm 높이이다. 잎은 어긋나고 2회세겹잎이다. 작은잎은 긴 타원형~거꿀달걀형이며 가장자리가 밋밋하고 털이 없다. 5~6월에 줄기 끝에 피는 1개의 흰색 꽃은 꽃받침조각은 3장, 꽃잎은 5~7장이며 암술머리는 짧고 약간 밖으로 굽는다. 열매는 뒤로 젖혀진다. [1]**산작약**(*P. obovata*)은 산에서 드물게 자라며 백작약과 비슷하지만 홍자색 꽃이 피고 암술머리는 약간 길며 꼬이고 열매는 퍼진다. 모두 화단에 심는다.

백작약    [1]산작약

작약 품종　　작약 품종

작약　　작약 품종　　작약 품종

작약 품종　　작약 품종　　작약 품종　　작약 품종

## **작약**(작약과)　*Paeonia lactiflora*

산에서 드물게 자라는 여러해살이풀로 70~100cm 높이이다. 뿌리는 굵고 가지가 많이 갈라진다. 줄기는 가지를 치고 털이 없이 매끈하다. 잎은 어긋나고 1~2회세겹잎이며 작은잎은 긴 타원형~피침형이고 밑부분이 좁아지며 날개 모양으로 흘러서 잎자루와 연결된다. 잎 양면에 털이 없고 광택이 난다. 5~6월에 줄기 끝이나 잎겨드랑이에 달리는 1개의 흰색~연분홍색 꽃은 지름 8~13cm이며 위를 보고 핀다. 꽃잎은 9~13장이며 수술은 많고 꽃밥은 노란색이며 암술은 3~5개이다. 긴 타원형 열매는 2~5개이며 7~8월에 익는다. 꽃이 아름답기 때문에 꽃 색깔과 꽃잎 수가 다른 많은 원예 품종이 개발되어 화단에 심어지고 있다.

모란

1)오스티모란

2)중국모란

❶모란 '하이 눈'

❷모란 '레다'

## 모란(작약과)
### *Paeonia suffruticosa*

중국 원산으로 신라 시대에 들어온 갈잎떨기나무이며 1~1.5m 높이로 자란다. '목단(牧丹)'이라고도 한다. 잎은 어긋나고 세겹잎~2회세겹잎이며 가운데 작은잎은 넓은 달걀형이고 2~5갈래로 갈라진다. 잎 뒷면은 연녹색이다. 4~5월에 가지 끝에 지름 10~17㎝의 커다란 붉은색 꽃이 위를 보고 핀다. 5~11장의 꽃잎은 크기가 다르며 가장자리에는 불규칙한 톱니가 있다. 수술은 많고 꽃밥은 노란색이다. 꽃받침조각은 넓은 달걀형이며 5장이고 크기가 다르다. [1]**오스티모란**(*P. ostii*)은 중국 원산의 갈잎떨기나무로 1.5m 이하로 자란다. 잎은 2회깃꼴겹잎이며 작은잎은 피침형이고 끝의 작은잎은 2~3갈래로 갈라지기도 한다. 봄에 가지 끝에 지름 12~15㎝의 큼직한 흰색 꽃이 핀다. [2]**중국모란/록키모란**(*P. rockii*)은 중국 원산의 갈잎떨기나무로 2m 정도 높이로 자란다. 잎은 2~3회깃꼴겹잎이며 작은잎은 드물게 2~4갈래로 갈라지는 것도 있다. 4~5월에 가지 끝에 달리는 흰색 겹꽃은 지름 13~19㎝이며 꽃잎 안쪽에 적갈색 얼룩무늬가 있다. 모란은 많은 재배 품종이 있으며 모두 화단에 심어 기른다.

❶(*P.* × s. 'High Noon') ❷('Leda')

히어리

잎과 열매

1)풍년화

1)풍년화 열매

2)풍년화 '루비 글로우'

3)메이저실꽃풍년화

## **히어리**(조록나무과)
*Corylopsis coreana*

산에서 2~3m 높이로 자라는 갈잎떨기나무이다. 잎은 어긋나고 둥근 달걀형이며 5~9㎝ 길이이다. 잎 끝은 약간 뾰족하며 밑부분은 심장저이고 가장자리에 뾰족한 톱니가 있다. 잎이 돋기 전에 잎겨드랑이에서 포도송이처럼 늘어지는 송이꽃차례에 8~12개의 노란색 꽃이 모여 달린다. 1)**풍년화**(*Hamamelis japonica*)는 일본 원산의 갈잎떨기나무로 2~5m 높이로 자란다. 잎은 어긋나고 마름모형~넓은 달걀형이며 끝이 둔하고 가장자리에 물결 모양의 톱니가 있다. 3~4월에 잎이 나기 전에 잎겨드랑이에 노란색 꽃이 모여 핀다. 4장의 가느다란 꽃잎은 2㎝ 정도 길이이며 十자 모양을 이루고 꽃잎은 다소 쭈글쭈글하다. 꽃받침조각도 4장이며 달걀형이고 보통 암자색이다. 2)**풍년화 '루비 글로우'**(*H.* × *intermedia* 'Ruby Glow')는 교잡종으로 이른 봄에 피는 十자 모양의 붉은색 꽃은 은은한 향기가 난다. 3)**메이저실꽃풍년화**(*Fothergilla major*)는 북미 원산의 갈잎떨기나무로 2~3m 높이이다. 잎은 어긋나고 넓은 타원형~거꿀달걀형이며 가장자리에 둔한 톱니가 있다. 봄에 잎이 돋을 때 가지 끝에 곧게 서는 꽃송이는 하얀 솔처럼 보인다. 모두 화단에 심어 기른다.

홍화상록풍년화 <sup>1)</sup>자주잎상록풍년화

### 홍화상록풍년화(조록나무과)
*Loropetalum chinense* v. *rubrum*

중국 원산의 늘푸른떨기나무로 1~
3m 높이로 자란다. 잎은 어긋나고
타원형~달걀형이며 2~6㎝ 길이
이고 가장자리가 밋밋하며 뒷면은
털로 덮여 있다. 4~5월에 가지 끝
에 붉은색 꽃이 모여 피는데 응원
도구로 쓰이는 술 장식을 닮았다.
1개의 꽃은 4장의 가는 꽃잎으로
깊게 갈라져 있고 꽃잎은 1~2㎝
길이이다. <sup>1)</sup>**자주잎상록풍년화**(*L. c.*
'Purple Majesty')는 잎이 자주색이
고 붉은색 꽃이 피는 품종이다. 모
두 남부 지방에서 정원수로 심는다.

까마귀밥여름나무

### 까마귀밥여름나무(까치밥나무과)
*Ribes fasciculatum* v. *chinense*

중부 이남의 낮은 산에서 자라는
갈잎떨기나무로 1~1.5m 높이이
다. 잎은 어긋나고 넓은 달걀형이
며 3~5㎝ 길이이고 윗부분이 3~
5갈래로 갈라진다. 잎은 끝이 둥
글고 밑부분은 평평하거나 심장저
이며 가장자리에 둔한 톱니가 있
다. 암수딴그루로 잎겨드랑이에
노란색 꽃이 모여 핀다. 노란색 꽃
잎과 꽃받침조각은 각각 5장이며
수평으로 벌어진다. 둥근 열매는
지름 7~8㎜이고 끝에 꽃받침자국
이 남아 있으며 붉은색으로 익는
다. 화단에 심어 기른다.

❶ 일본노루오줌 '아발란체'  ❷ 일본노루오줌 '도이치랜드'

노루오줌

❸ 일본노루오줌 '엘리자베스 반 빈'  ❹ 일본노루오줌 '워싱톤'

❺ 아렌드시노루오줌 '퓨어'  ❻ 아렌드시노루오줌 '롤리팝'  ❼ 아렌드시노루오줌 '오팔'  ❽ 아렌드시노루오줌 '스노드리프트'

## 노루오줌(범의귀과) *Astilbe rubra*

산에서 자라는 여러해살이풀로 30~70㎝ 높이로 곧게 선다. 잎은 어긋나고 2~3회세겹잎이며 잎자루가 길고 전체가 삼각형 모양이다. 작은잎은 긴 달걀형으로 끝이 뾰족하며 가장자리에 커다란 톱니가 있다. 7~8월에 줄기 끝의 커다란 원뿔꽃차례는 곧게 서며 갈색 털이 있고 자잘한 홍자색 꽃이 다닥다닥 달린다. 일본 원산인 일본노루오줌(*A. japonica*)의 원예 품종과 독일에서 육성한 원예 품종인 아렌드시노루오줌(*A. × arendsii*) 등의 많은 재배 품종이 국내에 들어와 화단에 심어지고 있다.

❶(*A. japonica* 'Avalanche') ❷('Deutschland') ❸('Elisabeth Van Veen')

❹('Washington') ❺(*A. × arendsii* 'Feuer') ❻('Lollipop') ❼('Opal') ❽('Snowdrift')

211

시베리아돌부채

## 시베리아돌부채(범의귀과)
### *Bergenia crassifolia*

시베리아와 몽골 원산의 늘푸른여러해살이풀로 15~31㎝ 높이로 자란다. 뿌리에서 모여나는 거꿀달걀형~타원형 잎은 가장자리에 물결 모양의 톱니가 있으며 가죽질이다. 5~9월에 잎 사이에서 자란 꽃줄기의 갈래꽃차례에 분홍색 꽃이 모여 핀다. 1)시베리아돌부채 '윈터 글로우'('Winter Glow')는 원예 품종으로 심홍색 꽃이 핀다. 2)아미산돌부채(*B. emeiensis*)는 중국 원산의 늘푸른여러해살이풀로 뿌리에서 모여나는 타원형~좁은 거꿀달걀형 잎은 가장자리가 밋밋하고 가죽질이며 광택이 있다. 6월에 잎 사이에서 자란 꽃줄기 끝의 갈래꽃차례에 흰색 꽃이 핀다. 3)붉은바위취(*Heuchera sanguinea*)는 미국과 멕시코 원산의 여러해살이풀로 30~50㎝ 높이로 자란다. 뿌리에서 모여나는 둥그스름한 잎은 가장자리가 얕게 갈라지고 잔톱니가 있다. 5~6월에 길게 자란 꽃줄기에 자잘한 종 모양의 붉은색 꽃이 모여 핀다. 4)빌로사바위취 '미라클'(*H. villosa* 'Miracle')은 북미 원산의 원예 품종으로 봄에는 둥그스름한 잎이 황록색이지만 점차 중심부에서부터 적자색 얼룩무늬가 퍼져 나간다. 모두 양지바른 화단에 심어 기른다.

1)시베리아돌부채 '윈터 글로우'

2)아미산돌부채

3)붉은바위취

4)빌로사바위취 '미라클'

밤잎도깨비부채

1)돌단풍

## 밤잎도깨비부채(범의귀과)
*Rodgersia aesculifolia*

중국 원산의 여러해살이풀로 80~ 120㎝ 높이로 자란다. 뿌리잎은 손꼴겹잎이며 잎자루가 길고 5~7장의 작은잎이 모여 달린다. 5~6월에 줄기 끝에 달리는 기다란 원뿔꽃차례 모양의 갈래꽃차례에 자잘한 흰색 꽃이 모여 핀다. 1)돌단풍(*Mukdenia rossii*)은 산의 개울가 바위틈에서 자라는 여러해살이풀이다. 손바닥 모양의 잎은 가장자리가 5~7갈래로 깊게 갈라지고 4~6월에 꽃줄기 끝의 갈래꽃차례에 흰색 꽃이 촘촘히 모여 핀다. 모두 화단에 심어 기른다.

## 매화헐떡이풀(범의귀과)
*Tiarella cordifolia*

북미 원산의 여러해살이풀이다. 둥근 하트형 잎은 지름 5~10㎝이며 가장자리가 3~7갈래로 얕게 갈라지고 톱니가 있으며 잎자루가 길다. 4~5월에 15~30㎝ 높이로 자란 꽃줄기의 송이꽃차례에 모여 피는 흰색 꽃은 수술이 길게 벋는다. 1)헐떡이풀(*T. polyphylla*)은 울릉도에서 자라는 여러해살이풀로 둥근 하트형 잎은 가장자리가 5갈래로 갈라진다. 5~6월에 송이꽃차례에 흰색 꽃이 모여 피는데 5장의 꽃잎은 바늘처럼 가늘다. 모두 화단에 심어 기른다.

매화헐떡이풀

1)헐떡이풀

색단초

1)천상초

2)다발범의귀

3)붉은바위떡풀

4)유럽운간초

### 색단초(범의귀과)
*Saxifraga cherlerioides* v. *rebunshirensis*

일본 원산의 늘푸른여러해살이풀로 높은 산의 바위 틈에서 자라며 방석처럼 퍼진다. 줄기는 매우 짧고 잎이 촘촘히 모여 달린다. 잎은 피침형~주걱형이며 6~15㎜ 길이이고 가장자리에 거센털이 있다. 7~8월에 10㎝ 정도 높이로 자라는 꽃줄기는 붉은색이고 갈래꽃차례에 누른빛이 도는 흰색 꽃이 모여 피는데 꽃잎은 5장이며 5~7㎜ 길이이다. 1)천상초(*S.* × *arendsii*)는 원예 품종으로 여러해살이풀이며 8~15㎝ 높이로 자란다. 촘촘히 모여나는 잎은 3~5갈래로 갈라진다. 3~5월의 꽃줄기 끝의 갈래꽃차례에 피는 꽃은 흰색, 연노란색, 분홍색, 홍색 등이며 지름 2~4㎝이다. 2)다발범의귀(*S. cespitosa*)는 유럽과 북미 원산의 여러해살이풀로 촘촘히 모여나는 잎은 대부분 3갈래로 갈라진다. 줄기는 5~10㎝ 높이이며 끝에 1~2개의 흰색 꽃이 핀다. 3)붉은바위떡풀(*S. fortunei* 'Cherry Pie')은 바위떡풀의 원예 품종으로 꽃이 붉은색이다. 4)유럽운간초(*S. rosacea*)는 유럽 원산의 여러해살이풀로 5~20㎝ 높이로 자란다. 잎몸은 3~5갈래로 가늘게 갈라지고 5~7월에 줄기 끝에 흰색 꽃이 모여 핀다. 모두 화단에 심어 기른다.

## 바위취(범의귀과)
*Saxifraga stolonifera*

바위취

중부 이남의 산에서 자라는 늘푸른 여러해살이풀로 20~40㎝ 높이이다. 뿌리에서 모여나는 콩팥 모양의 잎은 길이 3~5㎝, 너비 3~9㎝이며 가장자리에 치아 모양의 얕은 톱니가 있다. 잎 앞면은 녹색 바탕에 잎맥을 따라 연한 색 무늬가 있으며 뒷면은 자줏빛이 돌고 잎자루는 3~10㎝ 길이이다. 5~6월에 잎 사이에서 자란 꽃줄기의 원뿔꽃차례에 大자 모양의 꽃이 피는데 위의 꽃잎 3장은 붉은색 무늬가 있고 밑의 2장은 흰색이다. 반그늘진 정원에 심어 기른다.

## 흑법사(돌나물과)
*Aeonium arboreum* 'Atropurpureum'

흑법사                    1)유접곡

지중해 연안 원산의 원예 품종으로 50~100㎝ 높이로 자란다. 줄기 끝에 로제트형으로 모여 달리는 주걱 모양의 다육질 잎은 햇빛을 받으면 흑자색으로 물이 든다. 봄에 줄기 끝의 원뿔꽃차례에 노란색 꽃이 촘촘히 모여 핀다. 1)유접곡 (*A.* 'Arnoldii')은 교배종으로 줄기에 주걱 모양의 다육질 잎이 로제트형으로 모여 달리며 잎 가장자리에는 진한 갈색 줄무늬가 나타난다. 늦은 봄부터 꽃줄기 끝에 노란색 꽃이 모여 핀다. 모두 양지바른 실내에서 다육식물로 기른다.

금접  ¹⁾칠변초

### 금접(돌나물과)
*Bryophyllum delagoense*

마다가스카르 원산의 늘푸른여러해살이풀로 1m 정도 높이로 자란다. 원통형 잎은 어긋나며 얼룩 반점이 있고 끝에 막눈이 생긴다. 줄기 끝의 꽃차례에 긴 종 모양의 주황색 꽃이 모여 핀다. ¹⁾**칠변초**(*B. fedtschenkoi*)는 마다가스카르 원산의 늘푸른여러해살이풀로 25~30㎝ 높이로 자란다. 다육질 잎은 어긋나고 타원형이며 가장자리에 둔한 톱니가 있다. 줄기 끝에 긴 종 모양의 주황색 꽃이 고개를 숙이고 핀다. 모두 양지바른 실내에서 다육식물로 기른다.

만손초 ¹⁾엔젤칼란코에

### 만손초(돌나물과)
*Bryophyllum laetivirens*

마다가스카르 원산의 늘푸른여러해살이풀로 15~30㎝ 높이로 자란다. 줄기에 촘촘히 달리는 다육질 잎은 달걀형~긴 달걀형이며 가장자리에 톱니가 있고 막눈이 촘촘하게 달린다. 1~3월에 꽃줄기 끝의 원뿔꽃차례에 원통 모양의 홍자색 꽃이 모여 달린다. ¹⁾**엔젤칼란코에**(*B. manginii*)는 마다가스카르 원산의 다육식물로 타원형 잎은 광택이 있다. 꽃차례에 매달리는 원통형의 붉은색 꽃은 3㎝ 정도 길이이다. 모두 양지바른 실내에서 다육식물로 기른다.

## 윤회(돌나물과)
*Cotyledon orbiculata*

남아공 원산의 늘푸른여러해살이 풀로 50~90cm 높이로 자라는 다육식물이다. 줄기에 촘촘히 달리는 두꺼운 숟가락 모양의 잎은 길이 4~6cm, 너비 1cm 정도이며 흰색 가루로 덮여 있고 가장자리는 적갈색이 도는 것이 많다. 줄기 끝에서 길게 자란 꽃줄기 끝에 종 모양의 주황색 꽃이 여러 개가 매달리며 2~3cm 길이이다. [1]**방울복랑**('Boegoeberg')은 원예 품종으로 두껍고 퉁퉁한 타원형 잎은 흰색 가루로 덮여 있으며 윗부분은 적갈색이 돈다. [2]**가입랑/시집가는처녀**('Yomeiri-musume')는 원예 품종으로 퉁퉁한 숟가락 모양의 잎은 가장자리가 적갈색이 돌고 흰색 가루로 덮여 있으며 꽃은 윤회와 비슷한 모양이다. [3]**아방궁**(v. *oblonga* 'Macrantha')은 원예 품종으로 퉁퉁하고 둥그스름한 녹색 잎은 가장자리가 적갈색이 돌고 꽃은 윤회와 비슷한 모양이다. [4]**웅동자**(*C. tomentosa*)는 남아공 원산의 다육식물로 10~15cm 높이로 자란다. 두꺼운 타원형 잎은 끝부분에 3~5개의 톱니가 있고 전체가 부드러운 털로 덮여 있다. 줄기 끝의 꽃차례에 노란색~붉은색 꽃이 모여 핀다. 모두 양지바른 실내에서 다육식물로 기른다.

윤회

[1]**방울복랑**  [2]**가입랑**

[3]**아방궁**  [4]**웅동자**

크렘노세둠 '리틀 젬'

## 크렘노세둠 '리틀 젬'(돌나물과)
×*Cremnosedum* 'Little Gem'

*Cremnophila nutans*와 *Sedum humifusum* 간의 속 간 교배종이다. 늘푸른여러해살이풀로 10~15㎝ 높이로 자라는 다육식물이다. 줄기는 가지가 갈라져서 위로 선다. 줄기에 나선형으로 촘촘히 어긋나는 두툼한 잎은 달걀형이며 5~10㎜ 길이이다. 잎 끝은 뾰족하며 가장자리가 밋밋하고 광택이 있다. 봄에 가지 끝에 모여 피는 노란색 꽃은 지름 1㎝ 정도이며 5장의 꽃잎 끝이 뾰족하다. 양지바른 실내에서 심어 기르며 남쪽 바닷가 주변에서는 화단에 심어 기른다.

## 화월/염좌(돌나물과)
*Crassula ovata*

아프리카 원산의 늘푸른떨기나무로 3m 정도 높이까지 자란다. 가지에 마주나는 둥근 달걀형 잎은 3㎝ 정도 길이이며 두툼한 다육질이고 가장자리가 밋밋하며 광택이 있고 겨울에는 가장자리가 붉은빛을 띤다. 겨울에 가지 끝의 꽃송이에 별 모양의 흰색~연분홍색 꽃이 피는데 지름 1㎝ 정도이다. [1]우주목('Gollum')은 화월의 원예 품종으로 잎은 자라면서 점차 둥근 원기둥 모양이 되고 끝부분은 귀 모양이 된다. 모두 양지바른 실내에서 다육식물로 기른다.

화월　　　　　　　　[1]우주목

## 크라슐라 픽투라타(돌나물과)
### *Crassula exilis* ssp. *picturata*

남아공 원산의 늘푸른여러해살이 풀로 15㎝ 정도 높이로 자라는 다육식물이다. 납작한 칼 모양의 잎은 녹색 바탕에 흑갈색 반점이 흩어져 난다. 줄기 끝의 꽃송이에 컵 모양의 연분홍색 꽃이 모여 핀다. [1]**크라슐라 클라바타**(*C. clavata*)는 남아공 원산의 다육식물로 30㎝ 정도 높이로 자란다. 촘촘히 모여 달리는 두툼한 육질 잎은 햇빛이 충분하면 붉은색으로 변한다. 길게 자란 꽃줄기의 원뿔꽃차례에 자잘한 흰색 꽃이 모여 핀다. [2]**홍춘**(*C.* 'Justus Corderoy')은 원예품종으로 30㎝ 정도 높이로 자라는 다육식물이다. 두툼한 칼 모양의 녹색 잎은 벨벳 같은 흰색 털로 덮여 있고 꽃줄기에 연분홍색 꽃이 모여 핀다. [3]**크라슐라 '로술라리스'**(*C. orbicularis* 'Rosularis')는 20㎝ 정도 높이로 자라는 다육식물로 납작한 칼 모양의 잎은 끝이 뾰족하고 뒷면은 자주색이다. 꽃줄기에 자잘한 흰색~연분홍색 꽃이 모여 핀다. [4]**신도**(*C. perfoliata* v. *falcata*)는 남아공 원산의 다육식물로 1m 정도 높이로 자란다. 칼 모양의 육질 잎은 회녹색이고 여름에 꽃줄기 끝에 주황색 꽃이 모여 핀다. 모두 양지바른 실내에서 다육식물로 기른다.

크라슐라 픽투라타

[1]크라슐라 클라바타　[2]홍춘

[3]크라슐라 '로술라리스'　[4]신도

219

성을녀

1)크라술라 푸베스켄스

2)무을녀

3)청룡수

4)서탑

## 성을녀(돌나물과)
*Crassula perforata*

남아프리카 원산의 늘푸른여러해살이풀로 10~60㎝ 높이로 자란다. 줄기에 마주나는 세모진 잎은 끝이 뾰족하고 가장자리가 밋밋하며 두툼한 다육질이다. 잎은 밑부분이 맞붙으며 붉은색이 돌기도 한다. 줄기 끝의 긴 꽃줄기에 자잘한 연노란색 꽃이 핀다. 1)**크라술라 푸베스켄스**(*C. pubescens*)는 남아공 원산의 다육식물로 15㎝ 정도 높이로 자란다. 촘촘히 모여난 두터운 육질 잎은 흰색 털이 많으며 햇빛이 충분하면 붉게 변한다. 꽃줄기 끝의 꽃송이에 흰색 꽃이 모여 핀다. 2)**무을녀**(*C. rupestris* ssp. *marnieriana*)는 남아프리카 원산의 다육식물로 20㎝ 정도 높이로 자란다. 줄기에 층층이 달리는 두툼한 녹색 잎은 가장자리가 붉은색이며 줄기 끝에 별 모양의 흰색 꽃이 모여 핀다. 3)**청룡수**(*C. sarcocaulis*)는 남아공 원산의 다육식물로 30~60㎝ 높이로 자란다. 칼 모양의 녹색 잎은 납작한 다육질이고 가지 끝에 종 모양의 연분홍색 꽃이 모여 핀다. 4)**서탑**(*C. tabularis*)은 남아프리카 원산의 다육식물로 30㎝ 정도 높이로 자란다. 세모진 하트 모양의 잎이 줄기에 촘촘히 포개진 모양이 파고다 탑을 닮았다. 꽃송이에 흰색 꽃이 모여 핀다. 모두 양지바른 실내에서 다육식물로 기른다.

## 에케베리아 디프락텐스(돌나물과)
### *Echeveria difractens*

에케베리아 디프락텐스                     잎줄기

멕시코 원산의 늘푸른여러해살이 풀이다. 잎은 로제트형으로 모여 나고 지름 7~10㎝이다. 길고 둥그스름한 마름모꼴 잎은 납작한 다육질이며 회녹색~적자색이 돈다. 25㎝ 정도 높이로 자란 꽃줄기에 종 모양의 주황색 꽃이 고개를 숙이고 핀다. 꽃은 끝이 별 모양으로 벌어지고 안쪽은 노란색이다. [1]동운/사치(*E. agavoides*)는 멕시코 원산의 다육식물로 잎은 로제트형으로 모여나고 지름 10~15㎝이다. 두꺼운 긴 타원형 잎은 끝이 붉은색이다. 꽃줄기는 20~30㎝ 높이이고 붉은색 꽃이 모여 핀다. [2]정야(*E. derenbergii*)는 멕시코 원산의 다육식물로 잎은 로제트형으로 모여나고 지름 6㎝ 정도이다. 두꺼운 세모꼴 잎은 연한 청록색이다. 4~6월에 꽃줄기에 종 모양의 주황색 꽃이 모여 핀다. [3]에케베리아 라우이(*E. laui*)는 멕시코 원산의 다육식물로 두꺼운 둥근 잎은 흰색 가루로 덮여 있다. 꽃줄기에 분홍색 꽃이 모여 핀다. [4]상학(*E. pallida*)은 멕시코 원산의 다육식물로 밝은 녹색 잎은 로제트형으로 모여나고 지름 20~30㎝이다. 50㎝ 정도 높이의 꽃줄기 윗부분에 분홍색 꽃이 모여 핀다. 모두 양지바른 실내에서 다육식물로 기른다.

[1]동운          [2]정야

[3]에케베리아 라우이     [4]상학

특엽옥접       잎줄기

1)금황성     2)칠복수

3)금사황     4)부영

## 특엽옥접(돌나물과)
*Echeveria runyonii* 'Topsy Turvy'

멕시코 원산의 원예 품종인 늘푸른 여러해살이풀로 35㎝ 정도 높이로 자라는 다육식물이다. 로제트형으로 퍼지는 잎은 은회색이며 양쪽이 바깥쪽으로 접힌 듯한 모양이다. 봄~여름에 송이꽃차례에 별 모양의 주황색 꽃이 핀다. 1)금황성(*E. pulvinata*)은 멕시코 원산의 다육식물로 15㎝ 정도 높이로 자란다. 로제트형으로 퍼지는 주걱잎은 은회색 털로 덮인다. 이른 봄에 30㎝ 높이의 꽃줄기의 송이꽃차례에 종 모양의 홍황색 꽃이 핀다. 2)칠복수(*E. secunda*)는 멕시코 원산의 다육식물로 15㎝ 정도 높이로 자란다. 로제트형으로 퍼지는 주걱잎은 연한 청록색이며 4~6월에 20~30㎝의 꽃줄기의 송이꽃차례에 종 모양의 적황색 꽃이 핀다. 3)금사황(*E. setosa*)은 멕시코 원산의 다육식물로 두툼한 주걱잎은 보통 털이 빽빽하다. 4~7월에 15~20㎝ 높이의 송이꽃차례에 종 모양의 적황색 꽃이 핀다. 4)부영(*E.* 'Pulv-oliver')은 원예 품종으로 30㎝ 정도 높이로 자란다. 로제트형으로 퍼지는 두꺼운 잎은 밝은 녹색이며 털로 덮여 있고 끝은 붉은색이 돈다. 5~7월에 송이꽃차례에 적황색 꽃이 핀다. 모두 양지바른 실내에서 다육식물로 기른다.

## 타키투스 벨루스(돌나물과)
*Graptopetalum bellum*

멕시코 원산의 늘푸른여러해살이풀로 5~10㎝ 높이로 자란다. 로제트형으로 모여나는 거꿀달걀형 잎은 끝이 뾰족하고 암갈색이 돌며 다육질이다. 잎겨드랑이에서 나온 짧은 꽃줄기에 별 모양의 홍적색 꽃이 핀다. [1]**농월/용월**(*G. paraguayense*)은 멕시코 원산의 다육식물로 15~30㎝ 높이로 자란다. 줄기 끝에 모여나는 거꿀달걀형 잎은 끝이 뾰족하고 회녹색이다. 5~6월에 별 모양의 연노란색 꽃이 모여 핀다. 모두 양지바른 실내에서 다육식물로 기른다.

타키투스 벨루스　　　　　　　[1]농월

## 베라히긴즈(돌나물과)
*Graptosedum* 'Vera Higgins'

농월(*Graptopetalum paraguayense*)과 옥엽(*Sedum stahlii*) 간의 속 간 교배종인 늘푸른여러해살이풀로 15~25㎝ 높이로 자라는 다육식물이다. 잎은 어긋나고 두툼한 달걀형이며 2~3㎝ 길이이고 짧은 줄기 끝에는 로제트형으로 모여 달린다. 잎몸은 윗부분이 납작하고 밑부분은 약간 둥그스름하며 백록색 바탕에 연보라색이 감돈다. 봄에 높게 자란 꽃줄기 윗부분에 별 모양의 노란색 꽃이 모여 핀다. 양지바른 실내에서 다육식물로 기른다.

베라히긴즈

큰꿩의비름

¹⁾큰꿩의비름 '스타더스트'

## 큰꿩의비름(돌나물과)
*Hylotelephium spectabile*

산의 양지쪽에서 자라는 여러해살
이풀로 30~70㎝ 높이로 자란다.
잎은 마주나거나 돌려나고 육질의
달걀형~주걱형이며 잎자루가 없
다. 잎 가장자리는 밋밋하거나 물결
모양의 톱니가 약간 있다. 8~9월
에 줄기 끝의 고른꽃차례에 자잘
한 홍자색 꽃이 촘촘히 모여 달린
다. 꽃받침조각과 꽃잎은 5장이며
꽃잎은 수술보다 짧다. ¹⁾**큰꿩의비
름 '스타더스트'**('Stardust')는 원예
품종으로 꽃차례에 별 모양의 흰
색 꽃이 촘촘히 핀다. 모두 양지바
른 화단에 심어 기른다.

## 선녀무(돌나물과)
*Kalanchoe beharensis*

마다가스카르 원산의 늘푸른떨기
나무로 2~3m 높이로 자라고 줄기
가 목질화하는 다육식물이다. 가지
에 마주나는 세모꼴 잎은 길이 25~
40㎝, 너비 8~30㎝이며 갈색 털
로 덮여 있고 가장자리에는 불규
칙한 톱니가 있다. 잎 둘레는 물결
모양으로 주름이 진다. 새로 돋는
잎과 잎자루는 흰색 털로 덮여 있
다. 봄~여름에 줄기 끝에서 늘어
지는 송이꽃차례는 50~60㎝ 길
이이며 자잘한 항아리 모양의 연
노란색 꽃이 모여 핀다. 양지바른
실내에서 다육식물로 기른다.

선녀무

칼란코에 블로스펠디아나

❶ 칼란코에 '칼란디바 자메이카'  ❷ 칼란코에 '칼란디바 라 도스'

❸ 칼란코에 '칼란디바 미들러'  ❹ 칼란코에 '밀로스'

❺ 칼란코에 '다이아몬드 퍼플'  ❻ 칼란코에 '오리지날스 화이트 코라'  ❼ 칼란코에 '오리지날스 다크 코라'  ❽ 칼란코에 '로즈플라워스 멜라니'

## 칼란코에 블로스펠디아나(돌나물과)  *Kalanchoe blossfeldiana*

마다가스카르 원산의 늘푸른여러해살이풀로 30~40㎝ 높이로 자라는 다육식물이다. 잎은 十자로 마주나며 넓은 타원형이고 2~5㎝ 길이이며 가장자리는 물결 모양의 톱니가 있고 흔히 붉은색이 돈다. 겨울부터 몇 개가 나오는 꽃줄기의 갈래꽃차례에 주황색 등 여러 가지 색깔의 꽃이 촘촘히 핀다. 꽃부리는 지름 8~10㎜이며 4갈래로 갈라져 벌어진다. 꽃 피는 기간이 1개월 이상으로 길다. 여러 재배 품종이 있으며 실내에서 기른다.
❶('Calandiva Jamaica') ❷('Calandiva La Douce') ❸('Calandiva Middler')
❹('Milos') ❺(*K.* 'Diamond Purple') ❻('Originals White Cora') ❼('Originals Dark Cora') ❽('Roseflowers Melanie')

### 마다가스카르바위솔(돌나물과)
*Kalanchoe tomentosa*

마다가스카르 원산의 늘푸른여러해살이풀로 50~70㎝ 높이로 자라는 다육식물이다. 줄기에 촘촘히 모여나는 타원형 잎은 5~7㎝ 길이이며 흰색 털로 덮여 있고 가장자리에 톱니 모양의 적갈색 반점이 있다. 여름에 길게 자란 꽃줄기에 대롱 모양의 황록색 꽃이 모여 핀다. [1]당인(*K. luciae*)은 남아공 원산의 다육식물로 30~60㎝ 높이로 자란다. 부채꼴 잎은 흰색 가루로 덮이고 붉은빛이 잘 돌며 긴 꽃차례에 자잘한 연노란색 꽃이 모여 핀다. [2]세모리아(*K. orgyalis*)는 마다가스카르 원산의 다육식물로 1m 정도 높이로 자란다. 잎은 마주나고 주걱형이며 어린잎은 청록색이다. 꽃차례에 항아리 모양의 노란색 꽃이 핀다. [3]초소(*K. schimperiana*)는 아프리카 원산의 다육식물로 40~100㎝ 높이로 자란다. 넓은 달걀형 잎은 가장자리에 톱니가 있고 털이 많은 꽃차례에 흰색 꽃이 핀다. [4]거접련(*K. synsepala*)은 마다가스카르 원산으로 주걱 모양의 잎은 가장자리에 갈색 테두리와 불규칙한 톱니가 있고 꽃송이에 종 모양의 연분홍색 꽃이 모여 핀다. 뿌리줄기가 벋으면서 새로운 개체가 뿌리를 내린다. 모두 양지바른 실내에서 다육식물로 기른다.

마다가스카르바위솔 　　　　잎줄기

[1]당인 　　　　[2]세모리아

[3]초소 　　　　[4]거접련

바위솔

### 바위솔(돌나물과)
*Orostachys japonica*

바위나 기와 지붕에 붙어서 자라는 여러해살이풀로 30㎝ 정도 높이이다. 줄기에 촘촘히 붙는 피침형 잎은 끝이 뾰족하며 가장자리가 밋밋하고 흔히 자줏빛이 돌며 퉁퉁한 다육질이다. 9~10월에 줄기 끝의 송이꽃차례에 자잘한 흰색 꽃이 다닥다닥 달린다. [1]**천대전송**(*Pachyphytum compactum*)은 멕시코 원산의 늘푸른여러해살이풀인 다육식물이다. 1㎝ 정도 길이의 짧은 줄기에 촘촘히 돌려 가며 로제트형으로 달리는 원뿔 모양의 퉁퉁한 잎은 끝에 가시 모양의 돌기가 있다. 겨울~봄에 잎겨드랑이에서 15㎝ 정도 길이의 꽃줄기가 자라고 윗부분의 송이꽃차례에 주황색 꽃이 핀다. [2]**세데베리아 '레티지아'**(*Sedeveria* 'Letizia')는 *Sedum*과 *Echeveria*의 속 간 잡종인 다육식물이다. 두툼한 거꿀달걀형 잎은 끝이 뾰족하며 로제트형으로 촘촘히 달린다. 길게 자란 꽃줄기에 자잘한 별 모양의 흰색 꽃이 모여 핀다. [3]**데일리데일**(*S.* 'Darley Dale')은 교잡종으로 로제트형으로 퍼지는 피침형 잎은 다육질이며 녹색 바탕에 가장자리는 붉은색이 돈다. 8~10㎝ 높이의 꽃줄기에 연노란색 꽃이 촘촘히 모여 핀다. 모두 다육식물로 기른다.

[1]**천대전송 꽃차례**

[1]**천대전송 잎줄기**

[2]**세데베리아 '레티지아'**

[3]**데일리데일**

거미줄바위솔

### 거미줄바위솔(돌나물과)
*Sempervivum arachnoideum*

피레네산맥~알프스 원산의 여러해살이풀로 로제트형으로 촘촘히 모여 달리는 잎은 긴 타원형이며 다육질이다. 뾰족한 잎 끝에서 나오는 가느다란 흰색의 긴털이 엉켜서 로제트형의 중심부를 덮기 때문에 '거미줄바위솔'이란 이름으로 불린다. 6~8월에 3~10cm 높이로 자라는 꽃줄기에 달리는 잎은 피침형~긴 타원형이다. 줄기 끝의 고른꽃차례에 피는 붉은색 꽃은 지름 1~2cm이며 꽃잎은 8~12장이고 수술의 꽃밥도 붉은색이다. 양지바른 화단에 다육식물로 심어 기른다.

흰꽃세덤                    1)아크레돌나물

### 흰꽃세덤(돌나물과)
*Sedum album*

북반구 온대 원산의 여러해살이풀로 15cm 정도 높이로 자란다. 잎은 거의 원통형이며 붉은빛이 돌기도 한다. 6~8월에 가지 끝의 갈래꽃차례에 별 모양의 흰색 꽃이 모여 핀다. 1)**아크레돌나물**(*S. acre*)은 유럽과 북미 원산의 여러해살이풀로 줄기는 기면서 퍼져 나가고 2~5cm 높이로 자란다. 타원형 잎은 어긋나고 1cm 정도 길이이며 다육질이고 광택이 있다. 4~6월에 줄기 끝에 모여 피는 별 모양의 노란색 꽃은 지름 5~10mm이다. 모두 화단에 다육식물로 심어 기른다.

## 환엽송록(돌나물과)
### *Sedum lucidum* 'Obesum'

멕시코 원산의 원예 품종인 다육
식물이다. 줄기에 촘촘히 달리는
타원형 잎은 통통하며 양지에서는
끝이 붉게 물든다. 6월에 줄기 끝
의 겹우산꽃차례에 별 모양이 흰
색 꽃이 모여 핀다. [1]**황금잎세덤**(*S.
makinoi* 'Ogon')은 일본 원산의 원
예 품종으로 기는줄기이며 작고 둥
근 잎은 황금빛이 돈다. [2]**청옥**(*S.
burrito*)은 멕시코 원산으로 줄기는
15~30cm 길이로 늘어진다. 잎은
원통 모양의 타원형이며 흰빛이
도는 청록색이다. 줄기 끝에 붉은
색~분홍색 꽃이 핀다. [3]**애기솔세
덤**(*S. hispanicum*)은 유라시아 원산
의 다육식물로 5~15cm 높이의 줄
기에 원통형 잎이 촘촘히 달린다.
6~7월에 줄기 끝의 갈래꽃차례에
별 모양의 흰색 꽃이 핀다. [4]**구슬
얽이**(*S. morganianum*)는 멕시코 원
산으로 줄기는 50~60cm 길이
로 늘어진다. 잎은 타원형이며 끝
이 뾰족하고 흰빛이 도는 청록색
이다. 줄기 끝에 붉은색~분홍색 꽃
이 핀다. [5]**명월**(*S. nussbaumerianum*)
은 멕시코 원산으로 줄기에 촘촘
히 어긋나는 피침형 잎은 가장자
리가 연한 갈색이며 다육질이다.
3~4월에 줄기 끝의 갈래꽃차례에
흰색 꽃이 모여 핀다. 모두 다육식
물로 기른다.

환엽송록　　　　　　　[1]황금잎세덤

[2]청옥　　　　　　[3]애기솔세덤

[4]구슬얽이　　　　　[5]명월

### 루페스트레세덤(돌나물과)
*Sedum rupestre*

유럽 원산의 늘푸른여러해살이풀로 10~30㎝ 높이로 자라는 다육식물이다. 줄기는 땅을 기다가 끝부분이 위로 선다. 가는 원통형 잎은 어긋나고 15~20㎜ 길이이며 회녹색이다. 7월경에 줄기 끝에 지름 1㎝ 정도의 노란색 꽃이 모여 핀다. [1]**을녀심**(*S. pachyphyllum*)은 멕시코 원산의 다육식물로 15~30㎝ 높이로 자란다. 촘촘히 어긋나는 원통형 잎은 휘어지고 녹백색이며 가을부터 붉게 물든다. 봄에 줄기 끝에 노란색 꽃이 모여 핀다. [2]**홍옥**(*S. rubrotinctum*)은 멕시코 원산의 다육식물로 15㎝ 정도 높이로 자란다. 둥근 원통형 잎은 2~3㎝ 길이이고 가을부터 붉게 물든다. 5~6월에 잎 사이에서 자란 꽃대에 별 모양의 노란색 꽃이 모여 핀다. [3]**돌나물**(*S. sarmentosum*)은 산과 들에서 자라는 여러해살이풀로 줄기는 옆으로 벋으며 긴 타원형 잎은 3장씩 돌려난다. 5~6월에 15㎝ 정도 높이로 자란 꽃줄기에 노란색 꽃이 모여 핀다. [4]**부사**(*S. treleasei*)는 멕시코 원산의 다육식물로 15㎝ 정도 높이로 자란다. 원통 모양의 타원형 잎은 로제트형으로 모여 달리며 황록색이다. 2~3월에 자라는 꽃줄기에는 포조각이 달리며 노란색 꽃이 모여 핀다. 모두 다육식물로 기른다.

루페스트레세덤

[1]을녀심

[2]홍옥

[3]돌나물

[4]부사

1)붉은세덤 '알붐 슈퍼붐'　❶춘앵

붉은세덤　　　❷세둠 '어텀 조이'　❸세둠 '엠퍼러스웨이브'

❹세둠 '프로스티드 화이어'　❺세둠 '라조스'　❻세둠 '퍼플 엠퍼러'　❼그린펫트

**붉은세덤**(돌나물과)　*Sedum spurium*

코카서스 원산의 여러해살이풀로 반상록성이며 15~20㎝ 높이로 비스듬히 기며 자라는 다육식물이다. 잎은 마주나고 거꿀달걀형~타원형이며 잎자루가 짧고 다육질이다. 잎 가장자리에는 5~6개의 둔한 톱니가 있고 붉은색이 돌기도 한다. 잎은 겨울에는 구릿빛으로 변한다. 봄~가을에 줄기끝의 꽃차례에 별 모양의 분홍색~붉은색 꽃이 핀다. 1)**붉은세덤 '알붐 슈퍼붐'**('Album Superbum')은 원예 품종으로 연한 홍백색 꽃이 핀다. *Sedum*속은 많은 원예 품종이 있다.

❶(*S.* 'Alice Evans') ❷('Autumn Joy') ❸('Emperor's wave') ❹('Frosted Fire') ❺('Lajos') ❻('Purple Emperor') ❼('Spiral Staircase')

## 앵무새깃(개미탑과)
### *Myriophyllum aquaticum*

남미 원산의 여러해살이물풀로 10~ 30㎝ 높이로 자란다. 뿌리줄기는 적자색이다. 원통형 줄기는 물속에서 가지가 갈라지고 기면서 퍼져 나간다. 물 밖으로 나온 줄기에는 5~ 6장의 잎이 돌려난다. 잎몸은 깃 꼴로 잘게 갈라지며 밝은 녹색이다. 암수딴그루로 5~7월에 줄기 윗부분의 잎겨드랑이에 자잘한 흰색 꽃이 촘촘히 달린다. 꽃이 열매를 맺지 않아도 뿌리줄기가 벋는 방법으로 번식하며 퍼져 나간다. 양지바른 연못가나 수조에 심어 기른다.

앵무새깃

## 포도옹(포도과)
### *Cyphostemma juttae*

아프리카의 나미비아 원산인 늘푸른떨기나무로 2m 정도 높이로 자라는 다육식물이다. 긴 병 모양으로 굵어지는 줄기는 물을 저장하고 자라면서 연노란색 껍질이 얇게 벗겨져 나간다. 두터운 잎은 길이가 20㎝ 정도, 너비가 6㎝ 정도이며 3갈래로 깊게 갈라지고 가장자리에 거친 톱니가 있다. 여름에 꽃줄기에 자잘한 노란색 꽃이 모여 피고 열매는 붉게 익는다. 포도과에 속하고 덩이줄기가 호리병 모양이어서 '포도옹(葡萄甕)'이라는 이름이 붙여졌다. 실내에서 심어 기른다.

포도옹

### 크레졸덤불(남가새과)
*Larrea tridentata*

미국 남서부와 멕시코에서 자라는 늘푸른떨기나무로 1~3m 높이이며 바닥을 기며 퍼져 나간다. 건조한 환경에 강한 나무로 팜스프링스 사막에서 발견된 나무는 수령이 1만 1천6백년 이상으로 지구상에서 가장 오래 산 식물로 밝혀졌다. 줄기는 가지가 잘 갈라진다. 잎은 마주나고 거꿀피침형이며 7~18㎜ 길이이고 광택이 있다. 비가 온 후에는 크레졸 소독약 같은 자극적인 냄새가 난다. 봄에 가지 끝에 피는 노란색 꽃은 지름 25㎜ 정도이고 꽃잎이 5장이다. 실내에서 심어 기른다.

크레졸덤불

### 물아카시아(콩과)
*Aeschynomene fluitans*

아프리카 원산의 여러해살이물풀로 4m 정도 길이로 벋는다. 줄기 속은 스폰지와 같은 해면질이다. 잎은 짝수깃꼴겹잎이며 8㎝ 정도 길이이고 작은잎은 8~13쌍이 마주 붙는다. 작은잎은 긴 타원형이며 9~25㎜ 길이이고 가장자리에 자잘한 톱니가 있다. 잎을 만지면 미모사처럼 천천히 잎이 겹쳐진다. 여름에 잎겨드랑이에서 나온 꽃대에 나비 모양의 노란색 꽃이 1개가 핀다. 꼬투리열매는 15~50㎜ 길이이다. 연못에 심어 기르는데 겨울에는 보온이 필요하다.

물아카시아

### 신장베치(콩과)
*Anthyllis vulneraria*

유럽과 북아프리카 원산의 여러해살이풀로 줄기는 바닥을 기며 자란다. 잎은 어긋나고 홀수깃꼴겹잎이며 6~9월에 줄기 끝에 나비 모양의 노란색 꽃이 둥글게 모여 달린다. [1]**붉은신장베치**(*A. coccinea*)는 유럽과 북아프리카 원산의 여러해살이풀로 홀수깃꼴겹잎이며 4~7월에 줄기 끝에 나비 모양의 붉은색 꽃이 둥글게 모여 달린다. [2]**인디언감자**(*Apios americana*)는 북미 원산의 여러해살이덩굴풀로 잎은 어긋나고 홀수깃꼴겹잎이며 작은잎은 5~7장이다. 7~9월에 잎겨드랑이에서 나온 송이꽃차례에 나비 모양의 적갈색 꽃이 둥글게 모여 달린다. 땅속에서 자라는 덩이줄기는 '인디언감자'라고 하며 식용한다. [3]**남방밥티시아**(*Baptisia australis*)는 북미 동부 원산의 여러해살이풀로 1~1.5m 높이이다. 잎은 어긋나고 세겹잎이다. 5~6월에 줄기 끝의 기다란 송이꽃차례에 나비 모양의 푸른색 꽃이 핀다. [4]**무늬왕관나비나물**(*Coronilla valentina* ssp. *glauca* 'Variegata')은 유럽 원산의 원예 품종인 여러해살이풀이다. 깃꼴겹잎은 4~6장의 작은잎 가장자리에 연노란색 얼룩무늬가 있다. 6~7월에 잎겨드랑이에 나비 모양의 노란색 꽃이 모여 핀다. 모두 화단에 심어 기른다.

신장베치

[1]붉은신장베치

[2]인디언감자

[3]남방밥티시아

[4]무늬왕관나비나물

## 붉은분첩나무(콩과)
*Calliandra haematocephala*

볼리비아 원산의 늘푸른떨기나무로 3~5m 높이로 자란다. 한 잎자루에 2장의 깃꼴겹잎이 달린다. 작은잎은 긴 타원형이고 5~10쌍이 마주 달리며 밤에는 자귀나무처럼 포개진다. 가지 끝에 붉은색 수술이 촘촘히 모여 달린 둥근 꽃송이는 지름 7㎝ 정도이다. [1]흰분첩나무('Alba')는 흰색 꽃이 피는 품종이다. [2]홍자귀나무(*C. brevipes*)는 남미 원산의 늘푸른떨기나무로 1~2m 높이로 자란다. 한 잎자루에 2장의 깃꼴겹잎이 달리며 작은잎은 30쌍 이상이다. 가지 끝의 우산꽃차례는 지름 5㎝ 정도이며 홍적색 술 모양의 꽃은 밑부분이 흰색이다. [3]캘리포니아자귀나무(*C. californica*)는 캘리포니아와 멕시코 원산의 늘푸른떨기나무로 잎은 2회깃꼴겹잎이며 작은잎은 달걀형~타원형이다. 가지 끝에 달리는 술 모양의 붉은색 꽃송이는 5㎝ 정도 길이이다. [4]수리남자귀나무(*C. surinamensis*)는 수리남 원산의 늘푸른떨기나무로 한 잎자루에 2장의 깃꼴겹잎이 달린다. 잎겨드랑이에서 술 모양의 홍적색 꽃송이가 나온다. [5]하와이자귀나무(*C. tergemina* v. *emarginata*)는 중남미 원산의 늘푸른떨기나무로 3쌍의 작은잎이 달리는 깃꼴겹잎이다. 모두 실내에 심어 기른다.

붉은분첩나무          [1]흰분첩나무

[2]홍자귀나무

[3]캘리포니아자귀나무

[4]수리남자귀나무

[5]하와이자귀나무

골담초

### 골담초(콩과)
*Caragana sinica*

중국 원산의 갈잎떨기나무로 2m 정도 높이로 자란다. 잔가지는 마디마다 턱잎이 변한 길고 날카로운 가시가 2개씩 있다. 잎은 어긋나고 짝수깃꼴겹잎이며 작은잎은 2쌍이다. 작은잎은 긴 거꿀달걀형이고 가장자리가 밋밋하다. 잎겨드랑이에 나비 모양의 노란색 꽃이 1~2개씩 핀다. 위쪽 꽃잎은 활짝 뒤로 젖혀지고 꽃잎은 점차 붉은빛을 띤다. 꼬투리 열매는 잘 열리지 않는다. 골담(관절염)에 쓰이는 약초라서 붙여진 이름이다. 화단에 심어 기른다.

박태기나무          1)흰박태기나무

### 박태기나무(콩과)
*Cercis chinensis*

중국 원산의 갈잎떨기나무로 2~4m 높이로 자란다. 잎은 어긋나고 하트형이며 5~10cm 길이이다. 잎 끝은 뾰족하며 밑에서 5개의 잎맥이 발달하고 가장자리는 밋밋하다. 봄에 잎이 돋기 전에 1cm 정도 길이의 홍자색 꽃이 7~30개씩 모여 달린다. 꽃받침통은 종 모양이며 적자색이다. 꼬투리열매는 길고 납작하며 5~7cm 길이이고 가을에 갈색으로 익는다. 1)흰박태기나무('Alba')는 흰색 꽃이 피는 품종이다. 모두 양지바른 화단에 심어 기른다.

## 나비완두(콩과)
### *Clitoria ternatea*

열대 지방 원산의 한해살이덩굴풀로 1~3m 길이로 벋는다. 잎은 어긋나고 홀수깃꼴겹잎이며 작은잎은 타원형~둥근 달걀형이다. 여름에 잎겨드랑이에서 나오는 나비 모양의 꽃은 3㎝ 정도 길이이다. 청자색 꽃은 안에 흰색과 연노란색 무늬가 있다. 여러 원예 품종이 있는데 [1]**흰나비완두**('Alba')는 흰색 꽃이 피는 품종이다. [2]**흰겹나비완두**('Alba Plena')는 흰색 겹꽃이 피는 품종이다. [3]**겹나비완두**('Pleniflora')는 파란색 겹꽃이 피는 품종이다. [4]**핀토땅콩**(*Arachis pintoi*)은 브라질 원산의 여러해살이풀로 줄기는 바닥을 기며 자란다. 잎은 어긋나고 짝수깃꼴겹잎이며 달걀형~타원형의 작은잎은 2쌍이다. 3~7월에 잎겨드랑이에서 나온 꽃대 끝에 나비 모양의 노란색 꽃이 핀다. 땅콩처럼 꽃가루받이가 끝나면 씨방 밑부분이 길게 자라서 땅속에서 동그스름한 꼬투리열매가 열린다. [5]**홍옥등**(*Mucuna bennettii*)은 파푸아뉴기니 원산의 늘푸른덩굴나무이다. 잎은 어긋나고 세겹잎이며 작은잎은 타원형~달걀형이고 끝이 뾰족하며 가장자리가 밋밋하다. 잎겨드랑이에서 늘어지는 송이꽃차례에 새 부리 모양의 붉은 주황색 꽃이 촘촘히 모여 핀다. 모두 실내에서 심어 기른다.

나비완두

[1]흰나비완두

[2]흰겹나비완두

[3]겹나비완두

[4]핀토땅콩

[5]홍옥등

스위트피 품종

스위트피 품종

스위트피 품종

스위트피 품종

스위트피 품종

스위트피 품종

## 스위트피(콩과) *Lathyrus odoratus*

이탈리아 원산의 한해살이덩굴풀로 1~2m 길이로 벋는다. 모가 진 줄기
는 흰색 털이 있어서 분백색이 돌고 양쪽에는 날개가 있다. 잎은 어긋나고
깃꼴겹잎이며 첫 번째 1쌍 이외에는 모두 덩굴손으로 변해서 다른 물체를
감고 오른다. 작은잎은 달걀 모양의 타원형으로 3㎝ 정도 길이이며 끝이
뾰족하고 가장자리가 밋밋하며 털이 촘촘히 난다. 짧은 잎자루는 양쪽에
날개가 있으며 턱잎은 뾰족한 귀 모양이다. 5~6월에 길게 자란 꽃대 끝의
송이꽃차례에 나비 모양의 꽃이 모여 핀다. 원종은 보라색 꽃이 피지만 재
배 품종에 따라 꽃 색깔이 다양하며 꽃 피는 시기도 조금씩 다르다. 납작
한 꼬투리는 긴 타원형이다. 양지바른 화단에 심어 기른다.

## 숲완두콩/플랫피(콩과)
*Lathyrus sylvestris*

아프리카, 유럽, 아시아 원산의 여러해살이풀로 50~180cm 높이로 자란다. 줄기는 넓은 날개가 있다. 잎은 어긋나고 두겹잎이며 덩굴손이 발달하고 작은잎은 피침형이다. 7~8월에 잎겨드랑이의 송이꽃차례에 나비 모양의 붉은색 꽃이 핀다. <sup>1)</sup>**숙근완두콩**(*L. latifolius*)은 유럽 원산의 여러해살이풀로 줄기에 날개가 있다. 잎은 두겹잎이며 덩굴손이 있고 작은잎은 긴 타원형이다. 5~9월에 잎겨드랑이의 송이꽃차례에 홍자색 꽃이 핀다. 모두 양지바른 화단에 심어 기른다.

숲완두콩 　　　　　　<sup>1)</sup>숙근완두콩

## 앵무새부리(콩과)
*Lotus berthelotii*

카나리아 제도 원산의 늘푸른여러해살이풀로 50~80cm 높이로 자란다. 바늘 모양의 잎은 줄기에 돌려나며 회녹색이다. 4~6월에 잎겨드랑이에서 나온 꽃차례에 새 부리 모양의 황적색 꽃이 핀다. <sup>1)</sup>**붉은해란초 '아마존 선셋'**(*L. maculatus* 'Amazon Sunset')은 카나리아 제도 원산의 원예 품종으로 바늘잎은 회녹색이며 줄기 윗부분에 많이 돌려 붙는다. 4~6월에 잎겨드랑이에서 나온 꽃차례에 새 부리 모양의 붉은색 꽃이 모여 핀다. 양지바른 화단에 한해살이화초처럼 기른다.

앵무새부리 　　　　<sup>1)</sup>붉은해란초 '아마존 선셋'

❷숙근루피너스 '갤러리 핑크'  ❸숙근루피너스 '갤러리 레드'

❶숙근루피너스 '갤러리 블루'  ❹숙근루피너스 '갤러리 옐로'  ❺숙근루피너스 '갤러리 화이트'

❻루피너스 '샹들리에'  ❼루피너스 '마이 캐슬'  ❽루피너스 '더 샤트렌'  ❾루피너스 '더 거버너'

## 숙근루피너스(콩과) *Lupinus polyphyllus*

북미 원산의 여러해살이풀로 50~100㎝ 높이로 곧게 자라며 줄기에 털이 있다. 잎은 어긋나고 손꼴겹잎이며 잎자루는 3~45㎝로 길다. 작은잎은 5~17장이며 거꿀피침형이고 4~15㎝ 길이이며 끝이 뾰족하고 가장자리가 밋밋하며 회녹색이다. 5~8월에 줄기 끝에 곧게 서는 이삭꽃차례는 6~40㎝ 길이이며 나비 모양의 보라색 꽃이 돌려 가며 달린다. 재배 품종에 따라 꽃 색깔이 여러 가지이며 화단에 한해살이화초처럼 심어 기른다. ❶(*L. p.* 'Gallery Blue') ❷('Gallery Pink') ❸('Gallery Red') ❹('Gallery Yellow') ❺('Gallery White') ❻(*L.* 'Chandelier') ❼('My Castle') ❽('The Chatelaine') ❾('The Governor')

## 편복초/쌍비호접(콩과)
### *Christia vespertilionis*

편복초

중국과 인도차이나 원산의 여러해 살이풀로 20~80㎝ 높이이다. 잎 은 어긋나고 보통 세겹잎이며 끝 에 달리는 작은잎은 부메랑 모양 이며 큼직하다. 잎이 붉은색인 것 도 있다. 3~5월에 송이꽃차례에 자잘한 나비 모양의 흰색 꽃이 핀 다. [1]**무초**(*Codariocalyx motorius*)는 열대 아시아 원산의 갈잎떨기나무 로 잎은 어긋나고 세겹잎이다. 큰 소리가 나면 밑에 달리는 1쌍의 작 은잎이 춤을 춘다고 해서 '무초(舞 草)'라고 부른다. 9월경에 줄기 끝 의 송이꽃차례에 나비 모양의 연한 홍자색 꽃이 핀다. [2]**미모사**(*Mimosa pudica*)는 브라질 원산의 여러해살 이풀로 잎은 어긋나고 4장의 깃꼴 겹잎이 모여 달리며 건드리면 잎 을 오므린다. 7~8월에 홍자색 공 모양의 꽃송이가 달린다. [3]**물미모 사**(*Neptunia oleracea*)는 열대 지방 원산의 늘푸른여러해살이풀로 물 에서 줄기가 퍼지며 자란다. 깃꼴 겹잎은 미모사처럼 건드리면 잎을 오므린다. 여름에 공 모양의 노란 색 꽃송이가 달린다. [4]**블루클로버** (*Parochetus communis*)는 히말라야 원산의 늘푸른여러해살이풀로 잎 은 세겹잎이며 5~11월에 잎겨드 랑이에 나비 모양의 청자색 꽃이 핀다.

[1]무초

[2]미모사

[3]물미모사

[4]블루클로버

공작화

1)장미공작화

2)플라바공작화

3)보라싸리

4)팝콘세나

5)촛불세나

## 공작화(콩과)
### *Caesalpinia pulcherrima*

열대 아메리카 원산의 늘푸른떨기나무로 2~3m 높이이다. 가지와 잎자루에 가시가 있다. 잎은 어긋나고 깃꼴겹잎이며 20~40㎝ 길이이다. 타원형의 작은잎은 6~11쌍이 마주 붙는다. 가지 끝의 송이꽃차례에 피는 붉은색과 노란색이 섞인 꽃은 암수술이 길게 벋는다. 1)장미공작화('Rosea')는 분홍빛이 도는 붉은색 꽃이 피는 품종이다. 2)플라바공작화(f. *flava*)는 열대 아메리카 원산의 늘푸른떨기나무로 노란색 꽃이 피는 공작화 품종이다. 3)보라싸리(*Hardenbergia violacea*)는 호주 원산의 늘푸른덩굴나무로 2~3m 길이로 벋는다. 잎은 어긋나고 피침형이며 가장자리가 밋밋하다. 3~5월에 잎겨드랑이에서 자란 송이꽃차례에 진보라색 꽃이 모여 핀다. 4)팝콘세나/강냉이나무(*Senna didymobotrya*)는 아프리카 원산의 늘푸른떨기나무로 짝수깃꼴겹잎이며 잎을 문지르면 팝콘 냄새가 난다. 잎겨드랑이에서 나온 송이꽃차례에 노란색 꽃이 피는데 꽃봉오리는 흑자색 꽃받침에 싸여 있다. 5)촛불세나(*S. alata*)는 멕시코 원산의 떨기나무로 잎은 짝수깃꼴겹잎이다. 잎겨드랑이에서 나온 송이꽃차례에 노란색 꽃이 핀다. 모두 실내에서 심어 기른다.

석결명

## 석결명/커피세나(콩과)
*Senna occidentalis*

열대 아메리카 원산의 여러해살이 풀로 60~120㎝ 높이이다. 잎은 어긋나고 짝수깃꼴겹잎이며 작은잎은 4~6쌍이다. 7~8월에 잎겨드랑이에 나비 모양의 노란색 꽃이 핀다. [1]**결명자/긴강남차**(*S. tora*)는 열대 아시아 원산으로 1m 이상 자라는 줄기에 어긋나는 짝수깃꼴겹잎은 작은잎이 2~4쌍이다. 6~8월에 잎겨드랑이에 노란색 꽃이 핀다. 긴 선형 꼬투리의 씨앗을 약재로 쓴다. [2]**붉은강낭콩**(*Phaseolus coccineus*)은 중남미 원산의 한해살이덩굴풀로 잎은 어긋나고 세겹잎이다. 6~8월에 잎겨드랑이에서 자란 송이꽃차례에 나비 모양의 붉은색 꽃이 모여 핀다. [3]**노랑달구지풀**(*Trifolium badium*)은 유럽 원산의 여러해살이 풀로 10~20㎝ 높이로 자란다. 잎은 어긋나고 세겹잎이다. 6~8월에 자란 꽃대 끝에 노란색 꽃이 둥글게 모여 핀다. [4]**루벤스토끼풀**(*T. rubens*)은 알프스와 피레네산맥 원산의 여러해살이풀이다. 잎은 어긋나고 세겹잎이며 작은잎은 피침형이고 가장자리에 잔톱니가 있다. 6~7월에 줄기 끝에서 자라는 원통형 꽃차례는 6㎝ 정도 길이이며 나비 모양의 분홍색 꽃이 촘촘히 모여 핀다. 모두 양지바른 화단에 심어 기른다.

[1]결명자

[2]붉은강낭콩

[3]노랑달구지풀

[4]루벤스토끼풀

양골담초

## 양골담초(콩과)
### *Cytisus scoparius*

유럽 원산의 갈잎떨기나무로 1~3m 높이이다. 곧은 줄기에 가느다란 녹색 가지가 촘촘히 벋는다. 잎은 어긋나고 세겹잎이며 작은잎은 거꿀달걀형~거꿀피침형이고 털로 덮여 있다. 5월에 모여 피는 나비 모양의 노란색 꽃은 잎겨드랑이에 1~2개씩 달린다. **1)양골담초 '안드레아누스'**('Andreanus')는 가운데 꽃잎에 붉은색 무늬가 있는 품종이다. **2)소금작화/애니시다**(*Genista spachiana*)는 유럽 원산의 늘푸른떨기나무로 2~3m 높이이다. 잎은 어긋나고 세겹잎이며 작은잎은 긴 타원형이다. 5~6월에 햇가지 끝의 송이꽃차례에 달리는 나비 모양의 노란색 꽃은 지름 1cm 정도이다. **3)일엽금작화**(*G. tinctoria*)는 남부 유럽과 서아시아 원산의 갈잎떨기나무로 50~150cm 높이이다. 잎은 어긋나고 피침형~긴 타원형이며 끝이 뾰족하고 가장자리가 밋밋하다. 6~8월에 가지 끝의 송이꽃차례에 나비 모양의 노란색 꽃이 핀다. **4)유럽가시금작화**(*Ulex europaeus*)는 서유럽 원산의 늘푸른떨기나무로 줄기는 잔털이 있고 세겹잎이 변한 가시로 덮여 있다. 이른 봄과 가을에 잎겨드랑이에 나비 모양의 노란색 꽃이 핀다. 모두 화단에 심어 기른다.

1)양골담초 '안드레아누스'    2)소금작화

3)일엽금작화    4)유럽가시금작화

## 개느삼(콩과)
*Sophora koreensis*

강원도 이북의 산에서 자라는 갈잎 떨기나무로 1m 정도 높이이다. 잎은 어긋나고 홀수깃꼴겹잎이며 뒷면에 흰색 털이 빽빽하다. 햇가지 끝의 송이꽃차례에 나비 모양의 노란색 꽃이 모여 핀다. 양지바른 화단에 심어 기른다. [1]포구미(*Uraria crinita*)는 일본과 중국 원산의 여러해살이풀로 1.5m 정도 높이이다. 잎은 어긋나고 홀수깃꼴겹잎이며 작은잎은 타원형이다. 5~9월에 가지 끝의 송이꽃차례에 연보라색 꽃이 촘촘히 돌려 가며 핀다. 실내에서 심어 기른다.

개느삼　　　　　[1]포구미

## 불새꽃(원지과)
*Polygala myrtifolia*

남아프리카 원산의 늘푸른떨기나무로 60~180㎝ 높이로 곧게 자라며 가지가 잘 갈라진다. 잎은 어긋나고 타원형이며 2~5㎝ 길이이고 끝이 뾰족하며 가장자리가 밋밋하다. 잎의 끝부분은 붉은빛이 돌기도 한다. 3~5월에 가지 끝의 송이꽃차례에 달리는 나비 모양의 적자색 꽃은 2~3㎝ 길이이다. 날개처럼 펼쳐진 2장의 꽃받침조각이 꽃잎처럼 보이며 그 가운데에서 길게 튀어나온 꽃잎 끝부분에 흰색 털이 촘촘하다. 양지바른 실내에서 심어 기른다.

불새꽃

가든성모초

1)성모초                  2)한라개승마

3)눈개승마              4)눈개승마 '미스티 레이스'

## 가든성모초(장미과)
### *Alchemilla mollis*

유럽과 소아시아 원산의 여러해살이풀로 60cm 정도 높이이다. 둥그스름한 잎은 어긋나고 9~11갈래로 얕게 갈라지며 톱니가 있고 양면에 부드러운 털이 있다. 4~7월에 꽃대 끝에 연노란색 꽃이 촘촘히 모여 핀다. 1)**성모초**(*A. xanthochlora*)는 유럽 원산의 여러해살이풀로 콩팥 모양의 잎은 9~11갈래로 갈라지고 앞면에 털이 없으며 뒷면에 털이 있다. 2)**한라개승마**(*Aruncus dioicus* v. *aethusifolius*)는 한라산에서 10~40cm 높이로 자라는 여러해살이풀이다. 잎은 2회깃꼴겹잎이며 6~8월에 원뿔꽃차례에 자잘한 흰색 꽃이 핀다. 3)**눈개승마**(v. *kamtschaticus*)는 깊은 산에서 무리지어 자라는 여러해살이풀로 30~100cm 높이이다. 잎은 어긋나고 2~3회세겹잎이다. 5~7월에 줄기 끝의 원뿔꽃차례에 자잘한 백황색 꽃이 촘촘히 달린다. 꽃잎은 5장이고 20개의 수술은 꽃잎보다 길게 벋는다. 4)**눈개승마 '미스티 레이스'**(*A.* 'Misty Lace')는 원예 품종인 여러해살이풀로 45~60cm 높이이다. 잎은 2~3회세겹잎이며 5~6월에 줄기 끝의 원뿔꽃차례에 누른빛이 도는 흰색 꽃이 촘촘히 달린다. 모두 화단에 심어 기른다.

레드초크베리

### 레드초크베리(장미과)
*Aronia arbutifolia*

북미 원산의 갈잎떨기나무로 잎은 어긋나고 긴 타원형이며 끝이 길게 뾰족하다. 4~5월에 가지 끝의 고른꽃차례에 흰색~연분홍색 꽃이 핀다. 둥근 열매는 붉게 익는다. [1]**블랙초크베리**(*A. melanocarpa*)는 북미 원산의 갈잎떨기나무로 잎은 어긋나고 달걀형~타원형이며 끝이 뾰족하다. 봄에 가지 끝에 흰색 꽃이 모여 핀다. 둥근 열매는 가을에 흑자색으로 익는다. [2]**명자나무/명자꽃**(*Chaenomeles speciosa*)은 중국 원산의 갈잎떨기나무로 잔가지는 끝이 가시로 변하기도 한다. 잎은 어긋나고 달걀형~긴 타원형이며 끝이 뾰족하고 가장자리에 겹톱니가 있다. 턱잎은 달걀형~피침형으로 일찍 떨어진다. 4~5월에 짧은가지의 잎겨드랑이에 2~3개의 붉은색 꽃이 핀다. [3]**풀명자**(*C. japonica*)는 일본 원산의 갈잎떨기나무로 잎은 어긋나고 거꿀달걀형이며 가장자리에 둔한 톱니가 있다. 턱잎은 부채 모양이며 오래 달려 있다. 4~5월에 잎겨드랑이에 2~5개의 주황색 꽃이 핀다. [4]**명자꽃 '동양금'**(*C.* 'Toyonishiki')은 원예 품종으로 홑꽃은 분홍색과 흰색이 섞여 있다. 명자나무속은 많은 원예 품종이 있으며 모두 화단에 심어 기른다.

[1]블랙초크베리 　　　[2]명자나무

[3]풀명자 　　　[4]명자꽃 '동양금'

홍자단

1)반잎홍자단

2)백자단

3)하로비아누스개야광

4)버들홍자단 '레펜스'

## 홍자단/누운개야광(장미과)
*Cotoneaster horizontalis*

중국 원산의 갈잎떨기나무로 1~2m 높이로 비스듬히 누워 자란다. 잎은 가지에 2줄로 나란히 어긋난다. 잎몸은 둥근 타원형이며 5~14㎜ 길이이고 끝이 뾰족하며 가장자리가 밋밋하다. 5~6월에 잎겨드랑이에 연홍색 꽃이 1~2개씩 피는데 5장의 꽃잎은 활짝 벌어지지 않는다. 구형~달걀형 열매는 5㎜ 정도 크기이고 붉게 익는다. 1)**반잎홍자단**('Variegata')은 잎에 연노란색 무늬가 있는 원예 품종이다. 2)**백자단**(*C. dammeri*)은 중국 원산의 늘푸른떨기나무로 비스듬히 누워 자라는 모습이 홍자단과 비슷하지만 흰색 꽃이 핀다. 3)**하로비아누스개야광**(*C. harrovianus*)은 중국 원산의 늘푸른떨기나무로 1.5~2m 높이이다. 잎은 어긋나고 타원형이며 끝은 침처럼 뾰족하고 측맥은 8~10쌍이다. 5~6월에 가지 끝의 갈래꽃차례에 흰색 꽃이 피며 꽃밥은 보라색이다. 4)**버들홍자단 '레펜스'**(*C. salicifolius* 'Repens')는 중국 원산의 원예 품종으로 줄기와 가지가 60㎝ 정도 높이로 누워 자라며 광택이 나는 긴 달걀형 잎은 반상록성이 된다. 6월에 가지 끝의 갈래꽃차례에 자잘한 흰색 꽃이 모여 핀다. 모두 양지바른 화단에 심어 기른다.

물싸리

## 물싸리(장미과)
### *Dasiphora fruticosa*

함경도의 고산에서 자라는 갈잎떨기나무로 1m 정도 높이이다. 잎은 어긋나고 홀수깃꼴겹잎이며 작은잎은 3~7장이다. 작은잎은 타원형이며 가장자리가 밋밋하고 양면에 털이 있다. 6~8월에 햇가지 끝이나 잎겨드랑이에 노란색 꽃이 2~3개씩 달린다. 꽃은 지름 2~3cm이며 꽃잎은 5장이다. 열매는 달걀형이며 1~2mm 크기이고 긴털이 있으며 갈색으로 익는다. [1]**은물싸리**(v. *mandshurica*)는 흰색 꽃이 피는 변종이다. [2]**물싸리 '핑크 뷰티'**('Pink Beauty')는 분홍색 꽃이 피는 원예 품종이다. [3]**가침박달**(*Exochorda racemosa* ssp. *serratifolia*)은 중부 이북의 건조한 산에서 1~5m 높이로 자라는 갈잎떨기나무이다. 잎은 어긋나고 타원형~긴 달걀형이며 끝이 뾰족하고 가장자리의 상반부에 뾰족한 톱니가 있다. 4~5월에 가지 끝의 송이꽃차례에 3~10개가 모여 피는 흰색 꽃은 지름 3~4cm이며 꽃잎은 5장이다. 열매는 5~6개의 골이 져서 별 모양이 된다. [4]**중국가침박달**(*E. racemosa*)은 가침박달의 기본종으로 중국 원산이며 가침박달과 비슷하지만 잎 끝이 둥그스름하며 가장자리가 거의 밋밋하다. 모두 화단에 심어 기른다.

[1]**은물싸리**

[2]**물싸리 '핑크 뷰티'**

[3]**가침박달**

[4]**중국가침박달**

터리풀

1)단풍터리풀     2)분홍터리풀

3)루브라터리풀 '베누스타 마그니피카'   4)느릅터리풀

### 터리풀(장미과)
*Filipendula glaberrima*

산에서 자라는 여러해살이풀로 1m 정도 높이이다. 잎은 어긋나고 깃꼴겹잎으로 끝의 작은잎은 매우 크며 5갈래로 갈라진다. 곁의 작은잎은 6~9쌍이며 아주 작다. 7~8월에 줄기 끝의 고른꽃차례에 자잘한 흰색~백홍색 꽃이 달린다. 1)**단풍터리풀**(*F. palmata*)은 중부 이북의 산에서 자라며 깃꼴겹잎은 큼직한 끝의 작은잎이 5~7갈래로 깊게 갈라지고 뒷면은 흰색이다. 곁의 작은잎은 3~6쌍이며 아주 작다. 7~8월에 줄기 끝에 자잘한 백홍색 꽃이 달린다. 2)**분홍터리풀**(*F. purpurea*)은 여러해살이풀로 1m 정도 높이로 자라며 깃꼴겹잎은 끝의 작은잎이 매우 크고 5~7갈래로 깊게 갈라지며 곁의 작은잎은 1~3쌍이고 아주 작다. 여름에 줄기 끝에 분홍색 꽃송이가 달린다. 3)**루브라터리풀 '베누스타 마그니피카'**(*F. rubra* 'Venusta Magnifica')는 북미 원산의 원예 품종으로 1~2m 높이로 자라며 여름에 연분홍색 꽃송이가 달린다. 4)**느릅터리풀/메도우스위트**(*F. ulmaria*)는 유라시아 원산으로 1~2m 높이이며 깃꼴겹잎은 끝의 작은잎이 3~5갈래로 갈라진다. 6~9월에 줄기 끝에 연노란색 꽃송이가 달린다. 모두 양지바른 화단에 심어 기른다.

딸기

❶꽃딸기 '더반'

❷꽃딸기 '피칸'　　❸꽃딸기 '타판'　　❹꽃딸기 '트리스탄'

**딸기**(장미과)　*Fragaria × ananassa*

남미 원산의 여러해살이풀로 10~20cm 높이로 자란다. 뿌리잎은 세겹잎이며 작은잎은 네모진 달걀형이고 톱니가 있다. 4~5월에 꽃줄기의 갈래꽃차례에 달리는 흰색 꽃은 지름 3cm 정도이다. 꽃턱이 자란 헛열매는 달걀형이며 맛이 달다. [1]**흰땃딸기**(*F. nipponica*)는 높은 산의 풀밭에서 자라는 여러해살이풀로 10~30cm 높이이다. 뿌리잎은 세겹잎이며 작은잎은 달걀형~타원형이고 톱니가 있다. 5~7월에 줄기 끝에 달리는 1~5개의 흰색 꽃은 지름이 1.5~2cm이다. 꽃턱이 자란 헛열매는 달걀형이다. 딸기 속은 여러 재배 품종이 개발되었으며 양지바른 화단에 심어 기른다.

❶(*F.* 'Durban') ❷('Pikan') ❸('Tarpan') ❹('Tristan')

251

노랑겹꽃뱀무

붉은겹꽃뱀무

몬타눔뱀무

꽃뱀무 '쿠키'

### 꽃뱀무 '쿠키'(장미과) *Geum coccineum* 'Cooky'

발칸반도 원산의 여러해살이풀인 꽃뱀무의 원예 품종으로 20~40㎝ 높이로 자란다. 잎은 어긋나고 홀수깃꼴겹잎이며 끝의 작은잎이 특히 크다. 4~6월에 기다란 꽃대 끝에 달리는 주황색 꽃은 지름 3~4㎝이다. 1)**노랑겹꽃뱀무**(*G.* 'Lady Stratheden')는 원예 품종으로 노란색 겹꽃이 핀다. 2)**붉은겹꽃뱀무**(*G.* 'Mrs J. Bradshaw')는 원예 품종으로 붉은색 겹꽃이 핀다. 3)**몬타눔뱀무**(*G. montanum*)는 유럽 고산 원산의 여러해살이풀로 15~20㎝ 높이로 자란다. 잎은 어긋나고 홀수깃꼴겹잎이며 10~20㎝ 길이이고 끝의 작은잎이 특히 크다. 초여름에 피는 노란색 꽃은 지름 25~40㎜이며 꽃잎은 끝이 약간 오목하다. 모두 화단에 심어 기른다.

인디언약초

## 인디언약초(장미과)
*Gillenia trifoliata*

북미 원산의 여러해살이풀로 40~90㎝ 높이이다. 잎은 어긋나고 세 겹잎이며 잎자루가 없다. 5~6월에 가지 끝에 흰색 꽃이 모여 핀다. 5장의 꽃잎은 좁은 피침형이며 수평으로 벌어진다. [1]**조팝록매트**(*Petrophytum caespitosum*)는 북미 원산의 여러해살이풀로 10㎝ 정도 높이까지 자란다. 로제트형으로 퍼지는 창 모양의 잎은 회녹색이며 흰색 털이 있다. 6~9월에 줄기 끝의 송이꽃차례에 자잘한 흰색 꽃이 핀다. [2]**시네라록매트**(*P. cinerascens*)는 북미 원산의 여러해살이풀로 30㎝ 정도 높이까지 자란다. 6~9월에 로제트형으로 퍼지는 잎 가운데에서 자란 줄기 끝의 송이꽃차례에 자잘한 흰색 꽃이 핀다. [3]**술오이풀/샐러드버넷**(*Sanguisorba minor*)은 북미 원산의 여러해살이풀로 잎은 홀수깃꼴겹잎이며 작은잎은 달걀형이다. 5월에 가지 끝에 달리는 둥근 머리모양꽃차례에 자잘한 붉은색 꽃이 모여 핀다. [4]**가는오이풀**(*S. × tenuifolia*)은 습지 주변에서 1m 정도 높이로 자라는 여러해살이풀로 잎은 어긋나고 홀수깃꼴겹잎이다. 7~9월에 가지 끝에 달리는 원통형의 흰색 이삭꽃차례는 밑으로 처진다. 모두 화단에 심어 기른다.

[1]조팝록매트  [2]시네라록매트

[3]술오이풀  [4]가는오이풀

황매화

## 황매화(장미과)
### *Kerria japonica*

중국과 일본 원산의 갈잎떨기나무
로 1~2m 높이이다. 햇가지는 녹
색이다. 잎은 어긋나고 긴 달걀형
이며 끝이 길게 뾰족하고 가장자
리에 겹톱니가 있다. 4~5월에 잎
이 돋을 때 가지 끝에 지름 3~5㎝
의 노란색 꽃이 1개씩 핀다. <sup>1)</sup>**무늬
잎황매화**('Picta')는 원예 품종으로
녹색 잎에 흰색 얼룩무늬가 있다.
<sup>2)</sup>**죽단화**(*f. pleniflora*)는 노란색 겹
꽃이 피는 품종이다. <sup>3)</sup>**천매/기산초**
(*Osteomeles anthyllidifolia*)는 일본,
대만, 중국, 하와이 원산의 늘푸른
떨기나무로 줄기는 바닥을 기면서
20㎝ 정도 높이로 자란다. 잎은
어긋나고 홀수깃꼴겹잎이며 작은
잎은 타원형이고 끝이 뾰족하거나
둔하며 가장자리가 밋밋하다. 4~
5월에 가지 끝의 고른꽃차례에 모
여 피는 지름 1㎝ 정도의 흰색 꽃
은 가운데에서 암수술이 길게 벋
는다. <sup>4)</sup>**주름잎홍가시나무**(*Photinia
davidiana*)는 중국 원산의 늘푸른떨
기나무로 1.5~2m 높이이다. 잎은
어긋나고 긴 타원형이며 끝이 뾰
족하고 가장자리가 밋밋하며 물결
치듯 주름이 진다. 늘푸른잎이지
만 가을에는 부분적으로 붉게 물
이 든다. 5~6월에 가지 끝의 고른
꽃차례에 흰색 꽃이 핀다. 모두 화
단에 심어 기른다.

1)무늬잎황매화

2)죽단화

3)천매

4)주름잎홍가시나무

양국수나무

1)자주양국수나무

2)황금양국수나무

## 양국수나무(장미과)
*Physocarpus opulifolius*

북미 원산의 갈잎떨기나무로 2~3m 높이로 자란다. 잎은 어긋나고 넓은 달걀형이며 가장자리에 둔한 겹톱니가 있고 3갈래로 얕게 갈라지기도 한다. 5~6월에 가지 끝의 고른꽃차례에 지름 1㎝ 정도의 흰색 꽃이 모여 핀다. 꽃잎은 5장이고 수술은 30~40개이다. 열매는 9~10월에 붉은색으로 익는다. 1)자주양국수나무('Diablo')는 잎이 흑자색인 품종이다. 2)황금양국수나무('Luteus')는 잎이 황록색인 품종이다. 모두 양지바른 화단에 심어 기른다.

## 다정큼나무(장미과)
*Rhaphiolepis indica* v. *umbellata*

남쪽 바닷가에서 자라는 늘푸른떨기나무로 1~4m 높이이다. 잎은 어긋나고 긴 타원형이며 가장자리에 둔한 톱니가 드문드문 있고 뒤로 살짝 말린다. 5~6월에 가지 끝의 원뿔꽃차례에 흰색 꽃이 핀다. 둥근 열매는 지름 1㎝ 정도이고 흑자색으로 익는다. 1)델라쿠어다정큼(*R.* × *delacourii*)은 교배종인 늘푸른떨기나무로 잎은 달걀형~넓은 달걀형이며 가죽질이고 광택이 있다. 4~6월에 가지 끝에 별 모양의 분홍색 꽃이 모여 핀다. 모두 남부지방의 화단에 심어 기른다.

다정큼나무

1)델라쿠어다정큼

255

산옥매

1)옥매

2)분홍매

3)칼슘나무

4)이스라지

# 산옥매(장미과)

## *Prunus glandulosa*

중국 원산의 갈잎떨기나무로 1~1.5m 높이로 자란다. 잎은 어긋나고 좁은 달걀형~피침형이며 끝이 뾰족하고 가장자리에 둔한 잔톱니가 있다. 4~5월에 잎과 함께 피는 연분홍색 꽃은 꽃잎이 5장이고 꽃받침조각은 뒤로 젖혀진다. 둥근 열매는 지름 1~1.5cm이고 끝에 암술대가 남아 있으며 6~7월에 붉게 익는다. 1)옥매/백매('Albiplena')는 원예 품종으로 4월에 잎과 함께 흰색 겹꽃이 핀다. 2)분홍매('Sinensis')는 원예 품종으로 연분홍색 겹꽃이 핀다. 3)칼슘나무(*P. humilis*)는 중국 원산의 갈잎떨기나무로 잎은 어긋나고 좁은 거꿀달걀형~피침형이며 가장자리에 잔톱니가 있다. 봄에 잎이 나기 전에 가지 가득 흰색~연분홍색 꽃이 촘촘히 달린다. 앵두보다 약간 큰 열매는 7~8월에 붉게 익으며 과일로 먹는다. 4)이스라지(*P. japonica* v. *nakaii*)는 산에서 자라는 갈잎떨기나무로 잎은 어긋나고 긴 달걀형이며 끝이 꼬리처럼 길게 뾰족하고 가장자리에 날카로운 겹톱니가 있다. 4~5월에 잎과 함께 피는 연분홍색~흰색 꽃은 지름 1.5~2cm이고 꽃자루는 1~3.5cm 길이로 길다. 열매는 붉게 익는다. 모두 화단에 심어 기르며 생울타리를 만들기도 한다.

풀또기

## 풀또기(장미과)
*Prunus triloba*

함북의 산에서 자라는 갈잎떨기나무로 1~3m 높이이다. 잎은 어긋나고 끝은 갑자기 뾰족하거나 一자 모양이며 가장자리에 겹톱니가 있다. 4~5월에 지름 2~2.5㎝의 연분홍색 홑꽃이 먼저 핀다. 둥근 열매는 8월에 붉게 익는다. [1)]**만첩풀또기**('Multiplex')는 원예 품종으로 분홍색 겹꽃이 나무 가득 핀다. [2)]**영국월계수 '오토 루이켄'**(*P. laurocerasus* 'Otto Luyken')은 유럽 원산의 늘푸른떨기나무로 잎은 어긋나고 피침형이며 가장자리는 밋밋하다. 봄에 잎겨드랑이에서 자란 송이꽃차례에 자잘한 흰색 꽃이 촘촘히 모여 피는데 향기가 난다. [3)]**앵두나무**(*P. tomentosa*)는 중국 원산의 갈잎떨기나무로 잎은 어긋나고 타원형~거꿀달걀형이며 뒷면에 털이 빽빽하다. 3~4월에 피는 연분홍색~흰색 꽃은 지름 1.5~2㎝이고 짧은 꽃자루는 2㎜ 정도 길이이며 잔털이 빽빽하고 암술대는 긴털이 빽빽하다. 둥근 열매는 6~7월에 붉은색으로 익으며 달콤하다. [4)]**자엽왜성벚나무/모래체리**(*P. × cistena*)는 교배종인 갈잎떨기나무로 달걀형~타원형 잎은 적자색이다. 봄에 잎이 돋을 때 흰색 꽃도 함께 피는데 향기가 있다. 모두 화단에 심어 기르며 생울타리를 만들기도 한다.

[1)]만첩풀또기

[2)]영국월계수 '오토 루이켄'

[3)]앵두나무

[4)]자엽왜성벚나무

### 흰양지꽃(장미과)
*Potentilla alba*

지중해 연안 원산의 여러해살이풀로 15~20㎝ 높이로 자란다. 밑부분의 잎은 손꼴겹잎이며 5장의 작은잎은 긴 타원형이고 가장자리에 톱니가 있으며 뒷면은 은백색이다. 4~7월에 자란 꽃줄기의 갈래꽃차례에 지름 15~22㎜의 흰색 꽃이 모여 핀다. 5장의 꽃잎은 하트형이며 중심부에 노란색 수술이 많다. <sup>1)</sup>**크란치양지꽃**(*P. crantzii*)은 유럽 고산 원산의 여러해살이풀로 10~20㎝ 높이로 자란다. 잎은 어긋나고 손꼴겹잎이며 5장의 작은잎은 깃꼴로 잘게 갈라진다. 여름에 꽃줄기에 피는 노란색 꽃은 꽃잎 밑부분에 주황색 무늬가 들어가기도 한다. <sup>2)</sup>**아르겐테아양지꽃**(*P. argentea*)은 북미 원산의 여러해살이풀이다. 잎은 어긋나고 손꼴겹잎이며 5장의 작은잎은 깃꼴로 갈라지고 뒷면에 흰색 솜털이 있다. 6~9월에 피는 노란색 꽃은 지름 7~9㎜이며 꽃받침에 털이 있다. <sup>3)</sup>**네팔양지꽃**(*P. nepalensis*)은 히말라야 원산의 여러해살이풀로 90㎝ 정도 길이로 벋는다. 손꼴겹잎은 타원형의 작은잎이 3~5장씩 돌려난다. 작은잎은 긴 타원형이며 가장자리에 큰 톱니가 있다. 6~7월에 자란 꽃줄기 끝에 지름 3㎝ 정도의 홍적색 꽃이 핀다. 모두 양지바른 화단에 심어 기른다.

흰양지꽃

<sup>1)</sup>크란치양지꽃

<sup>2)</sup>아르겐테아양지꽃

<sup>3)</sup>네팔양지꽃

## 피라칸다 (장미과)
### *Pyracantha angustifolia*

중국 원산의 늘푸른떨기나무로 1~2m 높이로 자란다. 가지에는 억센 가시가 있다. 잎은 어긋나고 좁은 타원형~거꿀피침형이다. 5~6월에 가지 끝의 고른꽃차례에 흰색 꽃이 모여 피고 둥근 열매는 주황색이나 황적색으로 익는다. <sup>1)</sup>**피라칸다 콕키네아**(*P. coccinea*)는 유라시아 원산의 늘푸른떨기나무로 잎은 어긋나고 거꿀피침형이며 5~6월에 흰색 꽃이 모여 핀다. <sup>2)</sup>**피라칸다 '할리퀸'**(*P.* 'Harlequin')은 잎에 연노란색 얼룩무늬가 있는 품종이다. <sup>3)</sup>**콩배나무**(*Pyrus calleryana*)는 산에서 자라는 갈잎떨기나무로 가지 끝이 가시로 변하기도 한다. 잎은 어긋나고 달걀형~넓은 달걀형이다. 4~5월에 잎이 돋을 때 가지 끝에 달리는 고른꽃차례에 흰색 꽃이 모여 피는데 수술의 꽃밥은 붉은색이다. 둥근 열매는 겉에 껍질눈이 많고 흑갈색으로 익는다. <sup>4)</sup>**병아리꽃나무**(*Rhodotypos scandens*)는 낮은 산에서 드물게 자라는 갈잎떨기나무로 1~2m 높이이다. 잎은 마주나고 달걀형~긴 타원형이며 끝이 길게 뾰족하고 가장자리에 뾰족한 겹톱니가 있다. 4~5월에 햇가지 끝에 피는 흰색 꽃은 지름 3~4cm이고 꽃잎이 4장이다. 모두 화단에 심어 기른다.

피라칸다

<sup>1)</sup>피라칸다 콕키네아

<sup>2)</sup>피라칸다 '할리퀸'

<sup>3)</sup>콩배나무

병아리꽃나무 옆 이미지

<sup>4)</sup>병아리꽃나무

## 해당화(장미과)
### *Rosa rugosa*

바닷가 모래땅에서 자라는 갈잎떨기나무로 1~1.5m 높이이다. 줄기에는 납작한 가시와 바늘 모양의 가시가 섞여 있고 부드러운 털도 있다. 잎은 어긋나고 홀수깃꼴겹잎이며 작은잎은 5~9장이다. 턱잎은 잎자루에 붙고 가장자리에 잔톱니와 샘털이 있다. 5~7월에 가지 끝에 지름 6~9cm의 붉은색 꽃이 핀다. <sup>1)</sup>**만첩해당화**(*f. plena*)는 붉은색 겹꽃이 피는 품종이다. <sup>2)</sup>**황목향화**(*R. banksiae* 'Lutea')는 중국 원산의 늘푸른떨기나무로 덩굴처럼 벋는다. 5월에 가지 끝에 지름 1.5~2.5cm의 노란색 겹꽃이 모여 핀다. <sup>3)</sup>**월계화**(*R. chinensis*)는 중국 원산의 갈잎떨기나무로 가지에 나는 가시의 단면은 삼각형이다. 5~9월에 가지 끝의 고른꽃차례에 적자색~연분홍색 꽃이 핀다. 많은 재배 품종이 있으며 장미처럼 꽃색깔도 여러 가지이다. <sup>4)</sup>**중국해당화**(*R. roxburghii*)는 중국 원산의 반상록성 떨기나무로 봄에 피는 연분홍색 꽃은 꽃받침에 가시가 빽빽하다. <sup>5)</sup>**노랑해당화**(*R. xanthina*)는 중국 원산의 갈잎떨기나무로 가지에 가시가 많다. 5월에 잎겨드랑이에 지름 3~4cm의 노란색 겹꽃이나 반겹꽃이 핀다. 모두 양지바른 화단에 심어 기른다.

해당화

<sup>1)</sup>만첩해당화

<sup>2)</sup>황목향화

<sup>3)</sup>월계화

<sup>4)</sup>중국해당화

<sup>5)</sup>노랑해당화

❶장미 '블루 라군'  ❷장미 '캔디 스트라이프'

장미 품종  ❸장미 '찰스톤'  ❹장미 '딥퍼플'

❺장미 '골델스'  ❻장미 '고양 레이디'  ❼장미 '아이스버그'  ❽장미 '샤이니 오렌지'

## 장미(장미과) *Rosa hybrida*

유럽에서 개량된 원예 품종을 보통 '장미'라고 하는데 무려 15,000여 종이나 된다고 한다. 갈잎떨기나무로 1~2m 높이로 자라며 줄기와 가지에 납작한 가시가 있다. 잎은 어긋나고 홀수깃꼴겹잎이며 작은잎은 3~7장이다. 작은잎은 타원형이며 끝이 뾰족하고 가장자리에 날카로운 톱니가 있다. 봄~가을에 피는 꽃은 품종에 따라 홑꽃과 겹꽃이 있고 꽃 색깔도 여러 가지이다. 양지바른 화단에 심어 기르며 꽃꽂이 재료로도 쓴다.

❶(*R*. 'Blue Lagoon') ❷('Candy Stripe') ❸('Charlston') ❹('Deep Purple')
❺('Goldelse') ❻('Goyang Lady') ❼('Iceberg') ❽('Shiny Orange')

일본조팝나무

²⁾공조팝나무

³⁾겹공조팝나무

⁴⁾가는잎조팝나무

⁵⁾가는잎조팝나무 '마운트 후지'

일본조팝나무 '골드 마운드'

## 일본조팝나무(장미과)
### *Spiraea japonica*

일본 원산의 갈잎떨기나무로 1m 정도 높이로 자란다. 잎은 어긋나고 피침형~좁은 달걀형이며 끝이 뾰족하고 가장자리에 불규칙하고 날카로운 겹톱니가 있다. 6~7월에 가지 끝의 겹고른꽃차례에 달리는 자잘한 적자색 꽃은 지름이 3~6㎜이며 꽃잎은 5장이다. ¹⁾**일본조팝나무 '골드 마운드'**('Gold Mound')는 원예 품종으로 연한 황록색 잎은 가을에 적색~등황색으로 예쁘게 단풍이 든다. ²⁾**공조팝나무**(*S. cantoniensis*)는 중국 원산의 갈잎떨기나무로 가는 가지는 끝이 밑으로 휘어진다. 피침형~타원형 잎은 상반부에 톱니가 있고 뒷면은 분백색이다. 4~5월에 가지 끝에 흰색의 반구형 꽃차례가 달린다. ³⁾**겹공조팝나무**('Flore Pleno')는 겹꽃이 피는 품종이다. ⁴⁾**가는잎조팝나무**(*S. thunbergii*)는 일본 원산의 갈잎떨기나무로 가지 끝은 아래로 처진다. 잎은 어긋나고 좁은 피침형이며 가장자리에 날카로운 톱니가 있다. 4월에 가지에 촘촘히 붙는 우산꽃차례에 흰색 꽃이 2~7개씩 모여 핀다. ⁵⁾**가는잎조팝나무 '마운트 후지'**('Mt. Fuji')는 원예 품종으로 녹색 잎에 흰색과 분홍색 얼룩무늬가 있다. 모두 양지바른 화단에 심어 기른다.

조팝나무

## 조팝나무(장미과)
### *Spiraea prunifolia* v. *simpliciflora*

양지바른 산과 들에서 1.5~2m 높이로 자라는 갈잎떨기나무로 줄기는 여러 대가 모여난다. 잎은 어긋나고 긴 타원형~거꿀달걀형이며 끝이 뾰족하고 가장자리에 잔톱니가 있다. 4~5월에 묵은 가지에 촘촘히 달리는 우산꽃차례는 꽃차례자루가 없으며 3~6개의 흰색 꽃이 모여 달린다. 꽃은 지름 2~3㎝이고 꽃잎은 5장이다. [1]**겹조팝나무**(*S. prunifolia*)는 중국 원산으로 조팝나무의 기본종이며 봄에 흰색 겹꽃이 촘촘히 모여 핀다. [2]**조팝나무 '골든바'**('Golden Bar')는 원예품종으로 봄에 돋는 잎은 황금빛이 돈다. [3]**은행잎조팝나무**(*S. blumei* v. *obtusa*)는 일본 원산의 갈잎떨기나무로 1m 정도 높이로 자란다. 잎은 어긋나고 넓은 달걀형이며 윗부분이 3갈래로 갈라진다. 4~5월에 햇가지 끝의 우산꽃차례에 흰색 꽃이 모여 핀다. [4]**반호테조팝나무**(*S.* × *vanhouttei*)는 교잡종인 갈잎떨기나무로 줄기는 여러 대가 모여나고 가지는 아치 모양으로 휘어진다. 달걀형 잎은 어긋나고 끝은 뾰족하며 가장자리에 불규칙한 톱니가 있고 잎몸이 얕게 갈라지기도 한다. 4~5월에 햇가지 끝에 흰색의 반구형 꽃차례가 달린다. 모두 양지바른 화단에 심어 기른다.

[1]겹조팝나무

[2]조팝나무 '골든바'

[3]은행잎조팝나무

[4]반호테조팝나무

쉬땅나무

1)좀쉬땅나무

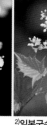

2)일본국수나무

3)블랙베리

4)대만덩굴딸기

## 쉬땅나무(장미과)
*Sorbaria sorbifolia* v. *stellipila*

산에서 자라는 갈잎떨기나무로 2m 정도 높이이다. 잎은 어긋나고 홀수깃꼴겹잎이며 작은잎이 15~23장이다. 6~8월에 가지 끝의 원뿔꽃차례에 피는 흰색 꽃은 수술이 40~50개이며 꽃잎보다 길다. 1)좀쉬땅나무(*S. kirilowii*)는 중국 원산의 갈잎떨기나무로 쉬땅나무와 비슷하지만 6~7월에 가지 끝의 원뿔꽃차례에 피는 흰색 꽃은 수술이 20개 정도로 적다. 2)일본국수나무(*Stephanandra tanakae*)는 일본 원산의 갈잎떨기나무로 잎은 어긋나고 세모진 달걀형이며 3~5갈래로 얕게 갈라지고 가장자리에 날카로운 톱니가 있다. 6월에 가지 끝의 원뿔꽃차례에 자잘한 흰색 꽃이 모여 핀다. 3)블랙베리/서양오엽딸기(*Rubus fruticosus*)는 유럽 원산의 갈잎떨기나무로 1~2m 높이이다. 잎은 어긋나고 손꼴겹잎이며 작은잎은 3~5장이다. 5~6월에 가지 끝의 고른꽃차례에 흰색~연홍색 꽃이 모여 핀다. 열매는 7~8월에 검게 익는다. 4)대만덩굴딸기(*R. rolfei*)는 대만과 필리핀 원산의 늘푸른떨기나무로 바닥을 기는 줄기에 어긋나는 손바닥 모양의 잎은 3갈래로 갈라지고 주름이 많다. 흰색 꽃이 피고 딸기 열매는 주황색으로 익는다.

삼

## 삼(삼과)
*Cannabis sativa*

중앙아시아 원산의 한해살이풀로 1~3m 높이로 곧게 자란다. 줄기는 네모지고 세로로 골이 지며 잔털이 있다. 잎은 밑부분에서는 마주나고 윗부분에서는 어긋난다. 잎은 손꼴겹잎이며 5~9갈래로 깊게 갈라지고 가장자리에는 톱니가 있다. 암수딴그루로 7~8월에 꽃이 핀다. 황록색 수꽃은 원뿔꽃차례에 달리고 연녹색 암꽃은 잎겨드랑이의 짧은 이삭꽃차례에 달린다. 줄기껍질로 베를 짠다. '대마' 또는 '대마초'로 부르는데 잎과 꽃에 환각 성분이 있다. 밭에서 기른다.

## 모시풀(쐐기풀과)
*Boehmeria nivea*

들에서 자라는 여러해살이풀로 1.5~2m 높이이다. 잎은 어긋나고 둥근 달걀형이며 뒷면은 흰빛이 돈다. 가지와 잎자루에 긴털이 빽빽하다. 암수한그루로 7~9월에 잎겨드랑이에 연노란색 꽃이삭이 달린다. 줄기는 모시 옷감의 원료로 쓴다. [1]**라사풀**(*B. biloba*)은 일본 원산의 여러해살이풀로 30~90cm 높이로 자란다. 잎은 마주나고 넓은 달걀형이며 두껍고 표면에 주름이 진다. 7~9월에 잎겨드랑이에 기다란 연노란색 꽃이삭이 달린다. 모두 화단에 심어 기른다.

모시풀                    [1]라사풀

265

수박필레아

1)타라

2)필레아 '문 밸리'

## 수박필레아(쐐기풀과)
*Pilea cadierei*

베트남 원산의 늘푸른여러해살이 풀로 20~40㎝ 높이로 자란다. 잎은 마주나고 타원형이며 5~8㎝ 길이이고 끝이 뾰족하며 가장자리에 희미한 톱니가 있다. 잎맥 사이에 은녹색 얼룩무늬가 있다. 10~11월에 잎겨드랑이에 자잘한 흰색 꽃이 뭉쳐 핀다. 실내에서 심어 기른다. 1)**타라**(*P. libanensis*)는 중미 원산의 늘푸른여러해살이풀로 붉은색 줄기는 땅을 기며 벋고 5~8㎝ 높이로 자란다. 잎은 마주나고 둥그스름하며 3~6㎜ 길이이고 가장자리가 밋밋하며 은백색을 띤다. 잎겨드랑이에 자잘한 흰색 꽃이 뭉쳐 핀다. 실내의 반그늘에서 잘 자라며 흔히 걸이화분을 만든다. 2)**필레아 '문 밸리'**(*P. mollis* 'Moon Valley')는 열대 아메리카 원산의 원예 품종인 늘푸른여러해살이풀이며 가지가 잘 갈라지고 15~20㎝ 높이로 자란다. 잎은 마주나고 타원형~달걀형이며 4~7㎝ 길이이고 끝이 뾰족하며 가장자리에 불규칙한 톱니가 있다. 잎 앞면은 불규칙한 돌기와 짧은털이 있으며 가장자리는 밝은 녹색이지만 중심부는 잎맥을 따라 흑갈색~적갈색 무늬가 들어간다. 5~6월에 잎겨드랑이에 자잘한 연분홍색 꽃이 뭉쳐 핀다. 실내에서 심어 기른다.

스쿼팅오이

1)박

1)박 열매

2)조롱박

3)바나나호박

## 스쿼팅오이(박과)
### *Ecballium elaterium*

중국 서부와 지중해 연안 원산의 여러해살이덩굴풀로 줄기는 바닥을 기며 벋는다. 전체에 털이 빽빽하다. 잎은 어긋나고 세모꼴이며 가장자리에 불규칙한 톱니가 있고 물결 모양으로 구불거리며 밑부분이 심장저이다. 암수한그루로 3~11월에 잎겨드랑이에서 종 모양의 노란색 꽃이 피는데 지름 3㎝ 정도이며 끝부분은 5갈래로 갈라진다. 타원형 열매는 7㎝ 정도 길이이며 익으면 씨앗과 함께 열매즙을 힘차게 3~6m 거리까지 분출한다. 1)**박** (*Lagenaria siceraria*)은 중앙아프리카 원산의 한해살이덩굴풀로 덩굴손으로 감고 10m 정도 길이로 벋는다. 잎은 어긋나고 3~5갈래로 얕게 갈라지며 가장자리에 톱니가 있고 밑부분이 심장저이며 양면에 짧은털이 있다. 암수한그루로 7~9월에 잎겨드랑이에 지름 5~10㎝의 흰색 꽃이 저녁에 핀다. 둥근 달걀형 열매는 지름 30㎝ 이상이다. 2)**조롱박/호리병박/표주박**(v. *gourda*)은 열매 중간이 잘록해지는 변종으로 지금은 박과 같은 종으로 본다. 3)**바나나호박**(*Cucurbita pepo* ‘Linn Cassabanana’)은 중미 원산인 페포호박의 원예 품종으로 바나나처럼 긴 열매는 노란색으로 익는다. 모두 화단에 심어 기른다.

수세미오이

### 수세미오이(박과)
*Luffa cylindrica*

열대 아시아 원산의 한해살이덩굴풀로 잎은 어긋나고 둥근 세모꼴이며 3~7갈래로 얕게 갈라진다. 암수한그루로 8~9월에 지름 5~9cm의 노란색 꽃이 핀다. 원통형 열매는 수세미로 이용한다. [1]**여주**(*Momordica charantia*)는 열대 아시아 원산의 한해살이덩굴풀로 잎은 손바닥 모양으로 5~7갈래로 깊게 갈라지며 갈래조각은 다시 갈라진다. 여름에 잎겨드랑이에 종 모양의 노란색 꽃이 핀다. 열매는 긴 타원형이며 겉에 혹 모양의 돌기가 있다. [2]**뱀오이** (*Trichosanthes cucumerina*)는 열대 아시아 원산의 한해살이덩굴풀로 잎은 손바닥 모양으로 5~7갈래로 갈라지며 밑부분이 심장저이다. 암수한그루로 7~9월에 잎겨드랑이에서 피는 흰색 꽃은 5갈래로 깊게 갈라지며 갈래조각은 끝부분이 실처럼 잘게 갈라진다. [3]**큰둥근여주** (*Momordica cochinchinensis*)는 열대 아시아 원산의 늘푸른덩굴나무로 잎은 손바닥 모양으로 3~5갈래로 갈라진다. 암수한그루로 6~8월에 잎겨드랑이에서 종 모양의 연노란색 꽃이 피는데 5갈래로 갈라진다. 타원형~달걀형 열매는 가시 같은 돌기로 덮여 있고 주황색~붉은색으로 익는다. 열매는 식용한다. 모두 화초로 기른다.

[1]여주　　　　　[2]뱀오이

[3]큰둥근여주　　　　[3]큰둥근여주 열매

## 세작베고니아(베고니아과)
### *Begonia boliviensis*

남미 볼리비아 원산의 늘푸른여러해살이풀로 50㎝ 정도 높이이다. 잎은 어긋나고 넓은 피침형이며 가장자리에 날카로운 톱니가 있다. 잎겨드랑이에서 나오는 갈래꽃차례에 주황색 꽃이 고개를 숙이고 핀다. [1]**베고니아 바르벨라타**(*B. barbellata*)는 말레이시아와 태국 원산의 늘푸른여러해살이풀로 줄기는 붉은색이며 털이 촘촘하다. 긴 타원형~달걀형 잎은 끝이 길게 뾰족하고 가장자리에 불규칙한 톱니가 있으며 뒷면은 적자색이다. 잎은 어릴 때는 붉은빛이 돈다. 꽃차례에 분홍색 꽃이 모여 핀다. [2]**황화베고니아**(*B. xanthina*)는 인도와 중국 원산으로 잎은 진녹색 바탕에 녹색 얼룩무늬가 있고 노란색 꽃이 핀다. [3]**아이래시베고니아**(*B. bowerae*)는 멕시코 원산의 늘푸른여러해살이풀로 25㎝ 정도 높이이다. 잎은 하트형이며 밝은 녹색이고 둘레에 흑갈색 얼룩무늬가 있으며 가장자리에 뻣뻣한 털이 있다. 이른 봄에 꽃줄기에 조개 모양의 흰색~연분홍색 꽃이 핀다. [4]**아이래시베고니아 '레프러콘'**('Leprechaun')은 원예 품종으로 잎은 연녹색과 적갈색 무늬가 섞여 있다. 꽃줄기에 흰색~연분홍색 꽃이 핀다. 모두 실내에서 심어 기른다.

세작베고니아

[1]베고니아 바르벨라타

[2]황화베고니아

[3]아이래시베고니아

[4]아이래시베고니아 '레프러콘'

사철베고니아 품종

사철베고니아 품종

사철베고니아 품종

사철베고니아 품종

사철베고니아 품종

사철베고니아 품종

사철베고니아 품종

## 사철베고니아(베고니아과) *Begonia cucullata*

브라질 원산의 늘푸른여러해살이풀로 10~30㎝ 높이로 자란다. 줄기는 육질이며 털이 없고 밑부분에서 가지가 갈라진다. 잎은 어긋나고 둥근 달걀형이며 가장자리에 불규칙한 톱니가 있고 광택이 있다. 잎은 여름에 강한 햇빛을 쬐면 붉은색이나 적자색이 돌기도 한다. 암수한그루로 4~10월에 잎겨드랑이에서 나온 갈래꽃차례에 달리는 분홍색, 붉은색, 흰색 꽃은 지름 2㎝ 정도이다. 수꽃은 꽃덮이조각이 4장인데 2장은 작고 노란색 수술은 많다. 암꽃은 꽃덮이조각이 4~5장이며 씨방은 3개의 날개가 있다. 꽃과 잎의 색깔이 여러 가지인 많은 재배 품종이 있으며 겹꽃도 있다. 양지바른 화단에 1년초처럼 심어 기른다.

## 파이어킹베고니아(베고니아과)
*Begonia goegoensis*

인도네시아 원산의 여러해살이풀로 뿌리줄기가 벋으며 줄기는 60㎝ 정도 높이로 자란다. 긴 잎자루는 약간 네모지고 둥근 달걀형 잎은 방패 모양이며 끝은 뾰족하고 가장자리에 톱니가 있다. 잎 뒷면에는 붉은색 털이 모여난다. 봄과 가을에 원뿔꽃차례에 지름 25㎜ 정도의 연분홍색 꽃이 달린다. 1)엔젤윙베고니아(*B. coccinea*)는 브라질 원산으로 잎은 어긋나고 긴 달걀형이며 15㎝ 정도 길이이고 갈래꽃차례에 분홍색~붉은색 꽃이 핀다. 2)하디베고니아(*B. grandis*)는 중국과 말레이시아 원산이다. 잎은 어긋나고 달걀형이며 8~15㎝ 길이이고 좌우가 비대칭이며 끝이 뾰족하고 가장자리에 톱니가 있다. 줄기 끝의 꽃차례에 분홍색 꽃이 핀다. 3)중국하디베고니아(*B. g.* ssp. *sinensis*)는 중국 원산으로 타원형~달걀형 잎은 5~12㎝ 길이이며 좌우가 비대칭이고 끝이 뾰족하며 가장자리에 톱니가 있다. 잎 뒷면과 잎자루는 붉은빛이 돈다. 8~9월에 잎겨드랑이의 갈래꽃차례에 연분홍색 꽃이 핀다. 4)포도잎베고니아(*B. reniformis*)는 브라질 원산으로 1m 정도 높이로 자라며 잎은 포도 잎과 비슷하고 흰색 꽃이 핀다. 모두 실내에서 심어 기른다.

파이어킹베고니아

1)엔젤윙베고니아

2)하디베고니아

3)중국하디베고니아

4)포도잎베고니아

271

베고니아 수자나에

1)목베고니아

2)목베고니아 '위그티'

3)베고니아 솔리무타타

4)서덜랜드베고니아

# 베고니아 수자나에(베고니아과)
## *Begonia sudjanae*

인도네시아 수마트라섬 원산의 늘푸른여러해살이풀로 뿌리줄기가 벋으며 줄기는 30㎝ 정도 높이로 자란다. 잎은 둥근 방패 모양이며 약간 비대칭이고 양면은 연녹색이며 털이 있고 잎자루도 털이 많다. 꽃대는 털이 많고 갈래꽃차례에 흰색 꽃이 모여 핀다. 1)목베고니아(*B. maculata*)는 브라질 원산으로 긴 달걀형 잎은 일그러진 방패 모양이며 흰색 반점이 있다. 잎겨드랑이의 갈래꽃차례에 흰색~붉은색 꽃이 핀다. 2)목베고니아 '위그티'('Wightii')는 원예 품종으로 진녹색 잎은 흰색 반점이 선명하고 흰색~연분홍색 꽃이 핀다. 3)베고니아 솔리무타타(*B. solimutata*)는 브라질 원산으로 둥그스름한 잎은 밑부분이 심장저이고 잎맥은 황록색이며 전체에 적갈색 얼룩무늬가 있고 뒷면은 붉은빛이 돈다. 꽃차례에 흰색 꽃이 핀다. 4)서덜랜드베고니아(*B. suthelandii*)는 아프리카 원산으로 10~80㎝ 높이로 자라는 붉은색 줄기는 비스듬히 처진다. 잎은 어긋나고 달걀형이며 좌우가 비대칭이고 끝이 뾰족하며 가장자리에 불규칙한 톱니가 있다. 늘어지는 꽃차례에 달리는 진한 주황색 꽃은 지름 20~26㎜이다. 모두 실내에서 심어 기른다.

렉스베고니아

❶ 렉스베고니아 '에스카르고'

❷ 렉스베고니아 '페어리'

❸ 렉스베고니아 '화이어워크' ❹ 렉스베고니아 '레드 로빈' ❺ 렉스베고니아 '힐로 홀리데이' ❻ 렉스베고니아 '마우이 미스트'

## 렉스베고니아(베고니아과) *Begonia rex*

인도 북부 원산의 늘푸른여러해살이풀로 줄기는 비스듬히 기며 10~30㎝ 높이로 자란다. 긴 잎자루에 달리는 방패 모양의 둥근 달걀형 잎은 좌우가 비대칭이며 끝이 뾰족하고 녹색 바탕에 회녹색 얼룩무늬가 들어간다. 여름에 줄기 윗부분의 잎겨드랑이에서 나오는 갈래꽃차례에 연분홍색 꽃이 듬성듬성 달린다. 잎의 무늬와 색깔이 다른 많은 원예 품종이 개발되었다. 꽃보다는 잎을 감상하는 관엽식물로 실내의 습기가 있는 반그늘에서 잘 자란다. 렉스베고니아는 보통 잎꽂이로 번식시킨다.

❶('Escargot') ❷('Fairy') ❸('Fireworks') ❹('Red Robin') ❺('Hilo Holiday')
❻('Maui Mist')

273

엘라티오르베고니아 품종　엘라티오르베고니아 품종

엘라티오르베고니아 품종　엘라티오르베고니아 품종　엘라티오르베고니아 품종

엘라티오르베고니아 품종　엘라티오르베고니아 품종　엘라티오르베고니아 품종　엘라티오르베고니아 품종

## 엘라티오르베고니아(베고니아과)　*Begonia × hiemalis*

1955년 독일의 육종가인 Otto Rieger가 여러 베고니아종을 교잡하여 만든 원예 품종으로 육종가의 이름을 따서 '리거베고니아'라고도 부른다. 늘푸른 여러해살이풀로 다육질의 줄기는 가지가 갈라지며 20~30㎝ 높이로 자란다. 잎은 어긋나고 둥근 하트형이며 광택이 있고 가장자리에 둔한 톱니가 있다. 꽃대의 갈래꽃차례에 여러 가지 색깔의 겹꽃이 핀다. 종소명(*hiemalis*)은 겨울에 개화한다는 뜻으로 '크리스마스베고니아'라고도 부른다. 단일식물로 가을~겨울에 꽃이 피지만 근래에는 개화 시기를 조절해 1년 내내 꽃을 볼 수 있다. 실내의 습한 반그늘에서 심어 기른다.

알뿌리베고니아 품종　　　알뿌리베고니아 품종

알뿌리베고니아 품종　　　알뿌리베고니아 품종　　　알뿌리베고니아 품종

알뿌리베고니아 품종　알뿌리베고니아 품종　알뿌리베고니아 품종　알뿌리베고니아 품종

## 알뿌리베고니아/구근베고니아(베고니아과)　*Begonia × tuberhybrida*

남미 안데스산맥 원산의 베고니아종을 1868년 영국에서 처음 교잡하여 만든 원예 품종이 '세계에서 가장 아름다운 꽃'으로 인기를 끌자 이후 프랑스와 독일 등 여러 나라에서 품종 개량이 이루어지면서 많은 원예 품종이 만들어졌다. 늘푸른여러해살이풀로 땅속에 지름 3~4㎝의 알뿌리가 생기고 줄기는 20~30㎝ 높이로 곧게 자라지만 줄기가 늘어지는 품종도 있다. 줄기와 잎은 다육질이며 털이 없다. 잎은 일그러진 콩팥 모양이며 10㎝ 정도 길이이고 광택이 있다. 여름~가을에 꽃줄기에 지름 15㎝ 정도의 큼직한 꽃이 모여 달리는데 꽃 색깔은 빨간색, 주홍색, 분홍색, 보라색, 노란색, 흰색 등 여러 가지이다. 실내에서 심어 기른다.

덩이괭이밥

1)케이프사랑초

2)브라질괭이밥

3)자주괭이밥

4)괭이밥 '아이원 해커'

## 덩이괭이밥(괭이밥과)
*Oxalis articulata*

남미 원산의 여러해살이풀로 덩이줄기가 있으며 20~30cm 높이로 자란다. 뿌리잎은 세겹잎이며 작은잎은 하트형이고 2~3cm 길이이다. 5~9월에 꽃대 끝의 우산꽃차례에 10~20개의 연한 홍적색 꽃이 달린다. 1)케이프사랑초(*O. bowiei*)는 남아프리카 원산의 여러해살이풀로 줄기는 털이 빽빽하다. 잎은 세겹잎이며 작은잎은 4cm 정도 길이이다. 7~10월에 피는 분홍색 꽃은 지름 3cm 정도이며 중심부가 노란색이고 5장의 꽃잎은 틈이 없이 겹쳐진다. 2)브라질괭이밥(*O. brasiliensis*)은 브라질 원산의 여러해살이풀로 뿌리에서 모여나는 세겹잎은 작은잎이 1cm 정도 길이이다. 4~6월에 피는 진한 분홍색 꽃은 지름 15~20mm이며 진한 세로줄 무늬가 있다. 3)자주괭이밥(*O. debilis* v. *corymbosa*)은 남미 원산의 여러해살이풀로 잎은 세겹잎이고 작은잎은 2~3.5cm 길이이다. 5~9월에 우산꽃차례에 5~7개가 달리는 분홍색 꽃은 지름 2cm 남짓하다. 4)괭이밥 '아이원 해커'(*O.* 'Ione Hecker')는 원예 품종으로 세겹잎은 청회색이 돌고 작은잎은 끝이 오목하게 갈라진다. 적자색 꽃은 지름 3cm 정도이다. 모두 화단이나 화분에 심어 기른다.

플라바사랑초

### 플라바사랑초(괭이밥과)
*Oxalis flava*

남아프리카 원산의 여러해살이풀로 땅속의 비늘줄기는 1~2㎝ 길이이다. 잎은 새발 모양으로 벌어지는 겹잎이며 작은잎은 선형이고 4~7장이다. 9~11월에 피는 노란색 꽃은 지름 25㎜ 정도이다. **1)노랑사랑초**(*O. pes-caprae*)는 남미 원산의 여러해살이풀로 10~30㎝ 높이로 자라며 전체에 털이 없다. 잎은 세겹잎이며 작은잎은 하트형이고 1~2㎝ 길이이며 자갈색 점이 있다. 꽃줄기 끝에 모여 피는 노란색 꽃은 지름 3~4㎝이다. **2)겹노랑사랑초**(*v. pleniflora*)는 노란색 겹꽃이 피는 변종이다. **3)옥살리스 '나비 그린'**(*O.* 'Navi Green')은 원예 품종으로 줄기는 목질화하고 잎은 세겹잎이며 잎자루가 길고 작은잎은 적갈색이 돌며 주맥만 녹색이다. 긴 꽃자루 끝에 노란색 꽃이 핀다. **4)행운초**(*O. tetraphylla* 'Iron Cross')는 멕시코 원산의 원예 품종으로 여러해살이풀이며 15~30㎝ 높이로 자란다. 네잎클로버처럼 하트형의 작은잎이 4장씩 붙기 때문에 '행운초'라고 부른다. 작은잎은 3~5㎝ 길이이며 중심부는 자갈색 무늬가 있다. 다른 괭이밥 종류처럼 광량이 부족하면 잎을 접는다. 5~10월에 긴 꽃대 끝에 홍적색 꽃이 핀다. 모두 양지바른 화단이나 화분에 심어 기른다.

1)노랑사랑초

2)겹노랑사랑초

3)옥살리스 '나비 그린'

4)행운초

참사랑초

1)참사랑초 '가넷'

2)사랑초

3)청사랑초

4)바람개비사랑초

## 참사랑초(괭이밥과)
*Oxalis purpurea*

남아프리카 원산의 여러해살이풀로 5~17cm 높이로 자란다. 달걀모양의 비늘줄기는 10~35mm 길이이다. 뿌리에서 모여나는 세겹잎은 긴 잎자루가 붉은빛이 돈다. 작은잎은 거꿀달걀형이며 4cm 남짓하다. 1~11cm 길이의 꽃줄기 끝에 달리는 붉은색이나 흰색 꽃은 지름 3~4cm이며 꽃잎은 서로 겹치고 안쪽은 노란색이다. 1)**참사랑초 '가넷'**('Garnet')은 원예 품종으로 잎은 보라색이 돌며 분홍색 꽃이 핀다. 2)**사랑초**(*O. triangularis*)는 브라질 원산의 여러해살이풀로 15~30cm 높이로 자란다. 세겹잎은 뿌리에서 모여나고 작은잎은 역삼각형이며 적자색이고 2~3cm 길이이다. 5~6월에 꽃대 끝의 우산꽃차례에 달리는 흰색~연분홍색 꽃은 지름 2~4cm이고 중심부는 황록색이다. 3)**청사랑초**(ssp. *papilionacea*)는 사랑초의 아종으로 잎이 녹색이다. 4)**바람개비사랑초**(*O. versicolor*)는 남아프리카 원산의 여러해살이풀로 5~15cm 높이로 자란다. 잎은 긴 잎자루 끝에 선형 잎이 모여 달린다. 12~3월에 꽃대 끝에 피는 흰색 꽃은 꽃잎 뒷면의 가장자리에 붉은색 무늬가 있어서 더욱 아름답다. 모두 양지바른 화단이나 화분에 심어 기른다.

## 강장미(쿠노니아과)
### *Bauera rubioides*

호주 원산의 늘푸른떨기나무로 2m 정도 높이로 자란다. 어린 가지는 가늘고 털이 있으며 붉은빛이 돈다. 잎은 마주나고 잎몸이 3갈래로 깊게 갈라져서 6장이 돌려난 것처럼 보인다. 갈래조각은 좁고 긴 타원형이며 1㎝ 정도 길이이고 끝이 뾰족하며 가장자리가 거의 밋밋하다. 어린잎은 털이 있지만 점차 없어진다. 3~5월에 잎겨드랑이에 지름 15~20㎜의 홍자색 꽃이 약간 고개를 숙이고 피며 꽃잎은 8장 정도이다. 실내에서 심어 기르고 습한 곳을 좋아한다.

강장미

## 미키마우스트리(오크나과)
### *Ochna kirkii*

남아공 원산의 늘푸른떨기나무로 2m 정도 높이로 자란다. 잎은 어긋나고 타원형~달걀형이며 5~10㎝ 길이이고 끝이 뾰족하며 가장자리에는 자잘한 톱니가 있다. 잎은 가죽질이고 광택이 있으며 뒷면은 연녹색이다. 1~3월에 가지에 모여 피는 노란색 꽃은 지름 35~50㎜이며 꽃잎은 5장이고 수술은 많다. 타원형 열매는 익으면 붉은색 꽃받침이 벌어지면서 씨앗이 드러나고 씨앗이 검게 익으면 그 모습이 미키마우스와 비슷하다. 실내에서 심어 기른다.

미키마우스트리　　　　열매

279

안드로사에뭄망종화　　　　　　열매

1)서양망종화

2)넌출물레나물

3)갈퀴망종화

4)히드콧무늬물레나물

## 안드로사에뭄망종화(물레나물과)
### *Hypericum androsaemum*

유럽 원산의 떨기나무로 60~90㎝ 높이이며 반상록성이다. 잎은 마주나고 달걀형이며 잎자루가 없다. 6~8월에 노란색 꽃이 피며 많은 수술도 노란색이다. 타원형 열매는 검게 익으며 꽃받침조각이 끝까지 남아 있다. 1)서양망종화(*H. calycinum*)는 유럽 남부 원산의 늘푸른떨기나무로 20~60㎝ 높이이다. 잎은 마주나고 긴 달걀형이며 잎자루는 거의 없다. 6~7월에 가지 끝에 노란색 꽃이 피는데 기다란 수술이 모여 있다. 타원형 열매는 붉은색으로 변했다가 검은색으로 익는다. 2)넌출물레나물(*H. cerastioides*)은 유럽 원산의 여러해살이풀로 줄기는 모여나서 기며 자란다. 잎은 마주나고 타원형~달걀형이며 솜털이 있다. 노란색 꽃은 지름 2~5㎝이다. 3)갈퀴망종화(*H. galioides*)는 북아메리카 원산의 갈잎떨기나무로 1~2m 높이이다. 잎은 마주나고 모여나기도 하며 긴 타원형~넓은 선형이다. 7~8월에 가지 끝의 갈래꽃차례에 피는 노란색 꽃은 지름 1~1.5㎝이며 기다란 수술이 많다. 4)히드콧무늬물레나물(*H. 'Hidcote Variegated'*)은 원예 품종으로 비스듬히 처지는 가지에 마주나는 긴 타원형 잎은 가장자리에 황록색 무늬가 있다. 여름에 가지 끝에 노란색 꽃이 핀다. 모두 화단에 심어 기른다.

금선해당

## 금선해당(물레나물과)
### *Hypericum monogynum*

중국 원산의 떨기나무로 1~3m 높이이며 반상록성이다. 잎은 마주나고 긴 타원형이며 가장자리가 밋밋하다. 5~7월에 가지 끝에 모여 피는 노란색 꽃은 지름이 3~6cm이며 많은 수술은 꽃잎보다 길다. [1)]**올림피쿰물레나물**(*H. olympicum*)은 유럽 원산의 갈잎반떨기나무로 20~30cm 높이로 자란다. 타원형 잎은 회녹색이고 가지 끝에 피는 노란색 꽃은 지름 5~6cm이다. [2)]**망종화**(*H. patulum*)는 중국 원산의 갈잎떨기나무로 1m 정도 높이로 자란다. 잎은 마주나고 달걀형이며 가장자리가 밋밋하다. 6~7월에 가지 끝의 갈래꽃차례에 지름 3~5cm 크기의 노란색 꽃이 모여 핀다. 열매는 달걀형이며 가을에 흑갈색으로 익는다. [3)]**서양고추나물/세인트존스워트**(*H. perforatum*)는 유라시아 원산의 여러해살이풀로 20~60cm 높이로 자란다. 피침형 잎은 마주나고 원뿔꽃차례에 피는 노란색 꽃은 지름 1~2cm이다. 잎과 꽃잎 가장자리에 검은색 점이 있다. [4)]**삼색물레나물**(*H. × moserianum* 'Tricolor')은 교잡종으로 달걀형 잎의 가장자리에 분홍색이나 붉은색 무늬가 있다. 여름에 붉은색 가지 끝에 피는 노란색 꽃은 지름 4cm 정도이다. 모두 화단에 심어 기른다.

[1)]올림피쿰물레나물

[2)]망종화

[3)]서양고추나물

[4)]삼색물레나물

281

금범의꼬리

## 금범의꼬리(말피기과)
### *Galphimia glauca*

멕시코와 과테말라 원산의 늘푸른 떨기나무로 60~180㎝ 높이로 자란다. 붉은색 가지에 마주나는 긴 타원형 잎은 끝이 뾰족하고 가장자리가 밋밋하다. 6~12월에 가지 끝의 기다란 송이꽃차례에 노란색 꽃이 차례대로 피어 올라간다. <sup>1)</sup>나도호랑가시(*Malpighia coccigera*)는 서인도 제도 원산의 늘푸른떨기나무로 1m 정도 높이로 자란다. 잎은 마주나고 타원형~거꿀달걀형이며 1~2㎝ 길이로 작지만 모가 진 가장자리에 가시가 있는 것이 호랑가시나무 잎을 닮았다. 여름에 가지 끝의 잎겨드랑이에 흰색~연분홍색 꽃이 핀다. 둥그스름한 열매는 지름 1㎝ 정도이며 붉은색으로 익는다. <sup>2)</sup>바베이도스체리(*M. glabra*)는 열대 아메리카 원산으로 3m 정도 높이로 자란다. 달걀형~타원형 잎은 끝이 뾰족하다. 진분홍색 꽃이 피고 둥근 열매는 날로 먹거나 잼, 주스를 만든다. <sup>3)</sup>호주황금덩굴(*Tristellateia australasiae*)은 열대 아시아 원산의 늘푸른덩굴나무로 잎은 마주나고 달걀형~긴 타원형이며 끝이 뾰족하고 가장자리가 밋밋하다. 4~12월에 송이꽃차례에 모여 피는 노란색 꽃은 지름 2㎝ 정도이다. 모두 실내에서 심어 기른다.

<sup>1)</sup>나도호랑가시    <sup>1)</sup>나도호랑가시 열매

<sup>2)</sup>바베이도스체리    <sup>3)</sup>호주황금덩굴

❶뿔팬지 '페니 화이트 점프 업'

❷뿔팬지 '페니 마리스'

❸뿔팬지 '페니 미키'

❹뿔팬지 '페니 오렌지 점프 업'

❺뿔팬지 '페니 화이트'

❻뿔팬지 '페니 옐로 블로치'    ❼뿔팬지 '페니 옐로 점프 업'

### 뿔팬지(제비꽃과) *Viola cornuta*

유럽 피레네산맥 원산의 여러해살이풀로 20㎝ 정도 높이로 자란다. 달걀
형~타원형 잎은 2~3㎝ 길이이고 가장자리에 둔한 톱니가 있다. 4~8월
에 꽃줄기 끝에 피는 보라색 꽃은 지름 2~4㎝이며 5장의 둥그스름한 꽃
잎은 옆으로 벌어지고 뒤쪽의 꿀주머니는 10~15㎜ 길이이다. 꽃받침조각
은 피침형이며 5장이고 수술도 5개이다. 뿔팬지는 많은 재배 품종이 개발
되었으며 꽃 색깔이 여러 가지이고 화단에 심어 기른다.
❶(*V. c.* 'Penny White Jump Up') ❷('Penny Marlies') ❸('Penny Mickey')
❹('Penny Orange Jump Up') ❺('Penny White') ❻('Penny Yellow Blotch')
❼('Penny Yellow Jump Up')

283

종지나물

1)점박이종지나물

2)프리케아나종지나물

3)줄제비꽃

4)초원제비꽃

## 종지나물(제비꽃과)
*Viola sororia*

북미 원산의 여러해살이풀로 줄기가 없으며 5~12cm 높이로 자라고 굵은 뿌리가 있다. 뿌리잎은 하트형이며 5cm 정도 길이이고 끝이 뾰족하며 가장자리에 톱니가 있다. 잎 밑부분은 양쪽이 위로 약간 말려서 종지처럼 되기 때문에 '종지나물'이라고 한다. 4~5월에 꽃대 끝에 지름 2cm 정도의 보라색 제비꽃이 핀다. 1)점박이종지나물('Freckles')은 원예 품종으로 꽃은 흰색 바탕에 자주색 잔점이 가득한 것이 주근깨처럼 보여서 '주근깨제비꽃'이라고도 한다. 2)프리케아나종지나물('Priceana')은 원예 품종으로 꽃은 흰색 바탕에 중심부에 청자색 줄무늬가 들어 있다. 모두 화단에 심어 기른다. 3)줄제비꽃(*V. hederacea*)은 호주와 말레이시아 원산의 늘푸른 여러해살이풀로 10~20cm 높이로 자란다. 잎은 하트 모양이며 끝은 둥글고 가장자리에 불규칙한 톱니가 있다. 4~6월에 꽃대 끝에 피는 보라색 꽃은 가장자리가 흰색이고 꽃잎은 뒤로 젖혀진다. 남부 지방의 화단에 심어 기른다. 4)초원제비꽃(*V. pedatifida*)은 북미 원산의 여러해살이풀로 10~20cm 높이로 자라며 잎은 새발처럼 깊게 갈라지고 4~6월에 청자색 꽃이 핀다. 화단에 심어 기른다.

삼색제비꽃

❶ 팬지 '프리즐 시즐 블루'  ❷ 팬지 '프리즐 시즐 옐로'

❸ 팬지 '매트릭스 퍼플'  ❹ 팬지 '마제스틱 자이언트 Ⅱ 셰리'

❺ 팬지 '마제스틱 자이언트 Ⅱ 화이트 위드 블로치'  ❻ 팬지 '마제스틱 자이언트 Ⅱ 옐로 위드 블로치'  ❼ 팬지 '원더폴 블루 피코티'  ❽ 팬지 '원더폴 퍼플 앤 블루 쉐이드'

## 삼색제비꽃(제비꽃과) *Viola tricolor*

유럽 원산의 한두해살이풀로 12~25㎝ 높이로 자란다. 잎은 어긋나고 긴 달걀형이며 가장자리에 둔한 톱니가 있고 큰 턱잎이 있다. 4~5월에 잎겨드랑이에 자주색 꽃이 핀다. **팬지**(*V. × wittrockiana*)는 삼색제비꽃과 *V. Lutea*, *V. altaica* 등을 교잡시켜 만든 원예 품종으로 15~25㎝ 높이로 자란다. 잎은 달걀형~타원형이고 커다란 턱잎이 있다. 옆을 보고 피는 꽃은 지름 2~10㎝이며 꽃 색깔과 꽃잎의 무늬가 여러 가지이다.

❶(*V. × w.* 'Frizzle Sizzle Blue') ❷('Frizzle Sizzle Yellow') ❸('Matrix Purple') ❹('Majestic Giant Ⅱ Sherry') ❺('Majestic Giant Ⅱ White with Blotch') ❻('Majestic Giant Ⅱ Yellow with Blotch') ❼('Wonderfall Blue Picotee') ❽('Wonderfall Purple & Blue Shades')

시계꽃

1)시계꽃 '콘스탄스 엘리옷'

2)알라타시계꽃

3)박쥐날개시계꽃

4)시계꽃 '아메시스트'

## 시계꽃/파란시계초(시계꽃과)
### *Passiflora caerulea*

중남미 원산의 늘푸른여러해살이 덩굴풀로 6m 정도 길이로 벋는다. 잎은 어긋나고 손바닥처럼 5갈래로 깊게 갈라지며 갈래조각은 피침형이고 가장자리가 밋밋하다. 5~9월에 잎겨드랑이에 1개씩 피는 꽃은 지름 6~8㎝이다. 10개의 꽃덮이조각은 안쪽이 흰색이고 수평으로 퍼지며 실 모양의 부꽃부리는 자주색이 돌고 수술처럼 보인다. 수술은 5개이고 밑부분은 1개의 기둥처럼 되며 암술대는 3개이다. 1)시계꽃 '콘스탄스 엘리옷'('Constance Elliott')은 원예 품종으로 꽃잎과 꽃받침과 부꽃부리가 모두 흰색이다. 2)알라타시계꽃(*P. alata*)은 브라질 원산의 늘푸른여러해살이덩굴풀로 잎은 둥근 타원형이며 홍적색 꽃이 핀다. 타원형 열매는 10㎝ 정도 길이이며 먹을 수 있다. 3)박쥐날개시계꽃(*P. coriacea*)은 중남미 원산으로 가로로 긴 잎은 박쥐가 날개를 편 모양이다. 7~10월에 피는 연노란색 꽃은 지름 2~3㎝이다. 4)시계꽃 '아메시스트'(*P. 'Amethyst'*)는 원예 품종으로 늘푸른여러해살이덩굴풀이며 4m 정도 길이로 벋고 잎몸은 3갈래로 깊게 갈라진다. 청자색 꽃은 지름 10㎝ 정도이고 꽃덮이조각이 점차 뒤로 젖혀지며 꽃 피는 기간이 길다. 모두 양지바른 실내에서 심어 기른다.

과물시계꽃

<sup>1)</sup>니겔라시계꽃

<sup>2)</sup>바이올러셔시계꽃

<sup>3)</sup>레드시계꽃

<sup>4)</sup>시계꽃 '레이디 마가렛'

## 과물시계꽃/패션프루트 (시계꽃과)
*Passiflora edulis*

브라질 원산의 늘푸른덩굴나무로 잎은 어긋나고 3갈래로 깊게 갈라지며 가장자리에 톱니가 있고 광택이 있다. 햇가지의 잎겨드랑이에 1개씩 피는 흰색 꽃은 지름 6cm 정도이며 실 모양의 부꽃부리는 밑부분은 보라색, 윗부분은 흰색이며 구불거린다. 원형~타원형 열매는 지름 5cm 정도이며 과일로 먹는다. <sup>1)</sup>니겔라시계꽃(*P. foetida*)은 브라질 원산으로 잎몸은 3갈래로 얕게 갈라지고 흰색 꽃은 지름 5cm 정도이며 가운데가 연보라색이다. <sup>2)</sup>바이올러셔시계꽃(*P. × violacea*)은 교잡종으로 6m 정도 길이로 벋으며 잎몸은 3갈래로 갈라진다. 7~11월에 주황색~보라색 꽃이 핀다. <sup>3)</sup>레드시계꽃(*P. vitifolia*)은 중남미 원산의 늘푸른여러해살이덩굴풀로 잎은 어긋나고 잎몸은 3갈래로 갈라지며 가장자리에 톱니가 있다. 6~10월에 피는 붉은색 꽃은 좋은 향기가 나고 10장의 붉은색 꽃덮이 조각은 피침형이다. <sup>4)</sup>시계꽃 '레이디 마가렛'(*P. 'Lady Margaret'*)은 원예 품종으로 잎몸은 3갈래로 갈라지고 여름~가을에 적자색 꽃이 피는데 실 모양의 부꽃부리는 밑부분이 흰색이고 윗부분은 적자색이다. 모두 양지바른 실내에서 심어 기른다.

환접만

### 환접만(시계꽃과)
*Adenia glauca*

남아공 원산의 늘푸른덩굴나무로 잎겨드랑이에서 나오는 덩굴손으로 다른 물체를 감고 3m 정도 길이로 벋는다. 줄기 밑부분이 항아리 모양이나 술병 모양으로 비대해지는 다육식물로 지름 1m 정도에 이르기도 하며 녹색이다. 잎은 어긋나고 잎몸은 손바닥 모양으로 5갈래로 깊게 갈라지며 끝이 둔하고 가장자리는 밋밋하다. 암수딴 그루로 봄에 잎겨드랑이에서 나오는 송이꽃차례에 달리는 연노란색 꽃은 5갈래로 깊게 갈라진다. 양지바른 실내에서 심어 기른다.

### 노랑투르네라(시계꽃과)
*Turnera ulmifolia*

멕시코와 서인도 제도 원산의 늘푸른여러해살이풀로 60~90cm 높이로 자란다. 잎은 어긋나고 긴 달걀형이며 끝이 뾰족하고 가장자리에 톱니가 있으며 진녹색이고 광택이 있다. 줄기 끝에 피는 노란색 꽃은 지름 4~5cm이며 아침에 5장의 꽃잎을 활짝 벌렸다가 오후에는 시드는 하루살이꽃이다. 1)**흰투르네라**(*T. subulata*)는 중남미 원산의 늘푸른여러해살이풀로 줄기 끝에 피는 흰색~연노란색 꽃은 지름 4~5cm이며 중심부는 다갈색이다. 모두 실내에서 심어 기른다.

노랑투르네라　　　　　1)흰투르네라

## 붉은줄나무(대극과)
*Acalypha hispida*

호주 원산의 늘푸른떨기나무로 잎은 어긋나고 달걀형이며 끝이 뾰족하고 가장자리에 톱니가 있다. 암수딴그루로 잎겨드랑이에서 늘어지는 꼬리 모양의 이삭꽃차례에 자잘한 적자색 꽃이 촘촘히 달린다. [1]**윌크스깨풀**(*A. wilkesiana*)은 동인도와 남태평양 원산의 늘푸른떨기나무로 잎은 어긋나고 타원형이며 끝이 뾰족하고 밝은 녹색이며 가장자리에 톱니가 있다. 암수한그루로 가지 끝의 이삭꽃차례에 자잘한 황록색 꽃이 촘촘히 달린다. [2]**윌크스깨풀 '자바 화이트'**('Java White')는 잎에 연녹색과 노란색의 얼룩무늬가 있는 원예 품종이다. [3]**시암깨풀**(*A. siamensis*)은 열대 아시아 원산으로 잎은 어긋나고 긴 타원형~달걀형이며 약간 모가 지고 진녹색이며 광택이 있다. 잎겨드랑이에 달리는 기다란 이삭꽃차례에 자잘한 황록색 꽃이 모여 핀다. [4]**붉은여우꼬리풀**(*A. chamaedrifolia*)은 플로리다와 서인도 제도 원산의 늘푸른여러해살이풀로 지면을 따라 퍼져 나간다. 잎은 어긋나고 달걀형~둥근 달걀형이며 가장자리에 톱니가 있다. 4~11월에 줄기 끝에 술 모양의 붉은색 이삭꽃차례가 곧게 선다. 모두 실내에서 심어 기른다.

붉은줄나무

[1]윌크스깨풀

[2]윌크스깨풀 '자바 화이트'

[3]시암깨풀

[4]붉은여우꼬리풀

공작환

¹⁾문어대극

²⁾슬리퍼대극

³⁾맘밀라리스대극

⁴⁾황옥

⁵⁾유포르비아 그라미네아 '글리츠'

### 공작환(대극과)
*Euphorbia flanaganii*

남아공 원산의 늘푸른여러해살이 풀로 원통형 줄기는 5~10㎝ 길이이며 방석처럼 펼쳐진다. 잎은 어긋나고 선형이며 1㎝ 정도 길이이다. 줄기 밑부분에 달리는 노란색 꽃은 지름 4~5㎜이며 꽃잎은 5장이다. ¹⁾**문어대극**(*E. woodii*)은 남아공 원산의 다육식물로 줄기의 길이가 10~15㎝로 공작환보다 크게 자라며 가지가 갈라지는 곳에 노란색 꽃이 달린다. ²⁾**슬리퍼대극**(*E. lomelii*)은 멕시코 원산의 다육식물로 원통형 줄기는 180㎝ 정도 높이로 자라고 가지가 갈라진다. 혀 모양 잎은 건조하면 탈락한다. 가지 끝에 슬리퍼 모양의 주황색 꽃이 핀다. ³⁾**맘밀라리스대극**(*E. mammillaris*)은 남아공 원산의 다육식물로 모여나는 원통형 줄기는 20~30㎝ 높이로 자라며 돌기로 덮여 있고 드문드문 가시가 있다. 줄기 끝에 노란색 꽃이 모여 핀다. ⁴⁾**황옥/오베사**(*E. obesa*)는 남아공 원산의 다육식물로 둥근 줄기는 줄무늬가 있고 끝에 작은 노란색 꽃이 모여 달린다. ⁵⁾**유포르비아 그라미네아 '글리츠'**(*E. graminea* 'Glitz')는 멕시코 원산의 원예 품종으로 잎은 달걀형~피침형이며 선형의 흰색 포조각이 꽃잎처럼 보인다. 모두 실내에서 심어 기른다.

사자좌

## 사자좌(대극과)
*Euphorbia myrsinites*

지중해 연안 원산의 늘푸른여러해살이풀로 줄기는 바닥을 기며 35㎝ 정도 높이로 자란다. 잎은 돌려나고 달걀형이며 끝이 뾰족하고 가장자리가 밋밋하다. 4~7월에 줄기 끝의 등잔모양꽃차례에 자잘한 꽃이 피는데 포조각은 황록색이다. [1]**솔잎대극 '펜스 루비'**(*E. cyparissias* 'Fens Ruby')는 유럽 원산의 원예 품종으로 30㎝ 정도 높이로 자란다. 줄기에 촘촘히 달리는 바늘 모양의 잎은 봄에 돋을 때는 자줏빛이 돌지만 점차 청록색으로 변한다. 늦은 봄에 줄기 끝에 노란색 꽃이 모여 핀다. [2]**쌍룡각/폴리크로마대극**(*E. epithymoides*)은 유라시아 원산의 여러해살이풀로 60㎝ 정도 높이로 자란다. 잎은 어긋나고 긴 타원형~피침형이며 가장자리는 밋밋하지만 구불거린다. 4~6월에 줄기 끝의 등잔모양꽃차례에 노란색 꽃이 모여 핀다. [3]**속수자**(*E. lathyris*)는 유라시아 원산의 두해살이풀로 1m 정도 높이로 자란다. 잎은 마주나고 피침형이며 봄에 줄기 끝에 녹색~황록색 꽃이 핀다. [4]**설악초**(*E. marginata*)는 북미 원산의 한해살이풀로 줄기 윗부분의 잎 모양의 포조각은 둘레에 흰색 무늬가 있고 7~10월에 흰색 꽃이 핀다. 모두 화단에 심어 기른다.

[1]솔잎대극 '펜스 루비'

[2]쌍룡각

[3]속수자

[4]설악초

은룡

## 은룡(대극과)
### *Euphorbia tithymaloides*

열대 아메리카 원산의 늘푸른떨기나무로 50~150cm 높이로 자라는 줄기는 지그재그로 굽는다. 잎은 어긋나고 타원형~피침형이며 끝이 뾰족하고 가장자리는 밋밋하지만 물결 모양으로 주름이 진다. 줄기 끝의 갈래꽃차례에 분홍색 꽃이 모여 핀다. [1]**무늬은룡/대은룡**('Variegatus')은 원예 품종으로 타원형 잎 둘레에 연노란색, 연자주색 얼룩무늬가 있다. [2]**유리탑/쿠페리대극**(*E. cooperi*)은 남아공 원산의 늘푸른여러해살이풀로 3~5m 높이이다. 선인장 모양의 가지는 4~6개의 모가 지고 가시가 난다. 가시의 겨드랑이에 황록색 꽃이 핀다. [3]**와일드포인세티아**(*E. cyathophora*)는 아메리카 원산의 여러해살이풀로 줄기 밑부분의 잎은 달걀형이며 바이올린처럼 중간이 오목하게 들어간다. 7~12월에 줄기 끝의 등잔모양꽃차례에 자잘한 노란색 꽃이 피는데 큼직한 포조각은 주황색이며 꽃잎처럼 보인다. [4]**자메이카포인세티아**(*E. punicea*)는 카리브해 연안 원산의 늘푸른떨기나무로 잎은 긴 타원형이며 가죽질이다. 가지 끝에 달리는 등잔모양꽃차례에 자잘한 노란색 꽃이 모여 피고 붉은색 포조각이 꽃차례를 받친다. 모두 실내에서 심어 기른다.

[1]무늬은룡  [2]유리탑

[3]와일드포인세티아  [4]자메이카포인세티아

포인세티아 품종

포인세티아 품종

포인세티아 품종

포인세티아 품종

❶포인세티아 '레드 글리터'

❷포인세티아 '타이탄 화이트' ❸포인세티아 '윈터 로즈 얼리 레드' ❹포인세티아 '윈터 로즈 마블' ❺포인세티아 '윈터 로즈 화이트'

## 포인세티아(대극과) *Euphorbia pulcherrima*

북중미 원산의 늘푸른떨기나무로 50~300㎝ 높이로 자란다. 잎이나 줄기를 자르면 흰색 즙이 나온다. 잎은 어긋나고 넓은 피침형이며 7~15㎝ 길이이고 가장자리가 물결 모양이거나 2~3갈래로 얕게 갈라지며 끝은 뾰족하다. 가지와 줄기 끝의 피침형 잎은 진한 주홍색이라서 꽃잎처럼 보이는데 재배 품종에 따라 잎의 색깔과 모양이 여러 가지이다. 가지 끝의 꽃차례를 둘러싸고 있는 총포는 종 모양이며 황록색이고 그 속에 수꽃과 암꽃이 1개씩 들어 있다. 실내에서 심어 기르며 절화로도 이용한다.

❶('Red Glitter') ❷('Titan White') ❸('Winter Rose Early Red') ❹('Winter Rose Marble') ❺('Winter Rose White')

제롤디꽃기린 　　　　　[1]비귀에리꽃기린

## 제롤디꽃기린(대극과)
### *Euphorbia geroldii*

마다가스카르 원산의 늘푸른떨기나무로 30~150cm 높이로 자라며 줄기에 가시가 없다. 잎은 어긋나고 달걀형~타원형이며 가장자리가 밋밋하다. 가지 끝에 꽃이 피는데 붉은색 포가 꽃잎처럼 보인다. [1]**비귀에리꽃기린**(*E. viguieri*)은 마다가스카르 원산의 다육식물로 1m 정도 높이로 자란다. 5~6각이 지는 줄기는 가시가 많으며 끝에 몇 장이 달리는 타원형 잎은 겨울에 낙엽이 진다. 12~3월에 줄기 끝에 5~6개의 붉은색 꽃이 핀다. 모두 실내에서 심어 기른다.

## 로미꽃기린(대극과)
### *Euphorbia × lomi*

꽃기린(*E. milii*)과 *E. lophogona* 간의 교배종으로 늘푸른떨기나무이며 60~90cm 높이로 자라는 줄기는 가시로 덮여 있다. 줄기 끝에 모여나는 긴 타원형 잎은 가장자리가 밋밋하다. 줄기 끝에서 모여 피는 꽃은 꽃잎 모양의 포가 품종에 따라 붉은색, 분홍색, 노란색, 흰색 등 여러 가지이다. [1]**로미꽃기린 '라즈베리 브러시'**('Raspberry Blush')는 원예 품종으로 꽃잎 모양의 포는 붉은색과 연노란색 무늬가 섞여 있다. 모두 실내에서 심어 기른다.

[1]로미꽃기린 '라즈베리 브러시'

로미꽃기린 품종 　　　　　로미꽃기린 품종

❶꽃기린 '파노라마'  ❷꽃기린 '핑크 스톤'

꽃기린 품종

❸꽃기린 '레드 라이트'  ❹꽃기린 '레드 퀸'

❺꽃기린 '화이트 플래시'  ❻꽃기린 '화이트 라이트닝'  1)스플렌덴스꽃기린  ❼스플렌덴스꽃기린 '레드 질리안'

## 꽃기린(대극과)  *Euphorbia milii*

마다가스카르 원산의 늘푸른떨기나무로 150~180㎝ 높이의 줄기는 가시로 덮여 있다. 줄기 끝에 촘촘히 어긋나는 거꿀달걀형 잎은 3~4㎝ 길이이며 가장자리가 밋밋하다. 잎겨드랑이에서 자란 꽃대에 붉은색이나 노란색 꽃이 피며 많은 재배 품종이 있다. 1)**스플렌덴스꽃기린**(v. *splendens*)은 변종으로 가시로 덮인 줄기 끝에 잎이 모여 달린다. 달걀형 잎은 6㎝ 정도 길이이며 가장자리가 밋밋하다. 잎겨드랑이에서 자란 꽃대 끝에 붉은색이나 노란색 꽃이 핀다.

❶('Panorama')  ❷('Pink Stone')  ❸('Red Light')  ❹('Red Queen')  ❺('White Flash')  ❻('White Lightning')  ❼('Red Jillian')

차야나무

1)노르마크로톤

2)띠엄잎크로톤

3)금성크로톤

4)적피마자

## 차야나무(대극과)
### *Cnidoscolus aconitifolius*

중미 원산의 늘푸른떨기나무로 2~3m 높이이다. 잎은 어긋나고 손바닥 모양으로 깊게 갈라진다. 가지 끝에서 길게 자란 꽃대 끝에 자잘한 흰색 꽃이 촘촘히 모여 핀다. 잎을 채소로 먹는다. 크로톤/변엽목(*Codiaeum variegatum*)은 열대 아시아 원산의 늘푸른떨기나무로 촘촘히 어긋나는 잎은 달걀형~선형으로 변이가 많고 색깔과 무늬도 다양하다. 꽃송이에 달리는 자잘한 흰색 꽃은 20~30개의 수술이 촘촘하다. 1)노르마크로톤(*C. v.* 'Norma')은 큼직한 타원형 잎의 잎맥이 연노란색이지만 점차 붉은색으로 넓게 변하는 품종이다. 2)띠엄잎크로톤('Appendiculatum')은 가는 잎몸 중간이 잎맥으로 연결된 품종이다. 3)금성크로톤('Punctatum Aureum')은 선형 잎에 노란 점무늬가 있는 품종이다. 모두 실내에서 기른다. 4)적피마자(*Ricinus communis* 'Carmencita')는 인도와 북아프리카 원산의 원예 품종으로 1~2m 높이이다. 손바닥처럼 5~11갈래로 갈라지는 잎은 붉은빛이 돈다. 암수한그루로 줄기 끝의 송이꽃차례 아래쪽에는 노란색 수꽃이 모여 달리고 위쪽에는 붉은색 암꽃이 모여 달린다. 밭이나 화단에 심어 기른다.

## 마타피아(대극과)
### *Jatropha integerrima*

서인도 제도 원산의 늘푸른떨기나무로 1.5~3m 높이로 자란다. 잎은 어긋나고 타원형~달걀형이며 보통 3갈래로 깊게 갈라지고 끝이 뾰족하며 뒷면은 연녹색이다. 기다란 꽃송이 끝에 모여 피는 붉은색 꽃은 꽃잎이 5장이며 지름 2.5㎝ 정도이다. **[1]분홍마타피아**('Pink')는 분홍색 꽃이 피는 품종이다. **[2]무늬잎마타피아**('Variegata')는 잎에 연노란색 얼룩무늬가 있는 품종이다. **[3]복통나무**(*J. gossypiifolia*)는 열대 아메리카 원산의 늘푸른떨기나무로 보통 3~5갈래로 갈라지는 잎은 어릴 때는 자줏빛이 돌고 끈적거리는 털이 있다. 가지 끝의 갈래꽃차례에 모여 피는 붉은색 꽃은 지름 10~15mm이다. **[4]산호덤불**(*J. multifida*)은 열대 아메리카 원산의 늘푸른떨기나무로 잎은 손바닥 모양으로 7~11갈래로 깊게 갈라진다. 줄기 끝의 갈래꽃차례는 산호 모양이고 주홍색 꽃이 핀다. **[5]산호유동/과테말라대황**(*J. podagrica*)은 열대 아메리카 원산의 늘푸른떨기나무로 줄기 밑부분이 원통 모양으로 비대해진다. 잎몸은 손바닥처럼 3~5갈래로 갈라지고 줄기 끝의 갈래꽃차례는 산호 모양이며 주홍색 꽃이 핀다. 모두 실내에서 심어 기른다.

마타피아　　　　[1]분홍마타피아

[2]무늬잎마타피아　　[3]복통나무

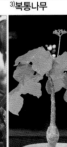

[4]산호덤불　　　[5]산호유동

297

황금아마

1)페렌네아마

2)운남월광화

## 황금아마(아마과)
### *Linum flavum*

유럽 원산의 여러해살이풀로 50㎝ 정도 높이이며 윗부분의 잎은 피침형이다. 6~7월에 모여 피는 노란색 꽃은 지름 2~4㎝이다. 1)페렌네아마(*L. perenne*)는 유럽 원산의 여러해살이풀로 30~60㎝ 높이로 자란다. 잎은 좁은 피침형이며 5~6월에 연푸른색 꽃이 핀다. 모두 화단에 심는다. 2)운남월광화(*Reinwardtia indica*)는 중국과 인도 원산의 늘푸른떨기나무로 1~2m 높이이다. 잎은 어긋나고 달걀형이며 봄에 가지 끝에 노란색 꽃이 핀다. 실내에서 기른다.

## 운남필란더스(여우주머니과)
### *Phyllanthus pulcher*

열대 아시아 원산의 늘푸른떨기나무로 50~150㎝ 높이로 자란다. 가지 양쪽으로 어긋나는 잎은 타원형~달걀형이다. 암수한그루로 잎겨드랑이에서 나온 긴 꽃자루 끝에 지름 5㎜ 정도의 붉은색 꽃이 고개를 숙이고 핀다. 1)핑크필란더스(*P. cuscutiflorus*)는 스리랑카 원산으로 3~4m 높이이다. 가지는 지그재그로 벋는다. 잎은 어긋나고 달걀형~타원형이며 끝이 뾰족하고 가장자리가 밋밋하다. 작은 꽃은 15㎜ 정도 길이의 가는 꽃자루에 매달린다. 모두 실내에서 기른다.

운남필란더스

1)핑크필란더스

리차드풍로초

## 리차드풍로초(쥐손이풀과)
### *Erodium reichardii*

유럽 서부 원산의 여러해살이풀로 10~15㎝ 높이로 자란다. 줄기는 가지가 갈라지며 전체가 방석 모양으로 퍼져 나가고 털로 덮여 있다. 잎은 어긋나고 타원형이며 가장자리가 얕게 갈라지고 톱니가 있으며 잎자루가 길다. 6~9월에 줄기 끝에 지름 2~3㎝의 홍자색 꽃이 피는데 꽃잎은 5장이다. <sup>1)</sup>**흰리차드풍로초**('Alba')는 흰색 꽃이 피는 품종이다. <sup>2)</sup>**겹풍로초**(*E.* × *variabile* 'Flore Pleno')는 교잡종으로 여러해살이풀이며 5~10㎝ 높이로 자란다. 둥근 하트형 잎은 가장자리가 톱니처럼 얕게 갈라진다. 5~9월에 꽃줄기 끝에 홍적색 겹꽃이 피는데 꽃잎에 진한 세로줄 무늬가 뚜렷하다. <sup>3)</sup>**노랑풍로초**(*E. chrysanthum*)는 그리스 원산의 여러해살이풀로 25㎝ 정도 높이로 자란다. 고사리 모양의 잎은 은회색이 돈다. 5~9월에 비스듬히 자라는 꽃줄기에 피는 연노란색 꽃은 지름 2㎝ 정도이다. <sup>4)</sup>**세잎풍로초**(*E. trifolium*)는 아프리카 아틀라스산맥 원산으로 넓은 달걀 모양의 잎은 밑부분이 심장저이며 털이 있고 셋으로 갈라지기도 한다. 4~11개가 모여 피는 흰색 꽃은 적자색 줄무늬가 있다. 모두 양지바른 화단에 심어 기른다.

<sup>1)</sup>흰리차드풍로초

<sup>2)</sup>겹풍로초

<sup>3)</sup>노랑풍로초

<sup>4)</sup>세잎풍로초

겹히말라야쥐손이

### 겹히말라야쥐손이(쥐손이풀과)
*Geranium himalayense* 'Plenum'

히말라야 원산의 여러해살이풀인 히말라야쥐손이의 원예 품종으로 30~40㎝ 높이로 자란다. 잎은 마주나고 손바닥 모양으로 깊게 갈라지며 갈래조각은 다시 갈라진다. 5~8월에 줄기 끝에 몇 개가 달리는 청자색 겹꽃은 지름 4~5㎝이며 진한 세로줄 무늬가 있다. [1]**구릉쥐손이**(*G. collinum*)는 유라시아 원산으로 15~50㎝ 높이로 자라는 줄기에 털이 있다. 둥근 잎은 마주나고 깊게 갈라지며 갈래조각은 다시 갈라진다. 가지 끝에 2개씩 달리는 분홍색 꽃은 지름 3~4㎝이다. [2]**에스프레소쥐손이**(*G. maculatum* 'Espresso')는 북미 원산의 원예 품종으로 여러해살이풀이며 40~50㎝ 높이로 자란다. 손바닥처럼 갈라지는 잎은 구릿빛이 돌고 4~6월에 분홍색 꽃이 핀다. [3]**페움쥐손이**(*G. phaeum*)는 유럽 원산의 여러해살이풀로 45~75㎝ 높이로 자란다. 잎은 손바닥처럼 7갈래로 갈라지고 5~8월에 진한 적갈색~자갈색 꽃이 핀다. [4]**초원쥐손이 '블랙 뷰티'**(*G. pratense* 'Black Beauty')는 중앙아시아 원산의 원예 품종으로 7~9갈래로 깊게 갈라지는 손바닥 모양의 잎은 구릿빛이 돌며 푸른색 꽃이 핀다. 모두 화단에 심어 기른다.

[1]구릉쥐손이

[2]에스프레소쥐손이

[3]페움쥐손이

[4]초원쥐손이 '블랙 뷰티'

1)흰상귀네움쥐손이

2)스트리아툼쥐손이

상귀네움쥐손이

3)상귀네움쥐손이 '비전 바이올렛'

❶ 쥐손이풀 '브룩사이드'

❷쥐손이풀 '드래곤 하트'  ❸ 쥐손이풀 '졸리 비'  ❹ 쥐손이풀 '메이비스 심프슨'  ❺ 쥐손이풀 '스플리시 스플래쉬'

### 상귀네움쥐손이(쥐손이풀과) *Geranium sanguineum*

유럽 원산의 여러해살이풀로 20~50㎝ 높이로 자라며 전체에 털이 많다. 잎은 4~5㎝ 길이이며 7갈래로 깊게 갈라지고 갈래조각은 다시 셋으로 갈라진다. 5~10월에 홍자색 꽃이 핀다. 1)**흰상귀네움쥐손이**('Album')는 흰색 꽃이 피는 품종이다. 2)**스트리아툼쥐손이**('Striatum')는 주름이 지는 분홍색 꽃이 피는 품종이다. 3)**상귀네움쥐손이 '비전 바이올렛'**('Vision Violet')은 여름내 진한 홍자색 꽃이 피는 품종이다. 이 외에도 많은 *Geranium*속의 원예 품종이 있으며 화단에 심어 기른다.

❶(*G.* 'Brookside') ❷('Dragon Heart') ❸('Jolly Bee') ❹('Mavis Simpson')
❺('Splish Splash')

깃잎양아욱

1)편자양아욱

3)고야규

2)알붐양아욱

4)쿠쿨라툼제라늄

## 깃잎양아욱(쥐손이풀과)
*Pelargonium alternans*

남아공 원산의 반떨기나무로 50~
60㎝ 높이이다. 줄기 끝에 모여나
는 깃꼴겹잎은 2~6㎝ 길이이며
털로 덮여 있고 가장자리는 주름
이 지며 벌레가 싫어하는 냄새가
난다. 이른 봄에 꽃줄기 끝에 흰색
꽃이 피는데 꽃밥은 붉은색이다.
1)**편자양아욱**(*P. acraeum*)은 남아공
원산의 떨기나무로 2m 정도 높이
로 자란다. 잎은 둥근 콩팥 모양이
며 깊게 갈라지고 부드러운 털로
덮여 있다. 꽃줄기 끝의 우산꽃차
례에 분홍색 꽃이 모여 핀다. 2)**알
붐양아욱**(*P. album*)은 남아공 원산
의 여러해살이풀로 15㎝ 정도 높
이로 자란다. 둥그스름한 잎은 가
장자리에 불규칙한 톱니가 있으며
양면이 샘털로 덮여 있고 잎자루
가 길다. 꽃줄기 끝에 모여 피는 흰
색 꽃은 붉은색 무늬가 있다. 3)**고
야규**(*P. carnosum*)는 남아프리카
원산의 떨기나무로 줄기 밑부분이
굵어진다. 잎은 깃꼴겹잎이며 가
장자리는 불규칙하게 갈라진다.
가지 끝의 우산꽃차례에 흰색~연
분홍색 꽃이 핀다. 4)**쿠쿨라툼제라
늄**(*P. cucullatum*)은 남아공 원산으
로 1m 정도 높이이다. 둥근 콩팥
모양의 잎은 가장자리에 톱니가
있고 홍자색 꽃이 핀다. 모두 실내
에서 심어 기른다.

## 레몬제라늄(쥐손이풀과)
### *Pelargonium crispum*

남아프리카 원산의 여러해살이풀로 70㎝ 정도 높이로 자란다. 잎은 손바닥 모양으로 갈라지며 잎맥을 따라 골이 지고 레몬 같은 향기가 난다. 꽃줄기 끝에 모여 피는 연분홍색 꽃은 지름 25㎜ 정도이며 위의 꽃잎 2장에 진한 홍자색 반점이 들어간다. [1]**레몬제라늄 '메이저'**('Major')는 원예 품종으로 잎은 아주 작고 가장자리에 둔한 톱니가 있으며 주름이 진다. [2]**솔향제라늄**(*P. denticulatum*)은 남아공 원산의 여러해살이풀로 1m 정도 높이까지 자란다. 세모꼴 잎은 깊고 가늘게 레이스처럼 갈라지며 파인애플 향이 난다. 연분홍색 꽃은 위쪽 꽃잎에 진한 색 반점이 있다. [3]**후렌치제라늄 '폴카'**(*P. domesticum* 'Polka')는 남아공 원산의 원예 품종으로 여러해살이풀이며 60~90㎝ 높이로 자란다. 콩팥 모양의 잎은 가장자리에 불규칙한 톱니가 있다. 홍적색 꽃은 위쪽 꽃잎에 적갈색 얼룩무늬가 있다. [4]**엥글러양아욱**(*P. englerianum*)은 남아프리카 원산의 여러해살이풀로 둥그스름한 잎은 가장자리에 불규칙한 톱니가 있고 주름이 진다. 분홍색~연분홍색 꽃은 위쪽 꽃잎에 적자색 얼룩무늬가 있다. 모두 실내에서 심어 기른다.

레몬제라늄

[1]레몬제라늄 '메이저'

[2]솔향제라늄

[3]후렌치제라늄 '폴카'

[4]엥글러양아욱

303

향기제라늄

### 향기제라늄(쥐손이풀과)
*Pelargonium exstipulatum*

남아공 원산의 반떨기나무로 1m 정도 높이로 자란다. 회녹색 잎은 벨벳처럼 부드럽고 얕게 갈라지며 주름이 지고 으깨면 강한 향기가 난다. 5~6월에 피는 분홍색 꽃은 위쪽 꽃잎에 진한 홍자색 무늬가 있다. [1]육두구제라늄(*P. × fragrans*)은 향기제라늄과 애플제라늄 간의 교잡종으로 30~50㎝ 높이로 자라며 잎에서 육두구 향이 난다. 둥근 심장 모양의 잎은 얕게 갈라지고 가장자리에 거친 톱니가 있다. 4~9월에 모여 피는 흰색 꽃은 위쪽 꽃잎에 홍자색 무늬가 있다. [2]무늬육두구제라늄('Variegatum')은 잎에 연노란색 얼룩무늬가 있는 품종이다. [3]고사리잎제라늄(*P. fruticosum*)은 남아공 원산으로 45㎝ 정도 높이로 자란다. 가죽질 잎은 여러 갈래로 깊고 가늘게 갈라진다. 꽃대에 2~3개씩 달리는 분홍색 꽃은 위쪽 꽃잎에 홍자색 무늬가 있다. [4]큰꽃제라늄(*P. grandiflorum*)은 남아공 원산의 여러해살이풀로 30~80㎝ 높이로 자란다. 손바닥 모양으로 갈라지는 잎은 가장자리에 굵은 톱니가 있고 청록색이 돈다. 4~6월에 모여 피는 큼직한 연분홍색 꽃은 위쪽 꽃잎에 홍자색 무늬가 있다. 모두 실내에서 심어 기른다.

[1]육두구제라늄

[2]무늬육두구제라늄

[3]고사리잎제라늄

[4]큰꽃제라늄

불꽃제라늄

1)단풍제라늄

2)양아욱

3)샐러리향제라늄

4)툰베리제라늄

## 불꽃제라늄(쥐손이풀과)
*Pelargonium ignescens*

남아프리카 원산의 여러해살이풀로 80㎝ 정도 높이로 자란다. 세모진 달걀형 잎은 손바닥처럼 갈라지고 갈래조각은 다시 얕게 갈라진다. 잎은 회녹색이며 벨벳처럼 부드럽다. 가지 끝에 모여 피는 붉은색 꽃은 위쪽 꽃잎 2장에 흑갈색 무늬가 있다. 1)단풍제라늄/벤쿠버제라늄(*P. × hortorum* 'Vancouver Centennial')은 교잡종인 여러해살이풀로 30~50㎝ 높이로 자란다. 잎이 단풍나무 잎 모양이며 적갈색 얼룩무늬가 단풍이 든 것처럼 보인다. 4~10월에 잎겨드랑이의 우산꽃차례에 피는 붉은색 꽃은 꽃잎이 얕게 갈라진다. 2)양아욱/제라늄(*P. inquinans*)은 남아공 원산의 여러해살이풀로 잎은 둥근 하트형이고 우산꽃차례에 지름 3㎝ 정도의 붉은색 꽃이 핀다. 3)샐러리향제라늄(*P. ionidiflorum*)은 남아공 원산으로 50㎝ 정도 높이이며 잎몸은 파슬리처럼 갈라지고 홍자색 꽃은 안쪽에 진한 색 무늬가 있다. 4)툰베리제라늄(*P. laevigatum*)은 남아공 원산으로 50㎝ 정도 높이로 자란다. 청록색 잎은 세겹잎이고 5㎝ 정도 길이이며 갈래조각은 가늘고 다시 갈라진다. 흰색 꽃은 위쪽 꽃잎에 홍적색 무늬가 있다. 모두 실내에서 심어 기른다.

호유제라늄

## 호유제라늄(쥐손이풀과)
*Pelargonium myrrhifolium*

남아공 원산의 늘푸른반떨기나무로 30~40㎝ 높이로 자란다. 잎몸은 깃꼴로 깊게 갈라지고 갈래조각은 다시 불규칙하게 갈라지며 샘털로 덮여 있고 향기가 난다. 5~6월에 피는 흰색 꽃은 지름 2㎝ 정도이며 위쪽 꽃잎에 적자색 무늬가 있다. [1]소말리아흰제라늄(*P. multibracteatum*)은 소말리아 원산의 여러해살이풀로 50㎝ 정도 높이로 자란다. 잎은 손바닥처럼 5갈래로 갈라지고 우산꽃차례에 5~16개의 흰색~분홍색 꽃이 핀다. [2]애플제라늄(*P. odoratissimum*)은 남아공 원산의 여러해살이풀로 30~50㎝ 높이로 자란다. 둥근 잎은 가장자리에 불규칙한 톱니가 있고 사과 향이 난다. 3~7월에 우산꽃차례에 피는 흰색 꽃은 안쪽에 붉은색 얼룩무늬가 있다. [3]참나무잎제라늄(*P. quercifolium*)은 남아공 원산의 여러해살이풀로 잎은 여러 갈래로 불규칙하게 갈라지고 연붉은색 꽃은 진한 색 반점이 있다. [4]로즈제라늄(*P. graveolens*)은 남아공 원산의 늘푸른떨기나무로 1m 정도 높이로 자란다. 잎은 손바닥처럼 깊게 갈라지고 가는털이 있으며 촉감이 부드럽고 장미 향이 난다. 분홍색 꽃은 붉은색 반점이 있다. 모두 실내에서 심어 기른다.

[1]소말리아흰제라늄

[2]애플제라늄

[3]참나무잎제라늄

[4]로즈제라늄

살몬제라늄

1)향수잎제라늄

2)페퍼민트제라늄

3)트리쿠스피다툼양아욱

4)무늬제라늄 '아벨리나'

## 살몬제라늄(쥐손이풀과)
### Pelargonium salmoneum

남아공 원산의 늘푸른반떨기나무로 40~80㎝ 높이로 자란다. 잎은 넓은 달걀형이며 가장자리에 둔한 톱니가 있다. 꽃줄기 끝의 우산꽃차례에 4~20개의 살몬 빛이 도는 분홍색 꽃이 모여 핀다. 1)향수잎제라늄(P. schottii)은 남아프리카 원산으로 30㎝ 정도 높이로 자란다. 깃꼴로 갈라지는 잎은 은빛이 돌고 4~10월에 피는 진분홍색 꽃은 흑적색 반점이 있다. 2)페퍼민트제라늄(P. tomentosum)은 남아공 원산의 여러해살이풀로 30~50㎝ 높이로 자란다. 손바닥 모양으로 얕게 갈라지는 잎은 부드러운 털과 샘털로 덮여 있고 박하 향이 난다. 흰색 꽃은 보라색 반점이 있다. 3)트리쿠스피다툼양아욱(P. tricuspidatum)은 35㎝ 정도 높이로 자란다. 타원형 잎은 3갈래로 갈라지기도 하고 끝이 뾰족하며 가장자리에 불규칙한 톱니가 있다. 흰색 꽃은 위쪽 꽃잎에 붉은색 반점이 있다. 4)무늬제라늄 '아벨리나'(P. zonale 'Abelina')는 원예 품종으로 여러해살이풀이며 30~50㎝ 높이로 자란다. 둥근 하트형 잎은 앞면에 말굽 모양의 진한 색 무늬가 있고 가장자리에 톱니가 있다. 꽃줄기 끝에 홍적색 꽃이 모여 핀다. 모두 실내에서 심어 기른다.

아이비제라늄

❶ 아이비제라늄 '아카풀코' ❷ 아이비제라늄 '발콘 라일락'

❸ 아이비제라늄 '발콘 레드' ❹ 아이비제라늄 '발콘 화이트'

❺ 아이비제라늄 '데코라 레드' ❻ 아이비제라늄 '에브카' ❼ 아이비제라늄 '글라시어 화이트' ❽ 아이비제라늄 '화이트 펄'

## 아이비제라늄(쥐손이풀과) *Pelargonium peltatum*

남아공 원산의 늘푸른여러해살이풀로 1m 정도 길이로 벋는다. 잎은 손바닥 모양으로 얕게 갈라지며 5~7㎝ 길이이고 갈래조각 끝이 뾰족한 것이 아이비 잎을 닮았고 광택이 있다. 봄과 가을에 잎겨드랑이에서 나온 우산꽃차례에 2~9개의 흰색, 분홍색 꽃이 달리며 위쪽 꽃잎에 홍적색 무늬가 있다. 여러 재배 품종이 있고 실내에서 심어 기르며 걸이화분으로도 이용한다. *Pelargonium*속은 흔히 '제라늄'이라고 하며 많은 원예 품종을 개발하여 화단이나 화분에 심어 기르고 있다.

❶('Acapulco') ❷('Balcon Lilac') ❸('Balcon Red') ❹('Balcon White') ❺('Decora Red') ❻('Evka') ❼('Glacier White') ❽('White Pearl')

❾ 제라늄 '아메리카나 코랄'　❿ 제라늄 '아메리카나 로즈 메가 스플래쉬'　⓫ 제라늄 '아메리카나 화이트 스플래쉬 임프루브드'　⓬ 제라늄 '엔젤아이즈 바이컬러'

⓭ 제라늄 '엔젤아이즈 버건디 레드'　⓮ 제라늄 '엔젤아이즈 오렌지'　⓯ 제라늄 '칼리엔테 오렌지'　⓰ 제라늄 '페어리 벨벳'

⓱ 제라늄 '화이어워크스 바이컬러'　⓲ 제라늄 '화이어워크스 스칼렛'　⓳ 제라늄 '퍼스트 옐로'　⓴ 제라늄 '프랭크 헤들리'

㉑ 제라늄 '페이턴스 유니크'　㉒ 제라늄 '프레스토 핑크 시즐'　㉓ 제라늄 '레드 위치'　㉔ 제라늄 '서머 아이돌 핑크'

❾(*P*. 'Americana Coral') ❿('Americana Rose Mega Splash') ⓫('Americana White Splash Improved') ⓬('Angeleyes Bicolor') ⓭('Angeleyes Burgundy Red') ⓮('Angeleyes Orange') ⓯('Caliente Orange') ⓰('Fairy Velvet') ⓱('Fireworks Bicolor') ⓲('Fireworks Scarlet') ⓳('First Yellow') ⓴('Frank Headley') ㉑('Paton's Unique') ㉒('Presto Pink Sizzle') ㉓('Red Witch') ㉔('Summer Idols Pink')

용골규

### 용골규(쥐손이풀과)
*Sarcocaulon patersonii*

나미비아와 남아공의 사막 지대에서 자라는 떨기나무로 30~40㎝ 높이로 자라며 잎자루가 변한 가시가 있다. 잎은 타원형~거꿀달걀형이며 5~26㎜ 길이이고 가장자리가 밋밋하다. 분홍색 꽃은 지름 25㎜ 정도이며 꽃잎은 5장이다. [1]용골성(*S. herrei*)은 남아공의 사막 지대에서 자라는 떨기나무로 굵은 가지에 잎자루가 변한 긴 가시가 달린다. 잎은 깃꼴로 갈라지며 갈래조각은 가늘고 짧은털이 난다. 흰색 꽃은 지름 25~28㎜이다. 양지바른 실내에서 기른다.

[1]용골성

### 인도사군자(사군자과)
*Combretum indicum*

열대 아시아 원산으로 줄기 윗부분은 덩굴로 벋으며 가시가 있다. 타원형 잎은 끝이 뾰족하고 잎맥이 뚜렷하다. 꽃이 아침에 필 때는 흰색이지만 점차 붉은색으로 변하며 꽃받침통이 대롱처럼 길고 5장의 꽃잎은 수평으로 벌어진다. [1]둥근솔콤브레툼(*C. constrictum*)은 동남아시아 원산의 늘푸른떨기나무로 잎은 마주나고 긴 타원형이다. 가지 끝에 둥근 붉은색 꽃송이가 달린다. 꽃은 붉은색 꽃잎 밖으로 암술과 수술이 길게 벋는다. 모두 실내에서 심어 기른다.

인도사군자                    [1]둥근솔콤브레툼

구피화

### 구피화(부처꽃과)
*Cuphea hyssopifolia*

멕시코와 과테말라 원산의 늘푸른 떨기나무로 60㎝ 정도 높이로 자란다. 잎은 마주나고 긴 타원형~피침형이며 끝이 뾰족하다. 잎겨드랑이에 촘촘히 달리는 홍자색 꽃은 꽃잎과 꽃받침이 모두 6갈래로 갈라진다. [1]**흰구피화**('Alba')는 흰색 꽃이 피는 품종이다. [2]**노랑부처꽃**(*Heimia myrtifolia*)은 브라질과 우루과이 원산의 갈잎떨기나무로 1m 정도 높이로 자란다. 잎은 마주나고 피침형이며 끝이 뾰족하고 가장자리가 밋밋하다. 6~7월에 잎겨드랑이에 피는 노란색 꽃은 4~6장의 꽃잎이 하트형이다. 모두 실내에서 심어 기른다. [3]**담배초**(*Cuphea ignea*)는 멕시코와 자메이카 원산의 늘푸른떨기나무이지만 화단에 한해살이화초처럼 기르며 30~50㎝ 높이로 자란다. 잎은 마주나고 달걀모양의 피침형이다. 9~11월에 긴 대롱 모양의 붉은 주황색 꽃이 핀다. [4]**멕시코담배초**(*C. micropetala*)는 멕시코 원산의 늘푸른반떨기나무로 1m 정도 높이로 자란다. 잎은 마주나고 좁은 피침형이며 끝이 뾰족하고 가장자리가 밋밋하며 광택이 있다. 9~11월에 잎겨드랑이에 긴 대롱 모양의 노란색 꽃이 피는데 점차 주황색으로 변한다. 모두 양지바른 화단이나 실내에서 심어 기른다.

[1]**흰구피화**

[3]**담배초**

[4]**멕시코담배초**

[2]**노랑부처꽃**

석류나무 열매

석류나무

1)겹꽃석류

2)흰겹꽃석류 3)애기석류 3)애기석류 열매 4)석류 '퍼플 선셋'

## 석류나무(부처꽃과) *Punica granatum*

유라시아 원산의 갈잎작은키나무로 5~6m 높이로 자란다. 잎은 긴 타원형이며 끝이 둔하고 가장자리가 밋밋하다. 5~6월에 가지 끝에 지름 5㎝ 정도의 붉은색 꽃이 피는데 6장의 꽃잎은 주름이 지고 붉은색 꽃받침통은 육질이다. 둥근 열매는 지름 6~8㎝이며 붉게 익는다. 1)겹꽃석류('Flore Pleno')는 붉은색 겹꽃이 피는 품종이다. 2)흰겹꽃석류('Flore Pleno Alba')는 흰색 겹꽃이 피는 품종이다. 3)애기석류('Nana')는 왜성종으로 1m 정도 높이로 자라며 붉게 익는 열매는 5㎝ 정도 크기로 작다. 4)석류 '퍼플 선셋'('Purple Sunset')은 왜성종으로 흑자색으로 익는 열매는 5㎝ 정도 크기로 작다. 모두 양지바른 화단에 심어 기른다.

<sup>1)</sup>덤불후크시아　<sup>2)</sup>인동후크시아

레이찌후크시아

❶후크시아 '지니아이'　❷후크시아 '제니'

❸후크시아 '리틀 크래커'　❹후크시아 '로즈 오브 캐스틸'　❺후크시아 '스노캡'　❻후크시아 '선레이'

### 레이찌후크시아(바늘꽃과) *Fuchsia regia* ssp. *reitzii*

브라질 원산의 반덩굴식물로 3~10m 길이로 벋는다. 잎은 마주나고 긴 타원형~피침형이며 끝이 뾰족하다. 여름에 잎겨드랑이에서 늘어지는 대롱 모양의 꽃은 붉은색 꽃받침이 4갈래로 벌어지고 꽃부리는 자주색이다. <sup>1)</sup>덤불후크시아(*F. paniculata*)는 중남미 원산으로 잎은 긴 타원형이고 원뿔꽃차례에 홍자색 꽃이 많이 달린다. <sup>2)</sup>인동후크시아(*F. triphylla*)는 서인도 제도 원산으로 잎 뒷면은 적갈색이 돌고 깔때기 모양의 꽃은 주황색이다. 후크시아는 원예 품종이 많으며 모두 실내에서 심어 기른다.
❶(*F*. 'Genii') ❷('Janie') ❸('Little Cracker') ❹('Rose of Castile') ❺('Snowcap')
❻('Sunray')

도도내이바늘꽃

## 도도내이바늘꽃(바늘꽃과)
*Epilobium dodonaei*

유럽 원산의 여러해살이풀로 30~90cm 높이로 자란다. 잎은 마주나고 선형이며 끝이 뾰족하고 가장자리에 톱니가 있다. 6~8월에 줄기 끝의 송이꽃차례에 달리는 분홍색 꽃은 지름 2cm 정도이다. 기다란 열매는 바늘처럼 생겼다. [1]**분홍바늘꽃**(*E. angustifolium*)은 중부 이북에서 자라는 여러해살이풀로 1~1.5m 높이이다. 잎은 어긋나고 피침형이며 여름에 줄기 끝의 송이꽃차례에 분홍색 꽃이 핀다. [2]**가주바늘꽃**(*E. canum* v. *latifolium*)은 북미 원산의 여러해살이풀로 잎은 타원형~긴 타원형이며 6~12월에 깔때기 모양의 긴 주황색 꽃이 핀다. [3]**춘송화**(*Clarkia rubicunda*)는 북미 원산의 한해살이풀로 30~90cm 높이이다. 잎은 마주나고 선형이며 가장자리가 밋밋하다. 6~7월에 피는 홍자색 꽃은 지름 5cm 정도이며 중심부에 붉은색 무늬가 있다. [4]**모기꽃/애기풍접초**(*Lopezia racemosa*)는 중미 원산의 여러해살이풀로 30~70cm 높이이다. 잎몸은 긴 타원형~피침형이며 끝이 뾰족하고 가장자리가 거의 밋밋하다. 여름에 가지 끝의 송이꽃차례에 모기처럼 보이는 분홍색 꽃이 피는데 꽃자루가 길다. 모두 화단에 심어 기른다.

[1]분홍바늘꽃

[2]가주바늘꽃

[3]춘송화

[4]모기꽃

가우라/홍접초

## 가우라(바늘꽃과)
### *Gaura lindheimeri*

북미 원산의 여러해살이풀로 60~120㎝ 높이이다. 잎은 어긋나고 피침형이며 끝이 뾰족하고 가장자리에 치아 모양의 톱니가 있다. 5~10월에 줄기 윗부분의 긴 꽃차례에 피는 나비 모양의 분홍색이나 흰색 꽃은 지름 2~3㎝이다. 분홍색 꽃은 '홍접초'라고 하고 흰색 꽃은 '백접초'라고도 한다. [1]**물앵초**(*Ludwigia peploides*)는 북미 원산의 여러해살이물풀로 줄기는 2m 이상 길이로 벋는다. 잎은 어긋나고 긴 타원형~달걀형이며 끝이 뾰족하고 가장자리가 밋밋하다. 5~9월에 잎겨드랑이에서 나오는 노란색 꽃은 지름 1~2㎝이며 꽃잎은 5장이다. [2]**레펜스여뀌바늘**(*L. repens*)은 북미 원산으로 30~50㎝ 높이로 자라며 거꿀피침형 잎이 마주난다. 7~9월에 피는 노란색 꽃은 지름 1㎝ 미만이며 꽃잎 사이가 벌어진다. [3]**물다이아몬드**(*L. sedioides*)는 브라질 원산의 여러해살이물풀이다. 물속 땅에 뿌리를 박고 자란 10~100㎝ 길이의 줄기 끝에서 잎이 모여나는데 마름모꼴 잎은 방석처럼 퍼져 물 위에 뜬다. 여름에 잎겨드랑이에서 자란 꽃대 끝에 피는 노란색 꽃은 지름 4㎝ 정도이며 꽃잎은 4장이고 하루살이꽃이다. 모두 화단에 심어 기른다.

가우라/백접초

[1]물앵초

[2]레펜스여뀌바늘

[3]물다이아몬드

315

황금달맞이꽃

¹⁾향달맞이꽃

### 황금달맞이꽃(바늘꽃과)
*Oenothera fruticosa*

북미 원산의 여러해살이풀로 줄기는 30~90㎝ 높이로 곧게 자란다. 뿌리잎은 달걀형이고 로제트형으로 모여난다. 줄기잎은 피침형~달걀형이며 끝이 뾰족하고 가장자리에 톱니가 있다. 5~8월에 가지 끝의 송이꽃차례에 지름 5㎝ 정도의 노란색 꽃이 이른 아침에 피고 오후에는 4장의 꽃잎을 닫는다. ¹⁾향달맞이꽃(*O. macrocarpa*)은 북미 원산으로 좁은 피침형 잎은 15㎝ 정도 길이이고 여름에 피는 노란색 꽃은 지름 7㎝ 정도이다. 모두 양지바른 화단에 심어 기른다.

낮달맞이꽃

¹⁾분홍애기낮달맞이꽃

### 낮달맞이꽃/분홍달맞이꽃(바늘꽃과)
*Oenothera speciosa*

북미 원산의 여러해살이풀로 줄기는 30~60㎝ 높이로 자란다. 잎은 어긋나고 좁은 타원형이며 가장자리에 물결 모양의 톱니가 있고 밑의 잎은 깃꼴로 갈라지기도 한다. 5~8월에 피는 연분홍색 꽃은 지름 3~4㎝이며 꽃잎은 4장이다. ¹⁾분홍애기낮달맞이꽃(*O. rosea*)은 북중미 원산의 여러해살이풀로 20~60㎝ 높이로 자란다. 잎은 긴 타원형~달걀형이며 밑의 잎은 깃꼴로 갈라지기도 한다. 5~9월에 피는 홍자색 꽃은 지름 10~15㎜이다. 모두 화단에 심어 기른다.

병솔나무

¹⁾병솔나무 '제퍼시'

²⁾병솔나무 '리틀존'

³⁾병솔나무 '퍼플 클라우드'

### 병솔나무(도금양과) *Callistemon citrinus*

호주 원산의 늘푸른떨기나무로 2~4m 높이로 자란다. 잎은 어긋나고 피침형이며 3~8㎝ 길이이고 끝이 뾰족하며 가장자리가 밋밋하고 가죽질이다. 여름~가을에 어린 가지 끝에 달리는 이삭꽃차례에 붉은색 꽃이 핀 모습이 시험관을 닦는 솔과 비슷하며 레몬 향이 난다. 꽃차례 끝부분에서 다시 잎가지가 자란다. ¹⁾**병솔나무 '제퍼시'**('Jeffersii')는 원예 품종으로 적자색 꽃이 핀다. ²⁾**병솔나무 '리틀존'**(*C.* 'Little John')은 왜성종으로 1m 정도 높이이며 회녹색 잎이 촘촘하고 붉은색 꽃이 핀다. ³⁾**병솔나무 '퍼플 클라우드'**(*C.* 'Purple Cloud')는 원예 품종으로 자주색 꽃이 피고 수술 끝은 노란색이다. 모두 남쪽 섬에서 화단에 심어 기른다.

미드겐베리

1)솔매

2)솔매 '스노플레이크'

## 미드겐베리(도금양과)
### *Austromyrtus dulcis*

호주 원산의 늘푸른떨기나무로 2m 정도 높이이다. 잎은 마주나고 긴 달걀형이며 끝이 뾰족하고 가장자리가 밋밋하다. 봄~여름에 윗부분의 잎겨드랑이에 1~5개의 흰색 꽃이 핀다. 둥근 열매는 흰색으로 익으며 깨알 같은 점이 많다. 열매는 단맛이 나며 과일로 먹는다. 1)솔매/왁스플라워(*Chamelaucium uncinatum*)는 호주 원산의 늘푸른떨기나무로 1.5~3m 높이이다. 가지에 마주나는 가는 선형 잎은 끝이 뾰족하다. 4~6월에 잎겨드랑이에 분홍색~홍자색 꽃이 핀다. 2)솔매 '스노플레이크'('Snowflake')는 흰색 꽃이 피는 품종이다. 3)은매화/머틀(*Myrtus communis*)은 지중해 연안 원산의 늘푸른떨기나무 3~5m 높이이다. 잎은 마주나거나 3장씩 돌려나고 타원형이며 끝이 뾰족하고 가장자리가 밋밋하다. 5~7월에 잎겨드랑이에 피는 흰색 꽃은 기다란 수술이 많다. 4)도금양나무(*Rhodomyrtus tomentosa*)는 동남아시아 원산의 늘푸른떨기나무로 2~4m 높이이다. 잎은 마주나고 긴 타원형이며 가장자리가 밋밋하다. 5월경에 가지에 홍자색 꽃이 2~3개씩 모여 피는데 5장의 꽃잎 가운데에 많은 수술이 모여 있다. 모두 실내에서 심어 기른다.

3)은매화

4)도금양나무

호주매화

❶호주매화 '애플 블로섬'　❷호주매화 '버건디 퀸'

❸호주매화 '키위'　❹호주매화 '레이 윌리암스'

❺호주매화 '레드 다마스크'　❻호주매화 '멜린다'　❼호주매화 '루돌프'

### 호주매화/마누카(도금양과)　*Leptospermum scoparium*

호주와 뉴질랜드 원산의 늘푸른떨기나무로 2~4m 높이로 자란다. 잎은 어긋나고 피침형이며 7~20㎜ 길이이고 끝이 뾰족하다. 잎몸은 단단하고 잎자루가 없다. 1~6월에 가지 끝이나 잎겨드랑이에 피는 매화를 닮은 흰 색이나 분홍색 꽃은 지름 1㎝ 정도이다. 꽃의 중심부는 둥근 쟁반 모양이 며 녹색~흑적색이고 수술은 20개 정도이다. 꽃에서 채취한 꿀을 '마누카 꿀'이라고 한다. 잎으로 차를 끓이기 때문에 영어 이름은 '티트리(Tea Tree)'이다. 많은 원예 품종이 있으며 남쪽 섬에서 화단에 심어 기른다.

❶('Apple Blossom')　❷('Burgundy Queen')　❸('Kiwi')　❹('Ray Williams')
❺('Red Damask')　❻(*L.* 'Merinda')　❼(*L.* 'Rudolph')

메디닐라 마그니피카

1)메디닐라 쿰밍지이

2)메디닐라 미니아타

3)핑크레이디

4)자바니피스

## 메디닐라 마그니피카(멜라스토마과)
### *Medinilla magnifica*

필리핀 원산의 늘푸른떨기나무로 1~2m 높이로 자란다. 잎은 마주나고 타원형이며 20㎝ 정도 길이이고 가장자리가 밋밋하며 잎맥이 뚜렷하다. 여름에 줄기 끝에서 늘어지는 20~30㎝ 길이의 꽃차례는 큼직한 분홍색 포조각으로 싸여 있고 안에 작은 분홍색 꽃이 핀다. 1)메디닐라 쿰밍지이(*M. cummingii*)는 필리핀 원산의 늘푸른떨기나무로 연분홍색 꽃송이에 큼직한 포조각이 없다. 2)메디닐라 미니아타(*M. miniata*)는 필리핀 원산의 늘푸른떨기나무로 줄기 끝에서 길게 늘어지는 꽃차례는 포조각과 꽃송이 모두 진홍색이다. 3)핑크레이디(*Heterotis rotundifolia*)는 열대 아프리카 원산의 여러해살이덩굴풀로 털로 덮인 줄기는 땅을 기며 마디에서 뿌리를 내린다. 잎은 마주나고 하트형이며 끝이 뾰족하고 3개의 잎맥이 뚜렷하다. 홍자색 꽃은 지름 3~4㎝이며 꽃받침은 가시 같은 털로 덮여 있다. 4)자바니피스(*Memecylon caeruleum*)는 동남아 원산의 늘푸른떨기나무로 3~6m 높이이다. 잎은 마주나고 타원형이며 끝이 뾰족하고 가죽질이다. 잎 겨드랑이에 모여 피는 남보라색 꽃은 5~6㎜ 크기로 매우 작다. 모두 실내에서 심어 기른다.

인도석남화

### 인도석남화(멜라스토마과)
*Melastoma malabathricum*

열대 아시아와 호주 원산의 늘푸른떨기나무로 1~2m 높이로 자란다. 잎은 마주나고 긴 타원형이며 7㎝ 정도 길이이고 끝이 뾰족하며 3개의 주맥이 나란히 벋는다. 잎 앞면은 광택이 있고 뒷면은 뻣뻣한 털이 있다. 가지 끝의 갈래꽃차례에 피는 홍자색 꽃은 지름 4~6㎝이며 꽃잎은 5장이다. 둥근 열매는 지름 1㎝ 정도이며 끝에 꽃받침자국이 뚜렷하고 붉게 익는다. [1]**흰인도석남화**('Alba')는 흰색 꽃이 피는 품종이다. [2]**자주들모란**(*Tibouchina urvilleana*)은 브라질 원산의 늘푸른떨기나무로 1~4m 높이로 자란다. 어린 가지는 네모지고 부드러운 털로 덮여 있다. 잎은 마주나고 긴 달걀형이며 4~12㎝ 길이이고 끝이 뾰족하다. 잎 양면이 부드러운 털로 덮여 있고 세로로 벋는 5개 정도의 잎맥이 뚜렷하다. 가지 끝에 피는 1~3개의 남보라색 꽃은 지름 2.5~3㎝이다. [3]**세미데칸드라들모란**(*T. semidecandra*)은 브라질 원산의 늘푸른떨기나무로 3~4.5m 높이로 자란다. 잎은 3개의 잎맥이 뚜렷하고 가장자리가 붉은 빛이 돌기도 한다. [4]**들모란 '이매진'**(*T. 'Imagine'*)은 교잡종으로 가지 끝에 피는 분홍색 꽃은 중심부로 갈수록 흰색을 띤다. 모두 실내에서 심어 기른다.

[1]흰인도석남화

[2]자주들모란

[3]세미데칸드라들모란

[4]들모란 '이매진'

통조화      [1]붉은꽃통조화

### 통조화(통조화과)
*Stachyurus praecox*

일본 원산의 갈잎떨기나무로 2~4m 높이로 자란다. 잎은 어긋나고 긴 타원형~달걀형이며 6~12cm 길이이고 끝이 뾰족하며 가장자리에 톱니가 있다. 암수딴그루로 3~4월에 잎이 나기 전에 3~10cm 길이의 송이꽃차례가 밑으로 늘어진다. 종 모양의 연노란색 꽃은 지름 6~9mm이고 꽃잎은 4장이다. 둥근 타원형 열매는 7~12mm 크기이다. [1]**붉은꽃통조화**('Rubriflora')는 원예 품종으로 이른 봄에 잎이 나기 전에 붉은색 꽃이 핀다. 모두 화단에 심어 기른다.

풍선덩굴

### 풍선덩굴(무환자나무과)
*Cardiospermum halicacabum*

열대 지방 원산의 한해살이덩굴풀로 2~3m 길이로 벋는다. 잎과 마주나는 덩굴손으로 감고 오른다. 잎은 어긋나고 2회세겹잎~2회깃꼴겹잎이며 3~8cm 길이이다. 작은잎은 좁은 달걀형이며 끝이 뾰족하고 가장자리가 다시 갈라진다. 8~9월에 잎겨드랑이에 달리는 흰색 꽃은 지름 8~10mm이며 4장의 꽃잎은 크기가 조금씩 다르다. 열매는 둥근 풍선이나 꽈리 모양이고 지름 1.5~3cm이며 3개의 골이 지고 씨앗은 검게 익는다. 화단에 심어 기르며 들에서 저절로 자란다.

보로니아 크레누라타

1)**보로니아 헤테로필라**　2)**보로니아 핀나타**

### 보로니아 크레누라타(운향과)
*Boronia crenulata*

호주 원산의 늘푸른떨기나무로 1m 정도 높이까지 자란다. 잎은 마주 나고 타원형~좁은 타원형이며 향기가 있다. 가지 끝의 잎겨드랑이에 피는 홍자색 꽃은 十자 모양으로 벌어진다. 1)**보로니아 헤테로필라**(*B. heterophylla*)는 호주 원산으로 깃꼴겹잎은 작은잎이 선형이며 은방울꽃 모양의 홍자색 꽃이 조롱조롱 매달린다. 2)**보로니아 핀나타**(*B. pinnata*)는 호주 원산으로 깃꼴겹잎은 작은잎이 선형이며 홍자색 꽃은 十자 모양으로 벌어진다. 모두 실내에서 심어 기른다.

### 둥근금감/둥근금귤(운향과)
*Citrus japonica*

중국 원산의 늘푸른떨기나무로 1~3m 높이로 자라며 가시가 있다. 잎은 어긋나고 넓은 피침형이며 4~10㎝ 길이이고 잎자루에 날개가 거의 없다. 6~7월에 잎겨드랑이에 지름 2㎝ 정도의 흰색 꽃이 1~3개씩 핀다. 열매는 원형~거꿀달걀 모양의 긴 타원형이며 2~3㎝ 길이이고 11~12월에 주황색으로 익으며 과일로 먹는다. 1)**두금감**('Hindsii')은 둥근금감과 비슷하지만 둥그스름한 열매가 지름 10~15㎜로 작은 품종이다. 모두 남쪽 섬에서 재배하거나 화단에 심어 기른다.

둥근금감　　　　　　1)**두금감**

난쟁이올리브      열매

1)목초롱      2)서던크로스

3)버들서던크로스      4)브라질에리스로치톤

## 난쟁이올리브(운향과)
### *Cneorum tricoccon*

지중해 연안 원산의 늘푸른떨기나무로 30~60㎝ 높이이다. 잎은 어긋나고 피침형이며 주맥이 뚜렷하다. 3~6월에 가지 윗부분의 잎겨드랑이에 노란색 꽃이 피는데 꽃잎은 3~4장이다. 열매는 3개의 골이 진다. 남부 지방의 화단에 심어 기른다. 1)목초롱/오지랜턴(*Correa reflexa*)은 호주 원산의 늘푸른떨기나무로 1m 정도 높이이다. 잎은 마주나고 타원형~좁은 달걀형이며 광택이 있다. 가지 끝의 잎겨드랑이에서 늘어지는 원통 모양의 꽃은 보통 밑부분은 붉은색이고 윗부분은 노란색이다. 2)서던크로스(*Crowea exalata*)는 호주 원산의 늘푸른떨기나무로 잎은 좁고 길다. 5~11월에 잎겨드랑이에 별 모양의 분홍색 꽃이 핀다. '서던크로스(남십자성)'라는 영어 이름을 일본어 발음으로 불러 흔히 '사상크로스'라고 한다. 3)버들서던크로스(*C. saligna*)는 호주 원산으로 잎은 좁은 타원형이며 3~6㎝ 길이이다. 4)브라질에리스로치톤(*Erythrochiton brasiliensis*)은 남미 원산의 늘푸른떨기나무로 2m 정도 높이로 자란다. 줄기 끝에 모여 달리는 피침형 잎은 가장자리가 물결 모양으로 구불거린다. 기다란 꽃차례에 피는 흰색 꽃은 꽃받침이 주황색이다. 모두 실내에서 심어 기른다.

## 칠리향/오렌지자스민(운향과)
### *Murraya paniculata*

인도와 동남아시아 원산의 늘푸른
떨기나무로 2~3m 높이로 자란다.
잎은 홀수깃꼴겹잎이며 작은잎은
3~9장이고 타원형이다. 잎 뒷면
은 회녹색이며 기름점이 많다. 가
지의 꽃송이에 흰색 꽃이 모여 피
는데 향기가 진하며 5장의 꽃잎은
끝부분이 뒤로 젖혀진다. 타원형
열매는 주홍색으로 익는다. [1)]**조디
아**(*Euodia suaveolens*)는 파푸아뉴기
니 원산의 늘푸른떨기나무로 1m
정도 높이이다. 잎몸은 3갈래로 깊
게 갈라지며 갈래조각은 선형이고
가장자리가 밋밋하며 광택이 있다.
여름에 길게 자란 꽃차례에 자잘한
연노란색 꽃이 모여 핀다. 쓴맛이
나는 잎은 모기 기피제로 이용한다.
[2)]**주름잎조디아**(v. *ridleyi*)는 조디아
의 변종으로 잎몸은 주름이 진다.
[3)]**분홍라베니아**(*Ravenia spectabilis*)는
쿠바와 브라질 원산의 늘푸른떨기
나무로 3m 정도 높이이다. 잎은
마주나고 세겹잎이며 5~10㎝ 길
이이고 작은잎은 타원형~긴 타원
형이며 가장자리가 밋밋하고 가죽
질이다. 가지 끝의 기다란 꽃송이
에 모여 피는 진분홍색 꽃은 2~
6㎝ 길이이다. [4)]**무늬분홍라베니아**
('Variegata')는 잎에 노란색과 연녹
색과 진녹색이 섞여 있는 원예 품종
이다. 모두 실내에서 심어 기른다.

칠리향 / 열매

[1)]조디아 / [2)]주름잎조디아

[3)]분홍라베니아 / [4)]무늬분홍라베니아

일본황산계수나무

일본황산계수나무 '웨이크허스트 화이트'

2)루

3)카레나무

4)라임베리

4)라임베리 열매

## 일본황산계수나무(운향과)
### *Skimmia japonica*

일본과 대만 원산의 늘푸른떨기나무로 50~150㎝ 높이이다. 잎은 어긋나고 타원형이며 끝이 뾰족하고 가장자리가 밋밋하다. 3~5월에 가지 끝의 반구형 원뿔꽃차례에 자잘한 흰색 꽃이 핀다. 둥근 열매는 가을에 붉게 익는다. 1)**일본황산계수나무 '웨이크허스트 화이트'**('Wakehurst White')는 열매가 흰색으로 익는 원예 품종이다. 2)**루/루타/운향**(*Ruta graveolens*)은 유럽 원산의 여러해살이풀로 30~90㎝ 높이이다. 잎은 어긋나고 2~3회 깃꼴로 갈라지며 청회색이 돌고 기름점이 있다. 6~7월에 가지 끝의 갈래꽃차례에 노란색 꽃이 핀다. 모두 화단에 심어 기른다. 3)**카레나무**(*Murraya koenigii*)는 인도 원산의 늘푸른떨기나무로 깃꼴겹잎은 작은잎이 11~21장이다. 가지 끝의 꽃송이에 자잘한 흰색 꽃이 모여 피는데 향기가 있다. 특유의 향이 나는 잎사귀는 카레 원료로 쓴다. 4)**라임베리**(*Triphasia trifolia*)는 동남아시아 원산의 늘푸른떨기나무로 3m 정도 높이이다. 잎은 세겹잎이며 작은잎은 달걀형~타원형이고 2~4㎝ 길이이며 광택이 있다. 흰색 꽃은 10~13㎜ 크기이며 꽃잎은 3장이고 향기가 있다. 둥근 열매는 붉은색으로 익고 감귤처럼 먹는다. 모두 실내에서 기른다.

### 쓴나무(소태나무과)
*Quassia amara*

남아메리카 원산의 늘푸른떨기나무로 1~3m 높이로 자란다. 잎은 어긋나고 깃꼴겹잎이며 15~25㎝ 길이이고 작은잎은 3~7장이며 잎자루에 날개가 있다. 작은잎은 끝이 뾰족하며 뚜렷한 잎맥은 잎자루와 함께 붉은색이다. 가지 끝의 송이꽃차례에 모여 피는 붉은색 꽃은 2.5~3.5㎝ 길이이며 꽃잎은 잘 벌어지지 않는다. 심재에 들어 있는 콰시아(quassia)라는 물질은 지구상에서 자연적으로 존재하는 물질 중 가장 쓴맛을 가졌다고 한다. 실내에서 심어 기른다.

쓴나무

### 중국쌀꽃나무(멀구슬나무과)
*Aglaia odorata*

중국 남부 원산의 늘푸른떨기나무~작은키나무로 5m 정도 높이로 자란다. 실내에서 기르는 것은 대부분 떨기나무로 자란다. 홀수깃꼴겹잎은 9~17㎝ 길이이고 잎자루에 좁은 날개가 있다. 작은잎은 5~9장이고 타원형~거꿀달걀형이며 가장자리가 밋밋하다. 잎은 가죽질이며 앞면은 광택이 있다. 기다란 꽃송이에 달리는 자잘한 연노란색 꽃은 5㎜ 정도 크기이며 5장의 꽃잎이 잘 벌어지지 않고 향기가 있으며 차를 끓여 마신다. 실내에서 심어 기른다.

중국쌀꽃나무

오크라

1)오크라 '리틀 루시'

2)닥풀

3)구주아욱

4)악마의솜

## 오크라(아욱과)
### *Abelmoschus esculentus*

아프리카 원산의 여러해살이풀로 1~2m 높이이다. 잎은 어긋나고 손바닥처럼 3~5갈래로 갈라진다. 여름에 잎겨드랑이에 피는 연노란색 꽃은 중심부가 붉은빛이 돈다. 5각뿔 모양의 열매는 야채로 먹는다. 1)오크라 '리틀 루시'('Little Lucy')는 전체적으로 적갈색이며 키가 작은 원예 품종이다. 2)닥풀(*A. manihot*)은 중국 원산의 한해살이풀로 1~1.5m 높이이다. 잎은 어긋나고 손바닥처럼 5~9갈래로 깊게 갈라지며 갈래조각은 피침형이다. 8~9월에 송이꽃차례에 피는 연노란색 꽃은 지름 10~20㎝이다. 한지를 만드는 데 점액제로 이용한다. 3)구주아욱(*A. moschatus* ssp. *tuberosus*)은 열대 아시아와 호주 원산의 여러해살이풀로 40~80㎝ 높이로 자란다. 잎은 손바닥처럼 3~5갈래로 갈라지고 6~8월에 가지 끝에 홍적색 꽃이 핀다. 모두 양지바른 화단에 심어 기른다. 4)악마의솜(*Abroma augusta*)은 열대 아시아와 호주 원산의 늘푸른떨기나무로 달걀형 잎은 보통 3~5갈래로 얕게 갈라진다. 잎과 줄기를 덮고 있는 털은 만지면 염증을 일으킨다. 잎겨드랑이에서 나오는 붉은색 꽃은 밑을 향해 핀다. 실내에서 심어 기른다.

브라질아부틸론

## 브라질아부틸론(아욱과)
*Abutilon megapotamicum*

브라질 원산의 늘푸른떨기나무로 2m 정도 높이로 자란다. 줄기에서 갈라진 가지는 아래로 처진다. 잎은 어긋나고 달걀형이며 5~15㎝ 길이이고 3~5갈래로 얕게 갈라진다. 잎 끝은 뾰족하며 밑부분은 심장저이고 가장자리에 톱니가 있다. 6~10월에 잎겨드랑이에 종 모양의 꽃이 1개씩 매달리는데 꽃자루가 길다. 큼직한 꽃받침은 붉은색이며 5개의 납작한 모서리가 있고 꽃잎은 노란색이며 5장이고 꽃술대는 길게 나온다. 실내에서 심어 기른다.

아부틸론 히브리둠 품종

## 아부틸론 히브리둠(아욱과)
*Abutilon × hybridum*

남미 원산인 아부틸론종 간의 교잡종으로 떨기나무이며 1~3m 높이로 자란다. 줄기에 털이 있다. 잎은 어긋나고 넓은 달걀형이며 끝이 뾰족하고 밑부분은 심장저이며 보통 3~5갈래로 갈라지고 가장자리에 둔한 톱니가 있다. 6~10월에 잎겨드랑이에 고개를 약간 숙이고 피는 종 모양의 꽃은 지름 5㎝ 정도이며 품종에 따라 주황색, 노란색, 분홍색, 흰색 등 꽃 색깔이 여러 가지이다. 꽃받침통에는 별모양털이 있다. 양지바른 실내에서 심어 기른다.

아부틸론 히브리둠 품종

아부틸론 히브리둠 품종

329

접시꽃 품종 　　　접시꽃 품종

접시꽃 품종 　　　접시꽃 품종 　　　접시꽃 품종

접시꽃 품종 　　접시꽃 품종 　　　접시꽃 품종 　　　접시꽃 품종

## 접시꽃(아욱과) *Alcea rosea*

중국 원산으로 알려져 있었지만 터키와 동부 유럽 원산 종 간의 교잡종으로 추정한다. 여러해살이풀로 줄기는 2m 정도로 곧게 자라며 털이 빽빽하다. 달걀 모양의 턱잎은 8㎜ 정도 길이이며 끝이 셋으로 갈라진다. 잎은 어긋나고 손바닥처럼 5~7갈래로 갈라지며 지름 6~16㎝이고 가장자리에 톱니가 있으며 양면에 별모양털이 많다. 잎자루는 5~15㎝ 길이이며 별모양털이 있다. 6월에 잎겨드랑이에서 옆을 보고 피는 꽃은 지름 6~10㎝이며 꽃잎은 5장이다. 종 모양의 꽃받침은 별처럼 갈라지고 별모양털이 빽빽하다. 많은 재배 품종이 있으며 꽃 색깔이 여러 가지이고 겹꽃이 피는 품종도 많다. 양지바른 화단이나 길가에 심어 기른다.

마시멜로

## 마시멜로(아욱과)
### *Althaea officinalis*

유럽 원산의 여러해살이풀로 1m 정도 높이이다. 잎은 어긋나고 달걀형이며 끝은 뾰족하고 가장자리가 얕게 갈라지며 불규칙한 톱니가 있다. 6~8월에 잎겨드랑이에 지름 2~4cm의 분홍색 꽃이 핀다. 뿌리를 호흡기 질환 치료에 쓴다. [1]삼잎마시멜로(*A. cannabina*)는 지중해 연안 원산으로 잎몸은 3~5갈래로 깊게 갈라진다. 7~9월에 잎겨드랑이에서 자란 10~20cm 길이의 꽃대 끝에 홍자색 꽃이 핀다. [2]애기부용/애기아욱(*Anisodontea capensis*)은 남아공 원산의 늘푸른 반떨기나무로 1m 정도 높이로 자란다. 잎은 어긋나고 달걀형~긴 타원형이며 3갈래로 갈라지기도 한다. 5~11월에 피는 홍적색 꽃은 안쪽에 붉은색 줄무늬가 있다. [3]라일락무궁화 '산타크루즈'(*Alyogyne huegelii* 'Santa Cruz')는 호주 원산의 원예 품종으로 늘푸른떨기나무이다. 봄~가을에 잎겨드랑이에 지름 10cm 정도의 연보라색 꽃이 핀다. [4]양귀비아욱(*Callirhoe involucrata*)은 북미 원산의 여러해살이풀로 15~30cm 높이이다. 잎은 손바닥 모양으로 깊게 갈라지며 갈래조각은 다시 갈라진다. 5~6월에 잎겨드랑이에 피는 적자색 꽃의 중심부는 흰색이다.

[1]삼잎마시멜로　[2]애기부용

[3]라일락무궁화 '산타크루즈'　[4]양귀비아욱

진펄무궁화

## 진펄무궁화(아욱과)
### *Hibiscus coccineus*

북아메리카 원산의 여러해살이풀로 1~3m 높이로 자란다. 잎은 어긋나고 손꼴겹잎이며 3~7장의 작은잎은 선형이다. 여름에 피는 주홍색 꽃은 지름 20㎝ 정도이며 5장의 꽃잎 사이가 벌어지고 꽃술대가 길게 벋는다. 열매는 꽃받침에 싸여 있다. [1)]붉은잎히비스커스(*H. acetosella*)는 아프리카 원산의 한해살이풀로 손바닥처럼 3~5갈래로 갈라지는 잎은 붉은빛이 돌고 잎겨드랑이에 피는 적자색 꽃은 하루살이꽃이다. [2)]양마/케냐프(*H. cannabinus*)는 열대 원산의 한해살이풀로 잎은 손바닥처럼 갈라지며 8~10월에 잎겨드랑이에 피는 연노란색 꽃의 중심부는 검붉은색이다. 줄기에서 섬유를 채취한다. [3)]로젤(*H. sabdariffa*)은 인도와 말레이시아 원산의 여러해살이풀로 1~3m 높이로 자란다. 타원형 잎은 3갈래로 깊게 갈라지고 9~11월에 잎겨드랑이에 연노란색~연한 홍자색 꽃이 핀다. 진한 빨간색 꽃받침조각은 두꺼우며 식용으로 한다. [4)]수박풀(*H. trionum*)은 한해살이풀로 3~5갈래로 깊게 갈라지는 잎은 수박 잎과 비슷하다. 7~8월에 잎겨드랑이나 가지 끝에 연노란색 꽃이 1개씩 피는데 꽃잎 안쪽은 진자주색이다. 모두 실내나 화단에 심어 기른다.

[1)]붉은잎히비스커스

[2)]양마

[3)]로젤

[4)]수박풀

<sup>1)</sup>만첩부용　<sup>1)</sup>만첩부용

부용　<sup>2)</sup>미국부용　<sup>2)</sup>미국부용

<sup>2)</sup>미국부용 품종　<sup>2)</sup>미국부용 품종　<sup>2)</sup>미국부용 품종　<sup>2)</sup>미국부용 품종

## 부용(아욱과)  *Hibiscus mutabilis*

중국 원산의 갈잎떨기나무로 1.5~3m 높이이다. 잎은 어긋나고 3~7갈래로 갈라지며 갈래조각 끝은 뾰족하고 가장자리에 둔한 톱니가 있다. 7~10월에 가지 윗부분의 잎겨드랑이에 연홍색~흰색 꽃이 피는데 지름 10~13cm로 큼직하다. <sup>1)</sup>**만첩부용**('Plena')은 붉은색~흰색 겹꽃이 피는 품종이다. <sup>2)</sup>**미국부용**(*H. moscheutos*)은 북미 원산의 여러해살이풀로 1~2.5m 높이이다. 잎은 어긋나고 달걀형~달걀 모양의 피침형이며 3갈래로 갈라지고 가장자리에 거친 톱니가 있다. 7~9월에 윗부분의 잎겨드랑이에 피는 꽃은 지름 10~14cm이며 여러 가지 색깔의 꽃이 피고 중심부는 진한 붉은 색이다. 여러 재배 품종이 있으며 모두 화단에 심어 기른다.

풍경무궁화

1)파고다풍경무궁화

2)오아후흰무궁화

3)클라이무궁화

4)황근

## 풍경무궁화(아욱과)
*Hibiscus schizopetalus*

열대 아프리카 원산의 늘푸른떨기나무로 2~4m 높이로 자란다. 잎은 어긋나고 타원형~달걀형이며 2~7㎝ 길이이고 끝이 뾰족하며 가장자리에 톱니가 있다. 잎겨드랑이에 풍경처럼 매달리는 꽃은 자루가 길며 활짝 벌어지는 꽃잎은 잘게 갈라진다. 길게 늘어지는 꽃술대 끝부분에 암술과 수술이 있다. 1)**파고다풍경무궁화**('Pagoda')는 수술을 꽃잎으로 변형시켜 꽃잎이 2층인 품종이다. 2)**오아후흰무궁화**(*H. arnottianus*)는 하와이 원산의 늘푸른떨기나무로 달걀형 잎은 끝이 뾰족하다. 흰색 꽃은 지름 10㎝ 정도이며 기다란 꽃술대와 암수술은 붉은색이다. 3)**클라이무궁화**(*H. clayi*)는 하와이 원산의 늘푸른떨기나무로 잎은 좁은 타원형~타원형이며 광택이 있다. 붉은색 꽃은 5장의 꽃잎이 활짝 벌어진다. 모두 실내에서 심어 기른다. 4)**황근**(*H. hamabo*)은 제주도의 바닷가에서 자라는 갈잎떨기나무로 1~3m 높이이다. 잎은 어긋나고 원형~넓은 거꿀달걀형이며 밑부분은 하트형이고 가장자리에 잔톱니가 있다. 7~8월에 가지 끝부분의 잎겨드랑이에 지름 5~8㎝ 노란색 꽃이 피는데 안쪽 밑부분은 검은 적색이다. 남부 지방에서 화단에 심어 기른다.

하와이무궁화

❶ 하와이무궁화 '캔디 핑크'  ❷ 하와이무궁화 '데인티 화이트'

❸ 하와이무궁화 '로즈 플레이크'  ❹ 하와이무궁화 '스노 퀸'

❺ 하와이무궁화 '데인티 핑크'  1)덴마크무궁화 품종  1)덴마크무궁화 품종  1)덴마크무궁화 품종

## 하와이무궁화(아욱과) *Hibiscus rosa-sinensis*

중국과 인도 원산의 늘푸른떨기나무로 2~5m 높이로 자란다. 잎은 어긋나고 달걀형이며 끝이 뾰족하고 가장자리에 톱니가 있다. 윗부분의 잎겨드랑이에 붉은색 꽃이 피는데 지름이 10~15㎝로 큼직하고 5장의 꽃잎은 가장자리에 톱니가 있으며 뒤로 젖혀진다. 꽃잎 밖으로 길게 벋는 꽃술대 윗부분에 많은 수술이 있다. 품종에 따라 꽃 색깔이 여러 가지이며 겹꽃도 있다. 1)**덴마크무궁화**(*H.* 'Athenacus')는 덴마크에서 개량한 하와이무궁화 품종으로 1m 정도 높이이고 큼직한 꽃은 수명이 4~6일이다. 모두 실내에서 심어 기른다.

❶('Candy Pink')  ❷('Dainty White')  ❸('Rose Flake')  ❹('Snow Queen')
❺('Dainty Pink')

335

무궁화

❶무궁화 '아사달'　❷무궁화 '배달'

❸무궁화 '광명'　❹무궁화 '훈장'

❺무궁화 '내사랑'　❻무궁화 '백단심'　❼무궁화 '파랑새'　❽무궁화 '슈가 팁'

## 무궁화(아욱과) *Hibiscus syriacus*

흔히 정원수로 재배하는 갈잎떨기나무로 2~4m 높이로 자란다. 잎은 어긋나고 달걀형이며 4~6㎝ 길이이고 끝이 뾰족하며 가장자리가 3갈래로 얕게 갈라지기도 하고 불규칙한 톱니가 있다. 7~9월에 햇가지의 잎겨드랑이에 피는 분홍색 꽃은 지름 7~8㎝이며 중심부에 붉은 단심 무늬가 있고 꽃술대가 길게 벋는다. 꽃받침조각은 별처럼 5갈래로 갈라지고 별모양털이 있다. 재배 품종에 따라 꽃 색깔이 다르고 겹꽃도 있다. 모두 양지바른 화단에 심어 기른다. 우리나라의 국화이다.

❶('Asadal') ❷('Baedal') ❸('Brilliant Future') ❹('Hunjang') ❺('Naesarang')
❻('Paektanshim') ❼('Parangsae') ❽('Sugar Tip')

머스크멜로우

## 머스크멜로우(아욱과)
*Malva moschata*

유럽과 북아프리카 원산의 여러해
살이풀로 60㎝ 정도 높이이다. 잎
은 어긋나고 손바닥처럼 깊게 갈라
진다. 7~9월에 잎겨드랑이에 피
는 연분홍색 꽃은 5장의 꽃잎 끝
이 오목하고 사향 냄새가 난다. [1]**당
아욱**(*M. sylvestris*)은 유럽 원산의
여러해살이풀로 잎은 손바닥처럼
5~7갈래로 얕게 갈라지고 5~8월
에 잎겨드랑이에 피는 적자색 꽃
은 지름 2~5㎝이다. 모두 양지바
른 화단에 심어 기른다. [2]**각시부용/
말바비스커스**(*Malvaviscus arboreus*)
는 중남미 원산의 늘푸른떨기나무
로 4m 정도 높이이다. 잎은 어긋
나고 달걀형이며 셋으로 갈라지고
가장자리에 톱니가 있다. 잎겨드
랑이에 달리는 붉은색 꽃은 곧게
위를 향하며 꽃잎은 벌어지지 않고
꽃술대는 꽃잎 밖으로 길게 나온
다. [3]**멕시코각시부용**(v. *mexicanus*)
은 멕시코와 콜롬비아 원산의 늘
푸른떨기나무로 11~4월에 피는
붉은색 꽃은 점차 밑을 향하며 꽃
잎이 벌어지지 않는다. [4]**볼로볼로**
(*Clappertonia ficifolia*)는 열대 아프리
카 원산의 늘푸른떨기나무로 1~
3m 높이이다. 타원형~달걀형 잎
은 3~7갈래로 얕게 갈라지고 가
지 끝에 자주색 꽃이 핀다. 모두
실내에서 심어 기른다.

[1]**당아욱**

[2]**각시부용**

[3]**멕시코각시부용**

[4]**볼로볼로**

천황매

## 천황매(아욱과)
### *Rulingia hermanniifolia*

호주 원산의 늘푸른떨기나무로 30㎝ 정도 높이이다. 잎은 어긋나고 타원형이며 잎맥을 따라 주름이 진다. 4~5월에 갈래꽃차례에 피는 별 모양의 흰색~분홍색 꽃은 지름이 5㎜ 정도이며 수술의 꽃밥은 암적색이다. [1]미소화(*Pavonia multiflora*)는 브라질 원산의 늘푸른떨기나무로 1.5~2.5m 높이이다. 피침형 잎은 어긋나고 광택이 있다. 8~9월에 피는 꽃은 꽃잎처럼 보이는 붉은색 포가 둘러싼 가운데에 홍자색 꽃잎이 들어 있다. [2]파보니아 스피니펙스(*P. spinifex*)는 열대 아메리카 원산의 늘푸른떨기나무로 잎은 어긋나고 타원형이며 끝이 뾰족하다. 8~10월에 잎겨드랑이에 노란색 꽃이 핀다. [3]수련나무(*Grewia occidentalis*)는 남아프리카 원산의 늘푸른떨기나무로 1~2m 높이이다. 잎은 어긋나고 타원형~긴 달걀형이며 가장자리에 톱니가 있다. 5~10월에 잎겨드랑이에 피는 홍자색 꽃은 지름 2~3㎝이다. 모두 실내에서 심어 기른다. [4]목화(*Gossypium arboreum*)는 인도 원산의 한해살이풀로 90㎝ 정도 높이로 자라며 잎몸은 3~5갈래로 갈라진다. 여름에 연노란색 꽃이 핀 뒤에 달걀형 열매가 열리는데 열매 속의 씨앗에서 솜털을 얻는다. 밭에서 재배하며 화단에도 심는다.

[1]미소화

[2]파보니아 스피니펙스

[3]수련나무

[4]목화

## 서향/천리향(팥꽃나무과)

*Daphne odora*

중국 원산의 늘푸른떨기나무로 1m 정도 높이로 곧게 자라며 가지가 많이 갈라진다. 잎은 어긋나고 긴 타원형~거꿀피침형이며 3~8㎝ 길이이다. 잎 끝은 뾰족하며 가장자리가 밋밋하고 두껍다. 암수딴그루로 3~4월에 묵은 가지 끝에 홍자색 꽃이 둥글게 모여 피는데 향기가 매우 강하다. 꽃받침은 통 모양이고 길이 6㎜ 정도이며 끝이 4갈래로 갈라진다. 꽃받침 표면은 홍자색으로 털이 없으며 안쪽은 흰색이고 수술은 2줄로 배열하며 씨방에도 털이 없다. 1)**알바서향**('Alba')은 원예 품종으로 흰색 꽃이 핀다. 2)**무늬서향**('Aureo-marginata')은 원예 품종으로 잎 가장자리에 흰색 무늬가 있다. 3)**무늬알바서향**('Aureomarginata Alba')은 원예 품종으로 잎에 흰색 얼룩무늬가 있으며 흰색 꽃이 핀다. 4)**백서향**(*D. kiusiana*)은 남쪽 섬에서 자라는 늘푸른떨기나무로 50~100㎝ 높이이다. 잎은 어긋나고 긴 타원형~거꿀피침형이며 4~16㎝ 길이이다. 잎 끝은 뾰족하며 가장자리가 밋밋하고 광택이 있다. 암수딴그루로 2~4월에 가지 끝에 흰색 꽃이 둥글게 모여 피며 향기가 매우 강하다. 동그스름한 열매는 6월에 붉게 익으며 독이 있다. 모두 남부 지방의 화단에 심어 기른다.

서향

1)알바서향

2)무늬서향

3)무늬알바서향

4)백서향

팥꽃나무

1)아마잎서향

2)자스민서향

3)노랑서향

4)탕구트서향

## 팥꽃나무(팥꽃나무과)
### *Daphne genkwa*

전라도의 바닷가에서 30~100㎝ 높이로 자라는 갈잎떨기나무이다. 잎은 대부분 마주나고 피침형~긴 타원형이며 밋밋하다. 3~5월에 잎이 나기 전에 가지 끝에 홍자색 꽃이 3~7개씩 우산 모양으로 모여 달린다. 타원형 열매는 잔털이 있으며 6~7월에 붉게 익는다. 1)아마잎서향(*D. gnidium*)은 지중해 연안 원산의 늘푸른떨기나무로 피침형 잎은 촘촘히 어긋난다. 5~7월에 가지 끝에 향기로운 흰색 꽃이 모여 핀다. 2)자스민서향(*D. jasminea*)은 그리스 원산의 늘푸른떨기나무로 20㎝ 정도 높이로 자란다. 잎은 어긋나고 거꿀달걀형이며 5~7월에 흰색 꽃이 핀다. 3)노랑서향(*D. jezoensis*)은 아시아 북동부 원산의 갈잎떨기나무로 50㎝ 정도 높이이다. 잎은 좁은 거꿀달걀형이며 끝이 둥글다. 암수딴그루로 4~5월에 가지 끝에 노란색 꽃이 둥글게 모여 피며 향기가 있다. 4)탕구트서향(*D. tangutica*)은 중국과 티베트 원산의 늘푸른떨기나무로 1m 정도 높이이다. 잎은 긴 타원형~거꿀피침형이며 가죽질이다. 5~7월에 가지 끝에 흰색 꽃이 모여 피는데 꽃부리 바깥쪽은 연보랏빛이 돌고 안쪽은 흰색이다. 모두 남부 지방의 화단에 심어 기른다.

삼지닥나무　　　¹⁾붉은꽃삼지닥나무

### 삼지닥나무(팥꽃나무과)
*Edgeworthia tomentosa*

중국 원산의 갈잎떨기나무로 1~2m 높이로 자란다. 가지는 굵으며 황갈색이고 흔히 3개로 갈라진다. 잎은 어긋나고 긴 타원형~피침형이며 끝이 뾰족하고 가장자리가 밋밋하다. 잎 뒷면은 연녹색이고 양면에 털이 있다. 3~4월에 잎이 나기 전에 꽃이 핀다. 가지 끝의 머리모양꽃차례에 노란색 꽃이 모여 피는데 꽃차례자루가 밑으로 처진다. ¹⁾**붉은꽃삼지닥나무**('Red Dragon')는 원예 품종으로 봄에 가지 끝에 붉은색 꽃송이가 달린다. 모두 남부 지방의 화단에 심어 기른다.

피뿌리나무 '본 퍼티'　　　¹⁾피뿌리풀

### 피뿌리나무 '본 퍼티'(팥꽃나무과)
*Pimelea ferruginea* 'Bonne Petite'

호주 원산인 피뿌리나무의 원예 품종으로 늘푸른떨기나무이며 모래 땅에서 1m 정도 높이로 둥글게 자란다. 가지에 촘촘히 十자로 마주나는 타원형 잎은 1㎝ 정도 길이이고 약간 두꺼우며 광택이 있다. 봄에 가지 끝에 모여 피는 깔때기 모양의 진분홍색 꽃은 끝이 4갈래로 갈라져 벌어진다. 남부 지방의 화단에 심는다. ¹⁾**피뿌리풀**(*Stellera chamaejasme*)은 한라산과 북부 지방에서 자라는 여러해살이풀로 피침형 잎은 촘촘히 어긋나고 5~7월에 줄기 끝에 붉은색 꽃이 모여 핀다. 화단에 심는다.

## 록로즈(반일화과)
*Cistus creticus*

지중해 원산의 늘푸른떨기나무로 60~120cm 높이이다. 잎은 마주나고 긴 달걀형~타원형이며 가장자리는 주름이 진다. 3~6월에 지름 4~5.5cm의 분홍색 꽃이 피는데 5장의 꽃잎은 우글쭈글하며 꽃 가운데에 노란색 수술이 많고 향기가 난다. [1]**세이지잎록로즈**(*C. salviifolius*)는 유럽 원산의 늘푸른떨기나무로 30~100cm 높이이다. 잎은 마주나고 달걀형이며 털로 덮여 있고 가장자리가 밋밋하다. 4~5월에 잎겨드랑이에 피는 흰색 꽃은 4~6cm 크기이다. [2]**흰카네스켄스록로즈**(*C. × canescens* 'Albus')는 교잡종인 늘푸른떨기나무로 잎은 길쭉하고 4~6월에 지름 7cm 정도의 큼직한 흰색 꽃이 핀다. [3]**단세레아우이록로즈 '데쿰벤스'**(*C. × dansereaui* 'Decumbens')는 교잡종인 늘푸른떨기나무이다. 잎은 좁은 달걀형이며 밑부분은 밋밋하거나 심장저이고 가장자리는 물결 모양으로 주름이 진다. 여름에 피는 흰색 꽃은 꽃잎 밑부분에 노란색과 진홍색 반점이 있다. [4]**자주꽃록로즈**(*C. × purpureus*)는 교잡종인 늘푸른떨기나무로 길쭉한 잎은 가장자리가 물결 모양이다. 봄에 피는 홍자색 꽃은 지름 7cm 정도이며 안쪽에 진한 색 반점이 있다. 모두 남쪽 지방에서 심어 기른다.

록로즈

[1]세이지잎록로즈

[2]흰카네스켄스록로즈

[3]단세레아우이록로즈 '데쿰벤스'

[4]자주꽃록로즈

## 헬리안테뭄 '세인트 메리스'(반일화과)
*Helianthemum nummularium* 'St. Mary's'

유럽 원산의 원예 품종으로 늘푸른반떨기나무이며 30㎝ 정도 높이로 자란다. 잎은 마주나고 타원형~긴 타원형이며 가장자리가 밋밋하고 주맥은 골이 진다. 5~6월에 가지 끝에 피는 흰색 꽃은 지름 1~2㎝이며 많은 수술의 꽃밥은 노란색이다. 꽃은 하루살이꽃이다. [1]헬리안테뭄 '벨그라비아 로즈'(*H. n.* 'Belgravia Rose')는 원예 품종으로 5~6월에 가지 끝에 하루 동안 피는 홍적색 꽃은 많은 수술의 꽃밥이 노란색이다. 모두 양지바른 화단에 심어 기른다.

헬리안테뭄 '세인트 메리스'  [1]헬리안테뭄 '벨그라비아 로즈'

## 불꽃한련(한련과)
*Tropaeolum speciosum*

칠레 원산의 여러해살이덩굴풀로 6m 정도 길이로 벋는다. 잎은 어긋나고 손꼴겹잎이며 작은잎은 5~7장이고 거꿀달걀형이며 가장자리가 밋밋하다. 잎겨드랑이에서 길게 자란 꽃대 끝에 피는 홍적색 꽃은 지름 2㎝ 정도이다. 5장의 꽃잎은 서로 떨어져 있고 크기가 다르며 끝이 오목하게 들어간다. 꽃받침 뒷부분은 길고 뾰족한 꿀주머니로 되어 있다. 꽃이 지면 붉은색 꽃받침에 싸인 3개의 둥근 열매가 푸른색으로 익는다. 실내에서 심어 기른다.

불꽃한련

한련 품종　　　한련 품종

한련 품종　　　한련 품종　　　한련 품종

한련 품종　　　한련 품종　　　한련 품종　　　한련 품종

## 한련(한련과)　*Tropaeolum majus*

남미 원산의 한해살이덩굴풀로 1.5m 정도 길이로 벋는 줄기는 털이 있거나 없다. 잎은 어긋나고 긴 잎자루 끝에 둥근 방패 모양으로 달리며 가장자리는 몇 개의 모가 지거나 밋밋하다. 둥근 잎몸은 지름 3~12㎝이며 잎자루 끝에서 약 9개의 잎맥이 방사상으로 퍼져 나간다. 6~10월에 잎겨드랑이에서 자란 긴 꽃자루 끝에 피는 꽃은 지름 5~7㎝이며 노란색, 주황색, 붉은색, 보라색 등 여러 가지 색깔의 꽃이 핀다. 꽃받침조각은 5장이고 밑부분은 합쳐져서 기다란 뿔처럼 된다. 5장의 꽃잎 중에 아래쪽의 3장은 가장자리에 털 같은 돌기가 있고 위쪽의 2장은 돌기가 없다. 원예 품종 중에는 키가 작은 품종도 흔하며 양지바른 화단에 심어 기른다.

풍접초

<sup></sup>¹⁾흰풍접초

## 풍접초(풍접초과)
### *Cleome spinosa*

열대 아메리카 원산의 한해살이풀로 1m 정도 높이로 자란다. 전체에 샘털과 잔가시가 난다. 잎은 어긋나고 손꼴겹잎이며 5~7장의 작은잎이 돌려난다. 작은잎은 좁은 타원형이고 9cm 정도 길이이며 끝이 뾰족하고 가장자리는 밋밋하다. 줄기 밑부분의 잎은 잎자루가 길다. 여름에 줄기 끝의 송이꽃차례에 분홍색 꽃이 피는데 4장의 꽃잎과 기다란 4개의 수술 때문에 나비처럼 보인다. ¹⁾**흰풍접초**('Alba')는 흰색 꽃이 피는 품종이다. 모두 양지바른 화단에 심어 기른다.

## 울페니아눔꽃냉이(겨자과)
### *Alyssum wulfenianum*

남부 유럽 원산의 늘푸른여러해살이풀로 10~15cm 높이로 자란다. 뿌리잎은 주걱 모양이다. 회녹색 줄기잎은 어긋나고 피침형이며 1cm 정도 길이이고 두꺼우며 털로 덮여 있다. 5~7월에 줄기 끝의 고른꽃차례에 피는 노란색 꽃은 지름 6mm 정도이다. ¹⁾**레펜스꽃냉이**(*A. repens*)는 유라시아 원산의 여러해살이풀로 40~60cm 높이로 자란다. 뿌리잎은 거꿀달걀형~주걱형이고 줄기잎은 피침형이며 4~6월에 노란색 꽃이 핀다. 모두 양지바른 암석정원에 심어 기른다.

울페니아눔꽃냉이      ¹⁾레펜스꽃냉이

분홍리스본

¹⁾겨자무

²⁾바위냉이

³⁾보라꽃다지

⁴⁾무늬보라꽃다지

## 분홍리스본(겨자과)
### *Aethionema armenum*

터키 원산의 늘푸른여러해살이풀로 10~15㎝ 높이이다. 회녹색 잎은 나선형으로 어긋나고 넓은 피침형이며 가장자리는 밋밋하다. 4~6월에 줄기 끝의 송이꽃차례에 분홍색 꽃이 촘촘히 모여 핀다. ¹⁾**겨자무/서양고추냉이**(*Armoracia rusticana*)는 유럽 동남부 원산의 여러해살이풀로 1m 정도 높이이다. 뿌리잎은 긴 타원형~긴 달걀형이며 가장자리에 톱니가 있다. 6~7월에 줄기 윗부분의 잎겨드랑이에서 나온 송이꽃차례에 흰색 꽃이 핀다. ²⁾**바위냉이**(*Aurinia saxatilis*)는 유럽 동부와 서아시아 원산의 여러해살이풀로 15~30㎝ 높이이다. 뿌리잎은 거꿀달걀형~거꿀피침형이고 줄기잎은 위로 갈수록 작아진다. 4~5월에 가지 끝의 고른꽃차례에 노란색 꽃이 촘촘히 모여 핀다. ³⁾**보라꽃다지**(*Aubrieta deltoidea*)는 유럽 남동부와 서아시아 원산의 여러해살이풀로 15~20㎝ 높이이다. 잎은 어긋나고 좁은 거꿀달걀형이며 1~3㎝ 길이이고 가장자리가 밋밋하거나 1~3개의 톱니가 있다. 4~6월에 잎겨드랑의 송이꽃차례에 피는 보라색 꽃은 중심부가 흰색이다. ⁴⁾**무늬보라꽃다지**('Variegata')는 원예 품종으로 잎 가장자리에 연노란색 얼룩무늬가 있다. 모두 양지바른 화단에 심어 기른다.

# 코카서스장대나물(겨자과)
## *Arabis caucasica*

코카서스와 지중해 연안 원산의 여러해살이풀로 15~30㎝ 정도 높이로 자란다. 로제트형으로 모여나는 뿌리잎은 긴 타원형이며 가장자리에 치아 모양의 톱니가 있고 잎자루가 있다. 줄기잎은 주걱 모양이고 잎자루가 없다. 잎에는 흰색 털이 있다. 4~5월에 줄기 끝의 송이꽃차례에 모여 피는 지름 1㎝ 정도의 흰색 꽃은 꽃잎이 4장이다. [1]코카서스장대나물 '픽시크림'('Pixie Cream')은 원예 품종으로 크림색이 도는 흰색 꽃이 피는 점이 다르다. [2]해안장대(*A. blepharophylla*)는 북미 해안 원산의 여러해살이풀로 10~30㎝ 높이로 자란다. 잎은 어긋나고 타원형이며 가장자리에 톱니가 있다. 4~5월에 줄기 끝의 송이꽃차례에 홍자색~분홍색 꽃이 모여 핀다. [3]프로쿨렌스장대 '글라시어'(*A. procurrens* 'Glacier')는 유럽 원산인 늘푸른여러해살이풀의 원예 품종으로 15㎝ 정도 높이로 자란다. 로제트형으로 퍼지는 뿌리잎은 피침형이며 가장자리가 밋밋하다. 봄에 줄기 끝에 흰색 꽃이 촘촘히 모여 피며 꽃의 수명이 길다. [4]무늬프로쿨렌스장대('Variegata')는 원예 품종으로 잎 가장자리에 연노란색 얼룩무늬가 있다. 모두 양지바른 화단에 심어 기른다.

코카서스장대나물

[1]코카서스장대나물 '픽시크림'

[2]해안장대

[3]프로쿨렌스장대 '글라시어'

[4]무늬프로쿨렌스장대

347

유채

## 유채(겨자과)
### *Brassica napus*

중국 원산의 두해살이풀로 1m 정도 높이이다. 잎은 깃꼴로 갈라지지만 위로 갈수록 갈라지지 않으며 잎자루가 짧아져서 밑부분이 귀처럼 줄기를 감싼다. 3~5월에 가지 끝의 송이꽃차례에 노란색 꽃이 피며 씨앗으로 기름을 짠다. [1]꽃양배추(*Brassica oleracea* cv.)는 유럽에서 개량된 양배추의 원예 품종으로 두해살이풀이다. 둥근 로제트형으로 퍼지는 뿌리잎은 가장자리가 물결 모양으로 주름이 지고 가운데의 잎 색깔이 연노란색, 홍자색, 홍적색, 분홍색, 흰색 등 여러 가지 품종이 있다. 봄이 되면 잎 사이에서 자란 줄기에 노란색 꽃이 모여 핀다. [2]꽃양배추 '가모메 화이트'('Kamome White')는 가운데의 잎 색깔이 흰색인 품종이다. [3]콜리플라워 '로마네스코'(*B. cretica* 'Romanesco')는 지중해 연안 원산의 원예 품종으로 줄기 끝의 황록색 꽃봉오리는 철퇴처럼 뿔이 많으며 노란색 꽃이 핀다. 꽃봉오리를 식용한다. [4]아토아꽃다지(*Draba lasiocarpa*)는 오스트리아와 발칸반도 원산의 늘푸른여러해살이풀로 뿌리잎은 피침형이다. 5~6월에 꽃줄기 끝에 피는 노란색 꽃은 암수술이 꽃잎 밖으로 벋는다. 모두 화단에 심어 기른다.

[1]꽃양배추 품종

[2]꽃양배추 '가모메 화이트'

[3]콜리플라워 '로마네스코'

[4]아토아꽃다지

## 데임스로켓(겨자과)
### *Hesperis matronalis*

데임스로켓

유라시아 원산의 여러해살이풀로 60~90㎝ 높이이다. 잎은 어긋나고 피침형이며 양면에 짧은털이 있다. 5월경에 송이꽃차례에 모여 피는 밝은 자주색 꽃은 지름 2㎝ 정도이다. [1]**꽃무**(*Erysimum × cheiri*)는 남부 유럽 원산의 여러해살이풀로 10~45㎝ 높이로 자란다. 잎은 어긋나고 피침형이며 끝이 뾰족하고 가장자리가 거의 밋밋하며 뒷면은 연녹색이다. 5~6월에 가지 끝의 송이꽃차례에 모여 피는 꽃은 지름 2㎝ 정도이며 노란색, 오렌지색, 붉은색 등이고 향기가 난다. [2]**자주꽃무**('Sugar Rush Purple Bicolor')는 원예 품종으로 송이꽃차례에 모여 피는 자주색~연자주색 꽃은 지름 2~4㎝로 큼직하다. [3]**사구꽃무**(*E. capitatum*)는 북미 원산의 여러해살이풀로 30~60㎝ 높이로 자란다. 잎은 선형이고 4~7월에 줄기 끝의 송이꽃차례에 노란색~주황색 꽃이 핀다. [4]**프롬페시아**(*E. linifolium* 'Variegatum')는 유럽 원산의 원예 품종으로 여러해살이풀이며 40~60㎝ 높이이다. 줄기에 어긋나는 피침형 잎은 가장자리에 연노란색 무늬가 있다. 봄에 줄기 끝의 송이꽃차례에 피는 보라색 꽃은 브룬펠시아를 닮았다. 모두 화단에 심어 기른다.

[1]꽃무

[2]자주꽃무

[3]사구꽃무

[4]프롬페시아

눈꽃

1)눈꽃 '핑크 아이스'

2)둥근말냉이

3)핀나타말냉이

### 눈꽃(겨자과)
*Iberis sempervirens*

남부 유럽 원산의 여러해살이풀로 10~25㎝ 높이로 자란다. 잎은 어긋나고 가는 거꿀피침형이며 1~3㎝ 길이이고 가장자리가 밋밋하다. 4~6월에 가지 끝의 짧은 송이꽃차례에 흰색 꽃이 촘촘히 모여 핀다. 4장의 꽃잎 중에 바깥쪽의 꽃잎이 더 크다. 1)눈꽃 '핑크 아이스'('Pink Ice')는 원예 품종으로 가지 끝의 짧은 송이꽃차례에 연분홍색 꽃이 촘촘히 모여 핀다. 2)둥근말냉이(*I. umbellata*)는 남부 유럽 원산의 한해살이풀로 40㎝ 정도 높이로 자라며 윗부분에서 가지가 갈라진다. 뿌리잎은 없다. 줄기잎은 어긋나고 가는 선형이며 2~5㎝ 길이이고 끝이 뾰족하며 가장자리가 거의 밋밋하다. 5~6월에 가지 끝의 고른꽃차례에 촘촘히 모여 피는 꽃은 흰색, 분홍색, 보라색이며 바깥쪽 꽃잎이 더 크다. 열매는 납작한 타원형이고 7~10㎜ 길이이며 씨앗은 좁은 날개가 있다. 3)핀나타말냉이(*I. pinnata*)는 지중해 북부 원산의 한해살이풀로 8~25㎝ 높이로 자란다. 잎은 깃꼴로 갈라지며 갈래조각은 선형이다. 5~7월에 가지 끝의 짧은 송이꽃차례에 흰색 꽃이 촘촘히 모여 핀다. 모두 양지바른 화단에 심어 기른다.

향기알리섬

1)향기알리섬 '원더랜드 딥 로즈'　2)향기알리섬 '원더랜드 딥 퍼플'

## 향기알리섬(겨자과)
*Lobularia maritima*

지중해 연안 원산의 여러해살이풀로 10~15cm 높이로 자란다. 잎은 어긋나고 긴 타원형이며 끝이 뾰족하고 가장자리가 밋밋하다. 봄과 가을에 줄기 끝의 송이꽃차례에 촘촘히 모여 피는 흰색 꽃은 지름 6~8mm이다. 1)향기알리섬 '원더랜드 딥 로즈'('Wonderland Deep Rose')는 홍적색 꽃이 피는 품종이다. 2)향기알리섬 '원더랜드 딥 퍼플'('Wonderland Deep Purple')은 보라색 꽃이 피는 품종이다. 여러 색깔의 품종이 있으며 모두 화단에 심어 기른다.

비단향꽃무 품종

1)비단향꽃무 '신데렐라 블루'　2)비단향꽃무 '신데렐라 핫 핑크'

## 비단향꽃무/스토크(겨자과)
*Matthiola incana*

남부 유럽 원산의 한두해살이풀로 20~60cm 높이로 자란다. 잎은 어긋나고 거꿀피침형이며 가장자리가 밋밋하거나 물결 모양이다. 3~5월에 가지 끝의 송이꽃차례에 지름 2cm 정도의 흰색, 분홍색, 보라색, 빨간색 등의 꽃이 모여 핀다. 1)비단향꽃무 '신데렐라 블루'('Cinderella Blue')는 보라색 겹꽃이 피는 품종이다. 2)비단향꽃무 '신데렐라 핫 핑크'('Cinderella Hot Pink')는 홍적색 겹꽃이 피는 품종이다. 여러 색깔의 품종이 있으며 모두 화단에 심어 기른다.

나도부추

1)흰나도부추

2)가짜나도부추 '발레리나 레드'

## 나도부추(갯질경이과)
### *Armeria maritima*

유럽과 북미 원산의 여러해살이풀로 10~30㎝ 높이로 자란다. 뿌리에서 모여나는 선형 잎은 10㎝ 정도 길이이다. 봄에 잎 사이에서 길게 자란 꽃줄기 끝에 달리는 둥근 꽃송이에 분홍색 꽃이 촘촘히 모여 달린다. 1)흰나도부추('Alba')는 원예 품종으로 흰색 꽃이 핀다. 2)가짜나도부추 '발레리나 레드'(*A. pseudarmeria* 'Ballerina Red')는 20~30㎝ 높이로 자라는 꽃대 끝에 붉은색 꽃송이가 달리는 원예 품종이다. 모두 양지바른 화단에 심어 기른다. 암석정원에 어울리며 말린꽃으로도 이용한다.

## 남설화(갯질경이과)
### *Ceratostigma plumbaginoides*

중국 원산의 여러해살이풀로 20~30㎝ 높이로 무리 지어 자란다. 잎은 어긋나고 타원형~거꿀달걀형이며 끝이 뾰족하고 가장자리가 밋밋하며 털이 있다. 6~10월에 줄기 윗부분의 잎겨드랑이에 좁은 깔때기 모양의 푸른색 꽃이 모여 달리는데 끝은 5갈래로 갈라져 벌어지며 지름 2㎝ 정도이다. 1)황금민강남설화(*C. willmottianum* 'Palmgold')는 중국 원산으로 60~90㎝ 높이로 자라고 잎은 황금색이 돌며 6~10월에 푸른색 꽃이 핀다. 모두 화단에 심어 기른다.

남설화

1)황금민강남설화

## 꽃갯질경이(갯질경이과)
### *Limonium sinuatum*

지중해 연안 원산의 여러해살이풀로 50~60cm 높이로 자란다. 뿌리잎은 깃꼴로 갈라지며 10~15cm 길이이다. 여름에 모가 진 꽃줄기에 가지런히 달리는 작은 꽃이삭에 자잘한 꽃이 모여 핀다. 꽃잎은 흰색이고 꽃받침은 청자색, 홍자색, 분홍색, 노란색, 흰색 등 여러 가지 품종이 있다. 꽃잎이 떨어진 뒤에도 꽃받침은 오래도록 남아 있다. [1]페레즈갯질경이 '솔트 레이크'(*L. perezii* 'Salt Lake')는 카나리아 제도 원산의 원예 품종으로 둥근 타원형 잎은 30cm 정도 길이이다. 15~45cm 높이의 원뿔꽃차례에 흰색과 보라색이 섞인 꽃이 핀다. [2]대만갯질경이 '캔디 다이아몬드'(*L. sinensis* 'Candy Diamond')는 일본, 중국, 대만, 베트남 원산의 원예 품종인 여러해살이풀로 30cm 정도 높이로 자란다. 뿌리잎은 긴 타원형~피침형이며 잎자루의 너비가 넓다. 6~11월에 고른꽃차례에 노란색과 분홍색이 섞인 꽃이 핀다. [3]대만갯질경이 '스프링 다이아몬드'('Spring Diamond')는 원예 품종으로 꽃차례에 자잘한 노란색 꽃이 모여 핀다. 이 밖에도 여러 재배 품종이 있으며 실내외에서 심어 기르고 절화와 말린꽃(건조화)으로도 많이 이용한다.

꽃갯질경이 품종

[1]페레즈갯질경이 '솔트 레이크'

꽃갯질경이 품종

[2]대만갯질경이 '캔디 다이아몬드'

[3]대만갯질경이 '스프링 다이아몬드'

납풀

## 납풀/하늘꽃(갯질경이과)
*Plumbago auriculata*

남아프리카 원산의 늘푸른떨기나무로 30~300㎝ 높이로 자란다. 잎은 타원형~거꿀피침형이며 2~9㎝ 길이이고 끝은 보통 둔하며 밑부분은 귀 모양으로 길어지고 가장자리는 밋밋하다. 5~11월에 가지 끝이나 잎겨드랑이에서 나오는 이삭 모양의 송이꽃차례는 2~5㎝ 길이이고 가는 깔때기 모양의 연한 파란색 꽃이 피며 흰색 꽃이 피는 것도 있다. 꽃부리는 5갈래로 갈라지고 지름 15㎜ 정도이며 꽃받침통은 털과 끈적거리는 돌기가 있다. 실내에서 심어 기른다.

## 산호덩굴(마디풀과)
*Antigonon leptopus*

멕시코 원산의 늘푸른여러해살이 덩굴풀로 덩이뿌리가 발달한다. 줄기는 네모지며 원산지에서는 10m 정도 길이까지 벋는다. 잎은 어긋나고 긴 하트형이며 7㎝ 정도 길이이고 끝이 뾰족하며 앞면은 주름이 진다. 여름부터 가지 끝에 달리는 원뿔꽃차례~송이꽃차례는 지그재그로 굽으며 분홍색 꽃이 모여 핀다. 꽃잎은 없고 5장의 꽃받침이 꽃잎처럼 보이며 수명이 길다. [1]흰산호덩굴('Alba')은 흰색 꽃이 피는 품종이다. 모두 양지바른 실내에서 심어 기른다.

산호덩굴                    [1]흰산호덩굴

리본풀

## 리본풀/한기죽(마디풀과)
*Homalocladium platycladum*

뉴기니아와 솔로몬군도 원산의 늘푸른여러해살이풀로 1m 정도 높이로 자라는 줄기는 녹색 리본 모양으로 마디가 있다. 여름에 줄기마디의 가장자리에 지름 1~3㎜의 자잘한 흰색 꽃이 핀다. 실내에서 관엽식물로 심어 기른다. <sup>1)</sup>**메밀여뀌/개모밀덩굴**(*Persicaria capitata*)은 열대 아시아 원산의 여러해살이풀로 줄기는 바닥을 긴다. 잎은 어긋나고 타원형~달걀형이며 앞면에 흑갈색 화살표 무늬가 있다. 봄부터 가지 끝에 둥근 분홍색 꽃송이가 달린다. <sup>2)</sup>**무늬일본이삭여뀌**(*P. virginiana* 'Painter's Palette')는 북미 원산의 원예 품종으로 여러해살이풀이며 30~60㎝ 높이이다. 타원형 잎에 노란색 반점과 줄무늬가 불규칙하게 생기고 중앙에 적갈색 반점이 있다. <sup>3)</sup>**소두여뀌**(*Polygonum microcephalum*)는 히말라야 원산의 여러해살이풀로 40~60㎝ 높이이다. 잎은 어긋나고 달걀형~긴 삼각형이며 끝이 뾰족하고 가장자리는 밋밋하며 주름이 진다. 잎의 주맥은 적자색이 돈다. 5~9월에 가지 끝에 모여 피는 흰색 꽃은 타원형 꽃잎이 2~3㎜ 길이로 작다. <sup>4)</sup>**소두여뀌 '레드 드래곤'**('Red Dragon')은 원예 품종으로 적갈색 잎에 연한 무늬가 있다. 모두 화단에 심어 기른다.

<sup>1)</sup>메밀여뀌

<sup>2)</sup>무늬일본이삭여뀌

<sup>3)</sup>소두여뀌

<sup>4)</sup>소두여뀌 '레드 드래곤'

대황             1)호장근

### 대황(마디풀과)
*Rheum rhabarbarum*

시베리아 남부 원산의 여러해살이풀로 60~150㎝ 높이이다. 뿌리잎은 달걀형이며 가장자리가 물결 모양으로 주름이 지고 잎자루가 길다. 5~6월에 줄기와 가지 끝의 커다란 원뿔꽃차례에 자잘한 연노란색 꽃이 촘촘히 모여 핀다. 1)호장근(*Reynoutria japonica*)은 산과 들에서 1m 정도 높이로 자라는 여러해살이풀로 봄에 돋는 새싹은 붉은색이다. 잎은 어긋나고 넓은 달걀형이며 끝이 뾰족하다. 6~8월에 가지 끝과 잎겨드랑이의 송이꽃차례에 자잘한 흰색 꽃이 핀다. 모두 화단에 심어 기른다.

### 파리지옥(끈끈이귀개과)
*Dionaea muscipula*

북미 원산의 여러해살이풀로 20~30㎝ 높이로 자란다. 뿌리잎은 4~10장이 돌려나며 3~10㎝ 길이이고 잎자루에 넓은 날개가 있다. 둥그스름한 잎몸은 가장자리에 가시 같은 긴털이 난다. 잎 앞면에 있는 감각모에 곤충이 닿으면 주맥을 중심으로 양쪽이 재빨리 닫혀 곤충을 잡고 소화해서 흡수한다. 6월에 꽃줄기 끝에 모여 피는 10여 개 정도의 흰색 꽃은 지름 2㎝ 정도이고 꽃잎은 5장이다. 양지바른 실내에서 심어 기른다.

파리지옥            잎

### 비나타끈끈이주걱(끈끈이귀개과)
*Drosera binata*

호주와 뉴질랜드 원산의 여러해살이풀로 30~80cm 높이로 자란다. 기다란 잎자루 끝에서 포크처럼 갈라지는 가느다란 선형 잎은 10cm 정도 길이이며 앞면에 끈적거리는 붉은색 샘털이 많다. 잎에 곤충이 닿으면 샘털에 달라 붙게 해서 소화를 시킨다. 잎은 어릴 때는 돌돌 말려 있다가 펴진다. 6~9월에 뿌리에서 길게 자란 꽃줄기는 50cm 정도 길이이며 갈래꽃차례 모양으로 갈라지는 가지에 지름 25mm 정도의 흰색 꽃이 모여 핀다. 양지바른 실내에서 심어 기른다.

비나타끈끈이주걱                     잎

### 알라타벌레잡이통풀(벌레잡이통풀과)
*Nepenthes alata*

필리핀 원산의 늘푸른여러해살이덩굴풀로 줄기는 4m 정도 길이로 벋는다. 잎은 어긋나고 긴 타원형이며 10~15cm 길이이고 가장자리가 밋밋하며 가죽질이다. 주맥이 길게 자라고 그 끝에 만들어지는 원통형의 벌레잡이통(포충낭)은 붉은빛이 돌기도 한다. 통 입구에는 둥근 뚜껑이 있지만 여닫지는 않는다. 통속의 액체에 벌레가 떨어지면 소화해서 흡수한다. 가지 끝의 이삭꽃차례에 자줏빛이 도는 자잘한 꽃이 모여 핀다. 양지바른 실내에서 심어 기른다.

알라타벌레잡이통풀                   포충낭 잎

선옹초

## 선옹초(석죽과)
### *Agrostemma githago*

유럽~서아시아 원산의 한해살이
풀로 60~80㎝ 높이로 자란다. 잎
은 마주나고 선형이며 부드러운
흰색 털로 덮여 있다. 4~7월에 잎
겨드랑이에서 나온 긴 꽃자루 끝에
지름 3~5㎝의 홍자색 꽃이 핀다.
5장의 꽃잎에는 각각 2~3개의 보
라색 세로줄 무늬가 있으며 안쪽
은 흰색이다. [1)]**남도자리**(*Arenaria
montana*)는 스페인과 프랑스 원산
의 여러해살이풀로 14~22㎝ 높이
로 자란다. 잎은 마주나고 피침형
~달걀형이며 회녹색이고 광택이
있다. 5~6월에 줄기 끝의 송이꽃
차례에 2~10개의 흰색 꽃이 핀
다. [2)]**라나툼점나도나물**(*Cerastium.
alpinum* v. *lanatum*)은 북반구 고위도
지역 원산의 여러해살이풀로 6~
15㎝ 높이로 자라며 전체에 털이
많다. 회녹색 뿌리잎은 로제트형
으로 퍼지고 6~8월에 흰색 꽃이
핀다. [3)]**토멘토숨점나도나물/하설
초**(*C. tomentosum*)는 유럽 고산 원
산의 여러해살이풀로 15~30㎝ 높
이로 자란다. 촘촘히 모여나는 회
녹색 뿌리잎은 피침형이고 25㎜
정도 길이이다. 늦은 봄에 잎 사이
에서 자라는 꽃줄기에 모여 피는
흰색 꽃은 지름 15㎜ 정도이다. 모
두 양지바른 화단에 심으며 암석
정원에 잘 어울린다.

1)남도자리

2)라나툼점나도나물

3)토멘토숨점나도나물

358

## 비누풀(석죽과)
### *Saponaria officinalis*

유럽 원산의 여러해살이풀로 50~90㎝ 높이로 곧게 자라며 전체에 털이 없다. 잎은 마주나고 좁은 타원형이며 끝이 뾰족하고 가장자리가 밋밋하며 주맥은 3개이다. 7~9월에 줄기 끝의 갈래꽃차례에 흰색이나 연분홍색 꽃이 모여 핀다. 꽃받침은 긴 원통형이고 꽃잎은 5장이 수평으로 벌어진다. 예전에 잎줄기를 비누 대신 사용해서 '비누풀'이라고 한다. <sup>1)</sup>**겹꽃비누풀**('Alba Plena')은 원예 품종으로 흰색 겹꽃이 핀다. 모두 양지바른 화단에 심어 기른다.

비누풀　　　　　<sup>1)</sup>겹꽃비누풀

## 패랭이꽃(석죽과)
### *Dianthus chinensis*

건조한 풀밭이나 냇가 모래땅에서 30㎝ 정도 높이로 자라는 여러해살이풀이다. 잎은 마주나고 좁은 피침형이며 3~5㎝ 길이이다. 잎 끝은 뾰족하고 가장자리가 밋밋하며 밑부분이 합쳐져서 줄기를 둘러싼다. 6~8월에 가지 끝에 패랭이 모자 모양의 붉은색 꽃이 하늘을 향해 핀다. 꽃잎은 5장이며 끝이 얕게 갈라지고 가운데에 진한 색 무늬가 있다. <sup>1)</sup>**패랭이꽃 '시베리안 블루'**('Siberian Blues')는 원예 품종으로 청자색 꽃이 핀다. 모두 양지바른 화단에 심어 기른다.

패랭이꽃　　　<sup>1)</sup>패랭이꽃 '시베리안 블루'

갯패랭이꽃

<sup>1)</sup>고산패랭이꽃

<sup>2)</sup>아나톨리쿠스패랭이

<sup>3)</sup>아레나리우스패랭이 '리틀 메이든'  <sup>4)</sup>각시패랭이꽃 '아크틱 화이어'

### 갯패랭이꽃(석죽과)
### *Dianthus japonicus*

부산 근처의 바닷가에서 자라는 여러해살이풀로 20~50cm 높이이다. 잎은 마주나고 넓은 피침형이며 가장자리가 밋밋하다. 7~8월에 줄기 끝이나 그 주변의 잎겨드랑이에서 나온 가지 끝에 지름 15mm 정도의 홍자색 꽃이 모여 달린다. <sup>1)</sup>고산패랭이꽃(*D. alpinus*)은 알프스 원산의 여러해살이풀로 10cm 정도 높이로 자란다. 잎은 마주나고 가는 피침형이며 15~25mm 길이이다. 6~8월에 가지 끝에 지름 3cm 정도의 분홍색 꽃이 핀다. <sup>2)</sup>아나톨리쿠스패랭이(*D. anatolicus*)는 터키 원산의 여러해살이풀로 10~30cm 높이로 자란다. 잎은 마주나고 피침형이며 1~2cm 길이이다. 6~7월에 피는 흰색 꽃은 지름 1cm 정도이며 꽃잎 가장자리가 잘게 갈라진다. <sup>3)</sup>아레나리우스패랭이 '리틀 메이든'(*D. arenarius* 'Little Maiden')은 유럽 원산의 원예 품종으로 줄기는 10cm 정도 높이이며 흰색 꽃은 꽃잎이 잘게 갈라진다. <sup>4)</sup>각시패랭이꽃 '아크틱 화이어'(*D. deltoides* 'Arctic Fire')는 유럽과 서아시아 원산의 원예 품종으로 15~20cm 높이로 자란다. 가지 끝에 피는 지름 2cm 정도의 흰색 꽃은 중심부가 붉은색이다. 모두 양지바른 화단에 심어 기른다.

수염패랭이꽃 품종 　 수염패랭이꽃 품종 　 수염패랭이꽃 품종

수염패랭이꽃 품종 　 수염패랭이꽃 품종 　 수염패랭이꽃 품종 　 수염패랭이꽃 품종

수염패랭이꽃 품종 　 수염패랭이꽃 품종 　 수염패랭이꽃 품종 　 수염패랭이꽃 품종

## 수염패랭이꽃(석죽과) *Dianthus barbatus*

함경도와 중국, 유럽 원산의 여러해살이풀로 30~50㎝ 높이로 자란다. 단단한 줄기의 마디에 마주나는 잎은 피침형~넓은 피침형이며 길이 4~8㎝, 너비 3~8㎜이다. 잎 끝은 뾰족하며 가장자리가 밋밋하고 짧은털이 있으며 밑부분은 줄기마디를 둘러싼다. 6~8월에 줄기 끝의 자루가 짧은 갈래꽃차례에 적자색 꽃이 머리 모양으로 촘촘히 모여 달린다. 꽃은 지름 1㎝ 정도이며 붉은 바탕에 진한 색 무늬가 있고 5장의 꽃잎은 끝에 톱니가 있다. 가느다란 총포조각이 수염처럼 보여서 '수염패랭이꽃'이라고 한다. 많은 원예 품종이 개발되었으며 꽃의 지름도 2~3㎝로 큼직하고 색깔도 여러 가지이다. 양지바른 화단에 심어 기르고 절화로도 이용한다.

361

기간테우스패랭이꽃　　　　잎과 줄기

1)술패랭이꽃　　　2)파보니우스패랭이

3)플루마리우스패랭이 '화이트 레이스' 4)바늘패랭이

## 기간테우스패랭이꽃(석죽과)
### *Dianthus giganteus*

발칸반도, 루마니아, 터키 원산의 여러해살이풀로 50~100㎝ 높이로 자란다. 잎은 줄기 밑부분에 마주나고 피침형이며 가장자리가 밋밋하다. 7~8월에 높게 자란 줄기 끝의 우산꽃차례에 진분홍색 꽃이 촘촘히 모여 달린다. 1)술패랭이꽃(*D. longicalyx*)은 산과 들의 풀밭에서 자라는 여러해살이풀로 30~80㎝ 높이이다. 잎은 마주나고 좁은 피침형이며 밑부분이 합쳐져서 마디를 둘러싼다. 6~8월에 가지 끝에 피는 연한 홍자색 꽃은 꽃잎 가장자리가 술처럼 잘게 갈라진다. 2)파보니우스패랭이(*D. pavonius*)는 알프스 원산의 여러해살이풀로 방석처럼 퍼지며 5~8㎝ 높이로 자란다. 잎은 마주나고 피침형이며 가장자리가 밋밋하다. 6~8월에 가지 끝에 지름 15~25㎜의 분홍색 꽃이 핀다. 3)플루마리우스패랭이 '화이트 레이스'(*D. plumarius* 'White Lace')는 유럽 남동부 원산의 원예 품종으로 가는 잎은 방석처럼 바닥을 덮는다. 6~8월에 30㎝ 정도 높이의 꽃줄기 끝에 모여 피는 흰색 꽃은 꽃잎 끝부분이 잘게 갈라진다. 4)바늘패랭이(*D. spiculifolius*)는 루마니아 원산의 여러해살이풀로 흰색 꽃은 중심부에 붉은색 고리가 있고 꽃잎 끝부분이 잘게 갈라진다. 모두 양지바른 화단에 심어 기른다.

❶ 카네이션 '용안'
❷ 카네이션 '해피 골렘'
❸ 카네이션 '만수무강'
❹ 카네이션 '오스카 체리 벨벳'
❺ 카네이션 '오스카 핑크 퍼플'
❻ 카네이션 '폴리미아'
❼ 카네이션 '프리티 플라밍고'
❽ 카네이션 '슈퍼트루퍼 마젠타 앤 화이트'
❾ 카네이션 '슈퍼트루퍼 오렌지'

## 카네이션(석죽과) *Dianthus caryophyllus*

남부 유럽과 서아시아 원산의 여러해살이풀로 40~50㎝ 높이이다. 잎은 마주나고 선형이며 끝이 뾰족하고 가장자리가 밋밋하며 밑부분이 마디를 둘러싼다. 화단에 기르는 것은 7~8월에 꽃이 핀다. 줄기 끝과 윗부분의 잎겨드랑이에 1~5개의 홍자색 꽃이 핀다. 꽃의 지름은 3~5㎝이고 꽃잎 끝부분에 자잘한 톱니가 있다. 다른 패랭이 종류와 교잡을 통해 여러 가지 색깔의 품종이 개발되었으며 화단에 심고 절화로도 많이 이용한다.

❶(*D.* 'Yongan') ❷('Happy Golem') ❸('Mamsumugang') ❹('Oscar Cherry Velvet') ❺('Oscar Pink Purple') ❻('Polimia') ❼('Pretty Flamingo') ❽('Super Trouper Magenta & White') ❾('Super Trouper Orange')

안개꽃

## 안개꽃(석죽과)
### *Gypsophila elegans*

유라시아 원산의 한해살이풀로 30~45cm 높이로 자란다. 줄기는 가지가 많이 갈라지고 선형~피침형 잎이 마주난다. 여름부터 가지 끝에 자잘한 흰색 꽃이 핀다. 꽃잎은 5장이지만 겹꽃 등의 여러 재배 품종이 있다. <sup>1)</sup>**분홍안개꽃 '집시 딥 로즈'**(*G. muralis* 'Gypsy Deep Rose')는 유라시아 원산의 원예 품종으로 30~40cm 높이로 자라며 5월부터 자잘한 진분홍색 꽃이 촘촘히 달린다. <sup>2)</sup>**숙근안개꽃 '뉴 러브'**(*G. paniculata* 'New Love')는 유럽 원산의 원예 품종으로 1m 정도 높이로 자라며 자잘한 흰색 겹꽃이 촘촘히 모여 핀다. <sup>3)</sup>**레펜스대나물 '로제아'**(*G. repens* 'Rosea')는 중남부 유럽 원산의 원예 품종으로 20cm 정도 높이로 자라는 왜성종이다. 초여름에 자잘한 연분홍색 꽃이 촘촘히 모여 핀다. <sup>4)</sup>**이끼용담**(*G. cerastioides*)은 히말라야 주변 원산의 여러해살이풀로 10~25cm 높이로 자라는 줄기는 잔털이 있다. 잎은 마주나고 넓은 거꿀달걀형이다. 5~6월에 줄기 끝의 갈래꽃차례에 지름 4~13mm의 흰색 꽃이 피는데 꽃잎에는 3개의 붉은색 줄무늬가 있다. 모두 화단에 심어 기르며 안개꽃 종류는 대표적인 절화의 한 가지이다.

<sup>1)</sup>분홍안개꽃 '집시 딥 로즈'

<sup>2)</sup>숙근안개꽃 '뉴 러브'

<sup>3)</sup>레펜스대나물 '로제아'

<sup>4)</sup>이끼용담

## 동자꽃(석죽과)
### *Lychnis cognata*

산의 숲속에서 40~90cm 높이로 자라는 여러해살이풀이다. 잎은 마주나고 긴 타원형~달걀 모양의 타원형이며 잎자루가 없다. 7~8월에 줄기 끝과 잎겨드랑이에 피는 커다란 주황색 꽃은 5장의 꽃잎 끝부분이 얕게 2갈래로 갈라진다. [1]**털동자꽃**(*L. fulgens*)은 중부 이북의 산에서 50~100cm 높이로 자라는 여러해살이풀이다. 6~8월에 줄기 끝과 잎겨드랑이에 피는 커다란 주홍색 꽃은 5장의 꽃잎 끝부분이 2갈래로 깊게 갈라진다. [2]**제비동자꽃**(*L. wilfordii*)은 중부 이북의 산의 습지에서 50cm 정도 높이로 자라는 여러해살이풀이다. 잎은 마주나고 긴 달걀형~피침형이며 끝이 뾰족하고 잎자루가 없다. 6~8월에 줄기 끝과 잎겨드랑이에 피는 주홍색 꽃은 5장의 꽃잎 끝부분이 여러 갈래로 깊게 갈라진다. [3]**흑동자꽃 '오렌지 츠베르크'**(*L.* × *arkwrightii* 'Orange Zwerg')는 교잡종인 여러해살이풀로 30~50cm 높이로 자란다. 잎은 마주나고 달걀형~피침형이며 진한 적갈색이 돈다. 여름에 가지 끝에 피는 주황색 꽃은 지름 3~4cm이다. [4]**흑동자꽃 '베수비우스'**('Vesuvius')는 교잡종인 여러해살이풀로 잎은 녹자색이 돌며 여름에 주황색 꽃이 핀다. 모두 화단에 심어 기른다.

동자꽃

[1]털동자꽃

[2]제비동자꽃

[3]흑동자꽃 '오렌지 츠베르크'

[4]흑동자꽃 '베수비우스'

우단동자꽃

<sup></sup>1)흰우단동자꽃

## 우단동자꽃(석죽과)
*Silene coronaria*

남부 유럽과 서아시아 원산의 여러해살이풀로 50~70㎝ 높이로 자라고 전체에 흰색 솜털이 많다. 잎은 마주나고 피침형~넓은 거꿀피침형이며 가장자리가 밋밋하다. 5~6월에 가지 끝에 피는 붉은색 꽃은 지름 2~3㎝이다. <sup>1)</sup>**흰우단동자꽃**('Alba')은 흰색 꽃이 피는 품종이다. <sup>2)</sup>**애기동자꽃**(*S. chalcedonica*)은 유라시아 원산의 여러해살이풀로 35~100㎝ 높이로 자란다. 잎은 마주나고 넓은 피침형이며 가장자리가 밋밋하다. 여름에 줄기 끝의 우산꽃차례에 모여 피는 붉은색 꽃은 지름 1~3㎝이며 꽃잎은 둘로 갈라진다. <sup>3)</sup>**뻐꾸기동자꽃**(*S. flos-cuculi*)은 유럽과 서아시아 원산의 여러해살이풀로 20~50㎝ 높이로 자란다. 잎은 마주나고 피침형이며 5~6월에 갈래꽃차례에 피는 분홍색 꽃은 꽃잎이 4~5갈래로 깊게 갈라진다. <sup>4)</sup>**뻐꾸기동자꽃 '화이트 로빈'**('White Robin')은 흰색 꽃이 피는 품종이다. <sup>5)</sup>**비스카리아동자꽃**(*S. viscaria*)은 유럽 원산의 여러해살이풀로 줄기는 30~90㎝ 높이로 곧게 자란다. 잎은 마주나고 피침형이며 5~7월에 줄기 윗부분에 모여 피는 지름 2㎝ 정도의 홍자색 꽃은 꽃잎이 갈라지지 않는다. 모두 화단에 심어 기른다.

<sup></sup>3)뻐꾸기동자꽃

<sup></sup>4)뻐꾸기동자꽃 '화이트 로빈'

<sup></sup>5)비스카리아동자꽃

꽃장구채

1)꽃장구채 '클리포드 무어'

## 꽃장구채(석죽과)
### *Silene dioica*

유라시아 원산의 두해살이풀~여러
해살이풀로 30~90cm 높이로 자
라며 전체에 짧은털이 있다. 잎은
마주나고 달걀형~넓은 피침형이
며 끝이 뾰족하다. 암수딴그루로 5~
7월에 지름 1.8~2.5cm의 붉은색
꽃이 모여 핀다. 꽃받침은 항아리 모
양이고 꽃잎은 5장이다. 1)**꽃장구채
'클리포드 무어'**('Clifford Moor')는
잎에 노란색 얼룩무늬가 있는 원
예 품종이다. 2)**장미장구채**(*S. coeli-
rosa*)는 지중해 연안 원산의 한해
살이풀로 30~50cm 높이로 자란
다. 4~6월에 줄기와 가지 끝에 지
름 2~3cm의 매화를 닮은 분홍색
꽃이 핀다. 3)**달맞이장구채**(*S. latifolia
ssp. alba*)는 유럽 원산으로 30~
70cm 높이로 자라는 줄기에 털과
샘털이 있다. 6~9월에 피는 흰색
꽃은 둥글게 부푼 꽃받침에 10~
20개의 맥이 있으며 털이 많다.
4)**펜둘라장구채**(*S. pendula*)는 유럽
남부 원산의 한해살이풀로 30~60cm
높이로 자란다. 5~8월에 피는 홍
자색 꽃은 꽃받침통에 줄무늬가 있
다. 5)**오랑캐장구채**(*S. repens*)는 중부
이북의 산에서 자라며 가지에 밑을
향한 털이 있다. 6~7월에 줄기 끝
에 백홍색 꽃이 피는데 꽃받침통은
보통 적갈색이고 짧은털이 촘촘하
다. 모두 화단에 심어 기른다.

3)달맞이장구채

2)장미장구채

4)펜둘라장구채

5)오랑캐장구채

고산동자꽃     <sup>1)</sup>흰고산동자꽃

## 고산동자꽃(석죽과)
*Silene suecica*

노르웨이와 스웨덴 원산의 여러해살이풀로 10~40㎝ 높이로 자란다. 뿌리잎은 긴 타원 모양의 피침형이며 로제트형으로 돌려난다. 줄기잎은 마주나고 선형이다. 6~8월에 줄기 끝에 달리는 머리모양꽃차례는 지름 1~2㎝이며 분홍색 꽃이 촘촘히 모여 핀다. <sup>1)</sup>**흰고산동자꽃**('Alba')은 흰색 꽃이 피는 품종이다. <sup>2)</sup>**삭시프라가장구채**(*S. saxifraga*)는 남부 유럽 원산의 여러해살이풀로 15㎝ 정도 높이로 자란다. 여름에 가지 끝에 피는 지름 1~2㎝의 흰색 꽃은 뒷면이 적자색이다. <sup>3)</sup>**해변장구채**(*S. uniflora*)는 지중해 연안 원산의 여러해살이풀로 10~30㎝ 높이로 자란다. 잎은 마주나고 피침형이며 청록색이다. 4~6월에 가지 끝에 피는 흰색 꽃은 지름 2~3㎝이며 둥글게 부푼 꽃받침통은 그물맥이 있다. <sup>4)</sup>**해변장구채 '컴팩타'**('Compacta')는 키가 작은 원예 품종으로 5~10㎝ 높이로 자란다. <sup>5)</sup>**불가리스장구채**(*S. vulgaris*)는 유럽 원산의 여러해살이풀로 50~60㎝ 높이로 자란다. 잎은 마주나고 타원형이다. 6~8월에 가지 끝에 지름 15㎜ 정도의 흰색 꽃이 고개를 숙이고 피는데 둥근 꽃받침통은 그물맥이 있다. 모두 화단에 심어 기른다.

<sup>2)</sup>삭시프라가장구채

<sup>3)</sup>해변장구채

<sup>4)</sup>해변장구채 '컴팩타'

<sup>5)</sup>불가리스장구채

## 끈끈이대나물(석죽과)
*Silene armeria*

유럽 원산의 여러해살이풀로 곧게 서
는 줄기는 50㎝ 정도 높이로 자란
다. 줄기 윗부분에 있는 마디 밑에
서 끈끈한 진이 나온다. 잎은 마주나
고 달걀형~넓은 피침형이며 끝이
뾰족하고 가장자리가 밋밋하며 밑
부분이 줄기를 감싼다. 6~8월에
가지 끝의 갈래꽃차례에 지름 1㎝
정도의 붉은색 꽃이 모여 달린다. 꽃
받침은 곤봉 모양이고 꽃잎은 5장
이다. 드물게 흰색 꽃이 피기도 한
다. 양지바른 화단에 심어 기르며
꽃밭 주변에서 저절로 퍼져 자라
기도 한다.

끈끈이대나물

흰색 꽃

## 브라질애기색비름(비름과)
*Alternanthera brasiliana*

중남미 원산의 여러해살이풀로 50~
60㎝ 높이로 자란다. 잎은 마주나
고 타원형이며 끝이 뾰족하고 가
장자리가 밋밋하며 적자색이 돈다.
4~5월에 잎겨드랑이에 둥근 흰색
꽃송이가 달린다. [1]세실리스애기
색비름 '레드'(*A. sessilis* 'Red')는 동
남아 원산의 원예 품종으로 한해
살이풀이며 줄기는 기면서 20㎝
정도 높이로 자란다. 잎은 마주나고
좁은 타원형이며 적자색이 돈다.
8~10월에 잎겨드랑이에 둥근 분
홍색 꽃송이가 달린다. 모두 실내
에서 심어 기른다.

브라질애기색비름

[1]세실리스애기색비름 '레드'

댑싸리 꽃 / 댑싸리

## 댑싸리(비름과)
### *Bassia scoparia*

빈터나 길가에서 자라는 한해살이
풀로 1m 정도 높이이다. 잎은 어긋
나고 피침형이며 7~8월에 잎겨드
랑이에 자잘한 황록색 꽃이 모여
핀다. 다 자란 댑싸리를 통째로 베
어 말려 빗자루를 만든다. [1]홍등화
'블라진 로즈'(*Iresine herbstii* 'Blazin
Rose')는 브라질 원산의 여러해살
이풀로 붉은빛이 도는 줄기에 마
주나는 잎은 양면이 진한 홍자색이
다. 4~11월에 이삭꽃차례에 자잘
한 녹백색 꽃이 모여 달린다. [2]양꼬
리풀 '조이'(*Ptilotus exaltatus* 'Joey')
는 호주 원산의 원예 품종으로 여
러해살이풀이며 50~150㎝ 높이로
자란다. 잎은 어긋나고 타원형이
다. 4~6월에 줄기와 가지 끝에 달
리는 원뿔꽃차례는 20㎝ 정도 길
이이며 자잘한 홍자색 꽃이 모여
핀다. 모두 화단에 심어 기른다.
[3]줄맨드라미(*Amaranthus caudatus*)는
인도 원산의 한해살이풀로 타원형
잎은 어긋난다. 8~10월에 꼬리 모
양의 기다란 적자색 꽃이삭이 밑으
로 늘어진다. 원산지에서는 씨앗과
잎을 식용한다. [4]선줄맨드라미 '벨
벳 커튼'(*A. cruentus* 'Velvet Curtains')
은 열대 아메리카 원산의 원예 품
종으로 달걀형 잎은 적자색이 돌
고 줄기 끝에 붉은색 원뿔꽃차례
가 달린다. 모두 실내에서 심어 기
른다.

[1]홍등화 '블라진 로즈' / [2]양꼬리풀 '조이'

[3]줄맨드라미 / [4]선줄맨드라미 '벨벳 커튼'

개맨드라미 품종 <sup>1)</sup>맨드라미 품종

개맨드라미

<sup>1)</sup>맨드라미 품종 <sup>1)</sup>맨드라미 품종

<sup>2)</sup>촛불맨드라미 품종 <sup>2)</sup>촛불맨드라미 품종 <sup>2)</sup>촛불맨드라미 품종 <sup>2)</sup>촛불맨드라미 품종

## 개맨드라미(비름과) *Celosia argentea*

열대 아메리카 원산의 한해살이풀로 40~80㎝ 높이로 자란다. 잎은 어긋나고 피침형~좁은 달걀형이며 끝이 뾰족하고 대부분 잎자루가 없다. 7~8월에 곧게 서는 원기둥 모양의 이삭꽃차례에 연홍색~흰색의 자잘한 꽃이 다닥다닥 달린다. 양지바른 화단에 심어 기르며 밭이나 길가에서 저절로 퍼져 자라기도 한다. <sup>1)</sup>**맨드라미**(v. *cristata*)는 여름에 줄기 끝에 닭의 볏모양의 꽃이삭이 달리는 변종이며 색깔과 모양이 여러 가지이다. <sup>2)</sup>**촛불맨드라미**(v. *plumosa*)는 여름에 줄기 끝에 촛불 모양의 꽃이삭이 달리는 변종이며 색깔과 모양이 여러 가지이다. 근래에는 맨드라미와 촛불맨드라미를 개맨드라미와 같은 종으로 본다.

371

천일홍

1)흰꽃천일홍    2)천일홍 '오드리 바이컬러 로즈'

3)미국천일홍    4)목천일홍

## 천일홍(비름과)
### *Gomphrena globosa*

열대 아메리카 원산의 한해살이풀
로 15~60cm 높이로 자란다. 줄기
는 잎과 함께 부드러운 털이 있다.
잎은 마주나고 긴 타원형이며 3~
5cm 길이이고 끝이 뾰족하며 가장
자리가 밋밋하다. 7~10월에 줄기
와 가지 끝에 달리는 둥근 홍자색
꽃송이는 지름 15~25mm이다. 홍
자색 포조각은 2장이며 꽃잎처럼
보이지만 실제 꽃은 흰색이고 작
으며 꽃잎은 5장이다. 1)흰꽃천일
홍('Alba')은 흰색 꽃이 피는 원예 품
종이다. 2)천일홍 '오드리 바이컬러
로즈'('Audray Bicolor Rose')는 적자
색 꽃송이의 중심부가 흰색인 원예
품종이다. 3)미국천일홍(*G. haageana*)
은 텍사스와 멕시코 원산의 여러
해살이풀로 20~70cm 높이로 자란
다. 잎은 마주나고 거꿀피침형~
넓은 선형이며 3~5cm 길이이고
긴털이 있다. 7~11월에 줄기 끝에
달리는 주황색 머리모양꽃차례는
지름 15~25mm이다. 주황색 포조
각이 꽃잎처럼 보이지만 실제 꽃
은 노란색이며 크기가 작다. 4)목
천일홍(*G.* 'Little Grapes')은 열대
아메리카 원산의 원예 품종으로
줄기 밑부분이 목질화하며 줄기에
여러 개의 홍자색 꽃송이가 모여
달린다. 모두 화단에 심어 기르며
절화로도 이용한다.

## 애기태양장미(번행초과)
### *Mesembryanthemum cordifolium*

남아공 원산의 늘푸른여러해살이풀이다. 바닥을 기는 줄기에 마주나는 다육질 잎은 달걀형이며 끝이 뾰족하다. 7~10월에 가지 끝에 붉은색 꽃이 핀다. [1]**무늬애기태양장미**('Variegata')는 잎에 흰색 무늬가 있는 품종이다. [2]**노랑애기태양장미**(*M. haeckelianum*)는 남아공 원산의 여러해살이풀로 노란색 꽃이 핀다. [3]**분화구은엽화**(*Argyroderma crateriforme*)는 남아공 원산의 여러해살이풀로 줄기는 없고 1쌍의 두툼한 다육질 잎은 반구형이며 18~35㎜ 길이이고 회녹색이다. 중앙부에 자루가 없이 달리는 노란색 꽃은 지름 20~35㎜이며 둘레의 가짜 수술이 꽃잎처럼 보인다. [4]**단검/칼잎막사국**(*Carpobrotus acinaciformis*)은 남아공 원산의 여러해살이풀로 2m 이상 길이로 벋는다. 다육질 잎은 마주나고 단면이 삼각형이며 끝이 뾰족하다. 5~7월에 짧은 가지 끝에 데이지와 비슷한 붉은색 꽃이 핀다. [5]**체이리돕시스 브로우니**(*Cheiridopsis brownii*)는 남아공 원산의 여러해살이풀로 5~10㎝ 높이로 자란다. 짧은 줄기에 2~4장의 두툼하고 납작한 회녹색 잎이 달린다. 보통 늦가을에 줄기 끝에 지름 6㎝ 정도의 노란색 꽃이 핀다. 모두 실내에서 다육식물로 기른다.

애기태양장미

[1]무늬애기태양장미

[2]노랑애기태양장미

[3]분화구은엽화

[4]단검

[5]체이리돕시스 브로우니

축전

1)경국    2)추조

## 축전/적광(번행초과)
### *Conophytum frutescens*

남아공 원산의 늘푸른여러해살이풀로 10~30㎝ 높이로 자란다. 1쌍의 다육질 잎은 하트 모양을 이루며 35㎜ 정도 길이이고 청록색이 돈다. 잎 틈에서 자란 꽃대 끝에 1개의 주황색 꽃이 핀다. 1)**경국**(*C. meyeri*)은 남아공 원산으로 잎은 하트 모양의 두꺼운 다육질이며 5~10㎜ 길이이고 겉에 검은색 잔점이 많다. 가을에 노란색 꽃이 핀다. 2)**추조**(*C. velutinum*)는 남아공 원산으로 잎은 하트 모양의 두꺼운 다육질이며 1㎝ 정도 길이이고 홍자색 꽃이 핀다. 모두 양지바른 실내에서 다육식물로 기른다.

황금송엽국

1)송엽국 '보퍼트 웨스트'

2)송엽국 '오렌지 원더'

## 황금송엽국(번행초과)
### *Delosperma congestum*

남아공 원산의 늘푸른여러해살이풀로 5~15㎝ 높이로 자란다. 삼각뿔 모양의 잎은 바깥쪽으로 말리며 밑부분은 줄기를 감싸 안는다. 잎의 모서리에 흰색의 잔털이 있다. 5~9월에 햇빛이 비치면 지름 5~7㎝의 노란색 꽃이 피는데 꽃잎은 광택이 있고 중심부는 흰빛이 돈다. 1)**송엽국 '보퍼트 웨스트'**(*D.* 'Beaufort West')는 원예 품종으로 분홍색 꽃이 핀다. 2)**송엽국 '오렌지 원더'**(*D.* 'Orange Wonder')는 원예 품종으로 주황색 꽃이 핀다. 모두 다육식물로 기른다.

## 전동/뇌동(번행초과)
### *Delosperma echinatum*

남아공 원산의 늘푸른여러해살이풀로 바닥을 기며 30~45㎝ 높이로 자란다. 둥근 줄기는 털이 촘촘하고 마주나는 타원형 육질 잎에도 가시 모양의 솜털이 빽빽하다. 봄에 줄기 끝부분에 지름 2㎝ 이하의 연노란색 꽃이 하나씩 핀다. [1]**쿠페리송엽국**(*D. cooperi*)은 남아공 원산의 다육식물로 바닥을 기며 10~15㎝ 높이로 자란다. 두툼한 선형 잎은 마주난다. 여름에 가지 끝에 지름 3~5㎝의 홍자색 꽃이 핀다. [2]**벽어연**(*D. lehmannii*)은 남아공 원산의 다육식물로 바닥을 기며 자란다. 두툼한 잎은 2~3개의 모서리가 있으며 청록색이 돈다. 가지 끝에 노란색 꽃이 핀다. [3]**누비게눔송엽국**(*D. nubigenum*)은 남아공 원산의 다육식물로 5~10㎝ 높이로 자란다. 육질 잎은 넓은 삼각뿔 모양이며 옆에서 보면 배 모양이다. 4~7월에 지름 15~20㎜의 노란색 꽃이 핀다. [4]**오브투숨송엽국 '사니 패스'**(*D. obtusum* 'Sani Pass')는 남아공 원산의 원예 품종으로 줄기는 바닥을 기며 2~5㎝ 높이로 자란다. 다육질 잎은 원통형~삼각형이며 끝이 뾰족하다. 여름에 피는 진분홍색 꽃은 지름 2㎝ 정도이다. 모두 양지바른 곳에 다육식물로 심어 기른다.

전동

[1]쿠페리송엽국

[2]벽어연

[3]누비게눔송엽국

[4]오브투숨송엽국 '사니 패스'

리빙스톤데이지 원예 품종

1)능요옥

2)이슬채송화

3)미파

4)사해파

## 리빙스톤데이지(번행초과)
### *Dorotheanthus bellidiformis*

남아공 원산의 한해살이풀로 줄기
는 바닥을 기며 10㎝ 정도 높이로
자란다. 기다란 주걱 모양의 두툼
한 육질 잎은 5㎝ 정도 길이이며
햇빛을 받으면 반짝거린다. 5~6월
에 피는 채송화를 닮은 꽃은 지름
3~5㎝이며 붉은색, 분홍색, 주황
색, 노란색, 흰색 등 여러 가지이고
중심부는 흰색이다. 화단에 심어
기른다. 1)능요옥(*Dinteranthus vanzylii*)
은 남아공 원산의 여러해살이풀로
1쌍의 원통형 다육질 잎은 사막의
자갈과 비슷한 모양이다. 갈라진
틈 사이에 노란색 꽃이 핀다. 2)이
슬채송화/화성성(*Drosanthemum
speciosum*)은 남아공 원산의 여러해
살이풀로 줄기는 바닥을 기며 자란
다. 잎은 마주나고 두툼한 선형이
며 단면이 세모꼴이다. 6~8월에
가지 끝에 1개의 주홍색 꽃이 핀
다. 3)미파(*Faucaria bosscheana*)는
남아공 원산의 여러해살이풀이다.
육질 잎은 여러 개의 모가 지며 가
장자리는 흰색 테두리가 둘러 있고
1~3쌍의 톱니가 있다. 가을~겨울
에 지름 5㎝ 정도의 노란색 꽃이
핀다. 4)사해파(*F. tigrina*)는 남아공
원산의 다육식물로 마름모꼴의 육
질 잎은 가장자리에 실 모양의 돌
기가 많다. 가을~겨울에 노란색
꽃이 핀다. 모두 양지바른 실내에
서 다육식물로 기른다.

## 군옥(번행초과)
### *Fenestraria rhopalophylla*

남아프리카 원산의 늘푸른여러해살이풀로 원통형의 회녹색 잎이 방석처럼 촘촘히 돋는다. 꽃대 끝에 1~3개가 모여 피는 흰색~노란색 꽃은 가는 꽃잎이 빙 둘러 있다. [1]**오십령옥**(ssp. *aurantiaca*)은 군옥의 아종으로 노란색 꽃이 핀다. [2]**광옥**(*Frithia pulchra*)은 남아공 원산의 늘푸른여러해살이풀로 원통형의 회녹색 잎은 모가 지며 촘촘히 모여난다. 봄에 짧은 꽃대 끝에 홍자색 꽃이 핀다. [3]**무비옥**(*Gibbaeum dispar*)은 남아공 원산의 여러해살이풀로 1쌍의 찌그러진 달걀 모양의 육질 잎은 짧은털이 촘촘히 나서 회색빛이 돈다. 잎 사이의 짧은 꽃대 끝에 1개의 분홍색 꽃이 핀다. [4]**벽익**(*Glottiphyllum longum*)은 남아프리카 원산의 여러해살이풀로 혀 모양의 잎은 2줄로 마주나고 다육질이며 광택이 있다. 꽃대 끝에 피는 1개의 노란색 꽃은 지름 3㎝ 정도이다. [5]**호박옥**(*Lithops bella*)은 남아프리카 원산의 늘푸른여러해살이풀로 3㎝ 정도 높이로 자란다. 원통형의 회갈색 잎은 윗부분이 둘로 갈라져서 1쌍을 이룬다. 초가을에 갈라진 틈 사이에서 자란 꽃대에 지름 3~4㎝의 흰색 꽃이 핀다. 모두 양지바른 실내에서 다육식물로 기른다.

군옥

[1]오십령옥

[2]광옥

[3]무비옥

[4]벽익

[5]호박옥

원종벽어연

¹⁾아우레우스송엽국

²⁾송엽국

³⁾마옥

⁴⁾자황성

## 원종벽어연(번행초과)
### *Lampranthus maximiliani*

남아공 원산의 여러해살이풀로 줄기는 바닥을 긴다. 세모진 배 모양의 육질 잎은 6~10㎜ 길이이며 회녹색이다. 겨울에 가지 끝에 피는 분홍색 꽃은 지름 2㎝ 정도이다. ¹⁾**아우레우스송엽국**(*L. aureus*)은 남아공 원산의 여러해살이풀로 40㎝ 정도 높이이다. 마주나는 잎은 길고 뾰족하며 두툼한 육질이다. 봄에 가지 끝에 피는 주황색~노란색 꽃은 지름 6㎝ 정도이다. ²⁾**송엽국**(*L. spectabilis*)은 남아공 원산의 늘푸른여러해살이풀로 줄기는 바닥을 긴다. 잎은 마주나고 육질의 원통형이며 5㎝ 정도 길이이고 3개의 모서리가 있다. 4~7월에 가지 끝에 피는 적자색~흰색 꽃은 지름 5㎝ 정도이다. ³⁾**마옥**(*Lapidaria margaretae*)은 남아프리카 원산의 늘푸른여러해살이풀로 5㎝ 정도 높이로 자란다. 2~4쌍이 촘촘히 마주 달리는 세모진 달걀형 잎은 백록색이다. 늦가을에 줄기 끝에 1~2개의 노란색 꽃이 핀다. ⁴⁾**자황성**(*Trichodiadema densum*)은 남아공 원산의 여러해살이풀이다. 잎은 원통이나 사각 기둥 모양이며 끝에 가시 모양의 흰색 털이 모여난다. 봄~가을에 잎 사이에서 자란 꽃줄기 끝에 지름 5㎝ 정도의 홍자색 꽃이 핀다. 모두 양지바른 실내에서 다육식물로 기른다.

## 라비에아 레슬리(번행초과)
*Rabiea lesliei*

남아프리카 원산의 여러해살이풀로 줄기는 거의 없고 5cm 정도 높이로 무리 지어 자란다. 가는 삼각뿔 모양의 잎은 20~25mm 길이이며 앞면에는 거친 흑녹색 잔점이 많다. 잎 사이에서 자란 짧은 꽃대 끝에 노란색 꽃이 핀다. <sup>1)</sup>**백봉국**(*Oscularia pedunculata*)은 남아공 원산의 다육식물로 촘촘히 모여나는 세모진 달걀형의 육질 잎은 모서리에 드물게 뾰족한 톱니가 있고 회녹색이다. 늦은 봄에 가지 끝에 홍자색 꽃이 핀다. 모두 양지바른 실내에서 다육식물로 기른다.

라비에아 레슬리　　　　<sup>1)</sup>백봉국

## 폴리안드라자리공(자리공과)
*Phytolacca polyandra*

중국 원산의 여러해살이풀로 1m 정도 높이이다. 잎은 어긋나고 긴 타원형이며 끝이 뾰족하다. 5~8월에 줄기 끝의 원기둥 모양의 송이꽃차례에 촘촘히 달리는 흰색 꽃은 점차 홍자색으로 변한다. 남부 지방에서 화단에 심어 기른다. <sup>1)</sup>**산호리비나**(*Rivina humilis*)는 열대 아메리카 원산의 늘푸른여러해살이풀로 1m 정도 높이이다. 잎은 어긋나고 달걀형이며 가장자리는 밋밋하다. 6~10월에 가지 끝의 송이꽃차례에 자잘한 흰색 꽃이 핀다. 실내에서 심어 기른다.

폴리안드라자리공　　　　<sup>1)</sup>산호리비나

부겐빌레아 품종

부겐빌레아 품종

부겐빌레아

부겐빌레아 품종

부겐빌레아 품종

부겐빌레아 품종

부겐빌레아 품종

부겐빌레아 품종

부겐빌레아 품종

## 부겐빌레아(분꽃과) *Bougainvillea glabra*

남미 원산으로 4~5m 높이로 자라는 반덩굴성나무이다. 가지에는 곧은 가시가 있다. 잎은 어긋나고 달걀형~타원형이며 끝이 뾰족하고 광택이 있다. 가지 끝이나 윗부분의 잎겨드랑이에 붉은색 꽃이 모여 핀 모습은 매우 아름답다. 꽃을 자세히 보면 가운데에 3개의 기다란 대롱 모양의 연노란색 꽃이 모여 있고 둘레를 싸고 있는 3장의 붉은색 꽃잎처럼 보이는 것은 꽃을 받치고 있는 포이다. 많은 재배 품종이 개발되었으며 품종에 따라 포의 색깔이 주황색, 보라색, 분홍색, 노란색, 흰색 등 여러 가지이고 포의 모양도 조금씩 다르다. 노란색이나 흰색 등의 무늬잎 품종도 있다. 실내에서 심어 기른다.

분꽃

분꽃 품종

분꽃 품종

분꽃 품종

분꽃 품종

분꽃 품종

분꽃 품종

분꽃 품종

## 분꽃(분꽃과) *Mirabilis jalapa*

남미 원산의 여러해살이풀로 60~100㎝ 높이로 자라며 가지가 많이 갈라
진다. 화단에 심어 기르는데 기후 관계로 한해살이화초로 키우며 남부 지
방의 들에서는 저절로 퍼져 자란다. 잎은 마주나고 달걀형~넓은 달걀형
이며 3~10㎝ 길이이고 끝이 뾰족하며 가장자리가 밋밋하고 잎자루가 있
다. 7~10월에 가지 끝의 갈래꽃차례에 피는 깔때기 모양의 붉은색 꽃은
지름 3㎝ 정도이며 저녁에 피었다가 아침에 진다. 노란색, 흰색, 잡색 꽃
이 피는 품종도 있다. 꽃받침에 싸인 둥근 열매는 검게 익으며 주름살이
많다. 씨앗 속의 흰색 가루를 모아 얼굴에 바르는 분으로 이용해서 '분꽃'
이라고 한다.

¹⁾레위시아 코틸레돈 '엘리스 믹스'

¹⁾레위시아 코틸레돈 '엘리스 믹스' ¹⁾레위시아 코틸레돈 '엘리스 믹스'

# 레위시아 코틸레돈(몬티아과)
## *Lewisia cotyledon*

북미 원산의 늘푸른여러해살이풀로 10~20cm 높이로 자란다. 주걱 모양의 잎은 로제트형으로 둘러난다. 봄~여름에 꽃줄기 끝의 고른 꽃차례에 피는 지름 2~5cm의 연분홍색 꽃은 꽃잎이 8~10장이다. ¹⁾레위시아 코틸레돈 '엘리스 믹스'('Elise Mix')를 비롯한 많은 원예 품종이 있으며 꽃 색깔이 여러 가지이다. ²⁾레위시아 '리틀 플럼'(*L.* 'Little Plum')은 교잡종으로 잎이 가늘며 분홍색과 주황색 꽃이 함께 핀 것을 볼 수 있다. ³⁾레위시아 피그마에아(*L. pygmaea*)는 낙엽성으로 잎은 가늘고 길며 적자색 꽃은 중심부가 흰색이고 지름 2cm 정도이다. ⁴⁾레위시아 트위디이(*L. tweedyi*)는 북미 원산의 늘푸른여러해살이풀로 10~20cm 높이로 자란다. 주걱 모양의 잎은 7~15cm 길이이고 봄에 꽃줄기에 3~8개의 연분홍색 꽃이 핀다. 모두 양지바른 화단에 심어 기른다.

¹⁾레위시아 코틸레돈 '엘리스 믹스'

²⁾레위시아 '리틀 플럼'

³⁾레위시아 피그마에아

⁴⁾레위시아 트위디이

### 초화화(탈리눔과)
*Talinum calycinum*

북미 원산의 여러해살이풀로 40㎝ 정도 높이로 자란다. 좁은 선형 잎은 7㎝ 정도 길이이고 다육질이며 끝이 뾰족하다. 줄기 끝의 갈래꽃차례에 분홍색~홍자색 꽃이 핀다. 남부 지방의 화단에 심어 기른다. [1]**실론시금치**(*T. fruticosum*)는 열대 아메리카 원산의 여러해살이풀로 30~100㎝ 높이로 자란다. 잎은 어긋나고 거꿀피침형~거꿀달걀형이며 가장자리가 밋밋하다. 가지 끝의 송이꽃차례~갈래꽃차례에 적자색 꽃이 핀다. 실내에서 기르며 열대 지방에서 채소로 심는다.

초화화　　　　　　[1]**실론시금치**

### 잎안개꽃/자금성(탈리눔과)
*Talinum paniculatum*

중남미 원산의 여러해살이풀로 30~100㎝ 높이로 자란다. 잎은 어긋나고 거꿀달걀형~거꿀달걀 모양의 타원형이며 길이 5~12㎝, 너비 2.5~5㎝이다. 잎 끝은 보통 뾰족하며 가장자리가 밋밋하고 잎자루가 짧다. 6~7월에 줄기 끝의 원뿔꽃차례에 지름 6~10㎜의 분홍색~연한 홍자색 꽃이 피는데 꽃잎은 5장이고 수술은 15~20개이다. 동그스름한 열매는 지름 3~5㎜이며 가을에 붉은색으로 익는다. 남해안 이남의 양지바른 화단에 심어 기른다. 어린잎은 식용한다.

잎안개꽃

채송화 품종

채송화 품종

채송화

채송화 품종

채송화 품종

채송화 품종

채송화 품종

채송화 품종

채송화 품종

### 채송화(쇠비름과) *Portulaca grandiflora*

남미 원산의 한해살이풀로 붉은빛이 도는 줄기는 가지가 많이 갈라져서 20㎝ 정도 높이로 자란다. 육질 잎은 어긋나며 가늘고 긴 원기둥 모양이며 2~3㎝ 길이이고 끝이 뾰족하며 잎겨드랑이에 흰색 털이 있다. 7~10월에 가지 끝에 1~2개씩 달리는 꽃은 지름 2.5㎝ 정도이며 꽃 색깔은 붉은색, 노란색, 흰색 등 여러 가지이다. 5장의 꽃잎은 넓은 거꿀달걀형이고 끝이 오목하게 파인다. 꽃받침조각은 2장이며 넓은 달걀형이다. 수술은 많으며 암술머리는 5~9갈래로 갈라진다. 동그스름한 열매는 가을에 익으면 수평으로 갈라지면서 깨알 같은 검은색 씨앗이 나온다. 양지바른 화단에 심어 기르는데 여러 색깔의 겹꽃도 있는 등 품종이 매우 많다.

꽃쇠비름 품종

꽃쇠비름 품종

꽃쇠비름 품종

꽃쇠비름 품종

꽃쇠비름 품종

¹⁾오색꽃쇠비름

²⁾꽃쇠비름 '올 어글로우'

### 꽃쇠비름/태양화(쇠비름과) *Portulaca oleracea* 'Granatus'

들에서 자라는 쇠비름의 품종으로 줄기는 비스듬히 벋으면서 20~30㎝ 높이로 자라며 전체가 육질이다. 잎은 어긋나거나 마주나기도 하고 가지 끝에서는 돌려난 것처럼 보인다. 잎몸은 거꿀달걀형이며 가장자리가 밋밋하고 광택이 있다. 6~9월에 가지 끝에 지름 2㎝ 정도의 노란색, 붉은색, 흰색 등의 꽃이 핀다. 꽃잎은 5장이지만 겹꽃이 피는 품종도 있다. ¹⁾오색꽃쇠비름('Variegata')은 원예 품종으로 잎 가장자리에 연노란색과 연분홍색 얼룩무늬가 있다. ²⁾꽃쇠비름 '올 어글로우'(*P.* 'All Aglow')는 원예 품종으로 노란색 꽃잎 가운데에 촘촘히 모여 있는 가늘고 긴 황적색 수술이 작은 꽃잎처럼 보인다. 모두 양지바른 화단에 심어 기른다.

바위쇠비름              잎줄기

## 바위쇠비름(쇠비름과)
### *Calandrinia spectabilis*

칠레 원산의 여러해살이풀로 40㎝ 정도 높이로 자란다. 줄기 밑부분에 촘촘히 달리는 육질의 거꿀달걀형 잎은 5㎝ 정도 길이이며 끝이 뾰족하고 가장자리가 밋밋하며 회청록색이 돈다. 봄~가을에 가느다란 가지 끝마다 피는 적자색 꽃은 지름 5㎝ 정도이며 꽃잎은 5장이고 가운데에 수술이 많다. 꽃받침은 2장이다. 꽃은 아침에 피었다가 저녁에는 다시 꽃잎을 말고 지는 하루살이꽃이지만 끊임없이 계속 피고 진다. 양지바른 실내에서 다육식물로 기른다.

필로사채송화

## 필로사채송화(쇠비름과)
### *Portulaca pilosa*

아메리카 원산의 한해살이풀로 줄기는 바닥을 기면서 10~30㎝ 길이로 벋다가 가지가 갈라지면서 끝부분이 위로 선다. 잎은 어긋나고 가늘고 긴 원기둥 모양이며 5~20㎜ 길이이고 끝이 뾰족하며 육질이다. 잎겨드랑이에는 흰색 털이 있다. 7~9월에 가지 끝에 피는 홍자색 꽃은 지름 5~15㎜이며 5장의 꽃잎은 거꿀달걀형이고 가운데에 수술이 많으며 꽃밥은 노란색이다. 열매는 타원형이며 익으면 가로로 열린다. 양지바른 화단에 심어 기른다.

## 취설송(아나캄프세로스과)
*Anacampseros rufescens*

남아프리카 원산의 늘푸른여러해살이풀로 5~15㎝ 높이로 자란다. 줄기에 나선상으로 촘촘히 돌려나는 잎은 긴 타원형~달걀형이며 끝이 뾰족하고 가장자리가 밋밋하며 두꺼운 다육질이다. 잎은 녹색이지만 강한 햇빛을 쬐면 적갈색으로 변한다. 잎겨드랑이에 기다란 실 모양의 흰색 털이 난다. 봄~여름에 줄기 끝에서 자란 두툼한 꽃줄기에 지름 2㎝ 정도의 분홍색 꽃이 여러 개가 달린다. 꽃잎은 5장이고 수술은 많다. 양지바른 실내에서 다육식물로 기른다.

취설송

## 수종귀(선인장과)
*Acanthocalycium ferrarii*

아르헨티나 원산의 여러해살이풀로 둥근 줄기는 12㎝ 정도 높이로 자란다. 줄기는 세로 능선이 18개까지 있으며 가시는 2㎝ 정도 길이이고 10~13개가 모여난다. 봄에 피는 주황색이나 노란색 꽃은 지름 5㎝ 정도이다. [1]화관환/자성환(*A. spiniflorum*)은 아르헨티나 원산으로 둥근 줄기는 15㎝ 정도 높이로 자란다. 줄기는 세로 능선이 16~20개이며 가시는 10~20개가 모여난다. 줄기 끝에 흰색~연한 홍자색 꽃이 핀다. 모두 실내에서 다육식물로 기른다.

수종귀                    [1]화관환

아가베목단

1)구갑목단

2)흑목단

3)암목단

4)삼각목단

## 아가베목단(선인장과)
### *Ariocarpus agavoides*

멕시코 원산의 여러해살이풀로 2~6㎝ 높이로 자란다. 혹줄기는 육질의 피침형이고 3~7㎝ 길이로 길쭉하며 로제트형으로 퍼진다. 가을에 홍자색 꽃이 핀다. 1)**구갑목단**(*A. fissuratus*)은 텍사스와 멕시코 원산으로 둥근 줄기는 지름 5~15㎝이다. 혹줄기는 별 모양이고 가운데에 깊인 파인 부분에 솜털이 있다. 가을에 줄기 꼭대기에 분홍색~홍자색 꽃이 핀다. 2)**흑목단**(*A. kotschoubeyanus*)은 멕시코 원산으로 줄기는 보통 지면보다 높게 자라지 않고 지름 3~7㎝이다. 혹줄기는 끝이 날카롭고 위를 향한다. 가을에 줄기 꼭대기에 분홍색~흰색 꽃이 핀다. 3)**암목단**(*A. retusus*)은 멕시코 원산으로 줄기는 넓적한 구형이며 3~25㎝ 높이이다. 세모진 혹줄기는 끝이 뾰족하며 대부분 위를 향하고 밑부분은 솜털로 덮인다. 가을에 지름 3~5㎝의 흰색~노란색 꽃이 핀다. 4)**삼각목단**(ssp. *trigonus*)은 암목단의 아종으로 멕시코 원산이며 둥근 줄기는 지름 10㎝ 정도이다. 세모진 혹줄기는 뾰족하고 대부분 곧추 서며 밑부분은 솜털로 덮인다. 줄기 꼭대기에 지름 5㎝ 정도의 연노란색 꽃이 핀다. 모두 양지바른 실내에서 다육식물로 기른다.

## 두환/투구(선인장과)
### *Astrophytum asterias*

멕시코와 텍사스 원산의 여러해살이풀로 납작한 구형이며 지름 15~20cm이고 녹색 바탕에 흰색 잔점이 많다. 줄기의 능선은 5~12개이고 가시가 없으며 흰색 털가시가 둥글게 모여난다. 3~10월에 줄기 끝에 피는 노란색 꽃은 지름 6~10cm이며 중심부는 주황색이다. <sup>1)</sup>**난봉옥**(*A. myriostigma*)은 멕시코 원산으로 처음에는 구형이지만 점차 기둥처럼 높이 자란다. 줄기의 지름은 16~20cm이고 높이는 30~60cm이며 회청색 바탕에 흰색 점이 촘촘하다. 줄기의 능선은 4~8개이지만 보통 5개로 별 모양이다. 봄~가을에 피는 노란색 꽃은 지름 5cm 정도이다. <sup>2)</sup>**청난봉옥**(v. *nudum*)은 난봉옥의 변종으로 멕시코 원산이며 녹색 줄기에 흰색 점무늬가 없고 가시도 없다. <sup>3)</sup>**반야/반약**(*A. ornatum*)은 멕시코 원산으로 처음에는 구형이지만 점차 기둥처럼 1m 정도 높이까지 자란다. 줄기의 능선은 보통 8개이고 중앙가시는 1개, 곁가시는 5~11개가 모여난다. 봄~여름에 지름 7~12cm의 노란색 꽃이 핀다. <sup>4)</sup>**군봉유리두**(*A. SEN-AS 'Rosa'*)는 교잡종으로 능선은 보통 8개이고 주황색 꽃이 핀다. 모두 양지바른 실내에서 다육식물로 기른다.

두환

<sup>1)</sup>**난봉옥**

<sup>2)</sup>**청난봉옥**

<sup>3)</sup>**반야**

<sup>4)</sup>**군봉유리두**

### 귀면각(선인장과)
*Cereus hildmannianus*

브라질 원산의 여러해살이풀로 5~10m 높이이다. 원통형 줄기는 녹청색이고 능선은 보통 4~6개이며 가시는 거의 없다. 봄~여름에 능선에서 나온 긴 깔때기 모양의 흰색 꽃은 지름 10~15cm이고 밤에 활짝 핀다. [1)]유귀주(*Arrojadoa rhodantha*)는 브라질 원산의 여러해살이풀로 1~2m 높이이다. 원통형 줄기는 지름 2~4cm이고 능선은 10~12개이다. 가을에 줄기 끝이나 줄기 옆 부분의 가짜꽃자리에 여러 개의 원통 모양의 진분홍색~홍자색 꽃이 핀다. [2)]백섬(*Cleistocactus hyalacanthus*)은 남미 원산의 여러해살이풀로 원통형 줄기는 지름 6cm 정도이며 능선은 20개 정도로 많고 가늘고 투명한 수염 모양의 가시가 줄기 전체를 덮고 있다. 대롱 모양의 붉은색 꽃은 4cm 정도 길이이다. [3)]황금주/여우꼬리선인장(*C. winteri*)은 볼리비아 원산의 여러해살이풀로 줄기는 1.5m 길이로 벋는다. 능선은 16~17개이고 가는 황금색 가시로 덮여 있으며 황적색 꽃은 지름 4~6cm이다. [4)]무자단선(*Corynopuntia invicta*)은 멕시코 원산의 여러해살이풀로 1~5cm 길이의 두꺼운 가시가 많다. 4~5월에 가시 틈에서 지름 5cm 정도의 노란색 꽃이 핀다. 모두 실내에서 다육식물로 기른다.

귀면각

1)유귀주

2)백섬

3)황금주

4)무자단선

## 코파나선인장(선인장과)
*Cumulopuntia boliviana*

남미 원산의 여러해살이풀로 줄기는 타원기둥 모양이며 3.5~7㎝ 길이이고 옆으로 벋으며 방석처럼 퍼지고 가시는 거의 없다. 7~8월에 피는 노란색 꽃은 술잔 모양이며 지름 5~6㎝이다. 주황색이나 붉은색 꽃이 피기도 한다. [1]**상아환**(*Coryphantha elephantidens*)은 멕시코 원산의 여러해살이풀로 둥근 줄기는 14㎝ 정도 높이이며 둥근 혹줄기는 너비 2~3㎝로 큼직하고 곁가시는 5~8개이다. 8~9월에 큼직한 홍자색이나 흰색 꽃이 핀다. [2]**천환**(*Denmoza rhodacantha*)은 아르헨티나 원산의 여러해살이풀로 둥근 줄기는 지름 15~30㎝이고 능선은 15~30개가 세로로 벋으며 가시는 9~11개씩 모여난다. 봄~여름에 줄기 꼭대기 주변의 가시자리에 달리는 원통형의 붉은색 꽃은 기다란 털이 있다. [3]**쥐꼬리선인장**(*Disocactus flagelliformis*)은 멕시코 원산의 여러해살이풀로 털로 덮인 가는 원통형 줄기가 늘어지고 봄에 깔때기 모양의 적자색 꽃이 핀다. [4]**공작선인장**(*D. ackermannii*)은 멕시코 원산으로 모여나는 납작한 줄기는 긴 잎 모양이며 줄기 끝에 깔때기 모양의 붉은색 꽃이 핀다. 모두 양지바른 실내에서 다육식물로 기른다.

코파나선인장

[1]상아환

[2]천환

[3]쥐꼬리선인장 [4]공작선인장

태양

<sup>1)</sup>미화각　　　　<sup>2)</sup>백자하

<sup>3)</sup>주모주　　　　<sup>4)</sup>청화하 '로부스티오르'

## 태양/삼광환(선인장과)
### *Echinocereus pectinatus*

북중미 원산의 여러해살이풀로 줄기는 점차 원기둥 모양이 되며 8~35cm 높이이다. 능선은 12~23개이며 낮은 혹줄기가 있다. 중앙가시는 1~6개, 곁가시는 12~30개이다. 봄에 줄기 윗부분에 홍자색, 노란색, 흰색 꽃이 핀다. <sup>1)</sup>미화각(*E. pentalophus*)은 텍사스와 멕시코 원산으로 모여나는 원기둥 모양의 줄기는 20cm 정도 높이로 자란다. 능선은 3~8개이며 혹줄기는 촘촘하고 가는 가시가 있다. 봄에 깔때기 모양의 홍자색 꽃이 핀다. <sup>2)</sup>백자하(*E. reichenbachii* v. *baileyi* 'Albispinus')는 북미 원산으로 원통형 줄기는 지름이 4~9cm이고 능선은 15개 정도이다. 흰색 곁가시는 1~2cm 길이이고 16개 정도이다. 줄기 위에서 나오는 깔때기 모양의 분홍색 꽃은 지름 6~12cm이다. <sup>3)</sup>주모주(*E. schmollii*)는 멕시코 원산으로 연필 모양의 줄기는 25cm 정도 길이이며 9~10개의 능선이 있고 흰색 가시가 모여난다. 묵은 줄기 끝부분에 홍자색 꽃이 핀다. <sup>4)</sup>청화하 '로부스티오르'(*E. viridiflorus* 'Robustior')는 북미 원산으로 여러해살이풀이다. 원통형 줄기에 가시가 방사상으로 퍼지며 봄에 황록색 꽃이 핀다. 모두 양지바른 실내에서 다육식물로 기른다.

## 금호선인장(선인장과)
### *Echinocactus grusonii*

금호선인장

멕시코 원산의 여러해살이풀로 둥근 줄기는 1m 이상 높이로 자란다. 능선은 30개 정도이며 골이 깊게 지고 가시는 11~15개씩 모여나며 5㎝ 정도 길이이다. 여름에 줄기 윗부분에 피는 노란색 꽃은 지름 3~5㎝이다. 1)**무자금호**('Togenashi Kinshachi')는 줄기에 가시가 없는 원예 품종이다. 2)**능파**(*E. texensis*)는 북미 원산의 여러해살이풀로 둥글넓적한 줄기는 12~20㎝ 높이이며 얕은 능선은 13~27개이고 가시는 6~8개씩 모여난다. 봄에 줄기 끝에 분홍색 꽃이 모여 핀다. 3)**월하미인**(*Epiphyllum oxypetalum*)은 멕시코와 과테말라 원산의 여러해살이풀로 납작한 줄기는 3m 이상 길이로 벋으며 가장자리가 낮은 파도처럼 구불거리고 가시가 없다. 6~8월에 줄기에서 늘어지는 깔때기 모양의 흰색 꽃은 밤에 피며 바깥쪽은 붉은빛이 돈다. 4)**흑관환**(*Eriosyce paucicostata*)은 칠레 원산의 여러해살이풀로 둥글납작한 줄기는 회색빛이 돌고 지름 6~8㎝이며 능선은 8~12개이다. 가시는 7~12개씩 모여나며 1㎝ 정도 길이이다. 줄기 윗부분에 모여 피는 깔때기 모양의 흰색 꽃은 지름 3~9㎝이며 바깥쪽은 연분홍색이 돈다. 모두 양지바른 실내에서 다육식물로 기른다.

1)무자금호

2)능파

3)월하미인

4)흑관환

손가락선인장

### 손가락선인장/땅콩선인장/백단(선인장과)
### *Echinopsis chamaecereus*

아르헨티나 원산의 여러해살이풀로 손가락을 닮은 줄기가 모여나 15cm 정도 높이로 자란다. 줄기에는 8~10개의 낮은 능선이 있고 짧은 털 모양의 가시는 10~15개가 모여난다. 봄~여름에 피는 주황색 꽃은 지름 5cm 정도이며 계속 피고 진다. [1]손가락선인장 '로즈 쿼츠'('Rose Quartz')는 지름 7.5cm 정도의 적자색 꽃이 피는 품종이다. [2]상양환(*E. formosa* ssp. *bruchii*)은 아르헨티나 원산으로 둥근 줄기는 지름 20~50cm이며 능선은 15~50개가 넘고 낮은 혹줄기가 있다. 황갈색 가시는 10~14개가 모여난다. 초여름에 줄기 끝에 피는 주황색~붉은색 꽃은 지름 4~5cm이다. [3]상남환(*E. huascha*)은 아르헨티나 원산으로 원통형 줄기는 80~160cm 높이이며 능선은 14~17개이고 가시는 10~14개이다. 봄~여름에 피는 적황색~노란색 꽃은 지름 6~7cm이다. [4]마검환(*E. leucantha*)은 아르헨티나 원산으로 원통형 줄기는 15~35cm 높이이며 능선은 10~14개이다. 1개의 중앙가시는 10cm 정도로 길고 곁가시는 7~8개이다. 봄~여름에 피는 깔때기 모양의 흰색 꽃은 16cm 정도 길이이며 지름은 3cm 정도이다. 모두 양지바른 실내에서 다육식물로 기른다.

[1]손가락선인장 '로즈 쿼츠'  [2]상양환

[3]상남환  [4]마검환

단모환

### 단모환(선인장과)
### *Echinopsis eyriesii*

남미 원산의 여러해살이풀로 구형 줄기는 점차 원통형이 되며 15~30㎝ 높이로 자란다. 능선은 9~18개이고 짧은 가시는 14~18개가 모여난다. 봄~여름에 줄기 옆부분에서 길게 자란 깔때기 모양의 흰색 꽃은 지름 5~10㎝이며 밤에 피고 향기가 진하다. [1]**단모환금/세계도**('Variegata')는 줄기에 노란색 얼룩무늬가 들어 있는 품종이다. [2]**산페드로선인장**(*E. pachanoi*)은 남미 원산으로 여러 대가 모여나는 원통형 줄기는 3~6m 높이로 자란다. 능선은 4~8개이며 둥글고 짧은 가시는 3~7개가 모여난다. 7월에 줄기 끝에서 긴 깔때기 모양의 흰색 꽃이 피는데 지름 22㎝ 정도이며 밤에 핀다. [3]**화성환**(*E. tubiflora*)은 아르헨티나 원산으로 줄기는 구형~짧은 원통형이며 75㎝ 정도 높이까지 자란다. 능선은 11~12개이고 가시는 24개 정도가 모여난다. 긴 깔때기 모양의 흰색 꽃은 지름 10㎝ 정도이며 밤에 핀다. [4]**에치놉시스 웨르데르만니**(*E. werdermannii*)는 파라과이 원산의 여러해살이풀로 둥근 원통형 줄기는 8㎝ 정도 높이이며 능선은 10~12개이고 가시는 3~8개가 모여난다. 분홍색 깔때기 모양의 꽃은 20㎝ 정도 길이이다. 실내에서 다육식물로 기른다.

[1]단모환금

[3]화성환

[4]에치놉시스 웨르데르만니

395

왕관용

1)무자왕관용

## 왕관용(선인장과)
*Ferocactus glaucescens*

멕시코 원산의 여러해살이풀로 둥근 줄기는 55㎝ 정도 높이이며 능선은 11~15개이다. 중앙가시는 0~1개이고 곁가시는 6~7개이다. 봄~여름에 줄기 끝에 지름 3~4㎝의 노란색 꽃이 모여 핀다. 1)무자왕관용('Nudum')은 가시가 없는 품종이다. 2)알라모사선인장(*F. alamosanus*)은 멕시코 원산으로 둥근 줄기는 25㎝ 정도 높이이며 능선은 12~20개이고 가시는 9개이다. 봄에 줄기 끝에 황록색 꽃이 모여 핀다. 3)금관룡(*F. chrysacanthus*)은 멕시코 원산으로 둥근 원통형 줄기는 90㎝ 정도 높이이며 능선은 13~22개이고 가시는 8~22개이다. 여름에 줄기 끝에 노란색~주황색 꽃이 모여 핀다. 4)홍양환(*F. fordii*)은 북미 원산으로 둥근 줄기는 40㎝ 정도 높이이며 능선은 21개 정도이다. 중앙가시는 4개이고 곁가시는 15개 정도이다. 여름에 줄기 끝에 지름 4㎝ 정도의 홍자색 꽃이 모여 핀다. 5)대홍(*F. hamatacanthus* ssp. *sinuatus*)은 멕시코 원산으로 구형~달걀형 줄기는 10~30㎝ 높이이며 능선은 13~17개이고 가시는 12~16개이다. 여름~가을에 줄기 끝에 지름 7~9㎝의 연노란색 꽃이 모여 핀다. 모두 실내에서 다육식물로 기른다.

2)알라모사선인장

3)금관룡

4)홍양환

5)대홍

적성선인장

### 적성선인장(선인장과)
*Ferocactus macrodiscus*

멕시코 원산의 여러해살이풀로 둥글납작한 줄기는 10㎝ 정도 높이이며 능선은 13~35개이다. 가시는 몸통 쪽으로 휘며 중앙가시는 1~4개이고 곁가시는 6~8개이다. 봄~여름에 줄기 윗부분에 지름 3~4㎝의 홍자색 꽃이 모여 핀다. <sup>1)</sup>**반도옥**(*F. peninsulae*)은 북미 원산으로 둥근 원통형 줄기는 70㎝ 정도 높이이며 능선은 12~30개이고 가시는 10~17개이다. 줄기 윗부분에 노란색이나 주황색 꽃이 모여 핀다. <sup>2)</sup>**홍주환**(*F. peninsulae* v. *townsendianus*)은 북미 원산으로 둥근 원통형 줄기는 높이 50㎝ 정도, 지름 30㎝ 정도이며 붉은색 가시는 튼튼하고 구부러진다. 늦여름~초가을에 줄기 끝에 피는 연노란색 꽃은 꽃잎에 주황색 세로줄이 있다. <sup>3)</sup>**포트시/홍응**(*F. pottsii*)은 멕시코 원산으로 둥근 원통형 줄기는 90㎝ 정도 높이이며 능선은 13~25개이고 가시는 4~9개이다. 여름에 줄기 끝에 지름 35㎜ 정도의 노란색 꽃이 모여 핀다. <sup>4)</sup>**진주/일출환**(*F. recurvus*)은 멕시코 원산으로 둥근 원통형 줄기는 지름 25~45㎝이며 능선은 13~23개이다. 1개의 중앙가시는 넓적하며 곁가시는 5~7개이다. 가을에 지름 3㎝ 정도의 홍자색 꽃이 모여 핀다. 모두 실내에서 다육식물로 기른다.

<sup>1)</sup>반도옥    <sup>2)</sup>홍주환

<sup>3)</sup>포트시    <sup>4)</sup>진주

용안선인장

1)황채옥

**용안선인장**(선인장과)
*Ferocactus viridescens*

북미 원산의 여러해살이풀로 둥근 원통형 줄기는 10~30cm 높이이며 능선은 13~21개이고 가시는 14~24개이다. 줄기 끝에 지름 3~6cm의 노란색 꽃이 모여 핀다. 1)**황채옥**(*F. schwarzii*)은 멕시코 원산으로 둥근 원통형 줄기는 80cm 정도 높이이며 능선은 어릴 때는 둥글지만 점차 예리해진다. 어릴 때는 4~5개의 가시가 모여 달리지만 점차 0~2개로 줄어든다. 줄기 끝에 지름 10cm 정도의 노란색 꽃이 모여 핀다. 모두 실내에서 다육식물로 기른다.

**용과**(선인장과)
*Hylocereus undatus*

중남미 원산의 여러해살이풀로 덩굴지는 줄기는 마디에서 붙음뿌리가 나오며 10m 이상 길이로 벋는다. 줄기는 세모지며 모서리가 날개로 되어 있고 가시는 1cm 정도 길이이며 1~5개가 모여난다. 늦은 봄~초여름에 피는 깔때기 모양의 꽃은 지름 30cm 정도, 25~35cm 길이이며 흰색이고 바깥쪽 꽃덮이조각은 노란색이 돈다. 타원형 열매는 12cm 정도 길이이며 붉게 익고 흰색 속살에는 깨알 같은 검은색 씨앗이 박혀 있다. 대표적인 열대 과일로 제주도에서 재배한다.

용과

## 비화옥(선인장과)
### *Gymnocalycium baldianum*

비화옥

아르헨티나 원산의 여러해살이풀로 둥근 줄기는 4~10cm 높이이며 능선은 9~10개이고 혹줄기는 깊은 골이 지며 가시는 5~7개이다. 초여름에 줄기 끝에 모여 피는 깔때기 모양의 적자색 꽃은 지름 3~4cm이다. [1]취황금(*G. anisitsii* 'Variegata')은 남미 원산으로 둥근 원통형 줄기는 5~10cm 높이이며 노란색 얼룩무늬가 있고 능선은 8~11개이며 가시는 5~7개이다. 줄기 끝에 4~6cm 길이의 분홍색 꽃이 핀다. [2]괴룡환(*G. bodenbenderianum*)은 아르헨티나 원산으로 둥글납작한 줄기는 지름 8cm 정도이며 능선은 낮고 11~15개이다. 가시는 3~7개씩 모여나며 1cm 정도 길이이다. 여름에 줄기 끝부분에 피는 연홍갈색 꽃은 3.5~6cm 길이이다. [3]해왕환(*G. denudatum*)은 중남미 원산으로 둥글납작한 줄기는 지름 6~8cm이고 능선은 5~8개이다. 혹줄기는 넓고 낮으며 가시는 5~7개이다. 봄~여름에 줄기 끝에 피는 깔때기 모양의 연노란색 꽃은 지름 7cm 정도이다. [4]해왕환 '잰 수바'('Jan Suba')는 교잡종으로 둥글납작한 줄기는 지름 6~15cm이며 능선은 5~8개이다. 줄기 끝에 피는 깔때기 모양의 홍적색 꽃은 지름 7cm 정도이다. 모두 양지바른 실내에서 다육식물로 기른다.

[1]취황금

[2]괴룡환

[3]해왕환

[4]해왕환 '잰 수바'

벽암옥

1)성자옥

2)키에스링기선인장

3)마천룡

4)순비옥

## 벽암옥(선인장과)
### *Gymnocalycium hybopleurum*

아르헨티나 원산의 여러해살이풀로 둥근 줄기는 15㎝ 정도 높이이며 진녹색~청록색이다. 능선은 10~13개이며 작은 돌기가 있고 가시는 7~9개가 모여나며 3㎝ 정도 길이이다. 초여름에 줄기 끝에 깔때기 모양의 연노란색 꽃이 핀다. 1)성자옥(*G. hyptiacanthum* ssp. *uruguayense*)은 남미 원산으로 둥글납작한 줄기는 지름 5~9㎝이며 진녹색이고 능선은 12~14개이며 둔하고 3~5개의 가시는 단단하다. 줄기 끝에 피는 노란색 꽃은 지름 5.5~6㎝이다. 2)키에스링기선인장(*G. kieslingii*)은 아르헨티나 원산으로 둥글납작한 줄기는 지름 6㎝ 정도이며 능선은 9~11개이다. 가시는 6~7개이며 1㎝ 정도 길이이고 몸통 쪽으로 굽는다. 은백색 꽃은 지름 4.5㎝ 정도이다. 3)마천룡(*G. mazanense*)은 아르헨티나 원산으로 둥글납작한 줄기는 지름 7~14㎝이며 능선은 13~19개이고 가시는 8~10개이다. 줄기 끝에 분홍색 꽃이 핀다. 4)순비옥(*G. oenanthemum*)은 아르헨티나 원산으로 둥글납작한 줄기는 지름 7~12㎝이며 능선은 6~13개이고 가시는 5~8개이다. 줄기 끝에 피는 홍적색 꽃은 지름 4~4.5㎝이다. 모두 실내에서 기른다.

¹⁾루브라비모란　❶비모란 '골드 캡'

비모란　❷비모란 '황운'　❸비모란 '니시키'

❹비모란 '핑크 볼'　❺비모란 '소홍'　❻비모란 '순정'　❼비모란 '스위트 큐티'

**비모란**(선인장과)　*Gymnocalycium mihanovichii*

파라과이 원산의 여러해살이풀로 둥근 줄기는 높이 4㎝ 정도, 지름 5~6㎝
이며 능선은 보통 8개이다. 가시는 5~6개가 모여나며 1㎝ 정도 길이이고
회황색이며 연약하다. 봄~여름에 줄기 끝에 피는 녹황색 꽃은 4~5㎝ 길
이이며 꽃자루가 길다. ¹⁾**루브라비모란**('Rubra')은 원예 품종으로 둥근 줄기
는 붉은빛이 강하며 연분홍색~홍자색 꽃이 핀다. 비모란은 줄기의 색깔
과 모양이 다른 여러 품종이 개발되었고 흔히 접목하여 재배하는데 우리
나라가 최대 수출국이다.

❶('Gold Cap') ❷('Hwang Un') ❸('Nishiki') ❹('Pink Ball') ❺('So Hong')
❻('Sunjung') ❼('Sweet Cutey')

몬빌레이선인장

¹⁾아키라센세선인장

## 몬빌레이선인장(선인장과)
### *Gymnocalycium monvillei*

아르헨티나 원산의 여러해살이풀로 동글납작한 줄기는 높이 8㎝ 정도, 지름 20㎝ 정도이며 능선은 10~17개이고 혹줄기가 튀어나온다. 가시는 굵고 억세며 중앙가시는 0~4개이고 곁가시는 5~12개이다. 봄~여름에 모여 피는 깔때기 모양의 연분홍색 꽃은 지름 4~8㎝이다. ¹⁾**아키라센세선인장**(ssp. *achirasense*)은 아르헨티나 원산의 아종으로 둥근 줄기는 높이와 너비가 각각 5~6㎝이며 연자주색 꽃이 핀다. ²⁾**종귀옥**(ssp. *horridispinum*)은 아르헨티나 원산의 아종으로 둥근 줄기는 15~40㎝ 높이이며 홍적색 꽃이 모여 핀다. ³⁾**천자환**(*G. pflanzii*)은 남미 원산으로 둥글납작한 줄기는 지름 10~25㎝이며 능선은 10~12개이고 가시는 6~11개이다. 봄~여름에 피는 연분홍색 꽃은 지름 4~5㎝이다. ⁴⁾**신천지**(*G. saglionis*)는 아르헨티나 원산으로 둥글납작한 줄기는 15~30㎝ 높이이며 능선은 10~32개이고 둥근 혹줄기가 튀어나오며 가시는 11~18개이다. 흰색~연분홍색 꽃은 지름 2~3㎝이다. ⁵⁾**신천지금**('Variegata')은 신천지의 원예 품종으로 녹색 줄기에 노란색 무늬가 들어간다. 모두 실내에서 다육식물로 기른다.

²⁾종귀옥

³⁾천자환

⁴⁾신천지

⁵⁾신천지금

뽀빠이

## 뽀빠이/산호초(선인장과)
### *Hatiora salicornioides*

브라질 원산의 여러해살이풀로 30~60㎝ 높이이며 뒤집어진 병 모양의 가지는 2~5㎝ 길이이고 잎은 없다. 1~4월에 어린 가지의 끝부분에 작은 종 모양의 노란색 ~연한 주황색 꽃이 핀다. [1]게발선인장(*H. gaertneri*)은 브라질 원산의 여러해살이풀로 마디가 있는 납작한 줄기의 모양이 게 발을 닮았다. 2~3월경에 피는 진홍색 꽃은 지름 4~5㎝이다. [2]장미게발선인장(*H. rosea*)은 브라질 원산으로 마디가 있는 줄기는 납작하거나 3~5각이 지며 2~4㎝ 길이이고 가시자리에는 뻣뻣한 털이 조금 있다. 깔때기 모양의 장미색 꽃은 지름 3~4㎝이다. [3]홍입환(*Lobivia jajoiana*)은 아르헨티나 원산의 여러해살이풀로 둥근 달걀형 줄기는 지름 5~7㎝이다. 능선은 10~14개이며 가시는 10~13개가 모여난다. 꽃은 주황색, 황적색, 적자색, 노란색 등 여러 가지이며 수술은 자주색이다. [4]백궁환(*L. pygmaea*)은 남미 원산으로 둥근 원통형 줄기는 10~30㎝ 높이이며 능선은 10개 정도가 나선형으로 배열하고 가시는 8~12개가 모여난다. 줄기 밑부분에 달리는 황홍색 꽃은 지름 25~35㎜이다. 모두 실내에서 다육식물로 기른다.

[1]게발선인장

[2]장미게발선인장

[3]홍입환

[4]백궁환

희망환

¹⁾등심환　　　²⁾풍명환

³⁾카르멘선인장　　⁴⁾백룡환

## 희망환/학자(선인장과)
*Mammillaria albilanata*

멕시코 원산의 여러해살이풀로 둥근 원통형 줄기는 높이 15cm 정도, 지름 8cm 정도이며 능선은 15~25개이고 혹줄기 사이에 흰색 털이 난다. 중앙가시는 2~4개, 곁가시는 15~26개이다. 봄에 지름 1cm 정도의 홍자색 꽃이 핀다. ¹⁾**등심환**(*M. backebergiana*)은 멕시코 원산으로 둥근 원통형 줄기는 높이 30cm 정도, 지름 5~6cm이며 혹줄기는 짧은 사각뿔 모양이고 둔하다. 가시는 9~15개씩이다. 봄~여름에 지름 10~13mm의 적자색 꽃이 핀다. ²⁾**풍명환**(*M. bombycina*)은 멕시코 원산으로 둥근 원통형 줄기는 높이 7~14cm, 지름 5~6cm이다. 혹줄기는 원통 모양이고 혹겨드랑이에 흰색 솜털과 뻣뻣한 털이 촘촘하다. 가시는 32~44개씩이다. 봄에 지름 15mm 정도의 다홍색 꽃이 핀다. ³⁾**카르멘선인장**(*M. carmenae*)은 멕시코 원산으로 둥근 달걀형 줄기는 높이 4~10cm로 모여나며 곁가시는 100개 이상이다. 봄~여름에 지름 10~11mm의 연노란색~연분홍색 꽃이 핀다. ⁴⁾**백룡환**(*M. compressa*)은 멕시코 원산으로 둥근 원통형 줄기는 20cm 정도 높이로 모여나며 혹줄기는 모서리가 둔하고 가시는 4~8개씩이다. 봄에 지름 1~1.5cm의 홍자색 꽃이 핀다. 모두 실내에서 다육식물로 기른다.

황금사     ¹⁾**적자황금사**

²⁾**스케인바리아나**

³⁾**백조좌**

⁴⁾**두위환**

⁵⁾**백신환**

## 황금사(선인장과)
### *Mammillaria elongata*

멕시코 원산의 여러해살이풀로 둥근 원통형 줄기는 높이 3~10㎝, 지름 1~3㎝이며 모여난다. 혹줄기는 가는 원뿔형이며 곁가시는 14~25개씩이고 황금색~흰색이다. 봄에 지름 1㎝ 정도의 연노란색~연분홍색 꽃이 핀다. ¹⁾**적자황금사**('Rufocrocea')는 가시가 붉은색인 변종이다. ²⁾**스케인바리아나**(*M. crinita* ssp. *scheinvariana*)는 멕시코 원산으로 둥글납작한 줄기는 지름 5㎝ 정도이며 모여나고 털 모양의 가시로 덮여 있다. 봄에 홍황색 꽃이 모여 핀다. ³⁾**백조좌**(*M. decipiens* ssp. *albescens*)는 멕시코 원산으로 줄기는 구형이며 혹줄기는 2㎝ 정도 길이이고 곁가시가 3~6개씩 모여나며 8~15㎜ 길이이다. 연한 녹백색 꽃은 지름 2㎝ 정도이다. ⁴⁾**두위환**(*M. duwei*)은 멕시코 원산으로 둥근 줄기는 지름 5㎝ 정도이며 가시는 28~38개씩 모여난다. 4~6월에 지름 2㎝ 정도의 연노란색 꽃이 모여 핀다. ⁵⁾**백신환/백주환**(*M. geminispina*)은 멕시코 원산으로 둥근 원통형 줄기는 지름 8㎝ 정도이며 혹줄기는 둥글고 혹겨드랑이에 흰색 털과 뻣뻣한 털이 모여난다. 가시는 18~26개씩이며 지름 2㎝ 정도의 진분홍색 꽃이 모여 핀다. 모두 실내에서 다육식물로 기른다.

운상환

1)춘성

2)설의

3)금성

4)경무

## 운상환(선인장과)
### *Mammillaria haageana*

멕시코 원산의 여러해살이풀로 둥근 원통형 줄기는 높이 15㎝ 정도, 지름 3~10㎝이다. 혹줄기는 원뿔형~각뿔형이고 5~6㎜ 높이이며 가시자리에 흰색 털이 난다. 가시는 8~40개가 모여난다. 봄에 지름 8~15㎜의 홍적색 꽃이 모여 핀다. 1)**춘성**(*M. humboldtii*)은 멕시코 원산으로 둥근 줄기는 지름 7㎝ 정도로 모여나기도 한다. 혹줄기는 원통형이고 흰색 곁가시는 80개 이상 모여난다. 봄에 지름 1.5㎝ 정도의 붉은색 꽃이 모여 핀다. 2)**설의**(*M. lenta*)는 멕시코 원산으로 둥글납작한 줄기는 지름 5~10㎝로 모여나기도 한다. 혹줄기는 가는 원뿔형이고 곁가시는 30~40개가 모여난다. 봄에 지름 2㎝ 정도의 흰색 꽃이 모여 핀다. 3)**금성**(*M. longimamma*)은 멕시코 원산으로 둥근 줄기는 지름 3~12㎝로 점차 모여난다. 혹줄기는 원뿔형이고 끝에 9~11개의 긴 가시가 모여난다. 5~7월에 지름 5㎝ 정도의 노란색 꽃이 모여 핀다. 4)**경무**(*M. magnifica*)는 멕시코 원산으로 둥근 원통형 줄기는 지름 5~9㎝이며 혹줄기는 원뿔형~각뿔형이다. 중앙가시는 4~8개이며 15~55㎜ 길이이고 곁가시는 18~24개가 모여난다. 봄에 지름 11~15㎜의 홍적색 꽃이 모여 핀다.

금강환

## 금강환(선인장과)
*Mammillaria magnimamma*

멕시코 원산의 여러해살이풀로 둥글납작한 줄기는 지름 10~13㎝이며 모여난다. 혹줄기는 둔한 사각뿔이고 1㎝ 정도 높이이며 곁가시는 1~6개가 모여난다. 봄~여름에 지름 20~25㎜의 홍자색~연노란색 꽃이 모여 핀다. [1]멜랄레우카(*M. melaleuca*)는 멕시코 원산으로 둥근 줄기는 10㎝ 정도 높이이며 혹줄기는 달걀형이고 가시는 7~15개가 모여난다. 봄에 지름 3~4㎝의 노란색 꽃이 모여 핀다. [2]장자조일환(*M. rhodantha* ssp. *pringlei*)은 멕시코 원산으로 둥근 줄기는 6~20㎝ 높이이며 혹줄기는 원통형~원뿔형이고 6~10㎜ 길이이다. 노란색 중앙가시는 5~7개이고 2~2.5㎝ 길이이다. 봄~여름에 지름 8~10㎜의 붉은색 꽃이 모여 핀다. [3]성성환(*M. spinosissima*)은 멕시코 원산으로 둥근 원통형 줄기는 7~50㎝ 높이이며 혹줄기는 달걀형~원뿔형이고 2~3㎜ 길이이다. 중앙가시는 4~15개이고 곁가시는 20~26개이다. 봄에 지름 15㎜ 정도의 홍자색 꽃이 모여 핀다. [4]백성성환('Un Pico')은 성성환의 원예 품종으로 가시는 중앙가시 1개만 있으며 1~3㎝ 길이이고 곁가시는 없다. 홍자색 꽃은 지름 12㎜ 정도이다. 모두 실내에서 다육식물로 기른다.

[1]멜랄레우카    [2]장자조일환

[3]성성환    [4]백성성환

골무선인장       1)장자백룡환

### 골무선인장/은수구(선인장과)
*Mammillaria gracilis*

멕시코 원산의 여러해살이풀로 둥근 줄기는 높이 13cm 정도, 지름 3cm 정도이며 모여난다. 가시는 11~19개씩이며 3~12mm 길이이다. 봄~가을에 지름 12mm 정도의 연노란색 꽃이 핀다. 1)**장자백룡환**(*M. tolimensis*)은 멕시코 원산으로 원통형 줄기는 높이 20cm 정도, 지름 10cm 정도이며 모여 자라고 수많은 혹줄기는 둥그스름하다. 연노란색 가시는 4~6개씩 모여나며 5~6cm로 길다. 늦은 봄~초여름에 붉은색 꽃이 핀다. 모두 양지바른 실내에서 다육식물로 기른다.

### 만월선인장(선인장과)
*Mammilloydia candida*

멕시코 원산의 여러해살이풀로 둥근 원통형 줄기는 지름 6~12cm, 높이 30cm 정도이다. 혹줄기는 넓은 원통형이며 5~6mm 길이이고 혹겨드랑이에 4~7개의 뻣뻣한 털이 있다. 중앙가시는 6~12개이며 흰색~백홍색이고 5~10mm 길이이다. 곁가시는 50~120개이고 흰색이며 15mm 정도 길이이다. 봄에 줄기 윗부분에 돌려 가며 피는 지름 2cm 정도의 연분홍색~연주황색 꽃은 꽃잎 가운데에 진한 색 줄무늬가 있다. 양지바른 실내에서 다육식물로 기른다.

만월선인장

408

## 오우옥/페요테선인장(선인장과)
### *Lophophora williamsii*

북미 원산의 여러해살이풀로 둥글 납작한 줄기는 6cm 정도 높이이며 능선은 5~13개이다. 가시는 없고 가시자리에 솜털이 뭉쳐난다. 여름에 지름 15~25mm의 연분홍색 꽃이 핀다. [1]**취관옥**(*L. diffusa*)은 멕시코 원산으로 둥글납작한 줄기는 지름 5~12cm이며 거의 납작한 능선은 5~13개이고 가시가 없다. 가시자리에 솜털이 모여난다. 연노란색~연분홍색 꽃은 지름 15mm 정도이다. [2]**미리아칸타선인장**(*Matucana myriacantha*)은 페루 원산의 여러해살이풀로 둥근 원통형 줄기는 지름 12cm 정도이며 22~30개의 능선이 있고 줄기를 덮고 있는 가시는 흰색~연노란색이다. 봄에 줄기 윗부분에 주황색~분홍색 꽃이 핀다. [3]**휘운**(*Melocactus bahiensis*)은 브라질 원산으로 둥근 줄기는 10~21cm 높이이고 능선은 8~14개이며 가시는 8~16개씩이다. 줄기 끝의 둥글납작한 꽃자리는 갈색 털로 덮이고 모여 피는 홍적색 꽃은 지름 10~12mm이다. [4]**앵명운**(*M. azureus*)은 브라질 원산으로 둥근 원통형 줄기는 회녹색이며 9~45cm 높이이고 능선은 9~12개이며 가시는 8~15개씩 모여난다. 꽃자리는 지름 7~10cm이며 홍적색 꽃은 지름 4~11mm이다.

오우옥

[1]취관옥

[2]미리아칸타선인장

[3]휘운

[4]앵명운

황신환

1)용신목

2)원뿔선인장

3)노토칵투스 브레데루이아누스

4)홍채옥

## 황신환(선인장과)
### *Neomammillaria celsiana*

멕시코 원산의 여러해살이풀로 둥근 원통형 줄기는 지름 7~15cm이며 끝부분은 움푹 들어가고 털과 잔가시가 많다. 봄~여름에 줄기 윗부분에 빙 둘러 가며 자잘한 홍적색 꽃이 핀다. 1)용신목(*Myrtillocactus geometrizans*)은 멕시코 원산으로 4~5m 높이의 원통형 줄기는 청록색이고 능선은 5~8개이다. 2~4월에 피는 백록색 꽃은 지름 2.5~3.7cm이며 활짝 벌어진다. 2)원뿔선인장/대봉룡(*Neobuxbaumia polylopha*)은 멕시코 원산으로 둥근 원통형 줄기는 7~12m 높이이다. 능선은 10~30개이며 모서리는 약간 구불구불하고 가는 가시는 1~2cm 길이이다. 여름에 줄기 윗부분에 분홍색~홍자색 꽃이 핀다. 3)노토칵투스 브레데루이아누스(*Notocactus brederooianus*)는 우루과이 원산으로 둥근 줄기는 7~10cm 높이이며 능선은 20~22개이고 가시는 41~46개씩 모여난다. 늦은 봄에 피는 노란색 꽃은 지름이 6~7cm이다. 4)홍채옥(*N. horstii*)은 브라질 원산으로 둥근 줄기는 지름 15cm 정도이며 윗부분은 흰색 가시털로 덮여 있다. 봄에 줄기 끝에 모여 피는 노란색, 주황색, 홍자색 꽃은 지름 3.5cm 정도이다. 모두 실내에서 다육식물로 기른다.

## 백운금(선인장과)
### *Oreocereus trollii*

백운금

볼리비아와 아르헨티나 원산의 여러해살이풀이다. 둥근 원통형 줄기는 1m 정도 높이이며 길이 7cm 정도의 긴 흰색 털이 누에고치처럼 감싸고 가시가 있다. 여름에 피는 대롱 모양의 분홍색~적자색 꽃은 4cm 정도 길이이다. [1]채염옥(*Oroya peruviana*)은 페루 원산으로 둥근 줄기는 지름 10~20cm이다. 낮은 능선은 12~35개이며 가시는 21~26개씩 모여난다. 봄~여름에 줄기 윗부분에 분홍색~황적색 꽃이 모여 핀다. [2]다릉옥(*Stenocactus multicostatus*)은 멕시코 원산으로 둥근 줄기는 지름 6~15cm이며 물결 모양의 능선은 50~100개가 촘촘하고 가시는 2~4개씩 모여난다. 줄기 끝에 모여 피는 흰색~홍자색 꽃은 지름 2.5cm 정도이며 꽃잎 중앙에 진보라색 줄무늬가 있다. [3]축옥(ssp. *zacatecasensis*)은 다릉옥의 아종으로 3개의 중앙가시 중에 가운데 가시가 납작하다. 꽃은 거의 흰색이며 지름 3~4cm이고 꽃잎 중앙에 분홍색 줄무늬가 있다. [4]해식원(*Sulcorebutia canigueralii*)은 볼리비아 원산으로 둥근 줄기는 지름 25mm 정도이며 가시는 10~12개씩 모여난다. 늦은 봄에 피는 꽃은 지름 4cm 정도이며 노란색과 주황색, 붉은색이 섞여 있다. 모두 실내에서 다육식물로 기른다.

[1]채염옥

[2]다릉옥

[3]축옥

[4]해식원

411

엽선

## 엽선/브라질선인장(선인장과)
*Brasiliopuntia brasiliensis*

남미 원산의 늘푸른큰키나무로 원산지에서는 9m 이상 높이로 자라며 곧게 서는 둥근 줄기는 지름 20~35cm이다. 줄기마디(莖節)는 처음에는 납작한 타원형으로 길이 15cm 정도, 너비 6cm 정도이지만 나중에는 원통형으로 자라며 잘 부러진다. 가시자리에 1~3개의 적갈색 가시와 흰색 털이 있다. 노란색 꽃은 술잔 모양이며 높이와 지름이 각각 4~6cm이다. 타원형 열매는 붉은색~노란색으로 익으며 원산지에서는 열매를 식용한다. 양지바른 실내에서 다육식물로 기른다.

코치닐노팔선인장

## 코치닐노팔선인장(선인장과)
*Nopalea cochenillifera*

멕시코 원산의 늘푸른떨기나무로 줄기는 3~4m 높이로 자라며 지름 20cm 정도이다. 납작한 가지는 좁은 거꿀달걀형~타원형으로 길이 8~35cm, 너비 5~15cm이며 녹색이고 광택이 있다. 가시자리의 홍갈색 털은 점차 희어지고 가시는 없거나 드물게 1~3개가 모여난다. 겨울에 가지 끝부분에 달리는 붉은색 꽃은 길이 5~6cm, 지름 12~15mm로 꽃잎이 활짝 벌어지지 않는다. 타원형 열매는 붉은색으로 익는다. 양지바른 실내에서 다육식물로 기른다.

선인장

1)홍화단선

2)은세계

3)백도선

4)마블선인장

## 선인장/손바닥선인장(선인장과)
*Opuntia ficus-indica*

멕시코 원산의 여러해살이풀로 줄기는 1~2m 높이로 자란다. 납작한 가지는 거꿀달걀형~타원형이며 가시자리에 황갈색 털이 있고 가시는 2~5개가 모여난다. 여름에 줄기마다 윗가장자리에 피는 노란색 꽃은 지름 5~7cm이다. 거꿀달걀형 열매는 붉은색으로 익는다. 1)**홍화단선**(*O. elatior*)은 북중미 원산으로 4.5m 정도 높이로 자라며 납작한 가지는 거꿀달걀형이고 10~40cm 길이이며 가시는 2~8개씩이다. 붉은색~주황색 꽃은 지름 3~5cm이다. 2)**은세계**(*O. leucotricha*)는 멕시코 원산으로 3~5m 높이로 자라며 납작한 가지는 타원형~구형이고 가시는 1~3개씩 모여난다. 노란색 꽃은 지름 4~8cm이다. 3)**백도선/백오모자**(*O. microdasys* 'Albata')는 멕시코 원산의 원예 품종으로 40~60cm 높이로 자란다. 납작한 가지는 타원형이며 7~15cm 길이이고 흰색의 털가시가 촘촘히 모여나며 노란색 꽃이 핀다. 4)**마블선인장**(*O. monacantha*)은 남미 원산으로 2~6m 높이로 자라며 납작한 가지는 타원형~거꿀달걀형이고 10~30cm 길이이며 가시는 1~2개씩 모여난다. 꽃은 노란색이며 바깥쪽은 붉은빛이 돈다. 모두 양지바른 실내에서 다육식물로 기른다.

금황환

## 금황환(선인장과)
### *Parodia leninghausii*

브라질 원산의 여러해살이풀로 둥근 원통형 줄기는 높이 60~100㎝, 지름 8~12㎝이다. 능선은 30개 정도로 낮고 무디며 줄기 끝부분에 흰색 털이 모여난다. 노란색 중앙가시는 3~4개, 곁가시는 15개 정도이며 가시는 부드럽다. 봄~여름에 피는 노란색 꽃은 지름 5~6㎝이다. [1]설황(*P. haselbergii*)은 브라질 원산의 여러해살이풀로 둥근 줄기는 높이 10㎝ 정도, 지름 15㎝ 정도이다. 능선은 30개 정도이고 곁가시는 20개 정도이며 뻣뻣한 털 모양이다. 이른 봄에 피는 붉은색 꽃은 지름 2㎝ 정도이다. [2]황설황(ssp. *graessneri*)은 설황의 아종으로 곁가시는 60개 정도이며 보통 황금색이다. 이른 봄에 피는 꽃은 황록색이고 지름 2㎝ 정도이다. [3]청왕환(*P. ottonis*)은 남미 원산의 여러해살이풀로 둥근 줄기는 보통 지름 6㎝ 정도이며 능선은 10개 정도이고 윤곽이 뚜렷하다. 중앙가시는 1~6개, 곁가시는 4~15개이며 나선형으로 퍼져 나간다. 노란색 꽃은 지름 3.5~6㎝이다. [4]귀보청(v. *schuldtii*)은 청왕환의 변종으로 청왕환과 비슷하지만 주황색~붉은색 꽃이 핀다. 근래에는 청왕환과 같은 종으로 본다. 모두 양지바른 실내에서 다육식물로 기른다.

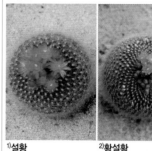

[1]설황  [2]황설황

[3]청왕환  [4]귀보청

## 수박선인장/영관옥(선인장과)
### *Parodia magnifica*

남미 원산의 여러해살이풀로 둥근 줄기는 원통형이 되며 청록색이고 높이 30cm 정도, 지름 7~15cm이다. 능선은 11~15개로 세로로 곧고 예리하다. 가시는 12~15개씩이고 황금색이며 8~20mm 길이이다. 여름~가을에 줄기 끝에 피는 노란색 꽃은 지름 45~55mm이다. [1]**소정**(*P. scopa*)은 남미 원산의 여러해살이풀로 둥근 원통형 줄기는 지름 6~10cm이고 능선은 18~40개이며 낮다. 가시자리는 흰색 털이 촘촘하다. 중앙가시는 2~12개이며 적갈색~주황색이고 곁가시는 15~40개이며 흰색~노란색이다. 봄에 피는 노란색 꽃은 지름 35~45mm이다. [2]**백선소정**('Albispinus')은 소정과 비슷하지만 가시가 흰색이며 꽃은 광택이 있는 노란색이다. 소정과 같은 종으로도 본다. [3]**황휘환**(ssp. *succinea*)은 소정의 아종으로 능선은 18~24개이다. 중앙가시는 8~12개이며 노란색~자주색이고 곁가시는 15~30개이며 노란색~갈색이다. [4]**금관**(*P. schumanniana*)은 남미 원산의 여러해살이풀로 둥근 원통형 줄기는 지름 15~30cm이다. 능선은 21~48개이며 예리하고 가시는 4~8개씩이며 황금색~적갈색이다. 가을에 줄기 끝에 지름 45~65mm의 노란색 꽃이 핀다.

수박선인장

[1]소정

[2]백선소정

[3]황휘환

[4]금관

목기린

### 목기린(선인장과)
*Pereskia aculeata*

중남미 원산의 늘푸른덩굴나무로 3~10m 길이로 벋으며 가는 가지는 탄력성이 있다. 잎은 어긋나고 피침형~달걀형이며 4~11㎝ 길이이고 끝이 뾰족하며 가장자리가 밋밋하고 광택이 있다. 잎겨드랑이에 2~3개의 갈고리 모양의 가시가 달린다. 늦여름~가을에 가지 끝의 원뿔꽃차례~고른꽃차례에 지름 25~50㎜의 흰색, 연노란색, 연분홍색 꽃이 피는데 향기가 진하다. 둥근 열매는 지름 15~20㎜이며 주황색으로 익고 먹을 수 있다. 실내에서 다육식물로 기른다.

### 앵기린(선인장과)
*Pereskia grandifolia*

열대 아메리카 원산의 떨기나무로 반상록성이며 2~5m 높이로 자란다. 줄기에는 긴 가시가 모여난다. 잎은 어긋나고 타원형~긴 타원형이며 끝이 뾰족하다. 가지 끝의 꽃송이에 모여 피는 분홍색 꽃은 지름 3~5㎝이다. 열매는 식용한다. [1]장미선인장(*P. bleo*)은 중앙아메리카 원산의 늘푸른떨기나무로 60~90㎝ 높이이다. 어린 줄기에는 적갈색 가시가 뭉쳐난다. 타원형 잎은 끝이 뾰족하고 가장자리가 물결 모양이다. 가지 끝에 지름 4~6㎝의 주황색 꽃이 핀다.

앵기린    [1]장미선인장

레부티아 마르가레타에

¹⁾레부티아 하에프네리아나

## 레부티아 마르가레타에(선인장과)
### *Rebutia margarethae*

남미 원산의 여러해살이풀로 둥근 줄기는 4cm 정도 높이로 자라며 모여나고 능선은 14~17개이다. 가시자리는 흰색~갈색이며 가시는 3~20mm 길이이고 7~15개씩 모여난다. 붉은색~노란색 꽃은 지름 3~4.5cm이다. ¹⁾**레부티아 하에프네리아나**(*R. haefneriana*)는 볼리비아 원산으로 둥근 줄기는 지름 2~4cm이며 여러 개가 모여난다. 줄기 옆에서 나오는 붉은 주황색 꽃은 지름 2.5~3cm이며 하루살이꽃이다. 모두 양지바른 실내에서 다육식물로 기른다.

## 가재발선인장(선인장과)
### *Schlumbergera truncata*

브라질 원산의 여러해살이풀로 납작한 가지가 연결된 줄기는 가지가 갈라지며 비스듬히 처진다. 납작한 가지는 길이 4~6cm, 너비 15~35mm이며 가장자리와 끝에 2~3개의 가시 모양의 톱니가 있다. 가을에 가지 끝에 붉은색 꽃이 핀다. ¹⁾**가재발선인장 '브리스틀 퀸'**(*S.* 'Bristol Queen')은 분홍색 꽃이 피는 원예 품종이다. ²⁾**가재발선인장 '크리스마스 플레임'**(*S.* 'Christmas Flame')은 연노란색 꽃이 피는 원예 품종이다. 모두 양지바른 실내에서 다육식물로 기른다.

가재발선인장

¹⁾가재발선인장 '브리스틀 퀸'

²⁾가재발선인장 '크리스마스 플레임'

대통령

## 대통령(선인장과)
### *Thelocactus bicolor*

미국 텍사스와 멕시코 원산의 여러해살이풀로 둥근 원통형 줄기는 지름 5~12㎝이다. 줄기의 능선은 8~13개이며 가시는 11~22개씩 모여난다. 가을에 줄기 끝에 피는 홍자색 꽃은 지름 4~8㎝로 큼직하다. 1)천황(*T. hexaedrophorus*)은 멕시코 원산으로 둥근 줄기는 회청색이며 지름 8~20㎝이고 혹줄기는 둥글다. 가시는 5~11개씩 모여난다. 봄에 줄기 끝에 피는 흰색~연분홍색 꽃은 지름 45~55㎜이다. 2)사자두(*T. rinconensis*)는 멕시코 원산으로 둥근 줄기는 청록색이며 지름 9~20㎝이고 혹줄기는 원뿔형이며 가시는 없거나 1~9개이다. 흰색~연분홍색 꽃은 지름 3㎝ 정도이다. 3)즐극환(*Uebelmannia pectinifera*)은 브라질 원산으로 둥근 줄기는 지름 10~17㎝이고 능선은 13~40개이며 중앙가시는 1~4개이다. 봄~여름에 줄기 윗부분에 모여 피는 노란색 꽃은 지름 6~12㎜이다. 4)화립환(*Weingartia neocumingii*)은 볼리비아 원산으로 둥근 줄기는 지름 10㎝ 정도이며 능선은 16~18개이고 보통 나선형으로 배열한다. 가시는 7~32개씩 모여난다. 초여름에 줄기 윗부분에 모여 피는 노란색 꽃은 지름 25㎜ 정도이다. 모두 양지바른 실내에서 다육식물로 기른다.

1)천황

2)사자두

3)즐극환

4)화립환

빈도리

1)만첩빈도리

# 빈도리(수국과)
## *Deutzia crenata*

일본 원산의 갈잎떨기나무로 1~3m 높이이다. 잎은 마주나고 달걀형~달걀 모양의 피침형이며 끝이 길게 뾰족하고 가장자리에 잔톱니가 있다. 5~7월에 가지 끝의 원뿔꽃차례에 피는 흰색 꽃은 5장의 꽃잎이 활짝 벌어지지 않는다. 1)**만첩빈도리**('Plena')는 원예 품종으로 겹꽃이 핀다. 2)**애기말발도리**(*D. gracilis*)는 일본 원산으로 잎은 마주나고 좁은 달걀형~피침형이며 끝이 길게 뾰족하고 가장자리에 잔톱니가 있다. 4~5월에 가지 끝의 원뿔꽃차례에 흰색 꽃이 고개를 숙이고 핀다. 3)**닝보말발도리**(*D. ningpoensis*)는 중국 원산으로 2.5m 정도 높이로 자라며 잎은 마주나고 달걀형~타원형이며 끝이 뾰족하고 가장자리에 둥근 톱니가 있다. 5~7월에 원뿔꽃차례~갈래꽃차례에 흰색 꽃이 핀다. 4)**무늬둥근잎말발도리**(*D. scabra* 'Variegata')는 일본 원산의 원예 품종으로 잎은 마주나고 타원형이며 끝이 뾰족하고 가장자리에 얕은 톱니가 있으며 흰색 얼룩무늬가 있다. 4~5월에 가지 끝의 원뿔꽃차례는 별모양털로 덮여 있고 흰색 꽃이 모여 핀다. 5)**말발도리 '매지션'**(*D.* 'Magicien')은 교잡종으로 늦은 봄에 피는 분홍색 꽃잎 안쪽에 흰색 무늬가 있다. 모두 화단에 심어 기른다.

3)닝보말발도리

4)무늬둥근잎말발도리

5)말발도리 '매지션'

2)애기말발도리

수국

❶수국 '블루 스타'  ❷수국 '글로윙 엠버스'

❸수국 '골리앗'  ❹수국 '함부르크'

❺수국 '호코맥'  ❻수국 '핫레드'  ❼수국 '라블라'  ❽수국 '피아'

**수국**(수국과)  *Hydrangea macrophylla* v. *otaksa*

중국 원산의 갈잎떨기나무로 1m 정도 높이로 무리 지어 자란다. 잎은 마주나고 달걀형~넓은 달걀형이며 10~15㎝ 길이이고 끝이 갑자기 뾰족해지며 가장자리에 톱니가 있다. 6~7월에 가지 끝에 달린 고른꽃차례는 동그스름하고 지름 20~25㎝로 큼직하다. 꽃송이에는 양성화가 없고 모두 장식꽃이다. 장식꽃의 꽃받침조각은 4~5장이고 처음에는 연자주색이 하늘색으로 되었다가 연홍색으로 변한다. 많은 재배 품종이 있으며 모두 수국과 함께 화단에 심어 기른다.

❶('Blue Star') ❷('Glowing Embers') ❸('Goliath') ❹('Hamburg') ❺('Hokomac') ❻('Hot Red') ❼('Lavbla') ❽('Pia')

산수국

❶산수국 '하고로모노마이'  ❷산수국 '구중산'

❸산수국 '미야마 야에 무라사키'  ❹산수국 '퍼플 티어스'

❺산수국 '시로후지'  ❻산수국 '우드랜더'  ❼산수국 '예 하쿠센'  ❽산수국 '예 노 아마차'

## 산수국(수국과)  *Hydrangea macrophylla* ssp. *serrata*

중부 이남의 산에서 자라는 갈잎떨기나무로 1m 정도 높이이다. 잎은 마주
나고 긴 타원형~달걀 모양의 타원형이며 5~10㎝ 길이이고 끝은 꼬리처
럼 길게 뾰족하며 가장자리에 뾰족한 톱니가 있다. 6~8월에 가지 끝에 달
리는 접시 모양의 고른꽃차례는 지름 5~10㎝로 큼직하다. 꽃차례 가운데
에는 자잘한 양성화가 모여 피고 가장자리에는 꽃잎처럼 생긴 3~4장의
꽃받침조각을 가진 장식꽃이 둘러 핀다. 많은 재배 품종을 화단에 심는다.
❶('Hagoromonomai') ❷('Kujyusan') ❸('Miyama Yae Murasaki') ❹('Purple
Tiers') ❺('Shirofuji') ❻('Woodlander') ❼('Yae Hakusen') ❽('Yae no
Amacha')

노르말리스수국

### 노르말리스수국(수국과)
*Hydrangea macrophylla* v. *normalis*

일본 원산의 갈잎떨기나무로 2~3m 높이로 자란다. 줄기는 회갈색~회색이며 타원형 껍질눈이 있다. 두툼한 잎은 마주나고 긴 타원형~넓은 타원형이며 10~13cm 길이이고 끝이 뾰족하며 가장자리에 세모진 톱니가 있다. 잎 앞면은 털이 없고 광택이 있다. 6~7월에 가지 끝에 달리는 고른꽃차례는 지름 12~18cm이며 중심부는 양성화이고 둘레에는 장식꽃이 빙 둘러 있다. 장식꽃은 꽃잎처럼 생긴 3~5장의 흰색~청자색 꽃받침조각이 돌려난다. 화단에 심어 기른다.

### 미국수국(수국과)
*Hydrangea arborescens*

북미 원산의 갈잎떨기나무로 1~2m 높이이다. 잎은 마주나고 달걀형이며 8~18cm 길이이고 끝이 뾰족하며 가장자리에 날카로운 톱니가 있다. 6~7월에 가지 끝에 달리는 고른꽃차례는 5~15cm 크기이며 자잘한 흰색 양성화가 모여 피고 둘레에 흰색 장식꽃이 드물게 달리기도 한다. 열매는 2~3mm 길이이고 갈색으로 익는다. [1]**미국수국 '애나벨'**('Annabelle')은 원예품종으로 둥그스름한 흰색 꽃송이는 양성화와 함께 장식꽃이 많다. 모두 화단에 심어 기른다.

미국수국　　　[1]미국수국 '애나벨'

① 나무수국 '보크라플레임' ② 나무수국 '얼리 센세이션'

나무수국

③ 나무수국 '에베레스트' ④ 나무수국 '플로리분다'

1) 큰나무수국 ⑤ 나무수국 '라임라이트' ⑥ 나무수국 '팬텀' ⑦ 나무수국 '바닐라 프레이즈'

## 나무수국(수국과) *Hydrangea paniculata*

동북아시아 원산의 갈잎떨기나무로 2~5m 높이이다. 잎은 마주나거나 3장
이 돌려난다. 잎몸은 타원형~달걀 모양의 타원형이며 끝이 길게 뾰족하고
가장자리에 잔톱니가 있다. 7~8월에 가지 끝에 달리는 원뿔꽃차례는 8~
30㎝ 길이이며 장식꽃과 양성화가 모여 달린다. 장식꽃은 흰색 꽃받침조
각이 4~5장이다. 1) 큰나무수국('Grandiflora')은 원예 품종으로 원뿔꽃차례
는 15~20㎝ 길이이고 밑으로 처지기도 하며 흰색 장식꽃만 달린다. 여러
재배 품종이 있으며 모두 화단에 심고 절화로도 이용한다.
① ('Bokraflame') ② ('Early Sensation') ③ ('Everest') ④ ('Floribunda') ⑤ ('Limelight')
⑥ ('Phantom') ⑦ ('Vanille Fraise')

떡갈잎수국

## 떡갈잎수국(수국과)
### *Hydrangea quercifolia*

북미 원산의 갈잎떨기나무로 2~3m 높이이다. 잎은 마주나고 둥근 달걀형이며 3~7갈래로 깊게 갈라진다. 갈래조각 끝은 뾰족하고 가장자리에 드문드문 톱니가 있다. 7~8월에 가지 끝의 원뿔꽃차례는 15~30㎝ 길이이며 흰색 장식꽃과 양성화가 달린다. [1]떡갈잎수국 '스노플레이크'('Snowflake')는 원예 품종으로 흰색 장식꽃이 겹꽃이다. [2]떡갈잎수국 '스노 퀸'('Snow Queen')은 원예 품종으로 곧게 서는 줄기가 튼튼해서 커다란 흰색 꽃송이가 달려도 처지지 않는다. 꽃송이는 가을에 분홍색으로 변한다. [3]아스페라수국(*H. aspera*)은 중국 남부 원산의 갈잎떨기나무로 3m 정도 높이이다. 잎은 마주나고 피침형이며 잔톱니가 있고 뒷면은 잔털이 빽빽하다. 7월에 가지 끝의 고른꽃차례는 둘레에 흰색~보라색 장식꽃이 빙 둘러 있다. 가운데의 자잘한 양성화는 보라색이다. [4]구슬수국(*H. involucrata*)은 대만과 일본 원산의 갈잎떨기나무로 1.5~2m 높이이다. 잎은 마주나고 타원형이며 잔톱니가 있다. 6~9월에 가지 끝의 고른꽃차례 가장자리에 흰색 장식꽃이 둘러 있다. 꽃봉오리가 동그랗기 때문에 '구슬수국'이라고 한다. 모두 화단에 심어 기른다.

[1]떡갈잎수국 '스노플레이크'

[2]떡갈잎수국 '스노 퀸'

[3]아스페라수국

[4]구슬수국

## 황금코로나리우스고광(수국과)
*Philadelphus coronarius* 'Aureus'

유럽 원산인 코로나리우스고광의 원예 품종인 갈잎떨기나무로 3m 정도 높이이다. 잎은 마주나고 달걀형이며 끝이 뾰족하고 가장자리에 불규칙한 톱니가 있다. 새로 돋는 잎은 노란색이지만 점차 녹색이 짙어진다. 5~6월에 가지 끝의 송이꽃차례에 달리는 연한 황백색 꽃은 향기가 있다. [1]**고광나무 '내치즈'**(*P.* 'Natchez')는 교잡종으로 2m 정도 높이로 자라는 떨기나무이다. 5~6월에 피는 지름 5㎝ 정도의 큼직한 흰색 겹꽃은 향기가 있다. 모두 화단에서 심어 기른다.

황금코로나리우스고광　[1]**고광나무 '내치즈'**

## 흰말채나무(층층나무과)
*Cornus alba*

평북과 함경도에서 자라는 갈잎떨기나무로 2~3m 높이이다. 가지는 겨울이 다가올수록 적자색으로 변한다. 잎은 마주나고 타원형~넓은 타원형이며 끝이 뾰족하고 가장자리는 밋밋하다. 5~6월에 가지 끝에 달리는 고른꽃차례 모양의 갈래꽃차례에 자잘한 흰색 꽃이 모여 핀다. 둥근 열매는 지름 6~8㎜이며 8~9월에 흰색으로 익고 단맛이 난다. [1]**무늬잎흰말채**('Elegantissima')는 원예 품종으로 잎 둘레에 흰색 얼룩무늬가 있다. 모두 화단에 심어 기른다.

흰말채나무　[1]**무늬잎흰말채**

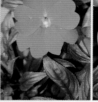
❷뉴기니아봉선화 '플로리파이크 레드'

❸뉴기니아봉선화 '플로리파이크 바이올렛'

❹뉴기니아봉선화 '토스카나 컴팩트 바이컬러 오렌지'

❺뉴기니아봉선화 '토스카나 미디엄 바이컬러 라일락'

❶뉴기니아봉선화 '슈퍼 소닉 오렌지 아이스'

❻뉴기니아봉선화 '토스카나 미디엄 라이트 핑크'

❼뉴기니아봉선화 '토스카나 미디엄 레드'

❽뉴기니아봉선화 '토스카나 미디엄 바이올렛'

❾뉴기니아봉선화 '토스카나 미디엄 화이트'

## 뉴기니아봉선화(봉선화과) *Impatiens hawkeri*

파푸아 뉴기니아 원산의 여러해살이풀로 20~40㎝ 높이로 자란다. 잎은 돌려나고 타원 모양의 피침형이며 끝이 뾰족하고 가장자리에 톱니가 있으며 진녹색이다. 5~11월에 피는 꽃은 지름 5~7㎝로 큼직하고 품종에 따라 분홍색, 빨간색, 보라색, 흰색 등 여러 가지이며 꽃 뒤에는 가느다란 꿀주머니가 있다. 화단에 한해살이풀처럼 심어 기른다.

❶('Super Sonic Orange Ice') ❷('Florific Red') ❸('Florific Violet')
❹('Toscana Compact Bicolor Orange') ❺('Toscana Medium Bicolor Lilac')
❻('Toscana Medium Light Pink') ❼('Toscana Medium Red')
❽('Toscana Medium Violet') ❾(Impatiens 'Toscana Medium White')

아프리카봉선화

❶ 아프리카봉선화 '액센트 오렌지 스타'  ❷ 아프리카봉선화 '피에스타 애플 블로섬'

❸ 아프리카봉선화 '피에스타 라벤더 오키드'  ❹ 아프리카봉선화 '피에스타 올레 체리'

❺ 아프리카봉선화 '스타더스트 로즈'  ❻ 아프리카봉선화 '체리 스플래쉬'  ❼ 아프리카봉선화 '엑스트림 라벤더'  ❽ 아프리카봉선화 '엑스트림 로즈'

## 아프리카봉선화 (봉선화과) *Impatiens walleriana*

열대 아프리카 원산의 여러해살이풀로 15~50㎝ 높이로 자란다. 잎은 어긋나고 달걀형~타원형이며 3~12㎝ 길이이고 끝이 뾰족하며 가장자리에 톱니가 있다. 5~11월에 피는 꽃은 지름 3~5㎝이며 품종에 따라 분홍색, 빨간색, 보라색, 흰색 등 여러 가지이며 겹꽃이 피는 품종도 있다. 꽃 뒤에는 가느다란 꿀주머니가 있다. 꽃이 아름다워서 많은 재배 품종이 개발되었으며 화단에 한해살이풀처럼 심어 기른다.

❶('Accent Orange Star') ❷('Fiesta Apple Blossom') ❸('Fiesta Lavender Orchid') ❹('Fiesta Ole Cherry') ❺('Stardust Rose') ❻('Super Elfin XP Cherry Splash') ❼('Xtreme Lavender') ❽('Xtreme Rose')

봉숭아 품종

봉숭아 품종

봉숭아 품종

<sup>1)</sup>발포어봉선화

<sup>2)</sup>마다가스카르봉선화

<sup>3)</sup>앵무새봉선화

<sup>4)</sup>덩굴봉선화

# 봉숭아/봉선화(봉선화과)
## *Impatiens balsamina*

인도와 동남아시아 원산의 한해살이풀로 60㎝ 정도 높이로 자란다. 잎은 어긋나고 피침형이며 가장자리에 톱니가 있다. 여름에 잎겨드랑이에 피는 꽃은 뒤에 가느다란 꿀주머니가 있으며 품종에 따라 꽃 색깔이 여러 가지이다. [1]**발포어봉선화**(*I. balfourii*)는 히말라야 원산의 한해살이풀로 50㎝ 정도 높이로 자란다. 잎은 어긋나고 달걀형~타원형이며 끝이 뾰족하고 가장자리에 톱니가 있다. 7~9월에 송이꽃차례에 흰색과 분홍색이 섞인 꽃이 핀다. [2]**마다가스카르봉선화**(*I. bicaudata*)는 마다가스카르 원산의 여러해살이풀로 1~2m 높이로 자란다. 긴 타원형 잎은 끝이 뾰족하고 가장자리에 톱니가 있다. 붉은색 꽃은 3㎝ 정도 길이이다. [3]**앵무새봉선화**(*I. niamniamensis*)는 아프리카 원산의 여러해살이풀로 60~90㎝ 높이로 자란다. 잎은 돌려나고 달걀 모양의 긴 타원형~타원형이며 10㎝ 정도 길이이고 끝이 뾰족하며 가장자리에 톱니가 있다. 앵무새를 닮은 꽃은 노란색과 주황색이 섞여 있다. [4]**덩굴봉선화**(*I. repens*)는 인도 원산의 늘푸른 여러해살이풀로 붉은 줄기는 바닥을 기고 잎은 콩팥 모양이다. 노란색 꽃은 1~2㎝ 길이이다.

아담나무

### 아담나무(관봉옥과)
*Fouquieria diguetii*

캘리포니아와 멕시코 원산의 떨기나무로 사막 주변에서 2m 정도 높이로 자란다. 줄기는 가지가 많이 갈라지며 가늘고 긴 날카로운 가시가 많다. 잎은 어긋나고 가지 끝에서는 모여나며 좁은 거꿀달걀형이고 가장자리가 밋밋하며 광택이 있다. 봄~여름에 가지 끝에 가는 원통 모양의 붉은색 꽃이 모여나서 비스듬히 처지는데 기다란 암수술이 꽃부리 밖으로 벋는다. 원산지에서는 벌새가 수정을 돕는 조매화이다. 양지바른 실내에서 심어 기른다.

### 수도원종덩굴(꽃고비과)
*Cobaea scandens*

멕시코 원산의 여러해살이덩굴풀로 10m 정도 길이로 벋는다. 잎은 어긋나고 깃꼴겹잎이며 작은잎은 2쌍이고 잎자루 끝은 덩굴손으로 변해 다른 물체를 감고 오른다. 늦여름에 피기 시작하는 종 모양의 꽃은 5cm 정도 길이이며 봉오리 때는 연한 황록색이지만 점차 보라색으로 핀다. 꽃부리 끝부분은 5갈래로 얕게 갈라지며 밖으로 말린다. 꽃받침은 크고 연녹색이며 5갈래로 갈라진다. [1]흰수도원종덩굴('Alba')은 흰색 꽃이 피는 품종이다. 모두 실내에서 심어 기른다.

수도원종덩굴　　　　　　[1]흰수도원종덩굴

429

드람불꽃 '21세기 로즈 스타'

[1)]드람불꽃 '21세기 화이트'

[2)]드람불꽃 '무디 블루스'    [3)]털플록스

[4)]블루플록스 '몬트로즈 트라이컬러'    [5)]반점플록스 '나타샤'

## 드람불꽃(꽃고비과)
*Phlox drummondii*

북미 원산의 한해살이풀로 15~50cm 높이로 곧게 자란다. 잎은 줄기 밑부분에서는 마주나고 윗부분에서는 어긋난다. 잎몸은 긴 타원형이며 5cm 정도 길이이고 끝이 뾰족하며 가장자리가 밋밋하다. 여름에 줄기 끝의 원뿔꽃차례에 피는 깔때기 모양의 꽃은 지름 2cm 정도이며 연보라색, 연분홍색, 붉은색 등 여러 가지이고 많은 재배 품종이 있다. [1)]드람불꽃 '21세기 화이트'('21st Century White')는 흰색 꽃이 피는 품종이다. [2)]드람불꽃 '무디 블루스'('Moody Blues')는 푸른색 꽃잎의 중심부에 진한 색 무늬가 있는 품종이다. [3)]털플록스(*P. amoena*)는 북미 원산의 여러해살이풀로 15~30cm 높이로 자란다. 늦은 봄에 피는 홍자색 꽃은 지름 2cm 정도이며 꽃받침에 털이 많다. [4)]블루플록스 '몬트로즈 트라이컬러'(*P. divaricata* 'Montrose Tricolor')는 북미 원산의 원예 품종으로 4~6월에 줄기 끝에 푸른색 꽃이 모여 피며 잎 가장자리에 흰색 얼룩무늬가 있다. [5)]반점플록스 '나타샤'(*P. maculata* 'Natascha')는 북미 원산의 여러해살이풀인 반점플록스의 원예 품종으로 잎은 마주나고 피침형이며 초여름에 피는 꽃은 분홍색과 흰색이 섞여 있다. 모두 양지바른 화단에 심어 기른다.

플록스

❶흰플록스/흰풀협죽도 ❷풀협죽도 '블루 파라다이스'

❸풀협죽도 '테킬라 선라이즈' ❹풀협죽도 '유로파'

❺풀협죽도 '프로스티드 엘레강스' ❻풀협죽도 '그레나딘 드림' ❼풀협죽도 '미스 페퍼' ❽풀협죽도 '페퍼민트 트위스트'

## 플록스/풀협죽도(꽃고비과) *Phlox paniculata*

북미 원산의 여러해살이풀로 1m 정도 높이로 자란다. 잎은 마주나거나 3장씩 돌려나고 피침형이며 7~13㎝ 길이이고 끝이 뾰족하며 가장자리가 밋밋하다. 잎자루는 없다. 여름에 줄기 끝의 원뿔꽃차례에 가는 깔때기 모양의 홍자색 꽃이 피는데 지름 2.5㎝ 정도이며 향기가 있다. 꽃부리 끝은 5갈래로 갈라져 수평으로 퍼진다. 많은 재배 품종이 있으며 꽃 색깔과 모양이 여러 가지이다. 양지바른 화단에 심어 기른다.
❶('Alba') ❷('Blue Paradise') ❸('Tequila Sunrise') ❹('Europa') ❺('Frosted Elegance') ❻('Grenadine Dream') ❼('Miss Pepper') ❽('Peppermint Twist')

꽃잔디

❶흰꽃잔디

❷꽃잔디 '캔디 스트라이프'

❸꽃잔디 '에메랄드 쿠션 블루'  ❹꽃잔디 '맥대니얼스 쿠션'  ❺꽃잔디 '스칼렛 플레임'

### 꽃잔디/지면패랭이꽃(꽃고비과)  *Phlox subulata*

북미 원산의 여러해살이풀로 줄기는 잔디처럼 바닥을 덮으며 5~10㎝ 높이로 자라고 전체에 짧은털이 있다. 잎은 마주나고 좁은 피침형이며 1~1.5㎝ 길이이고 끝이 뾰족하며 가장자리에 긴털이 있다. 4~9월에 줄기 위쪽에서 갈라진 가지마다 깔때기 모양의 홍자색 꽃이 피는데 지름 1~2㎝이다. 꽃부리는 끝부분이 5갈래로 갈라져 수평으로 퍼지고 끝은 오목하게 파인다. 5갈래로 깊게 갈라지는 꽃받침은 털이 많다. 많은 재배 품종이 있으며 꽃 색깔과 모양이 여러 가지이다. 양지바른 화단에 심어 기른다.
❶('Alba') ❷('Candy Stripe') ❸('Emerald Cushion Blue') ❹('McDaniel's Cushion') ❺('Scarlet Flame')

꽃고비

### 꽃고비(꽃고비과)
*Polemonium racemosum*

평북과 함경도에서 자라는 여러해살이풀로 60~90㎝ 높이이다. 잎은 어긋나고 깃꼴겹잎이며 6~12쌍 정도의 작은잎은 달걀형~피침형이며 끝이 뾰족하고 가장자리는 밋밋하다. 6~8월에 줄기 끝의 원뿔꽃차례에 자주색 꽃이 모여 핀다. 종 모양의 꽃받침은 5갈래로 갈라지며 꽃부리도 5갈래로 갈라진다. 열매는 넓은 타원형이다. [1]흰꽃고비(f. *albiflorum*)는 흰색 꽃이 피는 품종으로 꽃고비와 같은 종으로도 본다. [2]북극꽃고비 '헤븐리 해빗'(*P. boreale* 'Heavenly Habit')은 그린란드 원산의 원예 품종으로 30~45㎝ 높이로 곧게 자란다. 잎은 어긋나고 깃꼴겹잎이며 여름에 줄기 끝의 원뿔꽃차례에 청자색 꽃이 모여 핀다. [3]꽃고비 '브레싱엄 퍼플'(*P.* 'Bressingham Purple')은 교잡종으로 깃꼴겹잎은 작은잎이 27장 정도이며 어릴 때는 자줏빛이 돈다. 4~5월에 가지 끝에 모여 피는 자주색 꽃은 꽃밥이 노란색이며 향기가 있다. [4]렙탄스꽃고비(*P. reptans*)는 북미 원산의 여러해살이풀로 50㎝ 정도 높이로 자란다. 잎은 깃꼴겹잎이며 작은잎은 5~13장이다. 늦은 봄에 줄기에 모여 피는 청자색 꽃은 꽃밥이 흰색이다. 모두 화단에 심어 기른다.

[1]흰꽃고비

[2]북극꽃고비 '헤븐리 해빗'

[3]꽃고비 '브레싱엄 퍼플'   [4]렙탄스꽃고비

### 미라클 후르츠(사포타과)
*Synsepalum dulcificum*

서아프리카 원산의 늘푸른떨기나무로 2~4m 높이로 자란다. 긴 타원형~거꿀달걀형 잎은 끝이 뾰족하며 가지 끝에 3~5개씩 모여 달린다. 잎겨드랑이에 피는 자잘한 흰색 꽃은 6~7㎜ 크기이며 황갈색 꽃받침에 싸여 있다. 타원형 열매는 2~3㎝ 길이이고 붉은색으로 익는다. 열매 자체는 단맛이 없지만 이 열매를 먹은 다음 쓰거나 신 음식을 먹어도 단맛을 느끼기 때문에 '미라클 후르츠(miracle fruit : 기적의 과일)'라는 이름으로 불린다. 실내에서 심어 기른다.

미라클 후르츠    열매

### 도끼와드래곤(앵초과)
*Androsace sarmentosa*

카슈미르 원산의 여러해살이풀로 줄기가 옆으로 퍼져 나가고 10~30㎝ 높이로 자라며 전체에 긴털이 있다. 거꿀피침형 잎은 1~3㎝ 길이이고 로제트형으로 돌려난다. 5~7월에 꽃줄기 끝의 우산꽃차례에 모여 피는 분홍색 꽃의 중심부는 노란색이다. [1]**상록봄맞이**(*A. sempervivoides*)는 히말라야 원산의 여러해살이풀로 5~15㎝ 높이이다. 넓은 주걱형 잎은 로제트형으로 돌려난다. 4~5월에 꽃줄기 끝에 지름 2㎝ 정도의 분홍색 꽃이 모여 핀다. 모두 화단에 심어 기른다.

도끼와드래곤    [1]상록봄맞이

백량금

## 백량금(앵초과)
### *Ardisia crenata*

남쪽 섬에서 자라는 늘푸른떨기나무로 30~100㎝ 높이이다. 잎은 어긋나고 긴 타원형이며 가장자리에 물결 모양의 톱니가 있다. 7~8월에 가지 끝에 달리는 우산꽃차례에 흰색 꽃이 밑을 보고 핀다. [1]**갯자금우**(*A. elliptica*)는 열대 아시아 원산의 늘푸른떨기나무로 4m 정도 높이로 자란다. 거꿀달걀형~긴 타원형 잎은 끝이 뾰족하며 광택이 있다. 잎겨드랑이에서 나오는 꽃송이에 별 모양의 분홍색 꽃이 모여 핀다. [2]**흑옥자금우**(*A. humilis*)는 중국 남부 원산의 늘푸른떨기나무로 1~4m 높이로 자란다. 잎은 어긋나고 거꿀달걀형~타원형이며 가죽질이다. 봄에 고른꽃차례에 모여 피는 적자색 꽃은 지름 5~6㎜이다. [3]**자금우**(*A. japonica*)는 남쪽 섬과 울릉도에서 자라는 늘푸른떨기나무로 10~20㎝ 높이이다. 잎은 긴 타원형~달걀형이며 가장자리에 뾰족한 잔톱니가 있다. 6~8월에 우산꽃차례에 2~5개의 흰색~연분홍색 꽃이 밑을 보고 핀다. [4]**산호수**(*A. pusilla*)는 제주도에서 10~20㎝ 높이로 자라는 늘푸른떨기나무이다. 잎은 어긋나고 달걀형~긴 타원형이며 가장자리에 큰 톱니가 드문드문 있다. 6~8월에 잎겨드랑이에 흰색 꽃이 고개를 숙이고 핀다.

[1]갯자금우

[3]자금우

[4]산호수

아프리카시클라멘

¹⁾아이비잎시클라멘 '레드 스카이'

## 아프리카시클라멘(앵초과)
### *Cyclamen africanum*

북아프리카 원산의 여러해살이풀로 5~18cm 높이로 자란다. 꽃이 지기 시작할 때쯤 돋는 하트형 잎은 가장자리에 불규칙한 톱니가 있고 은색과 진녹색의 반점 무늬가 있다. 9~11월에 잎 사이에서 자란 꽃대 끝에 피는 연분홍색 꽃은 18~35mm 길이이다. ¹⁾**아이비잎시클라멘 '레드 스카이'**(*C. hederifolium* 'Red Sky')는 남유럽 원산의 원예 품종으로 잎이 돋기 전에 진홍색 꽃이 먼저 핀다. 하트형 잎은 은색 반점 무늬가 있다. 모두 화단에 심어 기른다.

## 코아시클라멘(앵초과)
### *Cyclamen coum*

발칸반도, 터키, 시리아 원산의 여러해살이풀로 5~8cm 높이로 자란다. 덩이줄기는 납작한 타원형이며 지름 6.5cm 정도이다. 가을에 나오는 하트 모양의 잎은 길이와 너비가 2~8cm이며 가장자리가 밋밋하거나 얕은 톱니가 있다. 잎 앞면은 녹색 바탕에 회색~은색의 얼룩무늬가 있으며 뒷면은 자줏빛이 돈다. 12~4월에 꽃줄기 끝에 하나씩 피는 홍자색, 분홍색, 흰색 꽃은 밑부분에 진한 색 반점이 있고 5~15mm 길이이며 향기가 없다. 화단에 심어 기른다.

코아시클라멘

시클라멘 품종

❶ 시클라멘 '할리오스 환타지아 퍼플'

❷ 시클라멘 '레이저 와인 프레임'

❸ 시클라멘 '메티스 스칼렛'

❹ 시클라멘 '메티스 빅토리아 실버 리프'

❺ 시클라멘 '미라클 딥 로즈'

❻ 시클라멘 '시에라 스칼렛'

❼ 시클라멘 '티아니스 브라이트 레드'

❽ 시클라멘 '티아니스 화이트'

## 시클라멘(앵초과) *Cyclamen persicum*

지중해 연안 원산의 여러해살이풀로 15㎝ 정도 높이로 자라며 둥글납작한 덩이줄기에서 잎이 모여난다. 잎은 하트형이며 가장자리에 자잘한 톱니가 있고 불규칙한 회녹색 반점이 있으며 잎자루가 길다. 11~3월에 나오는 꽃줄기 끝에 하나씩 피는 꽃은 지름 15㎝ 정도이고 5장의 꽃잎은 위로 젖혀진다. 많은 재배 품종이 있으며 품종에 따라 흰색, 분홍색, 붉은색 등 여러 색깔의 꽃이 피고 겹꽃도 있다. 실내에서 심어 기른다.

❶(*C.* 'Halios Fantasia Purple') ❷('Laser Wine Flame') ❸('Metis scarlet') ❹('Metis Victoria Silver Leaf') ❺('Miracle Deep Rose') ❻('Sierra Scarlet') ❼('Tianis Bright Red') ❽('Tianis White')

인디언앵초

## 인디언앵초(앵초과)
### *Dodecatheon meadia*

북미 원산의 여러해살이풀로 30~
50㎝ 높이로 자란다. 뿌리에서 로
제트형으로 모여나는 잎은 긴 달걀
형~타원형이며 끝이 둥글고 가장
자리는 밋밋한 것이 얼레지 잎을
닮았다. 4~5월에 잎 사이에서 자
란 꽃줄기 끝의 우산꽃차례에 10~
20개 정도의 홍자색 꽃이 고개를
숙이고 핀다. 꽃잎은 뒤로 활짝 젖
혀지고 암수술은 뾰족하게 벋는
다. 꽃의 모양이 인디언 추장의 모
자와 닮았다. 1)흰인디언앵초('Alba')
는 흰색 꽃이 피는 품종이다. 모두
화단에 심어 기른다.

## 킬리아타좁쌀풀(앵초과)
### *Lysimachia ciliata*

북미 원산의 여러해살이풀로 가지
가 갈라지는 줄기는 60~120㎝ 높
이로 자란다. 잎은 마주나거나 돌
려나고 달걀형~긴 타원형이며 길
이 15㎝ 정도, 너비 6㎝ 정도이고
끝이 뾰족하며 가장자리가 밋밋하
다. 6~8월에 가지 끝에 지름 1㎝
정도의 노란색 꽃이 모여 피는데
꽃잎은 5장이 활짝 벌어지고 꽃잎
안쪽은 붉은빛이 돈다. 1)자주잎좁
쌀풀('Firecracker')은 원예 품종으
로 잎이 적갈색~적자색인 점이
특징이다. 모두 양지바르고 습기
가 있는 화단에 심어 기른다.

킬리아타좁쌀풀

1)자주잎좁쌀풀

438

참좁쌀풀

## 참좁쌀풀(앵초과)
### *Lysimachia coreana*

깊은 산에서 자라는 여러해살이풀로 50~100㎝ 높이이다. 잎은 줄기에 2장씩 마주나거나 3장씩 돌려나며 타원형이다. 6~8월에 윗부분의 잎겨드랑이에 피는 노란색 꽃은 안쪽에 붉은색 무늬가 있다. [1]**황금풍한초**(*L. congestiflora* 'Walkabout Sunset')는 중국 원산의 원예 품종인 여러해살이풀로 줄기는 바닥을 기고 타원형 잎은 노란색 얼룩무늬가 있다. 늦은 봄~여름에 노란색 꽃이 모여 핀다. [2]**옐로체인**(*L. nummularia*)은 유럽 원산의 여러해살이풀로 습한 곳에서 잘 자라는 줄기는 바닥을 기며 5~15㎝ 높이이다. 둥근 잎은 마주나고 초여름에 지름 2~3㎝의 노란색 꽃이 핀다. [3]**돌아이비**(*L. procumbens*)는 북미 원산의 여러해살이풀로 습한 곳에서 잘 자라는 줄기는 바닥을 기며 10㎝ 정도 높이이다. 잎은 마주나고 달걀형~넓은 달걀형이며 2㎝ 정도 길이이고 끝이 뾰족하다. 잎겨드랑이에 노란색 꽃이 핀다. 풍한초와 같은 종으로도 본다. [4]**불가리스좁쌀풀**(*L. vulgaris*)은 유럽 원산의 여러해살이풀로 50~150㎝ 높이이다. 잎은 마주나고 달걀형이며 끝이 뾰족하고 6~8월에 줄기 끝의 원뿔꽃차례에 노란색 꽃이 모여 핀다. 모두 양지바른 화단에 심어 기른다.

[1]**황금풍한초**

[2]**옐로체인**

[3]**돌아이비**

[4]**불가리스좁쌀풀**

## 덴티쿨라타앵초(앵초과)
*Primula denticulata*

히말라야와 중국 원산의 여러해살
이풀로 10~30㎝ 높이이다. 뿌리잎
은 달걀 모양의 피침형이며 가장자
리에 가는 톱니가 있다. 봄에 꽃줄
기 끝의 둥근 꽃송이에 홍자색~자
주색 꽃이 촘촘히 모여 핀다. **1)흰덴
티쿨라타앵초**('Alba')는 흰색 꽃이
피는 품종이다. **2)아우리쿨라앵초**
(*P. auricula*)는 알프스 원산의 여러
해살이풀로 15~25㎝ 높이이다. 뿌
리잎은 거꿀달걀형이고 로제트형
으로 모여난다. 봄에 꽃줄기 끝에
모여 달리는 노란색 꽃은 향기가
있다. **3)베시아나앵초**(*P. beesiana*)
는 히말라야 원산의 여러해살이풀
로 20~50㎝ 높이로 자란다. 뿌리
잎은 타원형~거꿀피침형이며 초
여름에 꽃줄기 끝의 우산꽃차례에
분홍색이나 흰색 꽃이 모여 핀다.
**4)벌리앵초**(*P. bulleyana*)는 중국 원
산의 여러해살이풀로 30~60㎝
높이로 자란다. 뿌리잎은 타원 모
양의 거꿀피침형이며 가장자리에
잔톱니가 있다. 6~7월에 꽃줄기
끝의 둥근 우산꽃차례에 주황색
꽃이 모여 핀다. **5)카피타타앵초**(*P.
capitata*)는 중국 남부 원산의 여러
해살이풀로 10~45㎝ 높이로 자란
다. 뿌리잎은 긴 타원형이며 가장
자리에 잔톱니가 있다. 여름에 꽃
줄기 끝에 청자색 꽃이 모여 핀다.
모두 화단에 심어 기른다.

덴티쿨라타앵초

²⁾아우리쿨라앵초

³⁾베시아나앵초

⁴⁾벌리앵초

⁵⁾카피타타앵초

¹⁾흰덴티쿨라타앵초

일본앵초

1)옥슬립앵초

2)파리노사앵초

3)각시앵초

4)프론도사앵초

## 일본앵초(앵초과)
### *Primula japonica*

일본 원산의 여러해살이풀로 50㎝ 정도 높이로 자란다. 뿌리잎은 타원형이며 가장자리에 톱니가 있다. 봄에 나오는 꽃줄기에 지름 2㎝ 정도의 붉은색 꽃이 2~5단으로 모여 달린다. <sup>1)</sup>**옥슬립앵초**(*P. elatior*)는 코카서스 원산의 여러해살이풀로 5~15㎝ 높이로 자란다. 뿌리잎은 둥근 달걀형이며 털로 덮여 있고 잎자루가 있다. 6~7월에 꽃줄기 끝의 우산꽃차례에 노란색 꽃이 모여 핀다. <sup>2)</sup>**파리노사앵초**(*P. farinosa*)는 유라시아 북부 원산의 여러해살이풀로 5~20㎝ 높이로 자란다. 뿌리잎은 거꿀피침형~타원형이고 잎 가장자리의 톱니는 안으로 굽는다. 6~7월에 꽃줄기 끝에 연자주색 꽃이 모여 핀다. <sup>3)</sup>**각시앵초**(*P. florindae*)는 티베트 원산의 여러해살이풀로 120㎝ 정도 높이로 자란다. 뿌리잎은 긴 타원형~달걀형이며 5~20㎝ 길이이고 가장자리에 톱니가 있으며 로제트형으로 모여난다. 여름에 잎 사이에서 자란 꽃줄기 끝의 우산꽃차례에 긴 꽃자루에 달린 종 모양의 노란색 꽃이 핀다. <sup>4)</sup>**프론도사앵초**(*P. frondosa*)는 코카서스 원산의 여러해살이풀로 20㎝ 정도 높이로 자란다. 뿌리잎은 주걱형~거꿀달걀형이며 봄에 꽃줄기 끝의 우산꽃차례에 홍자색 꽃이 모여 핀다.

앵초

1)흰앵초

2)심산앵초

3)큐엔시스앵초

4)폴리안타앵초

5)가고소앵초

## 앵초(앵초과)
### *Primula sieboldii*

산기슭에서 자라는 여러해살이풀로 15~40㎝ 높이이다. 뿌리잎은 달걀형~타원형이며 주름이 지고 긴 털로 덮여 있다. 4~5월에 꽃줄기 끝의 우산꽃차례에 모여 피는 홍자색 꽃은 중심부가 흰색이다 **1)흰앵초**('Albiflora')는 흰색 꽃이 피는 품종이며 앵초와 같은 종으로도 본다. **2)심산앵초**(*P. juliae*)는 소아시아 원산의 여러해살이풀로 5㎝ 정도 높이로 카펫처럼 퍼져 나간다. 뿌리잎은 끝이 둥글고 잎자루는 붉은색이다. 봄에 꽃줄기 끝에 홍자색 꽃이 모여 핀다. **3)큐엔시스앵초**(*P. × kewensis*)는 교잡종인 여러해살이풀로 뿌리잎은 달걀형이며 주름이 지고 가장자리에 톱니가 있다. 봄에 꽃줄기 끝에 노란색 꽃이 모여 핀다. **4)폴리안타앵초**(*P. × polyantha*)는 교잡종인 여러해살이풀로 10~20㎝ 높이로 자라며 뿌리잎은 달걀 모양의 타원형이고 주맥은 흰색이다. 12~4월에 꽃줄기 끝에 붉은색, 흰색, 노란색, 자주색 등의 꽃이 모여 핀다. **5)가고소앵초/겨울앵초**(*P. sinensis*)는 중국 원산의 여러해살이풀로 10~30㎝ 높이로 자란다. 잎은 넓은 달걀형~원형이며 손바닥처럼 갈라진다. 이른 봄에 꽃줄기 끝에 지름 3㎝ 정도의 흰색이나 자주색 꽃이 모여 핀다. 모두 화단에 심어 기른다.

## 베리스앵초/황산앵초(앵초과)
### *Primula veris*

유라시아 원산의 여러해살이풀로 10~20cm 높이이다. 뿌리잎은 좁은 달걀형이며 주름이 지고 가장자리는 바깥쪽으로 굽는다. 봄~초여름에 꽃줄기 끝의 우산꽃차례에 피는 노란색 꽃은 중심부에 주황색 반점이 있다. 종 모양의 꽃받침은 얕게 5갈래로 갈라진다. [1]베리스앵초 '선셋 쉐이드스'('Sunset Shades')는 원예 품종으로 붉은색 꽃이 핀다. [2]석죽앵초(ssp. *suaveolens*)는 베리스앵초의 아종으로 남부 유럽과 터키 원산이며 뿌리잎은 달걀형이고 뒷면에 흰색 털이 있다. 3~5월에 노란색 꽃이 핀다. [3]비알리앵초(*P. vialii*)는 중국 원산의 여러해살이풀로 20~40cm 높이이다. 잎은 좁은 타원형~거꿀피침형이며 가장자리에 불규칙한 톱니가 있다. 5~7월에 꽃줄기 끝의 이삭꽃차례에 청자색 꽃이 촘촘히 피어 올라간다. [4]불가리스앵초(*P. vulgaris*)는 유럽과 북아프리카, 서남아시아 원산의 여러해살이풀로 5~20cm 높이로 자란다. 뿌리잎은 거꿀달걀형~거꿀피침형이며 가장자리에 불규칙한 톱니가 있다. 봄에 꽃줄기 끝의 우산꽃차례에 연노란색 꽃이 핀다. [5]루브라앵초(ssp. *rubra*)는 불가리스앵초의 아종으로 봄에 피는 홍자색 꽃은 중심부가 노란 주황색이 돈다. 모두 화단에 심어 기른다.

베리스앵초

[1]베리스앵초 '선셋 쉐이드스'

[2]석죽앵초

[3]비알리앵초

[4]불가리스앵초

[5]루브라앵초

❶프리뮬러 '던 안셀'　❷프리뮬러 '골드 레이스 블랙'

촛대앵초　　　잎　❸프리뮬러 '골드 레이스 다크 레드'　❹프리뮬러 '픽시 레몬 옐로'

❺프리뮬러 '픽시 핑크 피코티'　❻프리뮬러 '픽시 로즈'　❼프리뮬러 '퀘이커스 보닛'　❽프리뮬러 '수 자비스'

## 촛대앵초(앵초과)　*Primula × bulleesiana*

베시아나앵초(*P. beesiana*)와 벌리앵초(*P. bulleyana*) 간의 교잡종인 여러해살이풀로 40~60㎝ 높이로 자란다. 뿌리잎은 긴 타원형이며 주름이 지고 가장자리에 잔톱니가 있다. 늦은 봄~초여름에 노란색, 주황색, 자주색, 붉은색 등의 꽃이 층층으로 모여 핀다. 화단에 심어 기른다. 앵초 종류는 흔히 속명인 '프리뮬러'로도 불리우며 꽃이 아름답기 때문에 여러 종을 교배하여 만든 많은 교잡종이 만들어져서 화단을 장식하고 있다.

❶(*P*. 'Dawn Ansell') ❷('Gold Lace Black') ❸('Gold Lace Dark Red') ❹('Pixie Lemon Yellow') ❺('Pixie Pink Picotee') ❻('Pixie Rose') ❼('Quaker's Bonnet') ❽('Sue Jarvis')

## 차나무(차나무과)
*Camellia sinensis*

차나무

중국 원산의 늘푸른떨기나무로 2m 정도 높이이다. 잎은 어긋나고 긴 타원형이며 둔한 톱니가 있다. 10~12월에 잎겨드랑이에 흰색 꽃이 피는데 수술은 많고 꽃밥은 노란색이다. <sup>1)</sup>**눈동백 '입한춘'**(*C. hiemalis* 'Tachikantsubaki')은 일본 원산의 원예 품종으로 1~3m 높이로 자란다. 잎은 어긋나고 타원형이며 끝이 뾰족하고 가장자리에 날카로운 톱니가 있으며 가죽질이다. 11~2월에 지름 8cm 정도의 붉은색 겹꽃이 핀다. <sup>2)</sup>**애기동백**(*C. sasanqua*)은 일본 원산으로 5~6m 높이이다. 잎은 어긋나고 긴 타원형이며 가죽질이다. 10~12월에 가지 끝에 피는 흰색 꽃은 꽃이 질 때는 꽃잎이 각각 1장씩 떨어진다. <sup>3)</sup>**아잘레아동백**(*C. azalea*)은 중국 원산의 떨기나무로 2.5m 정도 높이로 자란다. 잎은 거꿀달걀형이며 2~4cm 길이이고 끝이 뾰족하며 앞면은 진녹색이고 가죽질이다. 10~4월에 피는 붉은색 꽃은 지름 8cm 정도이다. 모두 남쪽 섬에서 화단에 심어 기른다. <sup>4)</sup>**금화동백**(*C. nitidissima*)은 중국 남부와 베트남 원산의 늘푸른떨기나무로 2~3m 높이로 자란다. 긴 타원형 잎은 가죽질이고 가장자리에 잔톱니가 있다. 1~3월에 잎겨드랑이에 노란색 꽃이 핀다. 실내에서 심어 기른다.

<sup>1)</sup>눈동백 '입한춘'

<sup>2)</sup>애기동백

<sup>3)</sup>아잘레아동백

<sup>4)</sup>금화동백

동백나무

❶동백나무 '아베마리아'　❷동백나무 '헨리 이 헌팅턴'

❸동백나무 '킥오프'　❹동백나무 '공작춘'

❺동백나무 '웅곡'　❻동백나무 '누치오스 카메오'　❼동백나무 '텐시'　❽동백나무 '츠키노와'

## 동백나무(차나무과) *Camellia japonica*

남부 지방에서 5~7m 높이로 자라는 늘푸른작은키나무이지만 화단에 심은 것은 떨기나무처럼 자란 것을 흔히 볼 수 있다. 잎은 어긋나고 긴 타원형~달걀 모양의 타원형이며 5~10㎝ 길이이고 끝이 뾰족하며 가장자리에 잔톱니가 있고 두꺼운 가죽질이다. 11~4월에 가지 끝이나 잎겨드랑이에 피는 붉은색 꽃은 지름 5~7㎝이다. 꽃이 질 때는 꽃잎과 수술이 통째로 떨어진다. 둥그스름한 열매는 지름 2~3㎝이며 붉게 익으면 3갈래로 갈라진다. 많은 재배 품종이 있으며 남부 지방에서 화단에 심어 기른다.

❶('Ave Maria') ❷('Henry E. Huntington') ❸('Kick-off') ❹('Kujakutsubaki')
❺('Kumagai') ❻('Nuccio's Cameo') ❼('Tenshi') ❽('Tsukinowa')

## 트란스노코엔시스동백(차나무과)
### *Camellia transnokoensis*

대만 원산의 늘푸른떨기나무~작은 키나무로 2.5~6m 높이이다. 어린 가지는 가늘고 털이 있다. 잎은 어긋나고 피침형이며 가죽질이다. 2~6월에 잎겨드랑이에 달리는 흰색 꽃은 꽃잎이 5~6장이며 바깥쪽에 분홍색 무늬가 있다. [1]베르날리스동백 '스타 어보브 스타'(*C.* ×*vernalis* 'Star above Star')는 원예 품종으로 2~4m 높이로 자라며 타원형 잎은 끝이 뾰족하고 광택이 있다. 봄에 연분홍빛이 감도는 흰색 반겹꽃이 핀다. 모두 남부 지방에서 정원수로 심는다.

트란스노코엔시스동백

[1]베르날리스동백 '스타 어보브 스타'

## 미국매화오리(매화오리나무과)
### *Clethra alnifolia*

북미 원산의 갈잎떨기나무로 1.5~3m 높이로 자란다. 잎은 어긋나고 거꿀달걀형~타원형이며 4~10㎝ 길이이고 끝이 뾰족하며 가장자리에 톱니가 있다. 잎은 가을에 진한 노란색으로 단풍이 든다. 늦여름에 가지 끝에 달리는 송이꽃차례는 5~15㎝ 길이이며 자잘한 흰색 꽃이 모여 핀다. 매화를 닮은 꽃은 지름 5~10㎜이며 꽃잎은 5장이고 향기가 난다. [1]미국매화오리 '로세아'('Rosea')는 원예 품종으로 분홍색 꽃이 핀다. 모두 화단에 심어 기르는데 습한 곳에서 잘 자란다.

미국매화오리

[1]미국매화오리 '로세아'

등룡화 　　　　　　1)아가페테스 '러즈번 크로스'

### 등룡화(진달래과)
*Agapetes lacei*

중국 원산의 늘푸른떨기나무로 1m 정도 높이로 자란다. 잎은 어긋나고 타원형이며 7~15㎜ 길이이고 가죽질이다. 1~6월에 잎겨드랑이에 매달리는 원통형 꽃은 20~27㎜ 길이이고 붉은색이며 끝부분은 5갈래로 갈라지고 녹색이다. 1)아가페테스 '러즈번 크로스'(*A.* 'Ludgvan Cross')는 교잡종으로 1m 정도 높이로 자란다. 긴 대롱 모양의 꽃은 3~4㎝ 길이이며 연분홍색 바탕에 붉은색 줄무늬가 들어가고 5갈래로 갈라지는 끝부분은 흰색이다. 모두 실내에서 심어 기른다.

### 아소가솔송(진달래과)
*Daboecia cantabrica*

유럽 원산의 늘푸른떨기나무로 25~60㎝ 높이이다. 좁은 타원형 잎은 가지에 돌려 가며 촘촘히 어긋나고 가장자리가 뒤로 말린다. 6~11월에 가지 끝의 송이꽃차례에 매달리는 원통형 항아리 모양의 홍자색 꽃은 1~1.3㎝ 길이이다. 1)홍콩등대진달래(*E. quinqueflorus*)는 중국 원산의 늘푸른떨기나무로 2~3m 높이로 자란다. 잎은 어긋나고 달걀형이며 가장자리가 밋밋하다. 1~2월에 종 모양의 홍백색 꽃이 모여 늘어진다. 모두 남쪽 섬에서 화단에 심어 기른다.

아소가솔송 　　　　　　1)홍콩등대진달래

칼루나 불가리스

## 칼루나 불가리스(진달래과)
### *Calluna vulgaris*

유럽 원산의 늘푸른떨기나무로 50~60㎝ 높이로 자라며 생김새가 에리카와 비슷하다. 비늘 모양의 잎은 2~3㎜ 길이이며 가지에 촘촘히 마주난다. 6~9월에 가지 윗부분에 작은 종 모양의 연분홍색 꽃이 매달린다. [1]칼루나 불가리스 '킨락룰'('Kinlochruel')은 원예 품종으로 짧은 송이꽃차례에 흰색 겹꽃이 핀다. [2]장지석남/각시석남/애기석남(*Andromeda polifolia*)은 함경도의 습지에서 자라는 늘푸른떨기나무로 10~30㎝ 높이로 비스듬히 퍼진다. 잎은 어긋나고 가는 피침형이며 1.5~4㎝ 길이이다. 잎 끝은 뾰족하고 가장자리는 밋밋하며 뒤로 말린다. 5~6월에 가지 끝의 우산꽃차례에 달리는 2~6개의 연홍색 꽃은 항아리 모양이며 고개를 숙이고 핀다. [3]흰장지석남('Alba')은 흰색 꽃이 피는 품종이다. [4]단풍철쭉(*Enkianthus perulatus*)은 일본 원산의 갈잎떨기나무로 1~2m 높이이다. 잎은 어긋나고 가지 끝에서는 모여 달린다. 잎몸은 긴 달걀형~타원형이며 2~4㎝ 길이이고 끝이 뾰족하며 가장자리에 잔톱니가 있다. 4~5월에 잎이 돋을 때 가지 끝에 1~5개의 항아리 모양의 흰색 꽃이 늘어진다. 꽃자루는 1~2.5㎝로 길다. 모두 화단에 심어 기른다.

[2]장지석남

[3]흰장지석남

[4]단풍철쭉

등대꽃

1)등대꽃 '프린스턴 레드 벨스'  2)등대꽃 '쇼이 랜턴'

## 등대꽃(진달래과)
*Enkianthus campanulatus*

일본 원산의 갈잎떨기나무로 2~5m 높이로 자란다. 거꿀달걀형~타원형 잎은 어긋나고 가지 끝에서는 모여 달린다. 5~7월에 햇가지 끝에서 늘어지는 송이꽃차례에 매달리는 종 모양의 꽃은 붉은색 세로줄이 있고 끝부분이 5갈래로 얕게 갈라진다. 1)등대꽃 '프린스턴 레드 벨스'('Princeton Red Bells')는 원예 품종으로 종 모양의 붉은색 꽃이 핀다. 2)등대꽃 '쇼이 랜턴'('Showey Lantern')은 원예 품종으로 진홍색 꽃은 등대꽃보다 큰 편이다. 모두 화단에 심어 기른다.

## 칼미아/산월계수(진달래과)
*Kalmia latifolia*

북미 원산의 늘푸른떨기나무로 2~5m 높이이다. 잎은 어긋나고 긴 타원형이며 7~10㎝ 길이이고 끝이 뾰족하며 가장자리가 밋밋하다. 5~6월에 가지 끝의 갈래꽃차례에 흰색이나 연분홍색 꽃이 모여 핀다. 깔때기 모양의 꽃부리는 지름 1.5~2.5㎝이며 가장자리는 5개의 각이 지고 안쪽에 10개 정도의 자주색 점무늬가 있다. 1)칼미아 '핑크참'('Pink Cham')은 원예 품종으로 진홍색 꽃이 핀다. 모두 화단에 심어 기르고 분재의 소재로도 이용한다.

칼미아  1)칼미아 '핑크참'

에리카 아르보레아

## 에리카 아르보레아/브라이아(진달래과)
### *Erica arborea*

유라시아 원산의 늘푸른떨기나무로 1~4m 높이로 자란다. 선형 잎은 4~7㎜ 길이이고 3~4장씩 돌려난다. 3~5월에 원뿔꽃차례에 모여 피는 종 모양의 흰색 꽃은 2.5~4㎜ 크기이며 꽃부리 밖으로 암술이 길게 벋는다. 달걀형 열매는 2㎜ 정도 크기이다. [1]**에리카 체린토이데스**(*E. cerinthoides*)는 남아프리카 원산의 늘푸른떨기나무로 60~150㎝ 높이이다. 가지에 4장씩 촘촘히 돌려나는 선형 잎은 2~4㎜ 길이이고 진녹색이다. 4~6월에 가지 끝의 우산꽃차례에 매달리는 원통 모양의 주황색 꽃은 털이 있고 14~18㎜ 길이이다. [2]**에리카 '화이트 딜라이트'**(*E. colorans* 'White Delight')는 남아프리카 원산의 원예 품종으로 늘푸른떨기나무이며 1m 정도 높이로 자란다. 원통 모양의 흰색 꽃은 점차 끝부분부터 분홍색이 된다. [3]**에리카 포르모사**(*E. formosa*)는 남아프리카 원산의 늘푸른떨기나무로 60㎝ 정도 높이이다. 2~4월에 3개씩 모여 피는 항아리 모양의 흰색 꽃은 은방울꽃을 닮았다. [4]**에리카 '스노 퀸'**(*E. herbacea* 'Snow Queen')은 늘푸른떨기나무로 25㎝ 정도 높이로 자란다. 1~4월에 송이꽃차례에 달걀 모양의 흰색 꽃이 핀다. 모두 양지바른 화단에 심어 기른다.

[1]에리카 체린토이데스

[2]에리카 '화이트 딜라이트'

[3]에리카 포르모사

[4]에리카 '스노 퀸'

꼬리에리카

¹⁾에리카 맘모사

²⁾그린에리카

³⁾에리카 베르티칠라타

⁴⁾에리카 그리피트시

## 꼬리에리카(진달래과)
### *Erica mackaiana*

유럽 원산의 늘푸른떨기나무로 60cm 정도 높이로 자란다. 선형 잎은 2.5~4.5mm 길이이다. 6~11월에 가지 끝의 우산꽃차례에 항아리 모양의 홍자색 꽃이 모여 핀다. ¹⁾**에리카 맘모사**(*E. mammosa*)는 남아프리카 원산의 늘푸른떨기나무로 30~120cm 높이로 자란다. 선형 잎은 6~10mm 길이이며 4장씩 돌려난다. 겨울에 가지 끝의 송이꽃차례에 모여 피는 원통형 꽃은 12~24mm 길이이며 주황색~밝은 적색이다. ²⁾**그린에리카**(*E. sessiliflora*)는 남아프리카 원산의 늘푸른떨기나무로 30~100cm 높이로 자란다. 선형 잎은 4~14mm 길이이고 6장씩 돌려난다. 보통 1~2월에 가지 끝의 이삭꽃차례에 달리는 원통형 꽃은 16~30mm 길이이며 연노란색이다. ³⁾**에리카 베르티칠라타**(*E. verticillata*)는 남아공 원산의 여러해살이풀로 1~2m 높이로 자란다. 선형 잎은 촘촘히 돌려난다. 여름에 가지 끝부분에 모여 피는 원통형 꽃은 1.5cm 정도 길이이며 분홍색~연분홍색이다. ⁴⁾**에리카 그리피트시**(*E. × griffithsii*)는 교잡종인 늘푸른떨기나무로 50cm 정도 높이로 자란다. 7~12월에 가지 끝에 항아리 모양의 선홍색 꽃이 모여 핀다. 모두 화단이나 화분에 심어 기른다.

## 미국남천/루쿠소에 (진달래과)
### *Leucothoe fontanesiana*

북미 원산의 늘푸른떨기나무로 1~
2m 높이이며 가지는 비스듬히 처
진다. 잎은 어긋나고 넓은 피침형
이며 5~12㎝ 길이이다. 잎 끝은
뾰족하고 가장자리가 밋밋하며 가
죽질이다. 5월에 잎겨드랑이에서
비스듬히 처지는 송이꽃차례는 5~
7.5㎝ 길이이고 항아리 모양의 흰
색 꽃이 매달린다. [1]미국남천 '레인
보우'('Rainbow')는 원예 품종으로
잎에 연노란색 얼룩무늬가 있다.
[2]파스나무(*Gaultheria procumbens*)는
북미 원산의 늘푸른떨기나무로 10~
15㎝ 높이로 자란다. 잎은 어긋나
고 타원형~달걀형이며 가장자리
에 잔톱니가 드문드문 있고 가죽질
이다. 잎에서 파스 냄새가 난다. 6~
7월에 가지 끝의 잎겨드랑이에 모
여 피는 항아리 모양의 흰색 꽃은
5㎜ 정도 길이이다. [3]마취목(*Pieris
japonica*)은 일본 원산의 늘푸른떨
기나무로 1~8m 높이이다. 잎은
촘촘히 어긋나고 거꿀피침형~긴
타원형이며 가장자리의 상반부에
잔톱니가 있고 가죽질이다. 3~5월
에 가지 끝의 겹송이꽃차례는 비스
듬히 처지며 항아리 모양의 흰색
꽃은 6~8㎜ 길이이고 밑을 보고
핀다. [4]마취목 '플라밍고'('Flamingo')
는 원예 품종으로 밑으로 늘어지
는 꽃차례에 분홍색 꽃이 달린다.
모두 화단에 심어 기른다.

미국남천

[1]미국남천 '레인보우'

파스나무

[2]파스나무

[3]마취목

[4]마취목 '플라밍고'

### 꼬리진달래(진달래과)
*Rhododendron micranthum*

중부 지방의 석회암 지대에서 자라는 늘푸른떨기나무로 1~2m 높이이다. 잎은 어긋나고 긴 타원형이며 양면에 비늘조각이 퍼져 있고 뒷면은 분백색이다. 6~7월에 가지 끝에 흰색 꽃이 모여 핀다. [1]**진달래**(*R. mucronulatum*)는 산에서 자라는 갈잎떨기나무로 2~3m 높이이다. 긴 타원형~거꿀피침형 잎은 어긋나고 양면에 흰색과 갈색 비늘조각이 있다. 4~5월에 잎이 돋기 전에 가지 끝마다 홍자색~연분홍색 꽃이 모여 핀다. [2]**철쭉**(*R. schlippenbachii*)은 산에서 자라는 갈잎떨기나무로 2~5m 높이이다. 거꿀달걀형 잎은 어긋나지만 가지 끝에서는 보통 5장씩 모여난다. 4~5월에 잎과 함께 햇가지 끝부분에 연분홍색 꽃이 모여 핀다. [3]**영산홍**(*R. indicum*)은 일본 원산의 떨기나무로 10~100㎝ 높이이며 반상록성이다. 잎은 어긋나고 넓은 피침형이며 두껍다. 5~7월에 붉은 주황색 꽃이 핀다. 수술은 5개이고 밑부분에 돌기가 있다. 모두 화단에 심어 기른다. [4]**비레야 '트로픽 글로우'**(*R.* 'Tropic Glow')는 원예 품종으로 밝은 주황색 꽃은 목구멍 부분이 노란색이다. 비레야는 열대 아시아의 고산 지대에서 300여 종이 자라는 진달래 종류이다. 실내에서 심어 기른다.

꼬리진달래

[1]진달래

[2]철쭉

[3]영산홍

[4]비레야 '트로픽 글로우'

거미철쭉

## 거미철쭉(진달래과)
*Rhododendron stenopetalum* 'Linearifolium'

일본에서 개발된 원예 품종인 늘푸른떨기나무로 1~2m 높이로 자란다. 잎은 어긋나고 선형이며 5㎝ 정도 길이이고 털이 있다. 4월에 가지 끝에 모여 피는 홍자색 꽃은 꽃부리가 5갈래로 깊게 갈라지고 갈래조각은 좁고 긴 끈 모양이다. [1]홍철쭉(*R. japonicum*)은 일본 원산의 갈잎떨기나무로 50~250㎝ 높이이다. 잎은 어긋나고 거꿀피침형이며 5~10㎝ 길이이다. 잎 끝은 뾰족하며 밑부분은 차츰 가늘어지고 가장자리는 밋밋하다. 5~7월에 잎이 돋을 때 가지 끝에 넓은 깔때기 모양의 주홍색 꽃이 모여 핀다. [2]황철쭉(*f. flavum*)은 홍철쭉의 품종으로 노란색 꽃이 모여 핀다. [3]대만철쭉 '발사미나에플로룸'(*R. simsii* 'Balsaminaeflorum')은 대만철쭉의 원예 품종으로 60~120㎝ 높이이다. 잎은 어긋나고 긴 타원형이며 끝이 뾰족하고 가장자리에 잔톱니가 있다. 4~5월에 가지 끝에 진홍색 겹꽃이 핀다. [4]스피키페룸철쭉(*R. spiciferum*)은 중국 원산의 늘푸른떨기나무로 20~200㎝ 높이이다. 좁은 타원형 잎은 어긋나고 가장자리가 뒤로 말린다. 2~5월에 가지 끝에 모여 피는 깔때기 모양의 분홍색~흰색 꽃은 5갈래로 깊게 갈라진다. 모두 화단에 심어 기른다.

[1]홍철쭉

[2]황철쭉

[3]대만철쭉 '발사미나에플로룸'

[4]스피키페룸철쭉

산철쭉

❶철쭉 '애플 블로솜'  ❷철쭉 '에이프릴 스노'

¹⁾겹산철쭉  ❸철쭉 '세실'  ❹철쭉 '지니 지'

❺철쭉 '골든 이글'  ❻철쭉 '헨리스 레드'  ❼철쭉 '화강'  ❽철쭉 '핑크 드리프트'

## 산철쭉(진달래과) *Rhododendron yedoense* v. *poukhanense*

산지 능선이나 산골짜기의 개울가에서 자라는 갈잎떨기나무로 1~2m 높이이다. 잎몸은 긴 타원형~넓은 거꿀피침형이며 끝이 뾰족하고 가장자리가 밋밋하다. 4~5월에 잎이 돋은 후에 가지 끝마다 넓은 깔때기 모양의 홍자색 꽃이 모여 핀다. ¹⁾**겹산철쭉**(*R. yedoense*)은 재배 품종으로 겹꽃이 핀다. 겹산철쭉을 기본종으로 먼저 등록하는 바람에 산철쭉은 변종으로 등록이 되었다. 꽃이 아름다운 철쭉 종류는 많은 원예 품종이 개발되어 화단에 심어지고 있다.

❶(*R.* 'Apple Blossom') ❷('April Snow') ❸('Cecile') ❹('Ginny Gee') ❺('Golden Eagle') ❻('Henry's Red') ❼('Hwagang') ❽('Pink Drift')

히포패오이데스만병초

❶만병초 '칼삽' ❷만병초 '덱스터스 빅토리아'

❸만병초 '조 파테르노' ❹만병초 '미네통카'

❺만병초 '파커스 핑크' ❻만병초 '루즈벨트대통령' ❼만병초 '불칸스 플레임' ❽만병초 '야쿠 선라이즈'

### 히포패오이데스만병초(진달래과) *Rhododendron hippophaeoides*

중국 원산의 늘푸른떨기나무로 25~100㎝ 높이이다. 잎은 어긋나고 타원형~
긴 타원 모양의 피침형이며 12~25㎜ 길이이고 앞면은 회녹색이다. 잎 끝은
둔하고 가장자리는 밋밋하며 가죽질이다. 5~6월에 가지 끝의 우산꽃차례
에 모여 피는 넓은 깔때기 모양의 보라색 꽃은 지름 1~1.3㎝이다. 꽃부리
는 5갈래로 갈라지며 수술은 10개이고 수술대 밑부분에 털이 있다. 만병
초 종류는 상록성이며 많은 원예 품종이 개발되어 화단에 심어지고 있다.
❶(*R.* 'Calsap') ❷('Dexter's Victoria') ❸('Joe Paterno') ❹('Minnetonka')
❺('Parker's Pink') ❻('President Roosevelt') ❼('Vulcan's Flam') ❽('Yaku
Sunrise')

넌출월귤      <sup>1)</sup>블루베리

## 넌출월귤(진달래과)
### *Vaccinium oxycoccos*

함경도에서 자라는 늘푸른떨기나무
로 5~10㎝ 높이이다. 줄기는 쇠줄
처럼 가늘고 잎은 어긋나며 긴 타
원형이다. 6~7월에 피는 연홍색 꽃
은 꽃부리 갈래조각이 뒤로 활짝
젖혀진다. 둥근 열매는 지름 6~10㎜
이고 8~9월에 붉게 익는다. <sup>1)</sup>블루
베리(*V. corymbosum*)는 북미 원산의
갈잎떨기나무로 잎은 어긋나고 긴
타원형~달걀형이며 뒷면은 백록색
이다. 4~5월에 가지 끝의 꽃송이
에 항아리 모양의 흰색 꽃이 늘어
진다. 둥근 열매는 검푸른색으로
익는다. 모두 화단에 심어 기른다.

식나무      <sup>1)</sup>금식나무

## 식나무(가리야과)
### *Aucuba japonica*

울릉도와 전남, 제주도의 산에서 자
라는 늘푸른떨기나무로 2~3m 높이
이다. 잎은 마주나고 긴 타원형~달
걀 모양의 긴 타원형이며 8~25㎝
길이이고 끝이 뾰족하며 가장자리
에 날카로운 톱니가 있다. 암수딴그
루로 3~5월에 가지 끝의 원뿔꽃
차례에 자갈색 꽃이 모여 핀다. 꽃
은 지름 1㎝ 정도이며 꽃잎은 4장
이다. 긴 타원형 열매는 겨울에 붉
게 익는다. <sup>1)</sup>금식나무('Variegata')
는 원예 품종으로 잎에 황금색 얼
룩무늬가 있다. 모두 남부 지방의
화단에 심어 기른다.

## 펜타스나무(꼭두서니과)
### *Arachnothryx leucophylla*

중미 원산의 늘푸른떨기나무로 1~3m 높이이다. 잎은 마주나고 긴 타원형~피침형이며 끝이 뾰족하다. 3~10월에 줄기 끝의 갈래꽃차례에 가는 깔때기 모양의 연분홍색 꽃이 모여 핀다. [1]**불꽃송이나무**(*Carphalea kirondron*)는 마다가스카르 원산의 늘푸른떨기나무로 1~3m 높이이다. 가지 끝의 큰 꽃송이에 긴 깔때기 모양의 흰색 꽃이 피는데 꽃잎처럼 보이는 붉은색 꽃받침이 오래도록 달려 있다. [2]**긴나팔치자**(*Euclinia longiflora*)는 열대 아프리카 원산의 늘푸른떨기나무로 1~5m 높이이다. 긴 깔때기 모양의 흰색 꽃은 15~25㎝ 길이이고 대롱 부분은 가늘고 길며 윗부분은 5갈래로 갈라지고 갈래조각이 뒤로 젖혀진다. [3]**벌새덤불**(*Hamelia patens*)은 북미 원산의 늘푸른떨기나무로 3~4m 높이이다. 꽃차례가 달리는 햇가지는 붉은빛이 돈다. 6~9월에 햇가지 끝의 갈래꽃차례에 가는 대롱 모양의 주황색 꽃이 피는데 대롱 부분은 점차 노란색이 된다. [4]**쿠바백합**(*Portlandia grandiflora*)은 중미 원산의 늘푸른떨기나무로 1~3m 높이이다. 깔때기 모양의 흰색 꽃은 15㎝ 정도 길이이며 끝부분이 5갈래로 갈라져서 벌어진 모양이 백합과 비슷하고 향기가 있다. 모두 실내에서 심어 기른다.

펜타스나무

[1]불꽃송이나무

[2]긴나팔치자

[3]벌새덤불

[4]쿠바백합

호자나무

1)무늬호자나무

2)니티다갈퀴아재비

3)서양머리꽃나무

4)라일락아재비

## 호자나무(꼭두서니과)
### *Damnacanthus indicus*

제주도에서 자라는 늘푸른떨기나무로 20~60㎝ 높이이다. 가지에 1~2㎝ 길이의 날카로운 가시가 있다. 잎은 마주나고 달걀형~넓은 달걀형이며 끝이 뾰족하다. 5~6월에 잎겨드랑이에 깔때기 모양의 흰색 꽃이 핀다. 1)**무늬호자나무**('Variegatus')는 원예 품종으로 잎에 연노란색 얼룩무늬가 있다. 2)**니티다갈퀴아재비**(*Asperula nitida*)는 그리스 원산의 여러해살이풀로 줄기는 비스듬히 벋으며 3~10㎝ 높이이다. 선형 잎은 돌려나고 끝이 뾰족하며 가장자리가 밋밋하고 잎자루가 없다. 6~7월에 가지 끝에 깔때기 모양의 연분홍색 꽃이 모여 핀다. 3)**서양머리꽃나무**(*Cephalanthus occidentalis*)는 북미 원산의 갈잎떨기나무로 1~3m 높이이다. 잎은 마주나고 타원형~달걀형이며 가장자리는 밋밋하다. 여름에 줄기 끝에서 갈라진 가지 끝마다 둥근 머리모양꽃차례가 달리며 지름 2~3.5㎝이고 자잘한 흰색~연노란색 꽃이 모여 피는데 향기가 있다. 4)**라일락아재비**(*Leptodermis oblonga*)는 중국 원산의 갈잎떨기나무로 1m 정도 높이이다. 잎은 마주나고 넓은 피침형이며 가장자리는 뒤로 말린다. 초여름에 잎겨드랑이에 깔때기 모양의 연한 홍자색 꽃이 피는데 향기가 있다. 모두 화단에 심어 기른다.

치자나무

### 치자나무(꼭두서니과)
*Gardenia jasminoides*

중국과 일본 원산의 늘푸른떨기나무로 1~2m 높이이다. 긴 타원형 잎은 마주나거나 3장씩 돌려난다. 6~7월에 가지 끝에 1개씩 피는 흰색 꽃은 6~7갈래로 갈라진다. [1]**겹치자나무**('Fortuniana')는 겹꽃이 피는 품종이다. [2]**무늬좁은잎치자**('Radicans Variegata')는 피침형 잎 둘레에 연노란색 무늬가 있고 겹꽃이 피는 품종이다. 모두 남부 지방의 화단에 심어 기른다. [3]**긴꽃황치자**(*G. mutabilis*)는 1~5m 높이로 자라며 긴 깔때기 모양의 꽃은 노란색이다. [4]**아프리카치자**(*G. nitida*)는 열대 아프리카 원산으로 2m 정도 높이로 자라며 흰색 꽃은 지름 8㎝ 정도이다. [5]**별꽃치자**(*G. scabrella*)는 호주 원산으로 1.5m 정도 높이로 자라며 흰색 꽃은 지름 5~8㎝이다. [6]**타히티치자나무**(*G. taitensis*)는 하와이 원산으로 5~9갈래로 갈라진 바람개비 모양의 흰색 꽃부리는 지름 7.5㎝ 정도이며 향기가 진하다. 모두 실내에서 심어 기른다.

[1]겹치자나무

[2]무늬좁은잎치자

[3]긴꽃황치자

[4]아프리카치자

[5]별꽃치자

[6]타히티치자나무

461

붉은무사엔다

1)붉은무사엔다 '도나 루즈'

2)붉은무사엔다 '도나 퀸 시리킷'

3)오로라무사엔다

4)오렌지무사엔다

5)무사엔다아재비

6)파나마장미

# 붉은무사엔다(꼭두서니과)
*Mussaenda erythrophylla*

콩고 원산의 늘푸른떨기나무로 1~
3m 높이이다. 잎은 마주나고 달걀
형이며 끝이 뾰족하다. 5~11월에
가지 끝에 꽃잎처럼 보이는 큰 붉
은색 꽃받침조각에 긴 깔때기 모양
의 노란색 꽃이 핀다. 1)붉은무사엔
다 '도나 루즈'('Dona Luz')는 꽃받침
조각이 홍적색인 품종이다. 2)붉은무
사엔다 '도나 퀸 시리킷'('Dona Queen
Sirikit')은 꽃받침조각이 연분홍색
인 품종이다. 3)오로라무사엔다(*M.
philippica* 'Aurorae')는 필리핀 원산으
로 꽃받침조각이 흰색인 품종이다.
4)오렌지무사엔다(*M.* 'Calcutta Sunset')
는 꽃받침조각이 황홍색인 품종이
다. 5)무사엔다아재비(*Pseudomussaenda
flava*)는 열대 아프리카 원산의 늘
푸른떨기나무로 잎은 마주나고 긴
타원형~피침형이다. 가지 끝의 고
른꽃차례에 별 모양의 노란색 꽃
이 피고 연노란색 꽃받침조각은
커다란 꽃잎처럼 보인다. 6)파나마
장미(*Rondeletia odorata*)는 파나마와
쿠바 원산의 늘푸른떨기나무로
3~10월에 가지 끝의 갈래꽃차례
에 가는 깔때기 모양의 주황색 꽃
이 핀다. 꽃부리 끝부분은 4~5갈
래로 갈라져 벌어지고 지름 1.3cm
정도이며 중심부의 목구멍은 노란
색 고리처럼 된다. 모두 실내에서
심어 기른다.

얇은잎용선화

## 얇은잎용선화(꼭두서니과)
### *Ixora finlaysoniana*

열대 아시아 원산의 늘푸른떨기나무
로 타원형 잎은 마주난다. 4~10월에
갈래꽃차례에 가는 대롱 모양의 흰색
꽃이 모여 피는데 끝부분은 4갈래로
갈라져 젖혀진다. <sup>1)</sup>**무늬얇은잎용선화**
('Variegata')는 잎에 연노란색 얼룩무
늬가 있는 품종이다. <sup>2)</sup>**말레이용선화**(*I.
congesta*)는 동남아 원산으로 큼직한
타원형 잎은 두꺼운 가죽질이고 가는
대롱 끝에 피는 十자 모양의 노란색
꽃은 적황색으로 변한다. <sup>3)</sup>**긴대롱용선
화**(*I. hookeri*)는 마다가스카르 원산으
로 가지 끝에 모여 피는 가늘고 긴 대
롱 모양의 흰색 꽃은 끝부분이 4갈래
로 갈라져 벌어진다. <sup>4)</sup>**로삐용선화**(*I.
lobbii*)는 동남아 원산으로 긴 타원형
잎은 잎맥이 뚜렷하고 가죽질이다.
꽃은 가지 끝에 모여 피는데 붉은색
긴 대롱 끝에 밝은 주황색 꽃이 핀다.
용선화(익소라)속은 많은 재배 품종이
개발되었으며 실내에서 심어 기른다.
❶(*I.* 'Crimson Star') ❷('Frozen Star')
❸('Siam Ribbon') ❹('Super King')

<sup>1)</sup>무늬얇은잎용선화　　<sup>2)</sup>말레이용선화

<sup>3)</sup>긴대롱용선화

<sup>4)</sup>로삐용선화

❶용선화 '크림슨 스타'　❷용선화 '프로즌 스타'　❸용선화 '샴 리본'　❹용선화 '수퍼 킹'

이집트별꽃

❶이집트별꽃 '버터플라이 브러쉬'

❷이집트별꽃 '버터플라이 딥 로즈'

❸이집트별꽃 '버터플라이 라벤더 쉐이드'　❹이집트별꽃 '버터플라이 레드'　❺이집트별꽃 '버터플라이 화이트'　❻이집트별꽃 '그래피티 레드 레이스'

## 이집트별꽃(꼭두서니과) *Pentas lanceolata*

동아프리카와 아라비아반도 원산의 여러해살이풀로 30~60㎝ 높이로 자란다. 잎은 마주나고 좁은 달걀형~피침형이며 8~14㎝ 길이이고 끝이 뾰족하며 가장자리가 밋밋하고 잎맥이 뚜렷하다. 5~10월에 가지 끝의 고른꽃차례에 가늘고 긴 깔때기 모양의 꽃이 피는데 끝부분이 5갈래로 갈라져 벌어진 모양이 별을 닮았으며 지름 1~1.5㎝ 정도이다. 꽃이 아름다워 많은 원예 품종이 개발되었으며 품종에 따라 붉은색, 분홍색, 연보라색, 흰색 등의 꽃이 핀다. 양지바른 화단에 심어 기른다.

❶('Butterfly Blush') ❷('Butterfly Deep Rose') ❸('Butterfly Lavender Shades') ❹('Butterfly Red') ❺('Butterfly White') ❻('Graffiti Red Lace')

## 선애기별꽃(꼭두서니과)
*Houstonia caerulea*

북미 동부 원산의 여러해살이풀로 땅속줄기가 벋으며 방석처럼 퍼져 나가고 5~15cm 높이로 자란다. 가는 줄기에 마주나는 잎은 타원형~거꿀피침형이며 5~10mm 길이로 작고 끝이 뾰족하며 가장자리가 밋밋하다. 4~6월에 꽃줄기 끝에 달리는 깔때기 모양의 푸른색 꽃은 지름 1cm 정도이며 꽃부리가 4갈래로 깊게 갈라져서 벌어지고 목구멍 부분은 노란색이 돈다. [1]흰선애기별꽃('Alba')은 원예 품종으로 흰색 꽃이 핀다. 모두 양지바르고 습기가 있는 화단에 심어 기른다.

선애기별꽃  [1]흰선애기별꽃

## 백정화(꼭두서니과)
*Serissa japonica*

중국, 일본, 대만, 베트남 원산인 떨기나무로 1m 정도 높이이며 반상록성이다. 잎은 마주나고 긴 타원형~거꿀피침형이며 6~20mm 길이이고 끝이 뾰족하며 가장자리는 밋밋하다. 5~6월에 잎겨드랑이에 깔때기 모양의 흰색 꽃이 1~2개씩 핀다. [1]단정화('Rosea')는 원예 품종으로 분홍색 꽃이 핀다. [2]무늬백정화('Variegata')는 원예 품종으로 잎 가장자리에 연노란색 무늬가 있다. 모두 남부 지방에서 정원수로 심으며 흔히 촘촘히 심어서 생울타리를 만든다.

백정화

[1]단정화  [2]무늬백정화

465

꽃도라지 품종
❶꽃도라지 '아레나 라이트 핑크' ❷꽃도라지 '볼레로 블루 피코티'
❸꽃도라지 '로지나 블루' ❹꽃도라지 '로지나 라벤더'
❺꽃도라지 '로지나 스노' ❻꽃도라지 '보아쥬 애프리콧' ❼꽃도라지 '보아쥬 블루' ❽꽃도라지 '보아쥬 핑크'

## 꽃도라지(용담과) *Eustoma grandiflorum*

북미 원산의 여러해살이풀로 회녹색 줄기는 30~90㎝ 높이로 곧게 자란다. 회녹색 잎은 마주나고 달걀형~긴 타원형이며 7㎝ 정도 길이이고 밑부분은 줄기를 감싼다. 여름에 줄기 윗부분의 잎겨드랑이에서 나오는 긴 꽃대 끝에 종 모양의 꽃이 피는데 꽃잎은 5장이고 지름 5㎝ 정도이다. 재배 품종에 따라 보라색, 청자색, 분홍색, 흰색 등 꽃 색깔이 여러 가지이며 겹꽃도 있고 꽃잎에 주름이 지는 품종도 있다. 절화로도 이용한다.

❶(*E.* 'Arena Light Pink') ❷('Bolero Blue Picotee') ❸('Rosina Blue') ❹('Rosina Lavender') ❺('Rosina Snow') ❻('Voyage Apricot') ❼('Voyage Blue') ❽('Voyage Pink')

용담

## 용담(용담과)
*Gentiana scabra* v. *buergeri*

산에서 자라는 여러해살이풀로 20~60㎝ 높이이다. 잎은 마주나고 피침형이며 가장자리에 돌기가 있고 잎맥은 3개이다. 8~10월에 줄기 끝과 위쪽의 잎겨드랑이에 달리는 종 모양의 자주색 꽃은 5갈래로 얕게 갈라져 벌어진다. 5개의 꽃받침조각은 피침형이고 수평으로 벌어진다. [1]**용담 '주키 린도'**('Zuki Rindo')는 원예 품종으로 15~30㎝ 높이로 자라며 8~10월에 홍자색 꽃이 핀다. [2]**파라독사용담**(*G. paradoxa*)은 코카서스 원산의 여러해살이풀로 20㎝ 정도 높이로 자라며 잎은 선형~피침형이다. 8~9월에 줄기 끝에 피는 종 모양의 푸른색 꽃은 3~4㎝ 길이이며 5갈래로 갈라져 벌어진다. [3]**셉템피다용담**(*G. septemfida*)은 코카서스 원산의 여러해살이풀로 15~30㎝ 높이로 자란다. 잎은 마주나고 달걀형이며 끝이 뾰족하다. 여름에 가지 끝에 종 모양의 밝은 청색 꽃이 피는데 안쪽에 세로 줄 무늬가 있다. [4]**과남풀**(*G. triflora*)은 깊은 산에서 50~100㎝ 정도 높이로 자란다. 잎은 마주나고 피침형이며 잎맥은 3개이다. 7~9월에 줄기 끝에 모여 피는 종 모양의 보라색 꽃은 꽃자루가 없으며 잘 벌어지지 않는다. 꽃받침조각은 피침형이며 젖혀지지 않는다. 모두 화단에 심어 기른다.

[1]용담 '주키 린도'

[2]파라독사용담

[3]셉템피다용담

[4]과남풀

인디언분홍꽃

# 인디언분홍꽃(마전과)
## *Spigelia marilandica*

북미 원산의 여러해살이풀로 곧게
자라는 줄기는 30~60㎝ 높이이다.
잎은 마주나고 달걀형~피침형이
며 길이 5~10㎝, 너비 2.5~6㎝이
고 끝이 뾰족하며 가장자리가 밋밋
하다. 5~6월에 줄기 끝의 송이꽃
차례에 대롱 모양의 붉은색 꽃이
2~10개가 모여 핀다. 꽃은 3~4㎝
길이이며 끝부분이 5갈래로 갈라
져 벌어진 모양이 별과 비슷하고
안쪽은 노란색을 띠고 있으며 수술
은 5개이다. 녹색 꽃받침은 5갈래
로 갈라지며 5~8㎜ 길이이다. 화
단에 심어 기른다.

개나리자스민

# 개나리자스민(겔세미움과)
## *Gelsemium sempervirens*

북미 원산의 늘푸른덩굴나무로 3~
6m 길이로 다른 물체를 감고 오른
다. 잎은 마주나고 피침형~거꿀달
걀형이며 끝이 뾰족하고 가장자리
가 밋밋하며 광택이 있다. 잎은 겨
울에는 누른빛이 돈다. 이른 봄에
잎겨드랑이에 달리는 깔때기 모양
의 노란색 꽃은 3㎝ 정도 길이이
고 꽃부리는 5갈래로 갈라져 벌어
지며 지름 1㎝ 정도이다. 노란색
꽃이 피고 향기가 진해서 '개나리
자스민'이라고 한다. 타원형 열매는
납작하며 끝이 뾰족하다. 남부 지
방에서 정원수로 심는다

## 사막장미 (협죽도과)
*Adenium obesum*

사막장미 품종

아프리카 원산의 늘푸른떨기나무로 2~4m 높이로 자라며 가지가 많이 갈라진다. 잎은 어긋나고 타원형~긴 타원형이며 3~10㎝ 길이이고 광택이 있다. 가지 끝에 깔때기 모양의 붉은색 꽃이 모여 피는데 끝부분은 5갈래로 갈라져 벌어지며 갈래조각 끝은 뾰족하다. 품종에 따라 흰색이나 분홍색 꽃이 피며 잎에 무늬가 있거나 붉은빛이 도는 품종도 있다. 건조한 곳에서 자라는 나무로 퉁퉁한 줄기는 물을 저장하고 있다. [1]**카리샤자스민/큰꽃카리사**(*Carissa macrocarpa*)는 남아프리카 원산의 늘푸른떨기나무로 4m 정도 높이이다. 녹색 가지에 Y자형 가시가 있다. 잎은 마주나고 둥근 달걀형이며 끝이 뾰족하고 가장자리가 밋밋하며 가죽질이고 광택이 있다. 가지 끝에 달리는 대롱 모양의 흰색 꽃은 지름 3.5㎝ 정도이고 향기가 좋다. 타원형 열매는 5㎝ 정도 크기로 붉게 익고 과일로 먹는다. [2]**마배각/마크란타**(*Hoodia macrantha*)는 아프리카 나미비아 원산의 여러해살이풀로 1m 정도 높이이다. 둥근 원통형 줄기의 세로 능선은 11~24개이며 가시가 있다. 봄에 줄기 윗부분에 돌려 가며 달리는 접시 모양의 오각형 꽃은 홍자색~적황색이다. 모두 실내에서 심어 기른다.

사막장미 품종　　사막장미 품종

[1]**카리샤자스민**

[2]**마배각**

연지알라만다

## 연지알라만다(협죽도과)
### *Allamanda cathartica*

브라질 원산으로 5m 정도 길이로 벋는 늘푸른덩굴나무이다. 잎은 2~4장씩 마주나거나 돌려나고 긴 타원형~피침형이며 끝이 뾰족하고 가죽질이며 광택이 난다. 깔때기 모양의 노란색 꽃은 끝부분이 5갈래로 갈라져 활짝 벌어지며 좋은 향기가 난다. 뿌리는 황달이나 말라리아 치료제로 사용한다. [1]**연지알라만다 '자메이칸 선셋'**('Jamaican Sunset')은 원예 품종으로 분홍색~주황색 꽃이 핀다. [2]**퍼플알라만다**(*A. blanchetii*)는 열대 아메리카 원산으로 4m 정도 길이로 벋는 반덩굴성나무이다. 긴 타원형 잎은 가죽질이며 2~4장씩 마주나거나 돌려난다. 깔때기 모양의 자주색 꽃은 지름이 5~7.5cm이며 끝부분이 5갈래로 갈라져 벌어지고 좋은 향기가 난다. [3]**부시알라만다 '실버'**(*A. oenotheraefolia* 'Silver')는 브라질 원산의 원예 품종으로 끝이 뾰족한 타원형 잎은 은색이 돈다. 가지 끝에 깔때기 모양의 노란색 꽃이 핀다. [4]**유엽알라만다**(*A. schottii*)는 브라질 원산의 늘푸른떨기나무로 1.5~3m 높이이다. 잎은 3~5장씩 돌려나고 타원형~거꿀달걀형이며 끝이 뾰족하다. 가지 끝에 깔때기 모양의 노란색 꽃이 거의 1년 내내 피지만 특히 봄에 많이 핀다. 모두 실내에서 심어 기른다.

[1]연지알라만다 '자메이칸 선셋'

[2]퍼플알라만다

[3]부시알라만다 '실버'

[4]유엽알라만다

## 솔정향풀(협죽도과)
*Amsonia hubrichtii*

북미 원산의 여러해살이풀로 60~90㎝ 높이이다. 잎은 어긋나고 선형이며 7.5㎝ 정도 길이이고 끝이 뾰족하며 가장자리가 밋밋하다. 잎은 가을에 밝은 노란색으로 단풍이 든다. 4~5월에 줄기 끝에 연한 하늘색 꽃이 모여 핀다. [1]**우드랜드정향풀**(*A. tabernaemontana*)은 북미 원산의 여러해살이풀로 30~90㎝ 높이이다. 잎은 어긋나고 피침형~타원형이며 끝이 뾰족하고 잎자루가 짧다. 4~7월에 줄기 끝에 연한 청자색 꽃이 모여 핀다. [2]**금관화**(*Asclepias curassavica*)는 남미 원산의 여러해살이풀로 1m 정도 높이로 자란다. 잎은 마주나고 피침형이며 6~15㎝ 길이이고 끝이 뾰족하며 가장자리가 밋밋하다. 4~9월에 잎겨드랑이의 갈래꽃차례에 10~20개의 꽃이 모여 달린다. 꽃부리는 붉은색~주황색이며 중심부는 노란색이다. [3]**금관화 '실키 골드'**('Silky Gold')는 원예 품종으로 황금색 꽃이 핀다. [4]**투베로사금관화**(*A. tuberosa*)는 북미 동부 원산의 여러해살이풀로 30~90㎝ 높이로 자란다. 잎은 좁은 피침형이고 5~12㎝ 길이이며 끝이 뾰족하고 가장자리가 밋밋하다. 봄~여름에 줄기 끝의 큼직한 꽃차례에 밝은 주황색 꽃이 모여 핀다. 모두 화단에 심어 기른다.

솔정향풀

[1]우드랜드정향풀

[2]금관화

[3]금관화 '실키 골드'

[4]투베로사금관화

우각과

¹⁾흰우각과

## 우각과(협죽도과)
*Calotropis gigantea*

인도와 인도네시아 원산의 늘푸른 떨기나무로 2~3m 높이로 자란다. 가지나 잎을 자르면 흰색 즙이 나온다. 잎은 어긋나고 긴 타원형이며 끝이 뾰족하고 가장자리가 밋밋하다. 잎 양면은 회백색 털로 덮여 있다. 가지 끝이나 잎겨드랑이에 남자색 꽃이 모여 핀다. 둥그스름한 열매는 익으면 갈라지면서 털이 달린 씨앗이 나온다. 원산지에서는 잎이나 나무껍질을 약재로 쓰지만 독성이 강하다. ¹⁾**흰우각과**('Alba')는 흰색 꽃이 피는 품종이다. 모두 실내에서 심어 기른다.

## 호주호야(협죽도과)
*Hoya australis*

호주호야

호주 원산의 늘푸른덩굴나무로 4~10m 길이로 벋는다. 잎은 마주나고 좁은 타원형~달걀형이며 두껍다. 잎겨드랑이의 우산꽃차례에 흰색 꽃이 모여 달린다. ¹⁾**옥접매호야**(*H. carnosa*)는 동남아시아와 호주 원산의 덩굴나무로 잎은 마주나고 타원형~달걀형이며 5월에 우산꽃차례에 연분홍색 꽃이 모여 핀다. ²⁾**하트호야**(*H. kerrii*)는 동남아시아 원산의 덩굴나무로 4m 정도 길이로 자란다. 잎은 하트 모양이며 우산꽃차례에 연분홍색 꽃이 모여 핀다. 모두 실내에서 심어 기른다.

¹⁾옥접매호야

²⁾하트호야

[1]흰일초

❶일일초 '페어리 스타'

일일초

❶일일초 '페어리 스타'

❶일일초 '페어리 스타'

❷일일초 '파시피카 엑스피 버건디 할로'    ❸일일초 'KA 화이트'    ❹일일초 'KC 화이트 위드 아이'    ❺일일초 '메리 고 라운드 라일락'

### 일일초(협죽도과)  *Catharanthus roseus*

마다가스카르 원산의 여러해살이풀로 30~50㎝ 높이로 자란다. 잎은 마주
나고 긴 타원형~거꿀달걀형이며 2.5~9㎝ 길이이다. 잎 끝은 둔하고 가장
자리가 밋밋하며 광택이 있다. 7~9월에 잎겨드랑이에 피는 가는 깔때기
모양의 홍자색 꽃은 지름 2~5㎝이며 5갈래로 갈라져 벌어진다. 꽃이 매
일 피기 때문에 '일일초'라고 한다. [1]**흰일초**('Alba')는 흰색 꽃이 피는 품
종이다. 일일초는 꽃이 아름답기 때문에 많은 재배 품종이 개발되었으며
색깔과 무늬가 여러 가지이다. 화단에 한해살이풀로 심어 기른다.
❶('Fairy Star') ❷('Pacifica XP Burgundy Halo') ❸('KA White') ❹('KC
White with Eye') ❺('Merry Go Round Lilac')

473

브라질만데빌라

### 브라질만데빌라(협죽도과)
*Mandevilla sanderi*

브라질 원산의 늘푸른덩굴나무로 줄기는 2~3m 길이로 벋는다. 잎은 마주나고 달걀형~타원형이며 끝이 뾰족하고 가장자리가 밋밋하다. 여름에 피는 깔때기 모양의 홍적색 꽃은 지름 4~7㎝이며 5갈래로 갈라진다. [1]브라질만데빌라 '리오 핑크'('Rio Pink')는 원예 품종으로 분홍색 꽃이 핀다. [2]볼리비아만데빌라(*M. boliviensis*)는 중남미 원산의 늘푸른덩굴나무이다. 5~11월에 피는 깔때기 모양의 흰색 꽃은 지름 5㎝ 정도이며 목구멍 부분은 노란색이다. [3]마다가스카르자스민(*Marsdenia floribunda*)은 마다가스카르 원산의 늘푸른덩굴나무로 잎은 마주나고 타원형~달걀형이며 끝이 뾰족하고 가장자리가 밋밋하다. 3~9월에 잎겨드랑이에 나오는 갈래꽃차례에 가는 깔때기 모양의 흰색 꽃이 피는데 7~8㎝ 길이이며 5갈래로 갈라지고 자스민 향기가 진하다. [4]옥시(*Oxypetalum coeruleum*)는 브라질 원산의 여러해살이풀로 50~100㎝ 높이로 자라며 전체가 부드러운 털로 덮여 있다. 잎은 마주나고 긴 화살촉 모양이며 가장자리는 밋밋하고 약간 구불거린다. 6~9월에 잎겨드랑이의 갈래꽃차례에 푸른색 깔때기 모양의 꽃이 핀다. 모두 실내에서 심어 기른다.

[1]브라질만데빌라 '리오 핑크'

[2]볼리비아만데빌라

[3]마다가스카르자스민

[4]옥시

## 협죽도(협죽도과)
### *Nerium oleander*

인도와 유럽 원산의 늘푸른떨기나무로 3~4m 높이이다. 잎은 3장씩 돌려나고 선형~좁은 피침형이며 끝이 뾰족하고 가장자리가 밋밋하다. 7~9월에 가지 끝의 갈래꽃차례에 피는 깔때기 모양의 붉은색 꽃은 지름 4~5cm이다. 1)**무늬협죽도**('Variegata')는 원예 품종으로 잎에 연노란색 얼룩무늬가 있으며 분홍색 겹꽃이 핀다. 2)**마삭줄**(*Trachelospermum asiaticum*)은 남부 지방에서 자라는 늘푸른덩굴나무로 잎은 마주나고 타원형~달걀형이며 가장자리가 밋밋하다. 5~6월에 가지 끝에 여러 개의 흰색 꽃이 모여 피는데 꽃부리는 좁은 깔때기 모양이며 5갈래로 갈라져 수평으로 벌어진다. 3)**초설마삭줄/오색마삭줄**('Tricolor')은 원예 품종으로 새로 돋는 잎은 연분홍빛~분홍빛이 돌지만 점차 녹색으로 변한다. 모두 남부 지방에서 화단에 심어 기른다. 4)**인도사목**(*Rauvolfia serpentina*)은 열대 아시아 원산의 늘푸른떨기나무로 60cm 정도 높이로 자라며 뿌리는 약간 비대해진다. 잎은 마주나거나 돌려나며 피침형이고 끝이 뾰족하고 가장자리는 밋밋하다. 가지 끝의 갈래꽃차례에 모여 피는 깔때기 모양의 흰색 꽃은 지름 1cm 정도이다. 실내에서 심어 기른다.

협죽도

1)무늬협죽도

2)마삭줄

3)초설마삭줄

4)인도사목

475

코끼리발나무

1)백마성

2)노랑만데빌라

3)무늬잎노랑만데빌라

4)거성화

## 코끼리발나무(협죽도과)
### *Pachypodium rosulatum*

마다가스카르 원산의 늘푸른떨기나무로 20~35cm 높이로 자라며 가시가 많다. 잎은 거꿀피침형~타원형이며 가장자리가 밋밋하다. 3~5월에 30cm 정도 길이로 자란 꽃대 끝에 모여 피는 깔때기 모양의 노란색 꽃은 지름 7cm 정도이다. 1)**백마성**(*P. saundersii*)은 아프리카 원산의 늘푸른떨기나무로 가시가 많다. 잎은 거꿀피침형이며 깔때기 모양의 흰색 꽃은 뒷부분이 연보라색이 돈다. 2)**노랑만데빌라**(*Pentalinon luteum*)는 북중미 원산의 늘푸른덩굴나무로 잎은 마주나고 타원형이며 가장자리는 밋밋하고 잎자루는 짧다. 6~11월에 잎겨드랑이에서 자란 갈래꽃차례에 피는 깔때기 모양의 노란색 꽃은 지름 6~7cm 이다. 줄기를 자르면 나오는 흰색 즙이 피부에 묻으면 통증을 느낄 수 있다. 3)**무늬잎노랑만데빌라**('Variegata')는 잎에 연노란색 얼룩무늬가 있는 품종이다. 4)**거성화**(*Stapelia gigantea*)는 남아프리카 원산의 여러해살이풀로 네모진 줄기는 15~25cm 높이이며 부드러운 털로 덮여 있다. 줄기 밑부분에 달리는 별 모양의 꽃은 지름 30cm 정도에 이르며 연한 황갈색~검은 자갈색으로 변이가 많다. 모두 실내에서 심어 기른다.

꼬리꽃스트로판투스

## 꼬리꽃스트로판투스(협죽도과)
*Strophanthus preussii*

열대 아프리카 원산으로 줄기 밑부분은 곧게 서고 윗부분은 덩굴로 뻗는다. 잎은 마주나고 타원형~달걀형이며 끝이 뾰족하고 가죽질이며 광택이 있다. 가지 끝에 깔때기 모양의 분홍색 꽃이 모여 피는데 갈래조각 끝이 실처럼 길게 늘어진다. [1]**장미꽃스트로판투스**(*S. gratus*)는 열대 아프리카 원산으로 가지 끝에 모여 피는 깔때기 모양의 분홍색 꽃은 지름 5㎝ 정도이며 장미 향기가 난다. [2]**크레이프자스민**(*Tabernaemontana divaricata*)은 인도 원산의 늘푸른떨기나무로 긴 타원형 잎은 끝이 뾰족하고 광택이 있다. 흰색 꽃은 5갈래로 갈라진 꽃잎이 수평으로 벌어져 바람개비 모양이 된다. [3]**란위자스민**(*T. dichotoma*)은 스리랑카 원산의 늘푸른떨기나무로 3~5m 높이이다. 타원형 잎은 끝이 둔하고 가장자리가 밋밋하며 가죽질이고 광택이 있다. 가지 끝의 갈래꽃차례에 별 모양의 흰색 꽃이 모여 핀다. [4]**빵꽃덩굴**(*Vallaris glabra*)은 자바 원산의 늘푸른덩굴나무이다. 3~6월에 잎겨드랑이에서 자란 원뿔꽃차례에 모여 피는 깔때기 모양의 흰색 꽃은 별처럼 5갈래로 갈라지며 달콤한 빵 냄새 같은 향기가 나는데 특히 밤에 향기가 진하다. 모두 실내에서 심어 기른다.

[1]장미꽃스트로판투스

[2]크레이프자스민

[3]란위자스민

[4]빵꽃덩굴

좁은잎빈카

1)좁은잎빈카 '아트로푸르푸레아'

2)좁은잎빈카 '일루미네이션'

3)큰잎빈카

4)무늬큰잎빈카

5)히르수타큰잎빈카

## 좁은잎빈카(협죽도과)
### *Vinca minor*

남부 유럽과 북아프리카 원산의 늘푸른덩굴식물로 50~100㎝ 길이로 벋는다. 잎은 마주나고 타원형~거꿀달걀형이며 3㎝ 정도 길이이고 끝이 뾰족하며 가장자리가 밋밋하다. 잎은 질이 두껍고 앞면은 광택이 있다. 3~7월에 줄기 위쪽의 잎겨드랑이에 달리는 종 모양의 청자색 꽃은 5갈래로 깊게 갈라지며 꽃부리 안쪽에 털이 빽빽하다. 1)좁은잎빈카 '아트로푸르푸레아'('Atropurpurea')는 적자색 꽃이 피는 품종이다. 2)좁은잎빈카 '일루미네이션'('Illumination')은 잎에 황금색 얼룩무늬가 있는 품종이다. 3)큰잎빈카(*V. major*)는 남부 유럽 원산의 늘푸른덩굴식물로 줄기는 바닥을 기며 2m 정도 길이로 벋는다. 잎은 마주나고 타원형~넓은 달걀형이며 2~9㎝ 길이이고 끝이 뾰족하며 가장자리는 밋밋하고 광택이 있다. 3~5월에 줄기 위쪽의 잎겨드랑이에 종 모양의 청자색 꽃이 달린다. 4)무늬큰잎빈카('Variegata')는 잎 가장자리에 연노란색 얼룩무늬가 있는 품종이다. 5)히르수타큰잎빈카(ssp. *hirsuta*)는 큰잎빈카의 아종으로 잎자루에 긴 털이 빽빽하고 꽃부리의 갈래조각이 좁은 것이 특징이다. 모두 남부 지방의 화단에 지피식물로 심어 기른다.

## 워터자스민(협죽도과)
*Wrightia religiosa*

워터자스민

동남아시아 원산의 늘푸른떨기나무로 2~3m 높이로 자란다. 잎은 마주나고 긴 타원형~긴 달걀형이며 2.5~7.5㎝ 길이이고 끝이 뾰족하며 가장자리가 밋밋하고 질이 얇다. 가지 끝에 여러 개의 흰색 꽃이 늘어지며 달리는 모습은 때죽나무와 비슷하다. 열대 지방에서는 1년 내내 꽃이 피며 향기가 좋다. 가늘고 긴 바늘 모양의 열매는 2개가 짝을 지어 매달린다. [1]**겹워터자스민**('Double')은 겹꽃이 피는 품종이다. [2]**무늬워터자스민**('Variegata')은 잎에 연노란색 얼룩무늬가 있는 품종이다. [3]**눈송이라이티아**(*D. antidysenterica*)는 스리랑카 원산으로 1~2m 높이로 자란다. 둘로 갈라지는 가지는 적갈색을 띤다. 잎은 마주나고 달걀형이며 끝이 뾰족하고 가죽질이다. 가지 끝에 흰색 꽃이 모여 피는데 밑부분은 가느다란 대롱 모양이고 끝부분이 벌어지면서 꽃잎이 별 모양으로 갈라진다. 꽃 중심부에 작은 꽃잎 모양의 흰색 부꽃부리가 발달한다. [4]**붉은꽃라이티아**(*D. dubia*)는 동남아시아 원산으로 2~4m 높이로 자란다. 잎은 마주나고 넓은 피침형이며 끝이 길게 뾰족하고 가장자리가 밋밋하다. 6~7월에 피는 별 모양의 붉은 주황색 꽃은 지름 2~4㎝이다. 모두 실내에서 심어 기른다.

[1]겹워터자스민

[2]무늬워터자스민

[3]눈송이라이티아

[4]붉은꽃라이티아

보리지

¹⁾알카넷

²⁾서양지치

³⁾에키움 데카이스네이

⁴⁾보석탑

## 보리지(지치과)
### *Borago officinalis*

지중해 연안 원산의 한해살이풀로 40~100cm 높이이며 전체가 흰색 털로 덮여 있다. 잎은 어긋나고 타원형이다. 5~6월에 가지 끝에 모여 피는 푸른색 꽃은 꽃부리가 별처럼 5갈래로 갈라져 벌어지며 고개를 숙이고 핀다. 허브로도 사용한다. ¹⁾알카넷(*Anchusa officinalis*)은 서아시아와 유럽 원산의 여러해살이풀로 30~60cm 높이이며 전체가 흰색 털로 덮여 있다. 6~8월에 가지 끝의 갈래꽃차례에 피는 진한 푸른색 꽃은 윗부분이 5갈래로 갈라져 벌어지며 지름 8~12mm이다. ²⁾서양지치(*Cerinthe major*)는 지중해 연안 원산의 한해살이풀로 30~50cm 높이로 자란다. 잎은 어긋나고 달걀형이다. 4~5월에 가지 끝에 모여 달리는 청자색 꽃은 고개를 숙이고 핀다. ³⁾에키움 데카이스네이(*Echium decaisnei*)는 마다가스카르 원산의 여러해살이풀로 2m 정도 높이이다. 봄에 줄기 끝의 큼직한 꽃송이에 모여 피는 흰색 꽃은 암수술이 꽃잎 밖으로 벋는다. ⁴⁾보석탑(*E. wildpretii*)은 카나리 제도 원산의 두해살이풀로 3m 정도 높이이다. 가는 피침형 잎은 회녹색이다. 5~6월에 줄기 끝의 커다란 원뿔꽃차례에 붉은색 꽃이 촘촘히 돌려 가며 달린다. 모두 화단에 심어 기른다.

물망초

1)분홍물망초

2)중국물망초

3)멘지스네모필라

4)오점네모필라

## 물망초(지치과)
### *Myosotis alpestris*

북아프리카와 서아시아 원산의 여러해살이풀로 20~30cm 높이로 자라며 퍼진털이 **빽빽**하다. 뿌리잎은 주걱형이고 줄기잎은 어긋나며 거꿀피침형이다. 4~5월에 가지 끝에 달리는 송이꽃차례는 밑에서 둘로 갈라지며 푸른보라색 꽃의 중심부는 노란색이다. 1)**분홍물망초**('Rose')는 분홍색 꽃이 피는 품종이다. 2)**중국물망초**(*Cynoglossum amabile*)는 중국 서남부 원산의 여러해살이풀로 15~60cm 높이이다. 뿌리잎은 주걱형이고 줄기잎은 긴 타원형이며 거친털이 있다. 5~9월에 줄기 끝이나 잎겨드랑이에서 나오는 꽃송이는 가지가 갈라지며 지름 8~10mm의 푸른색 꽃이 핀다. 3)**멘지스네모필라**(*Nemophila menziesii*)는 캘리포니아 원산의 한해살이풀로 30cm 정도 높이이다. 잎은 마주나고 긴 타원형이며 가장자리가 깃꼴로 깊게 갈라진다. 3~5월에 꽃줄기 끝에 달리는 지름 3cm 정도의 푸른색 꽃은 중심부가 흰색이다. 4)**오점네모필라**(*N. maculata* 'Five Spot')는 북미 원산의 원예 품종으로 한해살이풀이며 15~25cm 높이이다. 잎은 손꼴이나 깃꼴로 깊게 갈라지며 가장자리에 흰색 털이 있다. 봄에 피는 꽃은 5장의 흰색 꽃잎 가장자리에 자주색 무늬가 있다. 모두 화단에 심어 기른다.

필리핀차나무 　　　　　 ¹⁾무늬필리핀차나무

## 필리핀차나무(지치과)
*Ehretia microphylla*

필리핀 원산의 늘푸른떨기나무로 1~3m 높이이다. 타원형~거꿀달걀형 잎은 1~6㎝ 길이이고 끝부분에 톱니가 드문드문 있으며 두꺼운 가죽질이다. 잎겨드랑이에 피는 흰색 꽃은 8~10㎜ 크기이다. 둥근 열매는 지름이 4~5㎜이며 오렌지색으로 익는다. 필리핀 원산으로 잎으로 차를 끓여 마시기 때문에 '필리핀차나무'라고 한다. ¹⁾무늬필리핀차나무('Variegated')는 잎에 황록색 얼룩무늬가 있는 품종이다. 모두 실내에서 기르는데 특히 분재용으로 많이 이용한다.

## 페루향수초(지치과)
*Heliotropium arborescens*

페루 원산의 늘푸른떨기나무로 1m 정도 높이로 자란다. 잎은 어긋나고 달걀 모양의 피침형이며 끝이 뾰족하고 가장자리가 밋밋하다. 5~9월에 가지 끝의 고른꽃차례에 보라색~자주색 꽃이 촘촘히 모여 달리며 점차 색깔이 연해진다. 오일은 향수의 원료로 쓰인다. ¹⁾은모수(*H. foertherianum*)는 열대 아시아 원산으로 1~3m 높이로 자라며 거꿀피침형 잎은 뒷면에 털이 빽빽하다. 5~6월에 가지 끝에 흰색 꽃송이가 달린다. 모두 실내에서 심어 기르며 절화로도 이용한다.

페루향수초 　　　　　 ¹⁾은모수

### 폐병풀(지치과)
*Pulmonaria officinalis*

유럽 원산의 여러해살이풀로 30㎝ 정도 높이로 자란다. 잎은 어긋나고 달걀형이며 끝이 뾰족하고 가장자리는 밋밋하며 밑부분은 심장저이고 앞면에 흰색 반점이 있다. 5~6월에 가지 끝에 모여 피는 깔때기 모양의 분홍색 꽃은 점차 푸른색으로 변한다. [1]몰리스폐병풀(*P. mollis*)은 헝가리 원산으로 15~50㎝ 높이로 자라고 털이 많은 긴 달걀형 잎은 앞면에 무늬가 없다. 봄에 가지 끝에 모여 피는 푸른색 꽃은 점차 홍자색으로 변한다. 모두 화단에 심어 기른다.

폐병풀　　　　　　[1]몰리스폐병풀

### 동양지치(지치과)
*Trachystemon orientalis*

남부 유럽과 서남아시아 원산의 여러해살이풀로 30~50㎝ 높이로 자란다. 밑부분의 잎은 달걀형이며 심장저이고 잎자루가 길지만 줄기의 잎은 잎자루가 없이 밑부분이 줄기를 둘러싼다. 봄에 가지 끝에 모여 피는 청자색 꽃은 10~14㎜ 길이이다. [1]컴프리(*Symphytum officinale*)는 유럽 원산으로 60~90㎝ 높이로 자란다. 줄기잎은 잎몸 밑부분이 날개처럼 된다. 6~7월에 끝이 꼬리처럼 말리는 꽃차례에 종 모양의 담자색 꽃이 핀다. 모두 화단에 심어 기른다.

동양지치　　　　　　[1]컴프리

코끼리덩굴

## 코끼리덩굴(메꽃과)
### *Argyreia nervosa*

인도와 버마 원산의 늘푸른덩굴나무이다. 코끼리 귀를 닮은 하트형 잎은 15~25㎝ 길이이고 뒷면과 잎자루에 부드러운 흰색 털이 있다. 꽃송이는 부드러운 흰색 털로 덮여 있으며 종 모양의 꽃은 연자주색~분홍색이다. [1]하늘나팔꽃(*Jacquemontia pentanthos*)은 열대 아메리카 원산의 여러해살이덩굴풀로 잎은 어긋나고 긴 하트형이다. 나팔 모양의 푸른색 꽃은 지름 2.5㎝ 정도이며 오래되면 꽃부리 가장자리가 활짝 젖혀진다. [2]백말꼬리덩굴(*Porana volubilis*)은 동남아시아 원산의 늘푸른덩굴나무로 가지 끝의 커다란 꽃송이에 종 모양의 자잘한 흰색 꽃이 촘촘히 모여 핀다. 모두 실내에서 심어 기른다. [3]블루데이즈(*Evolvulus nuttallianus*)는 북미 원산의 여러해살이풀로 털이 많은 줄기는 30~80㎝ 높이이다. 잎은 어긋나고 피침형~긴 타원형이며 가장자리가 밋밋하고 양면에 부드러운 털이 있다. 4~7월에 잎겨드랑이에 달리는 넓은 종 모양의 청자색 꽃은 지름 8~12㎜이다. [4]삼색메꽃 '로얄 엔사인'(*Convolvulus tricolor* 'Royal Ensign')은 지중해 연안 원산의 원예 품종으로 여름부터 피는 깔때기 모양의 청자색 꽃은 중심부에 흰색과 연노란색 무늬가 있다. 모두 화단에 심어 기른다.

[1]하늘나팔꽃

[2]백말꼬리덩굴

[3]블루데이즈

[4]삼색메꽃 '로얄 엔사인!'

나팔꽃

나팔꽃 품종

나팔꽃 품종

## 나팔꽃(메꽃과)
### *Ipomoea nil*

열대 아시아 원산의 한해살이덩굴
풀로 2~3m 길이로 벋는 줄기는 털
이 있다. 잎은 어긋나고 보통 3갈
래로 갈라지며 가장자리는 밋밋하
다. 7~9월에 잎겨드랑이에 붉은
색, 흰색 나팔 모양의 꽃이 1~3개씩
핀다. 열매송이는 곧게 선다. **¹⁾미국
나팔꽃**(*I. hederacea*)은 열대 아메리카
원산으로 잎은 어긋나고 3~5갈래로
깊게 갈라진다. 6~10월에 긴 꽃가
지 끝에 나팔 모양의 푸른색~적자
색 꽃이 핀다. 나팔꽃과 같은 종으
로 본다. **²⁾둥근잎나팔꽃**(*I. purpurea*)
은 열대 아메리카 원산으로 잎은 어
긋나고 넓은 하트형이며 가장자리
가 밋밋하다. 7~10월에 잎겨드랑
이에서 나온 긴 꽃대 끝에 나팔 모
양의 자주색이나 흰색 꽃이 핀다.
열매는 자루가 밑으로 굽는다. **³⁾멕
시코나팔꽃**(*I. tricolor*)은 북중미 원
산으로 줄기에 털이 없고 잔가시가
드문드문 있다. 잎은 어긋나고 하
트형이며 가장자리가 밋밋하다.
7~10월에 잎겨드랑이에 나팔 모
양의 푸른색이나 흰색 꽃이 5~6개
가 핀다. 나팔꽃 종류는 화단에 심
어 기르며 들에서도 자란다. **⁴⁾공심
채/캉콩**(*I. aquatica*)은 동남아시아
원산으로 습지에서 자라며 잎은 어
긋나고 피침형~좁은 하트형이고
나팔 모양의 흰색~연보라색 꽃이
핀다. 실내에서 심어 기른다.

¹⁾미국나팔꽃

²⁾둥근잎나팔꽃

³⁾멕시코나팔꽃

⁴⁾공심채

유홍초

1)둥근잎유홍초

2)새깃유홍초

3)고구마 '스위트 캐롤라인 퍼플'

4)고구마 '마가리타'

## 유홍초(메꽃과)
### *Ipomoea quamoclit*

열대 아메리카 원산의 한해살이덩굴풀이다. 잎은 어긋나고 타원형이며 깃꼴로 깊게 갈라지고 갈래조각은 실처럼 가늘다. 7~10월에 잎겨드랑이에 피는 긴 깔때기 모양의 붉은색 꽃은 3~4㎝ 길이이며 끝이 5갈래로 별처럼 갈라져 벌어진다. 1)둥근잎유홍초(*I. rubriflora*)는 열대 아메리카 원산으로 잎은 어긋나고 둥근 하트형이며 끝이 뾰족해지고 가장자리가 밋밋하다. 8~9월에 잎겨드랑이에서 자란 꽃자루에 깔때기 모양의 붉은색 꽃이 2~5개씩 모여 피며 암수술이 길게 벋는다. 2)새깃유홍초(*I. × sloteri*)는 유홍초와 둥근잎유홍초 간의 교잡종인 덩굴풀로 잎은 어긋나고 타원형이며 깃꼴로 깊게 갈라지지만 갈래조각이 유홍초보다는 더 넓다. 8~10월에 잎겨드랑이에 긴 깔때기 모양의 붉은색 꽃이 핀다. 3)고구마 '스위트 캐롤라인 퍼플'(*I. batatas* 'Sweet Caroline Purple')은 고구마의 원예 품종으로 여러해살이덩굴풀이다. 잎은 어긋나고 자갈색 잎몸은 3~5갈래로 깊게 갈라진다. 여름에 잎겨드랑이에 연분홍색 꽃이 핀다. 4)고구마 '마가리타'('Margarita')는 고구마의 원예 품종으로 긴 하트형 잎은 밝은 노란색이 돌고 여름에 연분홍색 꽃이 핀다. 모두 화단에 심어 기른다.

## 카이로나팔꽃(메꽃과)
### *Ipomoea cairica*

카이로나팔꽃

북아프리카 원산의 늘푸른여러해살이덩굴풀이다. 잎은 어긋나고 5~7갈래로 손꼴겹잎처럼 깊게 갈라지며 갈래조각 끝은 뾰족하다. 6~10월에 잎겨드랑이에 피는 나팔 모양의 홍자색 꽃은 목구멍이 진한 색이며 지름 5~6cm이다. [1]**진펄나팔꽃**(*I. carnea*)은 열대 아메리카 원산의 늘푸른떨기나무로 1~4m 높이이다. 잎은 어긋나고 타원형~달걀형이며 밑부분이 심장저이고 끝은 뾰족하다. 나팔 모양의 분홍색 꽃은 4~8cm 길이이다. 흔히 물가에서 잘 자란다. [2]**둘리유홍초**(*I. horsfalliae*)는 서인도 제도 원산의 늘푸른덩굴나무로 잎은 어긋나고 손꼴겹잎이며 5~7갈래로 깊게 갈라진다. 잎겨드랑이의 우산꽃차례에 깔때기 모양의 붉은색 꽃이 핀다. [3]**폭죽덩굴**(*I. lobata*)은 중남미 원산의 늘푸른여러해살이덩굴풀로 잎은 어긋나고 3갈래로 갈라진다. 6~10월에 잎겨드랑이에서 자란 꽃대에 이삭처럼 달리는 가는 원통 모양의 주황색 꽃은 점차 노란색으로 변한다. [4]**자이언트나팔꽃**(*I. mauritiana*)은 열대 지방 원산의 여러해살이덩굴풀로 잎몸은 손바닥처럼 5~7갈래로 깊게 갈라지며 뒷면은 흰빛이 돈다. 깔때기 모양의 분홍색 꽃은 지름 5cm 정도이다. 모두 실내에서 심어 기른다.

[1]진펄나팔꽃

[2]둘리유홍초

[3]폭죽덩굴

[4]자이언트나팔꽃

남영화 '벨 블루'　　<sup>1)</sup>남영화 '벨 화이트'

### 남영화 '벨 블루'(가지과)
*Browallia speciosa* 'Bell Blue'

콜롬비아 원산의 여러해살이풀인 남영화의 원예 품종으로 15~30㎝ 높이로 자란다. 잎은 마주나거나 어긋나며 달걀형~긴 타원형이고 끝이 뾰족하며 가장자리가 밋밋하고 잎맥이 뚜렷하다. 4~10월에 잎겨드랑이에 가는 깔때기 모양의 남자색 꽃이 1개씩 핀다. 꽃부리는 끝부분이 활짝 벌어지며 별처럼 5갈래로 갈라지고 지름 3~4㎝이며 중심부는 흰색 무늬가 있다. <sup>1)</sup>**남영화 '벨 화이트'**('Bell White')는 흰색 꽃이 피는 원예 품종이다. 보통 화단에 한해살이풀처럼 심어 기른다.

### 다투라/메텔독말풀(가지과)
*Datura metel*

중국 남부와 인도 원산의 한해살이풀로 1m 정도 높이로 자란다. 잎은 어긋나고 타원형~넓은 달걀형이며 끝이 뾰족하고 가장자리가 밋밋하며 잎자루가 길다. 6~9월에 피는 깔때기 모양의 흰색 꽃은 지름이 15~20㎝로 큼직하며 5개의 수술은 꽃부리 통부 안쪽에 있다. 꽃받침은 통 모양이고 끝이 5갈래로 갈라진다. 둥근 네모 모양의 열매는 짧은 가시로 덮여 있다. <sup>1)</sup>**보라겹다투라**('Fastuosa')는 겹꽃잎의 바깥쪽이 보라색인 원예 품종이다. 모두 화단에 심어 기른다.

다투라　　<sup>1)</sup>보라겹다투라

## 천사나팔꽃(가지과)
### *Brugmansia suaveolens*

천사나팔꽃

남미 원산의 늘푸른떨기나무로 3~5m 높이이다. 잎은 어긋나고 달걀형~긴 달걀형이며 15~30㎝ 길이이고 끝이 뾰족하며 가장자리가 밋밋하다. 6~9월에 가지나 잎겨드랑이에 매달리는 트럼펫 모양의 흰색 꽃은 20~30㎝ 길이이고 끝부분은 5개로 모가 진다. 모 끝은 뾰족하고 뒤로 휘어지며 향기가 있다. [1]**황금천사나팔꽃**(*B. pittieri*)은 남미 원산의 늘푸른작은키나무로 6~9월에 트럼펫 모양의 연노란색 꽃이 매달린다. [2]**천사나팔꽃 '프로스티 핑크'**(*B. 'Frosty Pink'*)는 트럼펫 모양의 분홍색 꽃이 피는 원예 품종이다. [3]**브라질브룬펠시아**(*Brunfelsia pauciflora*)는 브라질 원산으로 90㎝ 정도 높이로 자라는 반떨기나무이다. 잎은 어긋나고 긴 달걀형~긴 타원형이며 8~10㎝ 길이이고 끝이 뾰족하다. 가늘고 긴 깔때기 모양의 남보라색 꽃은 끝부분이 5갈래로 갈라져서 수평으로 벌어지고 지름이 4~5㎝이며 가운데에 흰색 무늬가 있다. 꽃은 향기가 진하며 남보라색 꽃잎은 점차 흰색으로 변한다. [4]**미국브룬펠시아**(*B. americana*)는 중미 원산의 늘푸른떨기나무로 2~3m 높이이다. 잎은 어긋나고 타원형~거꿀달걀형이다. 깔때기 모양의 흰색 꽃은 점차 연노란색으로 변한다. 모두 실내에서 심어 기른다.

[1]황금천사나팔꽃

[2]천사나팔꽃 '프로스티 핑크'

[3]브라질브룬펠시아

[4]미국브룬펠시아

489

❷ 칼리브라코아 '카블룸 옐로'

❸ 칼리브라코아 '미니 페이모스 컴팩트 블루'

❶ 칼리브라코아 '크레이브 선셋'

❹ 칼리브라코아 '미니 페이모스 더블 애메시스트'

❺ 칼리브라코아 '미니 페이모스 더블 블루'

❻ 칼리브라코아 '슈퍼벨스 애프리콧 펀치'

❼ 칼리브라코아 '슈퍼벨스 블루 스타'

❽ 칼리브라코아 '슈퍼벨스 레몬 슬라이스'

❾ 칼리브라코아 '슈퍼벨스 트레일링 라이트 블루'

## 칼리브라코아(가지과) *Calibrachoa × hybrida*

아메리카 원산의 한해살이풀~여러해살이풀로 10~30㎝ 높이로 자란다. 예전에는 페튜니아속에 속했지만 유전자 검사 결과 염색체 수가 달라서 칼리브라코아속으로 분리되었다. 깔때기 모양의 꽃은 지름이 2.5~3㎝로 페튜니아보다 작아서 흔히 '미니 페튜니아'라고도 한다. 많은 원예 품종이 개발되어 심어지고 있으며 페튜니아보다 꽃 색깔이 훨씬 다양하다. 페튜니아와의 교잡종도 많이 만들어지고 있다. 화단에 심어 기른다.

❶(*C*. 'Crave Sunset') ❷('Kabloom Yellow') ❸('Mini Famous Compact Blue') ❹('Mini Famous Double Amethyst') ❺('Mini Famous Double Blue') ❻('Superbells Apricot Punch') ❼('Superbells Blue Star') ❽('Superbells Lemon Slice') ❾('Superbells Trailing Light Blue')

데이자스민　　　　　　　¹⁾야래향

²⁾칠레자스민　　　³⁾푸른감자꽃나무

⁴⁾무늬푸른감자꽃나무　　⁵⁾놀라나 후미푸사

## 데이자스민(가지과)
### *Cestrum diurnum*

서인도 제도 원산의 늘푸른떨기나무로 2~5m 높이이다. 잎은 어긋나고 긴 타원형~피침형이며 광택이 있다. 잎겨드랑이의 꽃송이에 좁은 대롱 모양의 흰색 꽃이 낮에 피고 향기가 진하다. ¹⁾**야래향**(*C. nocturnum*)은 서인도 제도 원산의 늘푸른떨기나무로 처지는 가지에 긴 달걀형 잎이 어긋난다. 잎겨드랑이에 모여 피는 가는 대롱 모양의 연노란색 꽃은 밤에 향기가 진하다. ²⁾**칠레자스민**(*C. parqui*)은 칠레 원산의 떨기나무로 반상록성이다. 잎은 어긋나고 피침형이며 광택이 있다. 봄~여름에 가지 끝에 달리는 잎겨드랑이의 우산꽃차례에 가는 대롱 모양의 연노란색 꽃이 모여 핀다. ³⁾**푸른감자꽃나무**(*Lycianthes rantonnei*)는 남미 원산의 갈잎떨기나무로 1~3m 높이이다. 5~10월에 잎겨드랑이에서 나오는 꽃대에 수레 바퀴 모양의 청자색 꽃이 모여 핀다. ⁴⁾**무늬푸른감자꽃나무**('Variegata')는 잎 가장자리에 흰색의 얼룩무늬가 있는 품종이다. ⁵⁾**놀라나 후미푸사**(*Nolana humifusa*)는 칠레와 페루 원산의 여러해살이풀이다. 여름에 피는 깔때기 모양의 연한 청자색~흰색 꽃은 지름 2~3cm이며 가장자리에 물결 모양의 얕은 톱니가 있다. 모두 실내에서 심어 기른다.

목배풍등

¹⁾황금무늬목배풍등

## 목배풍등(가지과)
*Solanum laxum*

브라질 원산의 덩굴식물로 2m 정도 길이이다. 잎은 어긋나고 긴 타원형이며 끝이 뾰족하고 가장자리는 밋밋하다. 5~8월에 갈래꽃차례에 모여 피는 연한 청자색 꽃은 점차 흰색으로 변한다. ¹⁾**황금무늬목배풍등**('Aureovariegatum')은 잎에 황금색 얼룩무늬가 있는 원예 품종이다. ²⁾**예루살렘체리/옥천앵두**(*Solanum pseudocapsicum*)는 브라질 원산의 늘푸른떨기나무로 30~50㎝ 높이로 자란다. 잎은 어긋나고 긴 타원형이며 끝이 뾰족하고 가장자리가 밋밋하다. 6~11월에 1~4개의 흰색 꽃이 잎과 마주난다. 둥근 열매는 지름 15㎜ 정도이며 주황색으로 익는다. ³⁾**무늬예루살렘체리**('Variegatum')는 잎에 연노란색 얼룩무늬가 있는 원예 품종이다. ⁴⁾**긴성배꽃**(*Solandra longiflora*)은 중미 원산의 늘푸른떨기나무로 타원형 잎은 끝이 뾰족하고 가죽질이며 광택이 있다. 깔때기 모양의 연노란색 꽃은 길이 25~30㎝, 지름 10㎝ 정도이며 끝부분은 5갈래로 얕게 갈라지고 뒤로 말린다. ⁵⁾**유관화**(*Streptosolen jamesonii*)는 남미 원산의 늘푸른떨기나무로 봄~가을에 가지 끝에 모여 달리는 깔때기 모양의 노란색 꽃은 3~4㎝ 길이이며 점차 주황색으로 변한다. 모두 실내에서 심어 기른다.

³⁾무늬예루살렘체리

²⁾예루살렘체리

⁴⁾긴성배꽃

⁵⁾유관화

꽈리

## 꽈리(가지과)
### *Physalis alkekengi* v. *francheti*

산과 들에서 40~90㎝ 높이로 자라는 여러해살이풀이다. 넓은 달걀형 잎은 어긋나지만 한 마디에서 2장씩 나온다. 6~7월에 잎겨드랑이에 흰색~연노란색 꽃이 핀다. 둥근 열매는 꽃받침에 싸여서 달걀형이 되고 붉게 익으며 씨앗을 빼고 놀잇감으로 쓴다. <sup>1)</sup>**페루꽈리**(*Nicandra physalodes*)는 남미 페루 원산의 한해살이풀로 1m 정도 높이이다. 잎은 어긋나고 달걀형이며 가장자리에 치아 모양의 굵은 톱니가 드문드문 있다. 7~9월에 잎과 마주 달리는 연한 하늘색 꽃은 넓은 종 모양이며 지름 25~50㎜이고 5갈래로 얕게 갈라진다. 꽃의 중심부는 흰색이다. 둥근 열매는 꽃받침에 싸여 있다. <sup>2)</sup>**솔잎도라지**(*Nierembergia hippomanica*)는 아르헨티나 원산의 여러해살이풀로 잎은 어긋나고 가는 피침형이다. 5~9월에 가지 끝이나 윗부분의 잎겨드랑이에 도라지 모양의 자주색 꽃이 핀다. <sup>3)</sup>**꽃담배**(*Nicotiana* × *sanderae*)는 교잡종인 여러해살이풀로 1m 정도 높이의 줄기는 샘털이 있어서 끈적거린다. 6~8월에 줄기나 가지 끝에 모여 피는 가는 대롱 모양의 꽃은 끝부분이 5갈래로 벌어지고 겉에는 샘털이 있다. 꽃 색깔은 흰색, 노란색, 분홍색, 자주색 등 여러 가지이다. 모두 화단에 심어 기른다.

<sup>1)</sup>페루꽈리

<sup>2)</sup>솔잎도라지

<sup>3)</sup>꽃담배 품종     <sup>3)</sup>꽃담배 품종

❷페튜니아 '다마스크 블루'  ❸페튜니아 '디자이너 레드 스타'

❶페튜니아 '웨이브 퍼플 클래식'  ❹페튜니아 '이지 웨이브 핑크 돈'  ❺페튜니아 '허라 레드'

❻페튜니아 '매드니스 라일락'  ❼페튜니아 '스위트 선샤인 콤팩트 라임'  ❽페튜니아 '스위트 선샤인 프로방스'  ❾페튜니아 '울트라 로즈 스타'

## 페튜니아(가지과)  *Petunia hybrida*

남미 원산의 여러해살이풀로 20~60㎝ 높이로 자란다. 전체에 끈끈한 점액을 분비하는 샘털이 빽빽하다. 여러 원종 간의 교잡종이 만들어져서 널리 재배되고 있으며 꽃의 모양이나 빛깔, 크기 등에 변화가 많다. 흔히 꽃의 지름이 10㎝ 이상되는 대륜종은 화분에 심어 기르거나 절화용으로 이용된다. 꽃의 지름이 4~5㎝인 소륜종은 화단에 많이 심는다. 개화 기간이 3~10월까지로 매우 길기 때문에 도로변의 화단을 많이 장식한다.

❶(*P*. 'Wave Purple Classic') ❷('Damask Blue') ❸('Designer Red Star') ❹('Easy Wave Pink Dawn') ❺('Hurrah Red') ❻('Madness Lilac') ❼('Sweet Sunshine Compact Lime') ❽('Sweet Sunshine Provence') ❾('Ultra Rose Star')

## 개나리(물푸레나무과)
### *Forsythia koreana*

전국에서 심어 기르는 갈잎떨기나
무로 3m 정도 높이이며 가지는 끝
이 밑으로 처진다. 잎은 마주나고
피침형~긴 달걀형이며 어린 가지
의 잎은 잎몸이 3갈래로 갈라지기
도 한다. 4월에 잎이 돋기 전에 잎
겨드랑이에 넓은 종 모양의 노란
색 꽃이 1~3개씩 모여 핀다. [1]금
선개나리('Aureoreticulata')는 원예
품종으로 잎에 노란색 그물무늬가
있다. [2]장수만리화(*F. velutina*)는 황
해도의 장수산에서 자라는 갈잎떨
기나무로 1~4m 높이로 곧게 선다.
잎은 마주나고 넓은 달걀형이며
3~4월에 잎이 돋기 전에 피는 노
란색 꽃은 꽃부리가 4갈래로 갈라
진다. [3]서양개나리 '골든 타임스'(*F.* ×
*intermedia* 'Golden Times')는 교잡종
인 갈잎떨기나무의 품종으로 달걀
형~타원형 잎은 황금색 얼룩무늬
가 있고 잎이 나기 전에 노란색 꽃
이 핀다. [4]미선나무(*Abeliophyllum
distichum*)는 산에서 드물게 자라는
갈잎떨기나무로 1~2m 높이이며
가지 끝이 밑으로 처진다. 잎은 마
주나고 달걀형~타원형이다. 3~
4월에 잎이 돋기 전에 개나리 꽃
을 닮은 흰색 꽃이 모여 피며 동글
납작한 열매는 '미선'이라고 하
는 둥근 부채와 닮았다. 모두 화단
에 심어 기른다.

개나리

[1]금선개나리

[2]장수만리화

[3]서양개나리 '골든 타임스'

[4]미선나무

영춘화　　　　　　　　잎

1)여름영춘화

2)유럽자스민

3)황소형

4)운남자스민

## 영춘화(물푸레나무과)
### *Jasminum nudiflorum*

중국 원산의 갈잎떨기나무로 1m 정도 높이이다. 녹색 잔가지는 네모지고 끝부분이 밑으로 처진다. 잎은 마주나고 세겹잎이며 끝의 작은잎이 가장 크다. 3~4월에 2년생 가지의 잎겨드랑이에 1개씩 피는 노란색 꽃은 끝이 5~6갈래로 갈라져 벌어진다. 1)**여름영춘화/플로리다자스민**(*J. floridum*)은 중국 원산의 늘푸른떨기나무로 잎은 어긋나고 깃꼴겹잎이며 작은잎은 3~7장이다. 5~9월에 가지 끝의 갈래꽃차례에 달리는 좁은 깔때기 모양의 노란색 꽃은 끝부분이 5갈래로 벌어진다. 2)**유럽자스민**(*J. fruticans*)은 지중해 연안 원산의 늘푸른떨기나무로 잎은 세겹잎이다. 4~5월에 잎겨드랑이에 피는 좁은 깔때기 모양의 노란색 꽃은 끝부분이 5갈래로 벌어진다. 3)**황소형**(*J. humile*)은 서남아시아 원산의 늘푸른떨기나무로 잎은 어긋나고 홑수깃꼴겹잎이며 작은잎은 보통 5장이다. 4~7월에 갈래꽃차례에 좁은 깔때기 모양의 노란색 꽃이 모여 핀다. 4)**운남자스민**(*J. mesnyi*)은 중국 원산의 늘푸른떨기나무로 잎은 마주나고 세겹잎이다. 잎겨드랑이에 피는 깔때기 모양의 노란색 꽃은 끝이 6~8갈래로 갈라져 겹으로 포개져 벌어진다. 모두 남해안 이남에서 화단에 심어 기른다.

## 솜털자스민(물푸레나무과)
### *Jasminum multiflorum*

솜털자스민

인도 원산의 늘푸른떨기나무로 1.5~3m 높이로 자라며 줄기와 잎은 솜털로 덮여 있다. 잎은 마주나고 달걀형이며 5~7㎝ 길이이고 끝이 뾰족하며 광택이 있다. 별 모양의 흰색 꽃은 지름이 2.5㎝ 정도이며 7~9갈래로 갈라지고 갈래조각은 너비가 넓은 편이며 향기가 있다. [1]골드코스트자스민(*J. dichotomum*)은 열대 아프리카 원산으로 잎은 마주나고 타원형이며 가는 깔때기 모양의 연분홍색 꽃은 점차 흰색으로 변하며 끝부분이 5~9갈래로 깊게 갈라진다. [2]말레이자스민(*J. elongatum*)은 열대 아시아 원산으로 덩굴성이며 잎은 마주나고 달걀형~피침형이며 별 모양의 꽃은 6~9갈래로 가늘게 갈라진다. [3]스타자스민(*J. laurifolium*)은 열대 아시아 원산으로 윗부분은 덩굴처럼 된다. 잎은 마주나고 긴 타원형이며 가죽질이고 광택이 있다. 별 모양의 흰색 꽃은 9~12갈래로 가늘고 길게 갈라지며 끝이 날카롭다. [4]렉스자스민(*J. nobile*)은 태국 원산으로 윗부분은 덩굴처럼 된다. 잎은 마주나고 타원형이며 끝이 뾰족하고 광택이 있으며 가죽질이다. 별 모양의 흰색 꽃은 7~9갈래로 갈라지며 갈래조각은 너비가 넓은 편이다. 모두 실내에서 심어 기른다.

[1]골드코스트자스민

[2]말레이자스민

[3]스타자스민

[4]렉스자스민

포잇자스민

1)학자스민

2)겹꽃말리화

3)겹꽃말리화 '그랜드 듀크 오브 투스카니' 4)스테판자스민

## 포잇자스민(물푸레나무과)
### *Jasminum officinale*

남아시아 원산의 늘푸른덩굴나무로 5m 정도 길이이다. 잎은 마주나고 홀수깃꼴겹잎이며 작은잎은 보통 5~7장이다. 5~8월에 가지 끝의 갈래꽃차례에 피는 흰색 꽃은 좁은 깔때기 모양이며 끝부분이 5갈래로 벌어진다. 1)학자스민/윈터자스민(*J. polyanthum*)은 중국 원산의 늘푸른덩굴나무로 잎은 마주나고 홀수깃꼴겹잎이며 작은잎은 5~7장이다. 2~8월에 가지 끝의 송이꽃차례~원뿔꽃차례에 피는 흰색 꽃은 좁은 깔때기 모양이며 바깥 부분은 분홍빛이 돌기도 한다. 2)겹꽃말리화(*J. sambac*)는 인도 원산의 늘푸른반덩굴나무로 1~3m 높이로 자란다. 잎은 마주나고 넓은 달걀형~타원형이며 광택이 있다. 가지 끝에 흰색 겹꽃이 피는데 향기가 강하며 꽃은 매달린 채로 시든다. 중국에서는 차의 향료나 향수를 만드는 데 쓴다. 3)겹꽃말리화 '그랜드 듀크 오브 투스카니'('Grand Duke of Tuscany')는 원예 품종으로 흰색 겹꽃은 장미처럼 꽃잎이 겹쳐진다. 4)스테판자스민(*J. × stephanense*)은 교잡종으로 잎은 달걀 모양의 피침형이며 어릴 때는 연노란색이 돈다. 가늘고 긴 깔때기 모양의 연분홍색 꽃은 끝이 별 모양으로 갈라져 벌어진다. 모두 실내에서 심어 기른다.

광나무

1)쥐똥나무

2)왕쥐똥나무

3)황금왕쥐똥나무

4)반잎중국쥐똥나무

## 광나무(물푸레나무과)
### *Ligustrum japonicum*

남해안 이남에서 자라는 늘푸른떨기나무로 3~5m 높이이다. 잎은 마주나고 타원형~넓은 달걀형이다. 6월에 햇가지 끝의 원뿔꽃차례에 달리는 흰색 꽃부리는 깔때기 모양이며 중간까지 4갈래로 벌어진다. 1)쥐똥나무(*L. obtusifolium*)는 산기슭에서 자라는 갈잎떨기나무로 잎은 마주나고 긴 타원형이며 끝이 둔하고 가장자리는 밋밋하다. 5~6월에 햇가지 끝의 송이꽃차례에 피는 깔때기 모양의 흰색 꽃은 4갈래로 얕게 갈라져 벌어진다. 2)왕쥐똥나무(*L. ovalifolium*)는 전남 이남의 섬에서 2~6m 높이로 자라며 반상록성이다. 잎은 마주나고 타원형~거꿀달걀형이며 가장자리가 밋밋하다. 잎을 햇빛에 비추면 측맥이 보인다. 6~7월에 가지 끝에 달리는 원뿔꽃차례에 깔때기 모양의 흰색 꽃이 모여 핀다. 3)황금왕쥐똥나무('Aureum')는 원예 품종으로 잎이 거의 노란색이다. 4)반잎중국쥐똥나무(*L. sinense* 'Variegata')는 갈잎떨기나무로 2m 정도 높이이다. 잎은 마주나고 타원형~긴 타원형이며 둘레에 연노란색 얼룩무늬가 있다. 6~7월에 가지 끝의 원뿔꽃차례에 흰색 꽃이 모여 핀다. 모두 화단에 심어 기르며 흔히 생울타리를 만든다.

목서

<sup></sup>¹⁾금목서

²⁾구골나무

³⁾구골목서

⁴⁾벅우드목서

## 목서(물푸레나무과)
### *Osmanthus fragrans*

중국 원산의 늘푸른떨기나무~작은 키나무로 3~6m 높이이다. 잎은 마주나고 좁은 타원형이며 상반부에 잔톱니가 있거나 밋밋하다. 암수딴 그루로 9~10월에 잎겨드랑이에 흰색~연노란색 꽃이 모여 핀다. 타원형 열매는 자루가 길다. ¹⁾**금목서**(*v. aurantiacus*)는 목서의 변종으로 중국 원산이며 잎은 마주나고 좁은 타원형이며 가장자리의 윗부분에 잔톱니가 있다. 암수딴그루로 10월에 주황색 꽃이 잎겨드랑이에 모여 피며 향기가 진하다. ²⁾**구골나무**(*O. heterophyllus*)는 일본과 대만 원산의 늘푸른떨기나무~작은키나무로 4~8m 높이이다. 잎은 마주나고 타원형이며 가장자리가 밋밋한 잎과 2~5개의 모서리가 가시로 된 잎이 함께 난다. 11~12월에 잎겨드랑이에 자잘한 흰색 꽃이 모여 핀다. ³⁾**구골목서/뿔잎목서**(*O. × fortunei*)는 구골나무와 목서의 교잡종인 늘푸른떨기나무로 잎은 마주나고 타원형이며 가장자리에 바늘 모양의 톱니가 8~10쌍이 있다. 10월에 잎겨드랑이에 흰색 꽃이 모여 피며 향기가 진하다. ⁴⁾**벅우드목서**(*O. × burkwoodii*)는 교잡종으로 잎은 마주나고 긴 타원형~달걀형이며 가장자리에 미세한 톱니가 있다. 봄에 잎겨드랑이에 흰색 꽃이 모여 핀다. 모두 남부 지방의 화단에 심어 기른다.

## 개회나무(물푸레나무과)
### *Syringa reticulata* ssp. *amurensis*

지리산 이북의 산에서 자라는 갈잎
작은키나무로 4~10m 높이이다.
잎은 마주나고 넓은 달걀형~달걀
형이며 가장자리가 밋밋하다. 6~
7월에 2년생 가지 끝의 원뿔꽃차례
에 흰색 꽃이 촘촘히 핀다. [1]**팔리빈
정향**(*S. pubescens* 'Palibin')은 털개
회나무의 원예 품종으로 갈잎떨기
나무이며 1~3m 높이이다. 잎은
마주나고 넓은 달걀형이며 가장자
리가 밋밋하다. 5~6월에 2년생 가
지 끝에 달리는 원뿔꽃차례에 깔때
기 모양의 연자주색 꽃이 촘촘히
모여 핀다. [2]**라일락**(*S. vulgaris*)은
유럽 원산의 갈잎떨기나무로 잎은
마주나고 넓은 달걀형~달걀형이
며 끝이 뾰족하고 가장자리가 밋밋
하다. 4~5월에 2년생 가지 끝에
달리는 원뿔꽃차례에 연자주색~
흰색 꽃이 모여 피며 향기가 짙다.
[3]**자른잎라일락**(*S.* × *laciniata*)은 교
잡종인 갈잎떨기나무로 잎은 마주
나고 잎몸이 7~9갈래로 깊게 갈라
진다. 봄에 가지 끝에 연한 홍자색
꽃이 모여 달린다. [4]**페르시아라일
락**(*S.* × *persica*)은 교잡종인 갈잎떨
기나무로 잎은 마주나고 달걀형~
타원형이며 가장자리가 밋밋하다.
봄에 가지 끝의 원뿔꽃차례에 좁
은 깔때기 모양의 연한 홍자색 꽃
이 모여 피며 향기가 있다. 모두
화단에 심어 기른다.

개회나무

[1]팔리빈정향

[2]라일락

[3]자른잎라일락

[4]페르시아라일락

주머니꽃 품종

주머니꽃 품종

주머니꽃 품종

¹⁾인테그리폴리아주머니꽃

²⁾카파치토주머니꽃

## 주머니꽃(칼세올라리아과)
*Calceolaria × herbeohybrida*

중남미 원산의 교잡종인 여러해살이풀로 20~40㎝ 높이로 자란다. 뿌리에서 모여나는 잎은 달걀형이며 20㎝ 정도 길이이고 가장자리에 불규칙한 톱니가 있으며 잎맥을 따라 주름이 진다. 2장의 입술꽃잎 중에 아랫입술꽃잎이 둥근 주머니 모양으로 크게 부풀며 색깔은 붉은색, 주황색, 노란색 등 품종에 따라 여러 가지이며 점무늬가 있는 품종도 있다. ¹⁾**인테그리폴리아주머니꽃**(*C. integrifolia*)은 아르헨티나와 칠레 원산으로 180㎝ 정도 높이까지 자란다. 뿌리잎은 모여나고 줄기잎은 마주난다. 달걀형 잎은 5~9㎝ 길이이며 끝이 뾰족하고 가장자리에 톱니가 있다. 봄~여름에 줄기 끝에 지름 15㎜ 정도의 노란색 꽃이 모여 핀다. 2장의 입술꽃잎 중에 아랫입술꽃잎이 둥근 주머니 모양으로 크게 부풀며 세로로 약간 골이 진다. ²⁾**카파치토주머니꽃**(*C. thyrsiflora*)은 칠레 원산의 여러해살이풀로 70㎝ 정도 높이로 자라며 가지가 갈라진다. 잎은 선형이며 5㎝ 정도 길이이고 끝이 뾰족하며 가장자리 윗부분에 몇 개의 날카로운 톱니가 있다. 봄~여름에 잎겨드랑이에서 자란 꽃대 끝에 노란색 주머니 모양의 꽃이 모여 핀다. 모두 화단에 심어 기른다.

아키메네스 '비비드'

1)아키메네스 '블루 스팍스'

2)아키메네스 '테트라 클라우스 뉴브너'

트리쵸스

1)에스키난투스 스페치오수스

2)에스키난투스 '타이 핑크'

## 아키메네스 '비비드'(제스네리아과)
### *Achimenes* 'Vivid'

아키메네스는 늘푸른여러해살이풀로 25종 정도가 열대 아메리카에서 20~30㎝ 높이로 자라며 털이 많다. 많은 원예 품종이 있다. 아키메네스 '비비드'는 초여름에 잎겨드랑이에 피는 가는 깔때기 모양의 홍자색 꽃이 5㎝ 정도 길이인 품종이다. 1)아키메네스 '블루 스팍스'('Blue Sparks')는 흰색 꽃에 자주색 무늬가 있는 품종이다. 2)아키메네스 '테트라 클라우스 뉴브너'('Tetra Klaus Neubner')는 보라색 꽃이 피는 품종이다. 모두 실내에서 심어 기른다.

## 트리쵸스(제스네리아과)
### *Aeschynanthus radicans*

동남아시아 원산의 늘푸른덩굴풀로 1m 정도 길이로 벋는 착생식물이다. 잎은 마주나고 달걀형이며 끝이 뾰족하고 가장자리가 밋밋하다. 여름부터 가지 끝에 모여 피는 원통 모양의 홍적색 꽃은 꽃받침이 흑갈색이다. 1)에스키난투스 스페치오수스(*A. speciosus*)는 동남아시아 원산으로 전체에 털이 없으며 가지 끝에 모여 피는 주황색 꽃은 위로 갈수록 붉어진다. 2)에스키난투스 '타이 핑크'(*A.* 'Thai Pink')는 분홍색 꽃이 피는 품종이다. 모두 실내에서 심어 기른다.

타미아나바위오동

## 타미아나바위오동(제스네리아과)
### *Primulina tamiana*

베트남 원산의 늘푸른여러해살이
풀로 15㎝ 정도 높이이다. 뿌리잎
은 달걀형~원형이며 긴 잎자루는
적자색이다. 꽃줄기 끝에 모여 피
는 깔때기 모양의 흰색 꽃은 안쪽
에 흑자색 세로줄 무늬가 있다. [1]**바
위오동 '스타더스트'**(*P.* 'Stardust')는
교잡종으로 타원형 잎은 앞면에 은
색 무늬가 있다. 깔때기 모양의 연
보라색 꽃은 목구멍에 노란색 무늬
가 있다. [2]**해넘이종꽃**(*Chrysothemis
pulchella*)은 중남미 원산의 늘푸른
여러해살이풀로 30~45㎝ 높이로
자란다. 윗부분의 잎겨드랑이에서
자란 꽃대 끝에 깔때기 모양의 황
금색 꽃이 모여 피는데 5갈래로
갈라진 꽃부리 안쪽에 적갈색의
줄무늬가 있다. 주황색 꽃받침은
오래 남아 있다. [3]**금붕어꽃 '수퍼바'**
(*Columnea microcalyx* 'Superba')는 코
스타리카 원산인 금붕어꽃의 원예
품종으로 늘푸른여러해살이덩굴
풀이며 달걀형 잎은 흑자색이 돈
다. 3~8월에 피는 깔때기 모양의
황적색 꽃은 7㎝ 정도 길이이고 끝
부분이 입술처럼 둘로 갈라지는데
윗입술꽃잎이 더 크며 목구멍은 노
란색이다. [4]**금붕어꽃 '아폴로'**(*C.*
'Apollo')는 원예 품종으로 타원형
잎은 진녹색이고 밝은 노란색 꽃이
핀다. 모두 실내에서 심어 기른다.

[1]바위오동 '스타더스트'

[2]해넘이종꽃

[3]금붕어꽃 '수퍼바'

[4]금붕어꽃 '아폴로'

## 코렐리아 스피카타(제스네리아과)
### *Kohleria spicata*

코렐리아 스피카타

열대 아메리카 원산의 여러해살이 풀로 50~100cm 높이이며 줄기와 잎에 잔털이 있다. 잎은 마주나고 타원형~피침형이며 끝이 뾰족하고 가장자리에 잔톱니가 있다. 잎 겨드랑이에서 자란 꽃대 끝에 피는 원통형 꽃은 붉은색이며 털로 덮여 있다. 코렐리아속은 꽃과 잎의 색깔이 다른 여러 원예 품종이 개발되어 심어지고 있다. [1]복어꽃/네마탄(*Nematanthus gregarius*)은 브라질 원산의 늘푸른떨기나무로 줄기는 바닥을 기며 15~30cm 높이로 자란다. 잎은 마주나고 타원형이며 가장자리는 밋밋하다. 5~10월에 잎겨드랑이에서 자란 꽃자루 끝에 1개가 달리는 주황색 꽃은 복어를 닮았으며 적황색 꽃받침은 5갈래로 깊게 갈라진다. [2]복어꽃 '트로피카나'(*N.* 'Tropicana')는 원예 품종으로 30cm 정도 높이로 자란다. 타원형 잎은 광택이 있고 주머니 모양의 주황색 꽃은 붉은색 줄무늬가 있다. [3]시만니아 실바티카(*Seemannia sylvatica*)는 페루와 볼리비아 원산의 늘푸른여러해살이풀로 30~50cm 높이이다. 잎은 마주나고 피침형이며 가장자리가 밋밋하다. 10~2월에 줄기 윗부분의 잎겨드랑이에서 자란 긴 꽃자루는 붉은색이 돌며 끝에 적황색 원통형 꽃이 핀다. 모두 실내에서 심어 기른다.

코렐리아 품종

[1]복어꽃

[2]복어꽃 '트로피카나'

[3]시만니아 실바티카

홍동초 품종

1)홍동초 '프로스티'

2)에피스치아 릴라치나

## 홍동초(제스네리아과)
*Episcia cupreata*

중남미 원산의 늘푸른여러해살이풀로 바닥을 기며 퍼져 나가고 전체가 부드러운 털로 덮인다. 진녹색 잎은 마주나고 타원형~넓은 달걀형이며 잎맥을 따라 은녹색 얼룩무늬가 퍼져 나간다. 5~9월에 붉은색 깔때기 모양의 꽃이 핀다. 1)**홍동초 '프로스티'**('Frosty')는 연녹색 잎이 잎맥을 따라 은색 얼룩무늬가 퍼져 나가는 품종이다. 2)**에피스치아 릴라치나**(*E. lilacina*)는 니카라과, 코스타리카, 파나마 원산의 늘푸른여러해살이풀로 15~20㎝ 높이이다. 잎은 타원형이며 가장자리에 둔한 톱니가 있고 잎자루가 있다. 잎몸은 잎맥을 따라 녹색이고 나머지는 적자색이 돈다. 9~12월에 꽃줄기 끝의 송이꽃차례에 깔때기 모양의 흰색 꽃이 핀다. 에피스치아는 여러 재배 품종이 개발되었으며 실내에서 심어 기른다.
❶(*E.* 'Dark Secrets') ❷('Selby's Best') ❸('Silver Skies') ❹('Suomi')

❶에피스치아 '다크 시크릿'  ❷에피스치아 '셀비스 베스트'  ❸에피스치아 '실버 스카이즈'  ❹에피스치아 '수오미'

아프리카제비꽃 품종 　　　아프리카제비꽃 품종

아프리카제비꽃 품종 　　　아프리카제비꽃 품종 　　　아프리카제비꽃 품종

아프리카제비꽃 품종 　　아프리카제비꽃 품종 　　아프리카제비꽃 품종 　　아프리카제비꽃 품종

## 아프리카제비꽃/아프리칸바이올렛(제스네리아과) *Saintpaulia ionantha*

열대 아프리카 원산의 늘푸른여러해살이풀로 로제트형으로 모여나는 뿌리
잎은 달걀형~둥근 달걀형이며 7㎝ 정도 길이이고 가장자리는 거의 밋밋
하다. 잎몸은 두껍고 양면에 짧은털이 빽빽이 나며 잎자루가 길다. 여름~
가을에 잎 사이에서 자란 꽃줄기는 10㎝ 정도 길이이며 끝에 달리는 꽃차
례에 제비꽃을 닮은 지름 3㎝ 정도의 보라색~연보라색 꽃이 모여 달린다.
꽃은 좌우대칭으로 윗입술꽃잎은 둘로 갈라지고 아랫입술꽃잎은 3갈래로
갈라지며 갈래조각 끝은 둥글고 수술은 2개이며 꽃밥은 노란색이다. 아프
리카제비꽃은 많은 품종이 개발되었으며 꽃 색깔이 여러 가지이고 겹꽃도
있으며 잡색 꽃도 있다. 실내에서 심어 기른다.

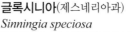

## 글록시니아(제스네리아과)
### *Sinningia speciosa*

브라질 원산의 여러해살이풀로 20㎝ 정도 높이로 자란다. 짧은 줄기에 마주나는 잎은 주걱형~거꿀달걀형이며 끝이 뾰족하고 가장자리에 톱니가 있으며 부드러운 털로 덮여 있다. 6~9월에 꽃줄기 끝에 달리는 종 모양의 꽃은 지름 5~7㎝이며 보라색, 남색, 분홍색, 붉은색 등의 꽃이 핀다. 꽃이 아름다워서 많은 재배 품종이 개발되었으며 겹꽃도 있고 잡색 꽃도 있다. [1]**단애의여왕**(*S. leucotricha*)은 브라질 원산의 여러해살이풀로 10㎝ 정도 높이로 자란다. 둥글납작한 덩이줄기는 지름 6~10㎝이다. 4~6장이 돌려나는 달걀형 잎은 길이 15㎝ 정도, 너비 10㎝ 정도이며 끝이 뾰족하고 가장자리가 밋밋하며 줄기와 함께 은백색 털이 빽빽이 난다. 봄~초여름에 줄기 끝에서 나오는 원통형의 주황색 꽃은 3㎝ 정도 길이이며 흰색 털이 있다. 모두 실내에서 심어 기른다.

글록시니아 품종

글록시니아 품종

글록시니아 품종

글록시니아 품종

글록시니아 품종

[1]단애의여왕

1)삭소룸바위바이올렛

❶ 스트렙토카르푸스 '암비엔테'

바위바이올렛

❷ 스트렙토카르푸스 '할리퀸 블루'

❸ 스트렙토카르푸스 '호프'

❹ 스트렙토카르푸스 '룰렛 아지르'

❺ 스트렙토카르푸스 '룰렛 체리'

❻ 스트렙토카르푸스 '스노플레이크'

❼ 스트렙토카르푸스 '스텔라'

## 바위바이올렛(제스네리아과) *Streptocarpus caulescens*

아프리카 동부 원산의 여러해살이풀로 30~50㎝ 높이로 자란다. 잎은 마주나고 달걀형~타원형이며 진녹색이고 부드러운 털이 있다. 봄~가을에 기다란 꽃자루 끝에 깔때기 모양의 연자주색 꽃이 핀다. 1)삭소룸바위바이올렛(*S. saxorum*)은 케냐와 탄자니아 원산의 여러해살이풀로 줄기는 바닥을 긴다. 잎은 3장씩 돌려나고 타원형~달걀형이며 털이 있다. 봄~여름에 긴 꽃대 끝에 깔때기 모양의 연자주색 꽃이 달린다. 스트렙토카르푸스속은 많은 원예 품종이 있으며 실내에서 기른다.

❶(*S.* 'Ambiente') ❷('Harlequin Blue') ❸('Hope') ❹('Roulette Azur') ❺('Roulette Cherry') ❻('Snowflake') ❼('Stella')

브라질금어초

1)프로쿰벤스금어초

2)덩굴금어초

3)자라송이풀

4)흰자라송이풀

## 브라질금어초(질경이과)
*Achetaria azurea*

브라질 원산의 늘푸른여러해살이 풀로 50~100cm 높이이다. 잎은 마주나고 긴 타원형~달걀형이며 4~8cm 길이이고 끝이 뾰족하며 가장자리에 둔한 톱니가 있고 향기가 난다. 8~10월에 가지 끝의 잎겨드랑이에 피는 입술 모양의 청자색 꽃은 18mm 정도 길이이며 안쪽에 흰색 무늬가 있다. 1)프로쿰벤스금어초(*Asarina procumbens*)는 프랑스와 스페인 원산의 여러해살이풀로 줄기는 바닥을 기며 자란다. 잎은 마주나고 콩팥 모양이며 가장자리에 크고 불규칙한 톱니가 있다. 6~7월에 잎겨드랑이에 입술 모양의 연노란색 꽃이 핀다. 2)덩굴금어초(*Maurandya antirrhiniflora*)는 미국 서남부와 멕시코 원산의 여러해살이덩굴풀로 잎몸은 세모꼴이며 3~5갈래로 얕게 갈라지기도 한다. 4~10월에 잎겨드랑이에 피는 깔때기 모양의 자주색 꽃은 25~30mm 길이이며 끝은 입술 모양으로 벌어진다. 3)자라송이풀(*Chelone obliqua*)은 북미 동부 원산의 여러해살이풀로 60~90cm 높이이다. 잎은 마주나고 긴 타원형이며 가장자리에 날카로운 톱니가 있다. 7~10월에 줄기 끝의 송이꽃차례에 자라의 머리를 닮은 홍자색 꽃이 핀다. 4)흰자라송이풀('Alba')은 흰색 꽃이 피는 품종이다. 모두 화단에 심어 기른다.

## 금어초(질경이과)
### *Antirrhinum majus*

지중해 연안 원산의 여러해살이풀로 20~80cm 높이로 자란다. 잎은 줄기 밑부분에서는 마주나고 윗부분에서는 어긋난다. 넓은 피침형 잎은 2~6cm 길이이며 끝이 뾰족하고 가장자리가 밋밋하며 털이 없고 잎자루가 짧다. 4~7월에 줄기 끝의 송이꽃차례에 모여 달리는 꽃이 용머리를 닮아서 영어 이름은 'Snapdragon'이며 금붕어가 헤엄치는 모습과 비슷해서 한자로는 '금어초(金魚草)'라고 한다. 많은 재배 품종이 있으며 품종에 따라 꽃 색깔이 붉은색, 주황색, 노란색, 흰색 등 여러 가지이다. [1]**실버금어초**(*A. sempervirens*)는 스페인 원산의 여러해살이풀로 잎은 회녹색이며 흰색 꽃은 안쪽에 자주색 점무늬가 있다. 모두 화단에 한해살이풀로 심어 기른다.

❶(*A. m.* 'Montego White') ❷('Snapshot Orange') ❸('Solstice Rose') ❹('Solstice Yellow') ❺(*A.* 'Peachy Bronze')

금어초

❶금어초 '몬테고 화이트'

❷금어초 '스냅샷 오렌지'

❸금어초 '솔스티스 로즈'

❹금어초 '솔스티스 옐로'

❺금어초 '피치 브론즈'

[1]실버금어초

511

❶ 여름천사화 '세레나 블루'

❷ 여름천사화 '세레나 라벤더 핑크'

❸ 여름천사화 '세레나 화이트'

## 여름천사화(질경이과)
### *Angelonia angustifolia*

멕시코와 서인도 제도 원산의 늘푸른여러해살이풀로 30~60㎝ 높이로 자라며 전체에 털이 있다. 잎은 마주나고 좁은 타원형~피침형이며 5~7.5㎝ 길이이고 끝이 뾰족하며 가장자리에 톱니가 있고 약한 향기가 난다. 5~10월에 줄기 끝의 이삭꽃차례에 청자색 꽃이 핀다. 여러 원예 품종이 개발되었는데 품종에 따라 흰색, 분홍색 등 꽃 색깔이 여러 가지이다. 모두 화단에 한해살이풀로 심어 기른다.
❶('Serena Blue') ❷('Serena Lavender Pink') ❸('Serena White')

## 애기누운주름잎(질경이과)
### *Cymbalaria muralis*

지중해 연안 원산의 여러해살이덩굴풀로 바닥을 기며 1m 정도 길이로 벋고 마디에서 뿌리를 내리며 15㎝ 정도 높이로 자란다. 잎은 어긋나고 둥그스름하며 5㎝ 정도 크기이고 3~7갈래로 얕게 갈라지며 광택이 있다. 4~9월에 피는 자주색 통꽃은 입술 모양으로 갈라지는데 큼직한 아랫입술꽃잎은 3갈래로 갈라지고 안쪽은 흰색 바탕에 노란색 무늬가 있다. 둥그스름한 열매는 꽃받침이 남아 있다. 화단에 심어 기르며 걸이화분으로도 많이 기른다.

애기누운주름잎

## 디기탈리스(질경이과)
### *Digitalis purpurea*

유럽과 북아프리카 원산의 두해살이풀~여러해살이풀로 1m 정도 높이로 곧게 자란다. 잎은 어긋나고 긴 타원형이며 끝이 뾰족하고 가장자리에 둔한 톱니가 있다. 여름에 줄기 끝의 송이꽃차례에 긴 종 모양의 홍자색 꽃이 피어 올라간다. 꽃부리 안쪽에는 진한 홍자색 반점이 많다. 많은 재배 품종이 있으며 꽃 색깔이 여러 가지이다. <sup>1)</sup>**흰디기탈리스**('Alba')는 흰색 꽃이 피는 품종이다. <sup>2)</sup>**노랑디기탈리스**(*D. grandiflora*)는 유럽과 서아시아 원산으로 40~120㎝ 높이로 자란다. 타원형 잎은 위로 갈수록 좁아지고 잎자루가 짧아진다. 6~8월에 줄기 끝의 송이꽃차례에 달리는 긴 종 모양의 노란색 꽃은 30~45㎜ 길이이다. <sup>3)</sup>**밀짚디기탈리스**(*D. lutea*)는 지중해 연안 원산의 여러해살이풀로 60~100㎝ 높이이다. 잎은 마주나고 좁은 타원형이며 드문드문 톱니가 있다. 5~7월에 줄기 끝의 송이꽃차례에 달리는 원통형의 노란색 꽃은 10~15㎜ 길이이다. <sup>4)</sup>**버들잎디기탈리스**(*D. obscura*)는 스페인 원산의 여러해살이풀로 30~50㎝ 높이이며 잎은 피침형~선형이다. 초여름에 줄기 끝의 송이꽃차례에 피는 원통형의 황갈색 꽃은 3㎝ 정도 길이이다. 모두 화단에 심어 기른다.

디기탈리스 품종

1)흰디기탈리스

2)노랑디기탈리스

3)밀짚디기탈리스

4)버들잎디기탈리스

암당초

## 암당초(질경이과)
### *Erinus alpinus*

유럽 중남부 원산의 늘푸른여러해살이풀로 10~15㎝ 높이로 자란다. 줄기와 잎에 흰색의 짧은털이 있다. 밑부분의 잎은 거꿀달걀 모양의 피침형이며 가장자리에 큰 톱니가 있고 잎자루가 있지만 위로 갈수록 잎자루가 없어진다. 3~5월에 줄기 끝과 윗부분의 잎겨드랑이에 달리는 짧은 깔때기 모양의 홍자색 꽃은 끝부분이 5갈래로 갈라져 벌어진다. 갈래조각은 세로로 길게 골이 지고 끝은 오목하게 들어간다. 흰색 꽃이 피는 것도 있다. 화단에 심어 기른다.

## 푸른눈공데이지(질경이과)
### *Globularia sarcophylla*

스페인 카나리아 제도 원산의 늘푸른여러해살이풀로 30~50㎝ 높이로 자란다. 잎은 어긋나고 타원형~거꿀달걀형이며 2㎝ 정도 길이이고 끝이 뾰족하며 가장자리가 밋밋하다. 줄기 끝의 잎겨드랑이에서 자란 5~6㎝ 길이의 꽃자루 끝에 푸른색 꽃송이가 달리는데 바깥쪽부터 피는 꽃은 연푸른색이 된다. [1]**불가리스공데이지**(*G. vulgaris*)는 유럽 원산의 여러해살이풀로 10~40㎝ 높이이다. 잎은 거꿀달걀형이고 4~6월에 둥근 공 모양의 푸른색 꽃송이가 달린다. 모두 화단에 심어 기른다.

푸른눈공데이지    [1]불가리스공데이지

## 버들잎헤베(질경이과)
### *Hebe salicifolia*

뉴질랜드 원산의 늘푸른떨기나무로 2m 정도 높이로 자란다. 잎은 마주 나고 피침형~선형이며 5~15㎝ 길 이이고 끝이 뾰족하며 가장자리에 희미한 톱니가 있고 연녹색이다. 6~ 12월에 나오는 기다란 송이꽃차례 는 10~15㎝ 길이이고 연보라색~ 흰색 꽃이 촘촘히 달리며 꽃송이는 비스듬히 처지기도 한다. [1]**난쟁이 헤베 '셀리나'**(*H. diosmifolia* 'Celina') 는 뉴질랜드 원산의 원예 품종으로 30㎝ 정도 높이이다. 잎은 마주나 고 피침형이며 가장자리에 자잘한 톱니가 있고 광택이 있다. 5~6월 에 가지 끝의 고른꽃차례에 흰색 ~연보라색 꽃이 촘촘히 모여 핀 다. 추위에 강한 편이다. [2]**토피어 리헤베**(*H. topiaria*)는 뉴질랜드 원산 으로 20~60㎝ 높이이다. 잎은 촘 촘히 마주나고 긴 타원형이며 가장 자리가 밋밋하고 청록색이다. 초여 름에 가지 끝에 흰색 꽃이 모여 핀 다. [3]**헤베 '블루겜'**(*H.* 'Blue Gem') 은 원예 품종으로 1m 정도 높이이 며 바닷가에서도 잘 자란다. 청자 색 꽃은 점차 색이 연해진다. [4]**헤 베 '마저리'**(*H.* 'Marjorie')는 원예 품종으로 50~100㎝ 높이로 자라 며 여름에 피는 연보라색 꽃은 점 차 흰색으로 변한다. 모두 실내에 서 심어 기른다.

버들잎헤베

[1]난쟁이헤베 '셀리나'

[2]토피어리헤베

[3]헤베 '블루겜'

[4]헤베 '마저리'

애기금어초 품종

## 애기금어초(질경이과)
### *Linaria maroccana*

지중해 연안 원산의 한해살이풀로 20~50cm 높이로 곧게 자란다. 잎은 어긋나고 선형~가는 타원형이며 10~45mm 길이이다. 3~6월에 줄기 끝의 송이꽃차례에 입술 모양의 꽃이 핀다. 여러 재배 품종이 있으며 꽃 색깔이 다양하다. 1)**달마티카해란초**(*L. dalmatica*)는 서아시아와 유럽 남동부 원산의 여러해살이풀로 90~120cm 높이이다. 잎은 어긋나고 달걀형이며 끝이 뾰족하고 밑부분은 심장저로 줄기를 감싼다. 5~8월에 줄기 끝의 송이꽃차례에 해란초를 닮은 노란색 꽃이 핀다. 2)**수피나해란초**(*L. supina*)는 유럽 원산의 한해살이풀로 바닥을 기며 10~25cm 높이로 자란다. 피침형 잎은 1cm 정도 길이이며 밑에서는 마주나고 윗부분에서는 어긋난다. 줄기 끝의 송이꽃차례에 해란초를 닮은 노란색 꽃이 핀다. 3)**좁은잎해란초**(*L. vulgaris*)는 북부 지방의 모래땅에서 자라는 여러해살이풀로 20~80cm 높이이다. 윗부분의 잎은 좁은 피침형이며 가장자리가 밋밋하고 3장씩 돌려난다. 6~9월에 줄기와 가지 끝의 송이꽃차례에 해란초를 닮은 노란색 꽃이 핀다. 모두 화단에 심어 기른다.

❶('Fantasy Magenta Rose) ❷('Fantasy Yellow) ❸('Fantasy Scarlet with Yellow Eye')

❶ 애기금어초 '환타지 마젠타 로즈'

❷ 애기금어초 '환타지 옐로'

❸ 애기금어초 '환타지 스칼렛 위드 옐로 아이'

1)달마티카해란초

2)수피나해란초

3)좁은잎해란초

## 모지황펜스테몬(질경이과)
### *Penstemon digitalis*

모지황펜스테몬

북미 원산의 여러해살이풀로 가지가 갈라지며 70~150㎝ 높이로 자란다. 잎은 마주나고 긴 타원형이며 끝이 뾰족하고 가장자리에 얕은 톱니가 있다. 5~7월에 줄기 끝의 송이꽃차례에 긴 종 모양의 흰색 꽃이 모여 핀다. **1)상록홍엽펜스테몬**('Huskes Red')은 잎이 암자색인 품종이다. **2)입술수염펜스테몬 '핀나콜라다 다크 로즈'**(*P. barbatus* 'Pinacolada Dark Rose')는 북미 원산의 원예 품종으로 45~90㎝ 높이이다. 잎은 좁은 피침형이고 6~9월에 송이꽃차례에 긴 종 모양의 홍적색 꽃이 핀다. **3)노랑펜스테몬**(*P. confertus*)은 북미 원산으로 20~50㎝ 높이이며 잎은 마주나고 긴 창 모양이며 끝이 뾰족하고 가장자리가 밋밋하다. 5~8월에 피는 긴 종 모양의 연노란색 꽃은 1㎝ 정도 길이이며 끝부분은 입술 모양이다. **4)큰펜스테몬**(*P. grandiflorus*)은 북미 원산으로 30~100㎝ 높이이다. 잎은 마주나고 달걀형이며 5~10㎝ 길이이고 털이 없다. 초여름에 송이꽃차례에 달리는 긴 종 모양의 분홍색~홍자색 꽃은 5㎝ 정도 길이이다. **5)펜스테몬 '쿤티'**(*P.* 'Kunthii')는 원예 품종으로 60㎝ 정도 높이이다. 긴 종 모양의 홍적색 꽃은 2.5㎝ 정도 길이이다. 모두 화단에 심어 기른다.

1)상록홍엽펜스테몬

2)입술수염펜스테몬 '핀나콜라다 다크 로즈'

3)노랑펜스테몬

4)큰펜스테몬

5)펜스테몬 '쿤티'

## 털펜스테몬(질경이과)
### *Penstemon hirsutus*

북미 원산의 여러해살이풀로 털이 있는 줄기는 40~60㎝ 높이이다. 잎은 마주나고 피침형~긴 타원형이며 5~12㎝ 길이이고 가장자리에 톱니가 있거나 거의 밋밋하다. 5~7월에 줄기 끝의 꽃차례에 모여 피는 긴 종 모양의 연자주색 꽃은 2~3㎝ 길이이다. [1)]**털펜스테몬 '피그메우스'**('Pygmaeus')는 왜성종으로 15~20㎝ 높이로 자란다. [2)]**솔잎펜스테몬**(*P. pinifolius*)은 북중미 원산의 여러해살이풀로 10~30㎝ 높이이다. 바늘 모양의 잎은 2㎝ 정도 길이이며 끝이 뾰족하다. 여름에 줄기 끝의 송이꽃차례에 피는 대롱 모양의 홍적색 꽃은 2.5㎝ 정도 길이이다. [3)]**소화펜스테몬**(*P. procerus*)은 북미 원산의 여러해살이풀로 5~40㎝ 높이이며 피침형 잎은 가장자리가 밋밋하고 광택이 있다. 여름에 피는 대롱 모양의 청자색 꽃은 6~10㎜ 길이로 작다. [4)]**해안펜스테몬**(*P. serrulatus*)은 북미 원산의 여러해살이풀로 20~70㎝ 높이이다. 잎은 마주나고 피침형~긴 타원형이며 가장자리에 톱니가 있다. 5~7월에 피는 청자색 꽃은 17~25㎜ 길이이다. [5)]**펜스테몬 '사워 그레이프스'**(*P.* 'Sour Grapes')는 7~9월에 피는 청자색 꽃의 안쪽이 흰색인 품종이다. 모두 화단에 심어 기른다.

털펜스테몬

[1)]**털펜스테몬 '피그메우스'**

[2)]**솔잎펜스테몬**

[3)]**소화펜스테몬**

[4)]**해안펜스테몬**

[5)]**펜스테몬 '사워 그레이프스'**

### 자주큰질경이(질경이과)
*Plantago major* 'Rubrifolia'

유럽 원산의 원예 품종인 여러해살이풀로 뿌리에서 모여나는 잎은 넓은 달걀형이며 5~20㎝ 길이이고 자줏빛이 돈다. 6~9월에 꽃줄기는 30~60㎝ 높이로 자라고 이삭꽃차례에 자잘한 꽃이 촘촘히 돌려가며 달린다. [1]**얼룩질경이**(*P. asiatica* 'Variegata')는 질경이의 원예 품종으로 뿌리잎은 달걀형~타원형이고 흰색 얼룩무늬가 불규칙하게 들어간다. 6~8월에 10~50㎝ 높이로 자란 꽃줄기의 이삭꽃차례에 자잘한 꽃이 모여 달린다. 모두 화단에 심어 기른다.

자주큰질경이　　　　　[1]얼룩질경이

### 꽃지황(질경이과)
*Rehmannia elata*

중국 원산의 여러해살이풀로 1.5m 정도 높이로 자란다. 잎은 어긋나고 타원형이며 끝은 뾰족하고 가장자리에 거친 톱니가 있으며 잎자루에 날개가 있다. 5~6월에 줄기 윗부분의 잎겨드랑이에서 자란 긴 꽃자루 끝에 입술 모양의 홍자색 꽃이 핀다. [1]**지황**(*R. glutinosa*)은 중국 원산으로 20~30㎝ 높이로 자란다. 잎은 어긋나고 긴 타원형~달걀형이며 가장자리에 물결 모양의 톱니가 있다. 6~7월에 피는 홍갈색 꽃은 털이 많다. 모두 화단에 심어 기른다.

꽃지황　　　　　　　　[1]**지황**

519

## 폭죽초(질경이과)
### *Russelia equisetiformis*

멕시코 원산의 늘푸른떨기나무로 1.5m 정도 높이로 자란다. 녹색 줄기는 속새와 비슷한 잔가지가 많이 갈라져서 비스듬히 처진다. 가느다란 잎은 밑부분에서는 돌려나고 윗부분에서는 마주나지만 낙엽이 진다. 5~10월에 잔가지 끝에 달리는 원통형의 붉은색 꽃은 2.5cm 정도 길이이며 끝부분은 5갈래로 갈라져서 살짝 벌어진다. <sup>1)</sup>**흰폭죽초**('Aureus')는 흰색 꽃이 피는 품종이다. <sup>2)</sup>**노랑폭죽초**('Flava')는 노란색 꽃이 피는 품종이다. 모두 실내에서 심어 기른다.

폭죽초

<sup>1)</sup>흰폭죽초  <sup>2)</sup>노랑폭죽초

## 냉초(질경이과)
### *Veronicastrum sibiricum*

산에서 자라는 여러해살이풀로 50~90cm 높이이다. 줄기에 3~8장씩 돌려나는 긴 타원형 잎은 톱니가 있다. 7~8월에 줄기 끝의 송이꽃차례에 홍자색 꽃이 촘촘히 달린다. 원통형 꽃부리는 7~8mm 길이이고 끝부분이 4갈래로 갈라진다. <sup>1)</sup>**비르기니쿰냉초**(*V. virginicum*)는 북미 원산으로 80~150cm 높이이다. 잎은 3~7장이 돌려나고 피침형이며 가장자리에 톱니가 있다. 여름에 줄기 끝의 송이꽃차례에 연한 하늘색 꽃이 촘촘히 달린다. 모두 화단에 심어 기른다.

냉초  <sup>1)</sup>비르기니쿰냉초

긴산꼬리풀

¹⁾긴산꼬리풀 '퍼스트 글로리'

²⁾긴산꼬리풀 '퍼스트 레이디'

³⁾오스트리아꼬리풀

⁴⁾테우리쿰꼬리풀

⁵⁾용담꼬리풀

## 긴산꼬리풀(질경이과)
### *Veronica longifolia*

산에서 자라는 여러해살이풀로 1m 정도 높이까지 자란다. 잎은 마주나고 긴 타원형~피침형이며 가장자리에 안으로 굽은 톱니가 있다. 7~8월에 가지 끝의 송이꽃차례는 짧은털이 있고 하늘색 꽃이 촘촘히 달린다. 꽃부리는 지름 6㎜ 정도이며 4갈래로 갈라지고 갈래조각 끝이 둥글다. ¹⁾**긴산꼬리풀 '퍼스트 글로리'**('First Glory')는 원예 품종으로 35~55cm 높이이며 진한 푸른색 꽃차례가 짧고 굵다. ²⁾**긴산꼬리풀 '퍼스트 레이디'**('First Lady')는 원예 품종으로 35~55cm 높이이며 흰색 꽃차례가 짧고 굵다. ³⁾**오스트리아꼬리풀**(*V. austriaca*)은 알프스 원산의 여러해살이풀로 25~50cm 높이이다. 잎은 마주나고 달걀형이며 깃꼴로 얕게 갈라진다. 5~6월에 이삭꽃차례에 피는 파란색 꽃은 지름 1cm 정도이다. ⁴⁾**테우리쿰꼬리풀**(ssp. *teucrium*)은 오스트리아꼬리풀의 아종으로 잎은 피침형이며 가장자리에 얕은 톱니가 있다. 5~6월에 이삭꽃차례에 진한 파란색 꽃이 핀다. ⁵⁾**용담꼬리풀**(*V. gentianoides*)은 유라시아 원산의 여러해살이풀로 30~50cm 높이이며 피침형 잎은 잔톱니가 있다. 5~10월에 이삭꽃차례에 피는 연한 파란색~흰색 꽃은 지름 10~12㎜이다. 모두 화단에 심어 기른다.

## 스피카타꼬리풀(질경이과)
### *Veronica spicata*

유라시아 원산의 여러해살이풀로 60~
75cm 높이로 자란다. 잎은 마주나고
긴 타원형~피침형이며 끝이 뾰족
하고 가장자리에 톱니가 있다. 6~
8월에 줄기 끝의 송이꽃차례에 청
자색 꽃이 핀다. <sup>1)</sup>**인카나꼬리풀**(ssp.
*incana*)은 스피카타꼬리풀의 아종으
로 좁은 달걀형 잎은 털이 촘촘해서
은색이나 회녹색을 띤다. <sup>2)</sup>**오르치
데아꼬리풀**(ssp. *orchidea*)은 스피카
타꼬리풀의 아종으로 달걀형~피
침형 잎은 낮은 톱니가 있고 광택이
있다. 6~9월에 청자색 꽃차례가
달린다. 스피카타꼬리풀은 많은 재
배 품종이 있다. <sup>3)</sup>**누운꼬리풀 '아즈
텍 골드'**(*V. prostrata* 'Aztec Gold')
는 유럽 원산의 원예종인 여러해살
이풀로 15cm 정도 높이이다. 달걀형
~긴 타원형 잎은 황금빛이 돌고 초
여름에 청자색 꽃차례가 달린다.
모두 화단에 심어 기른다.
❶('Heidekind') ❷('Red Fox') ❸('Ulster
Blue Dwarf')

스피카타꼬리풀

<sup>1)</sup>인카나꼬리풀　<sup>2)</sup>오르치데아꼬리풀

❶스피카타꼬리풀 '하이드킨드'　❷스피카타꼬리풀 '레드 폭스'　❸스피카타꼬리풀 '울스터 블루 드워프'　<sup>3)</sup>누운꼬리풀 '아즈텍 골드'

## 부들레야 다비디(현삼과)
### *Buddleja davidii*

중국 원산의 갈잎떨기나무로 1~5m 높이이다. 잎은 마주나고 피침형~좁은 달걀형이며 끝이 뾰족하고 가장자리에 잔톱니가 있다. 잎 뒷면은 회백색 별모양털로 덮여 있다. 6~10월에 가지 끝에 달리는 원뿔꽃차례는 10~30㎝ 길이이고 연자주색 꽃이 촘촘히 모여 피며 향기가 있다. 꽃부리는 긴 원통형이며 끝이 4갈래로 얕게 갈라져서 벌어진다. [1]**부들레야 '화이트 프로퓨전'**('White Profusion')은 원예 품종으로 흰색 꽃이 모여 피는 원뿔꽃차례는 30~40㎝ 길이이다. [2]**부들레야 아시아티카**(*B. asiatica*)는 중국 원산으로 여름에 가지 끝에 달리는 원뿔꽃차례는 20㎝ 정도 길이이며 흰색 꽃이 모여 핀다. [3]**부들레야 쿠르비플로라**(*B. curviflora*)는 일본과 대만 원산의 떨기나무이다. 긴 타원형 잎은 끝이 꼬리처럼 길고 가장자리가 거의 밋밋하다. 4~9월에 자주색 원뿔꽃차례가 달린다. [4]**부들레야 린들레야나**(*B. lindleyana*)는 중국 원산으로 4~10월에 이삭 모양의 자주색 갈래꽃차례가 처진다. 꽃차례에 털과 샘털이 있다. [5]**마다가스카르부들레야**(*B. madagascariensis*)는 마다가스카르 원산으로 햇가지는 털로 덮여 있고 여름에 주황색 원뿔꽃차례가 달린다. 모두 남쪽 섬에서 정원수로 심는다.

부들레야 다비디

[1]부들레야 '화이트 프로퓨전'

[2]부들레야 아시아티카

[3]부들레야 쿠르비플로라

[4]부들레야 린들레야나

[5]마다가스카르부들레야

워터바코파

## 워터바코파(현삼과)
### *Bacopa caroliniana*

북미 동부 원산의 여러해살이물풀로 50~100㎝ 길이로 벋는다. 잎은 마주나고 타원형~거꿀피침형이며 광택이 있다. 7~9월에 줄기 끝에 지름 1㎝ 정도의 연푸른색 꽃이 핀다. 수반에 심어 기르며 어항의 수초로도 기른다. [1]향설초 '블루토피아'(*Chaenostoma cordatum* 'Blutopia')는 남아프리카 원산인 향설초의 원예 품종으로 늘푸른여러해살이풀이며 10~20㎝ 높이이다. 잎은 마주나고 달걀형~넓은 달걀형이다. 여름 내내 잎겨드랑이에 피는 청자색 꽃은 5갈래로 갈라진다. [2]향설초 '스코피아 그레이트 핑크 링'('Scopia Great Pink Ring')은 원예 품종으로 연분홍색 꽃부리의 중심부는 진분홍색이 돈다. [3]트윈스퍼(*Diascia barberae*)는 남아프리카 원산의 늘푸른여러해살이풀로 20~50㎝ 높이이며 잎은 세모진 달걀형이다. 5~11월에 줄기 끝의 송이꽃차례에 입술 모양의 분홍색 꽃이 피는데 뒤쪽에는 2개의 긴 꿀주머니가 뿔처럼 벋는다. [4]흰잎세이지(*Leucophyllum frutescens*)는 북중미 원산의 늘푸른떨기나무로 1~3m 높이로 자란다. 어린 가지와 긴 타원형 잎은 털로 덮여서 은백색이 된다. 6~11월에 잎겨드랑이에 깔때기 모양의 홍자색 꽃이 핀다. 모두 실내에서 심어 기른다.

[1]향설초 '블루토피아'

[2]향설초 '스코피아 그레이트 핑크 링'

[3]트윈스퍼

[4]흰잎세이지

❶ 케이프용면화 '블루버드'

케이프용면화

❷ 케이프용면화 '컴팩트 이노센스'

❸ 용면화 '카니발 믹스'　❸ 용면화 '카니발 믹스'　❸ 용면화 '카니발 믹스'

❹ 용면화 '케이엘엠'

## 케이프용면화(현삼과) *Nemesia fruticans*

아프리카 원산의 여러해살이풀로 30~60㎝ 높이로 자란다. 잎은 마주나고 긴 달걀형이며 가장자리에 잔톱니가 드문드문 있다. 봄, 가을에 짧은 송이꽃차례에 금어초를 닮은 입술 모양의 연분홍색 꽃이 피는데 중심부는 노란색이며 뒷부분은 기다란 꿀주머니가 있다. 여러 재배 품종이 있다. 용면화(*N. strumosa*)는 남아프리카 원산의 한해살이풀로 15~30㎝ 높이로 자란다. 잎은 마주나고 피침형~달걀형이며 5~7월에 송이꽃차례에 입술 모양의 꽃이 피는데 품종에 따라 색깔이 다양하다. 모두 화단에 한해살이풀로 기른다.

❶('Blue Bird') ❷('Compact Innocence') ❸('Carnival Mix') ❹('KLM')

꽃담배풀

1)흰꽃담배풀

2)페니키아꽃담배풀

## 꽃담배풀(현삼과)
*Verbascum nigrum*

지중해 연안 원산의 여러해살이풀로 60~120㎝ 높이로 자라는 줄기는 긴털로 덮여 있고 날개가 있다. 6~8월에 줄기와 가지의 이삭꽃차례에 지름 2~2.5㎝의 노란색 꽃이 모여 핀다. 1)**흰꽃담배풀**('Album')은 흰색 꽃이 피는 품종이다. 2)**페니키아꽃담배풀**(*V. phoeniceum*)은 유라시아 원산으로 타원형 잎은 가장자리에 톱니가 있고 광택이 있다. 4~7월에 송이꽃차례에 달리는 자주색~붉은색 꽃은 지름 3㎝ 정도이다. 3)**우단담배풀**(*V. thapsus*)은 유럽 원산의 두해살이풀로 화초로 심던 것이 퍼져 나가 길가나 빈터에서 자란다. 전체에 회백색 솜털이 빽빽하다. 잎은 어긋나고 긴 타원형이며 밑부분이 줄기의 날개로 된다. 7~9월에 줄기와 가지 끝의 이삭꽃차례에 노란색 꽃이 촘촘히 달린다. 모두 화단에 심어 기른다.

❶(*V.* 'Apricot Pixie') ❷('Sierra Sunset') ❸('Summer Sorbet')

3)우단담배풀

❶꽃담배풀 '애프리콧 피시에'

❷꽃담배풀 '시에라 선셋'

❸꽃담배풀 '서머 소벳'

## 토레니아(밭뚝외풀과)
*Torenia fournieri*

동남아시아 원산의 여러해살이풀로 15~30cm 높이로 자란다. 잎은 마주나고 긴 달걀형이며 3~5cm 길이이고 끝이 뾰족하며 가장자리에 톱니가 있다. 6~12월에 줄기 끝의 송이꽃차례에 모여 달리는 입술 모양의 청자색 꽃은 2.5~4cm 길이이고 꽃부리통은 연한 청자색이다. 녹색 꽃받침은 타원형이다. 많은 재배 품종이 있으며 품종에 따라 꽃색깔이 여러 가지이다. [1]덩굴물봉선(*T. concolor*)은 일본, 중국, 동남아시아 원산의 여러해살이풀로 5~20cm 높이로 자란다. 잎은 마주나고 세모진 달걀형이며 15~22mm 길이이고 가장자리에 둔한 톱니가 있다. 5~11월에 잎겨드랑이에 피는 입술 모양의 자주색 꽃은 25~35mm 길이이다. [2]무늬덩굴물봉선('Tricolor')은 원예 품종으로 잎은 잎맥을 따라 노란색 줄무늬가 들어가고 청자색 꽃이 핀다. 모두 화단에 한해살이풀로 심어 기른다.

토레니아 품종

토레니아 품종

토레니아 품종

토레니아 품종

토레니아 품종

[1]덩굴물봉선 [2]무늬덩굴물봉선

527

눈동자꽃

### 눈동자꽃(밭뚝외풀과)
*Lindernia grandiflora*

북미 원산의 늘푸른여러해살이풀로 줄기는 바닥을 기며 20~50㎝ 길이로 벋고 5~15㎝ 높이로 자란다. 잎은 마주나고 달걀형이며 7~20㎜ 길이이고 가장자리가 밋밋하며 앞면은 광택이 있다. 6~10월에 잎겨드랑이에서 자란 꽃자루 끝에 입술 모양의 자주색과 흰색이 섞여 있는 꽃이 핀다. 작은 윗입술꽃잎은 둘로 갈라지고 큰 아랫입술꽃잎은 3갈래로 갈라지며 꽃의 지름은 6~8㎜이다. 열매는 긴 타원형이다. 남부 지방의 습한 곳에 심어 기른다.

운카리나 데카리

### 운카리나 데카리(참깨과)
*Uncarina decaryi*

마다가스카르 원산의 갈잎떨기나무로 보통 3m 정도 높이로 자라며 줄기 밑동은 노목이 될수록 굵어진다. 잎몸은 3갈래로 갈라지는 것이 많고 6㎝ 정도 길이이며 가장자리가 밋밋하고 잎자루가 길다. 잎몸은 털이 많고 만지면 끈적거리며 문지르면 불쾌한 냄새가 난다. 잎은 겨울에 낙엽이 진다. 여름에 피는 짧은 종 모양의 노란색 꽃은 5갈래로 얕게 갈라져 벌어지고 목구멍 부분은 검은색이다. 열매는 갈고리 모양의 가시로 덮여 있다. 양지바른 실내에서 다육식물로 기른다.

도깨비망초

## 도깨비망초(쥐꼬리망초과)
### *Acanthus mollis*

지중해 연안 원산의 여러해살이풀로 30~180cm 높이로 자란다. 뿌리잎은 40~60cm 길이이다. 부드러운 잎몸은 엉겅퀴 잎처럼 갈라지며 가시와 털이 없고 광택이 있다. 5~8월에 줄기 끝에 곧게 서는 이삭꽃차례는 30~40cm 길이이다. 촘촘히 피어 올라가는 입술 모양의 흰색 꽃부리는 포조각과 꽃받침이 보라색을 띤다. [1]도깨비망초 '제프 알부스'('Jeff Albus')는 포조각이 연녹색인 품종이다. [2]털도깨비망초(*A. hirsutus*)는 유럽 원산의 여러해살이풀로 50cm 정도 높이로 자라며 엉겅퀴 모양의 잎과 줄기와 꽃차례는 부드러운 털로 덮여 있다. 연노란색 꽃부리는 털로 덮인 연녹색 포조각에 싸여 있다. [3]헝가리도깨비망초(*A. hungaricus*)는 유럽 원산의 여러해살이풀로 90~120cm 높이로 자란다. 잎은 엉겅퀴 모양으로 갈라지고 광택이 있다. 6~7월에 줄기 끝의 이삭꽃차례에 피는 연분홍색~흰색 꽃부리는 가시가 있는 적자색 포조각에 싸여 있다. [4]가시도깨비망초(*A. spinosus*)는 지중해 연안 원산의 여러해살이풀로 60~90cm 높이이다. 엉겅퀴 모양의 잎은 광택이 있고 갈래조각 끝이 단단한 가시로 된다. 5~7월에 피는 흰색 꽃부리를 싸는 적자색 포는 가시가 있다. 모두 남부 지방의 화단에 심어 기른다.

[1]도깨비망초 '제프 알부스'

[2]털도깨비망초

[3]헝가리도깨비망초

[4]가시도깨비망초

## 갯호랑가시(쥐꼬리망초과)
### *Acanthus ebracteatus*

열대 아시아 원산의 늘푸른떨기나
무로 1~3m 높이이다. 잎은 마주나
고 긴 타원형이며 5~12㎝ 길이이고
깃꼴로 갈라진 갈래조각 끝은 날카
로운 가시로 된다. 3~5월에 가지
끝의 이삭꽃차례에 촘촘히 달리는
입술 모양의 흰색 꽃은 2.5㎝ 길이
이다. [1]**무늬갯호랑가시**('Variegated')
는 잎에 연노란색 얼룩무늬가 있
는 품종이다. [2]**천심련**(*Andrographis
paniculata*)은 열대 아시아 원산의 한
해살이풀로 20~100㎝ 높이이다.
잎은 마주나고 좁은 피침형이며 줄
기 끝의 원뿔꽃차례에 피는 입술 모
양의 흰색 꽃은 윗입술꽃잎이 3갈
래로 갈라지고 안쪽에 적자색 반점
이 있다. [3]**제브라아펠란드라**(*Aphelandra
squarrosa*)는 브라질 원산의 늘푸른
떨기나무로 25~100㎝ 높이이다.
잎은 마주나고 타원형이며 잎맥을
따라 은백색 무늬가 있다. 줄기 끝
의 원통형 꽃송이에 노란색 포에 싸
인 노란색 꽃이 촘촘히 핀다. [4]**파나
마아펠란드라**(*A. sinclairiana*)는 파
나마와 코스타리카 원산의 늘푸른
떨기나무로 1~3m 높이로 자란다.
잎은 마주나고 긴 타원형이며 끝이
뾰족하고 광택이 있으며 잎맥이 뚜
렷하다. 12~3월에 줄기 끝의 원통
형 꽃송이에 주황색 포에 싸인 붉
은색 꽃이 촘촘히 돌려 가며 핀다.
모두 실내에서 심어 기른다.

갯호랑가시

[1]무늬갯호랑가시

[2]천심련

[3]제브라아펠란드라

[4]파나마아펠란드라

중국제비꽃

1)흰중국제비꽃    2)입술무늬중국제비꽃

## 중국제비꽃(쥐꼬리망초과)
*Asystasia gangetica*

열대 아시아와 아프리카 원산의 늘
푸른여러해살이풀로 60~100㎝ 높
이로 자란다. 잎은 마주나고 달걀
형~둥근 타원형이며 끝이 뾰족하
고 가장자리가 밋밋하다. 줄기 끝
의 송이꽃차례에 달리는 홍자색 꽃
부리는 2.5~4㎝ 길이이며 5갈래로
갈라져 벌어진다. 1)**흰중국제비꽃**
('Alba')은 흰색 꽃이 피는 품종이다.
2)**입술무늬중국제비꽃**(ssp. *micrantha*)
은 중국제비꽃의 아종으로 송이꽃
차례에 피는 입술 모양의 흰색 꽃은
아랫입술꽃잎에 자주색 줄무늬가
있다. 모두 실내에서 심어 기른다.

## 흰필리핀바이올렛(쥐꼬리망초과)
*Barleria cristata* 'Alba'

인도와 동남아시아 원산의 늘푸른
떨기나무로 1m 정도 높이로 자란다.
잎은 마주나고 타원형이며 끝이 뾰
족하고 가장자리가 밋밋하다. 10~
3월에 잎겨드랑이에 피는 깔때기 모
양의 흰색 꽃은 5㎝ 정도 길이이며
끝부분은 5갈래로 갈라진다. 원종
은 보통 청자색 꽃이 핀다. 1)**솔방울**
**필리핀바이올렛**(*B. lupulina*)은 모
리셔스 원산의 늘푸른떨기나무로
60~90㎝ 높이이다. 10~3월에 가
지 끝의 원통형 꽃송이에 깔때기
모양의 노란색 꽃이 모여 핀다. 모
두 실내에서 심어 기른다.

흰필리핀바이올렛    1)솔방울필리핀바이올렛

## 새꼬리꽃 / 크로싼드라(쥐꼬리망초과)
### *Crossandra infundibuliformis*

인도와 스리랑카 원산의 늘푸른떨
기나무로 1m 정도 높이로 자란다.
잎은 마주나고 좁은 달걀형~피침
형이며 8~13㎝ 길이이고 끝이 뾰
족하며 가장자리가 밋밋하고 앞면
은 광택이 있다. 여름에 짧은가지
끝의 이삭꽃차례에 주황색 꽃이
모여 핀다. 녹색 포에서 나온 대롱
모양의 꽃부리는 5갈래로 갈라져
벌어지며 지름 2~4㎝이다. 꽃차
례의 녹색 포는 흰색 털로 덮여 있
다. [1]**노랑새꼬리꽃**('Lutea')은 노란
색 꽃이 피는 품종이다. 모두 실내
에서 심어 기른다.

새꼬리꽃　　　　　　　[1]노랑새꼬리꽃

## 희화초(쥐꼬리망초과)
### *Eranthemum pulchellum*

열대 아시아 원산의 늘푸른떨기나
무로 1~2m 높이로 자란다. 잎은
마주나고 타원형이며 끝이 뾰족하
고 가장자리에 잔톱니가 있다. 겨울
에 가지 끝의 이삭꽃차례에 모여
피는 청자색 꽃은 지름 2㎝ 정도이
며 밑부분의 포는 흰색 줄무늬가
있다. [1]**와티희화초**(*E. wattii*)는 인도
원산의 늘푸른떨기나무로 적자색
줄기는 50~200㎝ 높이이다. 잎은
마주나고 달걀형이며 끝이 뾰족하
다. 10~11월에 잎겨드랑이의 꽃차
례에 피는 보라색 꽃은 지름 1~2㎝
이다. 모두 실내에서 심어 기른다.

희화초　　　　　　　　[1]와티희화초

## 망목초/피토니아(쥐꼬리망초과)
### *Fittonia albivenis*

망목초

1)망목초 '스켈레톤'

페루와 콜롬비아 원산의 늘푸른여러해살이풀로 바닥을 기며 자란다. 잎은 마주나고 타원형이며 녹색 바탕에 은백색이나 붉은색 그물무늬가 있다. 가지 끝의 이삭꽃차례에 자잘한 입술 모양의 연노란색 꽃이 핀다. 1)망목초 '스켈레톤'('Skeleton')은 연두색 잎의 잎맥이 붉은색인 품종이다. 2)큰망목초(*F. gigantea*)는 페루 원산의 늘푸른여러해살이풀로 달걀형 잎은 진녹색 바탕에 잎맥은 붉은빛이 돈다. 이삭꽃차례에 흰색 꽃이 핀다. 3)만화풀 '아우레아 바리에가타'(*Graptophyllum pictum* 'Aurea variegata')는 호주 북부 뉴기니섬 원산의 원예 품종으로 늘푸른떨기나무이다. 타원형 잎은 녹색 바탕에 불규칙한 연노란색 무늬가 있다. 여름에 가지 끝에 기다란 입술 모양의 적자색 꽃이 모여 핀다. 4)동록초(*Hemigraphis alternata*)는 말레이시아 원산의 늘푸른여러해살이풀로 15~20cm 높이이다. 잎은 마주나고 달걀형이며 끝이 뾰족하다. 잎 앞면은 회녹색이며 광택이 있고 뒷면은 적자색~암자색이다. 여름~가을에 가지 끝에 종 모양의 자잘한 흰색 꽃이 모여 핀다. 5)동록초 '엑조티카'('Exotica')는 우글쭈글한 잎이 구릿빛이 도는 품종이다. 모두 실내에서 심어 기른다.

2)큰망목초

3)만화풀 '아우레아 바리에가타'

4)동록초

5)동록초 '엑조티카'

리본덤불　　　　　　　　　<sup>1)</sup>하얀리본덤불

### 리본덤불(쥐꼬리망초과)
*Hypoestes aristata*

열대 아프리카 원산의 늘푸른여러
해살이풀로 1~1.5m 높이로 자란
다. 잎은 마주나고 달걀형이며 끝
이 뾰족하고 가장자리에 거친 톱니
가 있다. 겨울에 줄기 윗부분에 모
여 피는 대롱 모양의 연보라색 꽃은
끝이 입술 모양으로 갈라져 리본처
럼 뒤로 약간 말린다. <sup>1)</sup>하얀리본덤
불(*H. forskaolii*)은 중동과 아프리
카 원산의 여러해살이풀로 1m 정
도 높이이며 달걀형 잎은 마주나
고 짧은털이 있다. 입술 모양의 흰
색 꽃은 홍자색 점무늬가 있다. 모
두 실내에서 심어 기른다.

흰새우풀　　　　　　　　　<sup>1)</sup>새우풀

### 흰새우풀(쥐꼬리망초과)
*Justicia betonica*

남아프리카 원산의 늘푸른떨기나
무로 1~2m 높이이다. 잎은 마주나
고 달걀형~타원형이며 20cm 정도
길이이고 끝이 뾰족하며 광택이 있
다. 가지 끝의 기다란 원통형 꽃송
이에 자잘한 입술 모양의 흰색~연
자주색 꽃이 돌려 가며 달린다. <sup>1)</sup>새
우풀(*J. brandegeana*)은 멕시코와 브
라질 원산의 늘푸른떨기나무로 1m
정도 높이이다. 잎은 마주나고 달걀
형이며 끝이 뾰족하다. 가지 끝의
원통형 꽃송이에 연노란색~붉은색
포에 싸인 입술 모양의 흰색 꽃이
핀다. 모두 실내에서 심어 기른다.

## 산호꽃(쥐꼬리망초과)
### *Justicia carnea*

브라질 원산의 늘푸른떨기나무로 50~200cm 높이로 자란다. 잎은 마주나고 긴 달걀형이며 끝이 뾰족하고 가장자리가 밋밋하며 뒷면은 진한 적갈색을 띤다. 5~10월에 줄기 끝의 꽃송이에 입술 모양의 홍적색 꽃이 촘촘히 모여 핀다. [1]**자주새우풀**(*J. scheidweileri*)은 브라질 원산의 늘푸른여러해살이풀로 30~50cm 높이이다. 잎은 마주나고 피침형이며 잎맥에 회녹색 무늬가 있기도 하고 광택이 있다. 줄기 끝의 꽃송이에 입술 모양의 홍자색 꽃이 핀다. 모두 실내에서 심어 기른다.

산호꽃　　　　　　　　　[1]자주새우풀

## 백학영지초(쥐꼬리망초과)
### *Rhinacanthus nasutus*

열대 아시아 원산의 여러해살이풀로 1~2m 높이로 자란다. 잎은 마주나고 타원형~피침형이며 길이 2~7cm, 너비 8~30mm이고 끝이 뾰족하며 가장자리에 물결 모양의 톱니가 있다. 잎자루는 5~15mm 길이이다. 윗부분의 잎겨드랑이에서 자란 갈래꽃차례는 짧고 부드러운 털이 있고 입술 모양의 흰색 꽃이 핀다. 꽃부리 밑부분은 가는 대롱 모양이며 윗입술꽃잎은 피침형이고 아랫입술꽃잎은 3갈래로 갈라진다. 꽃의 모양이 날개를 편 학 모양이다. 실내에서 심어 기른다.

백학영지초

535

브라질빨간망토

### 브라질빨간망토(쥐꼬리망초과)
*Megaskepasma erythrochlamys*

중미 원산의 늘푸른떨기나무로 3~5m 높이이다. 잎은 마주나고 타원형이며 끝이 뾰족하고 광택이 있다. 가지 끝의 원뿔꽃차례에 입술 모양의 흰색 꽃이 피며 붉은색 포조각은 계속 남아 있다. [1]**이쑤시개꽃**(*Odontonema tubaeforme*)은 중미 원산의 늘푸른떨기나무로 2m 정도 높이이다. 잎은 마주나고 타원형이다. 가지 끝의 원뿔꽃차례에 가는 대롱 모양의 붉은색 꽃이 촘촘히 달린다. [2]**노랑새우풀**(*Pachystachys lutea*)은 페루 원산의 늘푸른떨기나무로 1m 정도 높이이다. 잎은 마주나고 긴 타원형~피침형이며 끝이 뾰족하다. 5~11월에 나오는 가지 끝의 원통형 꽃이삭은 노란색 포로 싸이며 입술 모양의 흰색 꽃이 핀다. [3]**빨강새우풀**(*P. coccinea*)은 중미 원산으로 잎은 마주나고 타원형~달걀형이다. 가지 끝의 원통형 꽃송이에 입술 모양의 붉은색 꽃이 빙 돌려 가며 피어 올라가며 포는 녹색이다. [4]**자바입술망초**(*Peristrophe bivalvis*)는 열대 아시아 원산의 늘푸른여러해살이풀로 잎은 마주나고 달걀형~피침형이며 가지 끝의 갈래꽃차례에 피는 입술 모양의 연한 적자색 꽃은 2개의 수술이 길게 나온다. 모두 실내에서 심어 기른다.

[1]이쑤시개꽃

[2]노랑새우풀

[3]빨강새우풀

[4]자바입술망초

초콜릿두견화

## 초콜릿두견화(쥐꼬리망초과)
### *Pseuderanthemum alatum*

중미 원산의 늘푸른여러해살이풀로 25~45cm 높이로 자란다. 잎은 마주나고 둥근 달걀형이며 가장자리가 밋밋하다. 잎 앞면은 갈색 바탕에 잎맥을 따라 은색 얼룩무늬가 들어가고 뒷면은 녹백색이다. 6~10월에 줄기 끝의 송이꽃차례에 홍자색 꽃이 모여 핀다. [1]**금엽두견화** (*P. carruthersii* 'Reticulatum')는 폴리네시아 원산의 늘푸른떨기나무로 타원형 잎은 황금빛이 돈다. 흰색 꽃은 지름 2cm 정도이며 중심부는 적자색 얼룩무늬가 있다. [2]**푸른두견화**(*P. crenulatum*)는 열대 아시아 원산의 늘푸른떨기나무로 잎은 긴 달걀형이며 5~15cm 길이이고 끝이 뾰족하다. 가지 끝의 꽃차례에 입술 모양의 연한 청자색 꽃이 모여 핀다. [3]**자운두견화**(*P. laxiflorum*)는 피지 원산의 늘푸른떨기나무로 1m 정도 높이이다. 잎은 마주나고 피침형이며 끝이 뾰족하고 가장자리가 밋밋하다. 윗부분의 잎겨드랑이에 홍자색 꽃이 듬성듬성 핀다. [4]**세티칼릭스두견화**(*P. seticalyx*)는 열대 원산의 늘푸른떨기나무로 좁은 피침형 잎은 끝이 뾰족하고 가장자리가 밋밋하며 뒷면은 진한 자갈색이다. 가는 대롱 모양의 흰색 꽃은 5갈래로 갈라져 벌어지며 중심부에는 적갈색 점무늬가 있다. 모두 실내에서 심어 기른다.

[1]금엽두견화　　[2]푸른두견화

[3]자운두견화

[4]세티칼릭스두견화

분홍루스폴리아

[1]벌새꽃

## 분홍루스폴리아(쥐꼬리망초과)
### *Ruspolia seticalyx*

짐바브웨 원산의 여러해살이풀로 125㎝ 정도 높이로 자란다. 잎은 마주나고 달걀형~타원형이며 가장자리가 밋밋하다. 줄기 끝의 갈래꽃차례에 모여 달리는 밝은 적색 꽃은 끝부분이 별처럼 5갈래로 갈라진다. [1]**벌새꽃**(*Ruttya fruticosa*)은 탄자니아 원산의 늘푸른떨기나무로 2~4m 높이이다. 잎은 마주나고 타원형이며 가장자리가 밋밋하다. 여름에 잎겨드랑이에 입술 모양의 주황색 꽃이 모여 달리는데 앞에서 보면 토끼 귀를 닮았다. 모두 실내에서 심어 기른다.

우창꽃

[1]우창꽃 '케이티 핑크'

[2]우창꽃 '케이티 화이트'

## 우창꽃(쥐꼬리망초과)
### *Ruellia simplex*

멕시코 원산의 늘푸른떨기나무로 50~100㎝ 높이로 자란다. 잎은 마주나고 선형이며 20㎝ 정도 길이이고 가장자리에 희미한 톱니가 있다. 4~10월에 가지 끝에 모여 피는 종 모양의 보라색 꽃은 5갈래로 갈라져 벌어지며 지름 7㎝ 정도이다. [1]**우창꽃 '케이티 핑크'**('Katie Pink')는 왜성종으로 25㎝ 정도 높이이며 분홍색 꽃이 핀다. [2]**우창꽃 '케이티 화이트'**('Katie White')는 왜성종으로 25㎝ 정도 높이이며 흰색 꽃이 핀다. 모두 화단에 한해살이풀처럼 심어 기른다.

## 페루우창꽃(쥐꼬리망초과)
### *Ruellia chartacea*

남미 원산의 늘푸른떨기나무로 1~2m 높이로 자란다. 잎은 마주나고 타원형이며 15~18㎝ 길이이고 끝이 뾰족하다. 가지 끝의 이삭꽃차례에 입술 모양의 홍적색 꽃이 피고 붉은색 포는 오래 간다. [1]**브라질우창꽃**(*R. devosiana*)은 브라질 원산의 여러해살이풀로 50㎝ 정도 높이이다. 피침형 잎은 진녹색이며 잎맥을 따라 은백색 무늬가 있고 뒷면은 자주색이다. 나팔 모양의 흰색~연푸른색 꽃은 5갈래로 갈라진다. [2]**후밀리스우창꽃**(*R. humilis*)은 미국과 멕시코 원산의 여러해살이풀로 넓은 피침형 잎은 4㎝ 정도 길이이며 가장자리에 긴 흰색 털이 있다. 잎겨드랑이에 달리는 깔때기 모양의 홍자색 꽃은 5갈래로 갈라진다. [3]**장미우창꽃**(*R. rosea*)은 멕시코 원산의 여러해살이풀로 잎은 마주나고 타원형이며 끝이 뾰족하고 가장자리가 밋밋하다. 겨울에 잎겨드랑이에서 길게 자란 꽃대마다 깔때기 모양의 홍적색 꽃이 핀다. [4]**투베로사우창꽃**(*R. tuberosa*)은 중남미 원산의 여러해살이풀로 45㎝ 정도 높이이다. 잎은 마주나고 타원형~거꿀달걀형이며 가장자리가 밋밋하다. 나팔 모양의 연한 청자색 꽃은 5갈래로 갈라지며 꽃받침조각은 선형이다. 모두 실내에서 심어 기른다.

페루우창꽃

[1]브라질우창꽃

[2]후밀리스우창꽃

[3]장미우창꽃

[4]투베로사우창꽃

해밀턴방울꽃

## 해밀턴방울꽃(쥐꼬리망초과)
### *Strobilanthes hamiltoniana*

열대 아시아 원산의 늘푸른여러해
살이풀로 1m 정도 높이이다. 잎은
마주나고 피침형이며 광택이 있다.
1~5월에 가늘고 긴 꽃가지에 모여
달리는 깔때기 모양의 홍자색 꽃은
3.5~4cm 길이이다. [1]**콜롬비아페튜
니아**(*Suessenguthia multisetosa*)는 볼
리비아 원산의 늘푸른떨기나무로
1~2m 높이이다. 잎은 마주나고 타
원형이며 가장자리에 낮은 톱니가
있다. 가지 끝과 잎겨드랑이에서
피는 깔때기 모양의 분홍색 꽃은
5갈래로 갈라져 벌어진다. [2]**산케
지아 노빌리스**(*Sanchezia nobilis*)는
남미 원산의 늘푸른떨기나무로 넓
은 피침형 잎은 잎맥을 따라 연노
란색 무늬가 들어간다. 여름~가을
에 줄기 끝의 이삭꽃차례에 한쪽
방향으로 달리는 대롱 모양의 노
란색 꽃은 홍적색 포에 싸여 있다.
[3]**골든플럼**(*Schaueria flavicoma*)은
브라질 원산의 늘푸른떨기나무로
가지 끝의 꽃송이는 수염 모양의
포와 꽃받침이 무성하며 그 사이
에서 입술 모양의 크림색 꽃이 핀
다. [4]**털노랑새우풀**(*S. calicotricha*)
은 브라질 원산의 늘푸른떨기나무
이다. 가느다란 수염 모양의 포 밖
으로 대롱 모양의 노란색 꽃부리가
길게 벋는다. 꽃부리는 끝부분이
입술 모양으로 갈라져 벌어진다.
모두 실내에서 심어 기른다.

[1]콜롬비아페튜니아

[2]산케지아 노빌리스

[3]골든플럼

[4]털노랑새우풀

## 덤불툰베르기아(쥐꼬리망초과)
### *Thunbergia erecta*

서아프리카 원산의 떨기나무로 120~240㎝ 높이로 덤불처럼 자란다. 잎은 마주나고 달걀 모양의 타원형이며 3갈래로 얕게 갈라지기도 하고 가장자리는 물결 모양이다. 3~9월에 잎겨드랑이에 달리는 깔때기 모양의 청자색 꽃은 4~6㎝ 길이이며 끝부분이 5갈래로 갈라지고 대롱부분이 연노란색이다. [1]**덤불툰베르기아 '페어리 문'**('Fairy Moon')은 연보라색 꽃잎의 가장자리가 흰색인 품종이다. [2]**백설툰베르기아**(*T. fragrans*)는 열대 아시아 원산의 여러해살이덩굴풀로 잎은 마주나고 달걀형~피침형이며 끝이 뾰족하다. 잎겨드랑이에 달리는 흰색 꽃부리는 5갈래로 갈라지고 갈래조각 끝은 오목하다. [3]**벵골툰베르기아**(*T. grandiflora*)는 열대 아시아 원산의 덩굴나무로 세모진 달걀형 잎은 불규칙한 모서리가 있다. 송이꽃차례는 늘어지며 연푸른색 꽃이 핀다. [4]**무늬블루툰베르기아**(*T. laurifolia* 'Variegata')는 동남아시아 원산의 여러해살이덩굴풀의 원예 품종으로 잎에 은백색의 얼룩무늬가 있다. [5]**시계추덩굴**(*T. mysorensis*)은 인도 원산의 늘푸른여러해살이덩굴풀로 잎은 긴 타원형~피침형이며 가장자리에 톱니가 있다. 송이꽃차례는 늘어지며 입술 모양의 노란색 꽃이 핀다. 모두 실내에서 심어 기른다.

덤불툰베르기아

[1]덤불툰베르기아 '페어리 문'

[2]백설툰베르기아

[3]벵골툰베르기아

[4]무늬블루툰베르기아

[5]시계추덩굴

아프리카나팔꽃

## 아프리카나팔꽃(쥐꼬리망초과)
*Thunbergia alata*

아프리카 원산의 여러해살이덩굴풀로 1~5m 길이로 벋는다. 잎은 마주나고 화살촉 모양~달걀 모양이며 가장자리는 밋밋하다. 잎자루에 날개가 있다. 4~10월에 잎겨드랑이에 달리는 노란색 꽃은 밑부분이 좁은 원통형이며 끝부분은 5갈래로 깊게 갈라져 벌어지며 갈래조각 끝은 오목하고 목구멍은 흑자색이다. [1]**아프리카나팔꽃 '블러싱 수지'**('Blushing Susie')는 붉은색과 주황색 꽃이 피는 품종이다. [2]**아프리카나팔꽃 '라즈베리 스무디'**('Raspberry Smoothie')는 자주색 꽃이 피는 품종이다. [3]**청순화**(*Sclerochiton harveyanus*)는 아프리카 원산의 늘푸른떨기나무로 2~4m 높이로 자란다. 타원형 잎은 가장자리에 불규칙한 톱니가 있다. 가지 끝에 5갈래로 갈라지는 입술 모양의 자주색 꽃이 핀다. [4]**양초꽃**(*Whitfieldia elongata*)은 서부 아프리카 원산의 늘푸른떨기나무로 120~180㎝ 높이로 자란다. 잎은 어긋나고 타원형이며 끝이 뾰족하고 가장자리가 밋밋하다. 성숙한 잎은 뒤로 말린다. 가지 끝이나 윗부분의 잎겨드랑이에서 나오는 송이꽃차례에 깔때기 모양의 흰색 꽃이 모여 피는데 끝부분이 4~6갈래로 갈라져 벌어진 것이 별과 비슷하다. 꽃부리 밖으로 암수술이 벋는다. 기온만 맞으면 1년 내내 꽃이 핀다. 모두 실내에서 심어 기른다.

[1]아프리카나팔꽃 '블러싱 수지'

[2]아프리카나팔꽃 '라즈베리 스무디'

[3]청순화

[4]양초꽃

노랑나팔덩굴

## 노랑나팔덩굴(능소화과)
### *Anemopaegma chamberlaynii*

남미 원산의 늘푸른덩굴나무로 잎은 마주나고 2장의 작은잎이 달리는 겹잎이다. 깔때기 모양의 밝은 노란색 꽃은 꽃부리 안쪽이 연노란색이며 장미처럼 좋은 향기가 난다. 1)글로우바인(*Bignonia magnifica*)은 남미 원산의 덩굴나무로 2장의 거꿀달걀형 작은잎이 달리는 겹잎이다. 갈래꽃차례에 달리는 나팔 모양의 홍자색 꽃은 목구멍이 흰색이다. 2)트리니다드나팔꽃(*B. corymbosa*)은 남미 원산의 늘푸른덩굴나무로 잎은 타원형~달걀형이고 끝이 뾰족하며 광택이 있다. 깔때기 모양의 붉은색 꽃은 6~7cm 길이이며 꽃부리 안쪽은 연한 색이다. 모두 실내에서 심어 기른다. 3)크로스바인 '탄제린 뷰티'(*B. capreolata* 'Tangerine Beauty')는 북미 원산의 늘푸른덩굴나무로 2장의 작은잎이 달리는 겹잎이다. 여름에 잎겨드랑이에 깔때기 모양의 주황색 꽃이 모여 핀다. 남부 지방에서 심어 기른다. 4)하디글록시니아(*Incarvillea delavayi*)는 중국 원산의 여러해살이풀로 30~40cm 높이로 자란다. 뿌리에서 모여나는 잎은 홑수깃꼴겹잎이며 작은잎은 4~11쌍이 마주 붙는다. 초여름에 꽃줄기 끝의 송이꽃차례에 2~6개의 깔때기 모양의 분홍색 꽃이 핀다. 화단에 심어 기른다.

1)글로우바인

2)트리니다드나팔꽃

3)크로스바인 '탄제린 뷰티'

4)하디글록시니아

능소화

1)미국능소화

2)무늬미국능소화

애기능소화

1)황금애기능소화

2)살몬애기능소화

## 능소화(능소화과)
*Campsis grandiflora*

중국 원산의 갈잎덩굴나무로 10m 정도 길이이다. 잎은 마주나고 홀수 깃꼴겹잎이며 작은잎은 7~11장이다. 7~9월에 가지 끝에서 늘어지는 원뿔꽃차례에 넓은 깔때기 모양의 주홍색 꽃이 핀다. 1)미국능소화(*C. radicans*)는 북미 원산의 갈잎덩굴나무로 홀수깃꼴겹잎은 작은잎이 9~13장이다. 여름에 가지 끝에 좁은 깔때기 모양의 주홍색 꽃이 모여 핀다. 2)무늬미국능소화('Takarazuka Variegated')는 잎에 연노란색 얼룩무늬가 있는 품종이다. 모두 화단에 심어 기른다.

## 애기능소화(능소화과)
*Tecoma capensis*

아프리카 원산의 늘푸른떨기나무로 2~3m 높이이다. 잎은 마주나고 홀수깃꼴겹잎이며 15㎝ 정도 길이이고 작은잎은 5~9장이다. 작은잎은 둥근 달걀형이며 끝이 뾰족하고 가장자리에 톱니가 있다. 6~11월에 가지 끝의 송이꽃차례에 기다란 깔때기 모양의 오렌지색 꽃이 피는데 끝부분은 입술 모양으로 갈라져 벌어진다. 1)황금애기능소화('Aurea')는 노란색 꽃이 피는 품종이다. 2)살몬애기능소화('Salmonea')는 살구색 꽃이 피는 품종이다. 모두 실내에서 심어 기른다.

## 마늘덩굴(능소화과)
### *Mansoa hymenaea*

열대 아메리카 원산의 늘푸른덩굴
나무로 10m 정도 길이로 벋는다. 잎
은 마주나고 타원형이며 끝이 뾰족
하고 가장자리가 밋밋하며 앞면은
광택이 있다. 깔때기 모양의 홍자색
꽃은 점차 색이 옅어지고 마늘 냄
새가 난다. [1]**팬도르자스민**(*Pandorea
jasminoides*)은 호주 원산의 늘푸른
덩굴나무로 잎은 홀수깃꼴겹잎이
다. 7~9월에 가지 끝의 원뿔꽃차례
에 피는 넓은 깔때기 모양의 흰색~
연분홍색 꽃은 대롱 안쪽이 적자색
이다. [2]**분홍트럼펫덩굴**(*Podranea
ricasoliana*)은 남아공 원산의 늘푸
른덩굴나무로 잎은 홀수깃꼴겹잎
이며 작은잎은 5~11장이다. 6~
9월에 피는 깔때기 모양의 분홍색
꽃은 안쪽에 홍적색 무늬가 있다.
[3]**파장화**(*Pyrostegia venusta*)는 남미
원산의 늘푸른덩굴나무로 잎은 마
주나고 세겹잎이다. 좁은 깔때기 모
양의 주황색 꽃은 5갈래로 갈라진
갈래조각이 뒤로 젖혀진다. [4]**난쟁
이자스민**(*Radermachera* 'Kunming')
은 동남아시아 원산의 늘푸른떨기
나무로 2~3m 높이이다. 잎은 2회
깃꼴겹잎이며 작은잎은 타원형이
고 끝이 뾰족하며 광택이 있다. 깔
때기 모양의 연분홍색 꽃은 꽃잎이
뒤로 젖혀지고 가운데에 노란색 무
늬가 있으며 향기가 진하다. 모두
실내에서 심어 기른다.

마늘덩굴

[1]팬도르자스민

[2]분홍트럼펫덩굴

[3]파장화

[4]난쟁이자스민

엣셀벌레잡이제비꽃

## 엣셀벌레잡이제비꽃(통발과)
*Pinguicula esseriana*

멕시코 원산의 여러해살이풀인 식충식물이다. 넓은 주걱형 잎은 로제트형으로 마치 녹색 연꽃처럼 보인다. 잎 가장자리는 위쪽으로 젖혀지며 앞면에서 점액을 분비하여 벌레를 잡는다. 봄~여름에 자란 꽃줄기는 5~10㎝이며 제비꽃을 닮은 분홍색 꽃이 핀다. **1)큰벌레잡이제비꽃**(*P. gigantea*)은 멕시코 원산의 여러해살이풀이다. 뿌리에서 로제트형으로 모여나는 거꿀달걀형 잎은 15㎝ 정도 길이까지 자라는 대형이며 양면에서 점액을 분비한다. 꽃줄기 끝에 홍자색이나 흰색 꽃이 핀다. **2)모라넨시스벌레잡이제비꽃**(*P. moranensis*)은 멕시코 원산의 여러해살이풀이다. 뿌리에서 로제트형으로 모여나는 둥근 타원형 잎은 6~12㎝ 길이이고 가장자리가 안쪽으로 굽는다. 겨울에 꽃줄기 끝에 홍자색 꽃이 핀다. **3)앵초벌레잡이제비꽃**(*P. primuliflora*)은 북미 원산의 여러해살이풀이다. 로제트형으로 모여나는 긴 타원형 잎은 6~9㎝ 길이이고 가장자리가 안쪽으로 굽는다. 3~6월에 꽃줄기 끝에 연보라색 꽃이 핀다. **4)벌레잡이제비꽃 '지나'**(*P. 'Gina'*)는 교잡종으로 로제트형으로 모여나는 거꿀달걀형 잎은 황록색이다. 연보라색 꽃은 안쪽이 흰색이며 목구멍은 보라색이다. 모두 실내에서 기른다.

1)큰벌레잡이제비꽃

2)모라넨시스벌레잡이제비꽃

3)앵초벌레잡이제비꽃

4)벌레잡이제비꽃 '지나'

## 참통발(통발과)
### *Utricularia australis*

연못이나 습지에서 자라는 여러해살이풀로 15㎝ 정도 높이이다. 잎은 어긋나고 깃꼴로 여러 차례 갈라지며 갈래조각은 실처럼 가늘고 벌레잡이주머니가 달린다. 8~9월에 잎겨드랑이에서 물 밖으로 자란 꽃줄기 끝의 송이꽃차례에 4~7개의 노란색 꽃이 핀다. [1]**혹통발/기바통발**(*U. gibba*)은 실처럼 1~3갈래로 갈라지는 잎에 작은 벌레잡이주머니가 달린다. 8~10월에 물 밖으로 자란 5~10㎝의 꽃줄기에 1~2개의 노란색 꽃이 핀다. 모두 연못이나 수조에 심어 기른다.

참통발

[1]혹통발

## 리비다귀개(통발과)
### *Utricularia livida*

아프리카와 멕시코 원산의 여러해살이풀로 주걱 모양의 뿌리잎은 1㎝ 미만이며 가장자리가 밋밋하다. 10~20㎝ 높이의 가느다란 꽃줄기에 달리는 흰색 꽃은 지름 1㎝ 정도이며 연분홍색과 노란색 무늬가 있다. [1]**토끼귀개**(*U. sandersonii*)는 남아공 원산의 여러해살이풀로 15㎝ 정도 높이이다. 뿌리잎은 작은 거꿀달걀형이며 뿌리줄기에서 벌레잡이주머니가 나온다. 꽃줄기에 피는 토끼 얼굴 모양의 연자주색~흰색 꽃은 1㎝ 정도 길이이다. 모두 습한 곳에 심어 기른다.

리비다귀개

[1]토끼귀개

## 레몬버베나(마편초과)
### *Aloysia citriodora*

남미 원산의 갈잎떨기나무로 1~3m 높이이다. 잎은 마주나고 피침형이며 레몬 향이 난다. 8~9월에 가지 끝의 원뿔꽃차례에 연보라색~흰색 꽃이 모여 핀다. 잎은 음식에 넣고 기름은 향료로 사용한다. [1]**편도덤불**(*A. virgata*)은 아르헨티나 원산의 갈잎떨기나무로 5m 정도 높이로 자란다. 잎은 마주나고 타원형~달걀형이며 가장자리에 톱니가 있다. 잎겨드랑이에서 나오는 기다란 꽃송이에 자잘한 흰색 꽃이 촘촘히 달린다. 모두 남해안 이남에서 화단에 심어 기른다.

레몬버베나      [1]편도덤불

## 금로화(마편초과)
### *Duranta erecta*

열대 아메리카 원산의 늘푸른떨기나무로 1~5m 높이로 자란다. 가는 가지는 가시가 있고 비스듬히 처진다. 잎은 마주나거나 3장씩 돌려나며 타원형~달걀형으로 2~7㎝ 길이이고 끝이 뾰족하며 가장자리에 톱니가 있다. 5~10월에 송이꽃차례에 청자색 꽃이 촘촘히 달린다. [1]**금로화 '다크 퍼플'**('Dark Purple')은 진보라색 꽃잎 가장자리에 연한 색 무늬가 있는 품종이다. [2]**무늬금로화**('Variegata')는 잎에 연노란색 얼룩무늬가 있는 품종이다. 모두 실내에서 기른다.

금로화

[1]금로화 '다크 퍼플'      [2]무늬금로화

칠변화

## 칠변화/란타나(마편초과)
### *Lantana camara*

열대 아메리카 원산의 늘푸른떨기나무로 1~2m 높이로 자란다. 잎은 마주나고 달걀형이며 끝이 뾰족하고 가장자리에 톱니가 있으며 주름이 진다. 6~11월에 잎겨드랑이에서 자란 우산꽃차례에 자잘한 연보라색 꽃이 모여 피는데 꽃 색깔이 계속 변해서 '칠변화'라고 한다. 전체에 강한 독이 있으므로 조심해야 한다. 많은 재배 품종이 있다. [1]**위핑란타나**(*L. montevidensis*)는 우루과이 원산의 늘푸른떨기나무로 30~60㎝ 높이이고 가지가 늘어지며 땅에 닿으면 뿌리를 내린다. 연보라색 꽃의 중심부는 흰색이다. [2]**세잎란타나**(*L. trifolia*)는 중남미 원산의 늘푸른떨기나무로 60~100㎝ 높이이다. 잎은 마디에 3장씩 돌려난다. 우산꽃차례에 연보라색 꽃이 모여 핀다. 모두 실내에서 기르며 화단에 심기도 한다.
❶('Mutabilis') ❷('Nivea') ❸('Samantha')
❹(*L.* 'Lucky Sunrise Rose')

❶칠변화 '무타빌리스'   ❷칠변화 '니베아'

❸칠변화 '사만다'

❹란타나 '럭키 선라이즈 로즈'

[1]위핑란타나

[2]세잎란타나

파랑새넝쿨

1)겹물망초

### 파랑새넝쿨(마편초과)
*Petrea volubilis*

중남미 원산의 늘푸른덩굴나무로 1~6m 길이로 벋는다. 타원형 잎은 끝이 뾰족하고 가장자리가 밋밋하다. 가지 끝에서 나오는 송이꽃차례에 보라색 꽃이 모여 피는데 점차 연한 색으로 변하면서 여러 색이 섞여 있다. 1)겹물망초(*Phyla nodiflora*)는 열대 원산의 여러해살이풀로 바닥을 기며 마디에서 뿌리를 내린다. 잎은 마주나고 둥근 거꿀달걀형이며 톱니가 있다. 7~10월에 잎겨드랑이에서 나온 달걀형 꽃송이에 연보라색 꽃이 핀다. 모두 실내에서 심어 기른다.

### 자메이카뱀꼬리풀(마편초과)
*Stachytarpheta jamaicensis*

열대 아메리카 원산의 여러해살이풀로 60~120㎝ 높이이다. 잎은 마주나고 타원형이며 끝이 뾰족하고 가장자리에 톱니가 있다. 5~10월에 가지 끝의 가늘고 긴 이삭꽃차례에 자주색 꽃이 피어 올라간다. 1)붉은뱀꼬리풀(*S. mutabilis*)은 남미 원산의 여러해살이풀로 1.5m 정도 높이로 자란다. 잎은 마주나고 타원형이며 끝이 뾰족하고 가장자리에 톱니가 있다. 3~9월에 가지 끝의 가늘고 긴 이삭꽃차례에 홍적색 꽃이 피어 올라간다. 모두 실내에서 심어 기른다.

자메이카뱀꼬리풀

1)붉은뱀꼬리풀

버들마편초

1)블루버베인

2)숙근버베나

3)숙근버베나 '폴라리스'

4)화이트버베인

## 버들마편초(마편초과)
### *Verbena bonariensis*

남미 원산의 여러해살이풀로 1.5m 정도 높이로 자란다. 전체에 거센 털이 있다. 잎은 마주나고 넓은 선형이며 톱니가 있고 밑부분은 줄기를 감싼다. 7~10월에 줄기와 가지 끝의 짧은 이삭꽃차례에 자주색 꽃이 모여 달린다. 깔때기 모양의 꽃부리 끝은 5갈래로 갈라진다. 1)블루버베인(*V. hastata*)은 북미 원산의 여러해살이풀로 60~180㎝ 높이로 자란다. 잎은 마주나고 피침형이며 가장자리에 톱니가 있다. 7~9월에 줄기와 가지 끝의 이삭꽃차례에 청자색 꽃이 핀다. 2)숙근버베나(*V. rigida*)는 남미 원산의 여러해살이풀로 15~50㎝ 높이이다. 잎은 마주나고 넓은 선형~좁은 타원형이며 날카로운 톱니가 있다. 줄기와 가지 끝의 이삭꽃차례에 청자색 꽃이 모여 핀다. 꽃받침과 턱잎에 흰색 털과 샘털이 촘촘하다. 3)숙근버베나 '폴라리스'('Polaris')는 분홍색 꽃송이가 달리는 품종이다. 4)화이트버베인(*V. urticifolia*)은 북미 원산의 여러해살이풀로 90~150㎝ 높이이다. 잎은 마주나고 달걀형~타원형이며 가장자리에 톱니가 있고 잎맥을 따라 주름이 진다. 7~9월에 줄기와 가지 끝의 이삭꽃차례에 흰색 꽃이 핀다. 모두 화단에 심어 기르며 절화로 이용하기도 한다.

❷ 버베나 '라나이 트위스터 핑크' ❸ 버베나 '옵세션 애프리콧'

❶ 버베나 '라나이 라벤더 스타'

❹ 버베나 '옵세션 블루 위드 아이' ❺ 버베나 '옵세션 크림슨 위드 아이'

❻ 버베나 '옵세션 라벤더' ❼ 버베나 '옵세션 레드' ❽ 버베나 '옵세션 레드 위드 아이' ❾ 버베나 '옵세션 화이트'

**버베나**(마편초과)  *Verbena × hybrida*

중남미 원산의 교잡종으로 '가든버베나'라고도 하며 10~20㎝ 높이로 자란다. 줄기는 옆으로 벋는 품종도 있고 곧게 서는 품종도 있다. 잎은 마주나고 타원형이며 5㎝ 정도 길이이고 가장자리에 깊은 톱니가 있다. 봄~가을에 가지 끝에서 자란 고른꽃차례에 지름 1.5㎝ 정도의 꽃이 촘촘히 모여 달리며 품종에 따라 자주색, 파란색, 분홍색, 붉은색, 주황색, 흰색 등 여러 가지 색깔과 잡색 꽃이 핀다. 화단에 한해살이풀로 심어 기르며 흔히 지피식물로 이용한다.

❶('Lanai Lavender Star') ❷('Lanai Twister Pink') ❸('Obsession Apricot') ❹('Obsession Blue with Eye') ❺('Obsession Crimson with Eye') ❻('Obsession Lavender') ❼('Obsession Red') ❽('Obsession Red with Eye') ❾('Obsession White')

## 아주가/서양조개나물(꿀풀과)
### *Ajuga reptans*

유럽 원산의 여러해살이풀로 10~15㎝ 높이이다. 잎은 마주나고 거꿀피침형이며 4~6월에 잎겨드랑이에 청자색 꽃이 촘촘히 모여 핀다. **1)아주가 '버건디 글로우'**('Burgundy Glow')는 잎에 노란색, 분홍색, 보라색 등의 무늬가 있는 품종이다. **2)일본사향초**(*Chelonopsis yagiharana*)는 일본 원산의 여러해살이풀로 30~50㎝ 높이이다. 잎은 마주나고 좁은 거꿀달걀형이며 8~9월에 잎겨드랑이에 긴 종 모양의 홍적색 꽃이 피는데 3~4㎝ 길이이다. **3)네피텔라**(*Clinopodium nepeta*)는 지중해 연안 원산의 늘푸른여러해살이풀로 30~50㎝ 높이이다. 잎은 마주나고 넓은 달걀형이며 박하향이 난다. 6~10월에 깔때기 모양의 흰색~연자주색 꽃이 피는데 끝부분은 입술 모양으로 벌어지며 지름 4~5㎜이다. **4)무늬유럽긴병꽃풀**(*Glechoma hederacea* 'Variegata')은 유럽 원산인 유럽긴병꽃풀의 원예 품종으로 여러해살이풀이고 바닥을 기며 5~25㎝ 높이로 자란다. 잎은 마주나고 콩팥형이며 3~6㎝ 길이이고 가장자리에 둔한 톱니가 있으며 연노란색 얼룩무늬가 있다. 4~5월에 잎겨드랑이에 입술 모양의 연한 홍자색 꽃이 핀다. 모두 화단에 심어 기른다.

아주가

1)아주가 '버건디 글로우'    2)일본사향초

3)네피텔라    4)무늬유럽긴병꽃풀

꽃누리장나무

¹⁾뷰캐넌누리장

²⁾흰꽃누리장나무

³⁾캐시미어누리장

⁴⁾수양누리장나무

## 꽃누리장나무(꿀풀과)
*Clerodendrum bungei*

중국과 인도 원산의 갈잎떨기나무로 1~2m 높이이다. 잎은 마주나고 하트형이며 가장자리에 톱니가 있다. 7~9월에 가지 끝에 달리는 반구형 꽃송이에 자잘한 홍자색 꽃이 모여 핀다. 남부 지방에서 화단에 심는다. ¹⁾**뷰캐넌누리장**(*C. buchananii*)은 인도와 말레이시아 원산의 늘푸른떨기나무로 3~4m 높이이다. 잎은 하트형이고 가장자리에 잔톱니가 있다. 5~9월에 가지 끝의 꽃송이에 붉은색~주황색 꽃이 모여 핀다. ²⁾**흰꽃누리장나무**(*C. calamitosum*)는 자바 원산으로 2~3m 높이로 자란다. 잎은 마주나고 타원형이며 불규칙한 톱니가 있고 주름이 많이 진다. 잎겨드랑이에서 자라는 꽃송이에 흰색 꽃이 모여 피는데 암술과 수술이 꽃잎 밖으로 길게 벋는다. ³⁾**캐시미어누리장**(*C. chinense*)은 중국과 동남아시아 원산의 늘푸른떨기나무이다. 넓은 달걀형 잎은 끝이 뾰족하고 불규칙한 톱니가 있다. 가지 끝의 꽃송이에 흰색이나 분홍빛이 도는 겹꽃이 모여 핀 모습은 꽃다발처럼 보이며 아름다운 향기가 난다. ⁴⁾**수양누리장나무**(*C. laevifolium*)는 히말라야 원산으로 잎은 긴 타원형~피침형이고 가지 끝과 잎겨드랑이에서 나오는 흰색 꽃송이는 아래로 늘어진다. 모두 실내에서 심어 기른다.

파고다누리장

1)흰파고다누리장

## 파고다누리장(꿀풀과)
### *Clerodendrum paniculatum*

동남아시아 원산으로 1~2m 높이로 자란다. 잎은 마주나고 둥근 잎몸은 7~20cm 크기이며 여러 갈래로 갈라지고 밑부분이 심장저이다. 가지 끝의 커다란 꽃송이는 오래되면 불탑과 비슷한 모양으로 높아지기 때문에 영어로는 'Pagoda flower'라고 한다. 1)흰파고다누리장('Alba')은 흰색 꽃이 피는 품종이다. 2)샴페인누리장(*C. sahelangii*)은 말레이시아 원산으로 긴 타원형 잎은 마디에 4장씩 돌려나고 기다란 대롱 모양의 흰색 꽃은 10cm 정도 길이이며 아래로 비스듬히 처진다. 3)자바누리장나무(*C. × speciosum*)는 교잡종으로 잎은 달걀형이며 끝이 뾰족하고 가지 끝의 꽃송이에 홍적색 꽃이 피는데 꽃받침은 밝은 홍색이다. 4)화염누리장나무(*C. splendens*)는 아프리카 원산의 늘푸른떨기나무로 덩굴성이다. 세모진 달걀형 잎은 끝이 뾰족하다. 가지 끝의 꽃송이에 화려한 붉은색 꽃이 피며 꽃이 지면 꽃받침은 연보라색으로 물든다. 5)틈슨누리장나무/덴드롱(*C. thomsoniae*)은 서아프리카 원산으로 2~5m 길이로 벋는 반덩굴성 나무이다. 가지 끝에 큼직한 꽃송이가 달리며 붉은색 꽃은 흰색 꽃받침에 싸여 있고 암수술이 꽃잎 밖으로 길게 벋는다. 모두 실내에서 심어 기른다.

2)샴페인누리장

3)자바누리장나무

4)화염누리장나무

5)틈슨누리장나무

좀작살나무

## 좀작살나무(꿀풀과)
*Callicarpa dichotoma*

중부 이남에서 자라는 갈잎떨기나무로 1~2m 높이이다. 잎은 마주나고 피침형~거꿀달걀형이며 7~8월에 갈래꽃차례에 연자주색 꽃이 핀다. 둥근 열매는 지름 3mm 정도이며 가을에 보라색으로 익는다. [1]대만작살나무(*C. formosana*)는 대만 원산으로 달걀형~타원형 잎은 털로 덮여 있고 4~8월에 잎겨드랑이의 갈래꽃차례에 홍자색 꽃이 뭉쳐 핀다. [2]층꽃나무(*Caryopteris incana*)는 주로 경남과 전남의 바닷가에서 자라는 갈잎떨기나무로 30~60cm 높이이다. 잎은 마주나고 달걀형~피침형이며 가장자리에 큰 톱니가 있다. 7~9월에 보라색 꽃이 핀 갈래꽃차례가 윗부분의 잎겨드랑이에 층을 이루며 모여 달리기 때문에 '층꽃나무'라는 이름이 생겼다. 식물 전체에서 특유의 박하 향이 난다. [3]흰층꽃나무('Candida')는 흰색 꽃이 피는 품종이다. [4]주홍꿀풀나무(*Colquhounia coccinea*)는 동남아시아 원산의 늘푸른떨기나무로 2~3m 높이이다. 잎은 마주나고 둥근 달걀형~타원형이며 끝이 뾰족하고 가장자리에 작고 둔한 톱니가 있다. 여름에 가지 끝의 송이꽃차례에 입술 모양의 주홍색 꽃이 6~10개가 모여 달린다. 모두 화단에 심어 기른다.

[1]대만작살나무

[2]층꽃나무

[3]흰층꽃나무

[4]주홍꿀풀나무

## 히솝(꿀풀과)
### *Hyssopus officinalis*

중앙아시아와 남부 유럽 원산의 여러해살이풀로 50cm 정도 높이로 자란다. 잎은 마주나고 피침형이며 2~5cm 길이이고 끝이 뾰족하며 가장자리가 밋밋하다. 여름에 줄기 윗부분의 잎겨드랑이에 모여 피는 입술 모양의 청자색 꽃은 끝부분이 5갈래로 갈라지며 향기가 진하다. 육류 요리와 생선 요리에 향신료로 사용한다. [1]**분홍히솝**('Roseus')은 분홍색 꽃이 피는 품종이다. [2]**용머리**(*Dracocephalum argunense*)는 산과 들에서 자라는 여러해살이풀로 15~40cm 높이이다. 잎은 마주나고 선형이며 끝이 뾰족하고 광택이 있으며 가장자리가 뒤로 말린다. 6~8월에 줄기 윗부분에 모여 달리는 입술 모양의 자주색 꽃은 3~3.5cm 길이이다. [3]**용머리 '후지 화이트'**('Fuji White')는 흰색 꽃이 피는 원예 품종으로 가뭄에 강해서 암석 정원 등에 잘 어울린다. [4]**유럽광대 '비콘 실버'**(*Lamium maculatum* 'Beacon Silver')는 유럽광대의 원예 품종인 여러해살이풀로 줄기는 바닥을 긴다. 잎은 마주나고 달걀형이며 잎 가장자리만 녹색이고 중심부는 은백색이다. 4~6월에 줄기 끝의 꽃차례에 모여 달리는 입술 모양의 분홍색 꽃은 윗입술꽃잎이 투구 모양이다. 모두 화단에 심어 기른다.

히솝

[1]분홍히솝  [2]용머리

[3]용머리 '후지 화이트'

[4]유럽광대 '비콘 실버'

숙근꽃향유

¹⁾덤불향유

## 숙근꽃향유 / 목향유(꿀풀과)
### *Elsholtzia stauntonii*

중국 서북부 원산의 갈잎떨기나무로 1~1.5m 높이이다. 잎은 마주나고 긴 달걀형~피침형이며 끝이 뾰족하고 가장자리에 톱니가 있다. 8~10월에 가지 끝의 이삭꽃차례에 연자주색 꽃이 핀다. 화단에 심는다. ¹⁾덤불향유(*E. fruticosa*)는 중국 남부와 히말라야 원산의 갈잎떨기나무로 1~2m 높이이다. 잎은 마주나고 타원형이며 가장자리에 톱니가 있다. 7~9월에 가지 끝의 원통형 꽃이삭에 5㎜ 정도 길이의 연노란색 꽃이 촘촘히 달린다. 남부 지방의 화단에 심어 기른다.

## 사자꼬리(꿀풀과)
### *Leonotis leonurus*

남아프리카 원산의 늘푸른떨기나무로 1~3m 높이로 자란다. 줄기는 네모지며 모서리는 둔하고 짧은털이 촘촘하다. 잎은 마주나고 피침형이며 길이 5~10㎝, 너비 1.5~2㎝이고 끝이 뾰족하며 가장자리에 톱니가 있다. 잎 뒷면과 짧은 잎자루에 털이 빽빽하다. 잎을 자르면 냄새가 난다. 10~12월에 잎겨드랑이에 촘촘히 돌려나는 원통형의 주황색 꽃은 4~7㎝ 길이이며 끝부분이 입술 모양이고 긴털이 빽빽하다. 제주도에서 화단에 심어 기른다.

사자꼬리

## 잉글리쉬라벤더(꿀풀과)
### *Lavandula angustifolia*

잉글리쉬라벤더

지중해 연안과 서아시아 원산의 여러해살이풀로 60㎝ 정도 높이로 무리 지어 자란다. 잎은 마주나고 선형이며 가장자리가 밋밋하다. 5~8월에 줄기 끝의 이삭꽃차례는 5~8㎝ 길이이며 지름 1㎝ 정도의 청자색 꽃이 10~20개씩 촘촘히 모여 핀다. 꽃자루가 길어서 말린 꽃으로도 이용한다. <sup>1)</sup>**잉글리쉬라벤더 '블루 아이스'**('Blue Ice')는 초여름에 하늘색 꽃이 피는 품종으로 향기가 진하다. <sup>2)</sup>**우루바노라벤더** (*L. dentata*)는 지중해 연안 원산의 여러해살이풀로 60㎝ 정도 높이로 자란다. 잎은 마주나고 좁은 타원형이며 새로 돋는 잎은 회백색 잔털이 빽빽하다. 6~8월에 원통형 이삭꽃차례에 입술 모양의 보라색 꽃이 모여 피는데 보라색 포 조각은 수명이 길다. <sup>3)</sup>**프렌치라벤더**(*L. stoechas*)는 지중해 연안 원산의 늘푸른여러해살이풀로 30~100㎝ 높이로 무리 지어 자란다. 잎은 마주나고 피침형~좁은 타원형이며 2~4㎝ 길이이고 회색 털로 덮인다. 4~7월에 긴 꽃줄기 끝의 원통형 꽃차례는 2㎝ 정도 길이이며 토끼의 귀를 닮은 연자주색 꽃이 모여 피는데 향기가 진하다. <sup>4)</sup>**흰프렌치라벤더**('Alba')는 흰색 꽃이 피는 품종이다. 모두 화단에 허브식물로 심어 기른다.

<sup>1)</sup>잉글리쉬라벤더 '블루 아이스'　<sup>2)</sup>우루바노라벤더

<sup>3)</sup>프렌치라벤더　<sup>4)</sup>흰프렌치라벤더

사자귀익모초

¹⁾익모초

### 사자귀익모초(꿀풀과)
*Leonurus cardiaca*

유라시아 원산의 여러해살이풀로 60~100㎝ 높이로 자란다. 잎은 마주나고 잎몸이 3~5갈래로 갈라지며 갈래조각 끝은 뾰족하다. 여름에 윗부분의 잎겨드랑이에 입술 모양의 흰색~연분홍색 꽃이 돌려 가며 촘촘히 달린다. ¹⁾**익모초**(*L. japonicus*)는 산과 들에서 자라는 두해살이풀이다. 잎은 마주나고 3갈래로 깊게 갈라지며 갈래조각은 다시 2~3갈래로 가늘게 갈라진다. 7~9월에 윗부분의 잎겨드랑이마다 입술 모양의 연한 홍자색 꽃이 층층이 돌려 가며 달린다. 모두 화단에 심어 기른다.

### 레몬밤(꿀풀과)
*Melissa officinalis*

지중해 연안 원산의 여러해살이풀로 40~70㎝ 높이로 자란다. 잎은 마주나고 넓은 달걀형이며 가장자리에 톱니가 있고 레몬 향이 난다. 6~7월에 잎겨드랑이에 자잘한 입술 모양의 연분홍색 꽃이 모여 핀다. ¹⁾**허하운드/쓴박하**(*Marrubium vulgare*)는 유라시아 원산의 여러해살이풀로 60㎝ 정도 높이이다. 잎은 마주나고 타원형이며 회녹색이다. 6~9월에 잎겨드랑이에 입술 모양의 흰색 꽃이 모여 피며 박하 향이 난다. 모두 화단에 허브식물로 심어 기른다.

레몬밤

¹⁾허하운드

## 애플민트(꿀풀과)
### *Mentha suaveolens*

지중해 연안 원산의 여러해살이풀로 30~80㎝ 높이로 자라며 전체가 부드러운 털로 덮여 있다. 잎은 마주나고 좁은 달걀형이며 사과 향이 난다. 6~8월에 이삭꽃차례에 연분홍색~흰색 꽃이 모여 핀다. **1)파인애플민트**('Variegata')는 잎에 흰색 반점이 있는 품종이다. **2)긴잎박하**(*M. longifolia*)는 유라시아와 아프리카 원산으로 40~120㎝ 높이이다. 잎은 피침형~긴 달걀형이며 뒷면은 흰빛이 돈다. 여름에 이삭꽃차례에 청자색 꽃이 모여 핀다. **3)페니로얄민트**(*M. pulegium*)는 유라시아 원산의 여러해살이풀로 붉은색 줄기는 20~50㎝ 높이이다. 잎은 타원형이며 가장자리에 톱니가 있고 7~10월에 잎겨드랑이에 연보라색 꽃이 둥글게 모여 달린다. **4)스피어민트**(*M. spicata*)는 유럽 원산의 여러해살이풀로 40~130㎝ 높이이다. 긴 달걀형 잎은 가장자리에 날카로운 톱니가 있다. 6~10월에 잎겨드랑이마다 청자색 꽃이 촘촘히 모여서 이삭꽃차례 모양이 된다. **5)초코민트/페퍼민트**(*M. × piperita*)는 교잡종으로 60~90㎝ 높이이다. 달걀형~피침형 잎은 잔털이 있다. 여름에 잎겨드랑이의 이삭꽃차례에 자주색~연보라색 꽃이 모여 핀다. 모두 화단에 허브식물로 심어 기른다.

애플민트

**1)파인애플민트**

**2)긴잎박하**

**3)페니로얄민트**

**4)스피어민트**

**5)초코민트**

### 점박이베르가못(꿀풀과)
*Monarda punctata*

북미 원산의 여러해살이풀로 90cm 정도 높이로 자라며 네모진 줄기는 자주색이고 잔털이 있다. 잎은 마주나고 피침형이며 끝이 뾰족하고 가장자리에 톱니가 있으며 잎자루는 짧다. 윗부분의 잎은 톱니가 없다. 6~9월에 잎겨드랑이에 층층이 달리는 꽃은 연노란색 바탕에 자주색 반점이 있다. 기다란 포는 흰색~분홍색이며 끝부분은 연녹색이 돈다. 1)레드베르가못(*M. didyma*)은 북미 원산의 여러해살이풀로 50~90cm 높이이다. 잎은 마주나고 피침형~달걀형이며 잎맥은 붉은빛이 돈다. 6~10월에 줄기 끝의 둥근 꽃차례에 입술 모양의 붉은색 꽃이 모여 피며 꽃받침통은 적자색이고 포도 붉은빛이 돈다. 2)레드베르가못 '화이어볼'('Fireball')은 병충해에 강한 품종으로 홍적색 꽃송이가 달린다. 3)와일드베르가못(*M. fistulosa*)은 북미 원산의 여러해살이풀로 60~120cm 높이로 자란다. 잎은 마주나고 피침형이며 회녹색이고 가장자리에 거친 톱니가 있다. 6~9월에 줄기 끝의 둥근 꽃송이에 대롱 모양의 연보라색 꽃이 모여 핀다. 4)와일드베르가못 '클레어 그레이스'('Claire Grace')는 둥근 꽃송이에 홍자색 꽃이 모여 피는 품종이다. 모두 화단에 심어 기른다.

점박이베르가못

1)레드베르가못

2)레드베르가못 '화이어볼'

3)와일드베르가못

4)와일드베르가못 '클레어 그레이스'

개박하

1)파쎄니개박하

2)파쎄니개박하 '아우슬레제'

3)일본개박하

4)네페타 '워커스 로우'

## 개박하/캣닢(꿀풀과)
### Nepeta cataria

풀밭에서 드물게 자라는 여러해살이풀로 50~100㎝ 높이이다. 잎은 세모진 달걀형이며 잎자루에 날개가 없다. 6~8월에 가지 끝의 원뿔꽃차례에 피는 흰색 꽃은 자주색 점이 퍼져 있다. 잎의 향기를 고양이가 좋아한다. 1)파쎄니개박하(N. × faassenii)는 교잡종으로 여러해살이풀이며 30~40㎝ 높이이다. 달걀형 잎은 백록색이며 가장자리에 둥근 톱니가 있고 벨벳처럼 부드러우며 좋은 향기가 난다. 5~9월에 가지 끝의 송이꽃차례에 연한 청자색 꽃이 핀다. 2)파쎄니개박하 '아우슬레제'('Auslese')는 잎은 연녹색이고 청자색 꽃이 피는 품종이다. 3)일본개박하(N. subsessilis)는 일본 원산의 여러해살이풀로 30~100㎝ 높이로 자란다. 네모진 줄기는 가지가 갈라지지 않는다. 잎은 마주나고 달걀형~피침형이며 가장자리에 톱니가 있다. 잎 뒷면에 기름점이 많다. 7~8월에 줄기 윗부분의 잎겨드랑이에 입술 모양의 청자색 꽃이 모여 핀다. 4)네페타 '워커스 로우'(N. 'Walker's Low')는 교잡종으로 여러해살이풀이며 60~75㎝ 높이로 자라고 향기가 좋다. 달걀형 잎은 회녹색이며 4~9월에 줄기 윗부분에 청자색 꽃이 풍성하게 핀다. 모두 화단에 허브식물로 심는다.

바질      <sup>1)</sup>시나몬바질

## 바질/스위트바질(꿀풀과)
### *Ocimum basilicum*

열대 아시아 원산의 여러해살이풀로 30~70㎝ 높이로 자란다. 잎은 마주나고 달걀형이며 4~10㎝ 길이이고 가장자리에 물결 모양의 톱니가 있으며 향기가 강하다. 여름에 줄기 윗부분의 잎겨드랑이에 입술 모양의 흰색~연보라색 꽃이 모여 핀다. <sup>1)</sup>**시나몬바질**('Cinnamomun')은 바질의 원예 품종으로 줄기가 붉다. 여름에 가지 끝에 달리는 꽃차례도 적갈색이 돌며 입술 모양의 분홍색 꽃이 핀다. 모두 화단에 허브식물로 심어 기른다. 줄기를 말려서 향신료로 쓴다.

소엽      <sup>1)</sup>주름차즈기

## 소엽/차즈기(꿀풀과)
### *Perilla frutescens* v. *crispa*

중국 원산의 한해살이풀로 20~80㎝ 높이로 자란다. 잎은 마주나고 넓은 달걀형이며 끝이 뾰족하고 가장자리에 톱니가 있으며 흔히 자줏빛이 돈다. 8~9월에 줄기와 가지 끝의 송이꽃차례에 연자주색 꽃이 촘촘히 달린다. 원통형 꽃받침에 털이 있다. 밭에서 재배하며 들로 퍼져 나가 저절로 자라기도 한다. <sup>1)</sup>**주름차즈기**(Curly form)는 자줏빛이 도는 잎의 가장자리가 톱니처럼 얕게 갈라지며 주름이 지는 품종이다. 모두 화단에 심어 기른다. 식중독에 걸렸을 때 잎을 삶아 먹는다.

## 왕관골무(꿀풀과)
*Origanum rotundifolium*

터키 원산의 여러해살이풀로 15~25cm 높이이다. 잎은 마주나고 둥근 달걀형이며 청록색이다. 촘촘히 포개진 연한 황록색 포조각 사이에서 깔때기 모양의 흰색~연분홍색 꽃이 핀다. [1]왕관골무 '켄트 뷰티'('Kent Beauty')는 원예 품종으로 연노란색 포조각이 연분홍색으로 변하며 그 사이에서 깔때기 모양의 분홍색 꽃이 핀다. [2]아마눔오레가노(*O. amanum*)는 터키 원산의 늘푸른반떨기나무로 10~20cm 높이이다. 하트형 잎은 향기가 강하다. 8~10월에 자주색 포조각 사이에서 기다란 대롱 모양의 홍자색 꽃이 핀다. [3]크레타오레가노(*O. dictamnus*)는 지중해 크레타섬 원산의 여러해살이풀로 20~40cm 높이이다. 넓은 달걀형 잎에는 잔털이 촘촘하다. 6~8월에 가지 끝에 겹쳐진 포조각 사이에서 깔때기 모양의 연분홍색 꽃이 핀다. [4]마조람(*O. majorana*)은 지중해 연안 원산의 여러해살이풀로 40~60cm 높이이다. 달걀형 잎은 가장자리가 밋밋하고 향기가 있다. 6~8월에 연노란색~연분홍색 꽃이 촘촘히 핀다. [5]오레가노(*O. vulgare*)는 유라시아 원산의 여러해살이풀로 30~60cm 높이이다. 달걀형 잎은 잔털로 덮여 있다. 7~9월에 줄기 끝에 입술 모양의 연한 홍자색 꽃이 모여 핀다. 모두 화단에 심는다.

[1]왕관골무 '켄트 뷰티'　　왕관골무

[2]아마눔오레가노

[3]크레타오레가노

[4]마조람　　[5]오레가노

## 자바고양이수염(꿀풀과)
### *Orthosiphon aristatus*

동남아시아와 호주 원산의 늘푸른 여러해살이풀로 50~100㎝ 높이이다. 잎은 마주나고 달걀형이며 끝이 뾰족하고 가장자리에 톱니가 있다. 5~11월에 줄기 끝의 송이꽃차례에 입술 모양의 흰색 꽃이 피는데 4개의 수술이 고양이 수염처럼 길게 벋는다. 1)**무늬자바고양이수염**('Variegated')은 잎에 흰색 무늬가 있는 품종이다. 2)**자주자바고양이수염**('Purple')은 연보라색 꽃이 피는 품종이다. 3)**농눅덩굴**(*Petraeovitex bambusetorum*)은 동남아시아 원산의 늘푸른여러해살이덩굴풀로 5~10월에 잎겨드랑이에서 꽃송이가 늘어진다. 꽃송이에 촘촘히 달리는 꽃잎 모양의 노란색 포 사이에 원통 모양의 연노란색 꽃이 핀다. 4)**달걀잎민트부시**(*Prostanthera ovalifolia*)는 호주 원산의 늘푸른떨기나무로 30~150㎝ 높이이다. 잎은 마주나고 긴 달걀형~타원형이다. 3~4월에 가지 끝의 송이꽃차례에 종 모양의 홍자색 꽃이 피며 흰색 꽃이 피는 품종도 있다. 5)**도레미꽃**(*Rotheca incisa*)은 아프리카 원산의 늘푸른떨기나무로 1~1.5m 높이이다. 잎은 마주나고 타원형이며 가장자리에 거친 톱니가 있다. 가느다란 대롱 끝에 달린 흰색 꽃봉오리의 모양이 콩나물이나 음표를 닮았다. 모두 실내에서 심어 기른다.

자바고양이수염

1)무늬자바고양이수염

2)자주자바고양이수염

3)농눅덩굴

4)달걀잎민트부시

5)도레미꽃

러시안세이지

[1]러시안세이지 '블루 스파이어'

## 러시안세이지(꿀풀과)
### *Perovskia atriplicifolia*

티베트~서남아시아 원산의 여러 해살이풀로 1m 정도 높이로 자라며 민트와 비슷한 향기가 난다. 잎은 마주나고 달걀형이며 가장자리가 깃꼴로 불규칙하게 갈라지기도 하고 회녹색이다. 7~10월에 가지 끝과 잎겨드랑이에서 자란 꽃대에 입술 모양의 청자색 꽃이 촘촘히 모여 달린다. '러시안세이지'라고 하지만 러시아에서 자생하지는 않으며 '가을라벤더'라고도 한다. [1]**러시안세이지 '블루 스파이어'**('Blue Spire')는 진한 푸른색 꽃이 피는 품종이다. 모두 화단에 심는다.

## 터키속단(꿀풀과)
### *Phlomis russeliana*

터키 원산의 늘푸른여러해살이풀로 1.5m 정도 높이로 자란다. 밑부분의 잎은 커다란 하트형이며 긴 잎자루가 있고 그대로 겨울을 난다. 줄기잎은 잎자루가 없다. 5~9월에 줄기 윗부분의 잎겨드랑이에 입술 모양의 연노란색 꽃이 촘촘히 모여 핀다. [1]**투베로사속단**(*Phlomoides tuberosa*)은 유라시아 원산의 여러해살이풀로 40~150㎝ 높이이다. 세모진 피침형 잎은 톱니가 있고 7~9월에 윗부분의 잎겨드랑이에 입술 모양의 자주색 꽃이 촘촘히 달린다. 모두 화단에 심어 기른다.

터키속단

[1]**투베로사속단**

꽃범의꼬리

1)흰꽃범의꼬리    2)무늬꽃범의꼬리

### 꽃범의꼬리(꿀풀과)
*Physostegia virginiana*

북미 원산의 여러해살이풀로 60~
120㎝ 높이로 자란다. 잎은 마주나
고 피침형~긴 타원형이며 가장자
리에 톱니가 있다. 7~9월에 줄기
와 가지 끝의 송이꽃차례에 연한 홍
자색 꽃이 핀다. 깔때기 모양의 꽃
부리는 2~3㎝ 길이이며 끝부분은
입술 모양으로 벌어지고 꽃받침은
종 모양이다. 1)흰꽃범의꼬리('Alba')
는 흰색 꽃이 피는 품종이다. 2)무
늬꽃범의꼬리('Variegata')는 잎에
연노란색 얼룩무늬가 있는 품종이
다. 모두 화단에 심어 기르고 절화
로도 이용한다.

### 로즈마리(꿀풀과)
*Rosmarinus officinalis*

지중해 원산의 늘푸른떨기나무로
1~2m 높이이다. 잎은 마주나고 선
형이며 2.5㎝ 정도 길이이고 가장
자리가 뒤로 말린다. 잎몸은 가죽
질이고 앞면은 광택이 있으며 뒷
면은 분백색 솜털이 있다. 이른 봄에
잎겨드랑이에 2~3개의 입술 모양
의 연한 청색 꽃이 핀다. 암수술은
꽃잎 밖으로 둥글게 휘어진다. 1)크
리핑로즈마리('Prostratus')는 원예
품종인 늘푸른떨기나무로 가지가
촘촘하고 비스듬히 눕는다. 모두
남해안 이남에서 화단에 심어 기른
다. 잎가지는 요리에 이용한다.

로즈마리    1)크리핑로즈마리

## 은엽콜레우스 '실버 쉴드'(꿀풀과)
### *Plectranthus argentatus* 'Silver Shield'

은엽콜레우스 '실버 쉴드'

호주 원산의 원예 품종으로 여러해살이풀이며 60~80cm 높이이다. 잎은 마주나고 달걀형이며 끝이 뾰족하고 가장자리에 둔한 톱니가 있으며 은백색 털로 덮여 있다. 여름에 줄기 끝의 이삭꽃차례에 입술 모양의 흰색 꽃이 핀다. [1]**무늬연백초/캔들플랜트**(*P. glabratus* 'Marginatus')는 원예 품종으로 25~30cm 높이이며 달걀형 잎은 가장자리에 톱니와 함께 연노란색 얼룩무늬가 있다. 가지 끝의 송이꽃차례에 흰색~연보라색 꽃이 핀다. [2]**랍스터꽃**(*P. neochilus*)은 남아프리카 원산으로 60~90cm 높이이다. 잎은 마주나고 거꿀달걀형이며 회녹색이고 향기가 있다. 줄기 끝의 이삭꽃차례에 랍스터 모양의 청자색 꽃이 핀다. [3]**채엽초 '핑거 페인트'**(*P. scutellarioides* 'Finger Paint')는 열대 아시아 원산의 원예 품종인 늘푸른여러해살이풀로 60~75cm 높이이다. 달걀형 잎은 노란색 바탕에 적갈색 무늬가 있고 송이꽃차례에 보라색 꽃이 핀다. 채엽초는 잎에 아름다운 무늬가 있는 많은 품종이 있다. [4]**플렉트란투스 '모나 라벤더'**(*P.* 'Mona Lavender')는 교잡종인 여러해살이풀로 달걀형 잎은 톱니가 굵고 뒷면은 흑자색이다. 5~9월에 송이꽃차례에 자주색 꽃이 핀다. 모두 화단에 심어 기른다.

[1]무늬연백초

[2]랍스터꽃

[3]채엽초 '핑거 페인트'

[4]플렉트란투스 '모나 라벤더'

## 실버세이지(꿀풀과)
### *Salvia argentea*

지중해 연안 원산의 여러해살이풀로 30~90cm 높이이다. 뿌리잎은 달걀형이며 20~30cm 길이이고 가장자리에 불규칙하며 둔한 톱니가 있고 은백색 털로 덮여 있다. 여름에 줄기의 윗부분에 흰색 꽃이 모여 핀다. [1]뷰캐넌세이지(*S. buchananii*)는 멕시코 원산의 여러해살이풀로 30~60cm 높이이다. 잎은 마주나고 달걀형이며 끝이 뾰족하고 가장자리에 톱니가 있으며 앞면은 광택이 있다. 여름에 피는 홍자색 꽃은 길이 5cm 정도이며 털로 덮여 있다. [2]텍사스세이지(*S. coccinea*)는 멕시코 원산의 여러해살이풀로 30~100cm 높이이다. 잎은 마주나고 세모꼴이며 5~10월에 이삭꽃차례에 모여 달리는 입술 모양의 붉은색 꽃은 2cm 정도 길이이다. [3]코랄림프세이지('Coral Nymph')는 텍사스세이지의 원예 품종으로 입술 모양이 꽃은 위쪽이 연분홍색이며 아래쪽은 홍적색이다. [4]신장깨꽃(*S. deserta*)은 중국의 신장 지방 원산의 여러해살이풀로 70cm 정도 높이이다. 잎은 마주나고 달걀형~달걀모양의 피침형이며 가장자리에 불규칙한 톱니가 있다. 6~10월에 줄기 끝의 송이꽃차례에 입술 모양의 청자색 꽃이 모여 핀다. 말린 뿌리줄기는 혈액 순환을 돕는 한약재로 쓴다. 모두 화단에 심어 기른다.

실버세이지

[1]뷰캐넌세이지

[2]텍사스세이지

[3]코랄림프세이지

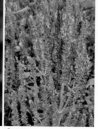
[4]신장깨꽃

## 가을세이지(꿀풀과)
### *Salvia greggii*

멕시코 원산의 여러해살이풀로 50~100cm 높이이다. 잎은 마주나고 달걀형이며 끝이 둔하고 가장자리가 밋밋하다. 5~10월에 줄기 윗부분의 이삭꽃차례에 달리는 입술 모양의 붉은색 꽃은 지름 2cm 정도이다. [1)]가을세이지 '블루 노트'('Blue Note')는 원예 품종으로 입술 모양의 푸른색 꽃이 핀다. [2)]안데스세이지(*S. discolor*)는 페루 원산의 여러해살이풀로 30~100cm 높이이며 비단실 모양의 털로 덮여 있다. 5~11월에 이삭 모양으로 달리는 흑청색 꽃은 회녹색 꽃받침에 싸인다. [3)]파인애플세이지(*S. elegans*)는 중미 원산의 여러해살이풀로 1~1.5m 높이이다. 달걀형 잎은 파인애플 향기가 나고 7~9월에 이삭꽃차례에 입술 모양의 붉은색 꽃이 달린다. [4)]밀리컵세이지(*S. farinacea*)는 미국과 멕시코 원산의 여러해살이풀로 60cm 정도 높이이다. 줄기와 꽃봉오리는 흰색 가루로 덮인다. 잎은 타원형~달걀형이며 5~10월에 줄기 끝과 잎겨드랑이에 푸른색~청자색 꽃이 촘촘히 달린다. [5)]살비아 '아미스타드'(*S. 'Amistad'*)는 교잡종으로 90~150cm 높이이다. 달걀형 잎은 끝이 뾰족하고 여름에 모여 피는 보라색 꽃은 꽃받침이 흑자색이다. 모두 화단에 심어 기른다.

가을세이지

[1)]가을세이지 '블루 노트'

[2)]안데스세이지

[3)]파인애플세이지

[4)]밀리컵세이지

[5)]살비아 '아미스타드'

끈끈이참배암차즈기

### 끈끈이참배암차즈기(꿀풀과)
*Salvia glutinosa*

유라시아 원산의 여러해살이풀로 40~60cm 높이이며 줄기와 잎이 샘털로 덮인다. 잎은 마주나고 달걀형이며 끝이 뾰족하고 밑부분이 심장저이며 가장자리에 거친 톱니가 있다. 6~9월에 입술 모양의 노란색 꽃이 모여 핀다. [1]아니스향세이지(*S. coerulea* 'Black & Blue')는 남미 원산의 원예 품종으로 줄기는 90~150cm 높이이며 샘털이 있다. 6~10월에 줄기 끝의 이삭꽃차례에 피어 올라가는 입술 모양의 진한 청자색 꽃은 꽃받침통이 흑자색이다. [2]장미잎세이지 '부탱'(*S. involucrata* 'Boutin')은 멕시코 원산의 원예 품종으로 1~1.5m 높이이다. 잎은 마주나고 달걀형이며 끝이 뾰족하고 부드러운 털이 있다. 7~10월에 줄기 끝의 이삭꽃차례에 입술 모양의 홍적색 꽃이 핀다. [3]유고세이지(*S. jurisicii*)는 발칸반도 원산의 여러해살이풀로 30cm 정도 높이로 자란다. 잎몸은 깃꼴로 깊게 갈라지고 꽃과 함께 털이 많다. 초여름에 피는 입술 모양의 보라색 꽃은 위아래가 뒤집힌 모양이 대부분이다. [4]멕시칸세이지(*S. leucantha*)는 멕시코 원산으로 1~1.5m 높이이다. 선형 잎은 부드러운 털로 덮여 있고 이삭꽃차례에 달리는 적자색 꽃은 꽃받침이 진한 적자색이다. 모두 화단에 심어 기른다.

[1]아니스향세이지

[2]장미잎세이지 '부탱'

[3]유고세이지

[4]멕시칸세이지

## 체리세이지(꿀풀과)
*Salvia microphylla*

미국 남부와 멕시코 원산의 여러해살이풀로 1~1.5m 높이로 자란다. 잎은 마주나고 달걀형이며 가장자리에 톱니가 있다. 4~11월에 줄기 끝과 잎겨드랑이에서 나온 꽃차례에 입술 모양의 붉은색 꽃이 핀다. <sup>1)</sup>핫립세이지('Hot Lips')는 꽃이 흰색 바탕에 아래쪽에 붉은색 무늬가 있는 품종이다. <sup>2)</sup>미스틱스파이어블루세이지(*S. longispica × farinacea*)는 북중미 원산의 교잡종으로 30~90cm 높이이다. 긴 타원형 잎은 가장자리에 톱니가 있다. 4~10월에 긴 꽃줄기 끝의 꽃차례에 청자색 꽃이 층층으로 달린다. <sup>3)</sup>수금세이지 '퍼플 녹아웃'(*S. lyrata* 'Purple Knockout')은 북미 원산의 원예 품종으로 40cm 정도 높이이다. 수금을 닮은 잎은 흑자색이고 5~7월에 줄기 끝에 흰색 꽃이 층층이 달린다. <sup>4)</sup>단삼(*S. miltiorrhiza*)은 중국 원산의 여러해살이풀로 40~80cm 높이이다. 잎은 마주나고 홑잎~깃꼴겹잎이며 작은잎은 달걀형~피침형이다. 5~6월에 줄기 윗부분에 입술 모양의 자주색 꽃이 층층으로 달린다. <sup>5)</sup>살비아 '아프리칸 스카이'(*S.* 'African Sky')는 교잡종으로 30~80cm 높이이며 타원형 잎은 가장자리에 둔한 톱니가 있다. 여름에 푸른색 꽃이 층층이 달린다. 모두 화단에 심어 기른다.

체리세이지

<sup>1)</sup>핫립세이지

<sup>2)</sup>미스틱스파이어블루세이지

<sup>3)</sup>수금세이지 '퍼플 녹아웃'

<sup>4)</sup>단삼

<sup>5)</sup>살비아 '아프리칸 스카이'

숙근세이지

❶숙근세이지 '블라후겔'

❷숙근세이지 '로젠바인'

❸숙근세이지 '블루힐'　❹숙근세이지 '센세이션 딥 로즈'　❺숙근세이지 '센세이션 바이올렛 블루'　❻숙근세이지 '센세이션 화이트'

## 숙근세이지(꿀풀과) *Salvia nemorosa*

중부 유럽과 서아시아 원산의 여러해살이풀로 30~50㎝ 높이로 무리 지어 자란다. 잎은 마주나고 긴 타원형~달걀형이며 8㎝ 정도 길이이고 끝이 뾰족하며 밑부분은 약간 심장저이고 가장자리에 톱니가 있다. 잎몸은 주름이 지며 잎자루가 있다. 5~9월에 줄기 끝과 윗부분의 잎겨드랑이에서 나온 이삭꽃차례에 입술 모양의 진보라색 꽃이 층층으로 4~6개씩 달리는데 꽃은 1.5㎝ 정도 길이이다. 많은 원예 품종이 개발되어 화단에 관상용으로 널리 심어지고 있으며 꽃 색깔이 여러 가지이다.

❶('Blauhugel') ❷('Rosenwein') ❸('Blue Hill') ❹('Sensation Deep Rose')
❺('Sensation Violet Blue') ❻('Sensation White')

세이지

<sup>1)</sup>세이지 '베르그가르텐'

<sup>2)</sup>초원세이지

<sup>3)</sup>초원세이지 '매덜린'

<sup>4)</sup>초원세이지 '스완 레이크'

## 세이지(꿀풀과)
### *Salvia officinalis*

지중해 연안 원산의 여러해살이풀로 50~70㎝ 높이로 자라며 전체에서 향기가 난다. 잎은 마주나고 타원형이며 가장자리에 잔톱니가 있고 앞면에 그물 모양의 미세한 주름이 있다. 잎 뒷면은 줄기와 함께 흰색 털이 있어서 회녹색이고 잎자루가 짧다. 5~7월에 줄기 윗부분의 송이꽃차례에 층층이 달리는 입술 모양의 보라색 꽃은 1.5~2㎝ 길이이다. <sup>1)</sup>**세이지 '베르그가르텐'**('Berggarten')은 원예 품종으로 잎은 회녹색이며 청자색 꽃이 층층이 핀다. <sup>2)</sup>**초원세이지**(*S. pratensis*)는 유럽, 서아시아, 북아프리카 원산의 여러해살이풀로 1~1.5m 높이로 자란다. 네모진 줄기는 부드러운 털과 샘털로 덮여 있다. 잎은 마주나고 긴 달걀형이며 가장자리에 불규칙한 톱니가 있고 주름이 진다. 6~8월에 줄기 끝의 이삭꽃차례에 층층이 달리는 입술 모양의 청자색 꽃은 2~3㎝ 길이이다. <sup>3)</sup>**초원세이지 '매덜린'**('Madeline')은 원예 품종으로 잎 가장자리가 물결 모양이고 푸른색 꽃은 아랫입술꽃잎이 흰색이다. <sup>4)</sup>**초원세이지 '스완 레이크'**('Swan Lake')는 원예 품종으로 45~75㎝ 높이이다. 잎은 마주나고 연녹색이며 주름이 지고 5~9월에 흰색 꽃이 층층이 달린다. 모두 화단에 심어 기른다.

깨꽃 품종
❶깨꽃 '살사 버건디' ❷깨꽃 '살사 라이트 퍼플'
❸깨꽃 '살사 퍼플' ❹깨꽃 '살사 로즈'
❺깨꽃 '살사 살몬' ❻깨꽃 '살사 스칼렛' ❼깨꽃 '살사 스칼렛 바이컬러' ❽깨꽃 '살사 화이트'

## 깨꽃/샐비어(꿀풀과) *Salvia splendens*

브라질 원산의 여러해살이풀로 60~90㎝ 높이로 자란다. 네모진 줄기는 곧
게 서고 가지가 갈라진다. 잎은 마주나고 달걀형이며 5~9㎝ 길이이고 끝
이 뾰족하며 가장자리에 얕은 톱니가 있다. 5~10월에 줄기와 가지 끝에
달리는 송이꽃차례는 8~10㎝ 길이이며 포조각, 꽃받침, 꽃부리는 모두 붉
은색이다. 원통형 꽃부리는 5~6㎝ 길이이며 끝부분은 입술 모양으로 갈
라진다. 많은 재배 품종을 화단에 심으며 꽃 색깔이 여러 가지이다.
❶('Salsa Burgundy') ❷('Salsa Light Purple') ❸('Salsa Purple') ❹('Salsa Rose')
❺('Salsa Salmon') ❻('Salsa Scarlet') ❼('Salsa Scarlet Bicolor') ❽('Salsa
White')

## 라일락세이지 '앤드리스 러브'(꿀풀과)
### *Salvia verticillata* 'Endless Love'

라일락세이지 '앤드리스 러브'

1)페인티드세이지

2)우드세이지 '마이나흐트'

3)우드세이지 '비올라 클로제'

4)전단삼

유럽과 서아시아 원산인 라일락세이지의 원예 품종으로 여러해살이풀이며 30~90㎝ 높이로 자란다. 잎은 마주나고 달걀형이며 밑부분이 얕은 심장저이고 가장자리에 톱니가 있으며 털로 덮여 있다. 5~8월에 줄기 윗부분에 자주색 꽃이 층층이 피어 올라간다. 1)**페인티드세이지**(*S. viridis*)는 지중해 연안 원산으로 20~50㎝ 높이이다. 7~8월에 줄기 끝의 꽃차례에 달리는 큼직한 포조각이 분홍색, 보라색, 흰색 등으로 물들고 입술 모양의 연노란색 꽃은 윗입술꽃잎이 자주색이나 분홍색이다. 2)**우드세이지 '마이나흐트'**(*S. × sylvestris* 'Mainacht')는 교잡종인 여러해살이풀로 30~60㎝ 높이이다. 잎은 마주나고 긴 달걀형이며 두툼하고 잎맥을 따라 골이 지며 가장자리에 잔톱니가 있다. 5~7월에 줄기 끝의 송이꽃차례에 입술 모양의 진보라색 꽃이 핀다. 3)**우드세이지 '비올라 클로제'**('Viola Klose')는 교잡종으로 50㎝ 정도 높이이며 5~9월에 줄기 윗부분의 꽃차례에 청자색 꽃이 촘촘히 달린다. 4)**전단삼**(*S. yunnanensis*)은 중국 원산으로 50~70㎝ 높이이다. 잎은 마주나고 달걀형이며 앞면에 주름이 진다. 6~7월에 이삭꽃차례에 자주색 꽃이 핀다. 모두 화단에 심어 기른다.

윈터세이보리

## 윈터세이보리(꿀풀과)
### *Satureja montana*

유럽 남부와 북아프리카 원산의 늘
푸른떨기나무로 붉은빛이 도는 줄
기는 무리 지어 10~40㎝ 높이로
자라며 전체에서 향기가 난다. 잎은
마주나고 선형~가는 피침형이며
1~2㎝ 길이이고 끝이 뾰족하며
가장자리는 밋밋하다. 잎은 단단하
고 광택이 있다. 6~8월에 줄기 윗
부분의 꽃차례에 자잘한 흰색~연
한 홍자색 꽃이 핀다. 화단에 허브
식물로 심어 기른다. 톡 쏘는 맛이
나는 향신료로 로마 시대부터 후
추 대신 생선 요리나 수프 등에 넣
었다. 화단에 심어 기른다.

## 황금(꿀풀과)
### *Scutellaria baicalensis*

밭에서 재배하는 여러해살이풀로 줄
기는 네모지고 20~60㎝ 높이이다.
잎은 마주나고 피침형이며 가장자
리가 밋밋하다. 7~8월에 줄기 끝의
송이꽃차례에 한쪽으로 달리는 입
술 모양의 자주색 꽃은 2.5㎝ 정도
길이이다. [1]**고산골무꽃**(*S. alpina*)은
유럽 원산의 여러해살이풀로 15~
30㎝ 높이이다. 잎은 마주나고 달
걀형이며 가장자리에 톱니가 있
다. 6~9월에 줄기 끝의 송이꽃차
례에 피는 입술 모양의 청자색 꽃
은 아랫입술꽃잎이 흰빛이 돈다.
모두 화단에 심어 기른다.

황금　　　　　　　　　[1]**고산골무꽃**

## 램즈이어(꿀풀과)
### *Stachys byzantina*

캅카스와 이란 원산의 여러해살이 풀로 40cm 정도 높이로 자란다. 잎은 마주나고 긴 타원형이며 회백색 털이 빽빽하고 폭신한 것이 양의 귀를 닮았다. 6~7월에 이삭꽃차례에 입술 모양의 홍자색 꽃이 핀다. [1]램즈이어 '코튼 볼'('Cotton Ball')은 꽃차례가 털로 가득 덮여서 꽃이 잘 보이지 않는 품종이다. [2]흰털석잠풀(*S. germanica*)은 유라시아와 북미 원산으로 30~100cm 높이이며 전체가 털로 덮여 있다. 잎은 마주나고 타원형~피침형이며 가장자리에 톱니가 있다. 6~9월에 줄기 끝의 이삭꽃차례에 홍적색 꽃이 핀다. [3]마크란타석잠풀(*S. macrantha*)은 코카서스 원산의 여러해살이풀로 45cm 정도 높이이다. 넓은 달걀형 잎은 가장자리에 톱니가 있다. 6~9월에 줄기 끝의 이삭꽃차례에 홍자색 꽃이 모여 핀다. [4]베토니(*S. officinalis*)는 유럽 원산의 여러해살이풀로 50cm 정도 높이로 자란다. 잎은 마주나고 좁은 달걀형이며 가장자리에 톱니가 있고 밑부분이 심장저이다. 7~9월에 이삭꽃차례에 홍자색 꽃이 모여 핀다. [5]베토니 '훔멜로'('Hummelo')는 짧고 굵은 이삭꽃차례에 진한 홍자색 꽃이 촘촘히 달리는 품종이다. 모두 화단에 허브식물로 기른다.

램즈이어

[1]램즈이어 '코튼 볼'

[2]흰털석잠풀

[3]마크란타석잠풀

[4]베토니

[5]베토니 '훔멜로'

눈보라꽃

## 눈보라꽃(꿀풀과)
### *Tetradenia riparia*

남아공 원산의 늘푸른떨기나무로 1~2m 높이로 자란다. 잎은 마주나고 넓은 달걀형이며 끝이 뾰족하고 밑부분은 얕은 심장저이며 가장자리에 둔한 톱니가 있다. 잎은 밝은 녹색이며 양면에 샘털이 있어서 만지면 끈적거린다. 2~3월에 줄기 윗부분의 커다란 원뿔꽃차례에서 갈라진 가지마다 자잘한 흰색~연보라색 꽃이 촘촘히 모여 피며 향기가 있다. 꽃이 모두 활짝 피면 꽃차례의 무게 때문에 줄기가 비스듬히 처진다. 실내에서 심어 기르며 절화로도 이용한다.

캣타임　　　　　　¹⁾월저맨더

## 캣타임(꿀풀과)
### *Teucrium marum*

지중해 연안 원산의 늘푸른떨기나무로 30~120㎝ 높이로 무리 지어 자란다. 전체에 흰색의 짧은털이 있다. 작은 타원형 잎은 가장자리가 밋밋하고 잎을 비비면 나는 향기를 고양이가 좋아한다. 7~9월에 가지 끝의 꽃송이에 진홍색 꽃이 핀다. ¹⁾월저맨더(*T. chamaedrys*)는 지중해 연안 원산으로 30㎝ 정도 높이이다. 잎은 마주나고 타원형이며 큰 톱니가 있다. 7~9월에 줄기 윗부분의 잎겨드랑이에 홍적색 꽃이 모여 핀다. 모두 화단에 허브식물로 심어 기른다.

## 백리향(꿀풀과)
*Thymus quinquecostatus*

백리향

높은 산에서 자라는 갈잎떨기나무로 기는줄기에서 갈라진 가지는 3~15㎝ 높이로 선다. 잎은 마주나고 타원형~긴 달걀형이며 5~10㎜ 길이이고 양면에 기름점이 있어서 향기가 난다. 6~8월에 가지 끝에 작은 홍자색 꽃이 2~4개씩 둥글게 모여 핀다. [1]캐러웨이백리향(*T. herba-barona*)은 유럽 원산으로 줄기는 바닥을 기며 자란다. 피침형 잎은 4~10㎜ 길이이며 털이 많고 향신료로 쓰이는 캐러웨이와 같은 향이 난다. [2]몽고백리향(*T. mongolicus*)은 몽골과 중국 원산으로 홍자색 꽃이 피는 줄기는 2~10㎝ 높이로 서며 털이 있다. 타원형 잎은 4~10㎜ 길이이며 양면에 털이 없다. [3]크리핑타임(*T. serpyllum*)은 유라시아와 북아프리카 원산으로 줄기는 바닥을 기며 자란다. 긴 타원형 잎은 3~8㎜ 길이이다. 5~7월에 가지 끝의 송이꽃차례에 촘촘히 모여 피는 분홍색 꽃부리는 털이 있다. [4]땅백리향/그린타임(*T. vulgaris*)은 지중해 연안 원산으로 줄기는 바닥을 기며 갈라진 가지가 위로 선다. 잎은 모여나고 작은 달걀형이며 두툼하고 향기가 있다. 5~8월에 가지 끝에 연분홍색 꽃이 모여 핀다. 육류에 방부제로 사용하며 소화를 돕는다. 모두 화단에 허브 식물로 심어 기른다.

[1]캐러웨이백리향  [2]몽고백리향

[3]크리핑타임  [4]땅백리향

좀목형

## 좀목형(꿀풀과)
*Vitex negundo*

중부 이남의 숲 가장자리에서 드물게 자라는 갈잎떨기나무로 2~3m 높이이다. 잎은 마주나고 손꼴겹잎이며 작은잎 가장자리에 큰 톱니가 있거나 깊게 파인다. 6~8월에 가지 끝의 원뿔꽃차례에 입술 모양의 연자주색 꽃이 모여 핀다. 화단에 심어 기른다. [1]**동남아순비기**(*V. trifolia*)는 동남아시아 원산의 늘푸른떨기나무로 5m 정도 높이로 자란다. 세겹잎은 마주나고 앞면은 광택이 있으며 뒷면은 흰색의 짧은 털로 덮여 있다. 가지 끝에 자주색 꽃이 모여 핀다. [2]**자주잎동남아순비기**('Purpurea')는 잎이 자줏빛이 도는 품종이다. [3]**고람반**(*Volkameria inermis*)은 열대 아시아 원산의 늘푸른떨기나무로 반덩굴성이다. 잎은 마주나고 타원형이며 가죽질이다. 가지 끝이나 잎겨드랑이에 가는 깔때기 모양의 흰색 꽃이 모여 핀다. [4]**해변로즈마리**(*Westringia fruticosa*)는 호주 남동부 바닷가에서 자라는 늘푸른떨기나무로 1~2m 높이이다. 잎은 3~4장씩 돌려나고 선형이며 끝이 뾰족하고 은회색이 돈다. 2~10월에 가지 윗부분의 잎겨드랑이에 피는 흰색 꽃은 5갈래로 갈라지고 목구멍 안쪽에 연한 적자색과 황갈색 반점이 있다. 모두 양지바른 실내에서 심어 기른다.

[1]동남아순비기

[2]자주잎동남아순비기

[3]고람반

[4]해변로즈마리

### 누운주름잎(파리풀과)
*Mazus miquelii*

습한 밭이나 빈터에서 자라는 여러해살이풀이다. 줄기 밑부분에서 기는가지가 사방으로 벋어 나가고 5~15cm 높이로 선다. 잎은 마주나고 거꿀달걀형~넓은 달걀형이며 끝이 둔하고 가장자리에 물결 모양의 톱니가 있다. 5~8월에 줄기 끝의 송이꽃차례에 달리는 홍자색 꽃은 1.5~2cm 길이이며 커다란 아랫입술꽃잎은 3갈래로 갈라지고 2개의 흰색 반점이 있다. <sup>1)</sup>**흰누운주름잎**('Albiflorus')은 흰색 꽃이 피는 품종이다. 모두 습기가 있는 화단에 지피식물로 심어 기른다.

누운주름잎　　　　<sup>1)</sup>**흰누운주름잎**

### 진홍물꽈리아재비(파리풀과)
*Mimulus cardinalis*

북미 남서부 원산의 여러해살이풀로 90cm 정도 높이로 자라며 전체에 털이 많다. 잎은 마주나고 타원형이며 끝이 뾰족하고 가장자리에 톱니가 있으며 윗부분의 잎은 서로 마주 붙는다. 6~10월에 피는 입술 모양의 홍적색 꽃은 끝이 4갈래로 갈라진다. <sup>1)</sup>**칠레물꽈리아재비**(*M. naiandinus*)는 칠레 원산으로 15~30cm 높이이다. 잎은 마주나고 달걀형이며 거친 톱니가 있다. 5~8월에 피는 나팔 모양의 홍자색 꽃부리 끝은 5갈래로 갈라진다. 모두 실내에서 심어 기른다.

진홍물꽈리아재비　　<sup>1)</sup>**칠레물꽈리아재비**

### 꽝꽝나무 (감탕나무과)
*Ilex crenata*

남부 지방에서 자라는 늘푸른떨기나무로 2~6m 높이이다. 잎은 어긋나고 타원형이며 끝이 뾰족하고 가장자리에 얕은 톱니가 있다. 5~6월에 잎겨드랑이에 지름 4~5mm의 흰색 꽃이 핀다. 1)**낙상홍**(*I. serrata*)은 일본 원산의 갈잎떨기나무로 2~3m 높이이다. 잎은 어긋나고 타원형이며 끝이 뾰족하고 가장자리에 잔톱니가 있다. 6월에 햇가지의 잎겨드랑이에 지름 3~4mm의 연자주색 꽃이 모여 핀다. 2)**미국낙상홍**(*I. verticillata*)은 북미 원산의 갈잎떨기나무로 1~5m 높이이다. 잎은 어긋나고 긴 타원형이며 가장자리에 잔톱니가 있고 잎맥을 따라 주름이 진다. 6월에 피는 지름 5mm 정도의 흰색 꽃은 꽃잎과 꽃받침조각이 각각 4~8장씩이다. 3)**호랑가시나무**(*I. cornuta*)는 남쪽 바닷가에서 자라는 늘푸른떨기나무로 2~3m 높이이다. 잎은 어긋나고 타원 모양의 4~6각형이며 모서리는 날카로운 가시가 된다. 4~5월에 2년생 가지의 잎겨드랑이에 작은 녹백색 꽃이 모여 핀다. 4)**완도호랑가시**(*I. × wandoensis*)는 호랑가시나무와 감탕나무의 자연 교잡종으로 추정되는 늘푸른떨기나무로 타원형 잎은 가장자리가 밋밋하거나 몇 개의 날카로운 톱니가 있다. 모두 화단에 심어 기른다.

꽝꽝나무

1)낙상홍

2)미국낙상홍

3)호랑가시나무

4)완도호랑가시

## 이와잔대 (초롱꽃과)
### *Adenophora takedae*

일본 원산의 여러해살이풀로 가는 줄기는 30~70㎝ 높이이다. 잎은 어긋나고 피침형~넓은 선형이다. 9~10월에 줄기 끝의 송이꽃차례에 피는 종 모양의 청자색 꽃은 꽃자루가 2~5㎝ 길이이며 암술대는 꽃부리 밖으로 나오지 않는다. [1]도라지모시대(*A. grandiflora*)는 산에서 40~70㎝ 높이로 자란다. 잎은 어긋나고 달걀형이며 밑부분이 얕은 심장저이고 불규칙한 톱니가 있다. 7~9월에 줄기 끝의 송이꽃차례에 넓은 종 모양의 자주색 꽃이 핀다. 모두 화단에 심어 기른다.

이와잔대　　　　　　　　[1]도라지모시대

## 신장더덕 (초롱꽃과)
### *Codonopsis clematidea*

유라시아 원산의 여러해살이덩굴풀로 50~100㎝ 높이로 자란다. 잎은 달걀형~피침형이며 끝이 뾰족하고 가장자리는 밋밋하다. 7~10월에 짧은가지 끝에 매달리는 종 모양의 회청색 꽃은 2~8㎝ 길이이다. [1]더덕(*C. lanceolata*)은 산에서 2m 정도 길이로 벋는다. 잎은 어긋나고 짧은 피침형~긴 타원형이며 가장자리는 밋밋하다. 8~9월에 피는 종 모양의 연녹색 꽃은 끝이 5갈래로 얕게 갈라져서 뒤로 젖혀지며 안쪽에 진갈색 반점이 있다. 모두 화단에 심어 기른다.

신장더덕　　　　　　　　[1]더덕

이태리초롱꽃

### 이태리초롱꽃(초롱꽃과)
### *Campanula fragilis*

이탈리아 원산의 여러해살이풀로 35~45㎝ 높이로 자란다. 잎은 둥그스름하며 가장자리에 톱니가 있고 잎자루가 길다. 6~7월에 피는 연푸른색 꽃은 별처럼 5갈래로 깊게 갈라져 벌어진다. [1)]**카르파티카초롱꽃 '블루 클립스'**(*C. carpatica* 'Blue Clips')는 유럽 원산의 원예 품종인 여러해살이풀로 15~20㎝ 높이이다. 긴 달걀형 잎은 밑부분이 심장저이며 가장자리가 주름이 진다. 6~9월에 도라지 모양의 푸른색 꽃이 촘촘히 모여 핀다. [2)]**카르파티카초롱꽃 '화이트 클립스'**('White Clips')는 15~20㎝ 높이의 줄기에 도라지 모양의 흰색 꽃이 촘촘히 모여 피는 품종이다. [3)]**아드리아초롱꽃**(*C. garganica*)은 유럽 남부 원산의 여러해살이풀로 줄기는 바닥을 기고 5~15㎝ 높이로 자란다. 콩팥 모양의 잎은 가장자리에 큼직하고 날카로운 톱니가 있다. 6~8월에 피는 별 모양의 꽃은 지름 2㎝ 정도이다. [4)]**흰댕강초롱꽃**(*C. isophylla* 'Alba')은 알프스 원산의 여러해살이풀로 줄기는 30㎝ 정도 길이로 벋는다. 콩팥 모양의 잎은 가장자리에 톱니가 있다. 줄기나 잎을 자르면 흰색 즙이 나온다. 여름~초가을에 계속 피고 지는 별 모양의 흰색 꽃은 지름 4~5㎝이다. 모두 화단에 심어 기르며 일부는 걸이화분을 만들기도 한다.

[1)]카르파티카초롱꽃 '블루 클립스'

[2)]카르파티카초롱꽃 '화이트 클립스'

[3)]아드리아초롱꽃

[4)]흰댕강초롱꽃

## 종꽃/메디움초롱꽃(초롱꽃과)
### *Campanula medium*

종꽃

<sup>1)</sup>종꽃 '챔피언 핑크'

유럽 남부 원산의 두해살이풀로 60~80cm 높이로 자란다. 뿌리잎은 타원형이고 줄기잎은 피침형이다. 5~7월에 가지 끝에 종 모양의 보라색, 파란색, 흰색 꽃이 핀다. <sup>1)</sup>**종꽃 '챔피언 핑크'**('Champion Pink')는 분홍색 꽃이 촘촘히 달리는 품종이다. <sup>2)</sup>**넓은잎초롱꽃**(*C. latifolia*)은 유럽과 서아시아 원산의 여러해살이풀로 60~120cm 높이로 곧게 자란다. 뿌리잎은 하트형이고 줄기잎은 달걀 모양의 피침형이다. 7~9월에 긴 종 모양의 청자색 꽃이 위나 옆을 보고 핀다. <sup>3)</sup>**몰리스초롱꽃**(*C. mollis*)은 스페인과 북아프리카 원산의 여러해살이풀로 35cm 정도 높이이며 줄기와 잎은 털로 덮여 있다. 잎은 타원형 ~거꿀달걀형이고 줄기 끝에 종 모양의 푸른색 꽃이 핀다. <sup>4)</sup>**달마시안초롱꽃**(*C. portenschlagiana*)은 동유럽 원산의 여러해살이풀로 10~20cm 높이이다. 둥근 부채 모양의 잎은 가장자리에 톱니가 있다. 봄에 피는 별 모양의 청자색 꽃은 옆을 향한다. <sup>5)</sup>**잔게주라초롱꽃**(*C. zangezura*)은 코카서스 원산의 여러해살이풀로 25cm 정도 높이이며 콩팥 모양의 잎은 가장자리에 톱니가 있다. 5~7월에 종 모양의 연보라색 꽃이 핀다. 모두 화단에 심어 기른다.

<sup>2)</sup>넓은잎초롱꽃

<sup>3)</sup>몰리스초롱꽃

<sup>4)</sup>달마시안초롱꽃

<sup>5)</sup>잔게주라초롱꽃

①캄파눌라 '블루 메어리 미'　②캄파눌라 '블루 원더'

초롱꽃　　　　　　¹⁾초롱꽃 '체리 벨스'　③캄파눌라 '다크 겟 미'　④청강초롱

⑤캄파눌라 '매직 미'　⑥바위초롱꽃　⑦캄파눌라 '스위트 미'　⑧캄파눌라 '화이트 원더'

## 초롱꽃(초롱꽃과)　*Campanula punctata*

산과 들에서 자라는 여러해살이풀로 30~80㎝ 높이이다. 전체에 퍼진털이
촘촘히 난다. 잎은 어긋나고 세모진 달걀형이며 끝이 뾰족하고 가장자리
에 불규칙한 톱니가 있다. 5~7월에 줄기 끝과 잎겨드랑이에 연노란색 초
롱 모양의 꽃이 밑을 향해 핀다. 꽃부리는 4~5㎝ 길이이고 끝이 5갈래로
얕게 갈라져 벌어진다. ¹⁾**초롱꽃 '체리 벨스'**('Cherry Bells')는 초롱 모양의 홍
적색 꽃이 피는 품종이다. 모두 화단에 심어 기른다. 꽃이 아름다운 초롱
꽃속은 많은 교잡종이 만들어져 관상용으로 심고 있다.

①(*C.* 'Blue Mary Mee') ②('Blue Wonder') ③('Dark Get Mee') ④('Kent Belle')
⑤('Magic Mee') ⑥('Ogawa-gikyou') ⑦('Sweet Mee') ⑧('White Wonder')

## 베들레헴별꽃(초롱꽃과)
### *Hippobroma longiflora*

서인도 제도 원산의 여러해살이풀로 50cm 정도 높이로 자란다. 잎은 어긋나고 피침형~거꿀피침형이며 10~15cm 길이이고 끝이 뾰족하며 가장자리에 날카로운 톱니가 있다. 4~11월에 줄기 윗부분의 잎겨드랑이에 가늘고 긴 대롱 모양의 흰색 꽃이 나오는데 지름 2~3cm이며 끝부분은 별처럼 5갈래로 갈라져 벌어진다. 실내에서 심어 기른다. 잎이나 줄기를 자르면 나오는 흰색 즙은 독성이 강해서 피부에 닿으면 염증을 일으키고 눈에 들어가면 실명할 수 있다.

베들레헴별꽃

## 누운애기별꽃(초롱꽃과)
### *Isotoma fluviatilis*

호주 원산의 여러해살이풀로 줄기는 바닥을 기며 5~10cm 높이로 자란다. 잎은 어긋나고 달걀형이며 5~7각형처럼 모가 진다. 여름~가을에 잎겨드랑이에 달리는 연푸른색 꽃은 5갈래로 갈라지며 중심부에 노란색 무늬가 있다. 화단에 심어 기른다. [1]별꽃도라지(*I. axillaris*)는 호주 원산의 여러해살이풀로 50cm 정도 높이이다. 달걀형~거꿀달걀형 잎은 가장자리가 깃꼴로 깊게 갈라진다. 봄에 잎겨드랑이에 피는 별 모양의 청자색 꽃은 지름 2~4cm이다. 실내에서 심어 기른다.

누운애기별꽃　　　[1]별꽃도라지

589

자시오네 라에비스

## 자시오네 라에비스(초롱꽃과)
### *Jasione laevis*

소아시아와 유럽 원산의 여러해살이풀로 20~30㎝ 높이로 자란다. 뿌리에서 로제트형으로 퍼지는 좁은 거꿀달걀형~좁은 피침형 잎은 끝이 뾰족하고 가장자리가 밋밋하다. 줄기에는 좁은 피침형 잎이 어긋나게 달린다. 5~8월에 줄기 끝에 달리는 둥근 꽃송이는 지름 3㎝ 정도이며 연푸른색 꽃이 모여 달린다. 꽃부리는 15~25㎜ 길이이며 별처럼 5갈래로 가늘고 깊게 갈라지고 암술대가 길게 벋는다. 화단에 심어 기르며 암석 정원에도 잘 어울린다.

애기별꽃                     1)흰애기별꽃

## 애기별꽃(초롱꽃과)
### *Lobelia pedunculata*

호주 원산의 여러해살이풀로 바닥을 기는 줄기는 가지를 치며 지면을 덮고 3~6㎝ 높이로 자란다. 잎은 어긋나고 달걀형이며 5~7㎜ 길이이고 가장자리에 얕은 톱니가 있으며 잎자루가 없다. 4~10월에 잎겨드랑이에서 자란 꽃자루 끝에 별 모양의 연자주색 꽃이 피는데 지름 7~9㎜이며 목구멍 안쪽에는 노란색 무늬가 있다. 1)흰애기별꽃('Alba')은 흰색 꽃이 피는 품종이다. 모두 양지바르고 습기가 있는 화단에 지피식물로 심어 기르며 화분에 기르기도 한다.

에리누스숫잔대

❶ 에리누스숫잔대 '레가타 미드나잇 블루'

❷ 에리누스숫잔대 '레가타 로즈'

❸ 에리누스숫잔대 '레가타 블루 스플래쉬'

❹ 에리누스숫잔대 '리비에라 블루 아이즈'

❺ 에리누스숫잔대 '리비에라 블루 스플래쉬'

❻ 에리누스숫잔대 '리비에라 로즈'

## 에리누스숫잔대(초롱꽃과) *Lobelia erinus*

남아프리카 원산의 한해살이풀로 줄기는 밑부분에서 가지가 갈라져서 비스
듬히 퍼지고 10~15㎝ 높이로 자란다. 잎은 어긋나고 타원형~주걱형이며 가
장자리에 톱니가 드문드문 있다. 4~9월에 가지 끝의 송이꽃차례에 연한 하
늘색이나 흰색 꽃이 핀다. 꽃부리는 입술 모양이며 지름 1.5~2㎝이고 윗입
술꽃잎은 둘로 갈라지며 큼직한 아랫입술꽃잎은 3갈래로 갈라진다. 아랫입
술꽃잎 밑부분에 흰색 무늬가 있다. 꽃이 아름다워서 여러 가지 색깔의 원예
품종이 개발되었으며 화단에 심어 기르고 있다.
❶('Regatta Midnight Blue') ❷('Regatta Rose') ❸('Regatta Blue Splash') ❹('Riviera
Blue Eyes') ❺('Riviera Blue Splash') ❻('Riviera Rose')

붉은숫잔대

1)자주구슬초

2)올리고필라숫잔대

3)시필리티카숫잔대

4)흰시필리티카숫잔대

## 붉은숫잔대(초롱꽃과)
### *Lobelia cardinalis*

북미 북동부 원산의 여러해살이풀로 50~100㎝ 높이이다. 잎은 어긋나고 피침형이며 4~7㎝ 길이이다. 잎 끝은 뾰족하고 가장자리가 밋밋하다. 7~9월에 줄기 윗부분에 숫잔대 모양의 붉은색 꽃이 피어 올라간다. 꽃받침은 종 모양이며 끝부분이 5갈래로 갈라진다. 1)**자주구슬초**(*L. nummularia*)는 열대 아시아와 오세아니아 원산의 여러해살이풀로 줄기는 바닥을 기며 자란다. 둥근 콩팥형 잎은 가장자리에 톱니가 있다. 5~7월에 잎겨드랑이에 숫잔대 모양의 보라색~흰색 꽃이 피고 둥그스름한 열매는 적자색으로 익는다. 2)**올리고필라숫잔대**(*L. oligophylla*)는 남미 원산의 여러해살이덩굴풀로 잎은 어긋나고 타원형이다. 5~7월에 피는 숫잔대 모양의 꽃은 연분홍색에 진홍색 줄무늬가 들어간다. 3)**시필리티카숫잔대**(*L. siphilitica*)는 북미 동부 원산의 여러해살이풀로 40~80㎝ 높이로 곧게 자란다. 잎은 어긋나고 거꿀달걀형~타원형이며 10㎝ 정도 길이이고 끝이 뾰족하며 가장자리에 불규칙한 톱니가 있다. 8~10월에 줄기 윗부분의 잎겨드랑이에 촘촘히 피어 올라가는 숫잔대 모양의 청자색 꽃은 2~3㎝ 길이이다. 4)**흰시필리티카숫잔대**('Alba')는 흰색 꽃이 피는 품종이다. 모두 화단에 심어 기른다.

뿔영아자

1)모놉시스 '리갈 퍼플'

## 뿔영아자(초롱꽃과)
### *Phyteuma scheuchzeri*

유럽 원산의 여러해살이풀로 15~25cm 높이로 자란다. 잎은 어긋나고 피침형이며 줄기 밑부분의 잎은 잎자루가 있지만 윗부분의 잎은 잎자루가 없다. 여름에 줄기 끝의 둥근 꽃송이에 청자색 꽃이 모여 핀다. 피침형 포는 꽃송이보다 길다. 1)**모놉시스 '리갈 퍼플'**(*Monopsis debilis* 'Regal Purple')은 남아공 원산의 원예 품종으로 한해살이풀이며 10~30cm 높이로 자란다. 잎은 마주나고 좁은 타원형이며 가장자리에 톱니가 있다. 5~10월에 청자색 꽃이 핀다. 모두 화단에 심어 기른다.

## 도라지(초롱꽃과)
### *Platycodon grandiflorus*

산과 들에서 자라는 여러해살이풀로 40~80cm 높이이다. 잎은 어긋나고 긴 달걀형~넓은 피침형이며 끝이 뾰족하고 가장자리에 톱니가 있으며 뒷면은 회청색이다. 7~8월에 가지 끝에 피는 종 모양의 보라색 꽃은 지름이 4~5cm이고 끝이 5갈래로 갈라져 벌어진다. 1)**겹도라지**('Duplex')는 보라색 겹꽃이 피는 품종이고 2)**흰겹도라지**('Leucanthum')는 흰색 겹꽃이 피는 품종으로 모두 도라지와 같은 종으로 본다. 흔히 밭에서 재배하며 뿌리를 식용한다. 왜성종을 화단에 심어 기른다.

도라지

1)겹도라지

2)흰겹도라지

석무초

## 석무초(초롱꽃과)
*Trachelium caeruleum*

지중해 연안 원산의 여러해살이풀로 60~100cm 높이로 곧게 자란다. 잎은 어긋나고 긴 달걀형~피침형이며 끝이 뾰족하고 가장자리에 날카로운 톱니가 있으며 청자색이 돈다. 6~9월에 줄기 끝의 고른꽃차례에 적자색, 연보라색, 연노란색, 흰색 꽃이 모여 핀다. 꽃부리는 별처럼 5갈래로 갈라져 벌어지며 지름 2~3mm로 작고 가운데에 암술이 꽃부리 밖으로 길게 벋고 둥근 암술머리는 흰색이다. 화단에 한해살이풀로 심어 기르며 여러 재배 품종이 있다. 흔히 절화로도 많이 이용한다.

## 요정부채꽃(구데니아과)
*Scaevola aemula*

호주 원산의 여러해살이풀로 20~50cm 높이이다. 긴 타원형 잎은 가장자리에 톱니가 있고 광택이 있다. 4~10월에 잎겨드랑이에 수염가래꽃 모양의 보라색 꽃이 핀다. 화단에 심어 기른다. [1]해변상추(*S. taccada*)는 태평양과 인도양의 열대 바닷가 원산의 늘푸른떨기나무로 1~2m 높이이다. 거꿀달걀형 잎은 가지 끝에 모여 달린다. 잎겨드랑이의 흰색 꽃은 수염가래꽃처럼 5갈래로 갈라져 한쪽으로 치우친다. 타원형 열매는 흰색으로 익는다. 실내에서 심어 기른다.

요정부채꽃          [1]해변상추

594

## 서양톱풀(국화과)
### *Achillea millefolium*

유럽 원산의 여러해살이풀로 60~
100㎝ 높이로 곧게 자란다. 잎은 어
긋나고 2회 깃꼴로 깊게 갈라지며
갈래조각은 선형이고 가장자리에
톱니가 있으며 양면에 털이 조금 있
다. 6~9월에 흰색의 머리모양꽃
차례가 줄기 끝에 고른꽃차례 모양
으로 모여 달린다. 머리모양꽃차례
의 가장자리에는 5장의 혀꽃이 둘
러 나고 가운데에 양성화가 모여 핀
다. 많은 재배 품종이 있으며 꽃 색
깔이 여러 가지이다. **1)서양톱풀 '라
일락 뷰티'**('Lilac Beauty')는 분홍색
꽃이 모여 피는 품종이다. **2)서양톱
풀 '레드 벨벳'**('Red Velvet')은 붉은
색 꽃이 모여 피는 품종이다. **3)황금
톱풀**(*A. filipendulina*)은 러시아 원산
으로 1m 정도 높이이며 잎은 깃꼴
로 깊게 갈라지고 작은잎은 가장자
리가 톱니처럼 잘게 갈라진다. 잎
과 줄기에 흰색 털이 있다. 6~8월
에 줄기 끝에 노란색 꽃송이가 지
름 10~15㎝의 고른꽃차례로 촘촘
히 모여 핀다. **4)페어랜드톱풀**(*A.
'Feuerland'*)은 서양톱풀과 황금톱
풀의 교잡종으로 1m 정도 높이로
자라며 여름에 줄기 끝의 고른꽃차
례에 촘촘히 모여 피는 머리 모양
꽃송이는 둘레에 홍적색 혀꽃이,
중심부에 노란색 양성화가 모여 핀
다. 모두 화단에 심어 기르며 절화
나 말린꽃으로도 이용한다.

서양톱풀

1)서양톱풀 '라일락 뷰티'

2)서양톱풀 '레드 벨벳'

3)황금톱풀

4)페어랜드톱풀

백두산떡쑥

1)고산떡쑥

2)이앓이풀

3)해태국화

4)황금마거리트

## 백두산떡쑥/화태떡쑥(국화과)
### *Antennaria dioica*

백두산에서 자라는 여러해살이풀로 6~25㎝ 높이이다. 뿌리잎은 주걱형이며 뒷면에 흰색 솜털이 많고 줄기잎은 점차 작아지며 가늘어진다. 6월에 줄기 끝에 흰색~분홍색 꽃송이가 고른꽃차례처럼 모여 달린다. 1)**고산떡쑥**(A. alpina)은 유럽과 북미 원산의 여러해살이풀로 15㎝ 정도 높이이며 전체가 흰색 털로 덮여 있다. 뿌리잎은 주걱형이고 5~6월에 줄기 끝에 3~5개의 흰색~분홍색 꽃송이가 모여 달린다. 2)**이앓이풀**(Acmella oleracea)은 브라질 원산의 여러해살이풀로 20~40㎝ 높이이다. 잎은 마주나고 달걀형이다. 4~7월에 기다란 꽃자루 끝에 달리는 둥근 달걀형의 노란색 꽃송이는 10~24㎜ 길이이다. 꽃과 잎을 향신료나 치통약 등으로 이용한다. 3)**해태국화/하늘국화**(Anacyclus pyrethrum)는 지중해 연안 원산의 여러해살이풀로 줄기는 바닥을 긴다. 잎은 어긋나고 깃꼴로 갈라지며 갈래조각은 가느다란 선형이다. 4~6월에 가지 끝에 흰색 꽃송이가 달리는데 중심부의 대롱꽃은 노란색이다. 4)**황금마거리트/남양구절초**(Cota tinctoria)는 유럽과 서아시아 원산의 여러해살이풀로 잎은 어긋나고 피침형~달걀형이며 깃꼴로 갈라진다. 6~9월에 가지 끝에 달리는 노란색 꽃송이는 지름 3~5㎝이다. 모두 화단에 심어 기른다.

은쑥

1)불로화

3)우엉

2)불로화 '하이 타이드'

4)아파치가막사리

## 은쑥(국화과)
### *Artemisia schmidtiana*

일본 원산의 여러해살이풀로 25~
40cm 높이이다. 줄기와 잎은 부드
러운 은백색 털로 덮여 있다. 잎은
1~2회세겹잎이며 깃꼴로 잘게 갈
라진다. 7~10월에 가지 끝의 이삭
꽃차례에 달리는 반구형 꽃송이는
연노란색 꽃이 모여 핀다. 1)불로화/
아게라텀(*Ageratum houstonianum*)은
열대 아메리카 원산의 한두해살이
풀로 30~60cm 높이이다. 잎은 마
주나고 넓은 달걀형이며 가장자리
에 둔한 톱니가 있다. 7~10월에
가지 끝에 달리는 연자주색~흰색
꽃송이는 지름 1cm 정도이다. 2)불
로화 '하이 타이드 블루'('High Tide
Blue')는 원예 품종으로 30~40cm
높이이며 자주색 꽃송이가 촘촘하
다. 2)불로화 '하이 타이드 화이트'
('High Tide White')는 흰색 꽃이 핀
다. 3)우엉(*Arctium lappa*)은 유라시아
원산의 여러해살이풀로 1.5m 정도
높이이다. 7월에 가지 끝에 달리는
자주색 꽃송이는 굽은 바늘 모양의
녹색 총포조각으로 덮여 있다. 4)아
파치가막사리(*Bidens ferulifolia*)는
북미 원산의 늘푸른여러해살이풀
로 줄기는 바닥을 기며 15~30cm
높이로 자란다. 잎은 마주나고 2회
깃꼴로 갈라지며 밝은 녹색이다.
5~11월에 가지 끝에 달리는 노란
색 꽃송이는 지름 3~5cm이다. 모
두 화단에 심어 기른다.

마거리트

❶마거리트 '레몬 슈가'

❷마거리트 '마데이라 체리 레드'

❸마거리트 '마데이라 프림로즈'  ❹마거리트 '서머 멜로디'  마거리트 겹꽃 품종

## 마거리트/나무쑥갓(국화과) *Argyranthemum frutescens*

카나리아 제도 원산의 여러해살이풀로 30~90㎝ 높이로 자라고 가지가
갈라진다. 오래 기르면 줄기의 밑부분이 목질화하기 때문에 '목마거리트'
라고도 하며 '나무쑥갓'이라고도 한다. 잎은 어긋나고 깃꼴로 갈라지며
1~8㎝ 길이이고 갈래조각 끝은 뾰족하다. 5~10월에 줄기 끝에 위를 향
해 달리는 꽃송이는 지름 6㎝ 정도이며 둘레에 흰색 혀꽃이 빙 둘러 있고
중심부는 노란색 대롱꽃이 모여 있으며 향기가 난다. 많은 재배 품종이 개
발되었으며 꽃 색깔과 꽃잎 수가 여러 가지이며 왜성종도 있다. 모두 양지
바른 화단에 심어 기른다.

❶('Lemon Sugar') ❷('Madeira Cherry Red') ❸('Madeira Primrose') ❹('Summer Melody')

개미취

1)진다이개미취

## 개미취(국화과)
*Aster tataricus*

깊은 산의 숲속에서 자라는 여러해살이풀로 1~1.5m 높이이다. 잎은 어긋나고 달걀형~긴 타원형이며 밑부분은 잎자루의 날개처럼 되고 날카로운 톱니가 있다. 8~9월에 가지마다 지름 2.5~3.3cm의 연자주색 꽃이 모여 달려 고른꽃차례를 만든다. 총포는 반구형이고 총포조각은 뾰족하다. 1)**진다이개미취**('Jindai')는 자주색 꽃이 많이 피는 품종이다. 2)**고산쑥부쟁이 '트리믹스'**(*A. alpinus* 'Trimix')는 알프스 원산의 원예 품종인 여러해살이풀로 15~20cm 높이이며 피침형 잎은 털이 있다. 늦은 봄~여름에 흰색, 분홍색, 자주색 등 여러 색깔의 꽃이 핀다. 3)**덤불쑥부쟁이 '로젠비흐텔'**(*A. dumosus* 'Rosenwichtel')은 북미 원산의 원예 품종으로 20cm 정도 높이이며 8~10월에 진홍색 꽃이 촘촘히 모여 핀다. 4)**복실버드쟁이나물**(*A. iinumae* 'Hortensis')은 버드쟁이나물의 원예 품종으로 복실거리는 흰색 겹꽃이 핀다. 5)**해국**(*A. spathulifolius*)은 바닷가에서 자라는 여러해살이풀로 30~60cm 높이이며 전체에 부드러운 털이 있다. 잎은 촘촘히 어긋나고 주걱형~거꿀달걀형이며 두껍고 샘털이 많아서 끈적거린다. 7~11월에 가지 끝마다 연자주색 꽃이 피는데 지름이 3.5~4cm이다. 모두 화단에 심어 기른다.

2)고산쑥부쟁이 '트리믹스'  3)덤불쑥부쟁이 '로젠비흐텔'

4)복실버드쟁이나물  5)해국

## 삽주(국화과)
*Atractylodes ovata*

산에서 자라는 여러해살이풀로 30~
100㎝ 높이이다. 잎은 어긋나고 타
원형이며 가시 같은 톱니가 있다. 밑
부분의 잎은 3~5갈래로 깊게 갈라
진다. 암수딴그루로 7~10월에 가
지 끝마다 흰색 꽃송이가 위를 향해
핀다. 포는 2줄로 돌려 가며 달리
고 2회 깃꼴로 가시처럼 갈라진다.
[1]큰꽃삽주(*A. macrocephala*)는 중국
원산의 여러해살이풀로 50㎝ 정도
높이이다. 7~8월에 줄기 끝에 달리
는 적자색 꽃송이는 1.7㎝ 정도 길이
이다. 모두 화단에 심어 기른다.

삽주　　　　　　[1]큰꽃삽주

## 데이지(국화과)
*Bellis perennis*

유럽 원산의 여러해살이풀로 10~
20㎝ 높이로 자란다. 뿌리잎은 주걱
모양이며 2~6㎝ 길이이고 가장자
리가 거의 밋밋하다. 봄에 꽃줄기
끝에 지름 1~6㎝의 흰색 꽃송이
가 달린다. 많은 재배 품종이 있다.
[1]데이지 '벨리시마 화이트'('Bellissima
White')는 흰색 겹꽃이 피는 품종이다.
[2]데이지 '벨리시마 레드'('Bellissima
Red')는 붉은색 겹꽃이 피는 품종이다.
[3]데이지 '하바네라 레드'('Habanera
Red')는 붉은색 겹꽃잎의 밑부분이
흰색인 품종이다. 모두 화단에 한해
살이풀로 심어 기른다.

[1]데이지 '벨리시마 화이트'

[2]데이지 '벨리시마 레드'　[3]데이지 '하바네라 레드'

### 사계코스모스(국화과)
*Brachyscome iberidifolia*

호주와 뉴질랜드 원산의 한해살이 풀로 40㎝ 정도 높이로 자란다. 깃꼴로 갈라지는 잎은 코스모스 잎을 닮았다. 5~9월에 가지 끝에 달리는 흰색, 푸른색, 보라색 꽃송이는 지름 2㎝ 정도이고 중심부의 대롱꽃은 노란색이다. [1]**사계코스모스 '브라보 믹스'**('Bravo Mixed')는 원예 품종으로 흰색, 보라색, 파란색 꽃이 있으며 중심부의 대롱꽃은 흑적색이 돈다. [2]**볼톤쑥부쟁이**(*Boltonia asteroides*)는 북미 원산의 여러해살이풀로 90~150㎝ 높이이다. 잎은 어긋나고 좁은 타원형이며 끝이 뾰족하다. 8~10월에 가지 끝에 달리는 흰색 꽃송이는 지름 2㎝ 정도이다. [3]**잇꽃**(*Carthamus tinctorius*)은 이집트 원산의 한해살이풀로 50~100㎝ 높이이다. 잎은 어긋나고 넓은 피침형이며 톱니 끝이 가시처럼 된다. 6~8월에 가지 끝에 달리는 노란색 꽃송이는 지름 1.25~4㎝이며 점차 붉은빛으로 변한다. 붉게 변한 꽃은 붉은색 물감으로 쓰고 씨앗은 약용한다. [4]**목엉겅퀴/나무엉겅퀴**(*Centratherum punctatum*)는 브라질 원산의 여러해살이풀로 30~50㎝ 높이이다. 잎은 어긋나고 달걀형~긴 타원형이다. 7~9월에 줄기와 가지 끝에 달리는 자주색 머리모양꽃차례는 지름 2~3㎝이다. 모두 화단에 심어 기른다.

사계코스모스

[1]사계코스모스 '브라보 믹스'　　[2]볼톤쑥부쟁이

[3]잇꽃　　[4]목엉겅퀴

## 금잔화(국화과)
### *Calendula officinalis*

지중해 연안 원산의 여러해살이풀로 20~50㎝ 높이이다. 잎은 어긋나고 긴 타원형~주걱형이다. 봄부터 줄기 끝에 피는 노란색~주황색 꽃송이는 지름 4~7㎝이다. [1]금잔화 '봉봉 오렌지'('Bon Bon Orange')는 주황색 겹꽃이 피는 품종이다. [2]니그라수레국화(*Centaurea nigra*)는 유럽 원산의 여러해살이풀로 50㎝ 정도 높이이다. 잎은 거꿀피침형이며 5~25㎝ 길이이다. 6~9월에 줄기 끝에 달리는 수레바퀴 모양의 홍자색 꽃송이는 지름 4㎝ 정도이며 총포조각으로 싸인 봉오리는 흑갈색이 돈다. [3]몬타나수레국화(*Cyanus montanus*)는 유럽 원산의 여러해살이풀로 25~80㎝ 높이이다. 잎은 달걀형~피침형이며 끝이 뾰족하고 가장자리가 거의 밋밋하다. 5~8월에 줄기 끝에 달리는 수레바퀴 모양의 청자색 꽃송이는 지름 4.5~7㎝이고 총포조각 가장자리는 검은색이다. [4]로만캐모마일(*Chamaemelum nobile*)은 유라시아와 북아프리카 원산의 여러해살이풀로 30㎝ 정도 높이로 비스듬히 자란다. 잎은 어긋나고 1~3회 깃꼴로 갈라지며 갈래조각은 선형이고 흰색의 짧은털로 덮여 있다. 6~7월에 15㎝ 정도 길이로 자란 긴 꽃자루 끝에 지름 2~3㎝의 흰색 꽃송이가 달린다. 모두 화단에 심어 기른다.

금잔화 품종

[1]금잔화 '봉봉 오렌지'　　[2]니그라수레국화

[3]몬타나수레국화　　[4]로만캐모마일

## 과꽃(국화과)
### *Callistephus chinensis*

과꽃 품종

과꽃 품종      과꽃 품종

북부 지방과 만주에서 자라는 한해살이풀로 30~100㎝ 높이이다. 줄기는 자줏빛이 돌고 가지가 많이 갈라지며 전체에 흰색 털이 있다. 잎은 어긋나고 긴 타원형~달걀형이며 가장자리에 불규칙한 톱니가 있고 털이 있다. 여름~가을에 가지 끝에 달리는 꽃송이는 지름 3㎝ 정도이며 가장자리의 혀꽃은 자주색이고 중심부의 대롱꽃은 노란색이다. 원종은 둘레의 혀꽃이 홑꽃이지만 재배 품종은 겹꽃이 대부분이며 꽃 색깔이 여러 가지이다. 화단에 심어 기른다.

## 산구절초/구절초(국화과)
### *Chrysanthemum zawadskii*

산에서 자라는 여러해살이풀로 10~60㎝ 높이이다. 잎은 어긋나고 넓은 달걀형이며 깃꼴로 깊게 갈라진다. 줄기잎은 위로 갈수록 작아지고 가늘어진다. 8~10월에 줄기와 가지 끝에 1개씩 달리는 흰색~연분홍색 꽃송이는 지름 3~6㎝이고 중심부의 대롱꽃은 노란색이다. 총포는 반구형이고 총포조각은 3줄로 붙는다. [1]**구절초 '국야선녀'** ('Kugyaseonnyeo')는 국내에서 개발된 원예 품종으로 가지 끝에 분홍색~연분홍색 꽃송이가 달린다. 모두 화단에 심어 기른다.

산구절초      [1]**구절초 '국야선녀'**

국화 품종

❶ 국화 '아티스트 오렌지 노바'  ❷ 국화 '그린 엔젤'

❸ 국화 '매직'  ❹ 국화 '마이 시티'

❺ 국화 '팔라도브 서니'  ❻ 국화 '핑퐁 화이트'  ❼ 국화 '사바'  ❽ 국화 '사피나'

**국화**(국화과)  *Chrysanthemum morifolium*

중국 원산의 여러해살이풀로 1m 정도 높이로 자란다. 잎은 어긋나고 달걀형이며 가장자리에 불규칙한 톱니가 있다. 가을에 가지 끝마다 노란색 꽃송이가 달리는데 둘레에는 혀꽃이 달리고 중심부는 대롱꽃이 모여 달린다. 국화는 오랜 세월을 거치면서 많은 교잡종이 개발되어 모양과 색깔이 다양한 여러 가지 꽃을 감상할 수 있다. 꽃의 크기에 따라 지름이 18㎝ 이상이면 대륜(大輪), 9㎝ 이상이면 중륜, 그 이하인 꽃은 소륜으로 구분한다. 화단이나 화분에 심어 기르고 절화로도 널리 이용한다.

❶(*C.* 'Artist Orange Nova')  ❷('Green Angel')  ❸('Magic')  ❹('My City')
❺('Paladov Sunny')  ❻('Pingpong White')  ❼('Saba')  ❽('Saffina')

⑨ 국화 '개운'  ⑩ 국화 '국천'  ⑪ 국화 '대납언'  ⑫ 국화 '동광'

⑬ 국화 '만홍'  ⑭ 국화 '백경'  ⑮ 국화 '백공작'  ⑯ 국화 '부산설'

⑰ 국화 '송산지월'  ⑱ 국화 '수정'  ⑲ 국화 '수향'  ⑳ 국화 '춘심'

㉑ 국화 '장군'  ㉒ 국화 '홍산'  ㉓ 국화 '화불'  ㉔ 국화 '황태자'

⑨ (*C.* 'Kaeun')  ⑩ ('Kukchyun')  ⑪ ('Daenabun')  ⑫ ('Dongkwang')  ⑬ ('Manhong')
⑭ ('Baeckkyung')  ⑮ ('Baeckgongjack')  ⑯ ('Busanseol')  ⑰ ('Songsanjiweol')
⑱ ('Sujeong')  ⑲ ('Suhyang')  ⑳ ('Chunsim')  ㉑ ('Janggun')  ㉒ ('Hongsan')
㉓ ('Hwabul')  ㉔ ('Hwangtaeja')

치커리

1)오공국화

2)애기노랑마거리트

3)엉겅퀴

4)엉겅퀴 '핑크 뷰티'

## 치커리(국화과)
### *Cichorium intybus*

유럽과 중앙아시아 원산의 여러해살이풀로 30~100cm 높이이다. 뿌리잎은 거꿀달걀형~거꿀피침형이고 깃꼴로 갈라지며 줄기잎은 어긋나고 갈라지지 않는다. 7~10월에 피는 푸른색 꽃송이는 지름 3~4cm이며 15~20개의 혀꽃만으로 이루어진다. 1)오공국화(*Chrysogonum virginianum*)는 북미 원산의 늘푸른여러해살이풀로 15~40cm 높이이며 줄기와 잎에 부드러운 흰색 털이 촘촘하다. 잎은 어긋나고 달걀형이며 끝이 둔하고 가장자리에 톱니가 있다. 5~6월에 줄기 끝에 달리는 꽃송이는 지름 3cm 정도이고 둘레의 혀꽃은 5~6장이다. 2)애기노랑마거리트(*Coleostephus multicaulis*)는 알제리 원산의 한해살이풀로 10~20cm 높이로 비스듬히 자란다. 잎은 어긋나고 주걱 모양이며 3cm 정도 길이이고 몇 개의 톱니가 있다. 2~5월에 줄기 끝에 달리는 노란색 꽃송이는 지름 3cm 정도이다. 3)엉겅퀴(*Cirsium japonicum*)는 산과 들에서 자라는 여러해살이풀로 50~100cm 높이이며 전체에 털이 있다. 잎은 어긋나고 좁은 타원형이며 갈래조각 끝이 가시로 된다. 6~8월에 줄기와 가지 끝에 달리는 적자색 꽃송이는 지름 3~5cm이며 모두 대롱꽃이다. 4)엉겅퀴 '핑크 뷰티'('Pink Beauty')는 분홍색 꽃송이가 달리는 원예 품종이다. 모두 화단에 심어 기른다.

수레국화

수레국화 품종

수레국화 품종

아우리쿨라타금계국

¹⁾기생초

## 수레국화(국화과)
*Cyanus segetum*

유럽 동남부 원산의 한두해살이풀로 30~90㎝ 높이로 자란다. 줄기는 흰색 솜털로 덮여 있고 가지가 약간 갈라진다. 화초로 기르며 들로 퍼져 나가 자라기도 한다. 잎은 어긋나고 거꿀피침형이며 깃꼴로 깊게 갈라지고 위로 올라가면서 선형이 된다. 6~7월에 가지 끝에 1개가 달리는 푸른색, 분홍색, 흰색 꽃송이는 수레바퀴 모양이다. 모두 대롱꽃이지만 둘레의 꽃은 크기 때문에 혀꽃처럼 보인다. 여러 재배 품종이 있다. 총포조각은 긴 타원형이며 4줄로 배열한다.

## 아우리쿨라타금계국(국화과)
*Coreopsis auriculata*

북미 원산의 여러해살이풀로 기는줄기를 내며 10~30㎝ 높이로 자란다. 뿌리잎은 잎몸이 3갈래로 깊게 갈라져 세겹잎처럼 보이는 잎도 있다. 달걀형 잎은 가장자리가 밋밋하다. 5~6월에 가지 끝에 피는 노란색 꽃송이는 지름 5㎝ 정도이다. ¹⁾기생초(*C. tinctoria*)는 북미 원산으로 30~100㎝ 높이로 자란다. 잎은 마주나고 2회깃꼴겹잎이며 갈래조각은 선형이다. 6~9월에 가지 끝에 피는 꽃송이는 중심부의 대롱꽃이 자갈색이고 둘레의 혀꽃은 안쪽은 자갈색, 바깥쪽은 노란색이다. 모두 화단에 심어 기른다.

큰금계국

## 큰금계국(국화과)
### *Coreopsis lanceolata*

북미 원산의 여러해살이풀로 30~100cm 높이로 자란다. 잎은 대부분 마주나고 주걱형이며 가장자리는 밋밋하고 밑에서는 3~5갈래로 갈라지기도 한다. 갈래조각은 좁은 피침형이며 양면에 털이 있다. 6~8월에 가지 끝에 1개씩 피는 꽃은 지름 5~7cm이고 혀꽃과 대롱꽃이 모두 노란색이다. 1)큰꽃금계국(*C. grandiflora*)은 북미 원산의 여러해살이풀로 40~60cm 높이이다. 잎몸은 보통 깃꼴로 갈라지며 갈래조각은 좁은 피침형~선형이다. 5~8월에 가지 끝에 피는 노란색 꽃송이는 지름 5~7cm로 큼직하며 혀꽃과 대롱꽃이 모두 노란색이다. 2)큰꽃금계국 '라이징 선'('Rising Sun')은 둘레의 혀꽃은 안쪽에 붉은색 무늬가 있으며 반겹꽃인 품종이다. 3)솔잎금계국 '문빔'(*C. verticillata* 'Moonbeam')은 북미 원산인 솔잎금계국의 원예품종으로 여러해살이풀이며 30~40cm 높이로 자란다. 잎몸은 보통 깃꼴로 갈라지거나 새발 모양으로 갈라지며 갈래조각은 선형으로 코스모스 잎을 닮았다. 6~9월에 가지 끝에 피는 연노란색 꽃송이는 지름 3cm 정도이다. 중심부의 노란색 대롱꽃은 30~40개이다. 4)솔잎금계국 '자그레브'('Zagreb')는 왜성종으로 황금색 꽃이 핀다. 모두 화단에 심어 기른다.

1)큰꽃금계국

2)큰꽃금계국 '라이징 선'

3)솔잎금계국 '문빔'

4)솔잎금계국 '자그레브'

1)장미금계국 '라임락 루비'   2)세모금계국 '선샤인 수퍼맨'

장미금계국   ❶금계국 '칼립소'   ❷금계국 '월버톤스 플라잉 서서'

❸코레옵시스 '럭키텐12'   ❹코레옵시스 '팅커벨'   ❺코레옵시스 '우리드림 시리즈'   ❺코레옵시스 '우리드림 시리즈'

## 장미금계국(국화과) *Coreopsis rosea*

북미 원산의 여러해살이풀로 10~30㎝ 높이로 자란다. 잎은 마주나고 가는 피침형~선형이며 1~6㎝ 길이이고 가장자리가 밋밋하다. 8~9월에 가지 끝에 분홍색 꽃송이가 달리며 중심부의 대롱꽃은 노란색이다. 1)**장미금계국 '라임락 루비'**('Limerock Ruby')는 붉은색 꽃이 피는 품종이다. 2)**세모금계국 '선샤인 수퍼맨'**(*C. pubescens* 'Sunshine Superman')은 북미 원산의 원예 품종으로 20~30㎝ 높이이며 피침형 잎은 밑부분에 1~2개의 갈래조각이 있기도 한다. 6~8월에 노란색 꽃이 핀다. 금계국속은 여러 재배 품종이 있다. ❶(*C.* 'Calypso') ❷('Walberton's Flying Saucers') ❸('Luckyten12') ❹('Tinkerbell') ❺('Uridream Series')

코스모스 품종

코스모스 품종

코스모스 품종

코스모스 품종

코스모스 품종

¹⁾꼬리코스모스

²⁾노랑코스모스

³⁾노랑코스모스 '코스믹 레드'

## 코스모스(국화과)
### *Cosmos bipinnatus*

멕시코 원산의 한해살이풀로 1~2m 높이로 자란다. 화초로 심으며 주변으로 퍼져 나가 자란다. 잎은 마주나고 2회깃꼴겹잎이며 갈래조각은 선형이다. 7~10월에 가지 끝에 달리는 붉은색, 분홍색, 흰색 꽃은 지름 5~6cm이다. 둘레의 혀꽃은 7~9장이며 끝부분에 3~5개의 뭉툭한 톱니가 있다. 중심부의 대롱꽃은 노란색이다. 많은 재배 품종이 있다. ¹⁾**꼬리코스모스**(*C. caudatus*)는 중미 원산의 한해살이풀로 1m 정도 높이로 자란다. 잎몸은 2~4회 깃꼴로 갈라지며 4~20cm 길이이다. 작은잎의 갈래조각은 선형~피침형이고 털이 없다. 잎겨드랑이에 달리는 코스모스 모양의 분홍색 꽃은 지름 2~3cm이다. 둘레의 분홍색 혀꽃은 5~8장이고 중심부의 대롱꽃은 노란색이다. ²⁾**노랑코스모스**(*C. sulphureus*)는 멕시코 원산의 한해살이풀로 70~110cm 높이로 자라는 화초이며 주변으로 퍼져 나가 자란다. 잎은 마주나고 2회깃꼴겹잎이며 갈래조각은 피침형이다. 7~10월에 가지 끝에 피는 코스모스를 닮은 노란색이나 주황색 꽃은 지름 5~6cm이다. 기다란 열매는 끝에 2개의 갈고리 모양의 가시가 있다. ³⁾**노랑코스모스 '코스믹 레드'**('Cosmic Red')는 밝은 주홍색 겹꽃이 피는 품종이다. 모두 화단에 심어 기른다.

## 은엽아지랑이(국화과)
*Cotula hispida*

남아공 원산의 늘푸른여러해살이풀로 20cm 정도 높이이다. 잎은 어긋나고 2회 깃꼴로 갈라지며 갈래조각은 선형이고 은회색이 도는 긴털로 덮여 있다. 늦은 봄~초여름에 가는 꽃대 끝에 둥근 노란색 꽃송이가 달린다. <sup>1)</sup>**카르둔**(*Cynara cardunculus*)은 지중해 연안 원산의 여러해살이풀로 1~2m 높이이다. 뿌리잎은 1~2회 깃꼴로 깊게 갈라지며 갈래조각 끝이 가시로 된다. 6~8월에 줄기 끝의 청자색 꽃송이는 대롱꽃으로 이루어지고 밑부분의 총포조각은 끝이 가시로 된다. <sup>2)</sup>**갯국화**(*Dendranthema pacificum*)는 일본 원산의 여러해살이풀로 30cm 정도 높이이다. 촘촘히 어긋나는 타원형 잎은 뒷면에 흰색 털이 빽빽하다. 10~11월에 가지 끝에 대롱꽃으로 이루어진 노란색 꽃송이가 모여 달린다. <sup>3)</sup>**야로국**(*D. occidentali-japonense*)은 일본 원산의 여러해살이풀로 60~90cm 높이이다. 잎은 어긋나고 달걀형이며 3~5cm 길이이고 3~5갈래로 얕게 갈라진다. 뒷면에 흰색 털이 빽빽하다. 10~12월에 가지 끝에 달리는 흰색, 연분홍색, 연노란색 꽃송이는 지름 3~5cm이다. <sup>4)</sup>**백야국**(v. *ashizuriense*)은 야로국의 변종으로 잎몸이 3갈래로 갈라지며 뒷면은 회백색이고 가을에 흰색 꽃이 핀다. 모두 화단에 심어 기른다.

은엽아지랑이

<sup>1)</sup>카르둔

<sup>3)</sup>야로국

<sup>2)</sup>갯국화

<sup>4)</sup>백야국

달리아 품종

❶ 달리아 '아라비안 나이트'  ❷ 달리아 '세잔느'

❸ 달리아 '달리노바 플로리다'  ❹ 달리아 '달리나 미디 보르네오'

❺ 달리아 '프란츠 카프카'  ❻ 달리아 '해피 싱글 파티'  ❼ 달리아 '해피 싱글 플레임'  ❽ 달리아 '힙노티카 라벤더'

## 달리아(국화과)  *Dahlia pinnata*

멕시코 원산의 여러해살이풀로 1~2m 높이로 자라며 고구마 같은 덩이뿌리가 발달한다. 잎은 마주나고 1~2회 깃꼴로 갈라지며 갈래조각은 달걀형이고 끝이 뾰족하며 가장자리에 톱니가 있다. 7~8월에 줄기와 가지 끝의 머리모양 꽃차례에 분홍색, 보라색, 흰색 꽃송이가 옆을 보고 핀다. 중심부에 모여 피는 대롱꽃은 노란색이지만 재배 품종에서는 모두 혀꽃으로 변한 것도 있다. 재배 품종에 따라 꽃 색깔과 꽃잎 수가 다르며 잎의 색깔이 다른 품종도 있다.

❶(*D.* 'Arabian Night') ❷('Cezanne') ❸('Dahlinova Florida') ❹('Dalina Midi Borneo') ❺('Franz Kafka') ❻('Happy Single Party') ❼('Happy Single Flame') ❽('Hypnotica Lavender')

❶흰드린국화

드린국화

❷드린국화 '그린 쥬얼'

❸드린국화 '매그너스'    ❹드린국화 '파우와우 와일드 베리'    ❺드린국화 '레드 니 하이'    ❻드린국화 '화이트 스완'

## 드린국화/자주루드베키아(국화과)  *Echinacea purpurea*

북미 원산의 여러해살이풀로 50~150㎝ 높이로 무리 지어 자란다. 잎은 어긋나고 달걀형~좁은 피침형이며 5~30㎝ 길이이고 보통 가장자리에 잔톱니가 있다. 6~8월에 가지 끝에 달리는 꽃송이는 둘레의 홍자색 혀꽃이 점차 비스듬히 처지며 3~8㎝ 길이이다. 중심부의 대롱꽃은 둥글납작하게 모여 있다. 큼직한 꽃의 모양이 아름답고 꽃의 수명도 길기 때문에 여러 재배 품종을 개발하여 화단에 심어 기르고 있다. 품종에 따라 혀꽃의 색깔이나 대롱꽃의 색깔이 여러 가지이다.

❶('Alba') ❷('Green Jewel') ❸('Magnus') ❹('Powwow Wild Berry') ❺('Red Knee High') ❻('White Swan')

팔리다드린국화

<sup>1)</sup>파라독사드린국화

### 팔리다드린국화(국화과)
*Echinacea pallida*

북미 원산의 여러해살이풀로 1m 정도 높이까지 자란다. 긴 타원형 뿌리가 곧게 벋는다. 잎은 줄기 밑부분에 어긋나고 좁은 피침형이며 가장자리가 밋밋하고 잎자루가 길며 뒷면은 흰색 털이 빽빽하다. 5~8월에 가지 끝에 달리는 꽃송이는 둘레의 가는 연분홍색 혀꽃이 비스듬히 처지고 중심부의 대롱꽃은 거의 반구형으로 모여 있다. <sup>1)</sup>**파라독사드린국화**(*E. paradoxa*)는 미국 원산의 여러해살이풀로 60~150㎝ 높이이다. 5~6월에 피는 노란색 혀꽃은 비스듬히 처진다. 모두 화단에 심어 기른다.

### 공꽃(국화과)
*Echinops ritro*

유라시아와 아프리카 북부 원산의 여러해살이풀로 70~100㎝ 높이로 무리 지어 자란다. 곧게 자라는 줄기는 은회색이 돈다. 잎은 어긋나고 깃꼴로 갈라지며 가장자리에 가시 같은 톱니가 있고 뒷면은 회백색 솜털이 촘촘하다. 6~8월에 가지 끝에 달리는 공 모양의 청자색 꽃송이는 지름 3~5㎝이다. <sup>1)</sup>**절굿대**(*E. setifer*)는 산에서 자라는 여러해살이풀로 잎은 깃꼴로 갈라지고 가장자리의 톱니는 가시로 된다. 여름에 둥근 남자색 꽃송이가 달린다. 모두 화단에 심어 기른다.

공꽃

<sup>1)</sup>절굿대

## 지담초(국화과)
### *Elephantopus scaber*

아시아와 아프리카 열대 지방 원산의 여러해살이풀로 20~80cm 높이이다. 잎은 주걱형~거꿀피침형이며 4~12월에 가지 끝의 머리모양꽃차례에 4~5mm 길이의 흰색~연분홍색 대롱꽃이 모여 핀다. [1]**아프리카데이지**(*Dimorphotheca sinuata*)는 남아프리카 원산의 한해살이풀로 25~35cm 높이이다. 거꿀피침형~선형 잎은 드물게 깃꼴로 얕게 갈라지기도 한다. 초여름~여름에 지름 4~5cm의 노란색~주황색 꽃이 낮에 핀다. 비슷한 종으로 여러해살이풀 종류는 *Osteospermum*속으로 분류한다. [2]**갯해바라기**(*Encelia farinosa*)는 북미 원산의 늘푸른떨기나무로 30~150cm 높이이다. 잎은 어긋나고 세모진 달걀형이며 회녹색이다. 3~5월에 가지 끝의 노란색 머리모양꽃차례는 지름 3~4cm이다. [3]**등골나물 '팔려간 신부'**(*Eupatorium maculatum* 'Bartered Bride')는 북미 원산의 원예 품종으로 여러해살이풀이며 90cm 정도 높이이다. 잎은 마디에 돌려나고 피침형이다. 여름~초가을에 줄기와 가지 끝의 고른꽃차례에 흰색 꽃송이가 촘촘히 모여 달린다. [4]**등골나물 '팬텀'**(*E.* 'Phantom')은 교잡종으로 여름~초가을에 가지 끝에 적자색 꽃송이가 촘촘히 모여 달린다. 모두 화단에 심어 기른다.

지담초

[1]**아프리카데이지**

[2]**갯해바라기**

[3]**등골나물 '팔려간 신부'**

[4]**등골나물 '팬텀'**

원평소국

1)고산망초 '로즈 주얼'

2)콤포시투스망초

3)오크로레우스개망초

4)구름국화

## 원평소국(국화과)
### *Erigeron karvinskianus*

중미 원산의 여러해살이풀로 50㎝ 정도 높이로 자란다. 밑부분의 잎은 거꿀피침형이며 3갈래로 갈라지고 윗부분의 잎은 피침형~선형이다. 5~11월에 피는 흰색 꽃송이는 지름 1~2㎝이며 점차 혀꽃이 분홍색으로 변한다. 1)고산망초 '로즈 주얼' (*E. alpinus* 'Rose Jewel')은 알프스 원산의 원예 품종인 여러해살이풀로 10~40㎝ 높이이다. 잎은 어긋나고 거꿀피침형이며 가장자리가 밋밋하다. 5~8월에 홍적색 꽃송이가 위를 보고 핀다. 2)콤포시투스망초 (*E. compositus*)는 북미 원산의 여러해살이풀로 15㎝ 정도 높이이다. 타원형 잎은 잘게 갈라지고 푸른빛이 돌며 5~6월에 연푸른색 꽃송이가 달린다. 3)오크로레우스개망초 (*E. ochroleucus*)는 북미 원산의 여러해살이풀로 25㎝ 정도 높이로 자란다. 잎은 선형~가는 피침형이며 1~6㎝ 길이이고 가장자리가 밋밋하다. 6~8월에 가지 끝에 개망초를 닮은 흰색 꽃송이가 달린다. 4)구름국화(*E. thunbergii* ssp. *glabratus*)는 백두산에서 10~35㎝ 높이로 자라는 여러해살이풀이다. 잎은 어긋나고 주걱형이지만 위로 올라갈수록 선형이 된다. 6~8월에 줄기 끝에 피는 자주색 꽃송이는 지름이 3~4㎝이고 총포는 반구형이다. 모두 화단에 심어 기른다.

## 넓은잎유리옵스(국화과)
### *Euryops chrysanthemoides*

남아프리카 원산의 늘푸른떨기나무로 50~200㎝ 높이이다. 잎은 어긋나고 긴 타원형이며 잎몸이 깃꼴로 갈라지고 갈래조각은 7~9개이다. 5~9월에 긴 꽃자루 끝에 위를 보고 피는 노란색 꽃송이는 지름 3~4㎝이다. [1]**유리옵스 펙티나투스** (*E. pectinatus*)는 남아프리카 원산의 늘푸른떨기나무로 60~150㎝ 높이이다. 잎은 어긋나고 좁은 거꿀달걀형이며 잎몸이 깃꼴로 깊게 갈라지고 갈래조각은 선형이며 털이 촘촘하고 노란색 꽃송이가 달린다. 모두 남쪽 섬에서 화단에 심는다.

넓은잎유리옵스    [1]유리옵스 펙티나투스

## 털머위(국화과)
### *Farfugium japonicum*

남부 지방의 바닷가에서 자라는 여러해살이풀로 30~70㎝ 높이이다. 머위를 닮은 둥글넓적한 뿌리잎은 지름 4~30㎝이고 밑부분이 심장저이다. 잎몸은 두껍고 광택이 있으며 뒷면은 회백색이다. 어린잎은 안으로 말린다. 9~10월에 꽃줄기 끝의 고른꽃차례에 지름 4~6㎝의 노란색 꽃이 모여 달린다. 열매는 원통형이며 위를 향한 털이 많다. [1]**무늬털머위**('Argenteum')는 잎 둘레에 연노란색 얼룩무늬가 있는 원예 품종이다. 모두 남부 지방의 화단에 심어 기른다.

털머위    [1]무늬털머위

청화국　　　　　　　　　　　¹⁾무늬청화국

## 청화국/푸른마가렛(국화과)
### *Felicia amelloides*

남아공 원산의 늘푸른여러해살이풀로 30~60cm 높이로 자라며 줄기는 붉은빛이 돌고 가지가 많이 갈라진다. 잎은 마주나고 달걀형~긴 타원형이며 끝이 뾰족하고 가장자리가 밋밋하다. 3~6월에 꽃줄기 끝에 지름 3~4cm의 꽃송이가 위를 보고 피는데 가장자리의 혀꽃은 푸른색이고 중심부에 촘촘히 모여 있는 대롱꽃은 노란색이다. ¹⁾**무늬청화국**('Variegata')은 잎 가장자리에 연노란색 얼룩무늬가 있는 품종이다. 모두 화단에 한해살이풀로 심어 기른다.

천인국　　　　　　　　¹⁾숙근천인국 '갈로 피치'

## 천인국/인디언국화(국화과)
### *Gaillardia pulchella*

북미 원산의 여러해살이풀로 60cm 정도 높이로 무리 지어 자란다. 전체에 부드러운 흰색 털이 있다. 잎은 어긋나고 선형~긴 타원형이며 끝이 뾰족하고 가장자리에 톱니가 있거나 밋밋하다. 6~10월에 피는 꽃송이는 지름 4~6cm이며 혀꽃은 밑부분이 황적색이고 끝부분은 노란색인 것이 많다. ¹⁾**숙근천인국 '갈로 피치'**(*G. aristata* 'Gallo Peach')는 북미 원산의 원예 품종으로 중첩된 노란색 혀꽃에 연주황색 무늬가 있다. 모두 화단에 한해살이풀로 심어 기른다.

## 가는잎태양국(국화과)
*Gazania linearis*

가는잎태양국

남아프리카 원산의 여러해살이풀로
10~30㎝ 높이로 자란다. 뿌리잎은
선형~피침형이며 뒷면은 긴 흰색 털
로 덮여 있다. 꽃줄기 끝에 위를 향
해 피는 노란색 꽃송이는 지름 3.5~
8㎝이며 둘레의 혀꽃은 안쪽에 연주
황색 무늬가 있다. [1]**가는잎태양국 '콜
로라도 골드'**('Colorado Gold')는 노
란색 혀꽃의 안쪽에 진한 황갈색
반점이 있는 품종이다. [2]**무늬태양국**
(*G. rigens* 'Variegata')은 남아프리카
원산인 태양국의 원예 품종으로 여
러해살이풀이며 20~30㎝ 높이로 자
란다. 잎은 좁은 거꿀달걀형~거꿀
달걀형이며 깃꼴로 갈라지기도 하고
가장자리에 연노란색 얼룩무늬가 있
다. 꽃송이는 지름 4㎝ 정도이며 노
란색 혀꽃 안쪽에 황갈색 반점이 있
다. 여러 재배 품종이 있으며 모두
화단에 심어 기른다.
❶(*G.* 'Big Kiss White Flame') ❷('Big
Kiss Yellow Flame') ❸('Gazoo Clear
Orange') ❹('Sahara')

[1]**가는잎태양국 '콜로라도 골드'**

[2]**무늬태양국**

❶ 가자니아 '빅 키스 화이트 플레임'  ❷ 가자니아 '빅 키스 옐로 플레임'  ❸ 가자니아 '가주 클리어 오렌지'  ❹ 가자니아 '사하라'

619

¹⁾거베라 '로얄 세미 더블 로즈'  ❶거베라 '죠이아'

거베라 품종

❷거베라 '그린 볼'  ❸거베라 '해피골드'

❹거베라 '재규어 핑크'  ❺거베라 '파티 타임'  ❻거베라 '선캡'  ❼거베라 '선셋 드림'

## 거베라(국화과)  *Gerbera jamesonii*

남아프리카 원산의 여러해살이풀로 30~60㎝ 높이로 자란다. 뿌리에서 모여나는 잎은 30㎝ 정도 길이이며 가장자리에 톱니가 있다. 5~11월에 꽃줄기 끝에 지름 7㎝ 정도의 붉은색~흰색 꽃송이가 달린다. ¹⁾**거베라 '로얄 세미 더블 로즈'**(*G. j.* 'Royal Semi-double Rose')는 홍적색 반겹꽃이 피는 품종이다. 거베라는 꽃이 아름답기 때문에 많은 재배 품종이 개발되었으며 꽃 색깔이 여러 가지이며 겹꽃도 있다. 국내에서 개발된 품종도 많이 있다. 화단에 심어 기르며 절화로도 많이 이용한다.

❶(*G.* 'Gioia') ❷('Green Ball') ❸('Happy Gold') ❹('Jaguar Pink') ❺('Party Time') ❻('Sun Cap') ❼('Sunset Dream')

## 자주도망국(국화과)
### *Miyamayomena* 'Minorumurasaki'

일본 원산인 도망국(*M. savatieri*)의 원예 품종으로 여러해살이풀이며 20~50cm 높이의 줄기에 털이 많다. 잎은 어긋나고 달걀 모양의 긴 타원형이며 4~6cm 길이이고 가장자리에 거친 톱니가 드문드문 있으며 밑부분은 잎자루의 날개가 된다. 5~6월에 긴 꽃대 끝에 달리는 푸른색 꽃송이는 지름 3~4cm이며 혀꽃 사이가 벌어진다. [1]**분홍도망국**(*M.* 'Hamaotome')은 분홍색 꽃송이가 달리는 품종이다. 원종인 도망국은 연한 청백색 꽃이 핀다. 모두 화단에 심어 기른다.

자주도망국    [1]분홍도망국

## 해바라기(국화과)
### *Helianthus annuus*

중미 원산의 한해살이풀로 2m 정도 높이로 자란다. 잎은 어긋나고 세모진 달걀형이며 밑부분이 심장저이고 가장자리에 톱니가 있다. 8~9월에 줄기 끝에서 옆을 향해 달리는 꽃송이는 지름 8~60cm이다. 둘레의 혀꽃은 노란색이고 중심부의 대롱꽃은 황갈색~노란색이다. [1]**겹해바라기**('Big Bear')는 노란색 겹꽃이 피는 품종이다. [2]**해바라기 '프라도 레드'**('Prado Red')는 지름 15cm 정도의 붉은색 꽃이 피는 품종이다. 모두 화단에 심어 기른다. 씨앗은 기름을 짜거나 식용한다.

해바라기

[1]겹해바라기    [2]해바라기 '프라도 레드'

# 토삼칠/삼칠초(국화과)
## *Gynura japonica*

중국 원산의 여러해살이풀로 1m 정도 높이이다. 잎은 어긋나고 긴 타원형이며 깃꼴로 갈라진다. 가을에 가지 끝에 달리는 원통형의 노란색 꽃송이는 지름 1.5㎝ 정도이며 모두 대롱꽃이다. 독충에 물렸을 때 잎의 즙액을 바른다. **1)납작국화 '웨서골드'**(*Helenium* 'Wesergold')는 아메리카 원산의 교잡종인 여러해살이풀로 50~100㎝ 높이이다. 잎은 어긋나고 피침형이며 6~8월에 꽃대 끝에 달리는 노란색 꽃송이는 지름 6㎝ 정도이며 중심부의 반구형 대롱꽃은 갈색이 돈다. **2)납작국화 '사힌스 얼리 플라워러'**('Sahin's Early Flowerer')는 붉은 주황색 꽃에 주황색이나 노란색 얼룩무늬가 있는 품종이다. **3)노란단추꽃**(*Chrysocephalum apiculatum*)은 호주 원산의 여러해살이풀로 40㎝ 정도 높이로 비스듬히 서며 줄기와 두툼한 피침형 잎에 은회색 털이 있다. 여름~가을에 줄기 끝에 모여 달리는 둥근 원통형의 노란색 꽃송이는 지름 1~1.5㎝이다. **4)고산금쑥부쟁이**(*Heterotheca pumila*)는 북미 고산 원산의 여러해살이풀로 10~30㎝ 높이로 비스듬히 선다. 잎은 어긋나고 거꿀피침형이며 가장자리는 밋밋하고 긴털이 많다. 7~9월에 꽃줄기 끝에 달리는 노란색 꽃송이는 지름 2.5㎝ 정도이다. 모두 화단이나 실내에 심어 기른다.

토삼칠

1)납작국화 '웨서골드'

2)납작국화 '사힌스 얼리 플라워러'

3)노란단추꽃

4)고산금쑥부쟁이

커리플랜트

1)벨룸밀짚꽃

2)레오파드조밥나물

3)목향

4)칼잎금불초

## 커리플랜트(국화과)
### *Helichrysum italicum*

지중해 연안 원산의 여러해살이풀로 30~60㎝ 높이이다. 잎은 어긋나고 피침형~선형이며 은백색 털로 덮여 있다. 7~8월에 줄기 끝의 고른꽃차례에 원통 모양의 노란색 꽃송이가 촘촘히 달린다. 1)**벨룸밀짚꽃**(*H. bellum*)은 남아공 원산의 여러해살이풀로 15~30㎝ 높이이다. 넓은 피침형 뿌리잎은 로제트형으로 모여난다. 여름에 줄기 끝에 밀짚꽃 모양의 흰색 꽃송이가 달린다. 2)**레오파드조밥나물**(*Hieracium maculatum* 'Leopard')은 유럽 원산의 원예 품종으로 여러해살이풀이며 20~30㎝ 높이이다. 주걱 모양의 뿌리잎은 녹색 바탕에 적자색 얼룩무늬가 있다. 잎자루와 잎 가장자리에는 긴 흰색 털이 많다. 5~7월에 줄기 끝의 송이꽃차례에 노란색 꽃송이가 엉성하게 달린다. 3)**목향**(*Inula helenium*)은 유라시아 원산의 여러해살이풀로 80~150㎝ 높이이다. 잎은 어긋나고 타원형~긴 타원형이며 끝이 뾰족하고 가장자리에 톱니가 있다. 7~8월에 가지 끝마다 달리는 노란색 꽃송이는 지름 5㎝ 정도이다. 4)**칼잎금불초**(*I. ensifolia*)는 유럽 원산의 여러해살이풀로 25~30㎝ 높이이다. 잎은 어긋나고 좁은 피침형이며 잎맥이 뚜렷하다. 6~8월에 줄기 끝에 노란색 꽃송이가 달린다. 모두 화단에 심어 기른다.

하늘바라기

1)스카브라하늘바라기

2)백묘국

3)에델바이스

4)산솜다리

## 하늘바라기(국화과)
### *Heliopsis helianthoides*

북미 원산의 여러해살이풀로 50~150㎝ 높이이다. 잎은 마주나고 달걀형이며 끝이 뾰족하고 질이 부드럽다. 7~8월에 가지마다 지름 4㎝ 정도의 노란색 꽃이 위를 향해 핀다. 열매는 5㎜ 정도 길이이며 갓털이 없다. 1)**스카브라하늘바라기**(v. *scabra*)는 하늘바라기와 비슷하지만 잎과 줄기에 거센털이 있어서 거칠게 느껴지는 점이 다르다. 2)**백묘국**(*Jacobaea maritima*)은 지중해 연안 원산의 늘푸른여러해살이풀로 20~60㎝ 높이이다. 깃꼴로 깊게 갈라진 잎은 회백색 솜털로 촘촘히 덮여 있다. 6~9월에 줄기 끝의 갈래꽃차례에 노란색 꽃송이가 달리는데 둘레의 혀꽃은 10~12개이다. 3)**에델바이스**(*Leontopodium nivale* ssp. *alpinum*)는 알프스 원산의 여러해살이풀로 10~30㎝ 높이이며 전체에 흰색 솜털이 많고 잎은 선형이다. 6~8월에 줄기 끝에 모여 달리는 꽃송이 밑부분을 잎 모양의 흰색 포조각이 받치고 있다. 4)**산솜다리**(*L. leiolepis*)는 설악산 이북에서 자라는 여러해살이풀로 7~20㎝ 높이이다. 잎은 어긋나고 거꿀피침형이며 가장자리가 밋밋하고 털이 있다. 5~7월에 줄기 끝에 6~9개가 돌려나는 포는 회백색 털이 있고 그 가운데에 꽃송이가 모여 핀다. 모두 화단에 심어 기른다.

## 대형만보(국화과)
### *Kleinia ficoides*

대형만보

남아공 원산의 늘푸른여러해살이풀로 50~100cm 높이로 자란다. 두꺼운 칼 모양의 잎은 8~15cm 길이이며 청록색이고 줄기와 함께 흰색 가루로 덮여 있다. 꽃줄기 끝의 갈래꽃차례에 원통형의 연노란색 꽃송이가 모여 달린다. [1]**비관**(*K. grantii*)은 아프리카 원산의 여러해살이풀로 15~20cm 높이이다. 짧은 줄기에 로제트형으로 달리는 거꿀피침형 잎은 가장자리가 밋밋하며 다육질이다. 봄에 가지 끝에 주홍색 꽃송이가 달린다. [2]**파란손가락**(*K. mandraliscae*)은 남아프리카 원산의 늘푸른여러해살이풀로 40cm 이하로 자란다. 납작한 원통형 잎은 7~15cm 길이이고 꽃차례에 흰색 꽃송이가 모여 핀다. [3]**천룡**(*K. neriifolia*)은 카나리 제도 원산의 늘푸른떨기나무로 3m 정도 높이로 자라며 굵은 줄기는 회녹색이다. 잎은 가는 피침형이고 흰색 가루로 덮여 있다. 가지 끝의 고른꽃차례에 원통형의 연노란색 꽃송이가 모여 달린다. [4]**칠석장**(*K. stapeliiformis*)은 남아프리카 원산의 여러해살이풀로 20~25cm 높이이다. 원통형 줄기는 4~6개의 모가 지고 잎은 빨리 떨어져 나간다. 여름에 7~15cm 길이의 기다란 꽃대 끝에 달리는 붉은 주황색 꽃송이는 엉겅퀴를 닮았다. 모두 실내에서 다육식물로 기른다.

[1]비관

[2]파란손가락

[3]천룡

[4]칠석장

불란서국화      [1]샤스타데이지

## 불란서국화/옥스아이데이지(국화과)
### *Leucanthemum vulgare*

유럽 원산의 여러해살이풀로 30~50㎝ 높이이다. 뿌리잎은 거꿀달걀형~거꿀피침형이며 가장자리에 톱니가 있고 잎자루가 있지만 줄기잎은 점차 잎자루가 없어진다. 5~8월에 가지 끝에 지름 5㎝ 정도의 흰색 꽃송이가 달린다. 포조각 가장자리는 진갈색이다. [1]샤스타데이지(*L. × superbum*)는 교배종인 여러해살이풀로 거꿀피침형 잎은 가장자리에 둔한 톱니가 있다. 4~7월에 가지 끝에 지름 5~7.5㎝의 큼직한 흰색 꽃송이가 달리며 포조각 끝은 갈색이다. 모두 화단에 심어 기른다.

## 리아트리스 스피카타(국화과)
### *Liatris spicata*

북미 원산의 여러해살이풀로 1m 정도 높이로 자란다. 잎은 선형~거꿀피침형이며 11~22㎝ 길이이고 끝이 뾰족하며 위로 갈수록 작아진다. 7~9월에 줄기 윗부분의 이삭꽃차례는 15~30㎝ 길이이며 홍자색 꽃송이가 촘촘히 돌려 가며 달린다. 위에 있는 꽃송이가 먼저 피며 차례대로 피어 내려간다. [1]리아트리스 스피카타 '알바'('Alba')는 흰색 꽃이 피는 품종이다. 화단에 심어 기르며 절화로도 많이 이용한다. 원산지에서는 잎과 뿌리를 가루로 만들어 벌레를 쫓는 데 사용한다.

리아트리스 스피카타      [1]리아트리스 스피카타 '알바'

자주잎덴타타곰취

1)곰취

2)프르제왈스키곰취

3)곤달비 '리틀로켓'

4)갯취

### 자주잎덴타타곰취(국화과)
*Ligularia dentata* 'Britt-Marie-Crawford'

중국과 일본 원산의 원예 품종으로 여러해살이풀이며 90㎝ 정도 높이이다. 하트형 잎과 줄기는 구릿빛이 돌고 7~9월에 노란색 꽃송이가 모여 달린다. 1)**곰취**(*L. fischeri*)는 깊은 산에서 자란다. 줄기에는 보통 3장의 하트형 잎이 어긋난다. 7~9월에 줄기 끝의 송이꽃차례에 노란색 꽃이 촘촘히 모여 피는데 가장자리의 혀꽃은 5~9장이다. 2)**프르제왈스키곰취**(*L. przewalskii*)는 중국과 몽골 원산의 여러해살이풀로 1m 정도 높이이며 잎몸은 4~7갈래로 손바닥처럼 갈라진다. 여름에 줄기 끝의 송이꽃차례에 노란색 꽃송이가 모여 달린다. 3)**곤달비 '리틀로켓'**(*L. stenocephala* 'Little Rocket')은 산에서 자라는 곤달비의 원예 품종이다. 뿌리잎은 하트형이며 양쪽 밑이 화살형이고 가장자리에 불규칙한 톱니가 있다. 8~9월에 줄기 끝의 송이꽃차례에 노란색 꽃이 모여 피는데 가장자리의 혀꽃은 보통 1~3개이다. 4)**갯취**(*L. taquetii*)는 제주도와 거제도의 바닷가에서 자라는 여러해살이풀로 50~100㎝ 높이이다. 잎은 어긋나고 타원형~긴 타원형이다. 5~7월에 줄기 끝의 송이꽃차례에 달리는 노란색 꽃송이는 지름 3~4㎝이며 둘레에 몇 개의 혀꽃이 돌려난다. 모두 화단에 심어 기른다.

# 카밀레/저먼캐모마일(국화과)
## *Matricaria chamomilla*

유럽 원산의 한두해살이풀로 줄기는 가지가 많이 갈라지며 30~60㎝ 높이로 자란다. 잎은 어긋나고 2~3회깃꼴겹잎이며 갈래조각은 선형이고 긴털이 약간 있거나 없다. 6~9월에 가지 끝에 피는 꽃은 지름 2㎝ 정도이며 향기가 있다. 중심부의 노란색 대롱꽃 부분은 점차 솟아 오르고 가장자리의 흰색 혀꽃은 점차 밑으로 젖혀진다. 화단에 심어 기르며 들로 퍼져 나가 자라기도 한다. 원산지에서는 감기약이나 위장약으로 사용되며 욕조에 넣는 목욕제로도 쓴다.

카밀레

# 황금국화덩굴(국화과)
## *Pseudogynoxys chenopodioides*

중미 원산의 늘푸른여러해살이덩굴풀로 줄기로 다른 물체를 감고 3m 정도 길이로 벋는다. 잎은 마주나고 피침형~달걀형이며 끝이 뾰족하고 가장자리는 주름이 지며 앞면은 광택이 있다. 잎겨드랑이에서 자란 꽃대 끝에 달리는 노란색~적황색 꽃은 지름 2.5㎝ 정도이다. 꽃송이 둘레의 혀꽃은 활짝 피면 뒤로 젖혀지고 중심부에는 자잘한 대롱꽃이 촘촘히 모여 달린다. 줄기와 잎에는 피부에 염증을 일으키는 성분이 있으므로 주의해야 한다. 실내에서 심어 기른다.

황금국화덩굴

## 벌개미취(국화과)
### *Miyamayomena koraiensis*

습지에서 자라는 여러해살이풀로 50~90㎝ 높이이다. 잎은 어긋나고 피침형이며 끝이 뾰족하고 가장자리에 잔톱니가 있다. 6~9월에 가지 끝에 달리는 연자주색 꽃송이는 지름이 4~5㎝이다. [1]**황금메달리온**(*Melampodium divaricatum*)은 아메리카 원산의 한해살이풀로 20~40㎝ 높이이다. 잎은 마주나고 좁은 타원형~피침형이며 4~10월에 가지 끝에 지름 2~2.5㎝의 노란색 꽃송이가 핀다. [2]**일본데이지/상록해국**(*Nipponanthemum nipponicum*)은 일본 원산의 여러해살이풀로 50~100㎝ 높이이다. 가지 끝에 촘촘히 어긋나는 잎은 주걱형~긴 타원형이다. 9~11월에 가지 끝에 피는 흰색 꽃송이는 지름 6㎝ 정도이다. [3]**주홍조밥나물**(*Pilosella aurantiaca*)은 유럽 원산의 여러해살이풀로 10~50㎝ 높이이다. 거꿀피침형 잎은 거센털이 흩어져 난다. 6~8월에 꽃줄기 끝에 달리는 주황색 꽃은 지름 15~20㎜이며 민들레 꽃을 닮았다. [4]**알프스민들레**(*P. officinarum*)는 유럽 원산의 여러해살이풀로 20~50㎝ 높이이다. 좁은 타원형 잎은 가장자리가 밋밋하고 긴털이 흩어져 난다. 6~9월에 꽃줄기 끝에 지름 2㎝ 정도의 노란색 꽃송이가 달린다. 모두 화단에 심어 기른다.

벌개미취

[1]황금메달리온

[2]일본데이지

[3]주홍조밥나물

[4]알프스민들레

629

1)케이프데이지 '마가리타 퍼플'    2)케이프데이지 '마가리타 옐로'

케이프데이지

❶ 오스테오스페르뭄 '3D 퍼플'    ❷ 오스테오스페르뭄 '3D 실버'

❸ 오스테오스페르뭄 '아스트라 화이트 핑크 블러쉬'    ❹ 오스테오스페르뭄 '플라워 파워 스파이더 화이트'    ❺ 오스테오스페르뭄 '세레니티 브론즈'    ❻ 오스테오스페르뭄 '세레니티 로즈 매직'

## 케이프데이지(국화과) *Osteospermum ecklonis*

남아프리카 원산의 여러해살이풀로 10~60㎝ 높이로 자란다. 잎은 어긋나고 거꿀달걀형~피침형이며 가장자리는 밋밋하거나 치아 모양의 톱니가 있다. 4~7월에 가지 끝에 달리는 꽃송이는 지름 3~5㎝이며 둘레의 혀꽃은 흰색, 중심부의 대롱꽃은 푸른색이 돈다. 1)케이프데이지 '마가리타 퍼플'('Margarita Purple')은 자주색 꽃이 피는 품종이다. 2)케이프데이지 '마가리타 옐로'('Margarita Yellow')는 노란색 꽃이 피는 품종이다. 이 외에도 *Osteospermum*속은 많은 교잡종이 개발되어 화단에 심어지고 있다.

❶(*O.* '3D Purple') ❷('3D Silver') ❸('Astra White Pink Blush') ❹('Flower Power Spider White') ❺('Serenity Bronze') ❻('Serenity Rose Magic')

## 루비목걸이/자월(국화과)
*Othonna capensis*

남아공 원산의 늘푸른여러해살이풀로 줄기는 바닥을 기며 자란다. 잎은 어긋나고 원기둥 모양의 육질이며 2~3㎝ 길이이고 끝이 뾰족하며 붉은빛이 돌기도 한다. 꽃줄기 끝에 달리는 노란색 꽃송이는 지름 1~1.5㎝이며 기온이 맞으면 계속 피어난다. [1]**오토나 덴타타**(*O. dentata*)는 남아공 원산으로 70㎝ 정도 높이이다. 거꿀달걀형 잎은 5㎝ 정도 길이이며 가장자리의 치아 모양의 톱니는 붉은빛이 돌기도 하고 노란색 꽃이 핀다. 모두 다육식물로 심어 기른다.

루비목걸이　　　　[1]**오토나 덴타타**

## 라이스플라워(국화과)
*Ozothamnus diosmifolius*

호주 원산의 늘푸른떨기나무로 2m 정도 높이로 자란다. 잎은 어긋나고 선형이며 1~2㎝ 길이이고 끝이 뾰족하며 가장자리가 뒤로 말린다. 3~5월에 가지 끝의 고른꽃차례에 쌀알 모양의 흰색~연분홍색 꽃이 촘촘히 모여 달린다. [1]**타우히누**(*O. leptophyllus*)는 뉴질랜드 원산의 늘푸른떨기나무로 2m 정도 높이이다. 넓은 선형 잎은 어긋나고 가지 끝의 고른꽃차례에 자잘한 흰색 꽃송이가 촘촘히 모여 달린다. 모두 실내에서 심어 기르며 절화나 말린꽃으로도 이용한다.

라이스플라워　　　　[1]**타우히누**

시네라리아 품종 시네라리아 품종

시네라리아 품종 시네라리아 품종 시네라리아 품종

시네라리아 품종 시네라리아 품종 시네라리아 품종 시네라리아 품종

## 시네라리아(국화과) *Pericallis hybrida*

*Pericallis cruenta*와 *P. lanata* 간의 교배종으로 예전에는 *Cineraria*속에 속했었기 때문에 시중에서는 흔히 '시네라리아'라고 부른다. 아프리카 북서부에 있는 카나리아 제도 원산의 교잡종으로 두해살이풀이며 가지가 갈라지는 줄기는 30~50㎝ 높이로 자라고 줄기에 털이 있다. 잎은 어긋나고 달걀형~넓은 달걀형이며 밑부분은 심장저이고 가장자리에 불규칙한 톱니가 있으며 잎자루에 날개가 있다. 12~5월에 가지 끝의 고른꽃차례에 꽃송이가 모여 달린다. 둘레의 혀꽃은 푸른색, 자주색, 붉은색, 흰색 등 여러 가지이고 중심부의 대롱꽃은 대부분 자주색이나 노란색이다. 보통 이른 봄에 화단이나 화분에서 피는 꽃은 수명이 1개월 정도이다.

드럼스틱

### 드럼스틱/골든볼(국화과)
*Pycnosorus globosus*

호주 원산의 여러해살이풀로 50~70㎝ 높이이다. 뿌리잎은 선형~피침형이며 10~30㎝ 길이이고 양면에 흰색~회색 털이 있다. 6~9월에 길게 자란 꽃줄기 끝에 지름 3㎝ 정도의 둥근 공 모양의 꽃송이가 달린다. ¹⁾**상록구절초/춘절국화**(*Rhodanthemum hosmariense*)는 모로코 원산의 여러해살이풀로 15~30㎝ 높이이다. 깃꼴로 갈라지는 잎은 갈래조각이 선형이며 흰색 털로 덮여 있다. 3~6월에 꽃줄기 끝에 피는 흰색 꽃송이는 지름 3~5㎝이다. ²⁾**상록구절초 '마라케시'**('Marrakech')는 분홍색 꽃송이가 달리는 품종이다. ³⁾**종이꽃**(*Rhodanthe anthemoides*)은 호주 원산의 여러해살이풀로 30~60㎝ 높이이다. 잎은 선형~좁은 타원형이며 끝이 뾰족하다. 3~5월에 줄기 끝에 달리는 흰색 꽃송이는 지름 3㎝ 정도이다. 총포조각은 종이질이며 수명이 오래 간다. 모두 화단에 심어 기른다. ⁴⁾**금화**(*Pallenis maritima*)는 지중해 연안 원산의 여러해살이풀로 20㎝ 정도 높이이다. 잎은 촘촘히 어긋나고 좁은 거꿀달걀형이며 가장자리가 밋밋하고 흰색 털이 빽빽하다. 3~7월에 가지 끝에 지름 3~5㎝의 노란색 꽃송이가 하늘을 보고 편다. 남해안 이남에서 화단에 심어 기른다.

¹⁾상록구절초

²⁾상록구절초 '마라케시'

³⁾종이꽃

⁴⁾금화

### 검은눈천인국(국화과)
*Rudbeckia hirta*

북미 원산의 두해살이풀~여러해살이풀로 50~90㎝ 높이이다. 전체에 거친털이 있다. 잎은 어긋나고 긴 타원형이며 가장자리에 톱니가 있다. 7~9월에 긴 꽃자루 끝에 달리는 꽃송이 둘레의 노란색 혀꽃은 14장 정도이고 가운데 통꽃은 흑자색이다. [1]**검은눈천인국 '프레리 선'**('Prairie Sun')은 노란색 혀꽃의 안쪽이 연주황색인 품종이다. [2]**원추천인국**(*R. bicolor*)은 북미 원산의 한해살이풀~여러해살이풀로 30~50㎝ 높이이다. 7~8월에 긴 꽃자루 끝에 달리는 노란색 꽃송이는 둘레의 혀꽃 안쪽이 자갈색이고 가운데 통꽃은 암적색이다. [3]**풀기다천인국**(*R. fulgida*)은 북미 원산으로 60~100㎝ 높이이다. 꽃송이는 지름 5~7㎝이며 둘레의 밝은 주황색 혀꽃은 10~15장이고 중심부의 대롱꽃은 자갈색이다. [4]**큰원추국**(*R. maxima*)은 북미 원산으로 2m 정도 높이이며 잎은 회녹색이 돈다. 6~7월에 피는 꽃송이는 둘레에 노란색 혀꽃이 있고 중심부의 대롱꽃은 원뿔 모양으로 모여 달린다. [5]**애기천인국 '프레이리 글로우'**(*R. triloba* 'Prairie Glow')는 북미 원산의 원예품종으로 8~10월에 피는 꽃은 노란색 혀꽃의 안쪽이 주황색이며 중심부의 대롱꽃은 흑갈색이다. 모두 화단에 심어 기른다.

검은눈천인국

[1]검은눈천인국 '프레리 선'

[2]원추천인국

[3]풀기다천인국

[4]큰원추국

[5]애기천인국 '프레이리 글로우'

## 삼잎국화(국화과)
*Rudbeckia laciniata*

북미 원산의 여러해살이풀로 50~
200㎝ 높이로 자란다. 잎은 어긋
나고 10~50㎝ 길이이며 삼잎처럼
3~7갈래로 갈라진다. 갈래조각은
끝이 뾰족하고 가장자리에 톱니가
있다. 7~9월에 가지 끝에 달리는
노란색 꽃송이는 지름 6~8㎝이고
가장자리의 혀꽃은 비스듬히 젖혀
진다. 중심부에 모여 있는 대롱꽃
은 가장자리부터 피기 시작한다.
[1]**겹꽃삼잎국화**('Hortensia')는 원예
품종으로 7~9월에 가지 끝에 달
리는 노란색 겹꽃은 지름 6~10㎝
이다. 모두 화단에 심어 기른다.

삼잎국화 　　　　　　[1]겹꽃삼잎국화

## 멕시코백일홍(국화과)
*Sanvitalia procumbens*

중남미 원산의 한해살이풀로 줄기
는 바닥을 기며 3~15㎝ 높이로 선
다. 잎은 마주나고 달걀형~좁은 피
침형이며 1~6㎝ 길이이고 가장자
리가 밋밋하다. 6~11월에 가지 끝에
피는 꽃송이는 지름 2㎝ 정도이며
위를 향한다. 꽃송이 둘레의 혀꽃
은 노란색이다. 중심부의 대롱꽃은
자갈색이다. [1]**멕시코백일홍 '아즈텍
골드'**('Aztec Gold')는 멕시코백일홍
의 원예 품종인 한해살이풀로 가지
끝의 꽃송이는 혀꽃과 대롱꽃이 모
두 노란색이다. 모두 화단에 심어
기르거나 걸이화분용으로 심는다.

멕시코백일홍 　　　　[1]멕시코백일홍 '아즈텍 골드'

635

## 솔잎방망이 (국화과)
### *Senecio barbertonicus*

솔잎방망이

남아프리카 원산의 늘푸른떨기나무로 2m 정도 높이로 자란다. 가지에 촘촘히 달리는 손가락 모양의 원통형 잎은 길이 5~10㎝, 지름 5~10㎜로 다육질이다. 여름에 가지 끝의 고른꽃차례에 원통형의 노란색 꽃송이가 모여 달린다. [1]**마사이화살촉** (*S. kleiniiformis*)은 남아공 원산의 다육식물로 30~80㎝ 높이로 자란다. 잎은 어긋나고 마름모꼴이며 숟가락처럼 가운데가 오므라들고 흰빛이 도는 녹색이다. 줄기 끝에서 자란 긴 꽃대 끝의 갈래꽃차례에 원통형의 노란색 꽃송이가 달린다. [2]**녹영/콩체인**(*S. rowleyanus*)은 남아프리카 원산의 늘푸른여러해살이덩굴풀로 가는 줄기는 바닥을 기며 마디에서 뿌리를 내린다. 공처럼 둥근 다육질 잎은 지름 1㎝ 정도이지만 가물면 5㎜ 정도로 작아진다. 가을~겨울에 잎겨드랑이에서 자란 꽃줄기 끝에 원통형의 흰색 꽃송이가 달리며 꽃밥은 자갈색이다. [3]**카나리담쟁이**(*S. tamoides*)는 남아프리카 원산의 늘푸른여러해살이덩굴풀로 2m 정도 높이이다. 넓은 달걀형 잎은 아이비 잎을 닮았으며 가장자리에 거친 톱니가 있다. 노란색 꽃송이 둘레의 혀꽃은 3~6장이다. 모두 실내에서 다육식물로 기른다.

[1]마사이화살촉 꽃

[1]마사이화살촉

[2]녹영

[3]카나리담쟁이

### 꽃산비장이(국화과)
*Serratula tinctoria* ssp. *seoanei*

유럽 원산의 여러해살이풀로 30~
50㎝ 높이로 자란다. 잎은 어긋나
고 깃꼴로 갈라지며 자줏빛이 돈
다. 9~10월에 줄기 끝의 원뿔꽃차
례에 연한 홍자색 꽃송이가 모여
달린다. [1]산비장이(*S. coronata* v.
*insularis*)는 산의 풀밭에서 자라는
여러해살이풀로 30~140㎝ 높이이
다. 잎은 어긋나고 깃꼴로 깊게 갈
라지며 갈래조각 가장자리에 톱니
가 있다. 8~10월에 줄기와 가지 끝
에 적자색 꽃송이가 달린다. 총포는
단지 모양이고 총포조각은 6~7줄로
붙는다. 모두 화단에 심어 기른다.

꽃산비장이         [1]산비장이

### 흰무늬엉겅퀴/밀크티슬(국화과)
*Silybum marianum*

남부 유럽과 아시아 원산의 두해살
이풀로 1~2m 높이로 자란다. 잎은
어긋나고 긴 타원형이며 깃꼴로 깊
게 갈라지고 갈래조각 끝은 가시로
된다. 잎 앞면은 광택이 있고 잎맥
을 따라 흰색 무늬가 있는 것이 특
징이다. 6월에 가지 끝에 달리는 홍
자색 꽃송이는 지름 5㎝ 정도이며
밑부분에는 가시 모양의 커다란 총
포조각이 촘촘히 붙는다. 꽃송이는
모두 대롱꽃만으로 이루어져 있다.
화단에 심어 기르며 꽃밭 주변에서
저절로 퍼져 자란다. 잎줄기를 식
용한다.

흰무늬엉겅퀴

양미역취

1)미국미역취

2)루고사미역취 '화이어웍스'

3)스페치오사미역취

4)울릉미역취

### 양미역취(국화과)
*Solidago altissima*

북미 원산의 여러해살이풀로 1~2.5m 높이이다. 잎은 어긋나고 피침형이며 잔톱니가 있다. 9~10월에 줄기 윗부분의 커다란 원뿔꽃차례에 자잘한 노란색 꽃송이가 다닥다닥 달린다. 암술머리는 혀꽃부리 밖으로 길게 나온다. 1)미국미역취(*S. gigantea*)는 북미 원산의 여러해살이풀로 1~1.5m 높이이다. 7~9월에 줄기 윗부분의 커다란 원뿔꽃차례에 자잘한 노란색 꽃송이가 다닥다닥 달린다. 암술머리는 혀꽃부리 밖으로 조금 나온다. 2)루고사미역취 '화이어웍스'(*S. rugosa* 'Fireworks')는 북미 원산의 원예 품종으로 여러해살이풀이며 1.5m 정도 높이이다. 늦여름~가을에 기다란 노란색 꽃차례가 축 늘어진다. 3)스페치오사미역취(*S. speciosa*)는 북미 원산의 여러해살이풀로 2m 정도 높이이며 땅속줄기가 굵어진다. 늦여름~초가을에 줄기 끝에 달리는 원뿔꽃차례는 위를 향하며 노란색 꽃송이가 촘촘히 달린다. 4)울릉미역취/큰미역취(*S. virgaurea* ssp. *gigantea*)는 울릉도에서 자라는 여러해살이풀로 15~70cm 높이이다. 8~9월에 줄기나 가지 끝에 노란색 꽃송이가 촘촘히 달려 전체적으로 커다란 원뿔 모양이 된다. 열매는 털이 있다. 모두 화단에 심어 기르며 들로 퍼져 나간 것도 있다.

### 스테비아(국화과)
*Stevia rebaudiana*

남미 원산의 여러해살이풀로 습한 곳에서 50~100㎝ 높이로 자란다. 굵게 발달한 뿌리 가까운 줄기에서 새 줄기가 나와 자라며 포기 전체에 흰색 잔털이 있다. 잎은 마주나고 긴 타원형이며 4~10㎝ 길이이고 끝이 뾰족하며 가장자리에 가는 톱니가 있다. 여름~가을에 가지 끝에 자잘한 흰색 대롱꽃이 5~6개씩 모여 핀다. 잎에 들어있는 스테비오사이드라는 성분은 설탕보다 200~300배가 넘는 단맛이 나며 식품에 설탕 대신 감미료로 사용한다. 허브식물로도 기른다.

스테비아

### 풍차국/스토케시아(국화과)
*Stokesia laevis*

북미 남동부 원산의 여러해살이풀로 30~60㎝ 높이로 자란다. 잎은 어긋나고 넓은 피침형이며 가장자리가 밋밋하다. 가지 끝에서 위를 향해 피는 풍차를 닮은 청자색 꽃송이는 지름 8㎝ 정도이다. 둘레의 혀꽃은 꽃잎 끝부분이 5갈래로 갈라지고 중심부에는 대롱꽃이 촘촘히 모여 핀다. 꽃송이 밑부분의 총포 조각은 끝이 날카로운 가시로 된다. [1]흰풍차국('Alba')은 흰색 꽃이 피는 품종이다. 모두 화단에 심어 기른다. 여러 재배 품종이 있으며 꽃 색깔이 여러 가지이다.

풍차국                    [1]흰풍차국

우선국

1)우선국 '퍼플돔'    2)숙근아스타

3)숙근아스타 '어텀 스노'    4)미국쑥부쟁이

## 우선국(국화과)
### *Symphyotrichum novi-belgii*

북미 원산의 여러해살이풀로 30~70㎝ 높이로 자란다. 잎은 어긋나고 타원 모양의 피침형~가는 피침형이며 톱니가 있거나 없다. 8~10월에 줄기와 가지 끝에 달리는 자주색 꽃송이는 지름 2.5㎝ 정도이며 중심부의 대롱꽃은 노란색이다. 총포는 반구형이고 총포조각은 3~4줄로 붙는다. 1)우선국 '퍼플돔'('Purple Dome')은 보통 전체가 반구형으로 자라며 자주색 반겹꽃이 피는 품종이다. 2)숙근아스타(*S. novae-angliae*)는 북미 원산의 여러해살이풀로 1~2m 높이로 자란다. 줄기와 잎에 샘털이 있어서 끈적거린다. 잎은 어긋나고 긴 타원형~피침형이며 끝이 뾰족하고 가장자리가 밋밋하며 밑부분은 줄기를 감싼다. 7~10월에 가지 끝에 지름 3㎝ 정도의 청자색 꽃송이가 달린다. 3)숙근아스타 '어텀 스노'('Autumn Snow')는 혀꽃이 흰색인 품종이다. 4)미국쑥부쟁이(*S. pilosum*)는 북미 원산의 여러해살이풀로 30~100㎝ 높이이며 전체에 털이 많다. 줄기는 윗부분이 비스듬히 휘어지며 가지가 많이 갈라진다. 잎은 어긋나고 좁은 피침형이며 위로 갈수록 가늘어진다. 9~10월에 가지 끝마다 달리는 흰색 꽃송이는 지름 1~2㎝이다. 모두 화단에 심어 기르며 절화로도 이용한다.

❶ 매리골드 '안티구아 오렌지'  ❷ 매리골드 '안티구아 옐로'

매리골드 품종

❸ 매리골드 '퍼펙션 오렌지'  ¹⁾멕시코매리골드

❹ 멕시코매리골드 '미스터 마제스틱'  ❺ 매리골드 '사파리 퀸'  ❻ 매리골드 '사파리 탄제린'  ❼ 매리골드 '사파리 옐로'

## 매리골드(국화과)  *Tagetes erecta*

멕시코 원산의 한해살이풀로 70~100㎝ 높이로 자란다. 잎은 마주나거나 어긋나고 깃꼴겹잎이며 가장자리에 잔톱니가 있다. 측맥 끝에 기름점이 있어서 냄새가 난다. 여름에 가지 끝에 지름 5㎝ 정도의 노란색~주황색 꽃송이가 달린다. ¹⁾멕시코매리골드(*T. lucida*)는 중미 원산의 여러해살이풀로 40~80㎝ 높이이다. 잎은 선형~피침형이며 상반부에 잔톱니가 있다. 8~9월에 가지 끝에 피는 노란색 꽃송이는 지름 1.5㎝ 정도이며 혀꽃은 3~5장이다. 매리골드는 많은 재배 품종이 있고 화단에 심어 기른다.

❶(*T. e.* 'Antigua Orange') ❷('Antigua Yellow') ❸('Perfection Orange') ❹(*T. l.* 'Mr. Majestic') ❺(*T.* 'Safari Queen') ❻('Safari Tangerine') ❼('Safari Yellow')

페르시아제충국 품종

1)페르시아제충국 '로빈슨 레드'

2)탠지

3)피버퓨

4)피버퓨 '산타나'

# 페르시아제충국(국화과)
## *Tanacetum coccineum*

중앙아시아 원산의 여러해살이풀로 90㎝ 정도 높이로 자란다. 잎몸은 고사리 잎처럼 깃꼴로 잘게 갈라진다. 초여름에 가지 끝에 달리는 꽃송이는 지름 8㎝ 정도이며 둘레의 혀꽃은 분홍색, 붉은색, 흰색 등이고 중심부에 촘촘히 모여 피는 대롱꽃은 노란색이다. 1)페르시아제충국 '로빈슨 레드'('Robinson's Red')는 붉은색 꽃이 피는 품종이다. 2)탠지/쑥국화(*T. vulgare*)는 유럽 원산의 여러해살이풀로 50~150㎝ 높이이며 들로 퍼져 나가 자란다. 잎은 어긋나고 깃꼴겹잎이며 작은잎은 10쌍 정도이고 톱니처럼 잘게 갈라진다. 겹잎자루에 날개가 있다. 7~10월에 줄기 끝에서 갈라진 가지마다 노란색 꽃송이가 달린다. 꽃송이는 지름 1㎝ 정도이며 대롱꽃뿐이다. 3)피버퓨/화란국화(*T. parthenium*)는 유라시아 원산의 여러해살이풀로 50~60㎝ 높이로 자란다. 잎은 어긋나고 깃꼴로 깊게 갈라진다. 5~7월에 줄기와 가지 끝에서 위를 향해 달리는 꽃송이는 지름 10~25㎜이다. 둘레의 혀꽃은 흰색이고 중심부에 촘촘히 모여 피는 대롱꽃은 노란색이다. 4)피버퓨 '산타나'('Santana')는 왜성종으로 둘레의 흰색 혀꽃 안쪽에 연노란색 대롱꽃이 크게 발달한다. 모두 화단에 심어 기른다.

## 멕시코해바라기(국화과)
### *Tithonia diversifolia*

중미 원산의 여러해살이풀로 4~5m 높이이다. 잎은 어긋나고 타원형이며 가장자리가 여러 갈래로 갈라진다. 10~11월에 피는 해바라기 모양의 노란색 꽃송이는 지름 10~15cm이다. [1]**달버그데이지**(*Thymophylla tenuiloba*)는 중미 원산의 여러해살이풀로 20~40cm 높이로 자란다. 잎은 깃꼴로 깊게 갈라지며 갈래조각은 가늘다. 5~10월에 가지 끝에 달리는 꽃송이는 둘레의 노란색 혀꽃이 8~13장이며 중심부의 대롱꽃도 노란색이다. 모두 화단에 심어 기른다.

멕시코해바라기  [1]달버그데이지

## 미국갯금불초(국화과)
### *Sphagneticola trilobata*

열대 아메리카 원산의 여러해살이풀로 줄기는 바닥을 기며 15~30cm 높이로 선다. 피침형 잎은 마주나며 가장자리에 톱니가 있고 거센털이 있다. 7~10월에 피는 노란색 꽃송이는 지름 4cm 정도이다. 실내에서 심어 기른다. [1]**콜로라도탠지아스터**(*Xanthisma coloradoense*)는 북미 원산의 여러해살이풀로 14cm 정도 높이이다. 길쭉한 잎은 가장자리에 불규칙한 톱니가 있고 털이 많다. 여름에 꽃줄기 끝에 달리는 분홍색 꽃송이는 중심부의 대롱꽃이 노란색이다. 화단에 심어 기른다.

미국갯금불초  [1]콜로라도탠지아스터

밀짚꽃 '모하비 옐로'

밀짚꽃 품종

밀짚꽃 품종

밀짚꽃 품종

밀짚꽃 품종

밀짚꽃 품종

밀짚꽃 품종

밀짚꽃 품종

밀짚꽃 품종

## 밀짚꽃(국화과) *Xerochrysum bracteatum*

호주 원산의 한해살이풀~여러해살이풀로 20~90㎝ 높이로 자란다. 잎은 어긋나고 긴 타원형이며 2~5㎝ 길이이고 끝이 뾰족하며 가장자리가 밋밋하다. 6~9월에 가지 끝에 1개씩 달리는 꽃송이는 지름 3㎝ 정도이며 둘레의 노란색 총포조각은 여러 겹이며 반짝거리고 꽃잎처럼 보인다. 꽃송이 중심부에는 노란색 대롱꽃이 촘촘히 모여 핀다. 많은 재배 품종이 있으며 품종에 따라 반짝거리는 꽃잎 모양의 총포조각 색깔이 흰색, 분홍색, 붉은색, 주황색, 주홍색 등 여러 가지이다. 화단에 심어 기르며 절화를 꽃꽂이 재료로 이용하고 말린꽃으로도 쓴다. 꽃잎 모양의 총포조각을 만지면 밀짚처럼 바삭거려서 '밀짚꽃'이라고 한다.

❶ 백일홍 '마젤란 체리'  ❷ 백일홍 '마젤란 옐로'

❸ 백일홍 '프로퓨전 오렌지'  ❹ 백일홍 '프로퓨전 옐로'

백일홍 품종

❺ 백일홍 '스위즐 체리 앤 아이보리'  ❻ 백일홍 '스위즐 스칼렛 앤 옐로'  ❼ 백일홍 '자하라 코랄 로즈'  ❽ 백일홍 '자하라 스타라이트 로즈'

## 백일홍(국화과) *Zinnia elegans*

멕시코 원산의 한해살이풀로 60~90㎝ 높이로 자란다. 잎은 마주나고 긴 달걀형이며 끝이 뾰족하고 가장자리가 밋밋하다. 잎의 밑부분은 심장저이며 잎자루가 없이 줄기를 감싼다. 6~10월에 길게 자란 꽃줄기 끝에 위를 보고 피는 꽃송이는 지름 3~5㎝이다. 꽃송이 둘레의 혀꽃은 홍자색이고 중심부의 대롱꽃은 노란색이다. 꽃송이 밑부분에 포개져 있는 둥근 총포조각은 가장자리가 검은색이다. 재배 품종에 따라 꽃송이의 크기나 혀꽃의 색깔이 여러 가지이고 왜성종도 있다. 화단에 심어 기른다.

❶('Magellan Cherry') ❷('Magellan Yellow') ❸(*Z.* 'Profusion Orange') ❹('Profusion Yellow') ❺('Swizzle Cherry & Ivory') ❻('Swizzle Scarlet & Yellow') ❼('Zahara Coral Rose') ❽('Zahara Starlight Rose')

실버브루니아

## 실버브루니아(브루니아과)
### *Brunia nodiflora*

남아공 원산의 늘푸른떨기나무로 60~150㎝ 높이로 둥그스름하게 자란다. 가지는 잔털로 덮여 있다. 바늘 모양의 잎은 2~3㎜ 길이이며 가지에 빽빽하게 돌려 가며 덮여 있다. 가지 끝에 달리는 둥그스름한 꽃송이는 지름 1㎝ 정도이며 자잘한 흰색 꽃이 활짝 피면 수술이 길게 벋기 때문에 털모자 끝에 달린 폭신한 털 실방울처럼 보이며 향기가 있다. 열매송이는 꽃봉오리처럼 둥그스름하며 회갈색이고 여러 해 동안 매달려 있다. 실내에서 심어 기르며 절화로 많이 이용한다.

## 미국딱총나무(연복초과)
### *Sambucus canadensis*

북미 원산의 갈잎떨기나무로 3~4m 높이로 자란다. 잎은 마주나고 홀수깃꼴겹잎이며 작은잎은 5~9장이다. 작은잎은 긴 타원형이며 10㎝ 정도 길이이고 끝이 뾰족하며 가장자리에 안으로 굽은 톱니가 있다. 5~7월에 가지 끝의 고른꽃차례에 자잘한 흰색 꽃이 촘촘히 모여 핀다. 둥근 열매는 가을에 흑자색으로 익으며 과일로 먹는다. [1]**황금미국딱총나무**('Aurea')는 녹색 잎이 황금색으로 물드는 품종이다. 모두 화단에 심어 기르며 산과 들로 저절로 퍼져 나가 자라기도 한다.

미국딱총나무　　　　[1]**황금미국딱총나무**

## 분꽃나무(연복초과)
### *Viburnum carlesii*

분꽃나무

산에서 자라는 갈잎떨기나무로 2~3m 높이이다. 잎은 마주나고 타원형~넓은 달걀형이며 가장자리에 톱니가 드문드문 있다. 4~5월에 가지 끝의 갈래꽃차례에 모여 피는 연홍색 꽃은 향기가 진하다. **1)덴타툼가막살 '블루 머핀'**(*V. dentatum* 'Blue Muffin')은 북미 원산의 원예 품종인 갈잎떨기나무로 1~2m 높이이다. 봄에 가지 끝의 동글납작한 꽃송이에 자잘한 흰색 꽃이 모여 피고 둥근 열매는 7~9월에 푸른색으로 익는다. **2)가막살나무**(*V. dilatatum*)는 중부 이남의 산에서 자라는 갈잎떨기나무로 2~3m 높이이다. 잎은 거꿀달걀형~넓은 달걀형이다. 5~6월에 가지 끝의 납작한 갈래꽃차례에 자잘한 흰색 꽃이 핀다. 둥근 달걀형 열매는 붉게 익는다. **3)서양가막살**(*V. lantana*)은 유라시아 원산의 갈잎떨기나무로 4~5m 높이이다. 잎은 달걀형~긴 달걀형이며 봄에 가지 끝의 갈래꽃차례에 자잘한 연노란색 꽃이 모여 핀다. **4)가죽잎덜꿩나무**(*V. rhytidophyllum*)는 중국 원산의 늘푸른떨기나무로 3~4.5m 높이이다. 잎은 달걀 모양의 피침형이며 가죽질이고 잎맥은 주름이 진다. 4~5월에 가지 끝의 갈래꽃차례는 털이 많고 자잘한 흰색 꽃이 모여 핀다. 모두 화단에 심어 기른다.

1)덴타툼가막살 '블루 머핀'    2)가막살나무

3)서양가막살    4)가죽잎덜꿩나무

설구화

### 설구화(연복초과)
*Viburnum plicatum*

일본과 중국 원산의 갈잎떨기나무로 2~3m 높이이다. 잎은 마주나고 달걀형~타원형이며 가장자리에 톱니가 있다. 5~6월에 가지 끝에 달리는 둥근 흰색 꽃송이는 지름 12cm 정도이며 장식꽃만으로 이루어져 있다. 장식꽃은 지름 2~4cm이며 보통 5갈래로 불규칙하게 갈라진다. 장식꽃만 달리기 때문에 열매는 맺지 못한다. 1)**설구화 '컨스 핑크'**('Kern's Pink')는 원예 품종으로 꽃송이는 분홍빛이 감돈다. 2)**별당나무**(*V. tomentosum*)는 설구화의 변종이다. 일본과 중국 원산의 갈잎떨기나무~작은키나무로 2~6m 높이이다. 잎은 마주나고 타원형~넓은 타원형이며 끝이 뾰족하고 가장자리에 둔한 톱니가 있다. 측맥은 7~12쌍이고 튀어나온다. 5~6월에 가지 끝에 달리는 고른꽃차례에 자잘한 흰색 꽃이 접시 모양으로 납작하게 모여 달린다. 꽃송이 가장자리에는 꽃잎만 가진 장식꽃이 돌려 가며 달리고 중심부에는 자잘한 양성화가 모여 있다. 3)**별당나무 '로세움'**('Roseum')은 원예 품종으로 꽃송이 가장자리의 장식꽃은 시간이 지날수록 분홍빛이 감돈다. 4)**별당나무 '서머 스노플레이크'**('Summer Snowflake')는 원예 품종으로 꽃송이, 잎, 열매가 다른 품종보다 작은 편이다. 모두 화단에 심어 기른다.

1)설구화 '컨스 핑크'

2)별당나무

3)별당나무 '로세움'

4)별당나무 '서머 스노플레이크'

백당나무

### 백당나무(연복초과)
*Viburnum opulus* v. *calvescens*

산에서 3m 정도 높이로 자라는 갈잎떨기나무이다. 잎은 마주나고 넓은 달걀형이며 끝이 뾰족하고 가장자리에 불규칙한 큰 톱니가 있다. 잎몸은 윗부분이 흔히 3갈래로 갈라진다. 5~6월에 가지 끝에 접시 모양의 흰색 꽃송이가 달린다. 꽃송이 둘레에는 장식꽃이 달리고 중심부에는 자잘한 양성화가 핀다. 동그스름한 열매는 가을에 붉게 익는다. [1]**백당나무 '노컷츠 바리에티'**('Notcutt's Variety')는 원예 품종으로 밝은 녹색 잎은 가을에 노란색~붉은색으로 단풍이 들고 풍성한 붉은색 열매송이도 아름답다. [2]**불두화**('Sterile')는 둥근 꽃송이는 모두 장식꽃만으로 이루어진 품종이다. [3]**버크우디분꽃나무**(*V.* × *burkwoodii*)는 교잡종인 떨기나무로 2~3m 높이로 자라며 반상록성이다. 잎은 마주나고 달걀형~타원형이며 가장자리에 희미한 톱니가 있다. 4~5월에 가지 끝에 달리는 둥근 꽃송이에 깔때기 모양의 흰색 꽃이 모여 핀다. 꽃봉오리는 분홍색이다. [4]**리티도필로이데스가막살**(*V.* × *rhytidophylloides*)은 교잡종인 떨기나무로 반상록성이다. 잎은 마주나고 좁은 달걀형~긴 타원형이며 가장자리가 거의 밋밋하다. 4~5월에 가지 끝의 동글납작한 꽃송이에 자잘한 흰색 꽃이 핀다. 모두 화단에 심어 기른다.

[1]백당나무 '노컷츠 바리에티'

[2]불두화

[3]버크우디분꽃나무

[4]리티도필로이데스가막살

푸른가막살

## 푸른가막살(연복초과)
*Viburnum japonicum*

전남 가거도에서 자라는 늘푸른떨기나무로 2~4m 높이이다. 잎은 마주나고 넓은 달걀형~마름모꼴의 달걀형이며 5~20㎝ 길이이고 끝이 뾰족하며 가장자리에 잔톱니가 있다. 잎몸은 가죽질이고 앞면은 광택이 있다. 5~6월에 가지 끝의 갈래꽃차례에 자잘한 흰색 꽃이 핀다. ¹⁾**무늬푸른가막살**('Variegatum')은 녹색 잎에 연노란색 얼룩무늬가 있는 품종이다. ²⁾**다비드가막살**(*V. davidi*)은 중국 원산의 늘푸른떨기나무로 1~2m 높이이다. 잎은 마주나고 타원형이며 가죽질이고 3개의 주맥이 뚜렷하다. 봄에 가지 끝에 자잘한 흰색 꽃이 모여 핀다. ³⁾**오모수**(*V. suspensum*)는 일본과 대만 원산의 늘푸른떨기나무로 4m 정도 높이이다. 잎은 마주나고 거꿀달걀형~타원형이며 끝이 둥글고 톱니가 있다. 12~4월에 가지 끝의 원뿔꽃차례에 피는 깔때기 모양의 흰색 꽃은 분홍빛이 돈다. ⁴⁾**동설목/티누스덜꿩나무**(*V. tinus*)는 지중해 원산의 늘푸른떨기나무로 3~4m 높이이다. 잎은 마주나고 긴 타원형이며 끝이 뾰족하고 가장자리가 밋밋하다. 12~4월에 가지 끝의 갈래꽃차례에 깔때기 모양의 흰색 꽃이 모여 핀다. 달걀형 열매는 5~8㎜ 길이이며 흑청색으로 익는다. 모두 남부지방에서 화단에 심어 기른다.

¹⁾무늬푸른가막살    ²⁾다비드가막살

³⁾오모수    ⁴⁾동설목

댕강나무

### 댕강나무(인동과)
*Abelia mosanensis*

중부 이북의 석회암 지대에서 자라는 갈잎떨기나무로 2m 정도 높이이다. 잎은 마주나고 피침형이며 가장자리가 밋밋하다. 5월경에 가지 끝의 머리모양꽃차례에 피는 깔때기 모양의 연홍색 꽃은 끝이 5갈래로 갈라져서 벌어진다. [1]**중국댕강나무**(*A. parvifolia*)는 중국 원산의 갈잎떨기나무로 1~4m 높이이다. 잎은 마주나고 달걀형~좁은 달걀형이며 가장자리는 거의 밋밋하다. 4~5월에 가지 윗부분의 잎겨드랑이에 깔때기 모양의 홍자색 꽃이 핀다. [2]**유니플로라댕강나무**(*A. uniflora*)는 중국 동부 원산의 늘푸른떨기나무로 150~180㎝ 높이이다. 잎은 마주나고 달걀형~타원형이며 끝이 뾰족하고 가장자리가 밋밋하다. 6~9월에 잎겨드랑이에 깔때기 모양의 홍백색 꽃이 핀다. [3]**꽃댕강나무**(*A.* × *grandiflora*)는 중국 원산의 떨기나무로 1~2m 높이이며 반상록성이다. 잎은 마주나고 달걀형~타원형이며 가장자리에 몇 개의 둔한 톱니가 있다. 6~10월에 가지 끝이나 잎겨드랑이에 달리는 원뿔꽃차례에 깔때기 모양의 흰색 꽃이 모여 핀다. [4]**꽃댕강나무 '콘티'**('Conti')는 원예 품종으로 잎 둘레에 연노란색 얼룩무늬가 있고 겨울에는 분홍빛으로 변한다. 모두 화단에 심어 기른다.

[1]**중국댕강나무**

[2]**유니플로라댕강나무**

[3]**꽃댕강나무**

[4]**꽃댕강나무 '콘티'**

자이언트체꽃

## 자이언트체꽃(인동과)
### *Cephalaria gigantea*

코카서스와 시베리아 원산의 여러
해살이풀로 2m 정도 높이로 자란
다. 잎은 마주나고 긴 타원형이며
20~40㎝ 길이이고 깃꼴로 완전히
갈라진다. 갈래조각은 긴 타원형이
며 끝이 뾰족하고 가장자리에 날카
로운 잔톱니가 있다. 6~8월에 가
지 끝에 달리는 연노란색 꽃송이는
지름 4~10㎝이다. 꽃송이 가장자
리에는 꽃잎이 긴 꽃이 둘러 있고
중심부에는 꽃잎이 작은 꽃들이 촘
촘히 모여 핀다. 꽃잎은 4장씩이고
적갈색 포조각은 긴털이 있다. 화
단에 심어 기른다.

마케도니아체꽃                        [1]마케도니아체꽃 '멜톤 파스텔'

## 마케도니아체꽃(인동과)
### *Knautia macedonica*

지중해 연안 원산의 여러해살이풀
로 40㎝ 정도 높이로 자란다. 잎은
깃꼴로 깊게 갈라지는 것과 잎몸이
갈라지지 않는 잎이 있으며 회녹색
이 돈다. 길쭉한 잎몸은 끝이 뾰족
하며 가장자리에 불규칙한 톱니가
있다. 초여름~가을에 가지 끝에
달리는 적자색 꽃송이는 지름 3㎝
정도이다. 꽃송이 둘레의 꽃은 꽃
잎이 길고 중심부의 꽃은 작다. [1]**마
케도니아체꽃 '멜톤 파스텔'**('Melton
Pastels')은 원예 품종으로 파스텔
톤의 붉은색, 분홍색, 자주색 꽃이
핀다. 모두 화단에 심어 기른다.

### 애기병꽃(인동과)
*Diervilla sessilifolia*

북미 원산의 갈잎떨기나무로 1.5m 정도 높이이다. 잎은 마주나고 긴 달걀형이며 끝은 길게 뾰족하고 가장자리에 날카로운 톱니가 있다. 6~7월에 가지 끝의 갈래꽃차례에 깔때기 모양의 노란색 꽃이 모여 핀다. [1]**주걱댕강나무**(*Diabelia spathulata*)는 경남 양산의 천성산에서 자라는 갈잎떨기나무로 2m 정도 높이이다. 5~6월에 햇가지 끝에 보통 2개씩 피는 깔때기 모양의 연노란색 꽃은 아랫입술꽃잎 안쪽에 주황색 무늬가 있다. 모두 화단에 심어 기른다.

애기병꽃      [1]주걱댕강나무

### 장미디펠타(인동과)
*Dipelta floribunda*

중국 원산의 갈잎작은키나무로 4~6m 높이이다. 잎은 마주나고 긴 달걀형이며 끝이 길게 뾰족하고 가장자리가 밋밋하다. 4~6월에 가지 끝이나 잎겨드랑이의 갈래꽃차례에 깔때기 모양의 연분홍색 꽃이 피며 큼직한 포조각이 있다. [1]**운남디펠타**(*D. yunnanensis*)는 중국 원산의 갈잎떨기나무로 2~4m 높이이다. 잎은 마주나고 긴 타원형이며 끝이 길게 뾰족하고 가장자리가 밋밋하다. 5~6월에 가지에 넓은 깔때기 모양의 흰색~연분홍색 꽃이 피며 큼직한 포조각이 있다. 모두 화단에 심어 기른다.

장미디펠타      [1]운남디펠타

중국병꽃      [1]중국병꽃 '핑크 클라우드'

## 중국병꽃(인동과)
### *Kolkwitzia amabilis*

중국 원산의 갈잎떨기나무로 3m 정도 높이이다. 잎은 마주나고 타원형이며 3~8㎝ 길이이고 끝은 꼬리처럼 길어지며 가장자리에 얕은 톱니가 있다. 5~6월에 가지 끝의 갈래꽃차례에 모여 피는 깔때기 모양의 연분홍색 꽃은 1~2㎝ 길이이다. 꽃부리는 끝부분이 5갈래로 갈라지며 안쪽에 노란색 무늬가 있다. 꽃받침통은 긴 억센털로 덮여 있고 열매도 억센털로 덮여 있다. [1]**중국병꽃 '핑크 클라우드'**('Pink Cloud')는 원예 품종으로 꽃부리 겉면이 분홍색인 꽃이 핀다. 모두 화단에 심어 기른다.

## 괴불나무(인동과)
### *Lonicera maackii*

산골짜기에서 자라는 갈잎떨기나무로 2~5m 높이이다. 잎은 마주나고 긴 달걀형이며 끝은 길게 뾰족하다. 5~6월에 잎겨드랑이에 2개씩 피는 입술 모양의 흰색 꽃은 점차 노랗게 된다. 둥근 열매는 2개씩 달리고 가을에 붉게 익는다. [1]**향길마가지나무**(*L.* × *purpusii*)는 교잡종인 떨기나무로 반상록성이며 2m 정도 높이이다. 이른 봄에 잎이 돋을 때 잎겨드랑이에 연노란색 꽃이 2개씩 핀다. 열매는 2개가 절반쯤 합쳐져서 V자 모양이 되며 붉게 익는다. 모두 화단에 심어 기른다.

괴불나무      [1]향길마가지나무

## 인동덩굴(인동과)
*Lonicera japonica*

산에서 자라는 갈잎덩굴나무로 4~5m 길이로 벋는다. 잎은 마주나고 긴 타원형~달걀형이며 잎몸이 깃꼴로 갈라지기도 한다. 5~6월에 잎겨드랑이에 입술 모양의 흰색 꽃이 2개씩 모여 핀다. 1)긴꽃인동(*L. similis*)은 중국 원산의 갈잎덩굴나무로 꽃부리는 인동덩굴과 비슷하지만 길이 4~6㎝로 길다. 2)산호인동(*L. sempervirens*)은 북미 원산의 늘푸른덩굴나무로 잎은 마주나고 달걀형이며 꽃차례 밑의 잎은 잎자루가 없다. 4~8월에 가지 끝에 깔때기 모양의 홍적색 꽃이 모여 핀다. 3)산호인동 '마그니피카'('Magnifica')는 원예 품종으로 꽃은 오렌지 빛이 도는 진홍색이다. 4)붉은인동(*L. periclymenum* 'Belgica')은 유럽 원산의 원예 품종으로 갈잎덩굴나무이다. 잎은 마주나고 달걀형이며 뒷면은 분백색이다. 5~7월에 가지 끝에 촘촘히 달리는 깔때기 모양의 적자색 꽃은 끝부분이 입술처럼 2갈래로 갈라진다. 5)황금니티다인동(*L. ligustrina* ssp. *yunnanensis* 'Baggesen's Gold')은 중국 원산의 원예 품종인 늘푸른떨기나무로 150~240㎝ 높이이다. 달걀형 잎은 노란색이지만 점차 황록색으로 변한다. 4~6월에 잎겨드랑이에 깔때기 모양의 연노란색 꽃이 2개씩 모여 핀다. 모두 화단에 심어 기른다.

인동덩굴 / 1)긴꽃인동

2)산호인동 / 3)산호인동 '마그니피카'

4)붉은인동 / 5)황금니티다인동

655

솔체꽃

## 솔체꽃(인동과)
### *Scabiosa tschiliensis*

깊은 산에서 자라는 두해살이풀로 50~90cm 높이이다. 잎은 마주나고 긴 타원형이며 큰 톱니가 있고 위로 갈수록 깃꼴로 갈라진다. 8~9월에 줄기 끝에 납작한 청자색 꽃송이가 위를 보고 핀다. 가장자리의 꽃부리는 5갈래로 갈라지는데 바깥쪽 갈래조각이 가장 크다. 꽃 밑의 포는 선형이다. 1)**서양체꽃 '블랙 나이트'**(*S. atropurpurea* 'Black Knight')는 유럽 원산인 서양체꽃의 원예 품종으로 잎은 가장자리가 깃꼴로 갈라지기도 한다. 여름에 가지 끝에 흑갈색 꽃송이가 핀다. 2)**난쟁이비둘기체꽃**(*S. columbaria* 'Nana')은 유럽과 서아시아 원산의 원예 품종으로 두해살이풀이며 20cm 정도 높이이다. 밑부분의 잎은 피침형이고 줄기잎은 1~2회 깃꼴로 갈라진다. 6~9월에 줄기 끝에 지름 2~3.5cm의 연푸른색 꽃송이가 달린다. 3)**루시다솔체꽃**(*S. lucida*)은 유럽 중남부 원산의 여러해살이풀로 20~30cm 높이이다. 밑부분의 잎은 달걀 모양의 피침형이고 줄기잎은 깃꼴로 갈라진다. 여름에 적자색 꽃송이가 달린다. 4)**크림체꽃**(*S. ochroleuca*)은 유럽과 서아시아 원산의 여러해살이풀로 45~60cm 높이이다. 줄기잎은 깃꼴로 가늘게 갈라진다. 6~10월에 가지 끝에 지름 25mm 정도의 연노란색 꽃송이가 달린다. 모두 화단에 심어 기른다.

1)서양체꽃 '블랙 나이트'

2)난쟁이비둘기체꽃

3)루시다솔체꽃

4)크림체꽃

## 붉은병꽃나무(인동과)
### *Weigela florida*

붉은병꽃나무

산에서 자라는 갈잎떨기나무로 2~3m 높이이다. 잎은 마주나고 달걀형~거꿀달걀형이며 끝이 길게 뾰족하고 가장자리에 얕은 톱니가 있다. 5~6월에 잎겨드랑이에 깔때기 모양의 홍자색 꽃이 1~3개씩 모여 고개를 숙이고 핀다. 열매는 길쭉한 병을 닮았다. [1]**일본병꽃나무/삼백병꽃나무**(*W. coraeensis*)는 일본 원산의 갈잎떨기나무로 타원형 잎은 끝이 길게 뾰족하다. 5~6월에 잎겨드랑이에 2~3개씩 피는 깔때기 모양의 흰색 꽃은 점차 붉은색으로 변한다. [2]**골병꽃나무**(*W. hortensis*)는 일본 원산의 갈잎떨기나무로 타원형 잎은 끝이 길게 뾰족하다. 5~6월에 잎겨드랑이에 깔때기 모양의 연홍색 꽃이 2~3개씩 핀다. 꽃받침은 5갈래로 깊게 갈라지고 긴털이 많이 있다. 모두 화단에 심어 기른다.
❶(*W. f.* 'Alexandra') ❷('Eyecatcher')
❸('Rubidor') ❹(*W.* 'Rainbow Sensation')

❶ 붉은병꽃나무 '알렉산드라'

❷ 붉은병꽃나무 '아이캐처'

❸ 붉은병꽃나무 '루비도어'

❹ 병꽃나무 '레인보우 센세이션'

[1] 일본병꽃나무

[2] 골병꽃나무

블루소리아

## 블루소리아(돈나무과)
### *Billardiera heterophylla*

호주 원산의 늘푸른떨기나무로 1m
정도 높이이며 반덩굴성이다. 잎은
어긋나고 타원형이며 5㎝ 정도 길이
이고 끝이 뾰족하거나 둔하며 가장
자리가 밋밋하고 밝은 녹색이다. 밑
부분의 잎은 짧은 잎자루가 있다. 여
름에 가지 끝부분의 잎겨드랑이에
서 자란 꽃차례에 4개 정도의 청자
색 꽃이 매달린다. 꽃부리는 종 모양
이며 지름 1.5㎝ 정도이고 5갈래로
갈라진 것이 푸른 별 모양이다. 원
통형 열매는 2㎝ 정도 길이이며 회
청색으로 익는다. 실내에서 심어
기른다.

## 돈나무(돈나무과)
### *Pittosporum tobira*

남해안 이남에서 자라는 늘푸른떨
기나무로 2~3m 높이이다. 잎은 어
긋나고 거꿀달걀형이며 가장자리가
뒤로 말린다. 암수딴그루로 4~6월
에 가지 끝에 모여 피는 흰색 꽃은
점차 노란색으로 변한다. 둥근 열매
는 3갈래로 갈라지면서 빨간색 씨
앗이 드러난다. [1]**반잎이엽돈나무**(*P.
heterophyllum* 'Variegatum')는 중국
원산인 이엽돈나무의 원예 품종으
로 늘푸른떨기나무이며 1m 정도 높
이이다. 잎 둘레에 연노란색 얼룩무
늬가 있다. 모두 남부 지방의 화단
에 심어 기른다.

돈나무          [1]**반잎이엽돈나무**

## 오갈피나무(두릅나무과)
### *Eleutherococcus sessiliflorus*

중부 이남의 산에서 자라는 갈잎떨기나무로 2~4m 높이이다. 잎은 어긋나고 손꼴겹잎이며 작은잎은 3~5장이다. 8~9월에 가지 끝에 공 모양의 자주색 꽃송이가 달리는데 작은꽃자루가 아주 짧다. [1)]가시오갈피(*E. senticosus*)는 깊은 산에서 자라는 갈잎떨기나무로 2~3m 높이이며 바늘 모양의 가시가 많이 난다. 잎은 어긋나고 손꼴겹잎이며 작은잎은 3~5장이다. 암수한그루로 6~7월에 가지 끝의 여러 개의 우산꽃차례에 연노란색 꽃이 둥글게 모여 핀다. 모두 화단에 심어 기른다.

오갈피나무　　　　　　[1)]가시오갈피

## 팔손이(두릅나무과)
### *Fatsia japonica*

남쪽 섬에서 자라는 늘푸른떨기나무로 2~3m 높이이다. 잎은 어긋나지만 줄기 끝에서는 촘촘히 모여 달린다. 잎몸은 원형이고 지름 20~40cm로 큼직하며 7~9갈래로 깊게 갈라져서 손바닥 모양이 된다. 갈래조각 가장자리에는 톱니가 있다. 잎몸은 가죽질이고 광택이 나며 두껍다. 11~12월에 가지 끝에 달리는 둥근 우산꽃차례에 자잘한 흰색 꽃이 모여 피며 향기가 있다. 우산꽃차례가 모여서 커다란 원뿔꽃차례를 만들며 꽃차례자루는 갈색 털로 덮여 있다. 남부 지방의 화단에 심어 기른다.

팔손이

## 송악(두릅나무과)
### *Hedera rhombea*

남부 지방에서 자라는 늘푸른덩굴나무이다. 잎은 어긋나고 마름모꼴이며 어린 가지는 잎몸이 3~5갈래로 얕게 갈라지기도 한다. 10~11월에 가지 끝의 우산꽃차례에 황록색 꽃이 둥글게 모여 핀다. 둥근 열매는 꽃받침자국이 남아 있고 다음 해 5~6월에 검게 익는다. [1]**콜치카송악 '설퍼 하트'**(*H. colchica* 'Sulphur Heart')는 중동 원산의 늘푸른덩굴나무인 콜치카송악의 원예 품종으로 잎의 중심부에 노란색과 황록색 얼룩무늬가 있다. 모두 화단에 심어 기른다.

송악　　　[1]콜치카송악 '설퍼 하트'

## 브라질피막이(두릅나무과)
### *Hydrocotyle leucocephala*

남미 원산의 여러해살이물풀로 마디에서 뿌리가 내리며 번는다. 잎은 어긋나고 콩팥 모양이며 지름 2~5cm이고 밑부분이 깊게 갈라지며 가장자리에 불규칙하고 둔한 톱니가 있다. 꽃대 끝의 둥근 우산꽃차례에 자잘한 흰색 꽃이 모여 핀다. [1]**워터코인**(*H. umbellata*)은 북미 원산의 늘푸른여러해살이물풀로 둥근 잎은 가장자리에 얕은 톱니가 있고 광택이 있다. 6~10월에 꽃줄기 끝에 꽃자루가 방사상으로 벋고 자잘한 흰색 꽃이 모여 달린다. 모두 물풀로 심어 기른다.

브라질피막이　　　[1]워터코인

### 그린아랄리아(두릅나무과)
*Osmoxylon lineare*

동남아시아 원산의 늘푸른떨기나무로 1.5m 정도 높이로 자란다. 잎은 어긋나고 손바닥처럼 5갈래로 깊게 갈라진다. 갈래조각은 기다란 선형이며 15~20㎝ 길이이고 끝이 뾰족하며 약간 두꺼운 가죽질이고 털이 없다. 잎은 끝부분이 비스듬히 처지며 늘어지는 모습이 보기 좋다. 줄기 끝에 우산꽃차례로 달리는 둥근 꽃송이마다 흰색 꽃이 촘촘히 모여 핀다. 꽃은 계속 피어 나면서 한쪽에서는 열매가 검게 익으므로 꽃과 열매를 동시에 볼 수 있다. 실내에서 관엽식물로 기른다.

그린아랄리아

### 홍콩쉐플레라(두릅나무과)
*Schefflera arboricola*

대만과 중국 남부 원산의 늘푸른떨기나무로 3~5m 높이로 자란다. 잎은 어긋나고 손꼴겹잎이며 작은잎은 7~9장이다. 작은잎은 긴 타원형으로 9~20㎝ 길이이며 진녹색이고 광택이 있다. 커다란 꽃송이에 자잘한 연노란색 꽃이 촘촘히 모여 핀다. [1]무늬나무아이비(× *Fatshedera lizei* 'Variegata')는 팔손이와 아이비를 교배시킨 인공 교잡종인 늘푸른떨기나무로 손바닥처럼 5갈래로 갈라지는 잎몸 둘레에 좁은 연노란색 얼룩무늬가 있는 품종이다. 모두 실내에서 관엽식물로 기른다.

홍콩쉐플레라　　　　[1]무늬나무아이비

661

## 무늬산미나리(미나리과)
*Aegopodium podagraria* 'Variegata'

유라시아 원산의 원예 품종으로 여러해살이풀이며 1m 정도 높이이다. 잎은 1~2회깃꼴겹잎이며 작은잎 둘레에 흰색 얼룩무늬가 있다. 줄기와 가지 끝의 겹우산꽃차례에 자잘한 흰색 꽃이 핀다. [1]**참당귀**(*Angelica gigas*)는 산에서 자라는 여러해살이풀로 1~2m 높이이다. 잎은 어긋나고 1~3회깃꼴겹잎이며 작은잎은 3갈래로 갈라지고 잎자루가 통통하다. 8~9월에 줄기와 가지 끝의 겹우산꽃차례는 둥그스름하며 진자주색 꽃이 촘촘히 달린다. 모두 화단에 심어 기른다.

무늬산미나리　　　　　　　　참당귀

## 아스트란티아(미나리과)
*Astrantia major*

유럽 중동부 원산의 여러해살이풀로 50~80㎝ 높이로 자란다. 잎몸은 손바닥처럼 3~7갈래로 깊게 갈라진다. 5~7월에 가지 끝의 연한 홍자색 우산꽃차례는 반구형이다. 자잘한 꽃은 꽃잎 모양의 포에 싸여 있다. [1]**고수**(*Coriandrum sativum*)는 지중해 원산의 한해살이풀로 30~60㎝ 높이이다. 잎은 어긋나고 1~3회깃꼴겹잎이며 갈래조각은 선형이고 빈대 냄새가 난다. 6~7월에 가지 끝의 겹우산꽃차례에 자잘한 흰색 꽃이 달린다. 모두 화단에 심어 기른다.

아스트란티아　　　　　　　　[1]고수

### 파드득나물(미나리과)
*Cryptotaenia japonica*

산의 숲속에서 자라는 여러해살이 풀로 30~60㎝ 높이이다. 전체에 털이 없고 향기가 있다. 잎은 어긋나고 세겹잎이며 끝이 뾰족하고 가장자리에 날카로운 톱니가 있다. 6~7월에 줄기에 겹우산꽃차례가 달리는데 길이가 서로 다른 가지마다 자잘한 흰색 꽃이 피어서 우산꽃차례처럼 보이지 않는다. 타원형 열매는 3~4㎜ 길이이며 매끈하다. [1]**자주파드득나물**('Atropurpurea')은 잎과 줄기가 자주색이며 꽃도 연분홍색인 품종이다. 모두 화단에 심어 기른다.

파드득나물　　　　[1]자주파드득나물

### 회향(미나리과)
*Foeniculum vulgare*

유럽 원산의 여러해살이풀로 1~2m 높이이다. 녹색 줄기에 어긋나는 잎은 잎몸이 3~4회 깃꼴로 갈라지고 갈래조각은 실처럼 가늘며 밑부분은 잎집처럼 된다. 7~8월에 가지 끝의 겹우산꽃차례에 자잘한 노란색 꽃이 달린다. [1]**디디스커스**(*Didiscus caeruleus*)는 호주 원산의 한해살이풀로 30~60㎝ 높이로 자란다. 잎은 세겹잎이며 갈래조각은 다시 잘게 갈라진다. 8~9월에 가지 끝에 달리는 보라색이나 흰색의 반구형~구형 우산꽃차례는 지름 5㎝ 정도이다. 모두 화단에 심어 기른다.

회향　　　　　　　[1]디디스커스

쿨란트로

**쿨란트로**(미나리과)
*Eryngium foetidum*

열대 아메리카 원산의 여러해살이
풀로 15~40㎝ 높이이다. 뿌리잎은
거꿀피침형이며 가장자리에 잔톱
니가 있고 로제트형으로 둘러 난
다. 둥근 백록색 꽃송이를 받치는
피침형의 포조각은 가시처럼 뾰족
하다. 잎을 향신료로 사용한다. [1]**아
가베도깨비풀**(*E. agavifolium*)은 아
르헨티나 원산의 늘푸른여러해살
이풀로 1~1.5m 높이이다. 긴 칼
모양의 잎은 가장자리에 가시 같은
톱니가 있다. 여름에 원통형 꽃송
이에 백록색 꽃이 핀다. [2]**큰도깨비
풀**(*E. giganteum*)은 코카서스와 이
란 원산의 여러해살이풀로 90~
150㎝ 높이이다. 달걀형 잎은 가장
자리에 가시 모양의 톱니가 있다.
7~9월에 연푸른색 꽃이 피는 원통
형 꽃송이 밑을 가시가 있는 은빛
포조각이 둘러싼다. [3]**해변에린지움**
(*E. maritimum*)은 유럽과 아프리카
원산의 여러해살이풀로 70㎝ 정도
높이이다. 잎은 3~5갈래로 갈라
지며 끝이 가시로 되고 꽃송이는
둥글다. [4]**팔마툼도깨비풀 '블루 호
빗'**(*E. planum* 'Blue Hobbit')은 유라
시아 원산의 원예 품종으로 40㎝
정도 높이이다. 잎은 긴 타원형~
달걀형이며 가장자리에 톱니가 있
다. 여름에 피는 푸른색 꽃송이를
받치는 피침형 포조각은 청록색이
다. 모두 화단에 심어 기른다.

[1]아가베도깨비풀

[2]큰도깨비풀

[3]해변에린지움

[4]팔마툼도깨비풀 '블루 호빗'

### 러비지(미나리과)
*Levisticum officinale*

지중해 연안 원산의 여러해살이풀로 1~2m 높이로 자란다. 당근처럼 굵어지는 뿌리는 향기가 있다. 잎은 3회깃꼴겹잎이며 밑부분의 잎은 길이가 70cm 정도에 이른다. 작은잎은 넓은 삼각형~마름모꼴이다. 6~7월에 줄기와 가지 끝에 달리는 겹우산꽃차례는 지름 10~15cm이며 지름 2~3mm의 작은 노란색~녹황색 꽃이 촘촘히 모여 핀다. 타원형 열매는 황갈색으로 익으며 잎과 함께 향기가 진하다. 화단에 심어 기른다. 뿌리, 잎, 씨앗 등을 식용 또는 약용한다.

러비지

### 백약이참나물(미나리과)
*Pimpinella saxifraga*

유라시아 원산의 여러해살이풀로 60cm 정도 높이이다. 잎은 어긋나고 깃꼴겹잎이며 갈래조각은 다시 갈라지기도 한다. 6~8월에 겹우산꽃차례에 자잘한 흰색 꽃이 핀다. 유럽에서는 이뇨제로 사용한다. [1]**파슬리**(*Petroselinum crispum*)는 유럽과 북아프리카 원산의 두해살이풀로 20~50cm 높이이다. 세겹잎~2회세겹잎은 작은잎이 다시 깊게 갈라지며 잎몸이 우글쭈글한 품종도 있다. 여름에 겹우산꽃차례에 자잘한 황록색 꽃이 핀다. 채소로 이용한다. 모두 화단에 심어 기른다.

백약이참나물          [1]**파슬리**

글라디올러스

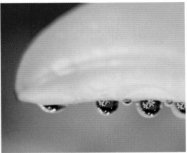

# 부록

# 용어 해설

| | |
|---|---|
| **2회깃꼴겹잎**<br>(2회우상복엽 : 二回羽狀複葉) | 잎자루 양쪽으로 작은잎이 새깃꼴로 마주 붙는 깃꼴겹잎이 다시 깃꼴로 붙는 겹잎. |
| **2회세겹잎**(2회삼출엽 : 二回三出葉) | 3장의 작은잎으로 이루어진 세겹잎이 다시 세겹잎 형태로 붙는 겹잎. |
| **가시자리**(刺座 : Areole) | 선인장의 생장점으로 실제로는 변형된 잎눈이다. 가시자리로부터 가시, 잎, 곁가지, 꽃 등이 자란다. |
| **가죽질**(혁질 : 革質) | 가죽처럼 단단하고 질긴 성질. 가죽질 잎은 잎몸이 두껍고 광택이 있으며 가죽 같은 촉감이 있다. |
| **가짜꽃자리**(Pseudocephalium) | 일부 선인장은 줄기 꼭대기 근처에 꽃자리가 생기는데 이를 '가짜꽃자리'라고 한다. |
| **갈래꽃차례**(취산화서 : 聚繖花序) | 꽃차례의 끝에 달린 꽃 밑에서 한 쌍의 꽃자루가 나와 각각 그 끝에 꽃이 한 송이씩 달리는 것이 반복되는 꽃차례. |
| **거꿀달걀형**(도란형 : 倒卵形) | 뒤집힌 달걀형의 잎 모양. 잎의 밑부분이 좁고 위로 갈수록 넓어지며 끝 부분은 둥그스름하다. |
| **거센털**(강모 : 剛毛) | 뻣뻣하고 끝이 뾰족한 털. 강아지풀의 잔꽃에서 볼 수 있다. |
| **거친털**(조모 : 粗毛) | 거칠고 딱딱한 털. 거센털보다는 덜 딱딱하다. |
| **겉꽃덮이조각**(외화피편 : 外花被片) | 꽃덮이가 2줄로 배열한 경우에 바깥쪽에 위치한 꽃덮이의 하나하나. |
| **겹고른꽃차례**(복산방화서 : 複繖房花序) | 고른꽃차례가 반복되는 꽃차례. |
| **겹꽃**(중판화 : 重瓣花) | 여러 겹의 꽃잎으로 이루어진 꽃. 꽃잎이 한 겹으로 이루어진 홑꽃에 대응되는 말이다. |

| | |
|---|---|
| **겹송이꽃차례**(복총상화서 : 複總狀花序) | 송이꽃차례가 다시 송이꽃차례 모양으로 달리는 꽃차례. 보통 밑부분의 꽃차례 가지가 길기 때문에 전체가 원뿔꽃차례 모양이 되는 것이 많다. |
| **겹우산꽃차례**(복산형화서 : 複傘形花序) | 각각의 우산꽃차례가 다시 우산 모양으로 모여 달리는 꽃차례. 미나리과 식물은 겹우산꽃차례가 대부분이다. |
| **겹잎**(복엽 : 複葉) | 여러 개의 작은잎으로 이루어진 잎. 잎몸이 1개인 홑잎에 대응되는 말이다. |
| **겹잎자루**(엽축 : 葉軸, 총엽병 : 總葉柄) | 겹잎에서 작은잎이 모여 달린 큰 잎자루. |
| **겹톱니**(중거치 : 重鋸齒, 복거치 : 複鋸齒) | 잎몸 가장자리에 생긴 큰 톱니 가장자리에 다시 작은 톱니가 생겨 이중으로 된 톱니. |
| **곁가시**(Radial spine) | 선인장의 가시자리에 둘러나는 가시. |
| **곁꽃잎**(측화판 : 側花瓣) | 난초의 꽃이나 제비꽃을 구성하고 있는 5장의 꽃잎 중 양옆으로 벌어지는 2장의 꽃잎. |
| **고른꽃차례**(산방화서 : 繖房花序) | 무한꽃차례의 일종으로 작은꽃자루의 길이가 꽃대 아래쪽에 달리는 것일수록 길어져서 꽃이 거의 평면으로 가지런하게 피는 꽃차례. |
| **공기뿌리**(기근 : 氣根) | 줄기에서 나와 공기 중에 드러나 있는 뿌리. 몸을 붙이거나 물을 흡수하는 역할을 하고 땅에 닿으면 뿌리를 내리고 버팀목 역할을 하는 것도 있다. |
| **그물맥**(망상맥 : 網狀脈) | 가느다란 잎맥이 서로 촘촘히 연결되어 마치 그물처럼 생긴 잎맥. |
| **기는줄기**(포복경 : 匍匐莖) | 땅 위로 기어서 벋는 줄기. |
| **기름점**(선점 : 腺點, 유점 : 油點) | 기름을 분비하는 구멍. |
| **긴털**(장모 : 長毛) | 길게 자란 털. |

| | |
|---|---|
| **깃꼴겹잎**(우상복엽 : 羽狀複葉) | 잎자루 양쪽으로 작은잎이 새깃꼴로 마주 붙는 잎. 홀수깃꼴겹잎과 짝수깃꼴겹잎이 있다. |
| **껍질눈**(피목 : 皮目) | 나무의 줄기나 뿌리에 만들어진 코르크 조직으로 잎 뒷면의 공기구멍(기공 : 氣孔)처럼 공기의 통로가 되는 부분. 특이한 모양을 가진 종도 있어서 나무를 동정(同定)하는 데 도움이 된다. |
| **꼬투리열매**(협과 : 莢果, 두과 : 豆果) | 콩과식물의 열매 또는 열매를 싸고 있는 껍질로 보통 봉합선을 따라 터진다. |
| **꽃가루받이**(수분 : 受粉) | 꽃가루가 암술머리에 옮겨 붙는 것. 꽃가루는 바람이나 곤충, 동물 등에 운반되어 꽃가루받이가 이루어진다. |
| **꽃대**(화축 : 花軸) | 꽃자루가 달리는 줄기. |
| **꽃덮개**(불염포 : 佛焰苞) | 육수꽃차례를 둘러싸고 있는 넓은 포. 천남성과에서 흔히 볼 수 있으며 생김새와 크기, 모양, 빛깔은 속에 따라 조금씩 다르다. |
| **꽃덮이**(화피 : 花被) | 꽃부리와 꽃받침을 통틀어 이르는 말. |
| **꽃덮이조각**(화피편 : 花被片) | 꽃덮이를 이루는 하나하나의 조각. |
| **꽃받침**(악 : 萼) | 꽃의 가장 밖에서 꽃잎을 받치고 있는 작은잎. 밑부분이 합쳐진 것도 있고 여러 개의 조각으로 나누어진 것도 있는 등 모양이 여러 가지이다. |
| **꽃받침자국** | 꽃받침이 떨어져 나간 흔적. |
| **꽃받침조각**(악편 : 萼片) | 꽃받침이 여러 개의 조각으로 나뉘어 있을 때 각각의 조각을 말한다. |
| **꽃받침통**(악통 : 萼筒) | 꽃받침이 합쳐져서 생긴 통 모양의 구조. 갈라진 꽃받침조각을 제외한 아래쪽의 원통 부분은 '통부(筒部)'라고 한다. |

| 꽃밥(약 : 藥) | 수술의 끝에 달린 꽃가루를 담고 있는 주머니. 일반적으로 꽃밥은 2개의 꽃가루주머니로 이루어지며 크기와 모양이 다양하다. |
|---|---|
| 꽃봉오리(화봉 : 花峯) | 망울만 맺히고 아직 피지 않은 꽃. 꽃의 싹을 보호하고 있는 비늘조각과 포 등을 포함하여 말한다. |
| 꽃부리(화관 : 花冠) | 꽃잎 전체를 이르는 말. |
| 꽃부리통(화관통부 : 花冠筒部) | 통꽃의 꽃부리에서 통으로 된 부분. |
| 꽃술대(예주 : 蘂柱) | 암술과 수술이 함께 합쳐져 있는 복합체. 일반적으로 난과의 식물은 대부분이 꽃술대를 가지고 있다. |
| 꽃이삭(화수 : 花穗) | 1개의 꽃대에 무리 지어 이삭 모양으로 꽃이 달린 꽃차례를 이르는 말. |
| 꽃잎(화판 : 花瓣) | 꽃부리를 이루고 있는 낱낱의 조각으로 보통 암수술과 꽃받침 사이에 있다. |
| 꽃자루(화경 : 花梗) | 꽃을 달고 있는 자루. 열매가 익을 때까지 남아 있으면 그대로 열매자루(과병 : 果柄)가 된다. |
| 꽃자리(Cephalium) | 일부 선인장의 줄기 꼭대기에 털과 가시가 밀집해서 발생한 부분으로 이곳에서 꽃이 피어나고 열매가 맺힌다. |
| 꽃차례(화서 : 花序) | 꽃이 줄기나 가지에 배열하는 모양. |
| 꽃차례자루(화서축 : 花序軸) | 꽃차례를 달고 있는 자루. |
| 꽃턱(화탁 : 花托) | 꽃에서 꽃잎, 꽃받침, 암술, 수술이 붙어 있는 자루. |
| 꿀주머니(거 : 距) | 꽃부리나 꽃받침의 일부가 뒤쪽으로 길게 튀어나온 부분으로 속이 비어 있거나 꿀샘이 있다. '꽃뿔'이라고도 한다. |
| 나무껍질(수피 : 樹皮) | 나무 줄기의 맨 바깥쪽을 싸고 있는 조직으로 외부로부터 속살을 보호하는 역할을 한다. |

| 노목(老木) | 나이가 많은 나무. |
|---|---|
| 능선(稜線 : Rib) | 선인장의 줄기에 있는 융기한 부분을 말하며 보통 세로 방향이고 '등줄기'라고도 한다. |
| 다육질(多肉質) | 살이 찌고 내부에 수분이 많은 성질. '육질'이라고도 한다. |
| 단심(丹心) | 무궁화 꽃잎의 중심부에 있는 붉은색 무늬를 일컫는 말. |
| 대롱꽃(관상화 : 管狀花) | 국화과의 두상화를 이루는 꽃의 하나로 꽃부리가 대롱 모양으로 생기고 끝만 조금 갈라진 꽃. |
| 덩굴나무(만경 : 蔓莖) | 줄기나 덩굴손으로 물체에 감기거나 담쟁이덩굴처럼 붙음뿌리로 물체에 붙어 기어오르며 자라는 줄기를 가진 나무. |
| 덩굴손(권수 : 卷鬚) | 줄기나 잎의 끝이 가늘게 변하여 다른 물체를 감아 나갈 수 있도록 덩굴로 모양이 바뀐 부분. 줄기, 잎 끝, 작은잎, 턱잎 등 여러 부위가 덩굴손으로 변한다. |
| 덩이뿌리(괴근 : 塊根) | 고구마처럼 양분이 저장되어 덩이 모양으로 생긴 뿌리. |
| 덩이줄기(괴경 : 塊莖) | 땅속줄기가 감자처럼 양분을 저장하여 비대해진 것. |
| 돌려나기(윤생 : 輪生) | 줄기의 한 마디에 3장 이상의 잎이 돌려 붙는 잎차례. |
| 두겹잎 | 겹잎 중에서 2장의 작은잎으로 이루어진 겹잎을 이르는 말이다. |
| 두해살이풀(이년초 : 二年草) | 싹이 튼 다음 해에 꽃이 피고 열매를 맺은 뒤에 죽는 풀. |
| 등잔모양꽃차례(배상화서 : 盃狀花序) | 대극과 특유의 꽃차례로서 암꽃 또는 수꽃이 술잔 모양의 꽃턱 속에 들어 있는 꽃차례. |

| | |
|---|---|
| **땅속줄기** (지하경 : 地下莖) | 땅속에 있는 식물의 줄기, 뿌리줄기, 덩이줄기, 알줄기, 비늘줄기처럼 그 모양에 따라 구분된다. |
| **떨기나무** (관목 : 灌木) | 대략 5m 이내로 자라는 키가 작은 나무. 흔히 줄기가 모여나는 나무가 많다. |
| **마디** (절 : 節) | 줄기에 잎이나 싹이 붙어 있는 자리. |
| **마주나기** (대생 : 對生) | 줄기의 한 마디에 2장의 잎이 마주 달리는 잎차례. |
| **막눈** (부정아 : 不定芽) | 끝눈이나 곁눈처럼 일정한 자리가 아닌 곳에서 나오는 눈. |
| **머리모양꽃차례** (두상화서 : 頭狀花序) | 국화처럼 꽃대 끝에 작은꽃자루가 없는 꽃이 촘촘히 모여 전체가 하나의 꽃처럼 보이는 꽃차례. |
| **모여나기** (총생 : 叢生) | 한 마디나 한 곳에 여러 개의 잎이 무더기로 모여난 잎차례. |
| **목질화** (木質化) | 식물의 세포벽에 리그닌이 쌓여서 나무처럼 단단해지는 현상. |
| **반겹꽃** (반중판화 : 半重瓣花) | 겹꽃 중에서 수술의 일부만이 꽃잎으로 변한 꽃을 '반겹꽃'이라고 한다. |
| **반떨기나무** (반관목 : 半灌木, 아관목 : 亞灌木) | 풀과 비슷해서 겨울에는 가지가 모두 말라 죽지만 줄기 밑부분의 일부가 목질화돼서 겨울에도 살아남는 식물. |
| **반상록성** (半常綠性) | 줄기에 부분적으로 푸른 잎이 남아 있는 채로 겨울을 나는 것. |
| **벌레잡이주머니** (포충낭 : 捕蟲囊) | 잎이 주머니 모양으로 변하여 작은 벌레를 잡는 기관. |
| **별모양털** (성상모 : 星狀毛) | 별 모양으로 갈라지는 털. |
| **부꽃부리** (부화관 : 副花冠) | 꽃부리와 수술 사이, 또는 꽃잎 사이에서 생긴 꽃잎처럼 생긴 작은 부속체. |

| | |
|---|---|
| **붙음뿌리**(부착근 : 附着根) | 다른 것에 달라붙기 위해서 줄기의 군데군데에서 뿌리를 내는 식물의 뿌리. |
| **비늘조각**(인편 : 鱗片) | 식물체 표면에 생기는 비늘 모양의 작은 조각. |
| **비늘줄기**(인경 : 鱗莖) | 땅속의 짧은 줄기의 둘레에 양분을 저장한 다육질의 잎이 많이 붙어서 둥근 공 모양을 이룬 땅속줄기. 흔히 '알뿌리'라고 부르는 것은 대부분이 비늘줄기이다. |
| **뿌리잎**(근생엽 : 根生葉) | 뿌리나 땅속줄기에서 직접 땅 위로 나오는 잎. |
| **뿌리줄기**(근경 : 根莖) | 줄기가 변해서 뿌리처럼 땅속에서 옆으로 벋으면서 자라는 것을 말한다. 마디에서 잔뿌리가 돋으며 비늘 모양의 잎이 돋아 구분이 된다. |
| **살눈**(주아 : 珠芽, 무성아 : 無性芽) | 곁눈의 한 가지로 양분을 저장하고 있어 살이 많고 땅에 떨어지면 씨앗처럼 싹이 트는 조직. |
| **살이삭꽃차례**(육수화서 : 肉穗花序) | 통통한 육질인 꽃대 주위에 꽃자루가 없는 수많은 잔꽃이 빽빽이 달린 꽃차례. |
| **상록**(常綠) | 나뭇잎이 가을과 겨울에도 낙엽이 지지 않고 사철 내내 푸른 것. 잎 하나하나의 수명은 종마다 다르다. |
| **새발꼴겹잎**(조족상복엽 : 鳥足狀複葉) | 세겹잎에서 좌우에 달린 작은잎이 바깥쪽으로 계속 늘어나는 잎 모양. 거지덩굴과 천남성 등에서 볼 수 있다. |
| **샘털**(선모 : 腺毛) | 부푼 끝 부분에 분비물이 들어 있는 털. 분비되는 물질은 점액, 수지, 꿀, 기름 등 식물마다 다르다. |
| **생울타리**(생리 : 生籬) | 살아 있는 나무를 촘촘히 심어 만든 울타리로 '산울타리'라고도 한다. |
| **선형**(線形) | 폭이 좁고 길이가 길어 양쪽 가장자리가 거의 평행을 이루는 잎이나 꽃잎. 길이와 너비의 비가 5:1에서 10:1 정도이다. |

| 세겹잎(3출엽 : 三出葉) | 작은잎 3장으로 이루어진 겹잎. 싸리, 칡, 탱자나무 등에서 볼 수 있다. |
|---|---|
| 속꽃덮이조각(내화피편 : 內花被片) | 꽃덮이가 2줄로 배열한 경우에 안쪽에 위치한 꽃덮이의 하나하나. |
| 손꼴겹잎(장상복엽 : 掌狀複葉) | 잎자루 끝에 여러 개의 작은잎이 손바닥 모양으로 빙 돌려가며 붙은 겹잎. |
| 솜털(면모 : 綿毛) | 가늘고 곱슬곱슬한 털. |
| 송이꽃차례(총상화서 : 總狀花序) | 긴 꽃대에 작은꽃자루가 있는 여러 개의 꽃이 어긋나게 붙는 꽃차례. 꽃차례 밑부분에 있는 꽃부터 차례대로 피어 올라간다. |
| 수그루(웅주 : 雄株) | 암수딴그루 중에서 수꽃이 피는 나무. 암꽃만 피는 암그루와 대응되는 말이다. |
| 수꽃(웅화 : 雄花) | 수술은 완전하지만 암술은 없거나 퇴화되어 흔적만 있는 꽃. |
| 수꽃이삭(웅화수 : 雄花穗) | 1개의 꽃대에 수꽃이 이삭 모양으로 달린 꽃차례. |
| 수술(웅예 : 雄蘂) | 식물이 씨앗을 만드는 데 꼭 필요한 꽃가루를 만드는 기관. 수술은 보통 한 꽃에 여러 개가 모여 달린다. |
| 수술대(화사 : 花絲) | 수술의 꽃밥을 달고 있는 실 같은 자루. |
| 수액(樹液) | 나무줄기나 가지에서 나오는 액으로 '나무즙'이라고도 한다. 뿌리에서 흡수된 물과 무기질은 물관부를 통해서 줄기를 지나 잎까지 도달한다. |
| 수염뿌리(수근 : 鬚根) | 길이와 굵기가 비슷한 뿌리가 수염처럼 많이 모여난 뿌리. |
| 수정(受精) | 꽃가루받이가 되면 암술머리에 묻은 수술의 꽃가루가 가늘고 긴 꽃가루관을 지나 씨방 속의 밑씨와 만나 하나로 합쳐지는 것으로 '정받이'라고도 한다. 수정이 이루어지면 열매와 씨앗이 만들어지기 시작한다. |

| | |
|---|---|
| **심장저**(心臟底) | 흔히 볼 수 있는 심장 도형처럼 잎의 밑부분이 둥글고 가운데가 쑥 들어간 모양. 잎 끝이 뾰족하면 전체적으로 하트 모양이 된다. |
| **씨방**(자방 : 子房) | 암술대 밑부분에 있는 통통한 주머니 모양의 기관으로 속에 밑씨가 들어 있다. |
| **씨앗**(종자 : 種子) | 식물의 밑씨가 수정을 한 뒤에 자란 기관. 기본적으로 씨껍질, 배젖, 배로 구성되며 씨식물(종자식물)에서만 볼 수 있다. |
| **아랫입술꽃잎**(하순화판 : 下脣花瓣) | 입술모양꽃부리에서 갈라지는 2장의 꽃잎 중 아래쪽의 꽃잎. 위쪽의 꽃잎은 '윗입술꽃잎(上脣花瓣)'이라고 한다. |
| **알줄기**(구경 : 球莖) | 토란처럼 땅속줄기가 녹말 등의 양분을 저장하여 둥근 모양으로 비대해진 것. |
| **암그루**(자주 : 雌株) | 암수딴그루 중에서 암꽃이 피는 나무. 수꽃만 피는 수그루와 대응되는 말이다. |
| **암꽃**(자화 : 雌花) | 암술은 완전하지만 수술은 없거나 퇴화되어 흔적만 있는 꽃. |
| **암꽃이삭**(자화수 : 雌花穗) | 1개의 꽃대에 암꽃이 이삭 모양으로 달린 꽃차례. |
| **암수딴그루** (자웅이주 : 雌雄異株, 이가화 : 二家花) | 암꽃이 달리는 암그루와 수꽃이 달리는 수그루가 각각 다른 식물. |
| **암수한그루** (자웅동주 : 雌雄同株, 일가화 : 一家花) | 암꽃과 수꽃이 한 그루에 따로 달리는 식물. 엄밀히 말하면 양성화도 암수한그루라고 할 수 있으므로 씨식물의 대부분이 암수한그루에 해당된다. |
| **암술**(자예 : 雌蘂) | 꽃의 가운데에 있으며 꽃가루를 받아 씨와 열매를 맺는 기관. 보통 암술머리, 암술대, 씨방의 세 부분으로 이루어져 있으며 암술대가 없는 것도 흔하다. |
| **암술대**(화주 : 花柱) | 암술에서 암술머리와 씨방을 연결하는 가는 대롱으로 꽃가루가 씨방으로 들어가는 길이 된다. |

| | |
|---|---|
| **암술머리**(주두 : 柱頭) | 암술 꼭대기에서 꽃가루를 받는 부분. 암술머리는 식물의 과(科)나 속(屬)에 따라 일정한 모양을 하고 있다. |
| **양성화**(兩性花) | 하나의 꽃 속에 암술과 수술을 함께 갖춘 꽃. 실제 생식(生殖)에 관여하는 암술과 수술이 한 꽃에 모두 있어서 '완전화(完全花)'라고도 한다. |
| **어긋나기**(호생 : 互生) | 줄기의 마디마다 잎이 1장씩 달려서 서로 어긋나게 보이는 잎차례. |
| **열매**(과실 : 果實) | 암술의 씨방이나 부속 기관이 자라서 된 기관으로 열매살과 씨앗으로 구성된다. |
| **열매이삭**(과수 : 果穗) | 1개의 자루에 열매가 이삭 모양으로 무리 지어 달린 모습을 이르는 말. |
| **왜성종**(矮性種) | 그 종의 표준에 비해 작게 자라는 특성을 가진 품종. 상대적으로 키가 큰 품종은 '고성종(高性種)'이라고 한다. 근래에는 화단에 심기 좋도록 많은 왜성종이 만들어져 보급되고 있다. |
| **우산꽃차례**(산형화서 : 傘形花序) | 무한꽃차례의 일종으로 꽃대의 끝에 여러 개의 작은꽃자루가 우산살 모양으로 갈라져서 그 끝에 꽃이 하나씩 피는 꽃차례. |
| **원뿔꽃차례**(원추화서 : 圓錐花序) | 꽃이삭의 자루에서 많은 가지가 갈라지는데 가지는 위로 갈수록 짧아져서 전체가 원뿔 모양으로 되는 꽃차례. |
| **위꽃잎**(주판 : 主瓣) | 난초 꽃잎 중에서 위를 향하는 꽃잎. |
| **윗입술꽃잎**(상순화판 : 上脣花瓣) | 입술모양꽃부리에서 갈라지는 2장의 꽃잎 중 위쪽의 꽃잎. 아래쪽의 꽃잎은 '아랫입술꽃잎(下脣花瓣)'이라고 한다. |
| **이삭꽃차례**(수상화서 : 穗狀花序) | 1개의 긴 꽃차례자루에 작은꽃자루가 없는 꽃이 이삭처럼 촘촘히 붙어서 피는 꽃차례. 송이꽃차례는 작은꽃자루가 있는 꽃이 촘촘히 붙는 점이 이삭꽃차례와 다른 점이다. |

| 입술꽃잎(순판 : 脣瓣) | 꿀풀과 식물 등에서 볼 수 있는 입술 모양의 꽃잎. 입술꽃잎 중에서 위쪽은 '윗입술꽃잎(상순화판 : 上脣花瓣)'이라고 하고 아래쪽은 '아랫입술꽃잎(하순화판 : 下脣花瓣)'이라고 한다. |
|---|---|
| 잎(엽 : 葉) | 뿌리, 줄기와 함께 식물의 영양 기관으로 광합성과 증산작용을 한다. 일반적으로 잎은 잎몸, 잎자루, 턱잎 등으로 이루어진다. |
| 잎겨드랑이(엽액 : 葉腋) | 줄기에서 잎이 나오는 겨드랑이 같은 부분으로 잎자루와 줄기 사이를 말한다. |
| 잎맥(엽맥 : 葉脈) | 잎몸 안에 그물망처럼 분포하는 조직으로 물과 양분의 통로가 된다. 크게 나란히맥과 그물맥으로 나뉜다. |
| 잎몸(엽신 : 葉身) | 잎을 잎자루와 구분하여 부르는 이름으로 잎자루를 제외한 나머지 부분. |
| 잎자루(엽병 : 葉柄) | 잎몸을 줄기나 가지에 붙게 하는 꼭지 부분. 종에 따라 또는 잎이 붙는 위치에 따라 모양과 길이가 달라지기도 한다. |
| 잎집(엽초 : 葉鞘) | 잎자루의 밑부분이 칼집 모양으로 발달해서 줄기를 싸고 있는 부분. |
| 작은꽃이삭(소수 : 小穗) | 벼과나 방동사니과의 수상꽃차례를 구성하고 있는 작은 이삭꽃차례. '잔이삭'이라고도 한다. |
| 작은꽃자루(소화경 : 小花梗) | 꽃차례에서 꽃 하나하나를 달고 있는 자루. |
| 작은잎(소엽 : 小葉) | 겹잎을 구성하고 있는 하나하나의 잎. |
| 잔털(모용 : 毛茸) | 매우 가늘고 짧은 털. |
| 잔톱니(세거치 : 細鋸齒) | 잎 가장자리에 잘게 갈라진 톱니가 아주 작은 것. |
| 장식꽃(무성화 : 無性花, 중성화 : 中性花) | 암술과 수술이 모두 퇴화하여 없는 꽃으로 열매를 맺지 못하는 장식용 꽃. |

| 주맥(主脈) | 잎몸에 여러 굵기의 잎맥이 있을 경우 가장 굵은 잎맥. 보통은 잎의 가운데 있는 가장 큰 잎맥을 가리킨다. |
|---|---|
| 줄기마디(경절 : 莖節) | 손바닥선인장의 납작한 줄기의 마디처럼 잘록한 부분. 줄기마디는 원통 모양, 공 모양, 타원 모양 등 여러 가지이다. |
| 줄기잎(경생엽 : 莖生葉) | 줄기에 달리는 잎. |
| 중앙가시(Central spine) | 선인장의 가시자리 중심에서 나는 가시로 보통 곁가시보다는 더 길고 강한 경우가 많기 때문에 구분이 된다. |
| 짝수깃꼴겹잎 (우수우상복엽 : 偶數羽狀複葉) | 좌우에 몇 쌍의 작은잎이 달리고 그 끝에는 작은잎이 달리지 않는 깃 모양 겹잎. |
| 짧은가지(단지 : 短枝) | 마디 사이의 간격이 극히 짧아서 촘촘해 보이는 가지. 잎이 짧은 마디마다 달리기 때문에 모여 달린 것처럼 보인다. |
| 짧은털(단모 : 短毛) | 길이가 짧은 털. |
| 총포조각 (총포엽 : 總苞葉, 총포편 : 總苞片) | 총포(總苞)는 꽃차례 밑을 싸고 있는 비늘 모양의 포를 말하며 총포를 구성하는 각각의 조각을 총포조각이라고 한다. |
| 측맥(側脈) | 중심이 되는 가운데 주맥에서 좌우로 뻗어 나간 잎맥. |
| 콩팥형(신장형 : 腎臟形) | 세로보다 가로가 긴 원형의 아랫부분이 들어가서 전체적으로 콩팥 모양인 잎 모양. |
| 키나무(교목 : 喬木) | 꽃줄기와 곁가지가 분명하게 구별되며 대략 5m 이상 높이로 자라는 나무. 보통 5~10m 높이로 자라는 나무는 '작은키나무(소교목 : 小喬木)'라고 하고 10m 이상 크게 자라는 나무는 '큰키나무(교목 : 喬木)'라고 한다. |
| 턱잎(탁엽 : 托葉) | 잎자루 기부나 잎자루 밑부분 주변의 줄기에 붙어 있는 비늘 같은 작은 잎조각. 쌍떡잎식물에 주로 볼 수 있으며 대부분이 일찍 탈락한다. |

| | |
|---|---|
| 털가시(Glochid) | 선인장의 갈고리처럼 생긴 털 모양의 가시. |
| 톱니(거치 : 鋸齒) | 잎 가장자리가 잘게 갈라져서 들쑥날쑥한 모양을 가리키는 말. |
| 퍼진털(개출모 : 開出毛) | 잎이나 줄기 표면에서 직각으로 곧게 서는 털. |
| 포(苞) | 꽃의 밑에 있는 작은 잎 모양의 조각. '꽃턱잎'이라고도 한다. 잎이 변한 것으로 꽃이나 눈을 보호한다. |
| 포조각(포편 : 苞片) | 포를 구성하는 각각의 조각. |
| 피침형(披針形) | 잎이 창처럼 생겼으며 잎몸은 길이가 너비의 몇 배가 되고 위에서 1/3 정도 되는 부분이 가장 넓으며 끝은 뾰족하다. |
| 하트형(심장형 : 心臟形) | 동그스름한 잎몸의 밑부분은 오목하게 쏙 들어간 심장저이고 잎 끝은 뾰족한 것이 하트(♡) 또는 심장처럼 생긴 잎 모양. |
| 한해살이풀(일년초 : 一年草) | 싹이 튼 해에 꽃이 피고 열매를 맺은 후에 죽는 풀. |
| 햇가지(신지 : 新枝) | 그해에 새로 나서 자란 어린 가지. '새가지'라고도 한다. |
| 헛비늘줄기(위인경 : 僞鱗莖) | 난초과 식물의 줄기가 불룩해져서 비늘줄기처럼 보이는 것. |
| 헛열매(위과 : 僞果, 가과 : 假果) | 씨방 이외의 부분이 자라서 된 열매. |
| 혀꽃(설상화 : 舌狀花) | 국화과의 머리모양꽃을 이루는 꽃의 하나로 아래는 대롱 모양이고 위는 혀 모양인 꽃. |
| 혀꽃부리(설상화관 : 舌狀花冠) | 혀꽃 하나를 이르는 말. |
| 혹겨드랑이(Axil) | 선인장의 혹줄기 간의 들어간 곳. |
| 혹줄기(Tubercle) | 선인장 줄기에 혹처럼 생긴 돌기로 능선이 가로로 뉘어져서 형성된다. |

| 홀수깃꼴겹잎<br>(기수우상복엽 : 奇數羽狀複葉) | 좌우에 몇 쌍의 작은잎이 달리고<br>그 끝에 1장의 작은잎으로 끝나는<br>깃 모양 겹잎. |
|---|---|
| 홑꽃(단판화 : 單瓣花) | 꽃잎이 한 겹으로 이루어진 꽃.<br>꽃잎이 여러 겹인 겹꽃에 대응되는 말이다. |
| 홑잎(단엽 : 單葉) | 잎몸이 1개인 잎. 여러 개의 작은잎으로<br>이루어진 겹잎에 대응되는 말이다. |

중국물망초

## ●학명 표기 방법

**학명(學名)** 전 세계가 공통으로 부르는 이름으로 린네가 고안해 낸
이명법(二名法)을 쓴다. 이명법은 속명과 종소명을 쓰고 그 뒤에
이름을 붙인 명명자의 이름을 적는데 명명자의 이름은 생략하기도
한다(예:무궁화의 학명 *Hibiscus syriacus* Linne에서 Linne는 생략하기도 함).
학명의 속명과 종소명은 이탤릭체로 표기하는 것이 원칙이고
속명의 첫글자는 대문자로 표기한다. 명명자는 정자체로 표기한다.
반면에 각 나라에서 그 나라의 언어로 쓰는 '무궁화'와 같은 이름은
'보통명'이라고 한다. 특히 우리나라에서 쓰는 보통명은 '국명(國名)'이라고 한다.
또 사투리처럼 각 지방에서 다르게 부르는 이름은 '지방명(地方名)'이라고 한다.

**기본종(基本種)** 어떤 종의 기준이 되는 종. 아종, 변종, 품종 등의
기본이 되는 종이다. 소나무(*Pinus densiflora*)처럼 이명법으로 표기하는
종이 기본종이다.

**변종(變種)** 종의 하위 단계로 같은 종 내에서 자연적으로 생긴 돌연변이종을
변종(variety)이라고 하며 보통 줄여서 var. 또는 v.로 표시하는데 정자체로 쓴다.
변종과 아종은 실제적으로 구분이 애매한 경우가 많다.
예:원숭이솔(*Pinus densiflora* v. *longiramea*)은 소나무의 변종이다.

**품종(品種)** 돌연변이종으로 기본종과 한두 가지 형질이 다른 것을
품종(form)이라고 하며 보통 줄여서 for. 또는 f.로 표시하며 정자체로 쓴다.
변종보다는 분화의 정도가 적은 하위 단계의 종이다.
예:처진솔(*Pinus densiflora* f. *pendula*)은 소나무의 품종이다.

**아종(亞種)** 종의 하위 단계의 단위로 종이 지리적이나 생태적으로 격리되어
생김새가 달라진 경우에 그 종의 아종(subspecies)이라고 하며 학명 뒤에
아종(subspecies)을 쓰는데 보통 줄여서 subsp. 또는 ssp.로 표시하며
정자체로 쓴다.
예:수국(*Hydrangea macrophylla*)은 기본종이고
산수국(*Hydrangea macrophylla* ssp. *serrata*)은 아종이다.

**교잡종(交雜種), 잡종(雜種)**  서로 다른 종 간의 교배로 태어난 식물을 말한다. 양친종의 종소명 사이에 '×'를 넣어서 쓴다. 속 간의 잡종의 표기는 양친 속 사이에 '×'를 넣어서 쓰고 새 속명이나 종소명이 마련되었으면 그 앞에 '×'를 써서 종 간 또는 속 간 잡종임을 나타낸다.

예 : 붉은꽃칠엽수(*Aesculus × carnea*)는 같은 속에 속하는 미국칠엽수(*Aesculus pavia*)와 가시칠엽수(*Aesculus hippocastanum*)를 교배해서 만든 교잡종이다.

**재배종(栽培種)**  사람이 인공적으로 만든 품종 중에서 식용이나 관상용 등으로 재배하는 품종을 재배종(cultivar)이라고 하며 보통 줄여서 cv.로 표시하거나 작은따옴표 안에 재배종명을 쓰기도 한다.

예 : 뱀솔(*Pinus densiflora* 'Oculus Draconis')은 소나무의 재배종이다. 재배종명은 정자체로 쓰고 첫 글자는 대문자로 표기한다.

**계품명(階品名 : Grex name)**  난초과 식물은 특별히 재배종의 표기에 계급에 해당하는 계품명을 사용하기도 한다.

예 : 렐리오카틀레야 임페리얼 참 '사토'(*Lc.* Imperial Charm 'Sato')에서 Imperial Charm은 계품명이며 정자체로 쓰고 첫글자는 대문자로 표기한다. 참고로 렐리오카틀레야(*Laeliocattleya*)는 *Laelia*속과 *Cattleya*속 간의 교배종으로 줄여서 *Lc.*로 표기한다.

# 꽃 색깔로
## 화초 찾기

| 풀 | | 나무 | |
|---|---|---|---|
| 붉은색 685 | | 붉은색 774 | |
| 노란색 732 | | 노란색 786 | |
| 흰색 752 | | 흰색 791 | |
| 녹색 772 | | 녹색 801 | |

| 덩굴 | |
|---|---|
| 붉은색 801 | |
| 노란색 805 | |
| 흰색 806 | |
| 녹색 807 | |

* 〈꽃 색깔로 화초 찾기〉는 '풀, 나무, 덩굴식물'의 셋으로 구분하였다. 하지만 풀과 나무의 구분이 애매하거나 반덩굴성인 종도 있으므로 참고하도록 한다.

* 꽃의 색깔은 붉은색, 노란색, 흰색, 녹색의 4가지로 나누었다. 분홍색, 보라 색, 자주색, 파란색 등은 붉은색에 포함시켰고 주황색은 노란색에 포함시켰지 만 색깔의 구분이 애매한 것도 많으므로 양쪽을 참고하도록 한다. 꽃에 따라 서는 색깔의 진하기가 다른 경우도 많아 흰색처럼 보이는 경우도 있으므로 참 고하도록 한다.

* 각 색깔 내에서는 꽃잎 수대로 배열해서 찾기 쉽도록 하였다. 꽃잎 수를 나눈 방법은 필자의 주관에 따랐으며 통꽃은 꽃부리 앞부분이 갈라진 갈래조각 수 로 구분한 것도 있다. 또 식물에 따라서는 꽃잎 수가 4~7장처럼 꽃마다 조금 씩 다른 경우도 있으므로 다른 수의 꽃잎도 참고하도록 한다.

* 화초 중에는 많은 원예 품종이 개발된 종도 많은데, 이 책에 여러 품종을 모두 실을 수가 없어서 몇 종만 골라 실은 것도 있으므로 색깔이나 꽃잎 수만이 아 니라 비슷한 꽃의 모양을 참고해 찾아보도록 한다.

풀
붉은색

홍학꽃
23쪽

안수리움 '누비라'
23쪽

플라밍고안수리움
23쪽

분홍꽃칼라
26쪽

칼라 '캡틴 카마로'
27쪽

칼라 '핑크 로열티'
27쪽

아이래시베고니아
269쪽

아이래시베고니아 '레프러콘'
269쪽

자바입술망초
536쪽

개족도리
18쪽

판다족도리풀
18쪽

박쥐꽃
31쪽

흰박쥐꽃
31쪽

블루진저
132쪽

위핑블루진저
132쪽

소말리아달개비
132쪽

착생달개비
132쪽

삼색은달개비
133쪽

자주잎달개비
133쪽

털달개비
133쪽

자주달개비
135쪽

자주달개비 '빌베리
아이스' 135쪽

자주달개비 '콘코드
그레이프' 135쪽

인도칸나
141쪽

칸나 '스트리아투스'
141쪽

칸나 '트로피칸나'
141쪽

칸나 품종
141쪽

분홍깃틸란드시아
166쪽

틸란드시아 베르게리
166쪽

틸란드시아 불보사
166쪽

틸란드시아 필리폴리아
166쪽

공작생강
157쪽

자화산내 '샤잠'
157쪽

금영화 '퍼플 글림'
175쪽

큰꽃삼지구엽초 '로즈 퀸'
180쪽

붉은삼지구엽초
181쪽

칼란코에 블로스펠디아나
225쪽

칼란코에 '오리지날스 다크 코라'
225쪽

거접련
226쪽

세작베고니아
269쪽

베고니아 바르벨라타
269쪽

사철베고니아 품종
270쪽

사철베고니아 품종
270쪽

파이어킹베고니아
271쪽

엔젤윙베고니아
271쪽

하디베고니아
271쪽

중국하디베고니아
271쪽

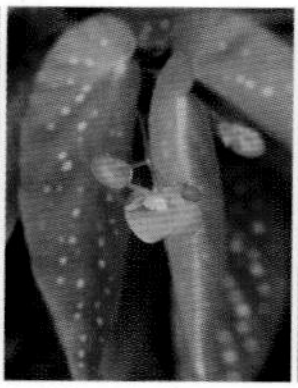

목베고니아
272쪽

서덜랜드베고니아
272쪽

렉스베고니아 '레드 로빈' 273쪽

렉스베고니아 '힐로 홀리데이' 273쪽

도도내이바늘꽃 314쪽

분홍바늘꽃 314쪽

춘송화 314쪽

모기꽃 314쪽

홍접초 315쪽

낮달맞이꽃 316쪽

분홍애기낮달맞이꽃 316쪽

피뿌리풀 341쪽

풍접초 345쪽

분홍리스본 346쪽

보라꽃다지 346쪽

무늬보라꽃다지 346쪽

해안장대 347쪽

데임스로켓 349쪽

자주꽃무 349쪽

프롬페시아 349쪽

눈꽃 '핑크 아이스' 350쪽

둥근말냉이 350쪽

향기알리섬 '원더랜드 딥 로즈' 351쪽

향기알리섬 '원더랜드 딥 퍼플' 351쪽

알라타벌레잡이통풀 357쪽

니티다갈퀴아재비 460쪽

선애기별꽃 465쪽

여름천사화 '세레나 블루' 512쪽

여름천사화 '세레나 라벤더 핑크' 512쪽

버들잎헤베 515쪽

헤베 '블루젬' 515쪽

헤베 '마저리' 515쪽

냉초 520쪽

비르기니쿰냉초 520쪽

긴산꼬리풀 521쪽

오스트리아꼬리풀 521쪽

용담꼬리풀 521쪽

인카나꼬리풀 522쪽

스피카타꼬리풀 '하이드킨드' 522쪽

스피카타꼬리풀 '레드 폭스' 522쪽

누운꼬리풀 '아즈텍 골드' 522쪽

워터바코파 524쪽

트윈스퍼 524쪽

진홍물꽈리아재비 583쪽

흰무늬도라지난초 98쪽

태즈먼뉴질랜드삼 98쪽

대상화 186쪽

대상화 '스플렌덴스' 186쪽

토멘토사바람꽃 186쪽

하늘매발톱 188쪽

고산매발톱꽃 188쪽

캐나다매발톱꽃 188쪽

무거매발톱꽃
188쪽

매발톱꽃
189쪽

초코매발톱꽃
189쪽

록키산매발톱꽃
190쪽

록키산매발톱꽃 '오리가미
레드 앤 화이트' 190쪽

록키산매발톱꽃 '오리가미
로즈 앤 화이트' 190쪽

록키산매발톱꽃 '블루
스타' 190쪽

록키산매발톱꽃 '크림슨
스타' 190쪽

록키산매발톱꽃 '로즈
퀸' 190쪽

라벤더제비고깔
194쪽

제비고깔 '블라우어
츠베르크' 194쪽

렌텐로즈
195쪽

참제비고깔
195쪽

흑종초
196쪽

시베리아돌부채
212쪽

시베리아돌부채 '윈터
글로우' 212쪽

붉은바위취
212쪽

천상초
214쪽

붉은바위떡풀
214쪽

윤회
217쪽

방울복랑
217쪽

가입랑
217쪽

아방궁
217쪽

크라슐라 픽투라타
219쪽

홍춘
219쪽

신도
219쪽

청룡수
220쪽

특엽옥접
222쪽

타키투스 벨루스
223쪽

큰꿩의비름
224쪽

청옥
229쪽

구슬얽이
229쪽

붉은세덤
231쪽

붉은세덤 '알붐 슈퍼붐'
231쪽

세둠 '퍼플 엠퍼러'
231쪽

분홍터리풀
250쪽

꽃딸기 '피칸'
251쪽

꽃딸기 '트리스탄'
251쪽

네팔양지꽃
258쪽

케이프사랑초
276쪽

브라질괭이밥
276쪽

괭이밥 '아이원 해커'
276쪽

행운초
277쪽

참사랑초
278쪽

참사랑초 '가닛'
278쪽

뿔팬지 '페니 미키'
283쪽

종지나물
284쪽

프리케아나종지나물
284쪽

줄제비꽃
284쪽

초원제비꽃
284쪽

삼색제비꽃
285쪽

팬지 '프리즐 시즐
블루' 285쪽

팬지 '마제스틱 자이언트
Ⅱ 셰리' 285쪽

페렌네아마
298쪽

리차드풍로초
299쪽

세잎풍로초
299쪽

구릉쥐손이
300쪽

에스프레소쥐손이
300쪽

페움쥐손이
300쪽

초원쥐손이 '블랙 뷰티'
300쪽

상귀네움쥐손이
301쪽

스트리아툼쥐손이
301쪽

쥐손이풀 '드래곤 하트'
301쪽

쥐손이풀 '졸리 비'
301쪽

쥐손이풀 '스플리시
스플래쉬' 301쪽

쿠쿨라툼제라늄
302쪽

레몬제라늄
303쪽

레몬제라늄 '메이저'
303쪽

솔향제라늄
303쪽

후렌치제라늄 '폴카'
303쪽

엥글러양아욱
303쪽

고사리잎제라늄
304쪽

큰꽃제라늄
304쪽

불꽃제라늄
305쪽

단풍제라늄
305쪽

양아욱
305쪽

샐러리향제라늄
305쪽

참나무잎제라늄
306쪽

향수잎제라늄
307쪽

아이비제라늄 '발콘
라일락' 308쪽

아이비제라늄 '발콘
레드' 308쪽

제라늄 '엔젤아이즈
버건디 레드' 309쪽

제라늄 '엔젤아이즈
오렌지' 309쪽

제라늄 '페어리 벨벳'
309쪽

제라늄 '화이어워크스
바이컬러' 309쪽

제라늄 '화이어워크스
스칼렛' 309쪽

제라늄 '프랭크 헤들리'
309쪽

제라늄 '페이턴스 유니크'
309쪽

핑크레이디
320쪽

구주아욱
328쪽

악마의솜
328쪽

접시꽃 품종
330쪽

접시꽃 품종
330쪽

마시멜로
331쪽

삼잎마시멜로
331쪽

양귀비아욱
331쪽

진펄무궁화
332쪽

붉은잎히비스커스
332쪽

로젤
332쪽

미국부용
333쪽

미국부용 품종
333쪽

미국부용 품종
333쪽

미국부용 품종
333쪽

머스크멜로우
337쪽

당아욱
337쪽

한련 품종
344쪽

나도부추
352쪽

가짜나도부추 '발레리나
레드' 352쪽

남설화
352쪽

황금민강남설화
352쪽

선옹초
358쪽

패랭이꽃
359쪽

패랭이꽃 '시베리안
블루' 359쪽

갯패랭이꽃
360쪽

수염패랭이꽃 품종
361쪽

수염패랭이꽃 품종
361쪽

수염패랭이꽃 품종
361쪽

수염패랭이꽃 품종
361쪽

수염패랭이꽃 품종
361쪽

기간테우스패랭이꽃
362쪽

술패랭이꽃
362쪽

파보니우스패랭이
362쪽

분홍안개꽃 '집시 딥
로즈' 364쪽

레펜스대나물 '로제아'
364쪽

동자꽃
365쪽

털동자꽃
365쪽

제비동자꽃
365쪽

흑동자꽃 '오렌지 츠베르크'
365쪽

우단동자꽃
366쪽

애기동자꽃
366쪽

뻐꾸기동자꽃
366쪽

비스카리아동자꽃
366쪽

꽃장구채
367쪽

꽃장구채 '클리포드
무어' 367쪽

장미장구채
367쪽

펜둘라장구채
367쪽

고산동자꽃
368쪽

끈끈이대나물
369쪽

폴리안드라자리공
379쪽

분꽃
381쪽

분꽃 품종
381쪽

레위시아 피그마에아
382쪽

초화화
383쪽

실론시금치
383쪽

잎안개꽃
383쪽

채송화
384쪽

채송화 품종
384쪽

꽃쇠비름 품종
385쪽

꽃쇠비름 품종
385쪽

오색꽃쇠비름
385쪽

바위쇠비름
386쪽

필로사채송화
386쪽

취설송
387쪽

뉴기니아봉선화 '슈퍼 소닉
오렌지 아이스' 426쪽

뉴기니아봉선화 '플로리파이크
레드' 426쪽

뉴기니아봉선화 '플로리파이크
바이올렛' 426쪽

아프리카봉선화
427쪽

아프리카봉선화 '액센트
오렌지 스타' 427쪽

아프리카봉선화 '스타더스트
로즈' 427쪽

드람불꽃 '21세기 로즈
스타' 430쪽

드람불꽃 '무디 블루스'
430쪽

털플록스
430쪽

블루플록스 '몬트로즈
트라이컬러' 430쪽

반점플록스 '나타샤'
430쪽

플록스
431쪽

풀협죽도 '블루 파라다이스'
431쪽

풀협죽도 '테킬라 선라이즈'
431쪽

풀협죽도 '프로스티드
엘레강스' 431쪽

풀협죽도 '미스 페퍼'
431쪽

풀협죽도 '페퍼민트 트위스트'
431쪽

꽃잔디
432쪽

꽃잔디 '캔디 스트라이프'
432쪽

꽃잔디 '에메랄드 쿠션
블루' 432쪽

꽃잔디 '스칼렛 플레임'
432쪽

꽃고비
433쪽

북극꽃고비 '헤브리 해빗'
433쪽

꽃고비 '브레싱엄 퍼플'
433쪽

렙탄스꽃고비
433쪽

도끼와드래곤
434쪽

상록봄맞이
434쪽

아프리카시클라멘
436쪽

아이비잎시클라멘 '레드 스카이' 436쪽

코아시클라멘
436쪽

시클라멘 '할리오스 환타지아 퍼플' 437쪽

시클라멘 '메티스 스칼렛'
437쪽

인디언앵초
438쪽

덴티쿨라타앵초
440쪽

베시아나앵초
440쪽

카피타타앵초
440쪽

일본앵초
441쪽

파리노사앵초
441쪽

프론도사앵초
441쪽

앵초
442쪽

심산앵초
442쪽

베리스앵초 '선셋 쉐이드스'
443쪽

비알리앵초
443쪽

루브라앵초
443쪽

프리뮬러 '골드 레이스 블랙' 444쪽

프리뮬러 '픽시 로즈'
444쪽

이집트별꽃
464쪽

이집트별꽃 '버터플라이 딥 로즈' 464쪽

이집트별꽃 '버터플라이 레드' 464쪽

용담 467쪽

용담 '주키 린도' 467쪽

파라독사용담 467쪽

셉템피다용담 467쪽

과남풀 467쪽

인디언분홍꽃 468쪽

마배각 469쪽

솔정향풀 471쪽

우드랜드정향풀 471쪽

일일초 473쪽

일일초 '메리 고 라운드 라일락' 473쪽

옥시 474쪽

거성화 476쪽

보리지 480쪽

알카넷 480쪽

보석탑 480쪽

물망초 481쪽

분홍물망초 481쪽

중국물망초 481쪽

멘지스네모필라 481쪽

블루데이즈 484쪽

남영화 '벨 블루' 488쪽

칼리브라코아 '크레이브 선셋' 490쪽

칼리브라코아 '미니 페이모스
컴팩트 블루' 490쪽

칼리브라코아 '슈퍼벨스 트레일링
라이트 블루' 490쪽

솔잎도라지
493쪽

꽃담배 품종
493쪽

아키메네스 '비비드'
503쪽

아키메네스 '테트라 클라우스
뉴브너' 503쪽

코렐리아 스피카타
505쪽

코렐리아 품종
505쪽

아프리카제비꽃 품종
507쪽

아프리카제비꽃 품종
507쪽

아프리카제비꽃 품종
507쪽

아프리카제비꽃 품종
507쪽

글록시니아 품종
508쪽

글록시니아 품종
508쪽

글록시니아 품종
508쪽

글록시니아 품종
508쪽

바위바이올렛
509쪽

삭소룸바위바이올렛
509쪽

스트렙토카르푸스 '암비엔테'
509쪽

스트렙토카르푸스 '할리퀸
블루' 509쪽

스트렙토카르푸스 '룰렛
아지르' 509쪽

스트렙토카르푸스 '룰렛
체리' 509쪽

스트렙토카르푸스 '스텔라'
509쪽

암당초
514쪽

입술수염펜스테몬 '핀나콜라다
다크 로즈' 517쪽

큰펜스테몬
517쪽

펜스테몬 '쿤티'
517쪽

털펜스테몬
518쪽

솔잎펜스테몬
518쪽

소화펜스테몬
518쪽

해안펜스테몬
518쪽

펜스테몬 '사워 그레이프스'
518쪽

꽃지황
519쪽

지황
519쪽

향설초 '블루토피아'
524쪽

향설초 '스코피아 그레이트
핑크 링' 524쪽

페니키아꽃담배풀
526쪽

꽃담배풀 '애프리콧
피시에' 526쪽

꽃담배풀 '서머 소벳'
526쪽

중국제비꽃
531쪽

초콜릿두견화
537쪽

분홍루스폴리아
538쪽

후밀리스우창꽃
539쪽

장미우창꽃
539쪽

투베로사우창꽃
539쪽

콜롬비아페튜니아
540쪽

청순화
542쪽

하디글록시니아
543쪽

모라넨시스벌레잡이제비꽃
546쪽

앵초벌레잡이제비꽃
546쪽

벌레잡이제비꽃 '지나'
546쪽

자메이카뱀꼬리풀
550쪽

붉은뱀꼬리풀
550쪽

버들마편초
551쪽

블루버베인
551쪽

숙근버베나
551쪽

숙근버베나 '폴라리스'
551쪽

버베나 '라나이 라벤더
스타' 552쪽

버베나 '라나이 트위스터
핑크' 552쪽

버베나 '옵세션 블루 위드
아이' 552쪽

버베나 '옵세션 크림슨 위드
아이' 552쪽

버베나 '옵세션 라벤더'
552쪽

버베나 '옵세션 레드'
552쪽

칠레물꽈리아재비
583쪽

도라지모시대
585쪽

이태리초롱꽃
586쪽

카르파티카초롱꽃 '블루
클립스' 586쪽

아드리아초롱꽃
586쪽

넓은잎초롱꽃
587쪽

몰리스초롱꽃
587쪽

달마시안초롱꽃
587쪽

잔게주라초롱꽃
587쪽

캄파눌라 '블루 메어리 미'
588쪽

캄파눌라 '다크 겟 미'
588쪽

캄파눌라 '스위트 미'
588쪽

누운애기별꽃
589쪽

별꽃도라지
589쪽

애기별꽃
590쪽

에리누스숫잔대
591쪽

에리누스숫잔대 '레가타 미드나잇 블루' 591쪽

에리누스숫잔대 '레가타 로즈' 591쪽

에리누스숫잔대 '레가타 블루 스플래쉬' 591쪽

붉은숫잔대
592쪽

자주구슬초
592쪽

올리고필라숫잔대
592쪽

시필리티카숫잔대
592쪽

모놉시스 '리갈 퍼플'
593쪽

도라지
593쪽

석무초
594쪽

요정부채꽃
594쪽

멕시코매리골드 '미스터 마제스틱' 641쪽

참당귀
662쪽

페루백합 품종
32쪽

페루백합 품종
32쪽

콜키쿰
33쪽

패모
35쪽

사두패모
35쪽

페르시아패모
35쪽

참나리
37쪽

날개하늘나리
37쪽

말나리 '클라우드 쉬라이드'
37쪽

백합 '칠리'
38쪽

백합 '디지'
38쪽

수련튤립 '스칼렛 베이비'
39쪽

비올라체아튤립
39쪽

바케리튤립 '라일락 원더'
39쪽

튤립 '바베이도스'
40쪽

튤립 '돈키호테'
41쪽

튤립 '일 드 프랑스'
41쪽

뻐꾹나리
42쪽

대만뻐꾹나리
42쪽

히르타뻐꾹나리
42쪽

아라크니스 '매기 오이'
43쪽

죽엽란
43쪽

쿠르비폴리움작설란
44쪽

암풀라체움작설란
44쪽

아스코첸다 '바이센테니얼'
44쪽

아스코첸다 '쿨와디 프라그란스'
44쪽

브랏소쉘리오카틀레야 '산양 루비'
45쪽

자란
46쪽

케일리아나거미난
46쪽

새우난초
47쪽

불보필룸 푸티둠
48쪽

불보필룸 아쿠미나툼
48쪽

코브라난초
48쪽

구향란
49쪽

킬로스키스타 루니페라
49쪽

헤라클레스난
50쪽

알로에잎춘란
51쪽

개불알꽃
52쪽

광릉요강꽃
52쪽

분홍등롱석곡
53쪽

양엽석곡
55쪽

긴기아난
56쪽

림피둠석곡
56쪽

적옥석곡
57쪽

분홍홍록보석곡
58쪽

술라웨시석곡
58쪽

빅토리아석곡
59쪽

우시타석곡
59쪽

울워드원숭이난
60쪽

에피덴드룸 엠브레이
61쪽

에피덴드룸 핌브리아툼
61쪽

에피덴드룸 라디칸스
62쪽

과리안테 스킨네리
64쪽

리수다물로아 '레드 주얼'
64쪽

삼색리카스테
64쪽

랠리아 안셉스
64쪽

효향란
66쪽

밀토니옵시스 '루비 펄스'
66쪽

모카라 '차크 쿠안 핑크'
67쪽

네오스트
68쪽

온시디움 하스티라비움
69쪽

온시디움 노에즐리아눔
69쪽

온시디움 '쉐리 베이비'
69쪽

뾰족니투구난
70쪽

염모투구난
70쪽

세판투구난
71쪽

대엽투구난
71쪽

자점투구난
72쪽

경엽투구난
72쪽

제왕투구난
73쪽

소씨투구난
73쪽

거악투구난
73쪽

파씨호접란
74쪽

호접란 '블랙잭'
75쪽

호접란 '스칼렛 인 스노'
75쪽

호접란 '소고 베리'
75쪽

지네발란
76쪽

프라그미페디움 베쎄아에
76쪽

플레오로탈리스 카르디오탈리스
76쪽

레난세라 모나치카
78쪽

레난세라 필립피넨시스
78쪽

소프로카틀레야 '아일린'
79쪽

소프로렐리오카틀레야 '리틀
헤이즐' 79쪽

나도풍란
79쪽

자주포설란
80쪽

포설란 '베리 바나나'
80쪽

톨룸니아 '핑크 팬더'
81쪽

푸른반다
82쪽

반다 '고든 딜론'
82쪽

반다 '힐로 레인보우'
82쪽

반다 '존 클럽'
82쪽

설란
83쪽

푸른눈붓꽃
84쪽

애기범부채
84쪽

봄크로커스
85쪽

봄크로커스 '픽윅'
85쪽

은빛크로커스
85쪽

천사의낚싯대
86쪽

물범부채 '바이카운테스
빙' 86쪽

채색글라디올러스
88쪽

나비글라디올러스 '루비'
88쪽

글라디올러스 품종
89쪽

글라디올러스 품종
89쪽

대청부채
90쪽

범부채
90쪽

꽃창포
91쪽

꽃창포 '액티비티'
91쪽

꽃창포 '키요주라'
91쪽

제비붓꽃
92쪽

밀레시붓꽃
92쪽

푸밀라붓꽃
92쪽

일본붓꽃
93쪽

레티쿨라타붓꽃
93쪽

부채붓꽃
93쪽

연미붓꽃
93쪽

잡색붓꽃 '커메시나'
93쪽

붓꽃
94쪽

시베리아붓꽃 '던 왈츠'
94쪽

독일붓꽃 품종
95쪽

독일붓꽃 품종
95쪽

어릿광대꽃 '믹스처'
96쪽

어릿광대꽃 '믹스처'
96쪽

등심붓꽃
97쪽

연등심붓꽃
97쪽

홑왕원추리
104쪽

원추리 '블랙 프린스'
104쪽

원추리 '블루 신'
104쪽

아가판투스
105쪽

가지촛대꽃
105쪽

코끼리마늘
106쪽

페르시아별부추
106쪽

하늘부추
106쪽

차이브
106쪽

큰꽃알리움
107쪽

우산달래
107쪽

문주란 '엘렌 보즌켓'
108쪽

자주색문주란
108쪽

군자란
109쪽

주홍나리
110쪽

흰줄무늬아마릴리스
111쪽

아마릴리스 블로스펠디아에
111쪽

아마릴리스 '미네르바'
111쪽

아마릴리스 '레드 라이온'
111쪽

향기별꽃
113쪽

붉은공수선
113쪽

상사화
116쪽

백양꽃
116쪽

석산
116쪽

나도사프란
117쪽

장미실란
117쪽

제피란세스 '그랜드잭스'
117쪽

자교화
118쪽

파인애플릴리 '레아'
121쪽

점박이파인애플릴리
121쪽

비비추
122쪽

자주옥잠화
122쪽

히아신스
123쪽

히아신스 '폰단트'
123쪽

히아신스 '홀리호크'
123쪽

잉글리쉬 블루벨
124쪽

맥문동
124쪽

개맥문동
124쪽

줄무릇
126쪽

길상초
126쪽

루실무릇
130쪽

분홍비폴리아무릇
130쪽

시베리아무릇
131쪽

부레옥잠
137쪽

닻부레옥잠
137쪽

물옥잠
137쪽

하스타타물옥잠
137쪽

해수화
137쪽

숙근양귀비
177쪽

숙근양귀비 품종
177쪽

숙근양귀비 품종
177쪽

팔각연
182쪽

할미꽃
198쪽

히스파니카할미꽃
198쪽

동강할미꽃
198쪽

유럽할미꽃
199쪽

베르날리스할미꽃
199쪽

수련 '어트랙션'
13쪽

수련 '홀랜디아'
13쪽

수련 '디렉터 무어'
14쪽

수련 '이브린 랜딕'
14쪽

수련 '발렌타인'
14쪽

겹꽃키쿰
33쪽

겹꽃참나리
37쪽

튤립 '폭스트로트'
41쪽

프리지아 '블루 윙스'
87쪽

프리지아 '핑크 쥬얼'
87쪽

프리지아 '레인보우'
87쪽

글라디올러스 품종
89쪽

왕원추리
104쪽

아마릴리스 '더블 드래곤'
111쪽

깽깽이풀
182쪽

청화바람꽃
185쪽

청화바람꽃 '차머'
185쪽

유럽바람꽃
187쪽

유럽바람꽃 품종
187쪽

유럽바람꽃 품종
187쪽

유럽바람꽃 품종
187쪽

서양매발톱꽃 '윙키 더블 다크
블루 앤 화이트' 189쪽

서양매발톱꽃 '윙키 더블 레드
앤 화이트' 189쪽

서양매발톱꽃 '블루
발로우' 189쪽

분홍겹꿩의다리
191쪽

고산제비고깔 '블루
버드' 194쪽

고산제비고깔 '캔들 블루
쉐이드' 194쪽

델피니움 '킹 아더'
194쪽

흑종초 '미스 지킬 로즈'
196쪽

라넌큘러스 '매직 로즈'
197쪽

라넌큘러스 '미스트랄 레드
바론' 197쪽

연꽃
201쪽

연꽃 '벤 깁슨'
201쪽

산작약
206쪽

작약
207쪽

작약 품종
207쪽

작약 품종
207쪽

작약 품종
207쪽

칼란코에 '칼란디바 라
도스' 225쪽

칼란코에 '칼란디바 미들러'
225쪽

칼란코에 '다이아몬드
퍼플' 225쪽

칼란코에 '로즈플라워스
멜라니' 225쪽

거미줄바위솔
228쪽

붉은겹꽃뱀무
252쪽

사철베고니아 품종
270쪽

엘라티오르베고니아 품종
274쪽

엘라티오르베고니아 품종
274쪽

알뿌리베고니아 품종
275쪽

알뿌리베고니아 품종
275쪽

알뿌리베고니아 품종
275쪽

겹풍로초
299쪽

겹히말라야쥐손이
300쪽

제라늄 '아메리카나 코랄' 309쪽

제라늄 '서머 아이돌 핑크' 309쪽

접시꽃 품종 330쪽

접시꽃 품종 330쪽

비단향꽃무 '신데렐라 블루' 351쪽

비단향꽃무 '신데렐라 핫 핑크' 351쪽

카네이션 '용안' 363쪽

카네이션 '오스카 체리 벨벳' 363쪽

카네이션 '슈퍼트루퍼 마젠타 앤 화이트' 363쪽

애기태양장미 373쪽

무늬애기태양장미 373쪽

단검 373쪽

추조 374쪽

송엽국 '보퍼트 웨스트' 374쪽

쿠페리송엽국 375쪽

오브투숨송엽국 '사니 패스' 375쪽

리빙스톤데이지 품종 376쪽

이슬채송화 376쪽

광옥 377쪽

무비옥 377쪽

원종벽어연 378쪽

송엽국 378쪽

자황성 378쪽

백봉국 379쪽

레위시아 코틸레돈 '엘리스 믹스' 382쪽

레위시아 '리틀 플럼'
382쪽

레위시아 트위디이
382쪽

채송화 품종
384쪽

채송화 품종
384쪽

아가베목단
388쪽

구갑목단
388쪽

흑목단
388쪽

군봉유리두
389쪽

유귀주
390쪽

백섬
390쪽

황금주
390쪽

상아환
391쪽

천환
391쪽

쥐꼬리선인장
391쪽

공작선인장
391쪽

태양
392쪽

미화각
392쪽

백자하
392쪽

주모주
392쪽

능파
393쪽

손가락선인장
394쪽

손가락선인장 '로즈
쿼츠' 394쪽

상양환
394쪽

상남환
394쪽

에치놉시스 웨르데르만니
395쪽

홍양환
396쪽

적성선인장
397쪽

홍주환
397쪽

진주
397쪽

비화옥
399쪽

취황금
399쪽

괴룡환
399쪽

해왕환 '잰 수바'
399쪽

마천룡
400쪽

순비옥
400쪽

루브라비모란
401쪽

비모란 '니시키'
401쪽

몬빌레이선인장
402쪽

아키라센세선인장
402쪽

종귀옥
402쪽

천자환
402쪽

게발선인장
403쪽

장미게발선인장
403쪽

홍입환
403쪽

희망환
404쪽

등심환
404쪽

풍명환
404쪽

백룡환
404쪽

백신환
405쪽

운상환
406쪽

춘성
406쪽

경무
406쪽

금강환
407쪽

장자조일환
407쪽

성성환
407쪽

백성성환
407쪽

장자백룡환
408쪽

오우옥
409쪽

취관옥
409쪽

휘운
409쪽

앵명운
409쪽

황신환
410쪽

원뿔선인장
410쪽

홍채옥
410쪽

백운금
411쪽

채염옥
411쪽

다릉옥
411쪽

해식원
411쪽

코치닐노팔선인장
412쪽

홍화단선
413쪽

설황
414쪽

귀보청
414쪽

앵기린
416쪽

장미선인장
416쪽

레부티아 마르가레타에
417쪽

레부티아 하에프네리아나
417쪽

가재발선인장
417쪽

가재발선인장 '브리스틀
퀸' 417쪽

대통령
418쪽

천황
418쪽

아프리카봉선화 '피에스타
라벤더 오키드' 427쪽

아프리카봉선화 '피에스타
올레 체리' 427쪽

프리뮬러 '퀘이커스
보닛' 444쪽

꽃도라지 '아레나 라이트
핑크' 466쪽

꽃도라지 '로지나 블루'
466쪽

꽃도라지 '보아쥬 블루'
466쪽

보라겹다투라
488쪽

칼리브라코아 '미니 페이모스
더블 아메시스트' 490쪽

페튜니아 '스위트 선샤인
프로방스' 494쪽

아프리카제비꽃 품종
507쪽

글록시니아 품종
508쪽

글록시니아 품종
508쪽

캄파눌라 '블루 원더'
588쪽

겹도라지
593쪽

마거리트 '마데이라 체리
레드' 598쪽

마거리트 '서머 멜로디'
598쪽

개미취
599쪽

진다이개미취
599쪽

덤불쑥부쟁이 '로젠비흐텔'
599쪽

해국
599쪽

데이지 '벨리시마 레드'
600쪽

데이지 '하바네라 레드'
600쪽

사계코스모스
601쪽

사계코스모스 '브라보
믹스' 601쪽

과꽃 품종
603쪽

과꽃 품종
603쪽

구절초 '국야선녀'
603쪽

국화 '매직'
604쪽

국화 '마이 시티'
604쪽

국화 '사바'
604쪽

국화 '개운'
605쪽

국화 '국천'
605쪽

국화 '수향'
605쪽

국화 '화불'
605쪽

치커리
606쪽

수레국화
607쪽

수레국화 품종
607쪽

장미금계국
609쪽

장미금계국 '라임락
루비' 609쪽

코레옵시스 '럭키텐2'
609쪽

코스모스 품종
610쪽

코스모스 품종
610쪽

코스모스 품종
610쪽

꼬리코스모스
610쪽

달리아 품종
612쪽

달리아 '아라비안 나이트'
612쪽

달리아 '달리노바 플로리다'
612쪽

달리아 '달리나 미디 보르네오' 612쪽

달리아 '프란츠 카프카'
612쪽

달리아 '해피 싱글 플레임'
612쪽

달리아 '힙노티카 라벤더'
612쪽

드린국화 '매그너스'
613쪽

드린국화 '레드 니 하이'
613쪽

팔리다드린국화
614쪽

고산망초 '로즈 주얼'
616쪽

콤포시투스망초
616쪽

구름국화
616쪽

청화국
618쪽

무늬청화국
618쪽

천인국
618쪽

가자니아 '빅 키스 화이트 플레임' 619쪽

가자니아 '빅 키스 옐로 플레임' 619쪽

거베라 품종
620쪽

거베라 '로얄 세미 더블 로즈' 620쪽

거베라 '재규어 핑크'
620쪽

거베라 '선캡'
620쪽

자주도망국
621쪽

분홍도망국
621쪽

해바라기 '프라도 레드'
621쪽

납작국화 '사힌스 얼리 플라워' 622쪽

벌개미취
629쪽

케이프데이지 '마가리타
퍼플' 630쪽

오스테오스페르뭄 '3D
퍼플' 630쪽

오스테오스페르뭄 '아스트라 화이트
핑크 블러쉬' 630쪽

오스테오스페르뭄 '세레니티
브론즈' 630쪽

오스테오스페르뭄 '세레니티
로즈 매직' 630쪽

시네라리아 품종
632쪽

시네라리아 품종
632쪽

시네라리아 품종
632쪽

시네라리아 품종
632쪽

시네라리아 품종
632쪽

시네라리아 품종
632쪽

상록구절초 '마라케시'
633쪽

풍차국
639쪽

우선국
640쪽

우선국 '퍼플돔'
640쪽

숙근아스타
640쪽

매리골드 품종
641쪽

페르시아제충국
642쪽

페르시아제충국 '로빈슨
레드' 642쪽

콜로라도탠지아스터
643쪽

밀짚꽃 품종
644쪽

밀짚꽃 품종
644쪽

밀짚꽃 품종
644쪽

백일홍 품종
645쪽

백일홍 '스위즐 체리 앤 아이보리' 645쪽

마케도니아체꽃 652쪽

마케도니아체꽃 '멜톤 파스텔' 652쪽

솔체꽃 656쪽

서양체꽃 '블랙 나이트' 656쪽

난쟁이비둘기체꽃 656쪽

루시다솔체꽃 656쪽

자이언트아룸 22쪽

타이탄아룸 22쪽

곤약 22쪽

흰떡천남성 24쪽

가시토란 24쪽

메두사에피덴드룸 61쪽

마스데발리아 아야바카나 65쪽

마스데발리아 에코 65쪽

마스데발리아 이그네아 65쪽

마스데발리아 모니카나 65쪽

마스데발리아 베이치아나 65쪽

백성룡 99쪽

자보 99쪽

소말리아알로에 100쪽

용두금알로에 100쪽

석양알로에 100쪽

불야성알로에 100쪽

부채알로에 101쪽

눈송이알로에
101쪽

기린수선화 '히말라얀
핑크' 109쪽

키르탄투스 팔카투스
110쪽

주홍붓꽃
112쪽

무스카리
127쪽

헬리코니아 롱기씨마
138쪽

헬리코니아 플라벨라타
138쪽

헬리코니아 비하이
139쪽

헬리코니아 카리바에아
'푸르푸레아' 139쪽

헬리코니아 카르타세아
'섹시 핑크' 139쪽

헬리코니아 마르기나타
139쪽

헬리코니아 로스트라타
140쪽

헬리코니아 스트릭타
140쪽

헬리코니아 벨레리게라
140쪽

무지개헬리코니아
140쪽

삼척바나나
143쪽

캐번디시바나나
143쪽

베카리바나나
143쪽

꽃바나나
143쪽

브론즈꽃바나나
143쪽

운남바나나
144쪽

라벤더꽃바나나
144쪽

다르질링바나나
144쪽

분홍벨벳바나나
144쪽

천손가락바나나
144쪽

삼색크테난데
145쪽

스트로만데 탈리아
145쪽

물칸나
148쪽

플로리다물칸나
148쪽

솔방울생강
149쪽

아프리카생강
150쪽

오렌지튤립생강
150쪽

옥스블라드코스투스
150쪽

레드버튼진저
151쪽

달팽이생강
151쪽

인디언헤드진저
151쪽

분홍코스투스
151쪽

염산생강
152쪽

붉은꽃생강
152쪽

샴튤립
153쪽

울금
153쪽

토치진저
154쪽

붉은토치진저
154쪽

헬레니튤립진저
154쪽

분홍양하
157쪽

에크메아 파스치아타
158쪽

에크메아 블란체티아나
158쪽

에크메아 브라크테아타
158쪽

에크메아 찬티니이
158쪽

에크메아 쿠쿨라타
159쪽

에크메아 디클라미데아
159쪽

성냥개비에크메아
159쪽

에크메아 미니아타
159쪽

에크메아 라모사풀겐스
159쪽

고슴도치에크메아
159쪽

에크메아 제브리나 '핑크'
159쪽

파인애플
160쪽

레드파인애플 '트리컬러'
160쪽

쿠라과파인애플
160쪽

세라도파인애플
160쪽

빌베르기아 피라미달리스
161쪽

난쟁이브로멜리아
161쪽

브로멜리아 실비콜라
161쪽

구즈마니아 코니페라
162쪽

구즈마니아 링굴라타
162쪽

구즈마니아 마그니피카
163쪽

구즈마니아 '카바도'
163쪽

네오레겔리아 카롤리네
164쪽

네오레겔리아 '플란드리아'
164쪽

동심원네오레겔리아
164쪽

네오레겔리아 키아네아
164쪽

포르테아 페트로폴리타나
165쪽

틸란드시아 테누이폴리아
166쪽

틸란드시아 이오난사
167쪽

틸란드시아 세로그라피카
167쪽

호랑잎브리에세아
169쪽

브리에세아 '코델리아'
169쪽

브리에세아 '큐피드'
169쪽

브리에세아 '드라코'
169쪽

금낭화
174쪽

엑시미아금낭화
175쪽

금낭화 '버닝 허츠'
175쪽

나펠루스투구꽃
184쪽

노루오줌
211쪽

일본노루오줌 '엘리자베스
반 빈' 211쪽

아렌드시노루오줌 '퓨어'
211쪽

금접
216쪽

칠변초
216쪽

만손초
216쪽

엔젤칼란코에
216쪽

에케베리아 디프락텐스
221쪽

동운
221쪽

에케베리아 라우이
221쪽

상학
221쪽

금황성
222쪽

칠복수
222쪽

금사황
222쪽

천대전송
227쪽

붉은신장베치
234쪽

남방밥티시아
234쪽

숲완두콩
239쪽

숙근완두콩
239쪽

앵무새부리
239쪽

붉은해란초 '아마존 선셋'
239쪽

숙근루피너스 '갤러리
블루' 240쪽

숙근루피너스 '갤러리
레드' 240쪽

루피너스 '더 거버너'
240쪽

미모사
241쪽

블루클로버
241쪽

루벤스토끼풀
243쪽

포구미
245쪽

술오이풀
253쪽

필레아 '문 밸리'
266쪽

붉은여우꼬리풀
289쪽

슬리퍼대극
290쪽

비귀에리꽃기린
294쪽

적피마자
296쪽

가주바늘꽃
314쪽

꽃갯질경이 품종
353쪽

페레즈갯질경이 '솔트
레이크' 353쪽

대만갯질경이 '캔디
다이아몬드' 353쪽

메밀여뀌
355쪽

세실리스애기색비름 '레드'
369쪽

양꼬리풀 '조이'
370쪽

줄맨드라미
370쪽

선줄맨드라미 '벨벳 커튼' 370쪽

개맨드라미 371쪽

개맨드라미 품종 371쪽

맨드라미 품종 371쪽

맨드라미 품종 371쪽

촛불맨드라미 품종 371쪽

촛불맨드라미 품종 371쪽

천일홍 372쪽

천일홍 '오드리 바이컬러 로즈' 372쪽

미국천일홍 372쪽

목천일홍 372쪽

봉숭아 품종 428쪽

봉숭아 품종 428쪽

발포어봉선화 428쪽

마다가스카르봉선화 428쪽

금관화 471쪽

서양지치 480쪽

폐병풀 483쪽

몰리스폐병풀 483쪽

동양지치 483쪽

컴프리 483쪽

삼색메꽃 '로얄 엔샤인' 484쪽

놀라나 후미푸사 491쪽

페루꽈리 493쪽

페튜니아 '웨이브 퍼플 클래식' 494쪽

페튜니아 '다마스크 블루' 494쪽

페튜니아 '디자이너 레드 스타' 494쪽

페튜니아 '이지 웨이브 핑크 돈' 494쪽

주머니꽃 품종 502쪽

에스카난투스 스페치오수스 503쪽

바위오동 '스타더스트' 504쪽

시만니아 실바티카 505쪽

홍동초 506쪽

홍동초 '프로스티' 506쪽

에피스치아 '다크 시크릿' 506쪽

에피스치아 '셀비스 베스트' 506쪽

에피스치아 '실버 스카이즈' 506쪽

단애의여왕 508쪽

브라질금어초 510쪽

자라송이풀 510쪽

금어초 511쪽

금어초 '스냅샷 오렌지' 511쪽

금어초 '솔스티스 로즈' 511쪽

디기탈리스 품종 513쪽

버들잎디기탈리스 513쪽

푸른눈공데이지 514쪽

불가리스공데이지 514쪽

애기금어초 품종 516쪽

애기금어초 '환타지 마젠타 로즈' 516쪽

애기금어초 '환타지 스칼렛 위드 옐로 아이' 516쪽

폭죽초
520쪽

케이프용면화
525쪽

케이프용면화 '블루버드'
525쪽

용면화 '카니발 믹스'
525쪽

용면화 '케이엘엠'
525쪽

토레니아 품종
527쪽

토레니아 품종
527쪽

토레니아 품종
527쪽

덩굴물봉선
527쪽

무늬덩굴물봉선
527쪽

눈동자꽃
528쪽

리본덤불
534쪽

해밀턴방울꽃
540쪽

토끼귀개
547쪽

겹물망초
550쪽

아주가
553쪽

아주가 '버건디 글로우'
553쪽

일본사향초
553쪽

네피텔라
553쪽

무늬유럽긴병꽃풀
553쪽

히솝
557쪽

분홍히솝
557쪽

용머리
557쪽

유럽광대 '비콘 실버'
557쪽

잉글리쉬라벤더
559쪽

잉글리쉬라벤더 '블루 아이스' 559쪽

우루바노라벤더 559쪽

프렌치라벤더 559쪽

익모초 560쪽

레몬밤 560쪽

긴잎박하 561쪽

페니로얄민트 561쪽

스피어민트 561쪽

초코민트 561쪽

레드베르가못 562쪽

레드베르가못 '화이어볼' 562쪽

와일드베르가못 562쪽

와일드베르가못 '클레어 그레이스' 562쪽

파쎄니개박하 563쪽

파쎄니개박하 '아우슬레제' 563쪽

일본개박하 563쪽

네페타 '워커스 로우' 563쪽

시나몬바질 564쪽

소엽 564쪽

주름차즈기 564쪽

왕관골무 565쪽

왕관골무 '켄트 뷰티' 565쪽

아마눔오레가노 565쪽

크레타오레가노 565쪽

오레가노 565쪽

자주자바고양이수염
566쪽

러시안세이지
567쪽

러시안세이지 '블루
스파이어' 567쪽

투베로사속단
567쪽

꽃범의꼬리
568쪽

무늬꽃범의꼬리
568쪽

랍스터꽃
569쪽

채엽초 '핑거 페인트'
569쪽

플렉트란투스 '모나
라벤더' 569쪽

뷰캐넌세이지
570쪽

텍사스세이지
570쪽

코랄림프세이지
570쪽

신장깨꽃
570쪽

가을세이지
571쪽

가을세이지 '블루 노트'
571쪽

안데스세이지
571쪽

파인애플세이지
571쪽

밀리컵세이지
571쪽

살비아 '아미스타드'
571쪽

아니스향세이지
572쪽

장미잎세이지 '부탱'
572쪽

유고세이지
572쪽

멕시칸세이지
572쪽

체리세이지
573쪽

핫립세이지
573쪽

미스틱스파이어블루세이지
573쪽

단삼
573쪽

살비아 '아프리칸 스카이'
573쪽

숙근세이지
574쪽

숙근세이지 '로젠바인'
574쪽

숙근세이지 '센세이션 딥
로즈' 574쪽

세이지
575쪽

세이지 '베르그가르텐'
575쪽

초원세이지
575쪽

초원세이지 '매덜린'
575쪽

깨꽃 품종
576쪽

깨꽃 '살사 퍼플'
576쪽

깨꽃 '살사 로즈'
576쪽

깨꽃 '살사 살몬'
576쪽

라일락세이지 '앤드리스
러브' 577쪽

페인티드세이지
577쪽

우드세이지 '마이나흐트'
577쪽

우드세이지 '비올라
클로제' 577쪽

전단삼
577쪽

황금
578쪽

고산골무꽃
578쪽

램즈이어
579쪽

램즈이어 '코튼 볼'
579쪽

흰털석잠풀
579쪽

마크란타석잠풀
579쪽

베토니
579쪽

베토니 '훔멜로'
579쪽

누운주름잎
583쪽

이와잔대
585쪽

신장더덕
585쪽

종꽃 '챔피언 핑크'
587쪽

초롱꽃 '체리 벨스'
588쪽

청강초롱
588쪽

자시오네 라에비스
590쪽

뿔영아자
593쪽

서양톱풀 '라일락 뷰티'
595쪽

서양톱풀 '레드 벨벳'
595쪽

페어랜드톱풀
595쪽

백두산떡쑥
596쪽

불로화
597쪽

우엉
597쪽

큰꽃삽주
600쪽

목엉겅퀴
601쪽

니그라수레국화
602쪽

몬타나수레국화
602쪽

엉겅퀴
606쪽

엉겅퀴 '핑크 뷰티'
606쪽

카르둔
611쪽

절굿대
614쪽

등골나물 '팬텀'
615쪽

비관
625쪽

칠석장
625쪽

리아트리스 스피카타
626쪽

꽃산비장이
637쪽

산비장이
637쪽

흰무늬엉겅퀴
637쪽

아스트란티아
662쪽

큰도깨비풀
664쪽

해변에린지움
664쪽

팔마툼도깨비풀 '블루
호빗' 664쪽

**풀
노란색**

안수리움 '레모나'
23쪽

노랑꽃칼라
27쪽

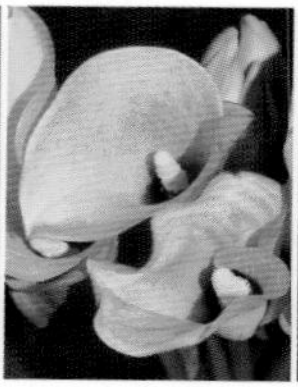

칼라 '캡틴 사파리'
27쪽

물양귀비
29쪽

범꽃
98쪽

옐로워킹아이리스
98쪽

칸나 품종
141쪽

칸나 품종
141쪽

스칼렛꽃생강 '타라'
156쪽

금영화
175쪽

마리티마금영화
175쪽

꽃양귀비
176쪽

노랑뿔양귀비
178쪽

콜키쿰삼지구엽초
181쪽

술푸레움삼지구엽초
181쪽

칼란코에 '밀로스'
225쪽

황화베고니아
269쪽

레펜스여뀌바늘
315쪽

물다이아몬드
315쪽

황금달맞이꽃
316쪽

향달맞이꽃
316쪽

울페니아눔꽃냉이
345쪽

레펜스꽃냉이
345쪽

바위냉이
346쪽

유채
348쪽

꽃양배추 품종
348쪽

콜리플라워 '로마네스코'
348쪽

아토아꽃다지
348쪽

꽃무
349쪽

사구꽃무
349쪽

무늬개연꽃
12쪽

사막의촛불
99쪽

립시엔시스바람꽃
186쪽

황금매발톱꽃
188쪽

록카산매발톱꽃 '오리가미
옐로' 190쪽

동의나물
191쪽

금매화
200쪽

큰금매화
200쪽

웅동자
217쪽

크렘노세둠 '리틀 젬' 218쪽

성을녀 220쪽

농월 223쪽

베라히긴즈 223쪽

데일리데일 227쪽

아크레돌나물 228쪽

황금잎세덤 229쪽

루페스트레세덤 230쪽

을녀심 230쪽

홍옥 230쪽

돌나물 230쪽

부사 230쪽

느릅터리풀 250쪽

꽃뱀무 '쿠키' 252쪽

몬타눔뱀무 252쪽

크란치양지꽃 258쪽

아르겐테아양지꽃 258쪽

바나나호박 267쪽

플라바사랑초 277쪽

노랑사랑초 277쪽

옥살리스 '나비 그린' 277쪽

넌출물레나물 280쪽

서양고추나물 281쪽

뿔팬지 '페니 오렌지 점프 업' 283쪽

뿔팬지 '페니 옐로 블로치' 283쪽

팬지 '프리즐 시즐 옐로'
285쪽

팬지 '마제스틱 자이언트 Ⅱ 옐로
위드 블로치' 285쪽

노랑투르네라
288쪽

공작환
290쪽

문어대극
290쪽

황금아마
298쪽

노랑풍로초
299쪽

물앵초
315쪽

루
326쪽

오크라
328쪽

닥풀
328쪽

양마
332쪽

수박풀
332쪽

목화
338쪽

한련 품종
344쪽

분꽃 품종
381쪽

채송화 품종
384쪽

꽃쇠비름 품종
385쪽

꽃쇠비름 '올 어글로우'
385쪽

킬리아타좁쌀풀
438쪽

자주잎좁쌀풀
438쪽

참좁쌀풀
439쪽

황금풍한초
439쪽

옐로체인
439쪽

돌아이비
439쪽

불가리스좁쌀풀
439쪽

아우리쿨라앵초
440쪽

벌리앵초
440쪽

옥슬립앵초
441쪽

각시앵초
441쪽

큐엔시스앵초
442쪽

베리스앵초
443쪽

석죽앵초
443쪽

불가리스앵초
443쪽

촛대앵초
444쪽

칼리브라코아 '카블룸
옐로' 490쪽

칼리브라코아 '슈퍼벨스
레몬 슬라이스' 490쪽

에피스치아 '수오미'
506쪽

노랑펜스테몬
517쪽

꽃담배풀
526쪽

우단담배풀
526쪽

꽃담배풀 '시에라 선셋'
526쪽

버베나 '옵세션 애프리콧'
552쪽

오공국화
606쪽

멕시코매리골드
641쪽

회향
663쪽

파슬리
665쪽

페루백합
32쪽

중국패모
35쪽

왕패모
36쪽

왕패모 '오로라'
36쪽

노랑땅나리
37쪽

섬말나리
37쪽

백합 '아를 옐로'
38쪽

백합 '타이니 센세이션'
38쪽

타르다튤립
39쪽

튤립 '뷰티 오브 퍼레이드'
41쪽

튤립난초
43쪽

브랏소렐리오카틀레야
'알마 키' 45쪽

렉스거미난
46쪽

금새우난
47쪽

불보필룸 그라베오렌스
48쪽

불보필룸 롭비
48쪽

킬로스키스타 파리쉬
49쪽

코엘로지네 판두라타
50쪽

키로로춘란
51쪽

심비디움 '월랑'
51쪽

세가와개불알꽃
52쪽

황옥석곡
54쪽

취옥석곡
54쪽

고퇴석곡
54쪽

변색석곡
54쪽

세엽석곡
55쪽

소황화석곡
55쪽

인면석곡
56쪽

융모석곡
58쪽

시경석곡
59쪽

독각석곡
59쪽

덴드로칠룸 코비아눔
60쪽

엔시클리아 알라타
60쪽

에피카틀레야 '르네마르케스'
60쪽

에피덴드룸 파르킨소니아눔
61쪽

에피덴드룸 라디칸스
'옐로' 62쪽

향화모난
62쪽

지엽모난
62쪽

호랑이난초
63쪽

류큐석곡
63쪽

막실라리아 스트리아타
66쪽

모카라 '차오프라야 골드'
67쪽

에리키나 푸실라
68쪽

로시오글로숨 '로돈
제스터' 68쪽

온시디움 프레스탄노이데스
69쪽

온시디움 스파켈라툼
69쪽

장판투구난
70쪽

행황투구난
70쪽

녹엽투구난
71쪽

흰회엽투구난
71쪽

미려투구난
72쪽

동색자점투구난
72쪽

마율파투구난
72쪽

보춘투구난
73쪽

판납호접란
74쪽

수마트라호접란
74쪽

호접란 '골든 뷰티'
75쪽

호접란 '풀러스 선셋'
75쪽

호접란 '골드 윈드'
75쪽

호접란 '그린 애플'
75쪽

폴리스타치야 파니쿨라타
77쪽

사이콥시스 파필리오
77쪽

프로스테체아 프리스마토카르파
77쪽

프로스테체아 라디아타
78쪽

프로스테체아 차카오엔시스
78쪽

노랑포설란
80쪽

파도암자석란
81쪽

히폭시스 세토사
83쪽

애기범부채 '시트로넬라'
84쪽

앙카라크로커스 '골든
번치' 85쪽

터키크로커스
85쪽

공작붓꽃
86쪽

프리지아
87쪽

사철글라디올러스
88쪽

글라디올러스 품종
89쪽

노랑범부채
90쪽

노랑꽃창포
90쪽

독일붓꽃 품종
95쪽

뱀대가리붓꽃
95쪽

노랑등심붓꽃
97쪽

큰열매등심붓꽃
97쪽

노랑아스포델
99쪽

불비네 라티폴리아
99쪽

원추리 '보난자'
104쪽

플라붐부추
107쪽

시칠리아부추
107쪽

황금부추
113쪽

시클라멘수선화
114쪽

깔때기수선화
114쪽

노랑수선화
114쪽

스카베룰루스수선화
114쪽

칼드웰리상사화
116쪽

앵초실란
118쪽

노랑나도사프란
118쪽

용설란
119쪽

히아신스 '옐로 퀸'
123쪽

멕시코가시양귀비
178쪽

겨울바람꽃
195쪽

노랑할미꽃
198쪽

멕시코수련
12쪽

수선화 '타히티'
115쪽

황금연꽃바나나
142쪽

세복수초
184쪽

겹동의나물
191쪽

베르나동의나물
196쪽

자엽베르나동의나물
196쪽

라넌큘러스 '매직 오렌지'
197쪽

라넌큘러스 '마헤 옐로'
197쪽

미국황련
201쪽

작약 품종
207쪽

흑법사
215쪽

유접곡
215쪽

칼란코에 '칼란디바
자메이카' 225쪽

성모초
246쪽

노랑겹꽃뱀무
252쪽

엘라티오르베고니아 품종
274쪽

알뿌리베고니아 품종
275쪽

겹노랑사랑초
277쪽

제라늄 '퍼스트 옐로'
309쪽

접시꽃 품종
330쪽

카네이션 '해피 골렘'
363쪽

카네이션 '폴리미아'
363쪽

카네이션 '슈퍼트루퍼
오렌지' 363쪽

노랑애기태양장미
373쪽

분화구은엽화
373쪽

체이리돕시스 브로우니
373쪽

축전
374쪽

경국
374쪽

황금송엽국
374쪽

송엽국 '오렌지 원더'
374쪽

전동
375쪽

벽어연
375쪽

누비게늄송엽국
375쪽

리빙스톤데이지 품종
376쪽

능요옥
376쪽

미파
376쪽

사해파
376쪽

오십령옥
377쪽

벽익
377쪽

아우레우스송엽국
378쪽

마옥
378쪽

라비에아 레슬리
379쪽

채송화 품종
384쪽

수종귀
387쪽

삼각목단
388쪽

두환
389쪽

난봉옥
389쪽

청난봉옥
389쪽

반야
389쪽

무자단선
390쪽

코파나선인장
391쪽

금호선인장
393쪽

무자금호
393쪽

왕관용
396쪽

무자왕관용
396쪽

알라모사선인장
396쪽

금관룡
396쪽

대홍
396쪽

반도옥
397쪽

포트시
397쪽

용안선인장
398쪽

황채옥
398쪽

해왕환
399쪽

벽암옥
400쪽

성자옥
400쪽

비모란
401쪽

뽀빠이
403쪽

백궁환
403쪽

카르멘선인장
404쪽

황금사
405쪽

적자황금사
405쪽

스케인바리아나
405쪽

두위환
405쪽

금성
406쪽

멜랄레우카
407쪽

골무선인장
408쪽

만월선인장
408쪽

미리아칸타선인장
409쪽

노토칵투스 브레데루이아누스
410쪽

엽선
412쪽

선인장
413쪽

은세계
413쪽

백도선
413쪽

마블선인장
413쪽

금황환
414쪽

청왕환
414쪽

수박선인장
415쪽

소정
415쪽

백선소정
415쪽

황휘환
415쪽

금관
415쪽

가재발선인장 '크리스마스
플레임' 417쪽

즐극환
418쪽

화립환
418쪽

페튜니아 '스위트 선샤인
콤팩트 라임' 494쪽

황금마거리트
596쪽

아파치가막사리
597쪽

마거리트 '레몬 슈가'
598쪽

금잔화
602쪽

금잔화 '봉봉 오렌지'
602쪽

국화 품종
604쪽

국화 '아티스트 오렌지
노바' 604쪽

국화 '팔라도브 서니'
604쪽

국화 '사피나'
604쪽

국화 '동광'
605쪽

국화 '부산설'
605쪽

국화 '춘심'
605쪽

애기노랑마거리트
606쪽

아우리쿨라타금계국
607쪽

기생초
607쪽

큰금계국
608쪽

큰꽃금계국
608쪽

큰꽃금계국 '라이징
선' 608쪽

솔잎금계국 '문빔'
608쪽

솔잎금계국 '자그레브'
608쪽

세모금계국 '선샤인
수퍼맨' 609쪽

금계국 '칼립소'
609쪽

노랑코스모스
610쪽

노랑코스모스 '코스믹
레드' 610쪽

달리아 '세잔느'
612쪽

달리아 '해피 싱글 파티'
612쪽

파라독사드린국화
614쪽

아프리카데이지
615쪽

갯해바라기
615쪽

털머위
617쪽

숙근천인국 '갈로 피치'
618쪽

가는잎태양국
619쪽

가는잎태양국 '콜로라도
골드' 619쪽

무늬태양국
619쪽

가자니아 '가주 클리어
오렌지' 619쪽

가자니아 '사하라'
619쪽

거베라 '해피골드'
620쪽

해바라기
621쪽

겹해바라기
621쪽

납작국화 '웨서골드'
622쪽

고산금쑥부쟁이
622쪽

레오파드조밥나물
623쪽

목향
623쪽

칼잎금불초
623쪽

하늘바라기
623쪽

백묘국
624쪽

자주잎덴타타곰취
627쪽

곰취
627쪽

프르제왈스키곰취
627쪽

곤달비 '리틀로켓'
627쪽

갯취
627쪽

황금메달리온
629쪽

주홍조밥나물
629쪽

알프스민들레
629쪽

케이프데이지 '마가리타
옐로' 630쪽

루비목걸이
631쪽

오토나 덴타타
631쪽

금화
633쪽

검은눈천인국
634쪽

검은눈천인국 '프레리
선' 634쪽

원추천인국
634쪽

풀기다천인국
634쪽

큰원추국
634쪽

애기천인국 '프레이리
글로우' 634쪽

삼잎국화
635쪽

겹꽃삼잎국화
635쪽

멕시코백일홍
635쪽

멕시코백일홍 '아즈텍
골드' 635쪽

양미역취
638쪽

미국미역취
638쪽

루고사미역취 '화이어웍스'
638쪽

스페치오사미역취
638쪽

울릉미역취
638쪽

매리골드 '퍼펙션 오렌지'
641쪽

매리골드 '안티구아
오렌지' 641쪽

매리골드 '안티구아
옐로' 641쪽

매리골드 '사파리 탄제린'
641쪽

매리골드 '사파리 옐로'
641쪽

멕시코해바라기
643쪽

달버그데이지
643쪽

미국갯금불초
643쪽

밀짚꽃 '모하비 옐로'
644쪽

백일홍 '마젤란 옐로'
645쪽

백일홍 '프로퓨전 옐로'
645쪽

백일홍 '스위즐 스칼렛
앤 옐로' 645쪽

크림체꽃
656쪽

석창포
21쪽

하와이토란
21쪽

골든클럽
25쪽

귀절환알로에
100쪽

알로에 베라
101쪽

청정금알로에
101쪽

알로에 '소피'
101쪽

트리토마
103쪽

크니포피아 '아이스
퀸' 103쪽

크니포피아 '텟버리
토치' 103쪽

기린수선화
109쪽

라케날리아 알로이데스
124쪽

만년청
129쪽

노랑캥거루발톱
136쪽

극락조화
138쪽

좁은잎극락조화
138쪽

헬리코니아 롱기플로라
139쪽

헬리코니아 프시타코룸
140쪽

파초
142쪽

칼라테아 루테아
146쪽

칼라테아 크로카타
146쪽

방울뱀칼라테아
146쪽

칼라테아 마제스티카
146쪽

칼라테아 마란티폴리아
147쪽

발판사다리코스투스
150쪽

물감생강
150쪽

레몬진저
151쪽

핌브리오진저
154쪽

무화강
155쪽

홍헌
155쪽

홍헌 '화이트 드래곤'
155쪽

에크메아 물포르디 '루브라'
159쪽

호검산
161쪽

듀테로코히나 롱기페탈라
161쪽

구즈마니아 디씨티플로라
162쪽

구즈마니아 상귀네아
162쪽

구즈마니아 '리모네스'
163쪽

구즈마니아 '로자'
163쪽

구즈마니아 '만타'
163쪽

구즈마니아 '마르얀'
163쪽

브리에세아 카리나타
168쪽

브리에세아 비투미노사
168쪽

황제브로멜리아드
168쪽

브리에세아 오스피나에
168쪽

브리에세아 자모렌시스
169쪽

브리에세아 '샬롯'
169쪽

브리에세아 '델피너스'
169쪽

플라붐꿩의다리
200쪽

정야
221쪽

부영
222쪽

마다가스카르바위솔
226쪽

세모리아
226쪽

물아카시아
233쪽

신장베치
234쪽

무늬왕관나비나물
234쪽

핀토땅콩
237쪽

루피너스 '샹들리에'
240쪽

물미모사
241쪽

석결명
243쪽

결명자
243쪽

노랑달구지풀
243쪽

모시풀
265쪽

라사풀
265쪽

맘밀라리스대극
290쪽

황옥
290쪽

사자좌
291쪽

솔잎대극 '펜스 루비'
291쪽

쌍룡각
291쪽

유리탑
292쪽

와일드포인세티아
292쪽

대만갯질경이 '스프링
다이아몬드' 353쪽

대황
356쪽

맨드라미 품종
371쪽

촛불맨드라미 품종
371쪽

촛불맨드라미 품종
371쪽

앵무새봉선화
428쪽

덩굴봉선화
428쪽

금관화 '실키 골드'
471쪽

투베로사금관화
471쪽

주머니꽃 품종
502쪽

인테그리폴리아주머니꽃
502쪽

카파치토주머니꽃
502쪽

해넘이종꽃
504쪽

프로쿰벤스금어초
510쪽

금어초 '솔스티스 옐로'
511쪽

금어초 '피치 브론즈'
511쪽

노랑디기탈리스
513쪽

밀짚디기탈리스
513쪽

애기금어초 '환타지
옐로' 516쪽

달마티카해란초
516쪽

수피나해란초
516쪽

좁은잎해란초
516쪽

노랑폭죽초
520쪽

용면화 '카니발 믹스'
525쪽

토레니아 품종
527쪽

털도깨비망초
529쪽

망목초
533쪽

✱ 기타

망목초 '스켈레톤'
533쪽

참통발
547쪽

혹통발
547쪽

점박이베르가못
562쪽

마조람
565쪽

터키속단
567쪽

끈끈이참배암차즈기
572쪽

초롱꽃
588쪽

황금톱풀
595쪽

이앓이풀
596쪽

은쑥
597쪽

잇꽃
601쪽

은엽아지랑이
611쪽

갯국화
611쪽

토삼칠
622쪽

노란단추꽃
622쪽

커리플랜트
623쪽

대형만보
625쪽

드럼스틱
633쪽

마사이화살촉
636쪽

✱ 기타 · 꽃잎 1장

탠지
642쪽

러비지
665쪽

풀
흰색

백학꽃
23쪽

산부채
26쪽

물파초
26쪽

물칼라
26쪽

스파티필룸 파티니
28쪽

스파티필룸 칸니폴리움
28쪽

소엽스파티필룸 '미니'
28쪽

희망봉가래
31쪽

베고니아 수자나에
272쪽

열대벗풀
30쪽

붉은점벗풀
30쪽

아나카리스
30쪽

자라풀
30쪽

미국연령초
33쪽

엘레강스달개비
132쪽

자주만년초
133쪽

실달개비
134쪽

브라질달개비
134쪽

흰줄브라질달개비
134쪽

카멜레온달개비
134쪽

무늬브라질달개비
134쪽

흰자주달개비
135쪽

꽃생강
156쪽

노랑꽃생강
156쪽

틸란드시아 베르니코사
167쪽

틸란드시아 '휴스턴'
167쪽

약모밀 '카멜레온'
16쪽

도마뱀꼬리
16쪽

대엽산내
157쪽

연잎양귀비
178쪽

큰꽃삼지구엽초
180쪽

매화삼지구엽초
181쪽

공주삼지구엽초
181쪽

칼란코에 '오리지날스
화이트 코라' 225쪽

당인
226쪽

초소
226쪽

사철베고니아 품종
270쪽

포도잎베고니아
271쪽

목베고니아 '위그티'
272쪽

베고니아 솔리무타타
272쪽

렉스베고니아 '페어리'
273쪽

백접초
315쪽

흰풍접초
345쪽

겨자무
346쪽

코카서스장대나물
347쪽

코카서스장대나물 '픽시크림'
347쪽

프로쿨렌스장대 '글라시어'
347쪽

눈꽃
350쪽

핀나타말냉이
350쪽

향기알리섬
351쪽

비단향꽃무
351쪽

무늬일본이삭여뀌
355쪽

산호리비나
379쪽

흰선애기별꽃
465쪽

여름천사화 '세레나
화이트' 512쪽

긴산꼬리풀 '퍼스트
레이디' 521쪽

왜승마
184쪽

라케모사승마
184쪽

촛대승마 '브루넷'
184쪽

캐나다바람꽃
185쪽

눈바람꽃
186쪽

흰하늘매발톱
188쪽

서양매발톱꽃 '니베아'
189쪽

렌텐로즈
195쪽

크리스마스로즈
195쪽

대만꿩의다리
200쪽

아미산돌부채
212쪽

밤잎도깨비부채
213쪽

돌단풍
213쪽

매화헐떡이풀
213쪽

헐떡이풀
213쪽

색단초
214쪽

다발범의귀
214쪽

유럽운간초
214쪽

바위취
215쪽

크라슐라 '로슐라리스'
219쪽

크라슐라 푸베스켄스
220쪽

무을녀
220쪽

서탑
220쪽

큰꿩의비름 '스타더스트'
224쪽

바위솔
227쪽

세데베리아 '레티지아'
227쪽

흰꽃세덤
228쪽

환엽송록
229쪽

애기솔세덤
229쪽

명월
229쪽

춘앵
231쪽

그린펫트
231쪽

한라개승마
246쪽

눈개승마
246쪽

터리풀
250쪽

흰땃딸기
251쪽

꽃딸기 '더반'
251쪽

인디언약초
253쪽

흰양지꽃
258쪽

사랑초
278쪽

청사랑초
278쪽

뿔팬지 '페니 화이트 점프 업' 283쪽

뿔팬지 '페니 화이트'
283쪽

점박이종지나물
284쪽

팬지 '마제스틱 자이언트 Ⅱ 화이트 위드 블로치' 285쪽

흰투르네라
288쪽

흰리차드풍로초
299쪽

흰상귀네움쥐손이
301쪽

알붐양아욱
302쪽

툰베리제라늄
305쪽

소말리아흰제라늄
306쪽

애플제라늄
306쪽

페퍼민트제라늄
307쪽

트리쿠스피다툼양아욱
307쪽

아이비제라늄
308쪽

접시꽃 품종
330쪽

미국부용 품종
333쪽

흰나도부추
352쪽

리본풀
355쪽

호장근
356쪽

파리지옥
356쪽

비나타끈끈이주걱
357쪽

남도자리
358쪽

라나툼점나도나물
358쪽

토멘토숨점나도나물
358쪽

비누풀
359쪽

아나톨리쿠스패랭이
360쪽

각시패랭이꽃 '아크틱
화이어' 360쪽

수염패랭이꽃 품종
361쪽

수염패랭이꽃 품종
361쪽

바늘패랭이
362쪽

안개꽃
364쪽

이끼용담
364쪽

흰우단동자꽃
366쪽

뻐꾸기동자꽃 '화이트
로빈' 366쪽

달맞이장구채
367쪽

오랑캐장구채
367쪽

흰고산동자꽃
368쪽

삭시프라가장구채
368쪽

해변장구채
368쪽

해변장구채 '컴팩타'
368쪽

불가리스장구채
368쪽

끈끈이대나물(흰색꽃)
369쪽

꽃쇠비름 품종
385쪽

뉴기니아봉선화 '토스카나
미디엄 화이트' 426쪽

드람불꽃 '21세기 화이트'
430쪽

흰플록스
431쪽

흰꽃잔디
432쪽

흰꽃고비
433쪽

시클라멘 '티아니스
화이트' 437쪽

흰인디언앵초
438쪽

흰덴티쿨라타앵초
440쪽

흰앵초
442쪽

폴리안타앵초
442쪽

가고소앵초
442쪽

프리뮬러 '픽시 핑크
피코티' 444쪽

이집트별꽃 '버터플라이 화이트' 464쪽

흰일일초 473쪽

일일초 '페어리 스타' 473쪽

에키움 데카이스네이 480쪽

오점네모필라 481쪽

남영화 '벨 화이트' 488쪽

예루살렘체리 492쪽

꽈리 493쪽

꽃담배 품종 493쪽

아키메네스 '블루 스팍스' 503쪽

에피스치아 릴라치나 506쪽

아프리카제비꽃 품종 507쪽

아프리카제비꽃 품종 507쪽

스트렙토카르푸스 '스노플레이크' 509쪽

모지황펜스테몬 517쪽

상록홍엽펜스테몬 517쪽

흰꽃담배풀 526쪽

흰중국제비꽃 531쪽

입술무늬중국제비꽃 531쪽

동록초 533쪽

동록초 '엑조티카' 533쪽

브라질우창꽃 539쪽

화이트버베인 551쪽

버베나 '옵세션 화이트' 552쪽

카르파티카초롱꽃 '화이트 클립스' 586쪽

흰댕강초롱꽃
586쪽

베들레헴별꽃
589쪽

흰애기별꽃
590쪽

흰시필리티카숫잔대
592쪽

무늬산미나리
662쪽

고수
662쪽

파드득나물
663쪽

자주파드득나물
663쪽

디디스커스
663쪽

백약이참나물
665쪽

돌창포
29쪽

페루백합 품종
32쪽

흰콜키쿰
33쪽

산나리
36쪽

백합
38쪽

백합 '쉘브르'
38쪽

투르키스탄튤립
39쪽

튤립 '노스 폴'
41쪽

흰히르타뻐꾹나리
42쪽

필리핀풍란
43쪽

앙그라에쿰 에브르네움
43쪽

아스코첸다 '타야니
화이트' 44쪽

해리슨비불란
45쪽

흰해리슨비불란
45쪽

백화자란
46쪽

브라싸볼라 노도사
47쪽

카틀레야 코에룰레아
49쪽

레지나에개불알꽃
52쪽

자정설석곡
53쪽

더듬이석곡
53쪽

근반석곡
53쪽

장포석곡
53쪽

시악석곡
54쪽

고산석곡
55쪽

용석곡
55쪽

흰긴기아난
56쪽

금채석곡
56쪽

석곡
57쪽

석곡 '백학'
57쪽

옥석곡
57쪽

광서석곡
57쪽

영양석곡
58쪽

황궁석곡
58쪽

구화석곡
59쪽

사철란
63쪽

붉은사철란
63쪽

렐리오카틀레야 임페리얼
참 '사토' 64쪽

밀토니옵시스 '헤어
알렉산더' 66쪽

네오벤타미아 그라칠리스
67쪽

쿠이트라우지나 풀첼라
67쪽

풍란
68쪽

온시디움 나에비움
69쪽

설백투구난
73쪽

백화호접란
74쪽

임등호접란
74쪽

호접란 '화이트 위드 레드립' 75쪽

해오라비난초
76쪽

조가비난
77쪽

흰자주포설란
80쪽

소브랄리아 마크란타 '알바' 80쪽

죽순란
79쪽

톨룸니아 '스노 페어리'
81쪽

플라티페탈라설란
83쪽

봄크로커스 '잔다르크'
85쪽

아프리카붓꽃
86쪽

흰프리지아
87쪽

글라디올러스 품종
89쪽

흰꽃창포
91쪽

흰노랑꽃창포
92쪽

시베리아붓꽃 '포폴드 화이트' 94쪽

뉴질랜드붓꽃
96쪽

학란
96쪽

흰등심붓꽃
97쪽

하월시아 옵투사
102쪽

십이지권
102쪽

762

옥선
102쪽

삼각구중탑
102쪽

원추리 '판도라 박스'
104쪽

아가판투스 '스노플레이크'
105쪽

차이브 '실버 차임스'
106쪽

카라타우부추 '아이보리
퀸' 107쪽

문주란
108쪽

설강화
110쪽

은방울수선화
110쪽

바다수선
112쪽

흰향기별꽃
113쪽

수선화
115쪽

수선화 '디코이'
115쪽

수선화 '핑크 참'
115쪽

흰꽃나도사프란
117쪽

흰자교화
118쪽

흰큰카마스
119쪽

긴꼬리문주란
119쪽

비체티접란
120쪽

카펜세접란
120쪽

비타툼접란
120쪽

고사리아스파라거스
'스플렌제리' 120쪽

고사리아스파라거스
'메르시' 120쪽

가을파인애플릴리
121쪽

흰무늬파인애플릴리
121쪽

잠베지파인애플릴리
121쪽

옥잠화
122쪽

큰비비추 '엘레강스'
122쪽

히아신스 '카네기'
123쪽

월하향
126쪽

흑맥문동
128쪽

풀백합
128쪽

베들레헴의별
128쪽

실유카
131쪽

나도생강
136쪽

마블베리
136쪽

팔미타
136쪽

엉겅퀴양귀비
178쪽

산하엽
182쪽

수련
12쪽

미국수련
13쪽

수련 '할 밀러'
13쪽

푸베스켄스수련
14쪽

파라과이수련
15쪽

흰깽깽이풀
182쪽

물티피다바람꽃
185쪽

네모로사바람꽃
185쪽

유럽바람꽃 품종
187쪽

유럽바람꽃 품종
187쪽

서양매발톱꽃 '화이트
발로우' 189쪽

흑종초 '미스 지킬 알바'
196쪽

라넌큘러스 '엘레강스 비앙코
페스티벌' 197쪽

라넌큘러스 '엘레강스
화이트' 197쪽

백련
201쪽

백작약
206쪽

작약 품종
207쪽

작약 품종
207쪽

알뿌리베고니아
275쪽

접시꽃 품종
330쪽

겹꽃비누풀
359쪽

숙근안개꽃 '뉴 러브'
364쪽

리빙스톤데이지 품종
376쪽

군옥
377쪽

호박옥
377쪽

레위시아 코틸레돈 '엘리스
믹스' 382쪽

채송화 품종
384쪽

화관환
387쪽

암목단
388쪽

귀면각
390쪽

월하미인
393쪽

흑관환
393쪽

마검환
394쪽

단모환
395쪽

단모환금
395쪽

산페드로선인장
395쪽

화성환
395쪽

용과
398쪽

키에스링기선인장
400쪽

신천지
402쪽

신천지금
402쪽

백조좌
405쪽

설의
406쪽

용신목
410쪽

축옥
411쪽

목기린
416쪽

사자두
418쪽

프리뮬러 '던 안셀'
444쪽

꽃도라지 '로지나 스노'
466쪽

캄파눌라 '화이트 원더'
588쪽

흰겹도라지
593쪽

해태국화
596쪽

마거리트
598쪽

마거리트 '마데이라
프림로즈' 598쪽

마거리트 겹꽃 품종
598쪽

고산쑥부쟁이 '트리믹스'
599쪽

복실버드쟁이나물
599쪽

데이지 '벨리시마 화이트'
600쪽

볼톤쑥부쟁이
601쪽

로만캐모마일
602쪽

과꽃
603쪽

산구절초
603쪽

국화 '핑퐁 화이트'
604쪽

국화 '백경'
605쪽

국화 '백공작'
605쪽

수레국화 품종
607쪽

코레옵시스 '우리드림
시리즈' 609쪽

코스모스 품종
610쪽

야로국
611쪽

백야국
611쪽

흰드린국화
613쪽

원평소국
616쪽

오크로레우스개망초
616쪽

벨룸밀짚꽃
623쪽

에델바이스
624쪽

산솜다리
624쪽

불란서국화
626쪽

카밀레
628쪽

일본데이지
629쪽

케이프데이지
630쪽

오스테오스페르뭄 '3D
실버' 630쪽

오스테오스페르뭄 '플라워 파워
스파이더 화이트' 630쪽

시네라리아 품종
632쪽

상록구절초
633쪽

종이꽃
633쪽

흰풍차국
639쪽

숙근아스타 '어텀 스노'
640쪽

미국쑥부쟁이
640쪽

피버퓨
642쪽

피버퓨 '산타나'
642쪽

밀짚꽃 품종
644쪽

백일홍 '자하라 스타라이트
로즈' 645쪽

자이언트체꽃
652쪽

삼백초
16쪽

병솔페페
17쪽

가구후추
16쪽

홀아비꽃대
20쪽

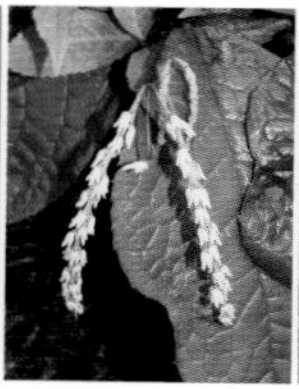

대만꽃대
20쪽

아글라오네마 콤무타툼
21쪽

나무필로덴드론
24쪽

필로덴드론 '문라이트'
24쪽

마스데발리아 토바렌시스
65쪽

밍크붓꽃
112쪽

키키
125쪽

가시수염풀
126쪽

흰무스카리
127쪽

맥문아재비
127쪽

무늬둥굴레
129쪽

각시둥굴레 '톰섬'
129쪽

큰극락조화
138쪽

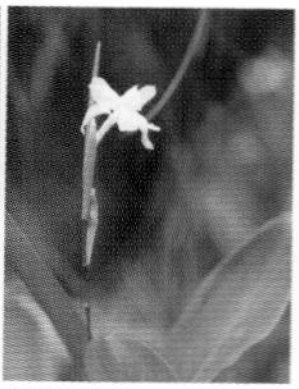

댓잎파초
145쪽

문양파초
145쪽

브라질칼라테아
146쪽

칼라테아 운둘라타
147쪽

칼라테아 로세오픽타
147쪽

흰꽃칼라테아
147쪽

칼라테아 '실버 플레이트'
147쪽

크레이프진저
149쪽

갈랑갈
152쪽

카더멈생강
152쪽

흰줄무늬월도
152쪽

샴튤립
153쪽

강황
153쪽

흰토치진저
154쪽

샴푸진저
157쪽

니둘라리움 인노센티
165쪽

줄무늬니둘라리움
165쪽

브리에세아 엘라타
168쪽

꽃방동사니
170쪽

흰금낭화
174쪽

엑시미아금낭화 '스노드리프트'
175쪽

죽자초
177쪽

연잎꿩의다리
200쪽

수호초
205쪽

일본노루오줌 '도이치랜드'
211쪽

아렌드시노루오줌 '스노드리프트'
211쪽

앵무새깃
232쪽

숙근루피너스 '갤러리
화이트' 240쪽

편복초
241쪽

조팝록매트
253쪽

시네라록매트
253쪽

가는오이풀
253쪽

수박필레아
266쪽

타라
266쪽

유포르비아 그라미네아
'글리츠' 290쪽

설악초
291쪽

꽃갯질경이 품종
353쪽

소두여뀌
355쪽

브라질애기색비름
369쪽

흰꽃천일홍
372쪽

꽃도라지
466쪽

다투라
488쪽

타미아나바위오동
504쪽

흰자라송이풀
510쪽

금어초 '몬테고 화이트'
511쪽

실버금어초
511쪽

흰디기탈리스
513쪽

흰폭죽초
520쪽

케이프용면화 '컴팩트
이노센스' 525쪽

용면화 '카니발 믹스'
525쪽

토레니아 품종
527쪽

도깨비망초
529쪽

도깨비망초 '제프 알부스'
529쪽

천심련
530쪽

큰망목초
533쪽

하얀리본덤불
534쪽

백학영지초
535쪽

리비다귀개
547쪽

용머리 '후지 화이트'
557쪽

흰프렌치라벤더
559쪽

사자귀익모초
560쪽

허하운드
560쪽

애플민트
561쪽

파인애플민트
561쪽

개박하
563쪽

바질
564쪽

자바고양이수염
566쪽

흰꽃범의꼬리
568쪽

은엽콜레우스 '실버
쉴드' 569쪽

무늬연백초
569쪽

실버세이지
570쪽

수금세이지 '퍼플 녹아웃'
573쪽

숙근세이지 '센세이션
화이트' 574쪽

초원세이지 '스완 레이크'
575쪽

깨꽃 '살사 화이트'
576쪽

흰누운주름잎
583쪽

✱ 기타

종꽃
587쪽

서양톱풀
595쪽

고산떡쑥
596쪽

불로화 '하이 타이드
화이트' 597쪽

삽주
600쪽

지담초
615쪽

등골나물 '팔려간 신부'
615쪽

파란손가락
625쪽

리아트리스 스피카타
'알바' 626쪽

녹영
636쪽

스테비아
639쪽

브라질피막이
660쪽

워터코인
660쪽

쿨란트로
664쪽

아가베도깨비풀
664쪽

✱ 꽃잎 5~6장

풀
녹색

구린내헬레보루스
195쪽

아크모페탈라패모
35쪽

보춘화
51쪽

한란
51쪽

✱ 꽃잎 6~7장 이상

에피덴드룸 녹투르눔
61쪽

에피덴드룸 수데피덴드룸
61쪽

에피덴드룸 파니쿨라툼
62쪽

비올라시
125쪽

청화하 '로부스티오르'
392쪽

황설황
414쪽

드린국화 '그린 쥬얼'
613쪽

홍페페
17쪽

수박페페
17쪽

쫄쫄이페페 '로쏘'
17쪽

신홀리페페
17쪽

큰반하
24쪽

큰천남성
24쪽

라케날리아 반질리아에
124쪽

틸란드시아 '사만다'
167쪽

황금볼
170쪽

종려방동사니
171쪽

무늬난쟁이우산파피루스
171쪽

파피루스
171쪽

미니파피루스
171쪽

인디언귀리
172쪽

토끼꼬리풀
172쪽

팜파스그래스
172쪽

글라우쿰수크령 '퍼플
마제스티' 173쪽

글라우쿰수크령 '제이드
프린세스' 173쪽

뱀풀
173쪽

무늬물대
173쪽

대엽초
205쪽

삼
265쪽

속수자
291쪽

댑싸리
370쪽

홍등화 '블라진 로즈'
370쪽

자주큰질경이
519쪽

얼룩질경이
519쪽

거베라 '그린 볼'
620쪽

나무
붉은색

제롤디꽃기린
294쪽

로미꽃기린 '라즈베리
브러시' 294쪽

꽃기린 품종
295쪽

꽃기린 '레드 라이트'
295쪽

꽃기린 '화이트 라이트닝'
295쪽

스플렌덴스꽃기린
295쪽

스플렌덴스꽃기린 '레드
질리안' 295쪽

풍년화 '루비 글로우'
209쪽

홍화상록풍년화
210쪽

자주잎상록풍년화
210쪽

레이찌후크시아
313쪽

덤불후크시아
313쪽

인동후크시아
313쪽

후크시아 '지니아이'
313쪽

후크시아 '스노캡'
313쪽

메디닐라 쿰밍지이
320쪽

자바니피스
320쪽

보로니아 크레누라타
323쪽

보로니아 핀나타
323쪽

774

볼로볼로
337쪽

서향
339쪽

팥꽃나무
340쪽

붉은꽃삼지닥나무
341쪽

피뿌리나무 '본 퍼티'
341쪽

수국
420쪽

수국 '블루 스타'
420쪽

수국 '글로윙 엠버스'
420쪽

수국 '함부르크'
420쪽

수국 '호코맥'
420쪽

산수국
421쪽

노르말리스수국
422쪽

아스페라수국
424쪽

식나무
458쪽

펜타스나무
459쪽

불꽃송이나무
459쪽

용선화 '프로즌 스타'
463쪽

용선화 '수퍼 킹'
463쪽

용선화 '샴 리본'
463쪽

팔리빈정향
501쪽

라일락
501쪽

자른잎라일락
501쪽

페르시아라일락
501쪽

푸른두견화
537쪽

자운두견화
537쪽

좀작살나무
556쪽

대만작살나무
556쪽

주홍꿀풀나무
556쪽

낙상홍
584쪽

명자나무
247쪽

풀명자
247쪽

명자꽃 '동양금'
247쪽

홍자단
248쪽

반잎홍자단
248쪽

물싸리 '핑크 뷰티'
249쪽

델라쿠어다정큼
255쪽

산옥매
256쪽

풀또기
257쪽

앵두나무
257쪽

해당화
260쪽

중국해당화
260쪽

일본조팝나무
262쪽

일본조팝나무 '골드
마운드' 262쪽

바베이도스체리
282쪽

마타피아
297쪽

분홍마타피아
297쪽

무늬잎마타피아
297쪽

복통나무
297쪽

산호덤불
297쪽

산호유동
297쪽

편자양아욱
302쪽

향기제라늄
304쪽

로즈제라늄
306쪽

살몬제라늄
307쪽

용골규
310쪽

솔매
318쪽

도금양나무
318쪽

호주매화 '키위'
319쪽

호주매화 '레이 윌리암스'
319쪽

호주매화 '멜린다'
319쪽

메디닐라 마그니피카
320쪽

메디닐라 미니아타
320쪽

인도석남화
321쪽

자주들모란
321쪽

세미데칸드라들모란
321쪽

들모란 '이매진'
321쪽

서던크로스
324쪽

버들서던크로스
324쪽

분홍라베니아
325쪽

무늬분홍라베니아
325쪽

아부틸론 히브리둠 품종
329쪽

아부틸론 히브리둠 품종
329쪽

애기부용
331쪽

라일락무궁화 '산타크루즈'
331쪽

부용
333쪽

풍경무궁화
334쪽

클라이무궁화
334쪽

하와이무궁화
335쪽

하와이무궁화 '캔디
핑크' 335쪽

하와이무궁화 '로즈
플레이크' 335쪽

하와이무궁화 '스노
퀸' 335쪽

하와이무궁화 '데인티
핑크' 335쪽

덴마크무궁화
335쪽

무궁화
336쪽

무궁화 '광명'
336쪽

천황매
338쪽

록로즈
342쪽

자주꽃록로즈
342쪽

헬리안테뭄 '벨그라비아
로즈' 343쪽

납풀
354쪽

말발도리 '매지션'
419쪽

갯자금우
435쪽

흑옥자금우
435쪽

아잘레아동백
445쪽

동백나무
446쪽

미국매화오리 '로세아'
447쪽

진달래
454쪽

철쭉
454쪽

영산홍
454쪽

비레야 '트로픽 글로우'
454쪽

거미철쭉
455쪽

홍철쭉
455쪽

스피키페룸철쭉
455쪽

산철쭉
456쪽

철쭉 '애플 블로솜'
456쪽

철쭉 '골든 이글'
456쪽

히포패오이데스만병초
457쪽

만병초 '덱스터스 빅토리아'
457쪽

만병초 '루즈벨트대통령'
457쪽

라일락아재비
460쪽

파나마장미
462쪽

단정화
465쪽

사막장미 품종
469쪽

사막장미 품종
469쪽

우각과
472쪽

협죽도
475쪽

꼬리꽃스트로판투스
477쪽

장미꽃스트로판투스
477쪽

붉은꽃라이티아
479쪽

페루향수초
482쪽

브라질브룬펠시아
489쪽

스테판자스민
498쪽

흰잎세이지
524쪽

새꼬리꽃
532쪽

희화초
532쪽

와티희화초
532쪽

우창꽃
538쪽

우창꽃 '케이티 핑크'
538쪽

덤불툰베르기아
541쪽

덤불툰베르기아 '페어리 문'
541쪽

애기능소화
544쪽

난쟁이자스민
545쪽

금로화
548쪽

금로화 '다크 퍼플'
548쪽

무늬금로화
548쪽

꽃누리장나무
554쪽

뷰캐넌누리장
554쪽

파고다누리장
555쪽

자바누리장나무
555쪽

화염누리장나무
555쪽

톰슨누리장나무
555쪽

층꽃나무
556쪽

달걀잎민트부시
566쪽

댕강나무
651쪽

중국댕강나무
651쪽

유니플로라댕강나무
651쪽

장미디펠타
653쪽

운남디펠타
653쪽

중국병꽃
654쪽

중국병꽃 '핑크 클라우드'
654쪽

붉은병꽃나무
657쪽

붉은병꽃나무 '알렉산드라'
657쪽

붉은병꽃나무 '아이캔쳐'
657쪽

붉은병꽃나무 '루비도어'
657쪽

병꽃나무 '레인보우
센세이션' 657쪽

일본병꽃나무
657쪽

골병꽃나무
657쪽

블루소리아
658쪽

오갈피나무
659쪽

운남필란더스
298쪽

구피화
311쪽

석류나무
312쪽

애기석류
312쪽

플로리다붓순나무
15쪽

자주받침꽃
19쪽

용왕꽃
204쪽

프로테아 '브렌다'
204쪽

모란
208쪽

모란 '레다'
208쪽

분홍매
256쪽

만첩풀또기
257쪽

만첩해당화
260쪽

월계화
260쪽

장미 품종
261쪽

장미 '블루 라군'
261쪽

장미 '캔디 스트라이프'
261쪽

장미 '샤이니 오렌지'
261쪽

강장미
279쪽

겹꽃석류
312쪽

호주매화 '버건디 퀸'
319쪽

만첩부용
333쪽

파고다풍경무궁화
334쪽

무궁화 '내사랑'
336쪽

미소화
338쪽

수련나무
338쪽

산수국 '퍼플 티어스'
421쪽

눈동백 '입한춘'
445쪽

동백나무 '아베마리아'
446쪽

동백나무 '킥오프'
446쪽

동백나무 '공작춘'
446쪽

동백나무 '누치오스
카메오' 446쪽

대만철쭉 '발사미나에플로룸'
455쪽

겹산철쭉
456쪽

철쭉 '화강'
456쪽

용선화 '크림슨 스타'
463쪽

무늬협죽도
475쪽

핑크단사
202쪽

듀아단사
202쪽

그레빌레아 '다간 힐'
202쪽

은엽수 '제스터'
203쪽

은엽수 '사파리 매직'
203쪽

절벽핀쿠션
203쪽

붉은분첩나무
235쪽

홍자귀나무
235쪽

캘리포니아자귀나무
235쪽

수리남자귀나무
235쪽

하와이자귀나무
235쪽

박태기나무
236쪽

공작화
242쪽

장미공작화
242쪽

불새꽃
245쪽

붉은줄나무
289쪽

은룡
292쪽

둥근솔콤브레툼
310쪽

담배초
311쪽

병솔나무
317쪽

병솔나무 '제퍼시'
317쪽

병솔나무 '리틀존'
317쪽

붉은꽃통조화
322쪽

보로니아 헤테로필라
323쪽

목초롱
324쪽

쓴나무
327쪽

브라질아부틸론
329쪽

각시부용
337쪽

멕시코각시부용
337쪽

아담나무
429쪽

등룡화
448쪽

아가페테스 '러즈번
크로스' 448쪽

아소가솔송
448쪽

홍콩등대진달래
448쪽

칼루나 불가리스
449쪽

장지석남
449쪽

등대꽃 '프린스턴 레드
벨스' 450쪽

등대꽃 '쇼이 랜턴'
450쪽

칼미아 '핑크참'
450쪽

에리카 체린토이데스
451쪽

꼬리에리카
452쪽

에리카 맘모사
452쪽

에리카 베르티칠라타
452쪽

에리카 그리피트시
452쪽

마취목 '플라밍고'
453쪽

별새덤불
459쪽

진펄나팔꽃
487쪽

천사나팔꽃 '프로스티
핑크' 489쪽

푸른감자꽃나무
491쪽

무늬푸른감자꽃나무
491쪽

복어꽃 '트로피카나'
505쪽

부들레야 다비디
523쪽

부들레야 쿠르비플로라
523쪽

부들레야 린들레야나
523쪽

파나마아펠란드라
530쪽

만화풀 '아우레아 바리에가타'
533쪽

산호꽃
535쪽

자주새우풀
535쪽

이쑤시개꽃
536쪽

빨강새우풀
536쪽

벌새꽃
538쪽

페루우창꽃
539쪽

칠변화
549쪽

란타나 '럭키 선라이즈
로즈' 549쪽

위핑란타나
549쪽

세잎란타나
549쪽

숙근꽃향유
558쪽

로즈마리
568쪽

크리핑로즈마리
568쪽

눈보라꽃
580쪽

캣타임
580쪽

월저맨더
580쪽

백리향
581쪽

캐러웨이백리향
581쪽

몽고백리향
581쪽

크리핑타임
581쪽

땅백리향
581쪽

좀목형
582쪽

동남아순비기
582쪽

기타 · 꽃잎 2장

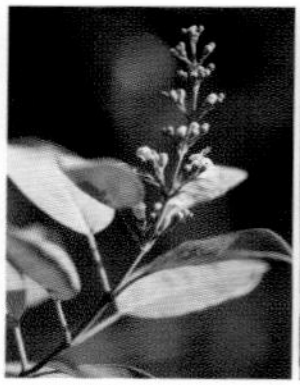

자주잎동남아순비기
582쪽

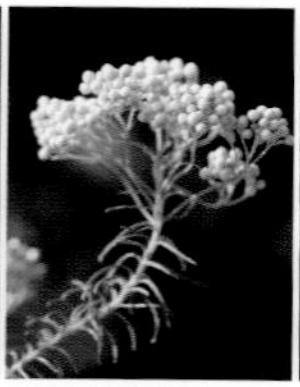

라이스플라워
631쪽

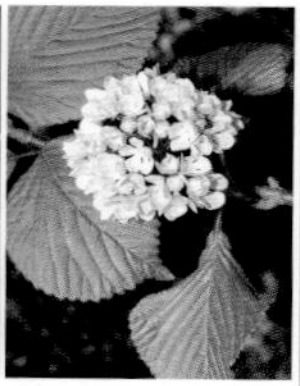

설구화 '컨스 핑크'
648쪽

## 나무 노란색

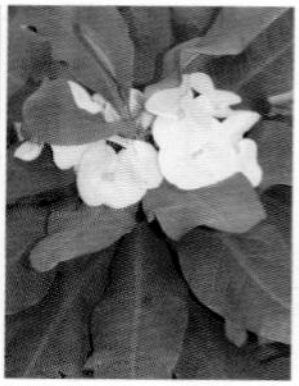

로미꽃기린 품종
294쪽

꽃잎 3~4장

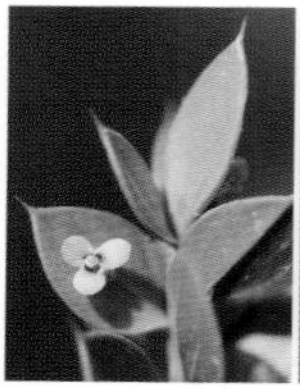

크리스마스베리
130쪽

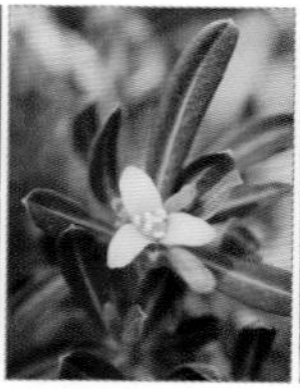

난쟁이올리브
324쪽

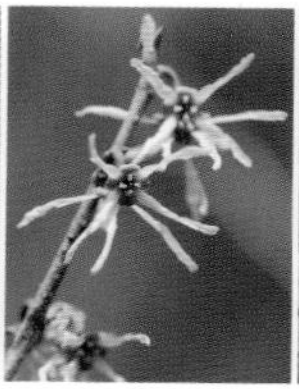

풍년화
209쪽

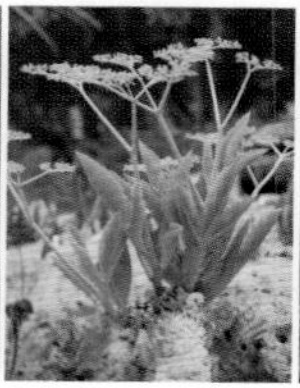

포도옹
232쪽

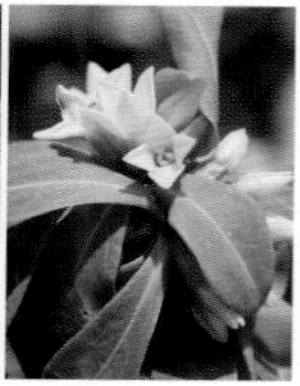

노랑서향
340쪽

꽃잎 4장

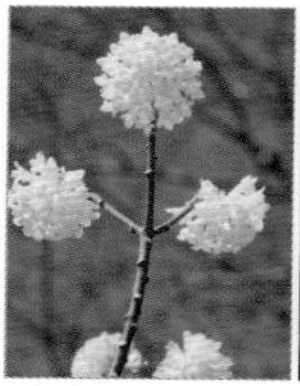

삼지닥나무
341쪽

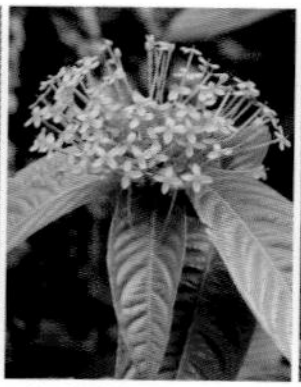

말레이용선화
463쪽

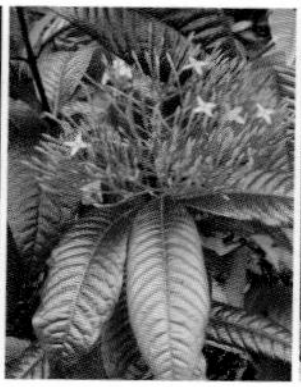

로삐용선화
463쪽

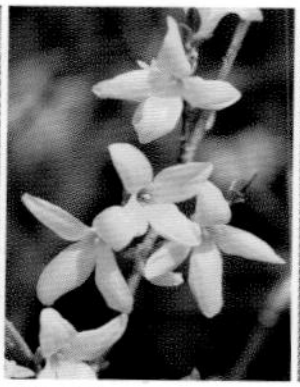

개나리
495쪽

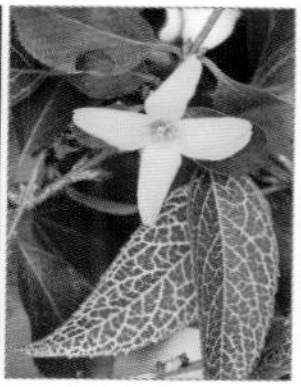

금선개나리
495쪽

꽃잎 4~5장

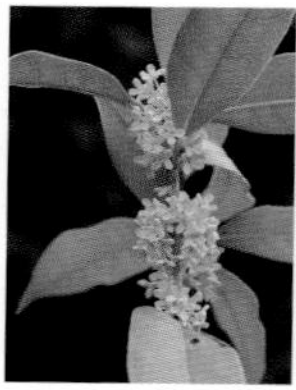

금목서
500쪽

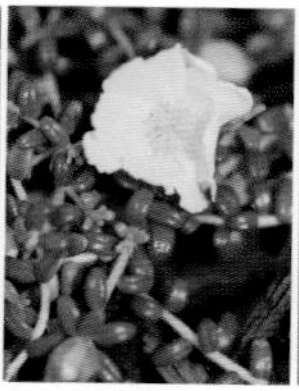

히베르티아 세르필리폴리아
206쪽

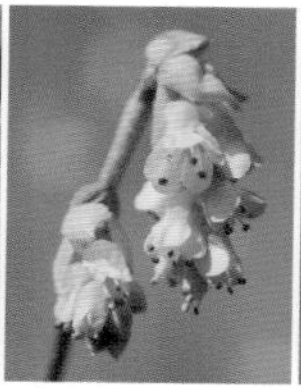

히어리
209쪽

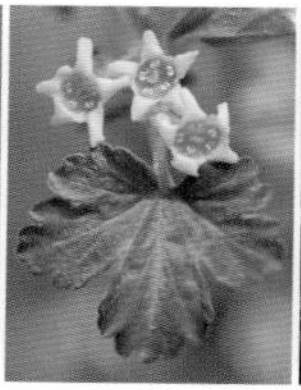

까마귀밥여름나무
210쪽

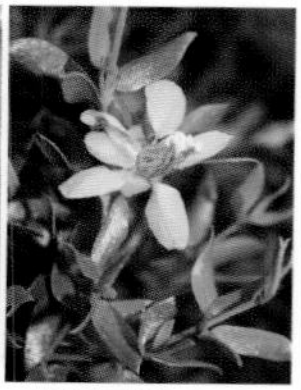

크레졸덤불
233쪽

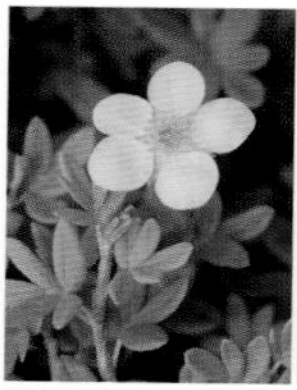

물싸리
249쪽

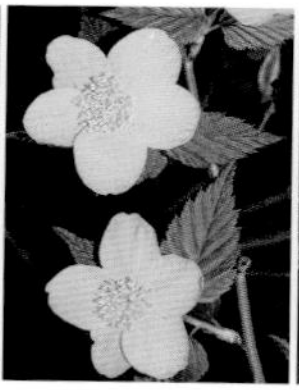

황매화
254쪽

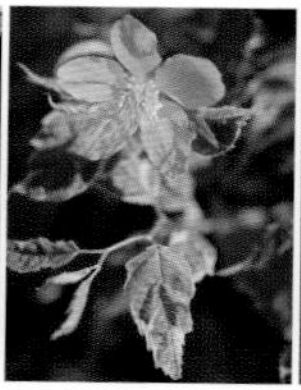

무늬잎황매화
254쪽

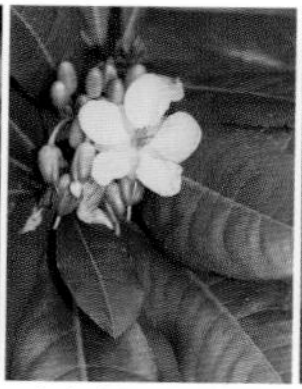

미키마우스트리
279쪽

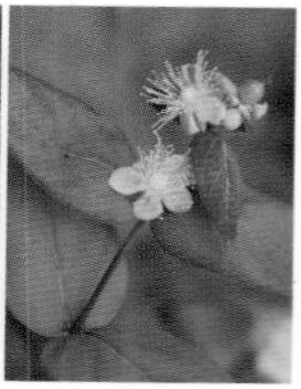

안드로사에뭄망종화
280쪽

서양망종화
280쪽

갈퀴망종화
280쪽

히드콧무늬물레나물
280쪽

금선해당
281쪽

올림피쿰물레나물
281쪽

망종화
281쪽

삼색물레나물
281쪽

금범의꼬리
282쪽

운남월광화
298쪽

노랑부처꽃
311쪽

황근
334쪽

덴마크무궁화 품종
335쪽

덴마크무궁화 품종
335쪽

파보니아 스피니펙스
338쪽

황철쭉
455쪽

붉은무사엔다
462쪽

붉은무사엔다 '도나
루즈' 462쪽

붉은무사엔다 '도나
퀸 시리킷' 462쪽

오로라무사엔다
462쪽

오렌지무사엔다
462쪽

무사엔다아재비
462쪽

부시알라만다 '실버'
470쪽

유엽알라만다
470쪽

코끼리발나무
476쪽

미국브룬펠시아
489쪽

꽃잎 5장

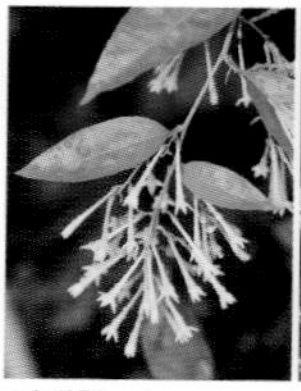

야래향
491쪽

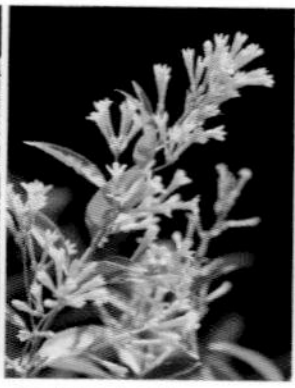

칠레자스민
491쪽

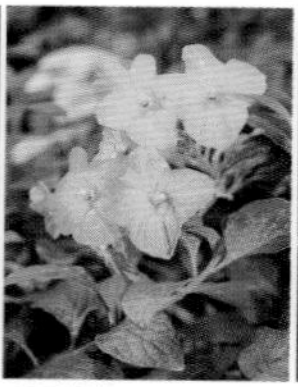

유관화
492쪽

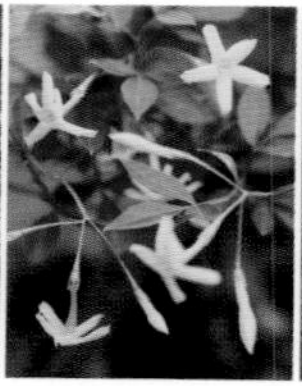

여름영춘화
496쪽

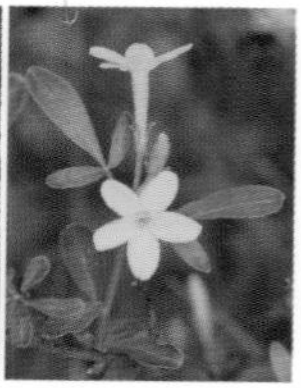

유럽자스민
496쪽

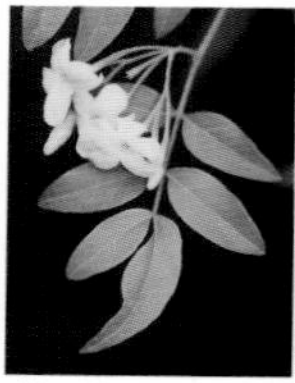

황소형
496쪽

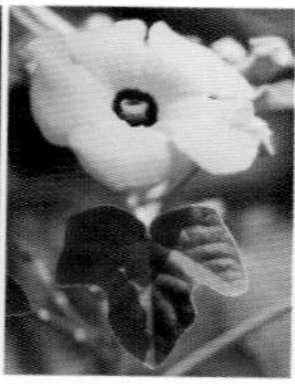

운카리나 데카리
528쪽

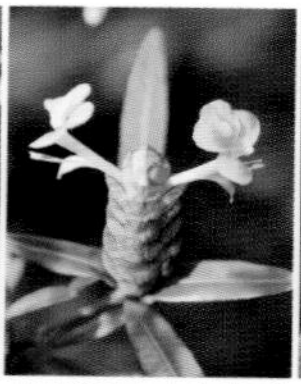

솔방울필리핀바이올렛
531쪽

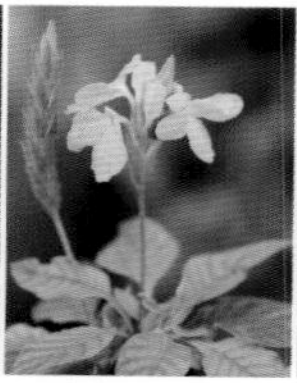

노랑새꼬리꽃
532쪽

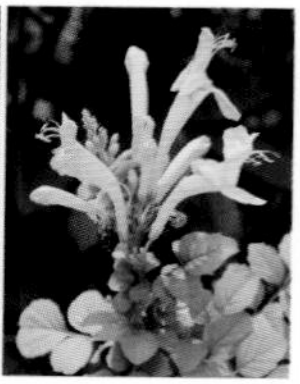

황금애기능소화
544쪽

꽃잎 5~6장

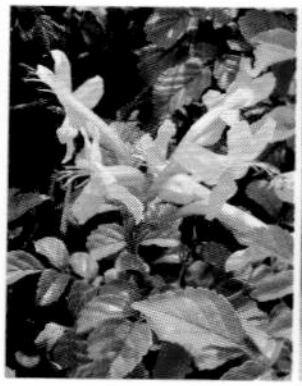

살몬애기능소화
544쪽

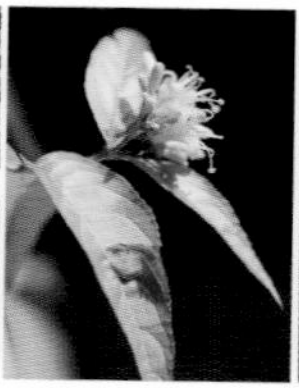

애기병꽃
653쪽

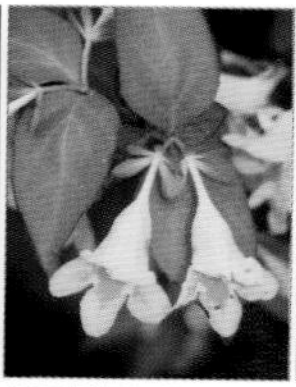

주걱댕강나무
653쪽

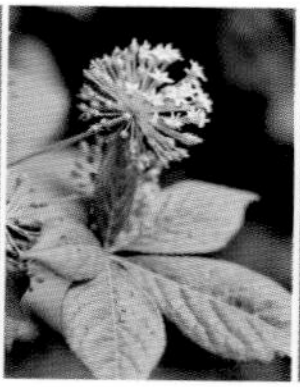

가시오갈피
659쪽

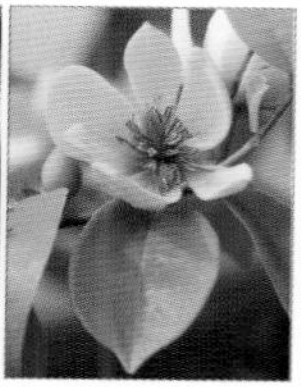

피고초령목
20쪽

꽃잎 6장

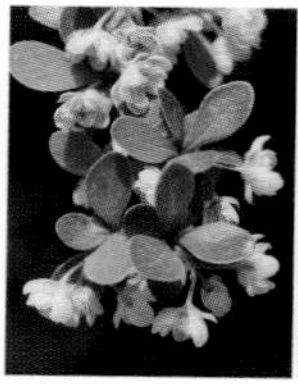

일본매자나무
180쪽

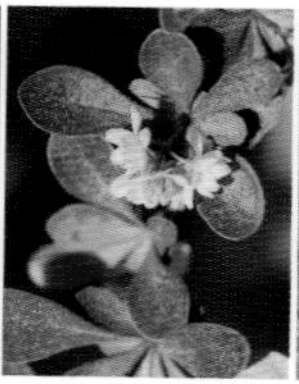

자엽일본매자
180쪽

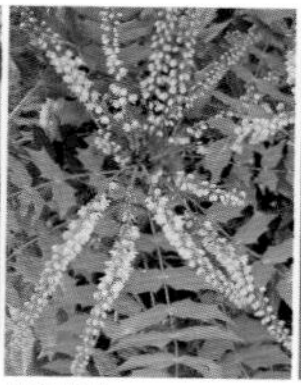

뿔남천
183쪽

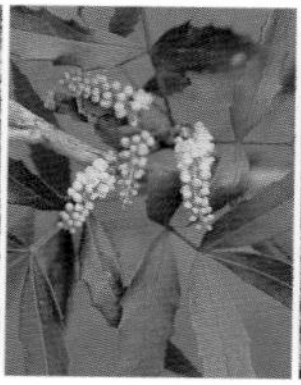

중국남천
183쪽

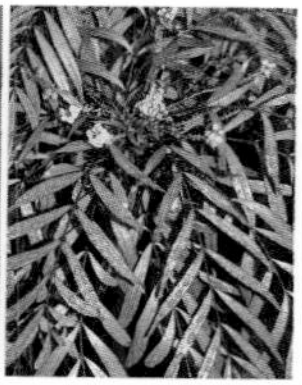

동남천 '소프트 커레스'
183쪽

꽃잎 6~7장 이상

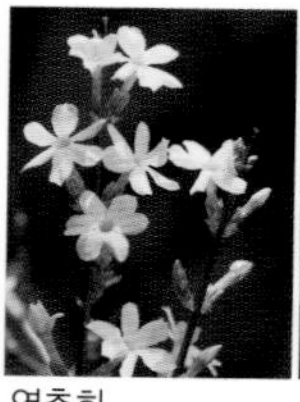

영춘화
496쪽

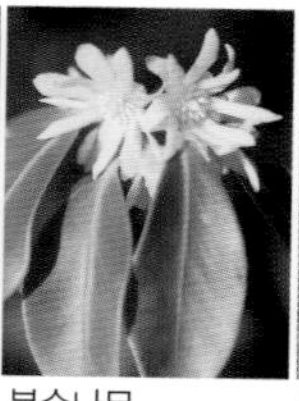

붓순나무
15쪽

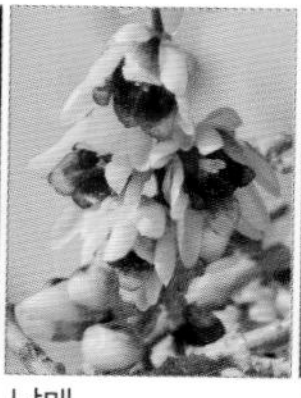

납매
19쪽

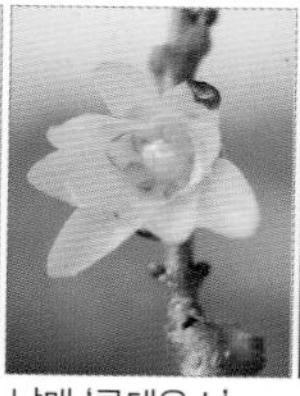

납매 '루테우스'
19쪽

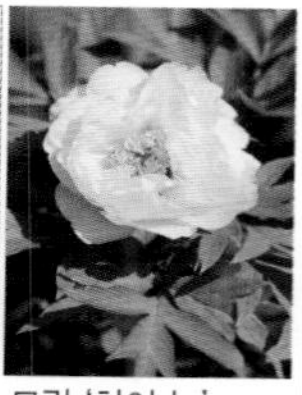

모란 '하이 눈'
208쪽

죽단화
254쪽

황목향화
260쪽

노랑해당화
260쪽

장미 '골델스'
261쪽

긴꽃황치자
461쪽

운남자스민
496쪽

넓은잎유리옵스
617쪽

유리옵스 펙티나투스
617쪽

누운단사
202쪽

그레빌레아 '수퍼브'
202쪽

황금은엽수
203쪽

핀쿠션 '카니발 코퍼'
203쪽

선녀무
224쪽

골담초
236쪽

플라바공작화
242쪽

팝콘세나
242쪽

촛불세나
242쪽

양골담초
244쪽

양골담초 '안드레아누스'
244쪽

소금작화
244쪽

일엽금작화
244쪽

유럽가시금작화
244쪽

개느삼
245쪽

윌크스깨풀
289쪽

윌크스깨풀 '자바 화이트'
289쪽

789

시암깨풀
289쪽

자메이카포인세티아
292쪽

포인세티아
293쪽

포인세티아 '레드 글리터'
293쪽

포인세티아 '타이탄
화이트' 293쪽

포인세티아 '윈터 로즈
마블' 293쪽

포인세티아 '윈터 로즈
화이트' 293쪽

멕시코담배초
311쪽

통조화
322쪽

조디아
325쪽

주름잎조디아
325쪽

중국쌀꽃나무
327쪽

등대꽃
450쪽

그린에리카
452쪽

황금천사나팔꽃
489쪽

긴성배꽃
492쪽

복어꽃
505쪽

마다가스카르부들레야
523쪽

제브라아펠란드라
530쪽

산케지아 노빌리스
540쪽

털노랑새우풀
540쪽

골든플럼
540쪽

칠변화 '사만다'
549쪽

덤불향유
558쪽

사자꼬리
558쪽

천룡
625쪽

솔잎방망이
636쪽

황금니티다인동
655쪽

홍콩쉐플레라
661쪽

무늬나무아이비
661쪽

나무
흰색

꽃기린 '화이트 플래시'
295쪽

라임베리
326쪽

병아리꽃나무
259쪽

일본황산계수나무
326쪽

알바서향
339쪽

백서향
339쪽

아마잎서향
340쪽

자스민서향
340쪽

탕구트서향
340쪽

미국수국 '애나벨'
422쪽

나무수국
423쪽

나무수국 '보크라플레임'
423쪽

나무수국 '플로리분다'
423쪽

큰나무수국
423쪽

떡갈잎수국
424쪽

구슬수국
424쪽

황금코로나리우스고광
425쪽

흰말채나무
425쪽

무늬잎흰말채
425쪽

넌출월귤
458쪽

호자나무
460쪽

무늬호자나무
460쪽

얇은잎용선화
463쪽

무늬얇은잎용선화
463쪽

긴대롱용선화
463쪽

미선나무
495쪽

광나무
499쪽

쥐똥나무
499쪽

왕쥐똥나무
499쪽

황금왕쥐똥나무
499쪽

반잎중국쥐똥나무
499쪽

목서
500쪽

구골나무
500쪽

구골목서
500쪽

벅우드목서
500쪽

개회나무
501쪽

난쟁이헤베 '셀리나'
515쪽

토피어리헤베
515쪽

금엽두견화
537쪽

레몬버베나
548쪽

편도덤불
548쪽

꽝꽝나무
584쪽

미국낙상홍
584쪽

화월
218쪽

우주목
218쪽

레드초크베리
247쪽

블랙초크베리
247쪽

백자단
248쪽

하로비아누스개야광
248쪽

버들홍자단 '레펜스'
248쪽

은물싸리
249쪽

중국가침박달
249쪽

천매
254쪽

주름잎홍가시나무
254쪽

양국수나무
255쪽

자주양국수나무
255쪽

황금양국수나무
255쪽

다정큼나무
255쪽

칼슘나무
256쪽

이스라지
256쪽

영국월계수 '오토 루이켄'
257쪽

자엽왜성벚나무
257쪽

피라칸다
259쪽

피라칸다 콕키네아
259쪽

피라칸다 '할리퀸'
259쪽

콩배나무
259쪽

공조팝나무
262쪽

가는잎조팝나무
262쪽

가는잎조팝나무 '마운트
후지' 262쪽

조팝나무
263쪽

조팝나무 '골든바'
263쪽

은행잎조팝나무
263쪽

반호테조팝나무
263쪽

쉬땅나무
264쪽

좀쉬땅나무
264쪽

일본국수나무
264쪽

블랙베리
264쪽

나도호랑가시
282쪽

차야나무
296쪽

깃잎양아욱
302쪽

고야규
302쪽

육두구제라늄
304쪽

무늬육두구제라늄
304쪽

호유제라늄
306쪽

용골성
310쪽

미드겐베리
318쪽

솔매 '스노플레이크'
318쪽

은매화
318쪽

호주매화
319쪽

흰인도석남화
321쪽

둥근금감
323쪽

브라질에리스로치톤
324쪽

칠리향
325쪽

카레나무
326쪽

아부틸론 히브리둠 품종
329쪽

오아후흰무궁화
334쪽

하와이무궁화 '데인티
화이트' 335쪽

무궁화 '배달'
336쪽

무궁화 '백단심'
336쪽

세이지잎록로즈
342쪽

흰카네스켄스록로즈
342쪽

단세레아우이록로즈
'데쿰벤스' 342쪽

헬리안테뭄 '세인트
메리스' 343쪽

빈도리
419쪽

애기말발도리
419쪽

닝보말발도리
419쪽

무늬둥근잎말발도리
419쪽

미국수국
422쪽

백량금
435쪽

자금우
435쪽

산호수
435쪽

차나무
445쪽

애기동백
445쪽

트란스노코엔시스동백
447쪽

미국매화오리
447쪽

꼬리진달래
454쪽

만병초 '조 파테르노'
457쪽

긴나팔치자
459쪽

쿠바백합
459쪽

백정화
465쪽

무늬백정화
465쪽

사막장미 품종
469쪽

카리샤자스민
469쪽

흰우각과
472쪽

인도사목
475쪽

백마성
476쪽

크레이프자스민
477쪽

란위자스민
477쪽

워터자스민
479쪽

무늬워터자스민
479쪽

눈송이라이티아
479쪽

필리핀차나무
482쪽

무늬필리핀차나무
482쪽

은모수
482쪽

포잇자스민
498쪽

학자스민
498쪽

흰필리핀바이올렛
531쪽

세티칼릭스두견화
537쪽

우창꽃 '케이티 화이트'
538쪽

양초꽃
542쪽

흰꽃누리장나무
554쪽

수양누리장나무
554쪽

흰파고다누리장
555쪽

삼페인누리장
555쪽

흰충꽃나무
556쪽

해변로즈마리
582쪽

해변상추
594쪽

미국딱총나무
646쪽

황금미국딱총나무
646쪽

분꽃나무
647쪽

덴타툼가막살 '블루
머핀' 647쪽

가막살나무
647쪽

서양가막살
647쪽

가죽잎덜꿩나무
647쪽

별당나무
648쪽

별당나무 '로세움'
648쪽

별당나무 '서머 스노플레이크'
648쪽

백당나무
649쪽

백당나무 '노컷츠 바리에티'
649쪽

버크우디분꽃나무
649쪽

리티도필로이데스가막살
649쪽

푸른가막살
650쪽

무늬푸른가막살
650쪽

다비드가막살
650쪽

오모수
650쪽

동설목
650쪽

꽃댕강나무
651쪽

꽃댕강나무 '콘티'
651쪽

돈나무
658쪽

반일이엽돈나무
658쪽

팔손이
659쪽

유카
131쪽

마틸리아양귀비
178쪽

남천
183쪽

흰구피화
311쪽

치자나무
461쪽

아프리카치자
461쪽

별꽃치자
461쪽

타히티치자
461쪽

중국받침꽃
19쪽

가을납매
19쪽

코코목련
20쪽

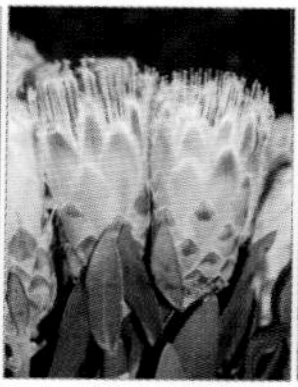

프로테아 '리틀 레이디
화이트' 204쪽

오스티모란
208쪽

중국모란
208쪽

옥매
256쪽

장미 '아이스버그'
261쪽

겹공조팝나무
262쪽

겹조팝나무
263쪽

흰겹꽃석류
312쪽

만첩부용
333쪽

무궁화 '슈가 팁'
336쪽

만첩빈도리
419쪽

산수국 '시로후지'
421쪽

떡갈잎수국 '스노플레이크'
424쪽

고광나무 '내치즈'
425쪽

베르날리스동백 '스타 어보브 스타' 447쪽

철쭉 '에이프릴 스노'
456쪽

겹치자나무
461쪽

무늬좁은잎치자
461쪽

겹워터자스민
479쪽

솜털자스민
497쪽

골드코스트자스민
497쪽

말레이자스민
497쪽

스타자스민
497쪽

렉스자스민
497쪽

겹꽃말리화
498쪽

겹꽃말리화 '그랜드 듀크 오브 투스카니' 498쪽

캐시미어누리장
554쪽

메이저실꽃풍년화
209쪽

흰분첩나무
235쪽

흰박태기나무
236쪽

노르마크로톤
296쪽

띄엄잎크로톤
296쪽

핑크필란더스
298쪽

미라클 후르츠
434쪽

칼루나 불가리스 '킨락룰'
449쪽

흰장지석남
449쪽

단풍철쭉
449쪽

칼미아
450쪽

에리카 아르보레아
451쪽

에리카 '화이트 딜라이트'
451쪽

에리카 포르모사
451쪽

에리카 '스노 퀸'
451쪽

미국남천
453쪽

미국남천 '레인보우'
453쪽

파스나무
453쪽

마취목
453쪽

블루베리
458쪽

서양머리꽃나무
460쪽

천사나팔꽃
489쪽

데이자스민
491쪽

부들레야 '화이트 프로퓨전'
523쪽

부들레야 아시아티카
523쪽

갯호랑가시
530쪽

무늬갯호랑가시
530쪽

흰새우풀
534쪽

새우풀
534쪽

브라질빨간망토
536쪽

노랑새우풀
536쪽

칠변화 '니베아'
549쪽

도레미꽃
566쪽

윈터세이보리
578쪽

타우히누
631쪽

실버브루니아
646쪽

설구화
648쪽

불두화
649쪽

괴불나무
654쪽

향길마가지나무
654쪽

그린아랄리아
661쪽

나무
녹색

호랑가시나무
584쪽

완도호랑가시
584쪽

루스쿠스 히포글로숨
130쪽

그래스트리
103쪽

덩굴
붉은색

펠리칸쥐방울
18쪽

파이프쥐방울
18쪽

칼리코쥐방울
18쪽

불꽃백합
34쪽

로스차일드불꽃백합
34쪽

칠레동백꽃
34쪽

암자석란
81쪽

얼룩자주달개비
133쪽

으름덩굴
179쪽

세잎으름
179쪽

인테그리폴리아위령선
192쪽

몬타나위령선 '엘리자베스'
192쪽

텍사스종덩굴
192쪽

텍사스종덩굴 '프린세스 다이아나' 192쪽

클레마티스 '지젤' 193쪽

클레마티스 '벨르 오브 타라나키' 193쪽

클레마티스 '세잔' 193쪽

클레마티스 '리틀 덕클링' 193쪽

클레마티스 '멀티 블루' 193쪽

클레마티스 '자라' 193쪽

인디언감자 234쪽

나비완두 237쪽

겹나비완두 237쪽

홍옥등 237쪽

스위트피 품종 238쪽

스위트피 품종 238쪽

스위트피 품종 238쪽

보라싸리 242쪽

붉은강낭콩 243쪽

알라타시계꽃 286쪽

시계꽃 '아메시스트' 286쪽

바이올러셔시계꽃 287쪽

레드시계꽃 287쪽

시계꽃 '레이디 마가렛' 287쪽

인도사군자 310쪽

불꽃한련 343쪽

한련 품종 344쪽

한련 품종 344쪽

산호덩굴
354쪽

부겐빌레아 품종
380쪽

부겐빌레아 품종
380쪽

부겐빌레아 품종
380쪽

부겐빌레아 품종
380쪽

수도원종덩굴
429쪽

퍼플알라만다
470쪽

옥접매호야
472쪽

하트호야
472쪽

브라질만데빌라
474쪽

브라질만데빌라 '리오
핑크' 474쪽

좁은잎빈카
478쪽

좁은잎빈카 '아트로푸르푸레아'
478쪽

좁은잎빈카 '일루미네이션'
478쪽

큰잎빈카
478쪽

무늬큰잎빈카
478쪽

히르수타큰잎빈카
478쪽

코끼리덩굴
484쪽

하늘나팔꽃
484쪽

나팔꽃
485쪽

나팔꽃 품종
485쪽

나팔꽃 품종
485쪽

미국나팔꽃
485쪽

둥근잎나팔꽃
485쪽

멕시코나팔꽃
485쪽

유홍초
486쪽

둥근잎유홍초
486쪽

새깃유홍초
486쪽

고구마 '스위트 캐롤라인
퍼플' 486쪽

고구마 '마가리타'
486쪽

카이로나팔꽃
487쪽

둘리유홍초
487쪽

자이언트나팔꽃
487쪽

트리쵸스
503쪽

에스키난투스 '타이
핑크' 503쪽

금붕어꽃 '수퍼바'
504쪽

덩굴금어초
510쪽

벵골툰베르기아
541쪽

무늬블루툰베르기아
541쪽

아프리카나팔꽃 '블러싱
수지' 542쪽

아프리카나팔꽃 '라즈베리
스무디' 542쪽

크로스바인 '탄제린
뷰티' 543쪽

트리니다드나팔꽃
543쪽

글로우바인
543쪽

능소화
544쪽

미국능소화
544쪽

무늬미국능소화
544쪽

마늘덩굴
545쪽

분홍트럼펫덩굴
545쪽

파랑새넝쿨
550쪽

덩굴
노란색

산호인동
655쪽

산호인동 '마그니피카'
655쪽

붉은인동
655쪽

후추
16쪽

스칸덴스금낭화
174쪽

히베르티아 스칸덴스
206쪽

스쿼팅오이
267쪽

수세미오이
268쪽

여주
268쪽

큰둥근여주
268쪽

호주황금덩굴
282쪽

박쥐날개시계꽃
286쪽

환접만
288쪽

한련 품종
344쪽

부겐빌레아 품종
380쪽

개나리자스민
468쪽

연지알라만다
470쪽

연지알라만다 '자메이칸
선셋' 470쪽

노랑만데빌라
476쪽

무늬잎노랑만데빌라
476쪽

폭죽덩굴
487쪽

금붕어꽃 '아폴로'
504쪽

시계추덩굴
541쪽

아프리카나팔꽃
542쪽

노랑나팔덩굴
543쪽

파장화
545쪽

농눅덩굴
566쪽

황금국화덩굴
628쪽

카나리담쟁이
636쪽

**덩굴 흰색**

몬스테라
25쪽

싱고니움
25쪽

흰칠레동백꽃
34쪽

으름덩굴 '레우칸타'
179쪽

흰인테그리폴리아위령선
192쪽

몬타나위령선
192쪽

클레마티스 '키티'
193쪽

흰나비완두
237쪽

흰겹나비완두
237쪽

스위트피 품종
238쪽

대만덩굴딸기
264쪽

박
267쪽

조롱박
267쪽

뱀오이
268쪽

시계꽃
286쪽

시계꽃 '콘스탄스 엘리옷'
286쪽

과물시계꽃
287쪽

니겔라시계꽃
287쪽

풍선덩굴
322쪽

흰산호덩굴
354쪽

부겐빌레아 품종
380쪽

흰수도원종덩굴
429쪽

호주호야
472쪽

볼리비아만데빌라
474쪽

마다가스카르자스민
474쪽

마삭줄
475쪽

빵꽃덩굴
477쪽

백말꼬리덩굴
484쪽

공심채
485쪽

목배풍등
492쪽

황금무늬목배풍등
492쪽

애기누운주름잎
512쪽

백설툰베르기아
541쪽

팬도르자스민
545쪽

고람반
582쪽

인동덩굴
655쪽

덩굴
녹색

긴꽃인동
655쪽

더덕
585쪽

송악
660쪽

콜치카송악 '설퍼 하트'
660쪽

# 속명 🌸 찾아보기

# 화초 이름 찾아보기

834

844

## 저자 윤주복

식물생태연구가이며, 자연이 주는 매력에 빠져 전국을 누비며
꽃과 나무가 살아가는 모습을 사진에 담고 있다.
저서로는 《나무 쉽게 찾기》, 《들꽃 쉽게 찾기》, 《겨울나무 쉽게 찾기》,
《열대나무 쉽게 찾기》, 《나뭇잎 도감》, 《우리나라 나무 도감》, 《APG 나무 도감》,
《APG 풀 도감》, 《나무 해설 도감》, 《식물 학습 도감》, 《어린이 식물 비교 도감》,
《봄 · 여름 · 가을 · 겨울 식물도감》 등이 있다.

# 화초
## 쉽게 찾기

**1쇄** – 2019년 3월 19일
**2쇄** – 2020년 9월 28일
**사진·글** – 윤주복
**발행인** – 허진
**발행처** – 진선출판사(주)
**편집** – 김경미, 이미선, 권지은, 최윤선
**디자인** – 고은정, 구연화
**총무·마케팅** – 유재수, 나미영, 김수연, 허인화
**주소** – 서울시 종로구 삼일대로 457 (경운동 88번지) 수운회관 15층
　　　전화 (02)720 – 5990　팩스 (02)739 – 2129
　　　www.jinsun.co.kr
**등록** – 1975년 9월 3일 10 – 92

※ 책값은 커버에 있습니다.

ISBN 978–89–7221–584–4 06480

* 이 도서의 국립중앙도서관 출판예정도서목록(CIP)은 서지정보유통지원시스템
(http://seoji.nl.go.kr)과 국가자료종합목록(http://www.nl.go.kr/kolisnet)에서
이용하실 수 있습니다.(CIP제어번호: CIP2019005183)

**진선 books**는 진선출판사의 자연책 브랜드입니다.
자연이라는 친구가 들려주는 이야기 – '진선북스'가 여러분에게 자연의 향기를 선물합니다.